Technikrecht

Prof. Dr. Dr. Jürgen Ensthaler
FG Wirtschafts-, Unternehmens-
und Technikrecht
TU Berlin
Berlin, Deutschland

Prof. Dr. Stefan Müller
FG Zivil- und Handelsrecht
TU Berlin
Berlin, Deutschland

Prof. Dr. Dagmar Gesmann-Nuissl
Lehrstuhl Privatrecht und
Recht des Geistigen Eigentums
TU Chemnitz
Chemnitz, Deutschland

ISBN 978-3-642-13187-5
ISBN 978-3-642-13188-2 (eBook)
DOI 10.1007/978-3-642-13188-2

Die Deutsche Nationalbibliothek verzeichnet diese Publikation in der Deutschen Nationalbibliografie; detaillierte bibliografische Daten sind im Internet über http://dnb.d-nb.de abrufbar.

Springer Vieweg

Gedruckt auf säurefreiem und chlorfrei gebleichtem Papier

Springer Vieweg ist eine Marke von Springer DE.
Springer DE ist Teil der Fachverlagsgruppe Springer Science+Business Media
www.springer-vieweg.de

Jürgen Ensthaler • Dagmar Gesmann-Nuissl
Stefan Müller

Technikrecht

Rechtliche Grundlagen des Technologiemanagements

unter Mitarbeit von Sebastian Synnatzschke
und Patrick Wege

Geleitwort

Prof. Dr.-Ing. Dr. h.c. Helmut Baumgarten

Das vorliegende Buch ist ein willkommener Kompass, den richtigen Weg durch die schnellwachsenden Gebiete von Technologie und Management und deren Zusammenwirken in den Unternehmen zu finden. Die Technologien müssen in ihrer Komplexität nicht nur technisch beherrschbar sein. Unter den Bedingungen immer kürzerer Lebenszyklen der Produkte, der vielfach weltweit verteilten Standorte von Produktionsstätten, Lieferanten und Kunden stellen sich permanent neue Herausforderungen für die Verantwortlichen und deren Mitarbeiter in Industrie, Handel und Dienstleistung. Nicht nur unterschiedliche Kulturen, sondern auch Rechtssysteme sowie andersartige Rechtsverständnisse und -auslegungen verändern die Basis für zielgerichtete Handlungsweisen. Zudem verändert sich für das Management in einer bisher nie dagewesenen Geschwindigkeit die Ausdehnung und damit Umfang und Inhalt der Verantwortungsfelder. Vor allem durch flachere Hierarchien in den Unternehmensorganisationen, aber auch durch die wachsende Zahl an Schnittstellen infolge der Ausweitung der Handelsbeziehungen und Kooperationen steigen die Herausforderungen. Dafür braucht es Regeln des Rechts, die mit dieser Entwicklung konform gehen und zum Gedeihen und Absichern des Unternehmenserfolges beitragen.

Das Wissen um die rechtliche Relevanz unternehmerischen Handelns – beispielsweise für zentrale Unternehmensbereiche wie Einkauf, Produktion und Vertrieb – reicht längst nicht mehr aus. Schon die Produktentwicklung legt durch Konstruktion, Werkstoffe, Größe, Gewicht usw. die Grundlagen für Standards, Normen, Patente, Nachhaltigkeit und vieles mehr. Gleiches gilt für die Beschaffung, die heute global erfolgt und nicht nur durch die Preisgestaltung bestimmt wird, sondern gleichermaßen durch Aspekte der Qualität, der Sicherheit, des Rechtsschutzes oder auch durch die Logistik. Letztere ist beschreibbar durch weltweite Lieferantenstrukturen und eine Vielzahl beteiligter Dienstleister und Verkehrsunternehmen. Ähnliches gilt für die Produktion und Distribution.

Vor dem Hintergrund der notwendigen Ressourcenschonung geht es für eine zunehmende Zahl von Gütern des täglichen Bedarfs, besonders im Bereich der industriell gefertigten Gebrauchsgüter, um die Wiederverwendung von Werkstoffen. Verbunden damit sind Fragen der Produkthaftung, neben den ohnehin vorliegenden Fragestellungen zur Wirtschaftlichkeit und zur realen Einschätzung der nachhaltigen Wirkung bei der Rückführung von Wertstoffen und Produktteilen in die Kreislaufwirtschaft.

Die seit Jahren zunehmenden engen Verbindungen von Technologie und Management einerseits und andererseits die längs der Wertschöpfungskette erfolgende Verknüpfung traditioneller, vielfach isoliert betrachteter Unternehmensbereiche zu Unternehmensprozessen führen zu einer neuen Dimension ökonomischer, technischer und rechtlicher Konsequenzen. Eine derartige Betrachtung ganzheitlicher Prozesse in den Unternehmen ist die Steigerung der losen Zusammenführung von Management und Technologien. Gleichzeitig ist es die Verknüpfung von Produktions-, Qualitäts-, Risikomanagement und gipfelt in Projekt- und Wissensmanagement. Erst die Präsenz moderner Informations- und Kommunikationssysteme macht dies möglich und ist nur noch steigerbar durch innovative Handlungsweisen, die das Internet bereithält.

Diese Entwicklung hält das Management in den Unternehmen in Atem und fordert schnelle Entscheidungen, die rechtlich abgesichert und dem Erfolg des Unternehmens verpflichtet sind.

Naheliegend ist, dass die Ausbildung in den Kernkompetenzen des Managements an den Universitäten, Fachhochschulen und Berufsakademien mit dieser Entwicklung mithalten muss. Technikrecht gehört heute zu den Kernkompetenzen und ist in den Curricula für die Aus- und Weiterbildung sowohl für Ingenieure, Wirtschaftler und Wirtschaftsingenieure Pflicht.

Prof. Dr.-Ing. Dr. h.c. Helmut Baumgarten

Langjähriger Geschäftsführender Direktor des Instituts für Technologie und Management an der Technischen Universität Berlin

Inhaltsverzeichnis

Abkürzungsverzeichnis

a.A.	abweichende Ansicht
a.a.O.	am angeführten Ort
a.E.	am Ende
a.F.	alte Fassung
a.M.	abweichende Meinung
Abl.	Amtsblatt
ABlEG	Amtsblatt der Europäischen Gemeinschaft(en)
AEUV	Vertrag über die Arbeitsweise der Europäischen Union
AG (Rechtsform & Zeitschrift)	Aktiengesellschaft
AGB	Allgemeine Geschäftsbedingungen
AktG	Aktiengesetz
AMG	Arzneimittelgesetz
AS	Australian Standards
BaFin	Bundesanstalt für Finanzdienstleistungsaufsicht
BAuA	Bundesanstalt für Arbeitsschutz und Arbeitsmedizin
BauR (Zeitschrift)	Baurecht
BB (Zeitschrift)	Betriebs-Berater
BCM	Business Continuity Management
BDSG	Bundesdatenschutzgesetz
BeckRS (Zeitschrift)	Beck Rechtsprechungsreport
BetrVG	Betriebsverfassungsgesetz
BGB	Bürgerliches Gesetzbuch
BGH	Bundesgerichtshof
BGHZ	Bundesgerichtshof, Amtliche Entscheidungssammlung in Zivilsachen
BImschG	Bundes-Immissionsschutzgesetz
BImSchVO	Bundes-Immisionsschutzverordnung
BNatSchG	Bundesnaturschutzgesetz
BS	British Standard
BSCI	Business Social Compliance Initiative
BSI	British Standard Institution
BT-Drs.	Bundestag-Drucksachen
BVerfG	Bundesverfassungsgericht
BVerfGE	Amtliche Sammlung der Entscheidungen des Bundesverfassungsgerichts

CCO	Chief Compliance Officer
CCZ	Corporate Compliance Zeitschrift
CE	Communauté(s) Européenne(s)
CEN	Comité Européen de Normalisation
CENELEC	Comité Européen de Normalisation Electrotechnique
ChemG	Chemikaliengesetz
ChemVerbotsV	Chemikalien-Verbotsverordnung
CI-CD	Corporate Identity-Corporate Design
CISG	Convention on Contracts for the International Sale of Goods
CoC	Code of Conduct
CO_2	Kohlenstoffdioxid
COSO	Committee of Sponsoring Organizations of the Treadway Commission
CR (Zeitschrift)	Computer und Recht
CSR	Corporate Social Responsibility
CSS	Customer Satisfaction Study
CWA	CEN Workshop Agreement
DAkkS	Deutsche Akkreditierungsstelle GmbH
DAU	Deutsche Akkreditierungs- und Zulassungsgesellschaft
DAV	Deutscher Anwaltverein
DB (Zeitschrift)	Der Betrieb
DFV	Deutscher Franchise Verband
DIN	Deutsches Institut für Normung e. V.
DPMA	Deutsches Patent- und Markenamt
DQS	Deutsche Gesellschaft zur Zertifizierung von Managementsystemen
DS	Dansk Standard
DStR (Zeitschrift)	Deutsches Steuerrecht
e.V.	eingetragener Verein
EchA	European Chemicals Agency
EFQM	European Foundation for Quality Management
EG	Europäische Gemeinschaft
EGBGB	Einführungsgesetz zum Bürgerlichen Gesetzbuch
Einf.	Einführung
Einl.	Einleitung
EMAS	Eco-Management and Audit-Scheme
EMS	Ecological Management System
EN	Europäische Norm
endg. V.	Endgültige Version
EnVKG	Energieverbrauchskennzeichnungsgesetz

EnVKV	Energieverbrauchskennzeichnungsverordnung
EPD	Environmental Product Declarations
EQA	European Quality Award
ESchG	Embryonenschutzgesetz
et al.	und andere
ETSI	European Telecommunications Standards Institute
EU	Europäische Union
EUEB	European Union Ecolabeling Board
EuGH	Europäischer Gerichtshof
EuGVVO	Verordnung über die gerichtliche Zuständigkeit und die Anerkennung und Vollstreckung von Entscheidungen in Zivil- und Handelssachen
EuZW	Europäische Zeitschrift für Wirtschaftsrecht
EWG	Europäische Wirtschaftsgemeinschaft
EWR	Europäischer Wirtschaftsraum
ExBa	Benchmarkstudie zur Excellence in der deutschen Wirtschaft
FAZ (Tageszeitung)	Frankfurter Allgemeine Zeitung
FDA	Food and Drug Administration
FMEA	Fehlermöglichkeits- und einflussanalyse
FN	Fußnote
Fn.	Fußnote
FrR	Fachkunderichtlinie
FuE	Forschung und Entwicklung
G	Gesetz
GefStoffV	Gefahrstoffverordnung
gem.	gemäß
GEMA	Gesellschaft für musikalische Aufführungs- und mechanische Vervielfältigungsrechte
GenTG	Gentechnikgesetz
GenTSV	Gentechnik-Sicherheitsverordnung
GewArch (Zeitschrift)	GewerbeArchiv
GewO	Gewerbeordnung
GF	Geschäftsführer
GG	Grundgesetz
ggfs.	gegebenenfalls
ggü.	gegenüber
GmbH	Gesellschaft mit beschränkter Haftung
GPSG	Geräte- und Produktsicherheitsgesetz
grds.	grundsätzlich
GRI	Global Reporting Initiative
GRUR (Zeitschrift)	Gewerblicher Rechtsschutz und Urheber-

	recht
GRUR Int. (Zeitschrift)	Gewerblicher Rechtsschutz und Urheberrecht – internationaler Teil
GRUR-RR (Zeitschrift)	Gewerblicher Rechtsschutz und Urheberrecht – Rechtsprechungs-Report
GS	geprüfte Sicherheit
GVO	Gruppenfreistellungsverordnung
GWB	Gesetz gegen Wettbewerbsbeschränkungen
GWR (Zeitschrift)	Gesellschafts- und Wirtschaftssrecht
h.M.	herrschende Meinung
HGB	Handelsgesetzbuch
HOAI	Honorarordnung für Architekten und Ingenieure
i.d.R.	in der Regel
i.e.S.	im eigentlichen Sinne
i.S.	im Sinne
i.S.d.	im Sinne des/der
i.S.v.	im Sinne von
i.V.m.	in Verbindung mit
i.w.S.	im weiteren Sinne
IBU	Institut Bauen und Umwelt
IEC	International Eletrotechnical Commission
IFG	Informationsfreiheitsgesetz
IMS	Integriertes Management System
InsO	Insolvenzordnung
ISO	International Organization for Standardization
IT	Informationstechnik/Informationstechnologie
ITRB (Zeitschrift)	IT-Rechtsberater
IUCLID	International Uniform Chemical Information Database
JURA (Zeitschrift)	Juristische Ausbildung
JuS (Zeitschrift)	Juristische Schulung
JZ (Zeitschrift)	Juristenzeitung
Kfz	Kraftfahrzeug
KG	Kammergericht (im Range eines Oberlandesgerichts für das Land Berlin)
KG	Kommanditgesellschaft
KMU	kleine und mittlere Unternehmen
KOM	Europäische Kommission
KonTraG	Gesetz zur Kontrolle und Transparenz im Unternehmensbereich
KrW-/AbfG	Kreislaufwirtschafts- und Abfallgesetz
KWG	Kreditwesengesetz

LAG	Landesarbeitsgericht
LEP	Ludwig-Erhard-Preis
LFGB	Lebensmittel-, Bedarfsgegenstände- und Futtermittelgesetzbuch
LuftVG	Luftverkehrsgesetz
m.w.N.	mit weiteren Nachweisen
MaRisk	Mindestanforderungen an das Risikomanagement
MBA	Malcom Baldrige Award
MDR (Zeitschrift)	Monatsschrift für Deutsches Recht
Mitt. (Zeitschrift)	Mitteilungen der deutschen Patentanwälte
MüKo	Münchner Kommentar
NACE	Nomenclature Statistique des Activités Economiques dans la Communauté Européenne
NDA	Non-Disclosure-Agreement
Nds. GVB	Niedersächsisches Gesetz- und Verordnungsblatt
NJW	Neue Juristische Wochenschrift
NJW-RR	Neue Juristische Wochenschrift – Rechtsprechungsreport
NP	New Portuguese Standard on Social Responsibility
NStZ	Neue Zeitschrift für Strafrecht
NuR (Zeitschrift)	Natur und Recht
NVwZ	Neue Zeitschrift für Verwaltungsrecht
NZG	Neue Zeitschrift für Gesellschaftsrecht
NZS	New Zealand Standards
NZV	Neue Zeitschrift für Verkehrsrecht
o.g.	oben genannt
OEM	Original Equipment Manufacturer
OGH	Oberster Gerichtshof (Österreich)
oHG	offene Handelsgesellschaft
OHSAS	Occupational Health and Safety Assessment Series
OLG	Oberlandesgericht
OLGZ	Entscheidungen der Oberlandesgerichte in Zivilsachen
ÖNORM	österreichische Norm
ONR	österreichisches Normungsinstitut – Regelwerke
ON-V	österreichisches Normungsinstitut - sonstige Veröffentlichungen
OWiG	Ordnungswidrigkeitengesetz
PAS	Public Available Specification

PatG	Patentgesetz
PCF	Product Carbon Footprint
PDCA	Plan-Do-Check-Act
PEP	Produktentstehungsprozess
PHB	Produkthaftpflichtversicherung von Industrie- und Handelsbetrieben
PHi (Zeitschrift)	Haftpflicht international
PKW	Personenkraftwagen
ProdHaftG	Produkthaftungsgesetz
PRODIS	Produktinformationssystem
PRTR	Pollutant Release and Transfer Register
PSK	Produktsicherheitskomitee
QFD	Quality Function Deployment
QM	Qualitätsmanagement
QS	Qualitätssicherung
QSV	Qualitätssicherungsvereinbarung(en)
QZ (Zeitschrift)	Qualität und Zuverlässigkeit
R	Recht
r+s (Zeitschrift)	Recht und Schaden
RAL	Reichsausschuss für Lieferbedingungen
REACH	Registration, Evaluation, Authorisation and Restriction of Chemicals
RegE	Regierungsentwurf
RGZ	Reichsgericht, Amtliche Entscheidungssammlung in Zivilsachen
RL	Richtlinie
RMS	Risikomanagementsystem
Rn.	Randnummer
RPZ	Risikoprioritätszahl
s.a.	siehe auch
s.o.	siehe oben
s.u.	siehe unter
SAGE	Strategic Advisory Group on Environment
SIEF	Substance Information Exchange Forums
SOA	Sarbanes-Oxley-Act
SRU	Sachverständigenrat für Umweltfragen
StAnz.	Staatsanzeiger
StGB	Strafgesetzbuch
str.	streitig
st. Rspr.	ständige Rechtsprechung
StrlSchV	Strahlenschutzverordnung
SWOT	Strength Weaknesses Opportunities Threads
TA	Technische Anweisung
TC	Technical Committee
TMG	Telemediengesetz

TQM	Total-Quality-Management
TR	Technical Report
TRIPS	Agreement on Trade-related Aspects of Intellectual Property Rights
u.a.	und andere
u.U.	unter Umständen
UGA	Umweltgutachterausschuss
UHV	Umwelthaftpflichtversicherung
UIG	Umweltinformationsgesetz
UM	Umweltmanagement
UMS	Umweltmanagementsystem
umstr.	Umstritten
UmweltHG	Umwelthaftungsgesetz
UN	United Nations
UNCED	United Nations Conference on Environment and Development
UPR	Zeitschrift für Umwelt- und Planungsrecht
UrhG	Urheberrechtsgesetz
Urt.	Urteil
UWG	Gesetz gegen den unlauteren Wettbewerb
V	Verordnung
v.	vom/von
VAG	Versicherungsaufsichtsgesetz
Var.	Variante
VDE	Verband der Elektrotechnik Elektronik Informationstechnik e. V.
VDI	Verein Deutscher Ingenieure
VersR (Zeitschrift)	Versicherungsrecht
VG	Verwaltungsgericht
vgl.	vergleiche
VgV	Vergabeverordnung
VIG	Verbraucherinformationsgesetz
VKU (Zeitschrift)	Verkehrsunfall und Fahrzeugtechnik
VO	Verordnung
VOB	Vergabe- und Vertragsordnung für Bauleistungen
VOF	Vergabeordnung für freiberufliche Leistungen
VOL	Vergabe- und Vertragsordnung für Leistungen
Vorbem.	Vorbemerkung
VVG	Versicherungsvertragsgesetz
WD	Working Draft
WHG	Wasserhaushaltsgesetz
WM (Zeitschrift)	Wertpapiermitteilungen

WpDVVerOV	Verordnung zur Konkretisierung der Verhaltensregeln und Organisationsanforderungen von Wertpapierdienstleistungsunternehmen
WpHG	Wertpapierhandelsgesetz
WPR	Wirtschafts- und Privatrecht
WRP (Zeitschrift)	Wettbewerb in Recht und Praxis
z.B.	zum Beispiel
ZfBR	Zeitschrift für deutsches und internationales Bau- und Vergaberecht
ZfS	Zeitschrift für Schadensrecht
ZIP	Zeitschrift für Wirtschaftsrecht
ZPO	Zivilprozessordnung
ZRFC (Zeitschrift)	Risk, Fraud and Compliance
ZRFG (Zeitschrift)	Risk, Fraud and Governance
ZRP (Zeitschrift)	Zeitschrift für Rechtspolitik
z.T.	zum Teil
ZUM	Zeitschrift für Urheber- und Medienrecht
ZUR	Zeitschrift für Umweltrecht

1 Einführung

Stefan Müller und Jürgen Ensthaler

1.1 Was ist Technikrecht?

Ein Blick in das Curriculum deutschsprachiger Universitäten, auf das Titelblatt aktueller Ausgaben juristischer Fachzeitschriften sowie in Anforderungsprofile für juristische Professuren belegt, dass der Begriff „Technikrecht" zunehmend Einzug in das Recht findet. Der Begriff umschreibt zwar – bisher – kein in sich (ab)geschlossenes Rechtsgebiet, das sich trennscharf gegen andere Rechtsmaterien abgrenzen lässt, doch spricht dieser Befund nicht gegen die Anerkennung des Technikrechts als eigenständigem Gegenstand juristischer Forschung und Lehre. In der Schwierigkeit, das Technikrecht in die herkömmliche rechtswissenschaftliche Kategorien- und Schubladenbildung einzuordnen, offenbaren sich vielmehr die spezifischen Eigenschaften, die das Rechtsgebiet prägen:

- Im Technikrecht treffen erkennbar (wenigstens) zwei Wissenschaften aufeinander: die Ingenieurwissenschaften und die Rechtswissenschaft. Technikrecht ist deshalb *wesensbedingt multidisziplinär* angelegt. Mittlerweile bildet das Technikrecht selbst den Untersuchungsgegenstand weiterer Wissenschaftsdisziplinen (Ökonomie, Soziologie, Geschichtswissenschaften[1]).
- Die Bezogenheit auf die Technik führt dazu, dass das Technikrecht regelmäßig an vom Menschen *künstlich geschaffenen Gebilden* (sog. Artefakten) anknüpft, deren Herstellung – auf welche Weise auch immer – mit dem *Einsatz von Naturkräften* einhergeht. Die Art und Weise der Anknüpfung kann freilich variieren. So kann die Entstehung des Erzeugnisses (von der ersten Konzeption eines Prototypen bis zum Abschluss der Produktion serienreifer Exemplare) ebenso betroffen sein wie die zu seiner Vermarktung erforderlichen Dienstleistungen oder diejenigen Vorgänge, die bei der Entsorgung des Produkts am Ende seines Lebenszyklus anfallen.
- Die Ausrichtung auf technische Vorgänge verleiht dem Technikrecht unweigerlich einen *dynamischen Charakter*. Es ist deshalb in besonderem Maße offen für neue Entwicklungen, deren sachgerechte Beurteilung und Bewertung in erster Linie der Gesetzgeber und die Gerichte vornehmen müssen. Der Technikrechtswissenschaft obliegt in erster Linie die kritische Begleitung, Systematisierung und dogmatische Grundlegung der vorgefundenen technischen Entwicklungen. Darüber hinaus sind die Rechtswissenschaft und die Rechtsbe-

[1] Vgl. dazu die Beiträge von Salje (Ökonomie), Halfmann (Soziologie) und Vec (Geschichte) im Handbuch des Technikrechts (hrsg. von M. Schulte und R. Schröder), S. 103 ff., 93 ff. und 3 ff.

ratung gleichermaßen aufgerufen, das aus den gewonnenen Erkenntnissen abgeleitete Risiko- und Gestaltungspotential des Rechts den eigentlichen „Akteuren der Technik", namentlich den Unternehmen, zur Verfügung zu stellen, damit letztere unternehmensbezogene rechtliche Risiken vermeiden und unternehmensbezogene Chancen besser nutzen können. Die dem (Technik-)Recht immanente Servicefunktion soll nutzbar gestellt werden.

- Die Ausrichtung auf von Menschenhand Geschaffenes, auf die ständige Erneuerung und Optimierung des status quo macht das Technikrecht zu einem „Recht der Pragmatiker", weshalb es in erster Linie Privat- und Wirtschaftsrecht darstellt[2]. Interpretiert als Recht der produzierenden und vermarktenden Wirtschaftseinheiten steht es in Verbindung zur Unternehmensführung und zum Unternehmensrecht auf.
- Als Rechtsbereich, der die rechtliche Regelung technischer Sachverhalte zum Inhalt hat, entzieht sich das Technikrecht dennoch einer eindeutigen Zuordnung zu den drei materiellrechtlichen Kerngebieten, dem Privatrecht, dem Strafrecht und dem öffentlichen Recht. Das bedeutet, ein und derselbe Lebenssachverhalt mit Bezügen zur Technik kann Folgen aus dem Privatrecht (z. B. das Entstehend von Schadensersatzverpflichtungen), dem Strafrecht (z. B. der Verurteilung zu einer Freiheitsstrafe) und dem öffentlichen Recht (z. B. die Rücknahme einer Anlagengenehmigung durch die zuständige Behörde) nach sich ziehen.

Aus den vorstehenden Charakteristika des Technikrechts lassen sich unterschiedliche Möglichkeiten der Annäherung an das Rechtsgebiet ableiten.

[1] Zum einen könnte man das Technikrecht im Wesentlichen anhand der *unterschiedlichen Techniksparten und Technologien* umschreiben, die im Laufe der vergangenen Jahrzehnte entwickelt wurden (Geräte- und Anlagensicherheitstechnik, Informationstechnologie, Biotechnologie, Nanotechnologie etc.)[3], um auf diese Weise herauszuarbeiten, worin sich der rechtliche Rahmen unterscheidet und inwieweit er „technikübergreifend" Geltung beansprucht.

[2] Anstelle der zum Einsatz kommenden Technologien könnte sich die Perspektive an den *Wertschöpfungsprozessen innerhalb eines (produzierenden) Unternehmens* ausrichten. Eine im Unternehmenssinn funktionale Darstellung entwickelt das Technikrecht entlang den einzelnen Phasen des Produktentstehungsprozesses, was zu einer wechselseitigen Überlagerung des Technikrechts und des Unternehmensrechts führt: Ein modernes, technologie- und technikorientiertes Unternehmensrecht entsteht.[4]

---

[2] Di Fabio, S. 9.

[3] So (zum Teil) der im zu Fn. 1 genannten Handbuch von Schulte/Schröder (Hrsg.) gewählte Ansatz.

[4] Vgl. zum Ansatz und zu den Dimensionen grundlegend Ensthaler/Müller/Synnatzschke, BB 2008, 2638 ff.

[3] Schließlich können die *gesamtgesellschaftlichen Regulierungs- und Steuerungsmechanismen*, die das Technikrecht prägen, zum Ausgang konzeptioneller Überlegungen genommen werden. Die Steuerungsinstrumente sind teils staatlich-imperativen Charakters, teils in der Kooperation zwischen Staat und privatem Rechtsträger wurzelnd und teils privat-selbstregulativer Natur.

Exemplarisch lässt sich hierfür die juristische Produktverantwortung anführen (vgl. dazu später Kap. 2). Für manche Produkte (etwa Arzneimittel) hat der Gesetzgeber ein strenges, mehrstufiges Zulassungsverfahren vorgesehen, das – ungeachtet unternehmerischer Mitwirkungspflichten – im Wesentlichen durch die Zulassungsbehörde gesteuert wird. Für andere Produkte ist die Dichte staatlichen Einflusses zurückgenommen und erschöpft sich im Grunde in einer anlassbezogenen, reaktiven Marktüberwachung durch Aufsichtsbehörden. Der Marktzugang, mithin das Inverkehrbringen des Produkts, wird hingegen ohne unmittelbare hoheitliche Beteiligung durch den Produkthersteller im Zusammenspiel mit einem zumeist privatrechtlich organisierten, seinerseits öffentlich-rechtlicher Zulassung unterliegenden Kontrolleur überprüft (System der Akkreditierung und Zertifizierung als paradigmatisches Modell „regulierter Selbstregulierung"). Vollends der privatautonomen Regelung überlassen bleibt die Ausgestaltung eines Rückrufmanagementsystems (vgl. dazu ausführlich unter 8.3), das die Hersteller sog. Verbraucherprodukte kraft Gesetzes vorhalten müssen: Hier wird zwar die Einrichtung eines solchen Systems hoheitlich angeordnet, dessen Konzeption und Umsetzung obliegt jedoch der Eigenverantwortung des Herstellers.

Kennzeichnend für das Technikrecht sind somit kooperative und privat-selbstregulative Instrumente, staatliche Gebote und deren Verwaltungskontrolle stehen eher und zunehmend im Hintergrund. Dafür gibt es Gründe, die zugleich das Zusammenwirken von Recht und Technik[5] illustrieren:

- Angesichts der Dynamik und Veränderungskraft technischer Prozesse sind statische Vorgaben (wie sie typischerweise in Gesetzesvorschriften enthalten sind) allein nicht in der Lage, technische Sachverhalte effizient zu regulieren. Anpassungsfähige Regelungsmuster kommen dem Wesen der Technik und des Technikrechts eher entgegen. Ausdruck solcher dynamischen Maßstäbe sind vor allem die von (inter)nationalen Normungsgremien geschaffenen technischen Normen, die im Regelfall schneller korrigiert werden können als Gesetze.[6]
- In einer Zeit zunehmender Arbeitsteilung und Wissensspaltung bündeln produzierende Unternehmen und spezialisierte, privatrechtlich organisierte Kontrolleure häufig mehr technischen Sachverstand als staatliche (Aufsichts-)Behörden.
- Indem produzierende Unternehmen als potentielle Verursacher von Produktrisiken verstärkt schon präventiv in die Pflicht genommen werden (etwa durch

[5] Vgl. dazu jüngst Ensthaler, ZRP 2010, 226 ff.

[6] Bereits an dieser Stelle muss freilich betont werden, dass technischen Normen für sich genommen keine rechtliche Verbindlichkeit zukommt. Zum rechtlich verbindlichen Maßstab werden sie erst, wenn und soweit ein Rechtsakt ausdrücklich auf sie Bezug nimmt. Ungeachtet dessen können insbesondere Gerichte technische Normen als Hilfe zur Auslegung und Interpretation wertungsoffener, technikbezogener Begriffe, die in Gesetzen verwendet werden, heranziehen. Vgl. zum Konfliktlösungsmechanismus der Rezeption technischer Normen durch Organe staatlicher Rechtssetzung nunmehr Ensthaler, ZRP 2010, 226, 228.

die näher bezeichneter Systeme zum Steuern technischer Risiken), können Risiken frühzeitig „vor Ort" erkannt und eingedämmt werden und so spätere Schäden vermieden werden. Außerdem werden dem Unternehmen die möglichen Folgen seiner Tätigkeiten frühzeitiger und deutlicher vor Augen geführt.
- Die Verlagerung bestimmter, vormals in staatlicher Regie durchgeführter Kontrolltätigkeiten auf private Akteure kann mit Kosteneinsparungen für die öffentliche Hand einhergehen, was in Zeiten angespannter Staatshaushalte immer bedeutsamer wird. Ihre Grenzen findet die Privatisierung öffentlicher Aufgaben[7] freilich in den zwingenden Vorgaben der Verfassung, dem Grundgesetz.

Wie die Beispiele und die Aufzählung der Gründe verdeutlicht haben, beziehen sich die vor allem durch Flexibilität und Kooperation gekennzeichneten Strukturprinzipien des Technikrechts[8] nicht nur auf die Metaebene gesamtgesellschaftlicher Steuerung technikbezogener Sachverhalte, sondern bilden zugleich die tragenden Rechtsprinzipien für die Ableitung von Anforderungen, die das Technikrecht konkret an die betroffenen Unternehmen stellt. Für die Unternehmensführung folgt daraus – im wohl verstandenen Eigeninteresse – die Notwendigkeit eines strategischen Umgangs mit den rechtlichen Rahmenbedingungen. So können etwa anhand sachgerecht entwickelter integrierter Managementsysteme die geeigneten präventiven Maßnahmen zur Aufdeckung produktspezifischer Risiken, zur Verhinderung von Produktfehlern und somit zur Vermeidung von Produkthaftungsansprüchen getroffen werden.[9]

Eine weitere Kategorie kommt hinzu: Der im Unternehmen tätige Ingenieur wird bzw. braucht häufig nicht an den der jeweiligen gesetzlichen Norm zugrunde liegenden Wertungen interessiert zu sein, für ihn zählt das Ergebnis, um beispielsweise einer Haftung zu entgehen. Soweit der Normbefehl erst durch Rechtsprechung und Literatur konkretisiert wird und die der Konkretisierung zugrunde liegende Wertung im Widerspruch zu ingenieurwissenschaftlichen Erkenntnissen steht, müssen die Wertungen, ihre Grundlagen etc. offen gelegt werden.[10] Die Behandlung eines technischen Phänomens durch die Ingenieurwissenschaft kann bereits erste Ergebnisse schaffen. Damit ist gemeint, dass die rechtliche Beurteilung durch andere Wissenschaften und deren Erkenntnisse teils flankiert, teils bereits vorbereitet wird. Einfacher gewendet: Recht ist von der Wirklichkeit abhängig, an

[7] Vgl. dazu ausführlich (v. a. unter wirtschafts- und sicherheitsrechtlichem Blickwinkel) Stober, NJW 2008, 2301 ff.

[8] Marburger, S. 117 ff.

[9] Vgl. dazu aus ingenieurwissenschaftlicher Perspektive grundlegend Synnatzschke, S. 201 ff. Auch in der Rechtswissenschaft existieren erste Analysen zum Wandel der herkömmlichen staatlichen Wirtschaftsüberwachung hin zu einem unternehmensbezogenen Überwachungsmanagement, vgl. dazu exemplarisch die Monographie von Sarvan (2010).

[10] Mestmäcker hat für den Bereich der Wirtschaft zutreffend formuliert, dass die Gesetzmäßigkeiten häufig in den Phänomenen selbst enthalten sind und man sie nur erkennen muss, vgl. dazu Mestmäcker, Der verwaltete Wettbewerb, passim. Die Aussage lässt sich auf technisch geprägte Sachverhalte übertragen.

eben diese Wirklichkeit gebunden und kann nur dann funktional sein, „wenn es faktisch richtig orientiert“[11] ist.

So sah etwa der Rechtsphilosoph Gustav Radbruch (Die Natur der Sache als juristische Denkform, 1960) in den Naturtatsachen eine wesentliche Vorgabe (Vorgegebenheit) für das Recht. Für die Disziplin Technikrecht gilt das allemal.

Die Rechtswissenschaft und die Ergebnisse der Rechtspraxis haben zumindest in einigen Bereichen durch die Arbeiten der jeweils „sachnäheren Fachwissenschaften“ an Bedeutung eingebüßt. Gemessen an den Forschungsergebnissen dieser anderen Wissenschaften hat Jurisprudenz über lange Zeit den Mangel an Erkenntnissen dieser Wissenschaften nur verwaltet und mit juristischen Lösungen „ausgeholfen“. Doch zunehmend bieten andere Wissenschaften Erkenntnisse für Konfliktlösungsmodelle an, die die Rechtswissenschaft bisher (zu) wenig beachtet hat. So befassen sich Technikwissenschaften und Managementdisziplinen heute mit Fragen der Risikoabschätzung, Risikovermeidung und Risikosteuerung sowie der Risikominimierung in Prozessen, Systemen und Organisationen. Rechtswissenschaft und Rechtspraxis sollten deren Ansätze zur Kenntnis nehmen, kritisch würdigen und gegebenenfalls aufgreifen.

Das Verhältnis zwischen Technik- und Rechtswissenschaft bedeutet dabei keine interdisziplinäre Einbahnstraße: Aufgabe der Rechtsordnung und der Rechtswissenschaft ist es, die an das Management von Unternehmen gestellten (technik-) rechtlichen Anforderungen ausführbar zu gestalten und entsprechende Hilfestellungen zu bieten.[12]

1.2 Zielsetzung und Gliederung des Werks

Im vorliegenden Werk wird das Rechtsgebiet Technikrecht anhand einer Kombination der zuvor beschriebenen Ansätze [2] und [3] entwickelt, d. h. in Abstimmung mit den im Unternehmen vorgenommenen Aktivitäten und unter Berücksichtigung der dem Technikrecht eigenen Regulierungs- und Steuerungsfunktionen. Die Aufarbeitung des relevanten Wissens darf nicht nur rein juristischen Vorgaben folgen, sondern muss ihre Systematik auch aus der Unternehmenspraxis erhalten, darunter auch den Vorgaben (aus) der Technik, die Auswirkungen auf die Formung des Rechts haben können.

Entsprechend der Zielsetzung der hier verfolgten Darstellung steht die *Servicefunktion* des Rechts für die unternehmenspraktische Umsetzung technischer Phänomene und Sachverhalte im Vordergrund. Darin, so bleibt ergänzend anzumerken, erschöpft sich die Schnittmenge zwischen Recht und Technik freilich nicht. Technische Systeme sind zunehmend in der Lage, ihrerseits soziales Verhalten zu steuern und können insoweit mit rechtlichen Vorgaben in Konflikt geraten. In erweiterter Perspektive ist das Technikrecht also auch dazu berufen, einer freiheitsbeschränkenden Technikanwendung *Grenzen* zu

[11] Zippelius, S. 58 f.

[12] Ensthaler, ZRP 2010, 226 ff., 229.

setzen, indem es Mechanismen bereithält, die vor dem Missbrauch technisch-begründeter Steuerungsmacht schützen (vgl. dazu neuerdings ausführlich Christiansen, S. 1267 ff.). Der wissenschaftliche Diskurs um die rechtliche Ausgestaltung solcher Schutzmechanismen ist noch lange nicht abgeschlossen.

Als Fixpunkt für die Umsetzung der hier zugrunde gelegten Konzeption dient deshalb eine Anlehnung an etablierte Bereiche der Managementforschung, die wegen der Fokussierung auf die Technik unter dem Begriff des *Technologiemanagements* gebündelt werden. Für die mit diesem Buch verfolgten Belange wird Technologiemanagement ausgesprochen weit gefasst: Als „Brücke zwischen den Ingenieurwissenschaften und dem Management"[13] umfasst es nach dem Verständnis der Autoren nicht nur die konzeptionellen Fragen zur Rolle der (nicht notwendig neuartigen) Technologien im Unternehmen[14], sondern auch die konkrete Anwendung solcher Technologien in produktbezogenen Entwicklungs-, Herstellungs- und Vermarktungsprozessen.[15] Anhand der Ausrichtung am Technologiemanagement sollen – ohne Anspruch auf Vollständigkeit – zentrale Materien des unternehmensbezogenen Technikrechts dargestellt werden.

An dieser Stelle bedarf es eines einschränkenden inhaltlichen Hinweises. *Ein* wesentliches juristisches Instrument des zuvor definierten Technologiemanagements stellen die *Rechte des geistigen Eigentums* dar, namentlich die technischen Schutzrechte „Patent" und „Gebrauchsmuster", die im Zuge der Entwicklung eines Produkts entstehen können. Die Darstellung der rechtlichen Voraussetzungen und Folgen ihres Schutzes, aber auch die Diskussion ihres strategischen Einsatzes durch die Unternehmensleitung kann aus Raumgründen in diesem Werk nicht geleistet werden. Das Recht und das Management des geistigen Eigentums werden deshalb demnächst ausführlich in dem Werk *Jürgen Ensthaler/Patrick Wege (Hrsg.), Management Geistigen Eigentums – die unternehmerische Gestaltung des Technologieverwertungsrechts* (2012) beschrieben, das ebenfalls im Springer Verlag erscheinen wird und sowohl inhaltlich als auch konzeptionell mit Fug und Recht als Fortsetzung des „Technikrechts" gelten darf.

Das vorliegende Werk gliedert sich abgesehen von der Einführung in *sieben Kapitel*, in denen jeweils ein aus dem Technologiemanagement abgeleiteter Managementbereich kurz skizziert und in seinen rechtlichen Geltungs- und Wirkungsbedingungen dargestellt wird. Schon wegen des „offenen Gehalts" des

---

[13] Spath/Renz, S. 233 f. [Klammerzusatz der Verf.].

[14] So Hauschildt/Salomo, S. 34 m.w.N.

[15] Ebenfalls einen weit gefassten Ansatz wählt Brockhoff, Forschung, S. 70 ff., 153, der die Beschaffung, Speicherung und Verwertung neuen technologischen Wissens zu den Aufgaben des Technologiemanagements zählt, weshalb nach diesem Konzept u. a. sowohl das F&E-Management als auch das Innovationsmanagement im Technologiemanagement aufgehen. Ähnlich umfassend verstehen Fischer/Lange, S. 377, unter Technologiemanagement die „Planung, Organisation, Realisierung und Kontrolle des Wissens über Technologien, welches in einem Unternehmen bei der Herstellung von Produkten oder Leistungen, in Produktionsprozesses oder in Steuerungsprozessen verwendet wird".

Technikrechts können die jeweiligen Ausführungen keinen Anspruch auf Vollständigkeit und erschöpfende Behandlung erheben, dies gilt in besonderem Maße für die zumeist vorangestellte kurze Einleitung in die zugehörige Managementdisziplin selbst. Die Betrachtungen verstehen sich – je nach Kapitel mit unterschiedlichem Gewicht – als Aufbereitung des aktuellen Stands der juristischen Forschung und der Rechtsprechung, als Anleitung für die Unternehmenspraxis im Umgang mit rechtlichen Anforderungen und mitunter auch als Anregung für weitere wissenschaftliche Untersuchungen zu bisher nicht oder wenig geklärten Themen und Fragestellungen, auch und gerade im Zusammenspiel zwischen verschiedenen Wissenschaftsdisziplinen[16].

Den Auftakt der Ausführungen bildet das *Produktionsmanagement* (Kap. 2), dessen juristische Dimension recht fundiert und angesichts umfangreicher Kasuistik deutscher Gerichte gut zu veranschaulichen ist. Der juristische Gehalt des Produktionsmanagement kreist um die Frage der Gewährleistung der Sicherheit von Produkten. Hieran kann das *Qualitätsmanagement* (Kap. 3) nahtlos anknüpfen, geht es bei ihm doch primär um die optimale Erfüllung von Kundenanforderungen, was die Vermeidung von Fehlern bedingt – und die Fehlervermeidung trägt zugleich zur Gewährleistung von Sicherheit bei[17]. Die mit der Vermarktung erzeugter Waren zusammenhängenden Vorgänge hat das *Vertriebsmanagement (technischer Produkte)* im Blick (Kap. 4). Neben Fragen der Vertriebsorganisation werden dort v. a. Modelle zum Abbau technischer Handelshemmnisse für den europäischen Vertrieb technischer Produkte angesprochen. Das darauf folgende Kapitel zum *Risikomanagement* (Kap. 5) nimmt gliederungstechnisch und inhaltlich eine zentrale Rolle ein. Es hat die rechtliche Behandlung technischer und organisatorischer bzw. finanzieller Risiken zum Gegenstand, die sich bei komplexen technischen Produkten und den Organisationen, die mit deren Herstellung und Vermarktung betraut sind, mit besonderer Schärfe stellen können. Im Zusammenhang mit dem rechtlich-normativen Rahmen zur Bewältigung solcher Risiken[18] gewinnt der Begriff Compliance, also der „Regeltreue" im Unternehmensbereich („Corporate Compliance") zunehmend an Bedeutung. Die weiteren Kapitel rücken die zur Entstehung und Umsetzung von Technik erforderlichen Ressourcen in den Mittelpunkt der Betrachtung: Da bei der Fertigung, beim Einsatz und bei der Entsorgung von Erzeugnissen stets auf natürliche Lebensgrundlagen wie Wasser, Luft und Erdreich zurückgegriffen oder (etwa bei Lärmentwicklung) unmittelbar auf das Wohlbefinden von Mensch und Tier eingewirkt wird, prägt das in Kap. 6 dargestellte *Umweltmanagement* auch das Technikrecht. Den menschlichen Fähig- und Fertigkeiten, die jedem technischen Produkt zugrunde liegen, sind demgegenüber die beiden letzten Kapitel gewidmet. Die als Kap. 7 erfolgte Aufnahme des *Projektmanagements* in den Kreis der betrachteten Managementbereiche ist dem

---

[16] Vgl. dazu Ensthaler, ZRP 2010, 226, 229.

[17] Grundlegend zu den juristischen Aspekten des Qualitätsmanagements (unter Einschluss des Vertriebs- und Umweltmanagements) Ensthaler/Füßler/Gesmann-Nuissl (1997).

[18] Vgl. zu den juristischen Steuerungsinstrumenten bereits Gesmann-Nuissl, S. 281 ff.

Umstand geschuldet, dass Gegenstände der Technik immer seltener durch einen Wirtschaftsakteur allein, sondern im Verbund mit anderen Akteuren, mithin innerhalb von komplexen, unternehmensübergreifenden Projekten, realisiert werden. Wichtige organisatorische und personenbedingte Grundbedingungen der Technikentstehung werden im abschließenden 8. Kapitel juristisch hinterfragt. Dort geht um Informationen, Kommunikationsverhalten und Wissen als Bausteine technischer Produkte und Prozessen, die ihrer Realisierung zugrunde liegen. Es kann daher nicht verwundern, wenn das *Wissensmanagement* als Hauptaufgabe des Technologiemanagements[19] bezeichnet und deshalb – soweit es nicht in dem bereits angekündigten *Management geistigen Eigentums* eine gesonderte Darstellung erfährt – am Ende dieses Buchs behandelt wird. Die Abb. 1.1 setzt den Aufbau des Werks graphisch um.

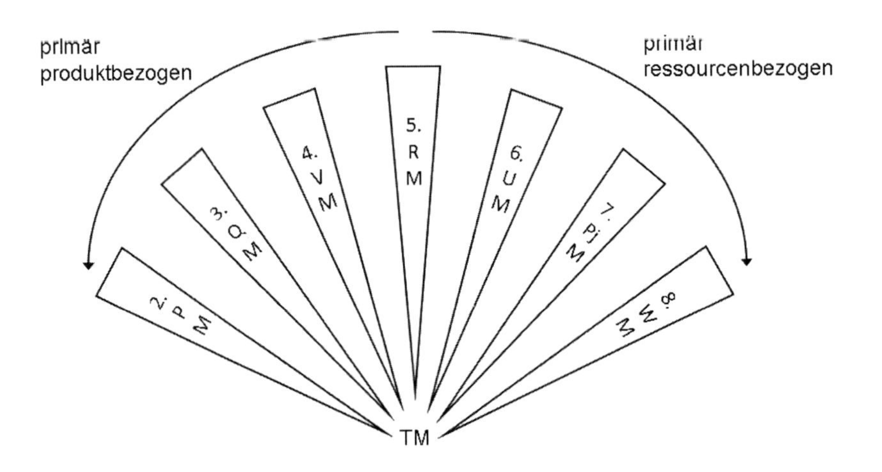

PM = Produktionsmanagement | QM = Qualitätsman. | VM = Vertriebsman. | RM = Risikoman. | UM = Umweltman. | PjM = Projektman. | WM = Wissensman. | TM = Technologiemanagement

Abb. 1.1: Aufbau des Werkes

Die Kapitel 2 bis 8 sind ganz überwiegend nach einheitlichem Muster aufgebaut. In Unterkapitel „.1“ wird ein kurzer Blick auf die jeweilige Managementdisziplin geworfen, um so den gegenständlichen Rahmen für die nachfolgenden juristischen Ausführungen abzustecken, die unter „.2“ erfolgen. Im anschließenden Unterkapitel „.3“ wird der juristische Gehalt des Managementbereichs an einem oder mehreren Beispielen verdeutlicht. Das Unterkapitel „.4“ bietet eine Zusam-

[19] Brockhoff, Management des Wissens, S. 61 ff.

menfassung der Ausführungen und/oder einen Ausblick auf kommende Entwicklungen und unter „.5“ wird ein Verzeichnis über die im jeweiligen Kapitel angesprochene Literatur geboten.

1.3 Über die Arbeit mit diesem Buch

Mit dem vorliegenden Lehr- und Handbuch wenden sich die Autoren an einen denkbar großen Kreis von Leserinnen und Lesern[20]: Das Werk adressiert Juristen ebenso wie Vertreter anderer Wissenschaften, v. a. der Ingenieur- und Wirtschaftswissenschaften. Es möchte nicht nur Studierende und Wissenschaftler unterschiedlicher Disziplinen ansprechen, sondern auch diejenigen, die mit juristischer, ökonomischer oder naturwissenschaftlich-technischer Vorbildung praktisch tätig sind.

Die Autoren der einzelnen Kapitel sind jeweils kenntlich gemacht, doch letztlich versteht sich das „Technikrecht“ als Gemeinschaftswerk aller Autoren, Juristen und Wirtschaftsingenieure. Wo immer es den Autoren passend und sinnvoll erschien, finden sich auf die Gliederungsebene bezogene Verweise zwischen den einzelnen Kapiteln, um die unterschiedlichen Dimensionen des Rechtsgebiets in ihrer Vernetztheit und Wechselbezüglichkeit darzustellen und so – im Bewusstsein des fragmentarischen Charakters des Technikrechts – ein möglichst rundes Bild zu zeichnen. Dem interessierten Leser bieten sich an zahlreichen Stellen, vor allem in den Fußnoten, Hinweise auf weiterführende Literatur.

Als Darstellung der Facetten eines Rechtsgebiets sind in den einzelnen Kapiteln Bezugnahmen auf gesetzliche Vorschriften unerlässlich. Eine abgeschlossene Gesetzessammlung zum Technikrecht existiert (noch) nicht, doch können die meisten Vorschriften unter den gängigen Kurzbezeichnungen der Gesetze (wie etwa BGB, ProdSG, BImSchG) im Internet abgerufen werden. Besonders umfassend ist etwa die Zusammenstellung auf der Seite http://www.gesetze-im-internet.de. Die Kurzbezeichnungen wie auch die gängigen Abkürzungen der (juristischen) Fachzeitschriften, die in den Fußnoten ausgewiesen sind, können über das Abkürzungsverzeichnis aufgelöst werden. Allen „nicht-juristischen“ Lesern, die Schwierigkeiten beim Zugang zum Recht – oder zu den Juristen – haben oder zu haben glauben, sei schließlich die aus der IT-Branche entstandene Hilfestellung von Christoph Zahrnt[21] (er selbst ist Jurist und Volkswirt) zur Lektüre empfohlen.

Für Anregungen, Lob und Kritik sind die Autoren des Werks stets offen und dankbar. Prof. Dr. Dr. Jürgen Ensthaler ist unter der E-Mail-Adresse

[20] Im Folgenden wird aus Gründen der besseren Lesbarkeit die männliche Sprachform verwendet.

[21] Zahrnt, Anhänge A und B (S. 343 ff., S. 361 ff.).

j.ensthaler@ww.tu-berlin.de zu erreichen, Prof. Dr. Dagmar Gesmann-Nuissl unter der Anschrift dagmar.gesmann@wirtschaft.tu-chemnitz.de sowie Prof. Dr. Stefan Müller unter der Adresse stefan.mueller@ww.tu-berlin.de.

Die Autoren möchten abschließend den studentischen Mitarbeitern des Lehrstuhls für Wirtschafts-, Unternehmens- und Technikrecht an der TU Berlin für wertvolle Vor- und Zuarbeiten danken. Hier sind v. a. Tom Hill, Lena Melcher, Christian Meroth zu nennen. Der Dank der Autoren gilt ferner den Ansprechpartnerinnen des Verlags, Frau E. Hestermann-Beyerle und Frau B. Kollmar-Thoni, für die fachkundige (und geduldige) Betreuung des Buchprojekts.

1.4 Literaturverzeichnis zu Kapitel 1

Brockhoff, Klaus: Forschung und Entwicklung: Planung und Kontrolle, 5. Aufl. 1999, Oldenbourg (zitiert als: Brockhoff, Forschung).

Brockhoff, Klaus: Management des Wissens als Hauptaufgabe des Technologie- und Innovationsmanagements, in: Albers, S./Gassmann, O. (Hrsg.): Handbuch Technologie- und Innovationsmanagement, 2005, Gabler, S. 61 ff. (zitiert als: Brockhoff, Management des Wissens).

Christiansen, Per: Recht in einer technisierten Welt, in: Martinek, M./Rawert, P./Weitemeyer, B. (Hrsg.): Festschrift für Dieter Reuter zum 70. Geburtstag am 16. Oktober 2010, 2010, de Gruyter, S. 1267-1278.

di Fabio, Udo: Technikrecht – Entwicklung und kritische Analyse, in: Vieweg, K. (Hrsg.): Techniksteuerung und Recht, 2000, Heymanns, S. 9-21.

Ensthaler, Jürgen: Die Bedeutung der Zusammenarbeit zwischen Technik- und Rechtswissenschaft, in: ZRP 2010, 226-229.

Ensthaler, Jürgen/Füßler, Andreas/Gesmann-Nuissl, Dagmar: Juristische Aspekte des Qualitätsmanagements, 1997, Springer.

Ensthaler, Jürgen/Müller, Stefan/Synnatzschke, Sebastian: Technologie- und techikorientiertes Unternehmensrecht, in: BB 2008, 2638-2645.

Fischer, J./Lange, U.: Technologiemanagement, in: Specht, D./Möhrle, M. (Hrsg.): Gabler Lexikon Technologiemanagement, 2002, Gabler, S. 377-380.

Gesmann-Nuissl, Dagmar: Rechtsinstrumente einer nachhaltigen Risikosteuerung im Unternehmen, in: von Hauff, M./Lingnau, V./Zink, K. (Hrsg.): Nachhaltiges Wirtschaften – integrierte Konzepte, 2008, Nomos, S. 281-299.

Hauschildt, Jürgen/Salomo, Sören: Innovationsmanagement, 4. Aufl. 2007, Vahlen.

Marburger, Peter: Die Regeln der Technik im Recht, 1979, Heymanns.

Mestmäcker, Ernst-Joachim: Der verwaltete Wettbewerb, 1984, Mohr.

Radbruch, Gustav: Die Natur der Sache als juristische Denkform, 1960, wissenschaftliche Buchgesellschaft Darmstadt.

Röthel, Anne: Europäische Techniksteuerung, in: Vieweg, K. (Hrsg.): Techniksteuerung und Recht, 2000, Heymanns, S. 35-59.

Sarvan, Senka: Reduktion staatlicher Wirtschaftsüberwachung durch Managementsysteme – eine Untersuchung am Beispiel des Geräte- und Produktsicherheitsrechts, 2010, Kovač.
Schulte, Martin/Schröder, Rainer (Hrsg.): Handbuch des Technikrechts, 2. Aufl. 2011, Springer.
Spath, Dieter/Renz, Karl-Christoph, in: Albers, S./Gassmann, O. (Hrsg.): Handbuch Technologie- und Innovationsmanagement, 2005, Gabler, S. 229-246.
Stober, Rolf: Privatisierung öffentlicher Aufgaben, in: NJW 2008, 2301 ff.
Synnatzschke, Sebastian: Verbindung von Qualitäts- und Risikomanagement vor dem Hintergrund juristischer Anforderungen an produzierende Unternehmen in Deutschland und in Europa; Diss. Ing. TU Berlin, 2011 (elektronische Ressource, abrufbar unter: http://nbn-resolving.de/urn:nbn:de:kobv:83-opus-31679).
Zahrnt, Christoph: IT-Projektverträge – rechtliche Grundlagen, 4. Aufl. 2008, dpunkt-Verlag.
Zippelius, Reinhold: Das Wesen des Rechts, 2. Aufl. 1965, Beck.

2 Produktionsmanagement und Recht

Stefan Müller

2.1 Ein Blick ins Produktionsmanagement

Der im Ausgangspunkt dieses Kapitels stehende Begriff der *Produktion* wird im wirtschafts- und ingenieurwissenschaftlichen Kontext unterschiedlich interpretiert. So stellen etwa Sydow/Möllering vier unterschiedliche Annäherungen vor:[22]

Bezogen auf das mit der Produktion verbundene *Ergebnis* kann er als Prozess der innerbetrieblichen Leistungserstellung durch Kombination produktiver Faktoren umschrieben werden.

Bei *unternehmensfunktionaler* Betrachtung stellt sich die Produktion als diejenige Phase des Realgüterprozesses dar, die zwischen Beschaffung und Absatz zu verorten ist.

In einem *gesamtwirtschaftlichen* Verständnis wird die Produktion als Prozess der Wertschöpfung im Gegensatz zur Konsumtion (als Wertverwendung) gesetzt.

Aus einer *Managementperspektive* lässt sich Produktion schließlich als soziales System begreifen, das unternehmensintern oder -übergreifend organisiert und zur Schaffung wirtschaftlicher Werte bestimmt ist.

Als Vorgang verstanden bedeutet Produktion somit den Transformations- bzw. Kombinationsprozess, bei dem die eingebrachten (u. U. beschafften) Einsatzgüter („Input“) in die für den Absatz vorgesehenen Ausbringungsgüter („Output“) umgewandelt werden.[23] Eingebettet in ein umfassendes Produktionssystem stellt dieser Wertschöpfungsprozess die Umsetzung eines Ausführungssystems dar, das von einem Führungssystem, welches den Managementprozess erfasst, gesteuert wird und zugleich mit diesem interagiert[24]: Das Führungssystem gibt die Anforderungen für den Wertschöpfungsprozess in Gestalt von Stellgrößen vor („Soll-Werte“) und erhält vom Ausführungssystem umgekehrt Rückmeldeinformationen über den Ist-Zustand zurück, wodurch ein kontinuierlicher Managementprozess in Gang gesetzt wird.

Durch sein wechselbezügliches Verhältnis zur transformationsorientierten Theorie betrieblicher Wertschöpfung (modellhaft abgebildet durch das Ausführungs-

---

[22] Vgl. (auch zum Folgenden) ausführlich Sydow/Möllering, S. 6 ff.

[23] Vahrenkamp, S. 1.

[24] Dyckhoff, S. 7 (Bild 0.3).

system) wird der Gehalt des *Produktionsmanagements* freilich noch nicht hinreichend beschrieben. Offen bleiben dabei insbesondere die Fragen

- nach der Zuständigkeit für die mit dem Produktionsmanagement verbundenen Aufgaben innerhalb eines Unternehmens (institutionelle Betrachtung),
- nach den Aktivitäten, die mit dem Produktionsmanagement verbunden sind (funktionale Betrachtung), und
- nach der Beschaffenheit des Managementprozesses (prozessorientierte Betrachtung).

An dieser Stelle können und müssen die aufgeworfenen Fragen, der Zwecksetzung dieses Werks entsprechend, nicht abschließend geklärt werden. Um die juristische Relevanz des Produktionsmanagements einschätzen zu können, bedarf es jedoch einer Betrachtung derjenigen Ebenen, die bei der Produktion von Gütern (Waren und Dienstleistungen) von Bedeutung sind. Entsprechend der von Dyckhoff vorgestellten Theorie betrieblicher Wertschöpfung lassen sich die beteiligten Systeme wie folgt abbilden[25]: Ausgehend vom *realen Produktionsprozess* ist die erste der darüber liegenden Betrachtungsebenen die Objektebene der *Technologie* (Lehre von der Produktionstechnik), die mit den Begriffen des Inputs und des Outputs beschrieben wird. Darüber liegt als Ergebnisebene die *Produktionstheorie*, die mit den Kategorien von Aufwand und Ertrag operiert. Die dritte und oberste Ebene stellt die *strategische Ebene* der *Erfolgstheorie* dar, bei der über einen umfassenden Vergleich von Schaden und Nutzen, mithin einer Saldierung von Leistungen und Kosten, zugleich die dauerhafte Erzielung und Erhaltung von Wettbewerbsvorteilen durch Produktion erklärt werden kann.

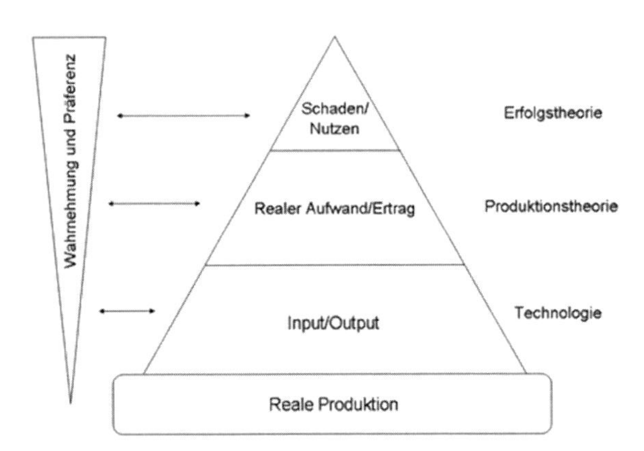

Abb. 2.1 (nach Dyckhoff, S. 11 Bild 0.5): Aufbau der Theorie betrieblicher Wertschöpfung

Wie die Theoriebildung zeigt, sind für das Produktionsmanagement somit technologiebezogene, produktionstheoretische und produktionsbezogene Fragen von Be-

[25] Vgl. Dyckhoff, S. 10 ff., auch zum Folgenden.

lang. Als Komponenten des Produktionsmanagements lassen sich daher ausmachen[26]:

- das *strategische* Produktionsmanagement,
- das *taktische* Produktionsmanagement (Produktionsorganisation) sowie
- das *operative* Produktionsmanagement (Produktionsplanung und -steuerung).

Auf der strategischen Ebene finden v. a. die Festlegungen statt, auf welchen Märkten und welchen Marktsegmenten ein Unternehmen unter welchen Bedingungen und unter Einsatz welcher Technologien mit welcher Art von Produkten präsent sein möchte. Strategische Überlegungen prägen die gesamte *Produktentwicklung* von der Produktplanung (von der Produktidee bis zum Projekt-Businessplan)[27] über Produktkonzeptionen und Teilkonstruktionen bis zum Produktionsstart und darauf aufbauend die nachfolgende *Entstehung* der konkreten Produktexemplare. Die gleichfalls zum strategischen (Produkt-)Management zählende, der Produktentwicklung häufig vorgelagerte (Grundlagen-)Forschung ist für eine juristische Produktverantwortung jedoch ohne unmittelbare Relevanz, da bei ihr kein Bezug zu konkreten Produkten oder auch nur Märkten gegeben ist. Da zu den strategischen Überlegungen auch die organisatorische Festlegung gehört, ob für die geplante Produktion notwendige Produktionsfaktoren am Markt beschafft („Buy"-Entscheidung), durch das Unternehmen selbst hervorgebracht bzw. zur Verfügung gestellt („Make"-Entscheidung) oder im Verbund mit anderen Unternehmen erzeugt werden („Cooperate"-Entscheidung)[28], können neben dem Produzenten des Endprodukts auch die rechtlichen Beschaffungs- oder Netzwerkbeziehungen sowie die daran beteiligten Akteure zum Gegenstand auch juristischer Betrachtungen werden.

Die Produktorganisation innerhalb eines Unternehmens variiert nach dem Produktionstyp (Einzelfertigung, Variantenfertigung, Massenfertigung), nach dem Organisationstypus der gewählten Produktion (Wertstattfertigung, Fließ- bzw. Fließbandfertigung, Reihenfertigung, Baustellenfertigung) sowie nach den gewählten Formen der Arbeitsorganisation unter Berücksichtigung der Vorgaben zur Arbeitszeit (Arbeitsgruppen etc.). Zusätzliche organisatorische Herausforderungen ergeben sich bei der externen Beschaffung von Produktionsfaktoren und der Netzwerkproduktion.

Die Planung und Steuerung des „eigentlichen" Produktionsprozesses orientiert sich an operativen Zielen des Produktionsmanagements, die mit den strategischen, erfolgstheoretisch zu begründenden Zielen im Regelfall nur lose gekoppelt sind[29]: Zu den operativen Zielen gehören

---

[26] Vgl. dazu nur die Gliederung der Werke von Vahrenkamp und Sydow/Möllering.

[27] Vgl. dazu ausführlich Schäppi, S. 265 ff.

[28] Vgl. zu diesen alternativen strategischen Organisationsformen ausführlich das Werk von Sydow/Möllering.

[29] Sydow/Möllering, S. 97 f.

- zeitbezogene (Einhaltung von Lieferzeiten, Minimierung der Durchlaufzeiten der einzelnen Arbeitsvorgänge),
- qualitätsbezogene (Minimierung der Ausschussrate) sowie
- primär kostenbezogene (Kapazitätsauslastung, Minimierung der Lagerbestände an halbfertigem Material)

Gesichtspunkte.

Die hierarchische Produktionsplanung[30] gliedert sich mithin nach grundlegenden planerischen Überlegungen (anhand welcher Produktionsfaktoren wird welches Produkt gefertigt?), mengenbezogenen Aspekten (Wie viel wird unter Einsatz von wie viel Bedarf produziert? [Materialbedarfs- und Mengenplanung sowie Losgrößenplanung]) und zeitlichen Dimensionen (Wann wird produziert? Wie lange wird produziert?).

Die Steuerung des Produktionsprozesses erfolgt häufig softwaregestützt, wobei moderne Softwarelösungen nicht auf Fragen der Produktionsplanung beschränkt sind, sondern unternehmensweit Fragen der Ressourcenplanung berücksichtigen (Enterprise Ressource Planning [ERP]) und darüber hinaus geeignet sind, das Lieferanten- und Netzwerkmanagement abzubilden. Gerade im operativen Produktionsmanagement nehmen Verfahren und Methoden des Qualitätsmanagements breiten Raum ein. Stellvertretend seien hier nur das Quality Function Deployment (QFD) und die Fehler-Möglichkeits- und Einfluss-Analyse (FMEA) genannt, die unten im Abschnitt zum Qualitätsmanagement (in Kap. 3 unter 3.1.3) näher behandelt werden.

2.2 Juristische Ausführungen zum Produktionsmanagement

Dreh- und Angelpunkt des Konzepts juristischer Betrachtungen von Produktion und Produktionsmanagement ist die Gewährleistung von *Produktsicherheit*. Der rechtliche Blickwinkel richtet sich deshalb nur auf einen untergeordneten Teil der Ziele des Produktionsmanagements: Insbesondere die Erschließung neuer Märkte und Kunden, der Erhalt der Wettbewerbsfähigkeit, die Einsparung von Kosten durch bessere Ausgestaltung von Prozessabläufen, Maschinen und Methoden oder durch den effizienteren Einsatz von Human- und Sachressourcen – und damit letztlich die Steigerung des Unternehmensertrags – sind für die juristische Produktverantwortung jedenfalls nicht unmittelbar von Belang.

Die Produktsicherheit betrifft die bei der Produktentstehung angesprochenen *organisatorischen* Abläufe (auch diejenigen zwischen einzelnen Akteuren der Wertschöpfungskette) in einem umfassenden Sinn. Sie unterscheidet nicht danach,

---

[30] Vgl. dazu im Überblick Vahrenkamp, S. 110 ff. und ausführlicher unter S. 118 ff., 128 ff., 139 ff., 153 ff. und S. 181 ff. sowie kompakt Seliger/Kernbaum, S. 636 ff.

welche Ebene des Produktionsmanagements (strategisch, taktisch, operativ) betroffen ist.[31]

> Wegen der Ausrichtung an der Produktsicherheit des letzten Endes gefertigten und vertriebenen Produktexemplars bleiben vorliegend Aspekte der Arbeitsbedingungen (Arbeitszeit, Arbeitssicherheit) weitgehend außer Betracht: Zwar unterliegen sowohl die Sicherheit der am Produktionsprozess beteiligten Arbeitnehmer wie auch die Regulierung der Arbeitszeit umfangreichen rechtlichen Vorgaben, doch wird das hier vorgestellte Konzept der Produktverantwortung über das Produktions*ergebnis* und nicht die Bedingungen des Produktionsvorgangs entwickelt. Vgl. zur Schnittmenge zwischen Arbeitsrecht und Produkthaftung Eisenberg et al., S. 161 ff.

Aus juristischer Sicht kommt der *Organisation* eines Produktentstehungsprozesses zentrale Bedeutung zu; die zivilrechtliche Verantwortung für fehlerhafte Produkte, die Produkthaftung, lässt sich im Kern auf wegen organisatorischer Mängel hervorgerufene Produktfehler zurückführen. Die Rechtsordnung macht (abgesehen von gewissen arbeitsrechtlichen Regelungen) zwar keine Vorgaben für die gewählten Typen der Produktionsorganisation, verlangt jedoch in grundsätzlicher Hinsicht, dass für alle sicherheitsrelevanten Abschnitte des Produktionsprozesses Verantwortungsbereiche abgegrenzt, leitenden Mitarbeitern zugewiesen sowie geeignetes Personal und geeignete Verfahren eingesetzt werden. Die Einhaltung dieser Vorgaben muss durch regelmäßige Kontrollen sichergestellt werden. Aus den hierzu im Einzelnen erforderlichen Vorgaben lässt sich ein juristisches Konzept der Produktverantwortung konstruieren, das im Folgenden zunächst knapp umrissen (→ 2.2.1), sodann nach seinen wesentlichen Bestandteilen gegliedert dargestellt (→ 2.2.2 - 2.2.10) und anhand einer unternehmensstrategischen Überlegung exemplifiziert wird (→ 2.3). Ein Blick auf juristische Sonderfragen (→ 2.4) rundet die Darstellung der juristischen Dimension ab.

2.2.1 *Ein juristisches Konzept der Produktverantwortung*

Zur Illustration des Konzepts Produktverantwortung werden in der nachfolgenden Abb. 2.2 die Akteure einer prototypischen Haftungssituation skizziert.

---

[31] In der Praxis dürften Ursachen für unzureichende Produktsicherheit zumeist auf der Ebene des operativen Managements zu verorten sein.

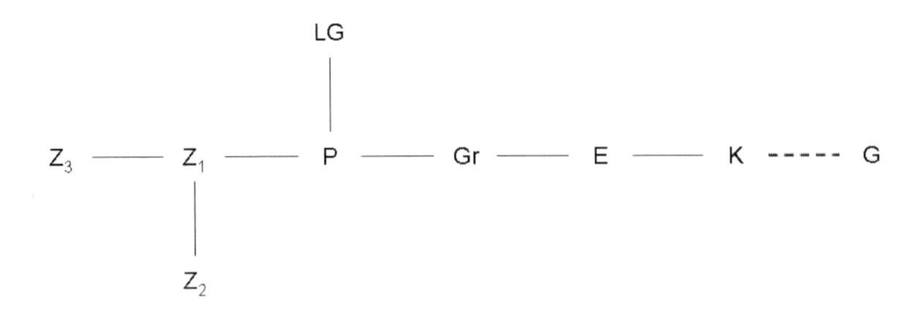

Legende:
E= Einzelhändler
K = Käufer des Produkts
G = Geschädigter
Gr = Großhändler
LG = Lizenzgeber (hins. Lizenz, die eine Produktion gestattet)
P = Produzent
$Z_1 - Z_3$ = (diverse) Zulieferer unterschiedlicher Stufen
– = vertragliche Beziehung

Abb. 2.2: Produktherstellung und -vertrieb in der Wertschöpfungskette

Der skizzierten Situation liegt folgender (fiktiver[32]) Sachverhalt zugrunde: Produzent P lässt Tablet-PCs, deren Bedienung vollständig auf einem berührungsempfindlichen Touch-Bildschirm beruht, herstellen und unter seinem Logo vertreiben. Der Tablet-PC wird von Z1 zusammengebaut, der die notwendigen Komponenten von einer Vielzahl weiterer Lieferanten, darunter der das Display fertigende Z2 und der das Touchscreen fertigende Z3, bezieht. Die erforderlichen Lizenzen für die Produktion von Display und Touchscreen haben Z2 und Z3 vom Lizenzgeber LG erworben. P setzt die Endgeräte über Großhändler (Gr) ab, die wiederum Einzelhändler (E) beliefern. Bei E erwirbt Kunde K noch am Tag der Markteinführung ein Exemplar. Der mit K befreundete G möchte das neue Gerät des K einmal ausprobieren. Leider kommt es hierbei zu einer Überhitzung der Display-Oberfläche, so dass G Brandverletzungen an zwei Fingern seiner rechten Hand davon trägt. G möchte nun wissen, welchen der zuvor dargestellten Akteure er wegen eines angemessenen Schmerzensgeldes in Anspruch nehmen kann (die Frage des oder der Haftungsadressaten wird später unter 2.2.5.3 aufgelöst).

Indem G Schmerzensgeld begehrt, macht er jedenfalls Ansprüche auf Ersatz immaterieller Schäden geltend, deren Beurteilung sich nach dem *Privatrecht*, insb. dem zivilen Haftungsrecht bemisst. Die Ansprüche könnten zum einen auf ver-

---

[32] Der Sachverhalt knüpft vage an einen Aprilscherz aus der Ausgabe der F.A.Z. vom 01.04.2010 („Verkaufsstart des IPad verschoben“) an, die damit die bevorstehende Markteinführung des IPads durch Apple humoristisch aufgegriffen hat.

traglicher Grundlage bestehen. Da jedoch G zu keinem der anderen Beteiligten in vertraglichen Beziehungen stand[33] und sich die zwischen den anderen Beteiligten bestehenden vertraglichen Pflichten grundsätzlich nicht auf G beziehen (sog. Grundsatz der Relativität von Schuldverhältnissen[34]), scheiden vertragsrechtliche Anspruchsgrundlagen vorliegend aus. Ersatzansprüche des G können somit nur auf Grundlagen des außervertraglichen Schadensersatzrechts, nämlich der unerlaubten Handlung (§§ 823 ff. BGB) oder auf haftungsrechtliche Sondergesetze wie hier das Produkthaftungsgesetz (kurz: ProdHaftG) gestützt werden. Die letztgenannten Anspruchsgrundlagen machen denn auch den Schwerpunkt der Produkthaftung aus (vgl. dazu später umfassend unter 2.2.3-2.2.6). Ganz abstrakt gesprochen geht es bei der Prüfung der maßgeblichen Schadensersatzansprüche um die Frage, ob der jeweilige Anspruchsschuldner seiner Verantwortung als Hersteller, Importeur, Lieferant, Verkäufer etc. hinreichend nachgekommen ist, wobei die Verantwortung des bzw. der Hersteller für die notwendige Sicherheit des Produkts im Mittelpunkt der nachfolgenden Überlegungen stehen wird.

Soweit man Produktverantwortung in einem umfassenden Sinn versteht, ist der Blick „vom (einzelnen) eingetretenen Schaden ausgehend" freilich zu kurz greifend. Denn die Eindämmung produktspezifischer Gefahren wird vor allem dadurch bewerkstelligt, dass bereits der *Eintritt von Schäden verhindert* wird, sich mithin die Gefahr überhaupt nicht erst realisiert. Zwar bewirkt schon die bloße Existenz von Schadensersatzpflichten quasi als „Nebeneffekt" die Verhinderung von Schäden, wenn und soweit alle an der Wertschöpfungskette beteiligten Akteure produktbezogene Pflichten gewissenhaft erfüllen und der Nutzer das Produkt sachgerecht und zweckentsprechend anwendet. Doch das Schadensverhinderungspotential erschöpft sich nicht in dieser Reflexwirkung des privaten Haftungsrechts. Vorschriften des (primär zum *öffentlichen Recht* gehörenden) *Gefahrenabwehrrechts* steuern bereits den Zugang der Produkte zum Markt sowie die Überwachung des Handels und der sonstigen Weitergabe von Produkten. Das unter 2.2.10 angesprochene sowie im Kap. 4 unter 4.3.2 in grundsätzlicher Hinsicht dargestellte, präventiv wirkende Sicherheitskonzept speist sich aus miteinander verwobenen Rechtsquellen des europäischen Rechts, des nationalen Verwaltungsrechts sowie aus überbetrieblichen technischen Normen. Es wird durch ein Zusammenspiel von Trägern öffentlicher Gewalt (Marktüberwachungsbehörden auf verschiedenen Ebenen), privatrechtlich organisierten Kontrolleuren und Verbänden sowie nicht zuletzt durch die produktsicherheitsrechtlich Verantwortlichen, allen voran die Produkthersteller, gewährleistet. Zentrale Materie des Bundesrechts ist seit Dezember 2011 das Produktsicherheitsgesetz (kurz: ProdSG).

---

[33] Für den geschilderten Sachverhalt wäre die Annahme eines (Leih-)Vertrags zwischen K und G lebensfremd, denn es fehlt jedenfalls am für den Vertragsschluss unerlässlichen Rechtsbindungswillen des K.

[34] Situationen mit Beteiligung dritter Personen, in denen dieser Grundsatz durchbrochen wird (wie etwa beim „Vertrag mit Schutzwirkung zugunsten Dritter" oder bei der sog. „Drittschadensliquidation") bleiben vorliegend außer Betracht.

Als letztes Mittel der staatlichen Steuerung zur Vermeidung von Schäden dient schließlich das in verschiedenen Gesetzen niedergelegte *Straf- bzw. Ordnungswidrigkeitenrecht*, das mit seinen Straf- und Bußgelddrohungen die Verantwortlichen zur Rechtstreue anhalten und diese dadurch (zumindest mittelbar) von Verstößen gegen produktsicherheitsrechtliche Vorgaben, die mit Schadensfolgen einhergehen können, abhalten will (Gedanke der Abschreckung). Hierauf wird am Ende dieses Kapitels (unter 2.4.1) noch kursorisch einzugehen sein.

Für jeden haftungsrechtlich Verantwortlichen, insbesondere den bzw. die Hersteller eines Produkts, wird der strategische Umgang mit produktspezifischen Risiken freilich nicht nur Ansätze zur Schadensverhinderung umfassen: Zwar muss das produzierende Unternehmen die Vermeidung von Schäden (und damit: die generelle Verhinderung von Produkthaftungssituationen) im Blick haben, doch zeigt sich gerade in Schadensfällen, dass dem Unternehmen in erster Linie an einer Vermeidung von Sanktionen, die zumeist durch den Schadensfall ausgelöst werden, gelegen ist. Das strategische Ziel des Unternehmens besteht somit in der Vermeidung zivil- und strafrechtlicher Haftung und überdies – den Gedanken der *Haftungsvermeidung* noch weiter fassend – im Unterbleiben behördlicher Maßnahmen, die auf die Gewährleistung von Produktsicherheit gestützt werden.

Angesichts der in vielen Industriebranchen vorgefundenen geringen Fertigungstiefe müssen die potentiell haftungspflichtigen Akteure daher den Blick auf die konkrete Ausgestaltung der Absatzkette ausdehnen. Insbesondere der Hersteller des Endprodukts, der dieses aus im Wesentlichen von dritter Seite angelieferten Teilen zusammenbaut (sog. Assembler), kann sich zur Vermeidung produkthaftungsrechtlicher Sanktionen nicht auf das Argument zurückziehen, der Fehler des Produkts stamme letztlich aus dem Verantwortungsbereich eines Zulieferers. Selbst wenn sein Einwand zutrifft, wird dadurch seine haftungsrechtliche Verantwortlichkeit nicht automatisch ausgeschlossen. Er hat deshalb ein (auch) haftungsrechtlich motiviertes Eigeninteresse an der Sicherung der Qualität der von seinen Zulieferern erbrachten Leistungen.

Zusammenfassend lässt sich sagen, dass die Idee der Haftungsvermeidung in erster Linie in der Gewährleistung und Sicherstellung von Produktqualität besteht, sodass Produkthaftungsfälle erst gar nicht eintreten. Dies erfordert geeignete Maßnahmen, die zum einen innerhalb des Unternehmens greifen und zum anderen die Rechtsbeziehungen zu anderen Akteuren innerhalb der Wertschöpfungskette beeinflussen. In zweiter Linie erfolgt Haftungsvermeidung in der Produktverteidigung, d. h. im qualifizierten Bestreiten der von einem Geschädigten behaupteten Pflicht des Herstellers zur Leistung von Schadensersatz, sei es nun außergerichtlich oder im gerichtlichen Haftungsprozess. Die Behauptung des Herstellers, es fehle an einem ersatzfähigen Schaden ist dabei nur ein Ansatzpunkt, praktisch bedeutsamer ist das Bestreiten der Fehlerhaftigkeit des Produkts, der Nachweis von Entlastungstatbeständen oder von Fehlverhalten des Geschädigten. Letzteres kann, wenn schon nicht zum völligen Ausschluss der Haftung, immerhin zur Haftungsreduzierung führen. Im Einzelfall kann die Haftungsvermeidung auch die Vermeidung strafrechtlicher Sanktionen bedeuten.[35]

Als *mittelbare Folge* können unternehmerische Maßnahmen der Haftungsvermeidung auch die Außendarstellung eines Unternehmens beeinflussen. So wird durch die Vermeidung von Haftungsfällen zugleich einer kritischen (fach)öffentlichen Diskussion über den Stellenwert, dem das betreffende Unternehmen der Produktsicherheit zumisst, und damit auch einem drohenden Imageverlust vorgebeugt. Umgekehrt vermag ein Unternehmen hohe Standards, die in puncto Produktsicherheit angewandt werden, als strategische Marketinginstrumente bei der Erschließung neuer Märkte und der Gewinnung neuer Kunden einsetzen.

In der Zusammenschau ergeben die beleuchteten Aspekte ein in Abb. 2.3 visualisiertes *rechtliches Konzept der Produktverantwortung*, das man – gleichbedeutend – auch als „Gesamtsystem der Produktsicherheitsgewährleistung"[36] oder allgemeines Produktsicherheitsrecht[37] in einem weit verstandenen Sinne bezeichnen kann. Für die Unternehmen bietet das Konzept Anlass zur Einführung und Ausgestaltung eines umfassenden „product integrity management"[38], in dessen Mittelpunkt wiederum die Produktsicherheit steht.

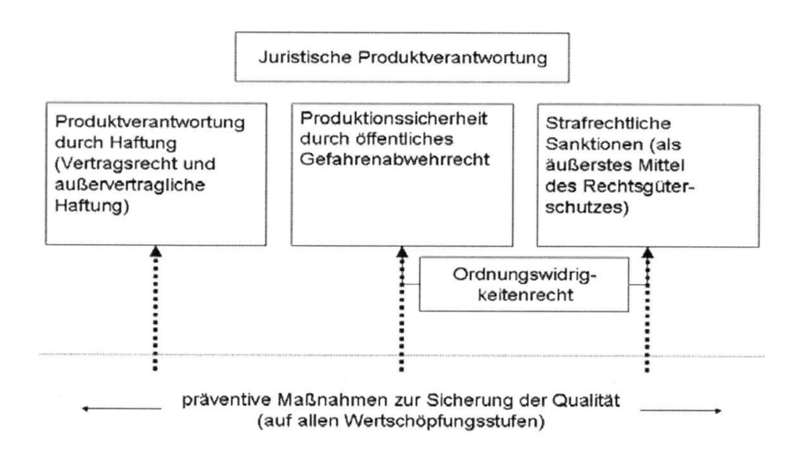

Abb. 2.3: Die Ebenen juristischer Produktverantwortung

[35] Über die hier im Vordergrund stehende unternehmerische Perspektive hinaus stellt Haftungsvermeidung auch ein Anliegen des *Staates* dar, der mit den verschiedenen Mitteln der Techniksteuerung geeignete Anreize setzen kann, vgl. dazu etwa die haftungsrechtlichen Überlegungen von Wagner, Haftung und Versicherung, S. 89 ff., sowie die rechtsökonomische Betrachtung des Technikrechts von Salje, S. 161 ff.

[36] Weiß, S. 40.

[37] Bloy, S. 59.

[38] So der Begriff von Klindt/Popp/Rösler, S. 10, die ihn allerdings auf das produktsicherheitsrechtlich begründete Rückrufmanagement reduzieren.

Der Vollständigkeit halber sei an dieser Stelle angemerkt, dass der Begriff „Produktverantwortung“ in der Rechtsordnung nicht einheitlich verwendet wird: So umschreibt etwa die mit „Produktverantwortung“ betitelte, dem Umweltrecht zuzurechnende Vorschrift des § 22 KrW-/AbfG die Gesamtheit herstellerbezogener Pflichten zur Rückführung der bei der Produktion verwendeten Stoffe in den Wertstoffkreislauf am Ende des Produktlebenszyklus. Während § 22 KrW-/AbfG die betroffenen Umweltmedien fokussiert und letztlich auf Abfallvermeidung zielt, hat das hier zugrunde gelegte Verständnis von Produktverantwortung die Sicherheit eines Produkts zum Schutz persönlicher Rechtsgüter (Leben, körperliche Unversehrtheit) sowie andere Sachgüter im Blick. Im Einzelfall können sich die Ziele der Rechtsgebiete überschneiden.

2.2.1.1 Die Gewährleistung der Produktsicherheit als Fixpunkt des Konzepts

Die zuvor angesprochene zentrale Bedeutung, die der Produktsicherheit im Rahmen des Konzepts der Produktverantwortung zukommt, bedarf in verschiedener Hinsicht der *Präzisierung*.

[1] Die Produktsicherheit knüpft an der physischen *Beschaffenheit des Produkts* i. S. von hergestellten Gütern an. Deshalb wird die „Produktion von Dienstleistungen“ vorliegend nicht näher betrachtet: Denn entweder materialisieren sich diese in einem körperlich wahrnehmbaren Erzeugnis, welches dann selbst den Bezugspunkt für die Beurteilung der Sicherheit bildet. Oder die Dienstleistung erschöpft sich in immateriellen Leistungen (z. B. der ärztliche Therapievorschlag, die Führung eines Zivilprozesses vor Gericht durch einen Rechtsanwalt, die Anlageempfehlung eines Bankberaters), die für sich genommen keine physischen Gefahren für Personen- oder Sachwerte darstellen. Soweit durch solche Dienstleistungen Personen- oder Sachwerte potentiell gefährdet werden (z. B. die Durchführung einer medizinischen Operation durch einen Arzt, die Planung der Errichtung eines Gebäudes durch einen Architekten), bewendet es dabei, dass in solchen Fällen die Gefahr nicht von einem gefertigten Erzeugnis ausgeht, sondern unmittelbar von der Dienstleistung.

Die Herausnahme reiner Dienstleistungen aus dem Gegenstand der nachfolgenden Überlegungen bedeutet keineswegs, dass eine Schlechterfüllung von auf Erbringung einer Dienstleistung gerichteten Verträgen keine rechtlichen (insb. haftungsrechtlichen, u. U. auch berufsrechtlichen) Konsequenzen nach sich ziehen kann. Doch betreffen die rechtlichen Folgen nicht das Feld der Produktverantwortung.

[2] Angesichts der Ausrichtung an der Produktsicherheit bilden die berechtigten Erwartungen an die Sicherheit eines Produkts den Beurteilungsmaßstab. Davon sind zunächst die Anforderungen an die Funktionsfähigkeit eines Produktexemplars abzugrenzen, die ein Vertragspartner unter Berufung auf die vertraglichen Festlegungen vom jeweils anderen Vertragspartner verlangen kann. Diese sind für Fragen der Produktverantwortung bedeutungslos, soweit sie keine sicherheitsrechtlichen Auswirkungen nach sich ziehen.

Bsp.: Wenn sich mit der (käuflich erworbenen) elektrischen Heckenschere Gartenhecken bei sachgerechter Handhabung nicht ordentlich schneiden lassen, kann der Käufer eventuell wegen eines sog. Sachmangels der Heckenschere gegen den Verkäufer zivilrechtlich auf Grundlage des (Kauf-)Vertragsrechts, genauer des Gewährleistungsrechts (§§ 433 ff. BGB) vorgehen. Die Produktsicherheit ist mit dem zugrunde liegenden Fehler der Schere nicht zwangsläufig berührt. Deshalb wird in der nachfolgenden Darstellung das kaufrechtliche Gewährleistungsrecht nur dann als Ausprägung der juristischen Produktverantwortung, insbesondere der zivilrechtlichen Produkthaftung verstanden, wenn ein Bezug zur Produktsicherheit vorliegt (vgl. für ein weiter reichendes Verständnis von Produkthaftung, das generell auch das Gewährleistungsrecht einschließt etwa Eisenberg et al., S. 17 ff. [Kapitel 3 und 4] und zur Bedeutung des (Kauf-)Vertragsrechts für die Produkthaftung noch später unter 2.2.3.1).

Anders liegt der Fall, falls der Kunde beim Berühren des Geräts Brandverletzungen aufgrund von Überhitzung davonträgt, die auf eine fehlerhafte Materialwahl oder Isolierung zurückzuführen sind und vor denen nicht in geeigneter Weise gewarnt wird: Selbst wenn sich mit der Heckenschere „an sich" einwandfrei Hecken schneiden lassen, liegt eine Beeinträchtigung der Produktsicherheit vor, aus der der geschädigte Kunde – möglicherweise aus unterschiedlichen Rechtsgründen – Rechte gegen den Verkäufer oder den Hersteller herleiten kann.

Mit der bloßen Abgrenzung gegenüber der Funktionsfähigkeit ist der *begriffliche Gehalt* der Produktsicherheit freilich noch nicht hinreichend ermittelt. Das ProdHaftG greift in § 3 für die Bestimmung der zentralen Haftungsvoraussetzung des Produktfehlers (→ vgl. dazu unter 2.2.4.9) auf die berechtigte Verbrauchererwartung an die Produktsicherheit zurück, während der allgemeinen Vorschrift des § 823 Abs. 1 BGB keine Beurteilungsgrundlage entnommen werden. Im Zusammenhang mit der Produktsicherheit und dem Fehlerbegriff werden häufig die Begriffe der *Gefahr* und des *Risikos* genannt, die auch in den Ingenieurwissenschaften gängig sind: So lässt sich nach der österreichischen Normenreihe zum Risikomanagement ONR 49000 unter Punkt 3 das Risiko im Wege einer Verknüpfung von Wahrscheinlichkeit und Auswirkung von Ereignissen ermitteln, wobei der Betrachtung eine Sichtweise zugrunde liegt, die auf die Unsicherheit in Bezug auf die Erreichung von Zielen beeinträchtigende Wirkungen (wie Person- und Sachschäden) abstellt. Demgegenüber wird die Gefahr als potentielle Quelle eines Risikos verstanden, das zu einem plötzlich eintretenden Schadensereignis führen kann. Gemäß einem abweichenden Ansatz aus der Risikoforschung wird Risiko hingegen als Oberbegriff interpretiert, der die Gefahr als Unterfall einbezieht, welcher dann vorliegt, wenn sich ein Risiko jenseits der Gefahrenschwelle zu einem besonderen Risiko verdichtet hat.[39] Bei Gefahr und Risiko handelt es sich mithin noch nicht einmal für die technisch-naturwissenschaftliche Qualitäts- und Risikoforschung um verbindlich festgelegte Begriffe!

Der unklare Wechselbezug setzt sich bei den rechtlichen Grundlagen der Produktsicherheit fort. In Erwägungsgrund 2 der Richtlinie 85/374/EWG zur Angleichung der Rechts- und Verwaltungsvorschriften der Mitgliedstaaten über die Haf-

---

[39] So etwa Pfeil, Ist sich die Wissenschaft wirklich sicher?, Vortrag auf der BfR-Stakeholderkonferenz „Sicherer als sicher? Recht, Wahrnehmung und Wirklichkeit" vom 29.10.2009, Folie 8.

tung für fehlerhafte Produkte wird das darin festgeschriebene Konzept einer verschuldensunabhängigen Haftung mit dem Problem der gerechten Zuweisung der aus der modernen technischen Produktion herrührenden Risiken begründet. Art. 2 lit. b der Produktsicherheitsrichtlinie 2001/95/EG stellt hingegen für die Beurteilung eines „sicheren Produkts" auf den Ausschluss von Gefahren für die Gesundheit und Sicherheit von Personen oder zumindest deren Reduzierung auf ein verträgliches Maß ab, wobei zugleich der von der Nutzergruppe abhängige Grad der Risikoexposition bei Produktverwendung betont wird. In der juristischen Literatur wird der Rechtsbegriff „technische Sicherheit" als zum „technischen Risiko" reziproker Begriff vorgestellt, anhand dessen zugleich das erlaubte technische Restrisiko beurteilt wird.[40] Eine eindeutige Anknüpfung an der Gefahr einerseits oder am Risiko andererseits lässt sich dem rechtlichen Rahmen also nicht entnehmen. Im Folgenden wird in erster Linie der Begriff des produktspezifischen Risikos bemüht, da er – nach allen Ansätzen zur Begriffsabgrenzung – weiter reicht als derjenige der Gefahr.[41] In der Sache haben diese kursorischen rechtlichen Erwägungen immerhin gezeigt, dass die Produktverantwortung nicht die herstellerseitige Beherrschung jedes nur erdenklichen produktspezifischen Risikos verlangt und dass für die Bestimmung der Grenze, an der die Verantwortlichkeit des Herstellers und die des Produktverwenders beginnt, Vorschriften des technischen Sicherheitsrechts maßgeblich sein können.

Die höchstrichterliche Rechtsprechung zum Produkthaftungsrecht erschließt die Produktsicherheit denn auch weniger über begriffliche Finessen, sondern darüber, was ein System juristischer Produktverantwortung sinnvoller Weise leisten kann. Sie fordert vom Hersteller (und den weiteren Verantwortlichen) nirgends die Gewährleistung „absoluter" Sicherheit. Dieser Befund wird insb. durch die Rechtsprechung des BGH zu den Verkehrssicherungspflichten[42] belegt, auf denen u. a. die noch zu behandelnde deliktische Produzentenhaftung nach § 823 Abs. 1 BGB gründet (→ Einzelheiten dazu unter 2.2.3.2 sowie 2.2.4).

Solche Verkehrssicherungspflichten bestehen kurz gefasst zu Lasten derjeniger, die im Rechtsverkehr in zurechenbarer Weise Gefahrenquellen eröffnen: Davon sind Betreiber von Selbstbedienungsmärkten im Hinblick auf die öffentlich begehbare Verkaufsfläche ebenso betroffen wie Grundeigentümer hinsichtlich des vor ihrem Grundstück befindlichen Gehsteigs (Stichwort: Streupflicht bei Schnee und Eis!). Den Hersteller von Produkten treffen solche Sicherungspflichten in Bezug auf die räumlich-gegenständliche Dimension des gesamten Produktentstehungsprozesses.

Zur Beurteilung, ob den Anspruchsschuldner im Einzelfall Verkehrssicherungspflichten treffen, wird von den obersten Zivilrichtern der Gefahrenbegriff bemüht. Die Pflicht entsteht erst, wenn aus einer (hier: produktbezogenen) Gefahr die nahe liegende Möglichkeit der Verletzung von Rechtsgütern Dritter resultiert.

---

[40] Marburger, S. 122 Fn. 6 m.w.N.

[41] Vgl. zur Abgrenzung zwischen Risiko und Gefahr auf Grundlage verschiedener Wissenshorizonte für das öffentliche Recht jüngst Jaeckel, JZ 2011, 116 ff.

[42] BGH NJW 2008, 1175, 1176; BGH NJW 2007, 1683.

Besteht eine solche nahe liegende Möglichkeit, wird die Pflicht verletzt, soweit der Sicherungspflichtige nicht die geeigneten, ihm möglichen und auch zumutbaren Vorkehrungen trifft, um Schädigung anderer tunlichst abzuwenden.

Die Zivilgerichte bestimmen das erforderliche Sicherheitsniveau also durchaus „lebensnah". Sie fordern keine vorbeugende Begegnung *jeder* erdenklichen abstrakten Gefahr, da ein allgemeines Verbot, andere nicht zu gefährden, utopisch wäre und eine Verkehrssicherung, die jede Schädigung ausschließt, im praktischen Leben unerreichbar bliebe. Dieser Ansatz wird durch die Erfahrungen des Wirtschaftslebens bestätigt: Der japanische Kfz-Hersteller Toyota musste unlängst weltweit bestimmte Modelle wegen Sicherheitsproblemen aufgrund austretender Bremsflüssigkeit zurückrufen. Betroffen waren ausschließlich Fahrzeuge, in denen Bremsflüssigkeiten verwendet wurden, die von bestimmten anderen Herstellern stammen und die zu einem hohen Reibbeiwert zwischen Sekundärabdichtung und Zylinderlaufbahn führen. Dadurch kann die Flüssigkeit schneller austrocknen und zum Verdrehen der hinteren Abdichtung im Hauptbremszylinder führen; in der Folge kann Flüssigkeit austreten und so allmählich die Bremswirkung nachlassen. Die Risiken, die von derart „minderwertigen" Flüssigkeiten ausgehen können, waren zuvor nicht beschrieben und konnten bzw. mussten daher von Toyota (bisher) nicht berücksichtigt werden.

Das geschuldete Maß an Sicherheit und Gefahrenschutz, das dem Verkehrssicherungspflichtigen abverlangt wird, hängt von verschiedenen Parametern ab:[43]

- den modernsten Erkenntnissen,
- dem neuesten Stand der Technik[44] sowie
- der Art und Wirkungsweise der Gefahrenquelle, nämlich der Größe der Gefahr und der drohenden Folgen im Falle der Gefahrverwirklichung, womit der Wert der gefährdeten Rechtsgüter aufgegriffen wird.

Diese richterrechtlichen Vorgaben lassen sich auch auf den Risikobegriff übertragen. Die aus dem Risikomanagement geläufige Risikobetrachtung als Produkt aus (1) der (Schadens-)Eintrittswahrscheinlichkeit und (2) dem Schadensausmaß wird im Falle der Realisierung des Risikos um ein normatives Element, nämlich (3) dem Wert der bedrohten Rechtsgüter, ergänzt. Im Wesentlichen anhand dieser Parameter wird einzelfallabhängig die Schwelle bestimmt, jenseits derer der Hersteller keine Vorkehrungen gegen die Realisierung bestimmter produktbezogener Risiken treffen muss.

Sollten sich solche (technischen) Restrisiken zu einem Schaden entwickeln, realisieren sich aus rechtlicher Perspektive allgemeine Lebensrisiken, die der Geschädigte, nicht der Hersteller zu tragen hat. Die Rechtsprechung wendet auf solche Fälle gerne die griffige Kurzformel an, der Geschädigte habe „ein ‚Unglück' erlitten und kann dem [vermeintlichen] Schädiger kein ‚Unrecht' vorhalten"[45].

---

[43] Vgl. dazu zuletzt BGH NJW 2010, 1967, 1968 – halbautomatische Glastür (der Sachverhalt betrifft allerdings nicht die Produkthaftung).

[44] Insoweit ist für die Produkthaftung allerdings ein anderer Maßstab zu heranzuziehen („Stand von Wissenschaft und Technik"), vgl. dazu unten die Ausführungen unter 2.2.2.1 unter [1].

[45] BGH NJW 2006, 2326 – Zimmertür.

[3] Berücksichtigt man die wechselseitigen Interessen von Hersteller und Produktnutzer wird das *Spannungsfeld* deutlich, in dem sich das Recht der Produktverantwortung, namentlich das zugehörige Haftungsrecht, bewegt:

Die Herausforderung für die Rechtsordnung besteht im Grunde darin, das Interesse des Geschädigten an der Wahrung seiner rechtlich geschützten Güter (Personen- und Sachwerte) einschließlich des Ausgleichs erlittener Schäden im Verletzungsfall in ein vernünftiges Verhältnis zum Schutz der (wirtschaftlichen) Freiheit des Produzenten zu setzen. Bei der Gestaltung der rechtlichen Rahmenbedingungen müssen der Gesetzgeber und – hinsichtlich der Rechtsanwendung: – die Gerichte auch Interessen im Blick haben, die *keinen* rechtlichen Schutz genießen. So kann die Rechtsordnung eben keine Absicherung gegen alle Unbilden des Lebens gewährleisten, wenn nicht zugleich wirtschaftliche Aktivitäten behindert werden und Innovationspotentiale brach liegen sollen. Umgekehrt kann ein Hersteller nicht erwarten, im rechtsfreien Raum agieren zu können und daher im Fall von von Schäden, die auf sein Produkt zurückzuführen sind, von Sanktionen gänzlich freigestellt zu werden.

Wie immer bei der rechtlichen Steuerung von Risiken fällt das sorgfältige Austarieren der entgegengesetzten Interessen schwer. Ausufernden Haftungsansprüchen, die in den USA in den 1980er eine „product liability crisis“[46] hervorgerufen und dort Gegenbewegungen ausgelöst haben, muss vorgebeugt werden. Zugleich darf der Zustand relativer Schutzlosigkeit des Geschädigten, der u. a. das deutsche Produkthaftungsrecht bis in die 1960er Jahre kennzeichnete[47] nicht wiederkehren.

2.2.1.2 Höherrangige rechtliche Vorgaben der Produktverantwortung

Die Gewährleistung der Produktsicherheit ist bereits durch die Verfassung vorgeprägt. Das Grundgesetz (GG) enthält in Art. 2 Abs. 1 bzw. Art. 14 Abs. 1 hinsichtlich des Rechtsguts der körperlichen Integrität sowie des (Sach-)Eigentums Schutzpflichten, die in erster Linie den Gesetzgeber binden (vgl. Art. 1 Abs. 3 GG). Freilich schreibt die Verfassung dem Gesetzgeber nicht vor, auf welche Art und Weise das Schutzpflichtgebot umzusetzen ist, sondern belässt ihm einen weiten Umsetzungsspielraum. Angesichts der Bandbreite der im Zusammenhang mit der Gewährleistung von Produktverantwortung berührten Rechtsgebiete, hat der Gesetzgeber seinen Auftrag in ausreichendem Maße wahrgenommen.

Ausführliche Regelungen zur Produktsicherheit i. w. S. hält das Recht der Europäischen Union bereit, das die übergeordneten Ziele des Verbraucher- und Gesundheitsschutzes bereits in den europäischen Grundlagenverträgen (sog. Primärrecht) vorsieht.[48]

---

[46] Vgl. zum damaligen US-amerikanischen Rechtszustand Jones/Hunziker, S. 2 ff.

[47] Vgl. dazu Simitis, C 9 (dort insb. die weiteren Nachweise in Fn. 17-20).

[48] Vgl. Art. 4 des Vertrags über die Arbeitsweise der Europäischen Union (kurz: AEUV), dort unter lit. f) bzw. k) zur Zuständigkeit der Europäischen Union in den Bereichen Verbraucherschutz bzw. Sicherheitsanliegen der öffentlichen Gesundheit.

2.2.2 *Der spezifische Technikbezug der Produktverantwortung*

Produkthaftung und Produktsicherheit machen sich nicht am Vorhandensein komplizierter Technik oder gar an bestimmten zum Einsatz gelangenden Technologien, sondern am Risikopotential des in Verkehr gebrachten Produkts für Leben, Körper, Gesundheit und andere Gegenstände fest.

Bsp.: Von der deutschen Rechtsprechung entschiedene „Produkthaftungsfälle" betrafen u. a. die von einem Bäcker hergestellten Backwaren mit Obstanteil („Kirschtaler"), das von einem Gastwirt zubereitete Festmahl für eine Hochzeitsgesellschaft („Hochzeitsessen"), usw.

Dennoch stellen sich Fragen der Produktverantwortung beim Einsatz von Technik und Technologie mit besonderer Schärfe. Der Grund liegt in der Bedeutung des technischen Sicherheitsrechts, dessen Vorgaben für die Beurteilung maßgeblich sind, ob ein Schaden, der auf ein Produkt zurückzuführen ist, juristische Folgen auslöst. Die Entscheidung darüber hängt von der Einschätzung und Zuweisung des Risikos ab, das sich im eingetretenen Schaden manifestiert: Verwirklicht sich das ursprüngliche, produktspezifische Risiko, greifen die Mechanismen der juristischen Produktverantwortung. Falls der Risikoverantwortliche jedoch in einem solchen Umfang risikominimierende Schutzmaßnahmen ergriffen hat, dass die im Einzelfall gebotenen Sicherheitsstandards erfüllt sind, wird das noch verbleibende Risikopotential von der Rechtsordnung als erlaubtes Restrisiko hingenommen: Soweit es sich realisiert, sind die daraus entstehenden Folgen vom Geschädigten selbst bzw. von der Allgemeinheit zu tragen.

Bsp.: Das OLG Köln (NJW 2006, 2272) hat den Umstand, dass der Geschädigte beim Verzehr eines mit Schokoglasur überzogenen Erdnuss(!)riegels auf eine besonders harte Nuss beißt und dadurch seine Zahnprothese beschädigt wird, als die Verwirklichung eines allgemeinen Lebensrisikos im Zuge des Genusses eines fehlerfreien Naturprodukts gedeutet und deshalb die Produkthaftungsklage des Verletzten gegen den Riegelhersteller abgewiesen. Der Verbraucher könne vom Hersteller weder technische Vorkehrungen zum Aussondern besonders harter Nüsse im Produktionsprozess noch geeignete Warnhinweise vor möglichen harten Nüssen erwarten. Trägern von Zahnprothesen wird beim Verzehr nusshaltiger Lebensmittel schlicht zugemutet, weniger „herzhaft zuzubeißen".

Der Technikbezug der Produktverantwortung schlägt sich in der Rechtspraxis[49] vor allem auf drei Ebenen nieder:

- Bei der Festlegung der juristischen Anforderungen an sichere Produkte (→ vgl. dazu 2.2.2.1),
- bei der Umsetzung dieser Anforderungen innerhalb der unternehmerischen Tätigkeit bezogen auf die technische Organisation und Dokumentation (→ vgl. dazu 2.2.2.2) und schließlich
- bei der gerichtlichen Beurteilung produktsicherheitsrechtlich relevanter Sachverhalte unter Zuhilfenahme technischen Sachverstands (→ vgl. dazu 2.2.2.3).

---

[49] Die Möglichkeiten *rechtstheoretischer und -politischer* Steuerung technikbezogener Sachverhalte bleiben deshalb vorliegend außer Betracht; vgl. dazu etwa Schulte, S. 23 ff.

2.2.2.1 Standards und Regeln im Recht der Produktverantwortung

Im technischen Sicherheitsrecht werden technische Maßstäbe in zweierlei Hinsicht bedeutsam:

[1] Unbestimmte Rechtsbegriffe mit Bezug zur Technik in Gesetzesvorschriften

In zahlreichen Gesetzen finden sich Vorschriften, in denen der jeweils geltende Standard des technischen Sicherheitsrechts durch Verwendung *unbestimmter Rechtsbegriffe* umschrieben wird.

Bsp.: § 1 Abs. 2 Nr. 5 ProdHaftG stellt für die Fehlerfreiheit eines Produkts maßgeblich auf die Einhaltung des Stands von Wissenschaft und Technik ab. Der Betreiber einer nach Immissionsschutzrecht genehmigungsbedürftigen Anlage muss gem. §§ 5 Abs. 1 Nr. 2 und 3 BImSchG anhand von Maßnahmen, die am Stand der Technik auszurichten sind, Vorsorge gegen schädliche Umwelteinwirkungen und sonstige Gefahren, erhebliche Nachteile und erhebliche Belästigungen treffen. Auch außerhalb des technischen Sicherheitsrechts finden sich Vorschriften mit Technikbezug: Nach § 4 Abs. 1 S. 2 i. V. m. § 2 Nr. 12 HOAI sind Architekten und Ingenieure gehalten, anrechenbare Kosten nach fachlich allgemein anerkannten Regeln der Technik [...] zu ermitteln.

Vorschriften, die unbestimmte Rechtsbegriffe enthalten, können nicht strikt logisch-schematisch interpretiert und vollzogen werden. Vielmehr sind sie darauf angelegt, unter Berücksichtigung der Umstände des zu beurteilenden Einzelfalls anhand von *Wertungen* „ausgefüllt" zu werden. Die gewählte Regelungstechnik ermöglicht dem Rechtsanwender jedoch eine flexible Handhabung der Vorschriften: Wegen ihres allgemein gehaltenen, offenen Wortlauts sind die Begriffe in besonderer Weise geeignet, auch zukünftige Entwicklungen der technischen Sicherheit in sich aufnehmen zu können.

Aufgrund der Wertungsbezogenheit der in den Vorschriften verwendeten Begriffe, können beratende Juristen daher – oft zum Leidwesen von Ingenieuren und Betriebswirten – eine Strategie zur Produkthaftungsvermeidung nicht guten Gewissens in einigen wenigen, sämtliche Haftungsrisiken ausschließenden Vorgaben zusammenstellen. Sie können jedoch – wie im vorliegenden Kapitel – allgemeine Grundregeln und gezielte Leitlinien bzw. Handlungsempfehlungen formulieren.

Im sog. Kalkar-Beschluss des Bundesverfassungsgerichts von 1978[50] wurden aus Anlass der Überprüfung der Verfassungsmäßigkeit des § 7 AtomG a.F. die dort aufgeführten *drei sicherheitsrechtlich maßgeblichen Standards* interpretiert und zueinander ins Verhältnis gesetzt: Auf unterster Ebene sei der Standard der „allgemein anerkannten Regeln der Technik" anzusiedeln, bei dem sich der Rechtsanwender (insbesondere Behörden und Gerichte) darauf beschränken könne, die herrschende Meinung unter technischen Praktikern zu ermitteln. Für diesen Standard soll kennzeichnend sein, dass er der fortschreitenden technischen Entwicklung regelmäßig hinterherhinkt. Soweit der „Stand der Technik" maßgeblich

[50] BVerfGE 49, 89, 135 ff. – Kalkar I.

ist, verlagere sich der sicherheitsrechtliche Maßstab weg vom allgemein Anerkannten und praktisch Bewährten an die Front der technischen Entwicklung, was den Rechtsanwender dazu auffordere, in die Meinungsstreitigkeiten der Techniker einzutretenden, um das technisch Notwendige, Angemessene und Vermeidbare selbsttätig zu ermitteln. Die praktische Bewährung trete dagegen in den Hintergrund. Der höchste Standard des „Stands von Wissenschaft und Technik" fordere noch weiter gehend die Berücksichtigung neuester wissenschaftlicher Erkenntnisse, weshalb die erforderliche Gefahrenvorsorge nicht durch das gegenwärtig technisch Machbare begrenzt werde. Diese Begriffsbildung hat seither sowohl die juristische Diskussion als auch die Gesetzgebung geprägt.

Im Recht der Produktverantwortung sind der „Stand der Technik" und der „Stand von Wissenschaft und Technik" häufig herangezogene bzw. gesetzlich fixierte Maßstäbe. Für die Produkthaftung nach dem ProdHaftG ergibt sich etwa aus einer Gesamtschau seiner Vorschriften, dass nur die Einhaltung des „Stands von Wissenschaft und Technik" bei der Herstellung des Produkts von der Haftung befreit (vgl. § 1 Abs. 2 Nr. 5), da dann – unter Berücksichtigung der berechtigten Sicherheitserwartungen des Rechtsverkehrs – die Haftung des Herstellers ausscheidet. Für die Produkthaftung nach dem BGB, insbesondere nach § 823 Abs. 1 BGB, gilt im Ergebnis ein vergleichbarer Maßstab.

Der „Stand von Wissenschaft und Technik" umfasst im Produkthaftungsrecht nach Auffassung des Gesetzgebers den „Inbegriff der Sachkunde [...], die im wissenschaftlichen und technischen Bereich vorhanden ist, also die Summe an Wissen und Technik, die allgemein anerkannt ist und allgemein zur Verfügung steht"[51], wobei Wissenschaft und Technik zueinander in einem Theorie-Praxis-Verhältnis stehen. Die (verfügbaren) „neusten wissenschaftlichen Erkenntnisse", die sich nicht auf die für die Produktentwicklung vordergründig einschlägigen Wissenschaftsdisziplinen beschränken[52], setzen den fachlichen Standard für die Sicherheitserwartung. Ob einschlägiges Wissen für den Hersteller verfügbar ist, bemisst sich aus einer objektiven Perspektive und nicht anhand der konkreten Situation des Herstellers. Es kommt letztlich darauf an, ob die maßgeblichen Informationen in wissenschaftlichen Kreisen zirkulieren und ob es ernsthafte empirische Anhaltspunkte für deren Richtigkeit gibt.[53]

Aus diesem Grund ist für ein produzierendes Unternehmen zur Vermeidung der Produkthaftung von großer Bedeutung, sich über die neuesten fachwissenschaftlichen Erkenntnisse durch eigene Recherchen, Anfragen an Behörden und fachwissenschaftliche Institute, Mitarbeiterschulungen etc. auf dem Laufenden zu halten!

---

[51] BT-Drs. 11/2247, S. 15.

[52] Bsp.: Der Hersteller eines modernen Fahrerassistenzsystems muss deshalb neben natur- und ingenieurwissenschaftlichen Erkenntnissen auch solche der Lebenswissenschaften, v. a. der Verkehrs- und Wahrnehmungspsychologie, berücksichtigen.

[53] So überzeugend Oechsler, in: Staudinger, ProdHaftG, § 3 Rn. 126 und 128.

Die damit verbundenen Anforderungen an den Hersteller hat der EuGH in einem Urteil zur Produkthaftungsrichtlinie, auf deren Grundlage des ProdHaftG erlassen wurde, in kaum zu überbietender Schärfe umschrieben[54]:

> „Sobald in wissenschaftlichen Kreisen zu einem bestimmten Zeitpunkt auch nur eine einzige Stimme laut wird (die, wie die Wissenschaftsgeschichte lehrt, im Laufe der Zeit zur allgemeinen Meinung werden kann), mit der auf die potentielle Fehlerhaftigkeit und/oder Gefährlichkeit hingewiesen wird, hat es dessen Hersteller nicht mehr mit einem unvorhersehbaren Risiko zu tun, das als solches nicht in den Anwendungsbereich des in der [Produkthaftungs-]Richtlinie vorgesehenen Systems fällt".

Die Einschätzung des EuGH gründet letztlich auf der Idee eines sich ideal verhaltenden Herstellers, die von der Spruchpraxis der Instanzgerichte zumeist nicht in dieser Strenge übernommen wird. Dies zeigt sich auch daran, dass deutsche Gerichte in zahlreichen Urteilen die Entscheidung darüber, ob im Einzelfall die Produkthaftung zu bejahen ist, „nur" anhand des Stands der Technik vorgenommen haben[55], was die Unternehmen jedoch nicht zu einem laxen Umgang mit Produkthaftungsrisiken animieren sollte. Als gesichert dürfen vielmehr folgende, insbesondere von der Rechtsprechung geschaffenen *Leitlinien für den Maßstab der Produktfehlerfreiheit* und damit die Begrenzung der Produkthaftung gelten:

Der Stand von Wissenschaft und Technik ist nicht mit Branchenüblichkeit gleichzusetzen.[56] Deshalb reicht es nicht (mehr) aus, wenn sich der Hersteller am Standard der „allgemein anerkannten Regeln der Technik" orientiert.

Die Einhaltung des „Stands der Technik" stellt das Mindestmaß[57] für die Produktfehlerfreiheit dar. Der Standard kann unzureichend sein, soweit er - produkthaftungsbezogen - als die „Gesamtheit der neuesten Erkenntnisse der (produktspezifischen) Sicherheitstechnik" verstanden wird[58], jedoch nicht die im Einzelfall erforderliche Berücksichtigung anderer Fachdisziplinen gewährleistet.

Je höher der Stellenwert der vom produktspezifischen Risiko betroffenen Rechtsgüter ist (v. a. bei Gefährdung von Leib und Leben), desto höher sind die Anforderungen an die Produktsicherheit und -fehlerfreiheit.

Angesichts der Relevanz des Stands von Wissenschaft und Technik ist die Produkthaftung (dem Buchstaben des Gesetzes nach) eröffnet, sobald das

---

[54] EuGH, Slg. 1997-I, 2649 ff., Tz. 22 – Kommission./.Vereinigtes Königreich.

[55] So etwa OLG München, NZV 2005, 145, 146 – fehlende Ventilkappe.

[56] BGH NJW 2009, 2952, 2953 – Airbag.

[57] Die ältere Rechtsprechung hat z. T. noch die „anerkannten Regeln der Technik" als unverzichtbaren Mindeststandard angesehen, vgl. etwa OLG Karlsruhe, VersR 2003, 1584 ff. – Buschholzhackmaschine.

[58] In diese Richtung Marburger, S. 162, 165.

allgemeine Fehlerrisiko, welches sich in einem fehlerhaften Produkt manifestieren könnte, vom Hersteller hätte erkannt werden können (vgl. dazu noch später bei den Grenzen der Produkthaftung unter 2.2.5.1).

[2] (Überbetriebliche) Technische Normen

Das technische Sicherheitsrecht wird ferner durch überbetriebliche technische Normen geprägt.[59] Hierunter versteht man auf freiwillige Anwendung ausgerichtete Empfehlungen privatrechtlich organisierter Normungsinstitute wie etwa des Deutschen Instituts für Normung e. V. (kurz: DIN). Entsprechend den Vorgaben des europäischen Gemeinschaftsrechts ist der Begriff der (technischen) Norm nach Art. 1 Nr. 6 der Richtlinie 98/34/EG[60]

> „[eine] technische Spezifikation, die von einem anerkannten Normungsgremium zur wiederholten oder ständigen Anwendung angenommen wurde, deren Einhaltung jedoch nicht zwingend vorgeschrieben ist."

Der Begriff „technische Spezifikation" umschreibt seinerseits verbindlich vorgeschriebene Merkmale an ein Erzeugnis wie Qualitätsstufen, Gebrauchstauglichkeit, Sicherheit oder Abmessungen (vgl. dazu Art.: 1 Abs. 3 der RL 98/34/EG), sodass sich die *technische Norm* im Lichte der unternommenen Definitionsversuche als

- Sammlung technischer Vorgaben hinsichtlich der Merkmale eines Erzeugnisses,
- die zur wiederholten oder dauerhaften Anwendung bestimmt und
- von einer anerkannten Normungsinstitution angenommen worden ist, jedoch
- keinen rechtlich zwingenden, sondern regelmäßig nur empfehlenden Charakter aufweist,

beschreiben lässt.

Namentlich im Regelungsgefüge des *öffentlichen Produktsicherheitsrechts* spielen technische Normen eine zentrale Rolle. Dieser in besonderem Maße durch das Recht der Europäischen Union vorgeprägte Rechtsbereich zeichnet sich durch eine enge Verzahnung zwischen einem von den europäischen Rechtssetzungsorganen gestalteten Rechtsrahmen (vor allem in Gestalt sektorbezogener Harmonisierungsrichtlinien) und privater, von der Kommission beauftragten europäischen Normungsorganisationen gewährleisteter Regelsetzung zur Ausfüllung des Rahmens aus.

Die bedeutendsten europäischen Normungsorganisationen sind das Comité Européen de Normalisation (CEN), das Comité Européen de Normalisation Electrotechnique

---

[59] Betriebs*interne* technische Normen bleiben vorliegend außer Betracht.

[60] Richtlinie 98/34/EG des Europäischen Parlaments und des Rates vom 22. Juli 1998 über ein Informationsverfahren auf dem Gebiet der technischen Normen und technischen Vorschriften und der Vorschriften für die Dienste der Informationsgesellschaft (ABl. EG L 204 S. 37 ff.).

(CENELEC) sowie das European Telecommunication Standards Institute (ETSI). Vgl. zu Einzelheiten des Aufbaus und der Bedeutung der europäischen Normungsorganisationen die ausführliche Darstellung bei Wiesendahl, S. 109 ff.

Das Zusammenwirken zwischen öffentlicher und privater Regelsetzung basiert auf einem Kooperationsmodell, wonach in den EG-Richtlinien zur Produktsicherheit grundlegende Sicherheitsanforderungen formuliert werden, die in den technischen Normen, auf die in den Richtlinien Bezug genommen wird (sog. mandatierte Normen), näher konkretisiert werden.

Bsp.: Nach Art. 3 Abs. 2 Unterabs. 2 der Richtlinie 2001/95/EG des Europäischen Parlaments und des Rates vom 3. Dezember 2001 (veröffentlicht im ABl. EG L 11, S. 4 ff. vom 15.01.2002) gilt ein Produkt im Anwendungsbereich der Richtlinie als sicher, wenn es nicht bindenden nationalen (technischen) Normen entspricht, die eine europäische (technische) Norm umsetzen, auf die die Kommission gem. Art. 4 der Richtlinie im Amtsblatt der Europäischen Gemeinschaften verwiesen hat. Art. 4 der Richtlinie umschreibt das Verfahren, wie diese Normen erarbeitet werden und enthält insb. die Übertragung der Befugnis an die Kommission, europäische Normungsgremien mit der Erarbeitung von Normen zu beauftragen. In der Mitteilung der Kommission im Rahmen der Durchführung der Richtlinie 2001/95/EG, veröffentlicht in ABl. EG C 38 v. 17.02.2009, S. 11 ff., wird auf S. 14 auf die vom CEN verabschiedeten Norm EN 14766:2005 „Geländefahrräder (Mountainbikes) – Sicherheitstechnische Anforderungen und Prüfverfahren" verwiesen. Der Anhang ZA der harmonisierten Norm gibt tabellenartig an, welche Abschnitte der jeweiligen Norm die wesentlichen Anforderungen der Richtlinie 2001/95/EG erfüllen.

Unmittelbare rechtliche Bedeutung kommt den technischen Normen daher nicht bereits aufgrund ihrer Annahme durch die zuständige Normungsorganisation, sondern erst dadurch zu, dass ein europäischer Rechtsakt, nämlich die Harmonisierungsrichtlinie, auf sie verweist. Im Übrigen sind sowohl eine Richtlinie i. S. des Rechts der Europäischen Union (vgl. zum Begriff der Richtlinie Art. 288 Abs. 3 des Vertrags über die Arbeitsweise der Europäischen Union, kurz: AEUV) als auch die europäische technische Norm auf Umsetzung in den EG-Mitgliedstaaten angelegt: Die Richtlinie wird durch nationale Gesetze oder Rechtsverordnungen in nationales Recht umgesetzt, die europäische Norm in eine nationale Norm, die ihre europäische Herkunft erkennen lässt, überführt (in Deutschland als Normen mit Kennzeichnung „DIN EN").

So existiert als deutsche Fassung die Norm DIN EN 14766:2005 „Geländefahrräder (Mountainbikes) – Sicherheitstechnische Anforderungen und Prüfverfahren" (Ausgabedatum September 2006).

Auch das *private Haftungsrecht*, hier das Produkthaftungsrecht, wird von technischen Normen beeinflusst. Wie beim öffentlichen Produktsicherheitsrecht kommt ihnen im Regelfall keine unmittelbare Verbindlichkeit zu.

Im *Vertragsrecht* können technische Normen hingegen ohne weiteres rechtliche Verbindlichkeit erlangen: Wenn die Parteien eines Kauf- oder Werkvertrags die vertraglich geschuldete Leistung unter Rückgriff auf technische Normen und Standards bestimmen, entscheidet deren Einhaltung darüber, ob der Vertrag ordnungsgemäß erfüllt wurde oder nicht. Die unmittelbare Geltung der einschlägigen technischen Norm beruht dann auf der privatautonomen Einigung zwischen den Vertragspartnern.

Im durch Gesetzesrecht geprägten (außervertraglichen) Haftungsrecht dienen technische Normen vor allem zur Ausfüllung der positiven und negativen Haftungsvoraussetzungen. Mit den Worten des BGH sind etwa DIN-Normen „zur Bestimmung des nach der Verkehrsauffassung sicherheitsrechtlich Gebotenen in besonderer Weise geeignet"[61]. Dies gilt auch und gerade im Bereich des Produkthaftungsrechts:

Bsp. (Sachverhalt nach OLG Celle VersR 2007, 253): Ein Arbeiter hatte beim Bedienen einer Lederschleifmaschine einen Arbeitsunfall (Abschleifen von Hand und Unterarm durch die Maschine) erlitten. Im Produkthaftungsprozess gegen den Hersteller der Maschine hat das Gericht bei der Prüfung eines Anspruchs aus § 823 Abs. 1 BGB zur Beurteilung der Anforderungen an die Konstruktion der Sicherungseinrichtungen der Maschine vor allem Nr. 5.3.1 (Reib- und Schabgefährdungen) der DIN EN 972 betreffend die Sicherheitsanforderungen für Gerberei-Walzenmaschinen herangezogen – und zugleich klargestellt, dass als Anspruchsgrundlage nur die gesetzliche Vorschrift zur Produkthaftung und nicht (der Verstoß gegen) die DIN-Norm in Betracht kommt!

Somit werden im Produkthaftungsrecht gesetzlich fixierte Sicherheitsstandards anhand technischer Normen konkretisiert. Dabei dürfen die Aussagen der technischen Normen jedoch nicht schematisch oder gar sklavisch für die Rechtsauslegung übernommen werden, da die rechtliche Würdigung entsprechend den hinter den Voraussetzungen der anwendbaren Vorschriften stehenden Wertungen unter Berücksichtung der Umstände des Einzelfalls vorgenommen wird. Technische Normen können zur Konkretisierung außerdem nur dann herangezogen werden, wenn sie ihrem Inhalt und ihrem Zweck nach auf den zu beurteilenden Sachverhalt anwendbar sind. Der Konkretisierung durch technische Normen zugänglich sind insbesondere, wie im obigen Beispiel, die Beurteilung des Entstehens und der Verletzung herstellerspezifischer Verkehrssicherungspflichten, daneben auch der nach §§ 1, 3 ProdHaftG einschlägige Maßstab des Stands von Wissenschaft von Technik zur Beurteilung des Vorliegens eines Produktfehlers sowie die aus der Sphäre des Herstellers herrührenden Haftungsausschlussgründe des § 1 Abs. 2 Nr. 4 und 5 ProdHaftG.

Die grundsätzlich offene Haltung der Gerichte gegenüber der Rezeption technischer Normen im Zuge der Entscheidungsfindung darf den Hersteller freilich nicht dazu verleiten, seinen Produktentstehungsprozess einseitig an technischen Normen, die aus seiner Sicht für das entwickelte Produkt relevant sind, auszurichten und anschließend der Fehlvorstellung unterliegen, damit seien sämtlich Produkthaftungsrisiken erfolgreich gebannt. Denn letztlich ist die Geltungskraft technischer Normen, selbst wenn sie inhaltlich auf die vom Produkt ausgehenden Gefahren Bezug nehmen, aus dreierlei Gründen begrenzt.

- Die auch bei sorgfältigster Recherche korrekt ermittelten und konkret berücksichtigten Normenreihen können möglicherweise nicht sämtliche produktspezifischen Gefahren erfassen, wenn der vorhandene Bestand an Normen insoweit lückenhaft ist. Die Haftungsvermeidung hängt nicht von einer möglichst lü-

[61] BGH WM 2005, 1485; BGH VersR 2004, 657 ff. (Betrieb einer Wasserrutsche); BGHZ 103, 338, 342 (Betrieb eines öffentlichen Kinderspielplatzes).

ckenlosen Ermittlung technischer Normen ab, sondern von der Gewährleistung des sicherheitstechnisch Gebotenen, das nicht immer in technischen Regelwerken niedergelegt ist.

- Die herangezogenen Normen könnten, zum zweiten, zum Zeitpunkt des Inverkehrbringens des Produkts nicht mehr den aktuellen Stand der Sicherheitstechnik widerspiegeln und mit anderen Worten „überholt", also nicht länger aussagekräftig sein. Diese Gefahr ist, wenn man die Praxis der Normensetzung mit bedenkt, vergleichsweise groß: Das Verfahren dauert oft Jahre und das erzielte Ergebnis trägt, auch wenn bzw. gerade weil zahlreiche Experten am Verfahren mitwirken, oft kompromisshafte Züge und muss daher nicht zwingend Ausdruck neuester wissenschaftlicher Erkenntnisse bzw. des höchstmöglichen Sicherheitsniveaus sein.
- Außerdem werden grundlegende Bedenken gegen die formelle Legitimation technischer Normen als Gegenstand der Rechtsanwendung vorgebracht. Diese sind nicht von demokratisch legitimierten Verfassungsorganen als staatliche Rechtsakte erlassen worden, sondern beschreiben im Wesentlichen das Ergebnis von Expertenausschüssen privatrechtlich verfasster (Normungs-)Verbände. Die Rechtsprechung begegnet diesen Einwänden, indem sie die technische Norm nicht zum eigentlichen Gegenstand der Rechtsanwendung macht, sondern deren Aussagen bei der Auslegung staatlichen Rechts nur mitberücksichtigt, soweit die technische Norm als Ausdruck technischen Sachverstands gelten darf.

Zur Vermeidung der Produkthaftung hat der Hersteller daher für den strategischen *Umgang mit technischen Normen* Folgendes zu beachten:

Die Orientierung an technischen Normen als *einer* von vielen Quellen zur Ermittlung des maßgeblichen Sicherheitsstandards ist für jeden Hersteller empfehlenswert; Gesetzeskraft (und allgemeingültige Verbindlichkeit) kommt technischen Normen jedoch nicht ohne weiteres zu. Die Ausrichtung an technischen Regelwerken wird nur dann zur Haftungsvermeidung beitragen, wenn produktspezifische Risiken zuvor sorgfältig ermittelt wurden.

Der Hersteller hat den vorhandenen Normenbestand deshalb eigenverantwortlich zu sichten und auf die Bedeutung der einzelnen Normen für das von ihm in Verkehr verantworteten Produkts zu überprüfen. Dabei muss er sich der Gefahr bewusst sein, dass insbesondere „ältere" Normen nicht mehr den gegenwärtigen Stand der Sicherheitstechnik wiedergeben. Diesen Stand muss er gegebenenfalls anhand sonstiger Erkenntnisquellen (Fachliteratur; Auskünfte und Mitteilungen von Behörden; eigene Testreihen und Untersuchungen; Reklamationen von Händlern und Kunden) erschließen: Produkthaftungsrisiken nehmen dem Hersteller weder ein technisches Regelwerk noch Einschätzungen von Behörden, Experten oder sonstigen Dritten ab.

Soweit sich herausstellt, dass die vom Hersteller berücksichtigte technische Norm lediglich einen Mindeststandard gewährleistet, bleibt der danach verfügbare Sicherheitsstandard möglicherweise hinter dem rechtlich Gebotenen zurück, was den Anwendungsbereich der Produkthaftung eröffnen kann.

Die Einhaltung der im Einzelfall nach Gegenstand und Zweck anwendbaren technischen Regeln bei der Produktherstellung wertet die Rechtsprechung jedoch *grundsätzlich* als Indiz[62] dafür, dass die konkret erforderliche Sorgfalt beachtet wurde. Dies gilt ausnahmsweise dann nicht, wenn die Norm selbst fehlerhaft oder veraltet ist. Da die Umstände des Einzelfalls maßgeblich sind, kommt es allerdings primär nicht auf die Einhaltung inhaltlich einschlägiger technischer Normen, sondern auf das sicherheitsrechtlich Gebotene an. Wenn der Hersteller dies mittels *anderer Lösungswege* als durch Einhaltung der Vorgaben der Norm bewerkstelligt, vermeidet er drohende Haftungsrisiken ebenso wirksam. Allerdings obliegt es im Produkthaftungsprozess dann dem Hersteller, darzulegen und gegebenenfalls zu beweisen, dass die von ihm gewählte Alternativlösung dem über die technischen Normen gewährleisteten Sicherheitsstandard gleichwertig ist.

Beispiel (nach Reiff, S. 171 f.): Ein Löschwasserteich wird zwar entgegen DIN-Norm 14210 nicht mit einer 1,25m hohen Einfriedung versehen, doch die Gefahr des Einsinkens und Ertrinkens (insbesondere von Kindern) wird durch knapp unterhalb der Wasseroberfläche angebrachte engmaschige Stahlgitterrostmatten mindestens ebenso wirksam gebannt.

Soweit der Hersteller weder die gegenständlich einschlägige technische Norm berücksichtigt noch ein mindestens ebenso wirksames Alternativkonzept verwirklicht, liegt ein starkes Indiz für die Nichteinhaltung des sicherheitsrechtlich Gebotenen und damit eine Verkehrssicherungspflichtverletzung des Herstellers vor. Die Rechtsprechung geht zum Teil sogar einen Schritt weiter und leitet aus dem Verstoß gegen die technische Regel einen Beweis des ersten Anscheins für das Bestehen eines Ursachenzusammenhangs zwischen der Pflichtverletzung und dem Schaden des Verletzten ab.

Eine allgemeine Pflicht zur sofortigen Nachrüstung technischer Anlagen bei der Verschärfung technischer Normen durch den Verkehrssicherungspflichtigen hat der BGH unlängst abgelehnt und vielmehr vom Gefahrenpotential und vom Wert der gefährdeten Rechtsgüter im Einzelfall abhängig gemacht.[63]

---

[62] So auch Vieweg, S. 371 ff., 374 (hinsichtlich Sorgfaltspflichten auf Konstruktions- und Fabrikationsebene), der die Bedeutung des (Nicht-)Einhaltens technischer Normen auf den verschiedenen Ebenen des Haftungstatbestands würdigt.

[63] BGH NJW 2010, 1967, 1968 – halbautomatische Glastüre einer Bank.

Graphisch lässt sich der Umgang des Herstellers mit technischen Normen wie in Abb. 2.4 erfolgt darstellen.

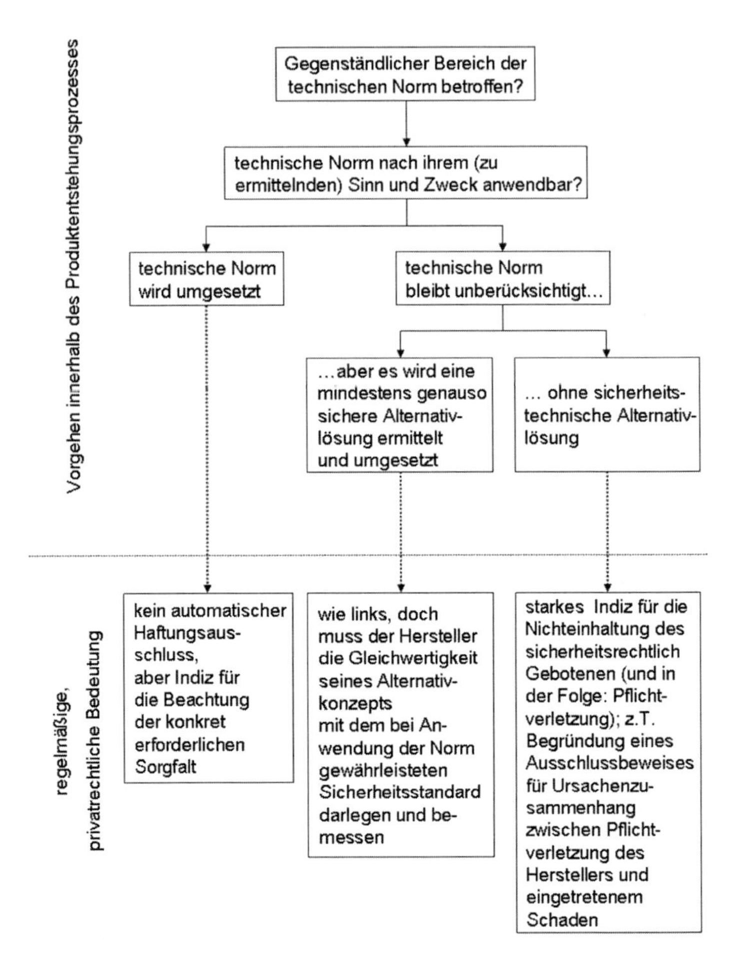

Abb. 2.4: Der Umgang mit technischen Normen im Produktentstehungsprozess und deren privatrechtliche Auswirkungen

2.2.2.2 Gewährleistung der Beachtung produkt(ions)bezogener Pflichten des Herstellers anhand technischer Organisation und Dokumentation

Da die Produktsicherheit von technischen Regeln und Standards in dem soeben zu 2.2.2.1 dargestellten Rahmen jedenfalls mitbestimmt wird, liegt die Überlegung nahe, ob mit Mitteln der Technik nicht auch der Nachweis über die Einhaltung der entsprechenden Herstellerpflichten geführt werden kann. Die Pflichtenerfüllung steht, wie die bisherigen Ausführungen gezeigt haben, auch und vor allem im wohlverstandenen Eigeninteresse des Herstellers, sodass ein wirksames unternehmensinternes Haftungsvermeidungsregime an der Verknüpfung zwischen den Sicherheitsanforderungen des materiellen Rechts (→ vgl. dazu oben 2.2.2.1) mit der vorausschauenden Planung etwaiger Haftpflichtprozesse, namentlich unter dem Gesichtspunkt der Auseinandersetzung mit Stellungnahmen von Sachverständigen in der Beweisaufnahme (→ vgl. dazu 2.2.2.3), ansetzt. Dieser Bereich des unternehmenseigenen „product integrity management“ wird im Wesentlichen durch geeignete Maßnahmen der Organisation und Dokumentation geprägt. Die Vornahme derartiger Maßnahmen stellt zwar für sich genommen keinen Haftungsausschlussgrund dar, doch können sie Anhaltspunkte für die Einhaltung der erforderlichen Sorgfalt im Einzelfall bieten und im Zivilprozess zumindest Argumente liefern, um das Gericht von der Pflichterfüllung und Produktfehlerfreiheit zu überzeugen.

Aus Sicht der Technik sind namentlich die Vorgaben zur *technischen Dokumentation*[64] von Bedeutung.

Diese Vorgaben sind zum Teil gesetzlicher Natur: Die sog. Maschinenrichtlinie[65] 2006/42/EG beschreibt in ihrem Anhang VII das Verfahren für die Erstellung der technischen Unterlagen, die der Hersteller gem. Art. 5 Abs. 1 lit. b) bzw. Art. 13 Abs. lit. a) der Richtlinie verfügbar halten muss. Damit ist die interne betriebliche Dokumentation gemeint, die u. a. Angaben bzw. Unterlagen

- über die allgemeine Beschreibung der Maschine,
- in Gestalt diverser Zeichnungen und Darstellungen der Schaltpläne, die zum Verständnis der Maschine erforderlich sind,
- über die vorgenommenen Risikobeurteilungen und
- hinsichtlich technischer Prüfungen (Prüfberichte)

enthalten muss sowie ein Exemplar der Betriebsanleitung der Maschine, die gem. Art. 5 Abs. 1 lit. c) den Produktverwendern zur Verfügung zu stellen ist (insoweit ist die externe Dokumentation angesprochen).[66]

Die Ausgestaltung der internen und der externen Dokumentation muss die immense Reichweite der juristischen Produktverantwortung im Blick haben und daher nicht nur unternehmensinterne Vorgänge abbilden, sondern beispielsweise auch das Verhalten von Zuliefern.

---

[64] Vgl. zum Dokumentenmanagement ausführlich Zeunert, S. 269 ff.

[65] Richtlinie 2006/42/EG des Europäischen Parlaments und des Rates vom 17. Mai 2006 über Maschinen und zur Änderung der Richtlinie 95/16/EG (Neufassung) (ABl. EG L 157 S. 24 ff.).

[66] Vgl. zur technischen Dokumentation nach der Maschinenrichtlinie ausführlich Neudörfer, S. 32 ff. (dort auch mit graphischer Darstellung über die Bestandteil der internen und der externen Dokumentation und ausführlichen Informationen über Ziele, Inhalt und Aufbau von Betriebsanleitungen) sowie Friederici, S. 134 ff.

Darüber hinaus ist die technische Dokumentation Gegenstand der technischen Normung. So beschreibt etwa VDI-Richtlinie 4500 (Stand 2006) in sechs Arbeitsblättern, was bei der Erstellung Technischer Dokumentationen zu Zwecken der *Benutzerinformation* zu beachten ist.[67] Neben Begriffserläuterungen, organisatorischen und administrativen Maßnahmen sowie Hilfestellungen beim wissenschaftlichen und elektronischen Publizieren sieht die Richtlinie (in Arbeitsblatt 4) wichtige Hilfestellungen für den Inhalt und die Ausführung einer solchen Dokumentation vor. Darüber hinaus betrifft die Richtlinie die für Fragen der Haftungsvermeidung noch bedeutsamere *interne* technische Dokumentation, indem sie z. B. Konstruktions- und Fertigungsunterlagen, Pflichtenhefte, Berechnungsunterlagen, Versuchsberichte, Risikobeurteilungen und insbesondere die Qualitätssicherungsdokumentation enthält. Die Ausgestaltung der betriebsinternen Dokumentation ist ferner Gegenstand von DIN-Normreihen, und zwar

- DIN EN 82045: Dokumentenmanagement
- DIN 6789: Dokumentationssystematik
- DIN ISO 10209: Technische Produktdokumentation,
- DIN ISO 11442: Technische Produktdokumentation Rechnerunterstützte Handhabung von technischen Daten und ferner
- DIN ISO 15489: Information und Dokumentation – Schriftgutverwaltung.

Standards für die technische Dokumentation können sich außerhalb der Regeln und Richtlinien der technischen Normung auch unternehmens- oder branchenweit etablieren, etwa als Codes of Practices etc.

Unabhängig von den einzelnen Quellen für die Vorgaben an eine technische Dokumentation können folgende *Leitlinien* für ihre Handhabung herausgefiltert werden[68]:

- Vollständigkeit der Dokumentation,
- Einfachheit und Klarheit der Dokumentation sowie
- schriftliche Abgeschlossenheit der Dokumentation.

2.2.2.3 Der Einsatz technischer Experten im Produkthaftungsprozess

Technischer Sachverstand kann zudem im Zivilprozess vor Gericht eine wichtige Rolle spielen. Denn häufig besitzt das angerufene (staatliche) Gericht nicht selbst die erforderliche Sach- und Fachkunde, um den zwischen den Parteien streitigen Sachverhalt angemessen beurteilen und rechtlich würdigen zu können. Vor allem die erforderlichen fundierten Kenntnisse der Natur- und Ingenieurwissenschaften muss sich das Gericht zumeist von Experten beschaffen.

---

[67] Vgl. für eine ausführliche Würdigung der VDI-Richtlinie Hess/Holtermann, S. 118 ff.

[68] Eisenberg et al., S. 177 f., ähnlich die Leitlinien von Neudörfer, S. 32 („sachlich wahr […] vollständig […] verständlich“).

Zur Klärung einzelner, umstrittener Tatsachen kann sich das Gericht im Rahmen der Beweisaufnahme eines Sachverständigen bedienen, einem anerkannten Beweismittel nach der Zivilprozessordnung (ZPO). Die Auswahl des Sachverständigen erfolgt durch das Gericht, wobei es die Parteien auch zur Benennung von Sachverständigen auffordern kann (§ 404 ZPO). Der ausgewählte Gutachter wird durch förmlichen Beweisbeschluss bestellt und vom Gericht hinsichtlich der Begutachtung angeleitet (§ 404a ZPO), insb. wird ihm der Gegenstand seines Gutachtens mitgeteilt. Die möglichen Aufgabenbereiche eines Sachverständigen lassen sich in drei Kategorien gliedern:[69]

[1] Der Sachverständige kann aufgefordert werden, dem Gericht bestimmte, zur Beurteilung des Sachverhalts *erhebliche Erfahrungssätze aus dem Wissensgebiet des Sachverständigen mitzuteilen.* Hierunter fallen beispielsweise die bereits oben angesprochenen allgemein anerkannten Regeln der Technik.

Beispiel (in Anlehnung an den Sachverhalt der Entscheidung OLG Düsseldorf, r+s 1996, 54 f.): Im Produkthaftungsprozess eines anlässlich des Einschlagens eines Stahlnagels in einen Kalksandmauerstein am Auge Verletzten gegen den Nagelhersteller zieht der gerichtlich bestellte Sachverständige die Norm DIN 1151 „Drahtstifte rund" heran. Er führt aus, dass die Beschaffenheit des Materials von Stahlnägeln nicht durch die Norm vorgegeben ist, sondern ausdrücklich der Eigenverantwortung des Herstellers überlassen bleibt.

[2] In vielen Sachverhalten, bei denen das Vorliegen einzelner Voraussetzungen des gesetzlichen Tatbestands oder des Ursachenzusammenhangs zwischen ihnen unklar bzw. zwischen den Prozessparteien streitig ist, wirkt der Sachverständige bereits bei der *Aufklärung und Feststellung des Sachverhalts* mit. Dazu teilt ihm das Gericht die maßgeblichen, bereits vorhandenen Anknüpfungstatsachen mit, anhand derer der Sachverständige aufgrund eigener Fachkunde diejenigen Tatsachen ermittelt, die für die gerichtliche Beurteilung des Sachverhalts unerlässlich sind, die sog. Befundtatsachen.

Beispiel (anknüpfend an das obige Beispiel): Das Gericht überlässt dem Sachverständigen Reste des unstreitig schadensursächlichen Stahlnagels zur Untersuchung, um so die Beschaffenheit des Nagels und damit zugleich dessen mögliche Fehlerhaftigkeit sowie den Ursachenzusammenhang zwischen Verletzung und Fehler bzw. zwischen Verletzung und Pflichtverletzung zu klären. Ausweislich des Analyseergebnisses des Sachverständigen finden sich in dem analysierten Stahlsplitter außer Eisen (Fe), Kohlenstoff (C) und Silizium (Si) keine weiteren chemischen Elemente.

[3] Der wohl bedeutsamste Beitrag der Sachverständigen liegt in der *Beurteilung von Tatsachen, die ihm vom Gericht mitgeteilt werden und die er aufgrund einer Sachkunde würdigen muss, um daraus Schlüsse zu ziehen.* Die Würdigung darf sich nicht im Präsentieren von Ergebnissen erschöpfen, sondern muss zugleich dokumentieren, weshalb und auf welche Weise der Sachverständige zu den Ergebnissen gelangt ist.

[69] Jessnitzer/Frieling/Ulrich, Rn. 4 ff., auch zum Folgenden.

Beispiel (anknüpfend an das obige Beispiel): Der Sachverständige schließt aus den ihm vom Gericht mitgeteilten Tatsachen, den von ihm ermittelten technischen Regelwerken und dem Ergebnis seiner Materialanalyse, dass zur Herstellung des Stahlnagels ausschließlich Stahl verwendet wurde und die Vorgaben der o. g. DIN-Norm („Werkstoff: Stahl („Sorte nach Wahl des Herstellers") somit eingehalten wurden. Aus seiner Sicht ist der schadensursächliche Nagel frei von Produktfehlern.

Freilich entscheiden die Ausführungen des Sachverständigen nicht letztverbindlich über den Ausgang des Rechtsstreits. Vielmehr hat das Gericht die (schriftliche und/oder mündliche) gutachterliche Stellungnahme – wie jedes andere Beweisergebnis – nach § 286 ZPO selbständig und frei zu würdigen. Die Rolle des (technischen) Sachverständigen im Zivilprozess lässt sich wohl am besten als Helfer des Gerichts bei der Ermittlung und Beurteilung des zu entscheidenden Sachverhalts beschreiben.

Nur der Vollständigkeit halber sei angemerkt, dass technische Experten als Sachverständige auch vor anderen als staatlichen Gerichten mitwirken können, insbesondere in Verfahren vor sog. Schiedsgerichten.

2.2.3 Privatrechtliche Produktverantwortung: Das System

Das System privatrechtlicher Produktverantwortung beruht letztlich auf Schadensersatzpflichten nach Vertragsrecht bzw. aufgrund außervertraglichen Haftungsrechts. Denkbar ist auch, für ein und denselben Schadensposten Ersatz auf vertraglicher und daneben außervertraglicher Grundlage zu begründen, soweit die jeweils einschlägigen, unterschiedlichen Anspruchsvoraussetzungen im Einzelfall erfüllt sind. Im Ergebnis kann der Geschädigte selbstverständlich nur einmal Ersatz verlangen. Regelmäßig stehen die verschiedenen Anspruchsgrundlagen im Verhältnis sog. Anspruchskonkurrenz zueinander, d. h. sie schließen einander nicht aus, sind vielmehr – entsprechend den jeweils geltenden Anspruchsvoraussetzungen und möglichen Einwendungen – getrennt voneinander zu beurteilen.

Die zivilprozessuale Situation des Geschädigten verbessert sich jedoch, wenn er seinen Ersatzanspruch auf unterschiedliche Grundlagen stützen kann: Denn falls sich im Streitfall vor Gericht diejenigen Voraussetzungen einer Anspruchsgrundlage, für die er darlegungs- und beweispflichtig ist, nicht vollständig beweisen lassen, obsiegt er im Prozess dennoch, soweit er die notwendigen Voraussetzungen der anderen Anspruchsgrundlage darlegen und beweisen kann. Gleiches gilt wegen möglicherweise unterschiedlich langer Fristen für die Frage der Verjährung von Ansprüchen, also der Begrenzung ihrer Durchsetzung wegen Zeitablaufs (vgl. dazu grundlegend §§ 194 ff. BGB).

Da Produkte üblicherweise aufgrund von Kaufverträgen erworben werden, folgt die Darstellung der vertraglichen Haftung nachfolgend den Regelungen des Kaufrechts. Für die Systeme außervertraglicher Haftung sind hinsichtlich produktspezifischer Risiken einerseits die allgemeine Vorschrift des § 823 Abs. 1 BGB (insoweit stellvertretend für die einzelnen Tatbestände des Deliktsrechts der §§

823 ff. BGB) sowie andererseits § 1 Abs. 1 ProdHaftG als Anspruchsgrundlage des Produkthaftungsgesetzes maßgeblich. Hierzu vorab eine graphische Abbildung des Systems (Abb. 2.5) sowie eine tabellarische Zusammenstellung über die Kennzeichen und wesentlichen Voraussetzungen der drei Systeme (Tabelle 2.1), die in den anschließenden Ausführungen näher erläutert werden.

Abb. 2.5: Die drei Säulen der privatrechtlichen Produktverantwortung

	Vertraglicher SchErs	SchErs nach ***ProdHaftG***	SchErs wegen ***unerlaubter Handlung***
Anspruchs-grundlage	§ 280 Abs. 1 (ggf. mit 2 oder 3), evtl. i. V. m. Sachmängelgewährleistung (beim Kauf: § 437 Nr. 3)	§ 1 Abs. 1 ProdHaftG	in der Regel § 823 Abs. 1 (hilfsweise: § 823 Abs. 2 i. V. m. sog. Schutzgesetz)
innerer Grund für SchErs'pfl.	Schlechterfüllung vertraglicher Leistungs-/Nebenpflichten ggü. Käufer → Erfordernis eines vertraglichen Schuld-verhältnisses zw. den Beteiligten	Inverkehrbringen eines potentiell gefahrbringenden Produkts/ Verbraucherschutz → evtl. bestehende vertragliche Beziehungen sind *irrelevant*	schuldhafte Verletzung fremder, absolut geschützter Rechtsgüter (durch Produkt) → evtl. bestehende vertragliche Beziehungen sind *irrelevant*
Haftungstyp	Verschuldenshaftung (wobei Vertretenmüssen nach § 280 Abs. 1 S. 2 zu Lasten des Schuldners vermutet wird)	Gefährdungshaftung → Verschulden/ Vertretenmüssen ist völlig unerheblich	Verschuldenshaftung (im Fall der *deliktischen Produzentenhaftung* Verschuldensvermutung zu Lasten des Produzenten)
Anknüpfungs-punkt für die jew. Haftung	Sachmangel im Kaufvertrag (§ 434) bei Gefahrübergang → *alle Absätze des § 434 beachten*	Fehler (§ 3 ProdHaftG) → *dieser Begriff ist autonom, d. h. nur am Maßstab des ProdHaftG auszulegen; er muss nicht identisch mit dem Sachmangelbegriff (§ 434) sein*	absolut geschütztes Rechtsgut *und* Verletzung einer spezifischen Verkehrs-sicherungspfl. → *kein Ersatz „reiner" Vermögensschäden*
Wer wird verpflichtet? (Anspruchs-gegner)	gem. § 437 Nr. 3 der *Verkäufer* → nicht der *„reine" Hersteller*, da zwischen einem solchen Hersteller und dem Käufer/Nutzer des Produktes *keine unmittelbaren vertraglichen Beziehungen* bestehen	gem. § 4 ProdHaftG der *Hersteller* (wobei unter den Her-stellerbegriff des Prod-HaftG in Ausnahmefällen auch Verkäufer/ Lieferanten fallen können, vgl. § 4 Abs. 2, 3)	gem. § 823 Abs. 1 derjenige, der Schaden herbeiführt, also ggfs. → *Hersteller* und/oder → *Verkäufer* doch freilich nur, soweit die Voraussetzungen des § 823 Abs. 1 jeweils erfüllt sind
Verjährung des Anspr.	bei beweglichen Sachen: § 438 Abs. 1 Nr. 3, Abs. 2: *2 Jahre* ab Ablieferung	§ 12 ProdHaftG: *3 Jahre* ab Kenntnis von Schaden und Schädiger	§§ 195, 199 Abs. 1: Regelverjährung, *3 Jahre* ab Kenntnis von Schaden/Schädiger
Verhältnis zu anderen Anspruchs-grundlagen	keine explizite Regelung → vertragliche u. außervertragliche Anspruchsgrundlagen können *nebeneinander* bestehen	§ 15 Abs. 2 ProdHaftG → ProdHaftG will andere Anspruchsgrundlagen (insb. § 823 Abs. 1 BGB) nicht ausschließen	vgl. linke Spalte

Tabelle 2.1: Mögliche Anspruchsgrundlagen für Schadensersatz inkl. Vorraussetzungen

2.2.3.1 Vertragsrecht (am Beispiel des Kaufvertrags)

Als erste Säule der Produkthaftung wird häufig das Vertragsrecht ausgemacht. Das Mängelgewährleistungsrecht des Kaufvertrags (§§ 434 ff. BGB) geht von der Pflicht des Verkäufers aus, eine Sache „frei von Mängeln" zu liefern (§ 433 Abs. 1 S. 2 BGB). Verletzt der Verkäufer die Pflicht, stehen dem Käufer – vorbehaltlich des Vorliegens der jeweils geltenden Voraussetzungen – die in § 437 BGB bezeichneten Rechte auf Nacherfüllung (Nr. 1), Rücktritt vom Vertrag bzw. Minderung des Kaufpreises (Nr. 2) sowie Schadensersatz (Nr. 3) zu.[70] Alle Rechte hängen davon ab, dass ein Sachmangel (§ 434 BGB) und damit eine für den Käufer negative Abweichung der Soll- gegenüber der Ist-Beschaffenheit gegeben ist.

Beispiel: Sowohl das Ruckeln eines Automatikgetriebes beim Herunterschalten als auch Probleme beim Öffnen des Schiebedachs stellen nach Auffassung des OLG Köln (NJW-RR 2011, 61 ff.), jedenfalls bei Neufahrzeugen der oberen Mittelklasse im sog. Premium-Segment, Sachmängel i. S. des § 434 Abs. 1 BGB dar.

Die Käuferrechte dienen in erster Linie dazu, das angesichts des bestehenden Sachmangels zunächst enttäuschte Interesse im Hinblick auf die Qualität der Ware zu erfüllen, das sog. Äquivalenzinteresse. Die zur Gewährleistung des Interesses notwendige Herbeiführung eines vertragsgemäßen Zustands mit Blick auf die Qualität der Kaufsache setzt an der Fehlerhaftigkeit der Kaufsache, mithin des Produkts, und der Fehlerbehebung an. Primär geht es dabei nicht um eine Haftung für Schäden, die aufgrund des Sachmangels des Produkts an anderen Rechtsgütern (Personen- bzw. Sachwerte) entstehen.

Das kaufvertragliche Sachmängelgewährleistungsrecht kann jedoch auch dann eingreifen, wenn aufgrund des Sachmangels *Folgeschäden an anderen Rechtsgütern* entstehen. Der Ersatz dieser Mangelfolgeschäden bemisst sich – als sog. Schadenersatz neben der Leistung – entsprechend den Vorschriften der §§ 437 Nr. 3, 280 Abs. 1 BGB. Soweit der Mangelfolgeschaden andere, zuvor intakte Rechtsgüter des Geschädigten betrifft, ist juristisch das sog. Integritätsinteresse des Geschädigten berührt. Dann ist ein Bezug zum Grundgedanken der Produkthaftung eröffnet: Aufgrund einer fehler- bzw. mangelhaften Sache kommen Personen oder andere Sachen zu Schaden.

Die praktische Bedeutung der §§ 437 Nr. 1, 280 Abs. 1 BGB als einer Säule der Produkthaftung (vgl. Abb. 2.5) ist aus verschiedenen Gründen sehr begrenzt:

- Da die vertraglichen Ansprüche grundsätzlich nur zwischen den Vertragspartnern bestehen (Grundsatz der „Relativität vertraglicher Schuldverhältnisse"), kann ein nicht von der vertraglichen Regelung umfasster Drittgeschädigter den Verkäufer der mangelhaften Sache schon deshalb nicht nach §§ 437 Nr. 3, 280 Abs. 1 BGB belangen, weil es *zwischen ihnen* am verbindenden vertraglichen Schuldverhältnis fehlt.

---

[70] Eine graphische Darstellung möglicher Ansprüche bei Pflichtverletzungen aus Verträgen findet sich bei Ensthaler, S. 98 f. (Bilder 2 und 3).

- Selbst wenn der Geschädigte Rechte aus einem Kaufvertrag herleiten kann, reichen diese Rechte immer nur bis zu seinem Vertragspartner. Soweit der Produkthersteller die Sache nicht selbst an den Geschädigten verkauft und auch sonst (auf freiwilliger Basis) keine Garantien hinsichtlich des Produkts ausgesprochen hat, hat er unter vertragsrechtlichen Gesichtspunkten keine unmittelbare Inanspruchnahme des Geschädigten zu befürchten.
- Der Verkäufer darf, soweit er nicht zugleich Hersteller ist, grundsätzlich nicht an den produktsicherheitsrechtlichen Anforderungen gemessen werden, die gerade für den Hersteller eines Produkts gelten. Diese Wertung darf auch nicht dadurch unterlaufen werden, dass man unter dem Gesichtspunkt der Gehilfenhaftung nach § 278 BGB dem Verkäufer für ein etwaiges schuldhaftes Fehlverhalten des Herstellers haftbar macht: Der „Nur-Verkäufer" muss nach dieser Vorschrift nicht einstehen, da er sich zur Erfüllung seiner Leistungspflicht gegenüber dem Käufer regelmäßig nicht des Herstellers als Gehilfen bedient. Vielmehr schließt er entlang der Absatzkette Verträge mit Großhändlern oder Herstellern, um bestehende oder zukünftige Lieferverpflichtungen gegenüber seinen Abnehmern erfüllen zu können.

Doch auch wenn der Verkäufer regelmäßig nicht die Pflichten des Herstellers zu erfüllen hat, kann er dem Käufer gegenüber im Einzelfall schadensersatzpflichtig sein. Die dafür erforderliche Pflichtverletzung des Verkäufers kann etwa im Verkauf eines erkennbar mangelhaften Produkts oder bzw. und in der rechtswidrigen Weigerung, einem berechtigten Nacherfüllungsverlangen des Käufers zur Beseitigung des Sachmangels nachzukommen, beruhen. Der Verkäufer schuldet jedoch nur dann Schadensersatz nach § 280 Abs. 1 BGB, wenn er die vorhandene(n) Pflichtverletzung(en) zu vertreten hat, wobei dies zunächst zu seinen Lasten vermutet wird. Es kommt deshalb – vorbehaltlich des Vorliegens der weiteren Anspruchsvoraussetzungen – darauf an, ob der Verkäufer darlegen und notfalls beweisen kann, dass ihn an der bestehenden Pflichtverletzung kein Verschulden (regelmäßig in den Formen Vorsatz und Fahrlässigkeit, vgl. dazu § 276 BGB) trifft und er auch nicht aus anderen Gründen wie etwa der Übernahme einer Garantie für die Beschaffenheit der Kaufsache haftungsrechtlich einstehen muss. Als Entlastungsmomente zugunsten des Verkäufers kommen beispielsweise in Betracht:

- der Umstand, dass der nicht in den Herstellungsprozess einbezogene Verkäufer industriell gefertigte Neuware lediglich abverkauft und das verkaufte Produktexemplar nicht erkennbar beschädigt war oder
- der Umstand, dass hinsichtlich des Produkts in der Fachöffentlichkeit keine sicherheitsrelevanten (Kunden-)Beschwerden bekannt waren.

Im Zusammenhang mit fehlerhaften Produkten kommt die vertragliche Schadensersatzhaftung des Verkäufers daher vergleichsweise selten zum Tragen.

Zu erwähnen bleibt noch die auf handelsrechtlichen Regelungen beruhende Möglichkeit des Verlusts sämtlicher kaufvertraglichen Sachmängelrechte des Käufers beim sog. Handelskauf (vgl. dazu §§ 343 ff. HGB): Falls sowohl auf Käufer- wie auf Verkäuferseite

Kaufleute i. S. der §§ 1 ff. HGB beteiligt sind und der Käufer die Ware nach Erhalt nicht untersucht und vorhandene oder später erkennbare Mängel nicht unverzüglich, d. h. gem. § 121 Abs. 1 BGB „ohne schuldhaftes Zögern" rügt, verliert dieser gem. § 377 HGB die ihm „an sich" nach § 437 BGB zustehenden Gewährleistungsrechte; vgl. zur Vorschrift des § 377 HGB im Kontext des Qualitäts- und Vertriebsmanagements auch die Ausführungen in Kap. 3 (unter 3.3) sowie in Kap. 4 (unter 4.3.1.2).

Die vertragliche Haftung für Mangelfolgeschäden lässt sich abschließend als Rechtssystem charakterisieren, das dem geschädigten Käufer Ersatzansprüche gegen seinen Verkäufer eröffnen kann, wenn und soweit die mangelbezogene Pflichtverletzung vom Verkäufer zu vertreten ist. Daran fehlt es in der Praxis häufig, da die produktbezogene Verkäuferverantwortung in der Regel weniger weit reicht als die Herstellerverantwortung. Das Produkthaftungsrecht im eigentlichen Sinne spielt sich außerhalb bestehender vertraglicher Schuldverhältnisse ab. Es wird vom vertraglichen Haftungsrecht lediglich flankiert, da die Produktverantwortung nicht in erster Linie beim Verkäufer liegt und der Hersteller im Regelfall gegenüber dem Geschädigten nicht vertraglich gebunden ist.

2.2.3.2 Die deliktsrechtliche Verantwortung nach §§ 823 ff. BGB

Die Anspruchsgrundlagen aus dem Recht der unerlaubten Handlungen (sog. Deliktsrecht) der §§ 823 ff. BGB zählen zu den sog. gesetzlichen Schuldverhältnissen. Wie der Begriff andeutet, liegt der Geltungsgrund für die jeweiligen Ansprüche in einem unmittelbar im Gesetz angelegten Haftungstatbestand. Ob zwischen den Anspruchsbeteiligten zugleich eine Sonderbeziehung besteht, insbesondere ein vertragliches Schuldverhältnis, ist daher unmaßgeblich; man spricht insoweit auch von außervertraglicher Haftung oder „Jedermann"-Haftung, da es auf ein zwischen den Anspruchsbeteiligten *zuvor* bestehendes Verhältnis nicht ankommt.

Die deliktsrechtlichen Anspruchsgrundlagen lassen sich in drei zentrale, offen gestaltete Haftungstatbestände einerseits (nämlich §§ 823 Abs. 1, 823 Abs. 2, 826 BGB) und eine Reihe weiterer, speziell zugeschnittener Grundlagen (z. B. §§ 824, 833, 836 ff. BGB) trennen. Im Zusammenhang mit der Produkthaftung sind v. a. die beiden Anspruchsgrundlagen des § 823 BGB von Bedeutung.

Nach *§ 823 Abs. 1 BGB* ist zum Schadensersatz verpflichtet, „wer vorsätzlich oder fahrlässig das Leben, den Körper, die Gesundheit, das Eigentum [...] oder ein sonstiges Recht eines anderen widerrechtlich verletzt". Mit diesen Worten wird der eigentliche Haftungstatbestand sehr weit und zugleich sehr allgemein umschrieben. Der Anwendungsbereich des § 823 Abs. 1 BGB geht mit anderen Worten deutlich über Fälle der Produkthaftung hinaus.

Bsp.: Ein Anspruch auf Schadensersatz nach § 823 Abs. 1 BGB kann auch dem Fußgänger zustehen, der von einem Fahrradfahrer angefahren und dabei am Körper verletzt wird.

Kennzeichnend für alle Haftungssituationen, die unter die Vorschrift fallen, ist der Umstand, dass durch das rechtswidrige und schuldhafte Verhalten einer Person eine andere in einem der im Gesetz angesprochenen Rechtsgütern oder „sonstigen“ Rechten verletzt wird. Als *Schema* für die Beurteilung und Prüfung der Haftungsvoraussetzungen des § 823 Abs. 1 BGB bietet sich folgende Reihung an:

(1) Haftungsbegründender Tatbestand: Ein auf aktivem Tun oder Unterlassen beruhendes Verhalten des zum Ersatz Verpflichteten, also des Schädigers, führt zur Verletzung eines Rechtsguts oder eines sonstigen absolut geschützten Rechts des geschädigten Anspruchsinhabers, wobei zwischen dem Verletzungsverhalten und dem Verletzungserfolg ein Ursachenzusammenhang, sog. haftungsbegründende Kausalität, bestehen muss.

(2) Die Erfüllung des haftungsbegründenden Tatbestands erfolgte rechtswidrig („Widerrechtlichkeit“), d. h. der Schädiger ist nicht durch besondere Rechtfertigungsgründe ausnahmsweise gerechtfertigt.

(3) Die Verletzung resultiert aus einem vorsätzlichen oder fahrlässigen Verhalten des Schädigers („Verschuldenselement“).

(4) Haftungsausfüllender Tatbestand: Der beim Verletzten eingetretene Schaden ist ursächlich auf die erlittene Rechts(guts)verletzung zurückzuführen und die Zurechnung des Schadens zum Verhalten des Schädigers scheitert auch nicht ausnahmsweise an besonderen, anhand von Wertungen hergeleiteten Erwägungen, die gegen eine Haftung sprechen.

(5) Rechtsfolge: Schadensersatz (Anhaltspunkte für Umfang und Inhalt desselben finden sich in den allgemeinen Vorschriften der §§ 249 ff. BGB).

Betrachtet man diese Reihung der Anspruchsvoraussetzungen unter dem Gesichtspunkt der Haftung für fehlerhafte Produkte, so fällt auf, dass sich Sachverhalte, die zu einer solchen Haftung führen können, regelmäßig durch einige *Besonderheiten* von anderen Anwendungsfällen des § 823 Abs. 1 BGB abheben. Das hat die deutsche Rechtsprechung dazu veranlasst, der auf § 823 Abs. 1 BGB basierenden Haftung des Herstellers fehlerhafter Produkte besondere Konturen zu verleihen, die seither unter dem Begriff *deliktische Produzentenhaftung (nach § 823 Abs. 1 BGB)* behandelt werden:

Das zur Verletzung führende Verhalten des Schädigers, hier: des Herstellers, besteht praktisch nie in einem aktiven Tun, sondern allenfalls in einem Nicht-Tun i. S. eines Unterlassens der Abwendung der Rechts(guts)verletzung. Anerkanntermaßen steht eine Verletzung durch Unterlassen in ihrem Unrechtsgehalt nur dann einem Verhalten durch aktives Tun gleich, wenn den Schädiger eine Rechtspflicht zum Handeln, hier zur Abwendung der Verletzung, traf und er diese verletzt hat. Da keine allgemeingültige Pflicht besteht, andere vor Schaden zu bewahren, muss die Pflicht zum Handeln jeweils anhand konkreter Anhaltspunkte begründet werden.

Bsp. (außerhalb der Produkthaftung): Wer sieht, dass ein anderer versehentlich in eine nicht hinreichend gesicherte Baugrube zu laufen und sich dabei zu verletzen droht, ist von Rechts wegen im Regelfall nicht zur Warnung des Gefährdeten verpflichtet. Daher drohen demjenigen, der die ihm mögliche Warnung unterlässt, grundsätzlich weder zivilrechtliche noch strafrechtliche Sanktionen, mag sein Verhalten auch moralisch verwerflich sein. Die unterlassene Hilfeleistung bei *eingetretenen* Unglücksfällen kann jedoch strafbar sein (vgl. dazu den in § 323c StGB umschriebenen Straftatbestand).

Deliktsrechtliche Pflichten zum Handeln können sich unter dem Gesichtspunkt der Verkehrssicherungspflichten aus der Schaffung von Gefahrenquellen für Dritte ergeben.

Im Baugruben-Beispiel trifft daher denjenigen, der für die Sicherung des Geländes verantwortlich ist, die Pflicht, die betroffenen Straßenverkehrsteilnehmer vor Verletzungen zu bewahren, die bei einem Sturz in die Grube entstehen können. Konkret gesprochen muss der Verantwortliche die Baugrube ordnungsgemäß durch Barrieren sowie Schilder oder sonstige Hinweise absichern. Falls der Verantwortliche dies unterlässt und zugleich bemerkt, dass ein anderer in die unzureichend gesicherte Grube zu stürzen droht (vgl. das vorige Beispiel), trifft ihn überdies aufgrund der Schaffung einer besonderen Gefahr eine zivil- und strafrechtlich bewehrte Pflicht zur unverzüglichen Warnung des konkret Gefährdeten.

In Umsetzung des bereits angesprochenen Konzepts der Verkehrs(sicherungs)pflichten drückt sich die Verantwortlichkeit des Herstellers fehlerhafter Produkte in der *Schaffung von Organisationspflichten* aus, die sämtliche Ebenen der Produktentwicklung, -herstellung und -vermarktung gesondert erfassen und zugleich in einer allgemeinen, überwölbenden Organisationspflicht zusammenfallen (vgl. dazu später ausführlich unter 2.2.4). Da die Gefährdungslage erst durch die Möglichkeit des Kontakts zwischen dem konkreten Produkt(exemplar) und der Bevölkerung aktiviert werden, stellt das Inverkehrbringen des jeweiligen Produktexemplars den inneren Grund für die deliktische Produzentenhaftung dar.

Aus den umfassenden Organisationspflichten des Herstellers hat die Rechtsprechung weitere Rechtserleichterungen für den durch ein fehlerhaftes Produkt Geschädigten hergeleitet, die vor allem die Beweisführung betreffen und die zu Abweichungen gegenüber der üblichen Handhabung des § 823 Abs. 1 BGB führen. Die Abweichungen gründen auf der Überlegung, dass der Geschädigte die Betriebsabläufe beim Hersteller, in deren Rahmen die produktspezifischen Risiken geschaffen werden, regelmäßig nicht beurteilen kann und er damit zusammenhängende Haftungsvoraussetzungen häufig nicht darlegen oder wenigstens nicht beweisen kann: Insoweit ist der Hersteller „näher dran, den Sachverhalt aufzuklären und die Folgen der Beweislosigkeit zur tragen“[71]. Um dem Geschädigten aus seiner (unter Zugrundelegung der allgemeinen Regeln zur Darlegungs- und Beweislast entstehenden) Beweisnot zu helfen, vermuten die Gerichte bezüglich derjeni-

[71] BGHZ 51, 91, 105 – Hühnerpest.

gen Haftungsvoraussetzungen, die praktisch der Einflusssphäre des Geschädigten entzogen sind, zu Lasten des Herstellers, dass diese Voraussetzungen erfüllt sind. Dem Hersteller obliegt dann die Führung des Entlastungsbeweises.

Für die deliktische Produzentenhaftung nach § 823 Abs. 1 BGB folgt aus alledem, dass der Geschädigte zunächst hinsichtlich

(1) der Verletzung, die er erlitten hat, und des ihm daraus entstandenen Schadens sowie

(2) hinsichtlich des Umstands, dass der Schaden auf eine im Organisationsbereich des Herstellers entstandene Fehlerhaftigkeit des Produkts, aus dem die Verkehrssicherungspflichtverletzung des Herstellers abgeleitet wird, herrührt,

entsprechend den allgemeinen Regeln darlegungs- und beweispflichtig ist.

Gelingt dies dem Geschädigten, so greifen zu seinen Gunsten die Grundsätze der deliktischen Produzentenhaftung: Nicht nur der Ursachenzusammenhang zwischen der herstellerseitigen Pflichtverletzung und der beim Geschädigten eingetretenen Verletzung, sondern auch das Verschulden bezüglich der Pflichtverletzung wird zu Lasten des Herstellers vermutet. Die Entlastungsbeweise, den der Hersteller nun führen muss, um der Haftung aus § 823 Abs. 1 BGB zu entgehen, gelingen in der Gerichtspraxis eher selten. Rechtsdogmatisch stellt sich die Anspruchsgrundlage des § 823 Abs. 1 BGB somit auch in Ausprägung der deliktischen Produzentenhaftung als Verschuldenshaftung dar – freilich mit der Besonderheit, dass u. a. das Verschulden zu Lasten des Herstellers vermutet wird.

§ 823 Abs. 2 BGB sieht darüber hinaus eine Ersatzpflicht desjenigen vor, der gegen ein den Schutz eines anderen bezweckendes Gesetzes verstößt und dadurch einem anderen einen Schaden zufügt. Im Mittelpunkt der Anspruchsgrundlage stehen die Existenz und der Verstoß gegen ein sog. Schutzgesetz. Als Schutzgesetz kommt jede förmliche Rechtsvorschrift in Betracht, die in personeller Hinsicht gerade den Schutz bestimmter Personen (und nicht nur der Allgemeinheit) erkennen lässt und die vor bestimmten Arten von Rechtsverletzungen schützen soll. Ob eine Rechtsvorschrift als Schutzgesetz in Betracht kommt, muss im Einzelfall ermittelt werden und hängt von der nach Sinn und Zweck der Vorschrift fragenden Auslegung derselben ab (sog. teleologische Auslegungsmethode). Anerkanntermaßen sind etwa Strafgesetze als Schutzgesetze anzusehen.

Bsp.: Als Schutzgesetz kommt etwa der Straftatbestand der fahrlässigen Körperverletzung (§ 229 StGB), aber auch die grundlegende Sicherheitsanforderung aus § 4 GPSG in Betracht (so BGH NJW 2006, 1589 ff. – Tapetenkleistermaschine). Nicht als Schutzgesetz gelten demgegenüber DIN-Normen, da sie keine Rechtsnormen darstellen.

Der Wortlaut des § 823 Abs. 2 BGB stellt überdies klar, dass nur schuldhafte (vorsätzliche oder fahrlässige) Verletzungen des Schutzgesetzes zum Schadensersatz verpflichten. § 823 Abs. 2 BGB beschreibt daher ebenfalls einen Fall der Verschuldenshaftung.

In zahlreichen Fällen der Produzentenhaftung kommen sowohl § 823 Abs. 1 BGB als auch § 823 Abs. 2 BGB als Anspruchsgrundlage in Betracht: Hat der Geschädigte durch das fehlerhafte Produkt Körperschäden davongetragen, sind Ansprüche nach § 823 Abs. 1 unter dem Gesichtspunkt der Verletzung des Rechtsguts Körper sowie nach § 823 Abs. 2 wegen Verletzung des Straftatbestands der fahrlässigen Körperverletzung, § 229 StGB, als Schutzgesetz zu prüfen.

2.2.3.3 Das ProdHaftG als Sondergesetz

Das auf die Richtlinie 85/377/EWG zur Angleichung der Rechts- und Verwaltungsvorschriften der Mitgliedstaaten über die Haftung für fehlerhafte Produkte zurückzuführende ProdHaftG stellt eine weitere Säule der Produkthaftung dar. Es ist zum 1.1.1990 in Kraft getreten und seither mehrfach geändert worden. Für das Verhältnis zum Anspruch auf Schadensersatz wegen eines fehlerhaften Produkts auf Grundlage der allgemeinen Vorschriften des BGB, insbesondere der §§ 823 ff. BGB, stellt § 15 Abs. 2 ProdHaftG klar, dass das Sondergesetz keine Sperrwirkung entfaltet, mithin Anspruchskonkurrenz zwischen § 1 ProdHaftG einerseits und den Anspruchsgrundlagen nach dem BGB andererseits besteht. Für Arzneimittel gilt jedoch nicht das ProdHaftG, sondern die besonderen Vorschriften des Arzneimittelrechts (§§ 84 ff. AMG), vgl. dazu § 15 Abs. 1 ProdHaftG.

Im Unterschied zur Haftung aus § 823 Abs. 1 BGB hängt die Begründung der Haftung nach dem ProdHaftG nicht von einem Verschuldenselement ab: Die Haftung des Herstellers gem. § 1 Abs. 1 ProdHaftG greift ohne Rücksicht darauf ein, ob ihn an der Entstehung des Produktfehlers ein Verschulden trifft oder nicht. Deshalb wird die Haftung aus ProdHaftG zumeist als *Gefährdungshaftung* (in Abgrenzung zum Haftungstyp der Verschuldenshaftung) bezeichnet. Die Bezeichnung ist zwar etwas unscharf, da § 1 ProdHaftG auch Sachverhalte erfasst, in denen die Haftung weniger auf der Verwirklichung einer produktspezifischen Gefahr als solcher, sondern in erster Linie auf einem fehlerhaften Umgang des Verantwortlichen mit der Gefahr gründet.[72] Der Begriff hat sich jedoch als schlagwortartige Umschreibung des Haftungstyps eingebürgert und wird daher auch im Folgenden verwendet.

In der Zusammenschau gem. Abb. 2.6 lässt sich der „innere Grund“ für die Produkthaftung nach § 1 Abs. 1 ProdHaftG in vier Komponenten zerlegen, die an unterschiedlichen Stellen des Gesetzes angesprochen werden:

---

[72] So etwa bei fehlender oder ungenügender Aufklärung des Herstellers gegenüber dem Produktverwender, sog. Instruktionsfehler; vgl. dazu Oechsler, in Staudinger, ProdHaftG, Einleitung, Rn. 27 ff., 39.

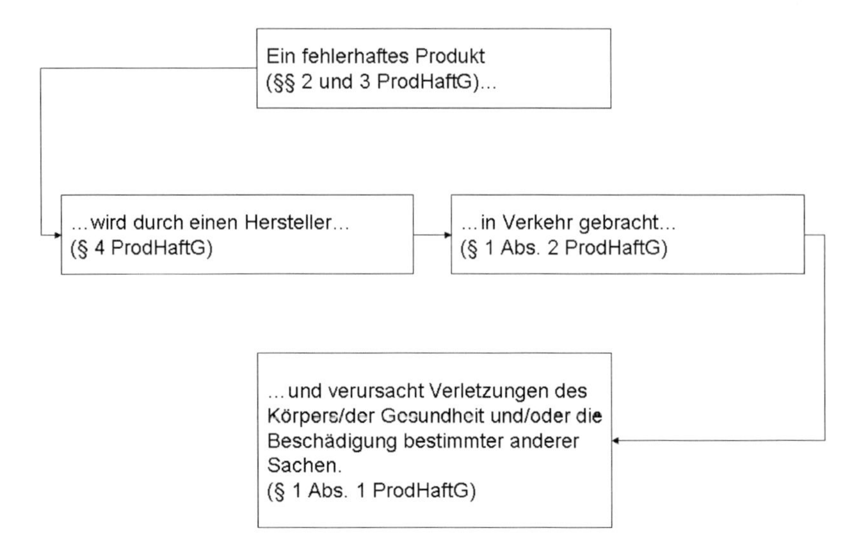

Abb. 2.6: Geltungsgrund für die Haftung nach dem Produkthaftungsgesetz

Die wesentlichen Voraussetzungen werden nachfolgend unter 2.2.4-9 in Gegenüberstellung zu § 823 Abs. 1 BGB näher erörtert. In einem *Prüfungsschema* zusammengefasst stellen sich die Haftungsvoraussetzungen der Produkthaftung nach § 1 Abs. 1 ProdHaftG folgendermaßen dar:

(1) Tod eines Menschen, Verletzung des Körpers bzw. der Gesundheit oder Beschädigung (bzw. Zerstörung) einer anderen Sache[73] (§ 1 Abs. 1 ProdHaftG)

(2) durch ein fehlerhaftes Produkt (§§ 2 und 3 ProdHaftG),

(3) das von einem Hersteller in Verkehr gebracht wurde (§ 4 ProdHaftG).

(4) Ursachenzusammenhang zwischen den Punkten (1) bis (3).

(5) Existenz eines Personen- oder Sachschadens aufgrund der eingetretenen Verletzung bzw. Beschädigung.

(6) Kein Haftungsausschluss nach § 1 Abs. 2 oder 3 oder § 13 ProdHaftG.

---

[73] Gem. § 1 Abs. 1 Satz 2 ProdHaftG werden Sachschäden allerdings nur ersetzt, wenn es sich um andere Sachen als die fehlerhafte Sache selbst handelt und nur soweit diese anderen Sachen (schwerpunktmäßig) für den privaten Ge- bzw. Verbrauch bestimmt sind.

(7) Rechtsfolge: Schadensersatz (spezielle Regelungen zum Inhalt bzw. Umfang des Ersatzanspruchs sind den §§ 7-11 ProdHaftG zu entnehmen).

Die Beweislastverteilung für Ansprüche nach § 1 Abs. 1 ProdHaftG ist in § 1 Abs. 4 explizit geregelt. Danach trägt der Geschädigte die Beweislast für den Produktfehler, den Schaden und den ursächlichen Zusammenhang zwischen Fehler und Schaden. Die Beweispflicht für das Vorliegen eines der in § 1 Abs. 2 und 3 ProdHaftG genannten Haftungsausschlussgründe liegt dagegen beim Hersteller.

2.2.4 Verkehrspflichtverletzung und Produktfehler als zentrale Haftungsvoraussetzungen

2.2.4.1 Gemeinsamer Ausgangspunkt: Umgang mit produktspezifischen Risiken

Beide außervertraglichen Haftungssysteme verfolgen jedenfalls im Ergebnis das Ziel, den Hersteller für Schäden, die sich aus fehlerhaften Produkten ergeben, privatrechtlich zur Verantwortung zu ziehen. Neben der nur begrenzten Reichweite vertraglicher Haftungsregelungen lässt sich ihre innere Rechtfertigung schwerpunktmäßig auf eine Kosten-Nutzen-Überlegung zurückführen, wonach der Hersteller, der wirtschaftliche Vorteile aus dem Produktionsprozess zieht, im Gegenzug auch für die dabei hervorgerufenen Risiken einstehen soll. Die Art und Weise, wie ein Hersteller mit derartigen Risiken umgeht, entscheidet maßgeblich darüber, ob die Mechanismen der Produkthaftung ausgelöst werden oder nicht. Im Folgenden werden zunächst die deliktische Produzentenhaftung nach § 823 Abs. 1 BGB (→ 2.2.4.2-2.2.4.8) und sodann die Haftung nach ProdHaftG (→ 2.2.4.9) betrachtet. Die zentralen Haftungsvoraussetzungen – der Begriff der Verletzung herstellerspezifischer Verkehrssicherungspflichten bei § 823 Abs.1 BGB einerseits, der Produktfehler i. S. des § 3 ProdHaftG andererseits – werden in der Rechtspraxis inzwischen weitgehend gleichbedeutend verwendet.[74] Dies überrascht nicht, da der Fehlerbegriff des § 3 ProdHaftG bei genauer Betrachtung durch negative Verkehrspflichten umschrieben wird: Sobald die Rechtsordnung einen gefahrträchti-

[74] Vgl. etwa die Entscheidung des OLG Schleswig NJW-RR 2008, 691 ff. – Geschirrspülmaschine, in der das Gericht den auf § 823 Abs.1 BGB gestützten Schadensersatzanspruch im Wesentlichen anhand der zu § 3 ProdHaftG etablierten Produktfehlerkategorien hergeleitet hat.

gen *Fehler* ausmacht, müssen *Pflichten* zu seiner Kontrolle und Behebung entstehen und diese Pflichten treffen primär den Hersteller des Endprodukts.[75]

2.2.4.2 Das Allphasenmodell nach § 823 Abs. 1 BGB

Angesichts der vielfältigen Möglichkeiten, wann, wo und wie sich produktspezifische Risiken verwirklichen können, umfassen die herstellerspezifischen Verkehrssicherungspflichten sämtliche Phasen des Produktentstehungszyklus: von der Konzeption des Produkts über die Fertigungsebene bis in die Zeit nach dem Vertrieb des Produktexemplars. In Abstimmung mit den Phasen des Zyklus werden die Verkehrssicherungspflichten in Konstruktions-, Fabrikations-, Instruktions- sowie Produktbeobachtungspflichten gegliedert (→ 2.2.4.3-2.2.4.7), die durch eine phasenübergreifende Pflicht zur sachgerechten Organisation der Betriebsabläufe (→ 2.2.4.8) überwölbt werden. An dieser pflichtenbezogenen Gliederung sind die folgenden Ausführungen angelehnt.

Die dabei vorgestellten Handlungsempfehlungen basieren weitgehend auf den bei Ensthaler/Füßler/Gesmann, S. 30 ff., abgegebenen Empfehlungen und sind vorliegend in Teilen weiterentwickelt worden.

2.2.4.3 Die Konstruktionsebene

In erster Linie sind produktspezifische Risiken bereits auf Konstruktionsebene durch geeignete Maßnahmen zu eliminieren oder zumindest auf ein verträgliches Maß zu reduzieren. Da 100%ige Sicherheit weder von Rechts wegen erwartet wird noch praktisch möglich ist, muss stets der *im Einzelfall gebotene* Sicherheitsstandard gewährleistet werden, was unter Berücksichtigung insbesondere

- der Natur der Produkts sowie der Art und Weise seines Angebots am Markt (einschließlich des Marktpreises),
- der von ihm ausgehenden Gefahren sowie der Wahrscheinlichkeit ihrer Realisierung,
- der Bedeutung und Wertigkeit der gefährdeten Rechtsgüter,
- der mit dem Produkt angesprochenen Zielgruppe an Verwendern und
- dem zu erwartenden Produktgebrauch einschließlich des nahe liegenden Fehlgebrauchs

zu beurteilen ist.

---

[75] Vgl. dazu Oechsler, in Staudinger, ProdHaftG, § 3 Rn. 5; die aus § 823 Abs. 1 BGB hergeleitete Produktbeobachtungspflicht (vgl. dazu unter 2.2.4.7) findet nach herkömmlicher Sicht allerdings keine Entsprechung in den Fehlerkategorien des § 3 ProdHaftG.

Die herstellerspezifische Pflicht zur fehlerfreien Konstruktion ist verletzt, wenn das Produkt bereits nach seiner Konzeption hinter dem gebotenen Sicherheitsstandard zurückbleibt.[76] Daher haften Konstruktionsfehler regelmäßig der gesamten Produktionsserie oder einzelnen Chargen an und nicht nur einzelnen Produktexemplaren. Zur Vermeidung von Pflichtverletzungen auf Konstruktionsebene sind folgende *Leitlinien* zu beachten:

(1) bezüglich der Art und Weise der Konstruktion:

- Ausrichtung der Konstruktionsentscheidung anhand der Eigenschaften, die das Produkt aufweisen soll und mit denen das Produkt vertrieben wird;
- Ermittlung des mit der geplanten Konstruktionslösung einhergehenden Risikopotentials (vgl. dazu später in Kap. 5 unter 5.1): Bei unvertretbaren Risiken muss die vorgesehene Konstruktionsmaßnahme unterbleiben und eine weniger risikoreiche Konstruktionsalternative gesucht werden;
- Vermeidung einer unnötig gefährlichen Bauweise;
- Beachtung der geeigneten Dimensionierung des Produkts im Hinblick auf die Belastung und Nutzung, der das Produkt ausgesetzt sein wird;
- Einplanung notwendiger Sicherungsmechanismen und
- Berücksichtigung der mit dem Produkt angesprochenen Zielgruppe (Kinder? Ältere oder behinderte Menschen?).

Als Verletzung der Konstruktionspflicht sind daher anzusehen:

- die unzureichende Auslegung eines Sicherheitsschalters im Verhältnis zum Gesamtsystem, in welches er eingesetzt wurde (BGHZ 67, 359 ff.);
- die überdimensionierte Breite des Öffnungsschlitzes eines Aktenvernichters (Gefahr für Kinderhände; BGH NJW 1999, 2815 ff.);
- die übergroße Spalte des Handlaufs einer Wasserrutsche, wenn sie zum Abriss von Fingern führen kann (OLG Schleswig ZfS 1999, 369 ff.);
- die Verwendung scharfkantiger Elemente am oberen Abschluss der Trennwände von Pferdeboxen (BGH NJW 1990, 906 f.);
- bei einem Kondensator die fehlende Schutzvorrichtung gegen Brandentwicklung infolge von Erwärmung, wenn die Entflammbarkeit des Gehäuses des Bauteils bekannt ist (OLG Karlsruhe NJW-RR 1995, 594 ff.) und
- das Fehlens eines Fehlerstromschalters (Fi-Schalters) bei einer Geschirrspülmaschine (auch wenn die im Zeitpunkt des Inverkehrsbringens einschlägigen technischen Normen darüber keine Aussage getroffen haben; OLG Schleswig NJW-RR 2008, 691 ff.).

[76] BGH NJW 2009, 2952, 2953 – Airbag; Weiß, S. 429, bemüht hierfür das Bild vom „fehlerhaften Produktmuster", das sich später in einzelnen fehlerhaften Produkten niederschlägt.

(2) bezüglich der zur Verwendung vorgesehenen Werkstoffe:

• Ausrichtung der Entscheidung über die nach der Konstruktion zu verwendenden Werkstoffe anhand der Eigenschaften, die das Produkt aufweisen soll und mit denen das Produkt vertrieben (beworben) wird;

• bei Alternativen in der Materialwahl: im Zweifel Auswahl des weniger gefährlichen Materials;

Als Verletzung der Konstruktionspflicht ist daher beispielsweise das Einreißen einer Dachfolie aufgrund des Verlusts an Weichmachern (BGH NJW 1985, 194 f.) anzusehen.

(3) bezüglich der Prüfung der zur Verwendung vorgesehenen Werkstoffe:

• Berücksichtigung der Belastung, denen die verwendeten Werkstoffe ausgesetzt sind (auch bei einem nahe liegendem Fehlgebrauch des Produkts);

• Berücksichtigung des zu erwartenden Verschleißes;

• Berücksichtigung von Sondersituationen bei der Produktnutzung (übermäßige Benutzung; erstmalige Nutzung nach längerer Zeit der Nichtbenutzung; Nutzung unter extremen Bedingungen [Temperatur; Witterung; Naturgewalten]);

• Sicherstellung der Eignung des zur Prüfung herangezogenen Personals;

• Sicherstellung der Eignung der für die Prüfung herangezogenen Prüfverfahren;

• Sicherstellung der Eignung der für die Prüfung herangezogenen Gerätschaften und

• bei Alternativen in der Materialwahl: Im Zweifel muss das weniger gefährliche Material ausgewählt werden.

Als Verletzung der Konstruktionspflicht ist daher beispielsweise die (generell) fehlende Bruchfestigkeit des Plastikgriffes eines Expanders (BGH NJW-RR 1990, 406) anzusehen.

(4) bezüglich der vorgesehenen Bearbeitung der Werkstoffe:

Hierbei sind namentlich Risiken, die gerade durch die Verbindung unterschiedlicher Werkstoffe eintreten können, zu ermitteln und einzudämmen.

(5) Abschließende Beurteilung auf Grundlage der Konstruktionsentscheidung

Die abschließende Beurteilung muss sich v. a. mit den verbleibenden Risiken unter dem Gesichtspunkt der Vertretbarkeit der Risiken auseinandersetzen. Sind nach Durchführung geeigneter Produkttests[77] die produktspezifischen Risiken (unter Berücksichtigung der Wahrscheinlichkeit des Schadenseintritts, des zu erwartenden Schadensumfangs und der Bedeutung der bedrohten Rechtsgüter sowie unter Einbeziehung der Grenzen des technisch Möglichen bzw. wirtschaftlich Zumutbaren) noch immer unvertretbar hoch, dürfte ein auf Grundlage der Konstruktionsentscheidung gefertigtes Produkt nicht in Verkehr gebracht werden. Vertretbaren Risiken müssen durch geeignete Instruktionsmaßnahmen (→ 2.2.4.6) weiter minimiert werden.

2.2.4.4 Die Fabrikationsebene

Ausgehend von der unter Produktsicherheitsaspekten fehlerfrei getroffenen Konstruktionsentscheidung muss die Fertigung der einzelnen Produktexemplare ihrerseits fehlerfrei erfolgen. Der Hersteller muss nicht nur eine hinreichend sichere Produktkonzeption „der Planung nach" bzw. anhand gefertigter Prototypen gewährleisten, sondern seine Produktverantwortung erstreckt sich auf jedes einzelne Produkt(exemplar), das von ihm angefertigt und anschließend in Verkehr gebracht wird. Der gesamte Fertigungsprozess muss den Vorgaben an die Produktsicherheit genügen.[78] Im Einzelnen sind damit folgende *Arbeitsbereiche* angesprochen:

- Auswahl der für die Fertigung benötigten Rohstoffe;
- Auswahl der Zulieferer, die Teilprodukte oder Rohstoffe liefern sollen;
- Überprüfung der von Zulieferern gelieferten Waren;
- Planung und Kontrolle des Fabrikationsverfahrens (inkl. der hierzu benötigten Anlagen und Gerätschaften);
- Auswahl, Schulung und Überwachung der eingesetzten Mitarbeiter;
- Überprüfung der Qualität des Produktionsergebnisses und

[77] Vgl. zur komplexen Haftungssituation im Zusammenhang mit Produkttests als Teil der Produktentwicklung neuerdings Leichsenring, PHi 2011, 130 ff.

[78] Fehler auf Fabrikationsebene haften regelmäßig nur einzelnen Produktexemplaren und nicht größeren Einheiten an.

• Gewährleistung einer entsprechend den ermittelten Produktrisiken geeigneten Verpackung und Kennzeichnung des Produkts.

Als Fabrikationsfehler sind daher anzusehen:

- die bakterielle Verunreinigung des Impfstoffes, der zum Tod der damit behandelten Hühner führt (BGHZ 51, 91 ff.);
- die Zubereitung von Speisen aus Eiern, die mit Salmonellen verseucht sind (BGHZ 116, 104 ff.);
- der Umstand, dass während des Backprozesses eine 6 mm große Schraubenmutter in ein Toastsandwich gerät (OLG Köln NJW 2004, 521);
- die ungenügende Verpackung von Batterien vor dem Versand (BGHZ 66, 208 ff.);
- der Bruch des Operationsinstruments während einer sieben Monate nach Lieferung stattfindenden Operation (OLG Düsseldorf NJW 1978, 1693 f.);
- der Bruch der Gabelbrücke eines Montainbikes wegen Ermüdungsrissen (zurückzuführen auf falsche Wärmebehandlung der eingesetzten Aluminiumlegierung; OLG Köln NJW-RR 2003, 387 f.) sowie
- der Bruch des Keramikkopfes eines künstlichen Hüftgelenks bei normaler Beanspruchung (was zur Annahme eines Materialfehlers führt; LG Köln, Urt. v. 26.11.2008 – 25 O 312/06, recherchiert nach juris.de).

Der Hersteller hat es selbst in der Hand, die Einhaltung der Fabrikationspflichten (und damit die Vermeidung von Fabrikationsfehlern) durch geeignete *Qualitätsmaßnahmen* zu sichern. Die hierzu erforderlichen Maßnahmen orientieren sich an den Erkenntnissen des Produktions- und Qualitätsmanagements (vgl. zu Techniken des Qualitätsmanagements später in Kap. 3 unter 3.1.3) und betreffen folgende Bereiche:

(1) die betriebliche Organisation als Ganzes;

(2) die Fehlervermeidung;

(3) die Fehlererkennung durch geeignete Qualitätskontrollverfahren und –technik:

Für die Kontrollverfahren sind die Auswahl der Messgrößen, vom Produkt, seinen Komponenten und deren Eigenschaften sowie die eingesetzten Mess- bzw. Prüfmittel wesentlich.

• Gegenstand der Prüfung: Gegenstand der Prüfung können das Endprodukt, einzelne Komponenten, aus denen es gefertigt ist, oder der Fabrikationsprozess selbst sein.

• Art der Prüfung: Je komplexer das zu prüfende Produkt ist, desto weniger genügt eine bloße Prüfung „auf Sicht“ (mit dem Auge). Vielmehr sind zuverlässigere Prüfverfahren zu wählen, die freilich vom Produkt und den von ihm ausgehenden Gefahren abhängen. In Betracht kommen (eingehende) manuelle Prüfungen, mechanische Prüfungen sowie Prüfungen anhand moderner Mess- und Labortechnik;

• Umfang der Prüfung: Eine Vollprüfung jedes Produktexemplars ist erforderlich, wenn das Produkt erkennbar Gefahren für Leib und Leben bietet. Stichprobenprüfungen reichen aus, soweit sie ausreichende Grundlagen für die zuverlässige Risikobeurteilung des Produkts gewährleisten;

• Wareneingangskontrolle/Kontrolle von Zulieferprodukten: Trotz entsprechender Qualitätssicherungsvereinbarungen, die den Zulieferer zur Überprüfung der von ihm an den Hersteller ausgelieferten Ware verpflichten (vgl. zu solchen Vereinbarungen später in Kap. 3 unter 3.2.5), muss der Hersteller eine Wareneingangskontrolle „in groben Zügen" durchführen, deren Umfang sich nach den Umständen des Einzelfalls richtet: Zu überprüfen hat er jedenfalls, ob die bestellte Ware (Identität und Menge) ohne erkennbare Transportschäden eingetroffen ist und ob sich bei grobsichtiger Prüfung mögliche Qualitätsmängel zeigen; haben sich in der Vergangenheit bei der Ware des Zulieferers Qualitätsmängel gezeigt, sind intensivere Prüfungen erforderlich sowie

• Dokumentation des jeweiligen Prüfungsverfahrens und -ergebnisses.

(4) Weitere Maßnahmen:

• Berücksichtigung bestehender Zulieferbeziehungen: Einhaltung von Vorgaben; Maßnahmen zur Kontrolle des Zulieferers (auch hinsichtlich seiner räumlich-gegenständlichen Möglichkeiten zur Produktion); Regelung des Kommunikationsaustauschs;

• Berücksichtigung des anschließenden Warentransports, insbesondere der Art und Weise der Verpackung der Ware: Auswahl, Zuschnitt und Eignungsprüfung des Verpackungsmaterials, auch und gerade im Verhältnis zur Ware selbst;

• Berücksichtigung des Wirtschaftsraums, in dem die Produktionsergebnisse in Verkehr gebracht wurden (eventuell existieren unterschiedliche [sicherheitsrechtliche] Anforderungen in unterschiedlichen Zielländern).

Für *Ausreißer*, also Produktexemplare, deren fehlerhafte Fertigung sich trotz aller gebotenen Sorgfalt nicht vermeiden lässt, muss der Hersteller jedoch nicht nach der Verschuldenshaftung aus § 823 Abs. 1 BGB einstehen. Zwar lässt sich argumentieren, dass auch insoweit *objektiv* die Verletzung einer herstellerspezifischen Verkehrssicherungspflicht gegeben ist, doch gelingt dem Hersteller unter den genannten Voraussetzungen der Entlastungsbeweis hinsichtlich des Verschuldens. Die Rechtsprechung legt an den vom Hersteller vorgebrachten Einwand, beim fehlerhaften Produkt handele es sich um einen Ausreißer, strenge Maßstäbe an.

Im Nahrungsmittelbereich muss der gesamte Fabrikationsprozess zwingend darauf ausgelegt sein, dass keine Fremdkörper in industriell gefertigte Nahrungsmittel gelangen können, da ansonsten erhebliche Körper- und Gesundheitsverletzungen (Verletzungen in Mund und Rachen; Vergiftungen; Erstickungsgefahr) beim Verzehr drohen. Soweit dennoch ausnahmsweise einzelne Produkte Fremdkörper enthalten (vgl. z. B. die Schraubenmutter im verpackten Toastbrotsandwich aus der Entscheidung OLG Köln NJW 2004, 521), wird dem Hersteller der Ausreißereinwand versagt. Denn bei Nahrungsmitteln muss der Fabrikationsprozess so ausgerichtet sein, dass keine Fremdkörper in die hergestellten Nahrungsmittel gelangen.

2.2.4.5 Sonderfall: Befundsicherungspflichten

Für den Fabrikationsbereich kann eine weitere Pflicht bedeutsam werden. Am Beispiel der Wiederbefüllung von Mineralwasserflaschen aus Mehrwegglas hat die Rechtsprechung sog. *Befundsicherungspflichten* des Herstellers begründet.

Der grundlegenden höchstrichterlichen Entscheidung lagen Körperverletzungen eines Kunden zugrunde, die durch die Explosion einer solchen Flasche, die mikroskopisch kleine Haarrisse aufwies, hervorgerufen wurden. Der BGH hat dem beklagten Unternehmen angesichts der bekannten Explosionsrisiken die Pflicht auferlegt, den Zustand jeder Flasche vor der erneuten Inverkehrgabe entsprechend dem Stand der Technik zuverlässig zu ermitteln (Befundsicherung durch Kontrollverfahren) und alle gefahrträchtigen Flaschen von der Wiederverwertung auszuschließen.[79] In der Sache hat die Rechtsprechung für den entschiedenen Sachverhalt damit eine weitere Beweislastumkehr geschaffen: Soweit der Hersteller von mit kohlesäurehaltigen Getränken wiederbefüllten Glasflaschen die Einhaltung der Befundsicherungspflicht nicht darlegen und beweisen kann, wird zugunsten des Geschädigten vermutet, dass die schadensursächlichen Haarrisse bereits im Zeitpunkt des erneuten Inverkehrbringens der Flasche vorhanden waren. Der Geschädigte braucht also noch nicht einmal (wie ansonsten selbst unter Zugrundelegung der Grundsätze der deliktischen Produzentenhaftung erforderlich) zu beweisen, dass der Produktfehler bereits im Zeitpunkt des Inverkehrbringens vorlag.

Ob sich die Befundsicherungspflicht auch auf andere Branchen und Produkte übertragen lässt, ist bisher noch nicht abschließend geklärt, wohl aber eher zu verneinen. Die Instanzgerichte haben zu verschiedenen Anlässen eine Übertragung abgelehnt.[80] Auch der BGH hat in der o. g. Grundsatzentscheidung maßgeblich auf

[79] BGHZ 129, 353, 361 f. – Mineralwasserflasche.

[80] So etwa OLG Düsseldorf NJW-RR 2000, 833, 835 für den Hersteller von Feuerlöschanlagen; OLG Dresden NJW-RR 1999, 34 für den Hersteller eines Hydraulikzylinders, der in ein Karussell eingebaut wurde.

das der wiederverwendeten Glasflasche eigentümliche Berstrisiko unter Druck abgestellt. Folgerichtig treffen den Hersteller bei der Verwendung von Einwegflaschen keine Befundsicherungspflichten.[81]

Im Zusammenhang mit der Gefahr explodierender Glasflaschen sind auch Verkehrssicherungspflichten des *Händlers*, hier insbesondere die Pflicht zur sachgemäßen Lagerung, diskutiert worden. Nach Auffassung des BGH ist der Händler nicht zur Kühlung der Flasche verpflichtet, wenn und soweit diese Maßnahme die (nicht primär von der Umgebungstemperatur, sondern von anderen Faktoren abhängige) Explosionswahrscheinlichkeit lediglich geringfügig reduziert und zugleich neue Explosionsgefahren schafft (BGH NJW 2007, 762 ff. – Limonadenflasche).

Die Sachgerechtigkeit des Konzept der Befundsicherungspflichten hat das OLG München (MDR 2011, 540 [dort nur Leitsatz]) in einer neueren Entscheidung implizit in Frage gestellt: Eine nur theoretisch mögliche, nicht sichtbare Oberflächenbeschädigung der Flasche nach Inverkehrbringen durch den Einzelhändler oder den Verwender entlastet die Hersteller der Flasche und des darin vermarkteten Getränks nicht. Im entschiedenen Sachverhalt hat das OLG das Vorliegen eines Produktfehlers sogar ohne Begutachtung der Glasscherben bejaht, vielmehr allein aufgrund des von Augenzeugen beschriebenen Schadenshergangs (Explosion) und dessen Würdigung durch einen Sachverständigen. Da – so das OLG unter Würdigung der Aussagen des hinzugezogenen Sachverständigen – das bekannte Schadensrisiko, d. h. das explosionsartige Bersten bei Mikrorissen der Flaschenoberfläche, auch durch Qualitätssicherungsmaßnahmen im Rahmen einer Ausgangskontrolle nicht entdeckt werden konnte, vermögen die beklagten Hersteller den Vorwurf eines Produktfehlers auch nicht durch solche Sicherungsmaßnahmen zu widerlegen. Die Berufung auf den Haftungsausschlussgrund des § 1 Abs. 2 Nr. 2 ProdHaftG (vgl. dazu unten 2.2.6.1) blieb den Beklagten versagt, da nach Überzeugung des Gerichts angesichts des Schadenshergangs nicht nach den Umständen davon auszugehen sei, dass die Flasche bei Inverkehrbringen frei von Produktfehlern war. Der Sache nach sieht das Gericht die kostenintensive, im konkreten Fall nicht durchgeführte Ummantelung der Mehrwegflasche aus Glas auch dann als die erforderliche Schutzmaßnahme an, wenn – wie vom Sachverständigen behauptet – Mehrwegflaschen für kohlensäurehaltige Getränke aus produktionstechnischen Gründen nur in Glasflaschen dargeboten werden können.

2.2.4.6 Die Instruktionsebene

Die gleichfalls aus der deliktsrechtlichen Produzentenhaftung nach § 823 Abs. 1 BGB abgeleitete Instruktionspflicht verlangt vom Hersteller, über die mit der Produktverwendung verbundenen Gefahren zu informieren, wobei er auch über deren Ursachen und die Möglichkeiten ihrer Vermeidung aufklären muss. Die Pflicht des Herstellers zur Aufklärung über Produktgefahren und -eigenschaften beschränkt sich indes nicht auf das Privatrecht, sondern hat auch im öffentlich-rechtlichen Produktsicherheitsrecht gesetzlichen Niederschlag erfahren. Die „Instruktionspolitik“ eines produzierenden Unternehmens wird daher am besten umfassend und rechtsgebietsübergreifend ausgerichtet.

[81] OLG Braunschweig VersR 2005, 417.

Freilich sollte der Hersteller die Notwendigkeit zur Instruktion nicht nur als Last, sondern zugleich als *Chance* begreifen. Denn über die Instruktion kann er – wie über andere Formen der Außendarstellung des Produkts (Werbung etc.) – Einfluss auf die Verbrauchererwartung an das Produkt nehmen und so den Produktfehlerbegriff nach § 3 ProdHaftG in gewissen Grenzen steuern, der seinerseits auf die Reichweite der Instruktionspflicht im Rahmen des § 823 Abs. 1 BGB zurückwirkt.

Andererseits darf der Hersteller die Stellung der Instruktion im Gefüge der Herstellerpflichten nicht überbewerten und gleichsam als falsch verstandenes Allheilmittel zur Haftungsvermeidung einsetzen: Bei der Gewährleistung der Produktsicherheit kommt der Instruktion im Verhältnis insbesondere zur Konstruktionsebene eine nachgelagerte Bedeutung zu.[82] Vorrangig sind Gefahren durch konstruktive Maßnahmen einzudämmen, nur soweit dies (technisch) nicht möglich bzw. dem Hersteller (wirtschaftlich) nicht zumutbar ist, wird ihm die Gefahrabwendung mit den Mitteln der Instruktion gestattet, falls das verbliebene Risiko nicht unvertretbar hoch ist.

Die Instruktion muss sich an einer durchschnittlich verständigen Person der mit dem Produkt angesprochenen Zielgruppe orientieren, bei verschiedenen Zielgruppen ist der Kenntnisstand der am wenigsten informierten Gruppe zugrunde zulegen.

Die Bestimmung der *Reichweite* der Instruktionspflicht erschließt sich am besten über ihre anerkannten Grenzen. Was Gegenstand des allgemeinen Erfahrungswissens der Abnehmerkreise ist, braucht nicht zum Inhalt einer Instruktion gemacht zu werden.[83] Vor offensichtlichen, allgemein bekannten Gefahren muss daher nicht gesondert gewarnt werden; hierzu zählen auch Gesundheitsgefahren, die (möglicherweise) durch übermäßigen Verzehr bestimmter Genussmittel ausgelöst werden.[84]

Gewarnt werden muss insbesondere nicht vor gefährlichen Eigenschaften, die geradezu kennzeichnend für das Produkt sind. Ein Hinweis, dass ein Messer scharf ist und Schnittverletzungen hervorrufen kann, ist ebenso entbehrlich wie eine Darstellung, dass Feuerwerkskörper explodieren können. Erforderlich können allerdings Hinweise über den richtigen *Umgang* mit solchen Produkten sein, etwa Hinweise an Eltern und Verkäufer über die Gefahren, die von Feuerwerkskörpern in Kinderhänden ausgehen können (BGHZ 139, 79, 85 f. – „Feuer-Wirbel"). Ergänzend sei angemerkt, dass eben jene Risiken ferner zu deliktsrechtlichen Pflichten des *Händlers* führen können, gefährliche Produkte auch dann nicht an (bestimmte) Minderjährige abzugeben, wenn der Verkauf an Minderjährige nicht ausdrücklich untersagt ist (vgl. dazu BGHZ 139, 43, 48 – „Tolle Biene"/Verkauf von Feuerwerkskörpern an Grundschüler; BGH NJW 1979, 2309, 2310 – Überlassung von Kaliumchlorat an 15jährigen; BGH VersR 1973, 30 ff. – Verkauf eines Wurfpfeils mit Metallspitze an 10jährigen).

---

[82] Grundlegend BGH NJW 2009, 2952, 2953 – Airbag.

[83] BGH NJW 1986, 1863f. – Überrollbügel.

[84] Vgl. dazu OLG Düsseldorf NJW 2003, 912 – Coca-Cola und Schokoriegel; OLG Hamm NJW 2001, 1654 – Bierkonsum.

Entsprechendes gilt bei der Berücksichtigung von Sonderwissen: Bei einem Produkt, mit dem ausschließlich Fachleute angesprochen werden, bedeutet eine fehlerhafte Beschreibung keinen Instruktionsfehler, wenn die korrekte Umsetzung der Beschreibung ohnehin zum Fachwissen des Adressatenkreises zählt.[85]

Inhaltlich hat der Hersteller die Instruktion an dem voraussehbaren *Umgang mit dem Produkt* durch die adressierten Nutzer auszurichten. Der Hersteller muss gedanklich vorwegnehmen, *wie* sein Produkt am Markt aufgenommen und eingesetzt werden könnte. Deshalb muss er einen vorhersehbaren Fehlgebrauch nicht nur auf Ebene der Konstruktion bzw. Fabrikation, sondern auch für die Instruktion berücksichtigen. Die Grenze der Produkthaftung bildet insoweit nur der klare und offensichtliche Missbrauch des Produkts, für den der Hersteller nicht mehr einstehen muss. Der Hersteller muss sein Aufklärungsverhalten anpassen, wenn er Hinweise auf neue Abnehmerkreise erhält, die mit den Instruktionen in ihrer bisherigen Form nicht erreicht werden.

Beispiele: Der Hersteller von Fertigbeton muss berücksichtigen, dass ein nicht gewerblich tätiger Heimwerker bei der Verarbeitung von Frischbeton ungeschickt vorgeht und sich beim Glattstrich auch ohne entsprechende Schutzkleidung regelrecht in die Betonmasse „hineinkniet" (voraussehbarer Fehlgebrauch), weshalb ein Warnhinweis auf die ätzende Wirkung von Zementstoffen und damit einhergehenden Gesundheitsgefahren erforderlich ist (OLG Bamberg VersR 2010, 403 ff. – Frischbeton). Auf die Gefahr von Nerven- und Organerkrankungen wegen übermäßigen Schnüffelns an Klebstoffen („Sniffing"-Problematik) durch Jugendliche muss dagegen nicht hingewiesen werden, da eine solche Verwendung eindeutig missbräuchlich ist (BGH NJW 1981, 2514 – Sniffing). Muss der Hersteller hingegen damit rechnen, dass sein Produkt auch von Arbeitnehmern mit Migrationshintergrund verwendet wird, die die deutsche Sprache nicht genügend beherrschen, darf er die erforderlichen Gefahrenhinweise nicht ausschließlich in deutscher Sprache anbringen, sondern muss allgemeinverständliche Gefahrensymbole verwenden (BGH NJW 1987, 372, 373 – Verzinkungsspray).

Als *Leitlinien* für den *Inhalt und den Umfang* der Instruktion können daher folgende Anmerkungen gelten:

- Generell nimmt die Intensität der Pflicht mit der Größe der Gefahr und dem Wert der betroffenen Rechtsgüter zu.[86]

- Die lediglich abstrakte Aufzählung möglicher Produktgefahren genügt nicht, um der Instruktionspflicht wirksam nachzukommen, vielmehr muss der Nutzer durch den (Warn-)Hinweis in die Lage versetzt werden, die Gefahr konkret einzuschätzen (wozu er u. a. die Gefahrursachen und die Voraussetzungen, unter denen sich die Gefahr realisieren kann, kennen muss)

[85] OLG Schleswig BauR 2007, 1939 (nur Leitsatz) – Fehlerhafte Beispielzeichnung in Montageanleitung gegenüber einem Monteur; vgl. zur Instruktionspflicht bei Montageanleitungen auch BGH NJW 1986, 1863 – Überrollbügel.

[86] BGHZ 106, 273, 281 ff. (Hinweis auf lebensbedrohliche Risiken bei Überdosierung eines Asthmasprays).

und die Gefahr zu vermeiden bzw. zu beherrschen (was die Mitteilung von Verhaltensalternativen bedingt).

• Die Aufklärung muss daher auch die Leistungsfähigkeit und die Leistungsgrenzen eines Produkts berücksichtigen und deshalb kenntlich machen, unter welchen Bedingungen ein Produkt oder ein System (gefahrlos) eingesetzt werden kann.[87]

• Aufzuklären ist nicht nur über Gefahren, sondern gegebenenfalls auch über die Wirkungslosigkeit des Produkts, wenn der Nutzer im Vertrauen auf die Wirksamkeit des Produkts andere Gefahrabwehrmaßnahmen unterlässt.[88]

• Ergibt sich durch die gestalterische Änderung eines am Markt etablierten Produktes ein neues Gefahrenpotential, muss vor diesen neuen Gefahren angesichts der beim Nutzer regelmäßig eingetretenen Produktgewöhnung besonders gewarnt werden.

Hinsichtlich der *Ausgestaltung* der Instruktion bietet sich gerade bei technisch komplexeren Produkten, deren korrekte Handhabung sich nicht unmittelbar erschließt, die Integration der erforderlichen Aufklärung in die mitgelieferten Gebrauchsanweisungen, Bedienungsanleitungen o. ä. an. Deren Inhalt wird idealerweise zugleich im Internet zum Abruf bereit gehalten. Eine generelle Pflicht des Herstellers, ein technisch anspruchsvolles Produkt so zu gestalten, dass es von jedermann auch ohne Berücksichtigung der Bedienungsanleitung verwendet werden kann, lässt sich wohl nicht begründen[89]; deshalb liegt in der Bedienungsanleitung zugleich die Chance für den Hersteller begründet, hierüber das Nutzerverhalten zu steuern. Je nach Gefahrenpotential und Nutzerverhalten können darüber hinaus einfach gestaltete Warnhinweise am Produkt selbst erforderlich sein. Für die *Art und Weise* der Instruktion sollte der Hersteller folgende *Leitlinien* beachten:

• Adressatenorientierte Kommunikationsform (deutsche Sprache; evtl. zusätzlich (welche?) Fremdsprachen? Je nach Zielgruppe Verwendung von Symbolen und Piktogrammen besser geeignet als Angaben in Wortform);

• Einfache Angaben (Wortwahl, Satzbau, Systematik);

• Deutliche Angaben (kein Verstecken der Instruktionen in anderen Informationen wie etwa „Zubereitung" von Lebensmitteln; hinreichende Lesbarkeit durch geeignete Schrift- bzw. Bildgröße);

---

[87] BGH NJW 1996, 2224 (Fehlende Schmiereigenschaften des Schmierfetts unterhalb einer Betriebstemperatur der Leitradlager von 35°C).

[88] BGHZ 80, 186, 189 – Schädlingsbekämpfungsmittel gegen Apfelschorf.

[89] So zumindest für moderne Fahrerassistenzsysteme Bewersdorf, S. 175.

• Richtige und vollständige Angaben (keine Beschönigungen und Verharmlosungen) sowie

• Schlüssige Darstellung (insbesondere bei umfangreichen Hinweisen).

Letzten Endes ist der Hersteller für die von ihm gewählte und umgesetzte Instruktion *selbst verantwortlich*; offizielle muster- bzw. leitlinienartige Vorgaben für die Gestaltung von Gebrauchsanweisungen etc. bestehen nicht.[90] Der Hersteller sollte den Instruktionsinhalt mit anderen Maßnahmen zur Außendarstellung des Produkts abstimmen, damit seine in der Sache zutreffenden Warnhinweise nicht im Ergebnis ohne rechtliche Wirkung bleiben: Wenn er in Werbeanzeigen oder anderen Marketinginstrumenten eine Produktbeschreibung vornimmt, die die Sicherheitserwartung des Rechtsverkehrs erhöht, kann sich der Warnhinweis als unzureichend oder widersprüchlich herausstellen. Zugegebenermaßen kommt nicht jeder „reißerischen“ Produktbeschreibung haftungsrechtliche Relevanz zu. Doch je aussagekräftiger die Produktdarstellung insbesondere unter Gesichtspunkten der Produktsicherheit wird, desto eher wird sich die maßgebliche Sicherheitserwartung der betroffenen Verkehrskreise jedoch daran orientieren können.[91]

Beispiel (in Anknüpfung an Anders, PHi 2009, 230, 232): Durch ein modernes Fahrerassistenzsystem, das die Namensbestandteile „assist“ oder „auto“ enthält und bei dessen Bewerbung gerade die Steuerungsverantwortung des Systems betont wird, werden besonders hohe Sicherheitserwartungen begründet, die über relativierende, die Letztverantwortung des Fahrers hervorhebende Instruktionen in der Bedienungsanleitung womöglich nicht mehr reduziert bzw. neutralisiert werden können (so im Ergebnis auch Anders, PHi 2009, 230, 237).

Liegt eine Instruktionspflichtsverletzung des Herstellers objektiv vor, kann er im Produkthaftungsprozess noch versuchen, seine Schadensersatzpflicht mit dem Einwand abzuwenden, der Geschädigte hätte – bei unterstelltem zutreffenden Warnhinweis – diesen unberücksichtigt gelassen und der Schaden wäre daher mit an Sicherheit grenzender Wahrscheinlichkeit ebenso entstanden. Juristisch gesprochen bestreitet der Hersteller damit die Ursächlichkeit der fehlenden Instruktion (also der Pflichtverletzung) für den eingetretenen Schaden. Die Rechtsprechung handhabt diesen Einwand recht restriktiv und erkennt ihn nur an, wenn der Hersteller belegen kann, dass der Geschädigte bereits in der Vergangenheit entsprechende Warnhinweise, evtl. auch solche von Herstellern vergleichbarer Produkte, nicht beachtet hat.[92]

---

[90] Vgl. dazu allerdings die Vorschläge von Kloepfer/Grunewald, DB 2007, 1342 ff.

[91] Vgl. zum Zusammenhang zwischen Werbung, Produktsicherheit und Produkthaftung neuerdings Gildeggen, PHi 2008, 224 ff.

[92] OLG Frankfurt NJW-RR 1999, 27 ff. – Saugflaschen.

2.2.4.7 Die Produktbeobachtungsebene

Die deliktsrechtliche Herstellerverantwortung endet nicht mit dem Inverkehrbringen des fehlerfrei konstruierten, gefertigten und mit geeigneten Instruktionen versehenen Produktexemplars. Vielmehr hat der Hersteller auch danach die Auswirkungen seines Produkts unter Berücksichtigung des Nutzungsverhaltens zu überwachen und sich über die Verwendungsfolgen zu informieren. Auch die Beobachtungspflichten bestehen nicht nur aufgrund allgemeiner zivilrechtlicher (haftungsrechtlicher) Vorgaben, sondern haben daneben im öffentlich-rechtlichen Produktsicherheitsrecht detaillierte gesetzliche Ausprägungen erfahren. Ihr Sinn und Zweck liegt darin, auch solchen produktspezifischen Gefahren begegnen zu können, die bisher unentdeckt geblieben sind.

Gegenstand der Beobachtungspflicht ist in erster Linie das in Verkehr gebrachte Produkt selbst, unabhängig vom Zeitpunkt des Inverkehrbringens. Eine zeitliche Schranke, nach deren Ablauf die Pflicht wegfiele, besteht nicht.[93] Die Beobachtungspflicht erstreckt sich jedoch auf die Kombination des eigenen Produkts mit möglichen *Zubehörteilen* anderer Hersteller, wenn das Zubehörteil zur Herstellung der Funktionsfähigkeit des (Haupt-)Produktes erforderlich ist oder wenn das (Haupt-)Produkt konstruktiv so beschaffen ist, dass die Verwendung von Zubehör bewusst ermöglicht wird.[94] Dabei kommt es nicht darauf an, ob der Hersteller des (Haupt-)Produktes das Zubehör empfohlen hat; die Produktbeobachtungspflicht greift auch dann ein, wenn er mit der Produktkombination rechnen muss und diese Verbindung ein neues Gefahrenpotential birgt.

Der *Inhalt* der Pflicht besteht nicht nur in der noch näher darzustellenden Beobachtung des Produkts (nebst Produktzubehör) am Markt, sondern auch in der Auswahl und Vornahme der einzelnen Gefahrabwendungsmaßnahmen, soweit sich nach Auswertung der gewonnenen Beobachtungsergebnisse bisher unbekannte produktspezifische Risiken zeigen.

Letztlich variiert das Ausmaß der Pflichten – personenbezogen – nach der Stellung des Verantwortlichen innerhalb der Wertschöpfungskette und – sachbezogen – nach der Größe der Gefahr und dem Wert der bedrohten Rechtsgüter.

Den bloßen *Händler* seriell gefertigter Ware treffen im Regelfall nur passive oder reaktive Beobachtungspflichten, d. h. er muss auf Reklamationen von Kunden und sonstigen Abnehmern hin tätig werden und dem Hersteller die entsprechenden Informationen weiterleiten. Bei hohem Gefahrenpotential muss er gegebenenfalls auch vor bestimmten Produkten warnen.

---

[93] Allerdings unterliegen auch Schadensersatzansprüche der Verjährung, sodass nach der Geschädigte nach einer gewissen Zeit den Anspruch gegen den Willen des Verpflichteten nicht mehr durchsetzen kann. Vgl. zur Verjährung von Schadensersatzansprüchen in Zusammenhang mit den außervertraglichen Systemen der Produkthaftung später unter 2.2.6.1.

[94] Grundlegend BGHZ 99, 167, 179 ff. – Lenkerverkleidung für Honda-Motorrad.

Solche passiven Beobachtungspflichten treffen selbstverständlich auch den *Hersteller*. Damit er diesen Pflichten wirksam nachkommen kann, sollte er zunächst die notwendigen organisatorischen Maßnahmen vornehmen, um

- Gefahr- und Schadensmeldungen aufnehmen und sich inhaltlich mit ihnen auseinandersetzen zu können[95],
- – in diesem Zusammenhang – mögliche Schadensursachen selbst zu erforschen oder über wissenschaftliche Institute und Prüflabore untersuchen zu lassen,
- die dabei ermittelten Ergebnisse durch eine zentrale Stelle im Unternehmen zusammenzuführen und schriftlich zu dokumentieren und schließlich
- durch eine geeignete Unternehmenskommunikation dafür Sorge zu tragen, dass die Ergebnisse alle betroffenen Abteilungen (Konstruktion, Produktion, aber auch Vertrieb und Presse- bzw. Öffentlichkeitsarbeit) erreichen.

Über die passiven Beobachtungspflichten hinaus muss der *Hersteller* die Entwicklung seines Produkts am Markt auch aktiv begleiten. Durch entsprechende organisatorische Maßnahmen sollte er dafür Sorge tragen, dass

- die einschlägige Fachliteratur (auch fremd-, zumindest jedoch englischsprachige) regelmäßig gesichtet und ausgewertet wird,
- veröffentlichte Ergebnisse von Tests und Prüfungen der eigenen Produkte sowie derjenigen der bedeutendsten Mitbewerber gesammelt, ausgewertet, verglichen und mit eigenen Analysen abgeglichen werden,
- etablierte Internetforen, in denen ein Austausch über die Erfahrungen mit Produkten stattfindet, regelmäßig gesichtet und ausgewertet werden,
- die jeweils gewonnenen Erkenntnisse an einer zentralen Stelle im Unternehmen gesammelt und dokumentiert werden und
- die ermittelten Ergebnisse alle betroffenen Abteilungen (Konstruktion, Produktion, aber auch Vertrieb und Presse- bzw. Öffentlichkeitsarbeit) erreichen.

Soweit sich nach den Erkenntnissen des Herstellers ernstzunehmende Hinweise für das Vorliegen neuer produktspezifischer Risiken ergeben, muss er jedenfalls bei Gefahren für Leib und Leben selbsttätig geeignete Gefahrabwendungsmaßnahmen initiieren, ansonsten (d.h. falls nur Sachgüter betroffen sein können) zumindest weitere Untersuchungen einleiten.

Zwar können in solchen Fällen auch die zuständigen Marktüberwachungsbehörden von Amts wegen Gefahrabwendungsmaßnahmen auf Grundlage des öffentlich-rechtlichen Produktsicherheitsrechts einleiten; davon bleiben die zivilrechtlichen Maßnahmen jedoch unberührt.

Welche Maßnahme zur Gefahrabwendung geeignet und erforderlich ist, hängt im Wesentlichen vom ermittelten Gefahrenpotential, d. h. von der Wahrscheinlichkeit eines Schadenseintritts, und von der Bedeutung der gefährdeten Rechtsgü-

---

[95] Vgl. zu Fragen der Compliance im Reklamationsmanagement ausführlich Hauschka/Klindt, NJW 2007, 2726, 2728 f., dort auch zur Norm ISO 10002 („Qualitätsmanagement – Kundenzufriedenheit – Leitfaden für dic Behandlung von Reklamationen in Organisationen“).

ter ab. Zivilrechtliche Vorgaben, wie die deliktsrechtliche Produktbeobachtungspflicht umzusetzen ist, bestehen nicht. Der Hersteller hat ferner zu berücksichtigen, dass die Gefahren nicht nur von ausgelieferten (in Verkehr gebrachten) Produktexemplaren ausgehen, sondern auch in den Exemplaren angelegt sein könnten, die zwar produziert, aber noch nicht ausgeliefert sind oder erst zukünftig gefertigt werden. Die *Folgen der Produktbeobachtungspflicht* können mit anderen Worten sämtliche Ebenen des Produktentstehungsprozesses beeinflussen.

Hinsichtlich der *noch nicht* in Verkehr gebrachten Produkte ist daher zu überprüfen,

• ob die Auslieferung zu unterbinden ist und auf welche Weise die an den schon gefertigten Produkten bestehenden Sicherheitsmängel behoben werden können (Überarbeitung der Produkte erforderlich oder gezielte Beifügung von Warnhinweisen ausreichend?),

• ob der Produktionsprozess angehalten werden sollte und

• welche Maßnahmen auf Konstruktionsebene eingeleitet werden können, um zukünftig sicherere Produkte fertigen zu können.

Hinsichtlich der bereits in Verkehr gebrachten Exemplare muss sich der Hersteller mit folgenden Fragen auseinandersetzen:

• Ist eine produktbezogene *Sachinformation* bzw. - weiter gehend - eine *Warnung* vor dem Produkt 1.) erforderlich und 2.) ausreichend?

• (ad 1.) Wenn ja, wie sollte namentlich die Warnung gestaltet werden und auf welchen Kommunikationskanälen sollte sie kommuniziert werden?

• (ad 2.) Unter welchen Voraussetzungen ist eine Warnung (allein) nicht mehr ausreichend, sondern vielmehr weitergehend eine *Aufforderung zur Nichtbenutzung bzw. Stilllegung* des gefährlichen Produkts oder gar ein *Rückruf und die Rücknahme* bestimmter Produktexemplare erforderlich?

Bei der Entscheidung über die konkrete Ausgestaltung der Reaktionspflichten sollte sich der Hersteller, gleichsam als *Minimalanforderung*, wenigstens an dem rudimentären Gefahrenklassensystems der US-amerikanischen Food and Drug Administration (FDA) orientieren (mitgeteilt bei Hess/Holtermann, S. 52, von dort auch die nachfolgende Tabelle 2.2).

Klasse	I	II	III
Kennzeichen	Durch das fehlerhafte Produkt treten Todesfälle, schwere Körperverletzung, oder dauernde Gesundheitsschäden auf	Keine unmittelbare Bedrohung für Gesundheit oder Leben. Durch das fehlerhafte Produkt können jedoch dauerhafte oder zu heilende oder schwere Gesundheitsschäden auftreten.	Zusammenfassung aller Abweichungen vom Produktstandard, die zur Minderwertigkeit des Produkts führen, jedoch es unwahrscheinlich ist, dass Gesundheitsschäden auftreten.
Maßnahmen	Unverzüglicher Rückruf	Im Einzelfall muss entschieden werden, ob ein Rückruf durchgeführt werden muss.	Abhängig vom Produkt kann ein Rückruf erforderlich sein. Eine Weitervertreibung mitsamt einem Warnhinweis kann jedoch ausreichen.

Tabelle 2.2: Gefahrenklassen der Food and Drug Administration (FDA)

Eine im Zusammenhang mit dem Produktrückruf kontrovers diskutierte, zivilrechtliche Frage betrifft die Verpflichtung zur Tragung der mit der Rücknahme verbundenen Kosten. Konkret gesprochen geht es darum, ob der Kunde vom Hersteller auf Grundlage des Deliktsrechts eine *kostenlose Reparatur oder Ausbesserung* des gefährlichen Produkts verlangen kann. Die neueste Rechtsprechung schlägt dabei einen vermittelnden Kurs ein. Sie betont, der Hersteller dürfe mit den notwendigen Gefahrabwehrmaßnahmen nicht warten, bis erhebliche Schadensfälle eingetreten sind, sondern müsse die vom Produkt ausgehenden Sicherheitsrisiken möglichst effektiv beseitigen. Die geschuldeten Maßnahmen zur Beseitigung der Gefahr (und zur Wahrung des Integritätsinteresses des Kunden) deckten sich jedoch nicht mit dem Begehren nach Ersatz für enttäuschte Qualitätserwartungen, das grundsätzlich nur nach den Grundsätzen des Vertragsrechts (sog. Äquivalenzinteresse) geschützt werde.

In dem vom BGH zu entscheidenden Sachverhalt (BGH NJW 2009, 1080 ff. – Pflegebetten) hatte die Klägerin die Ware – wie üblich – nicht vom Hersteller, sondern von einem Dritten (hier: Sanitätshäusern) erworben, gegen den Hersteller kamen somit nur außervertragliche, v. a. deliktsrechtliche Ansprüche in Betracht. Der beklagte Hersteller hat, nachdem die zuständige Produktsicherheitsbehörde über Sicherheitsrisiken der Betten informiert hatte, allen Kunden unter Bezugnahme auf die Warnung ein die Sicherheitsrisiken beseitigendes Angebot zur Nachrüstung und zum erneuten Einbau der Betten zum Preis von rund 350 € pro Bett übermittelt. Die klagende Pflegekasse hat ihn aus eigenem Recht und aus abgetretenem Recht bezüglich Ansprüchen einer anderen Pflegekasse auf Ersatz der Kosten, die bei einer von der Klägerin und der ihre Ansprüche abtretenden Pflegekasse veranlassten Nachrüstung der Betten angefallen sind (ca. 260.000 €), in Anspruch genommen.

In der Entscheidung hat der BGH zunächst klargestellt, dass der Inhalt der Produktbeobachtungspflicht des Herstellers dann über eine bloße Warnpflicht hinausgeht, wenn durch eine Warnung der Produktverwender noch nicht in die Lage versetzt wird, die Gefahr korrekt einzuschätzen und ihr durch geeignete Maßnahmen zu begegnen. Gerade pflegebedürftige Personen können Sicherheitsmängel von Betten nicht erkennen und beheben, sodass zu überlegen war, ob nicht der Hersteller verpflichtet ist, „das Sicherheitsrisiko durch Nachrüstung oder Reparatur zu beseitigen". Bezogen auf den Sachverhalt hat der BGH jedoch angenommen, angesichts der sozialversicherungsrechtlichen Stellung und des Fachwissens der Pflegekassen sei nicht zu befürchten gewesen, dass sie einer Warnung nicht umfassend nachkommen würden. Deshalb wurde eine Pflicht des beklagten Unternehmens zur kostenfreien Beseitigung des Sicherheitsrisikos im zu entscheidenden Sachverhalt verneint.

Das vom BGH herangezogene Kriterium zur Unterscheidung zwischen Warnpflicht und Pflicht zum Rückruf wird im juristischen Schrifttum zu Recht in Zweifel gezogen.[96] Ob ein Adressat der Warnung in der Lage ist, die Warnung sachgerecht umzusetzen, lässt sich häufig nicht mit hinreichender Sicherheit prognostizieren, insbesondere dann nicht, wenn eine Vielzahl unterschiedlicher Produktverwender betroffen ist. Im Übrigen läuft der Ansatz der höchstrichterrechtlichen Rechtsprechung darauf hinaus, den leichtsinnig und arglos Agierenden gegenüber demjenigen Nutzer, der sich gewissenhaft und umsichtig verhält, ungerechtfertigt zu bevorzugen. Unter rechtsdogmatischem Blickwinkel hat die Entscheidung offen gelassen, ob nicht doch Sachverhalte denkbar sind, in denen das vertraglich geschützte Qualitätsinteresse mit dem über das Deliktsrecht gewährleistete Sicherheitsinteresse übereinstimmt – mit der Folge, dass die kostenlose Herbeiführung der Sachmangelfreiheit als Ausfluss der Produktbeobachtungspflicht auch vom bloßen Hersteller deliktsrechtlich geschuldet wird. Anhand der nunmehr vom BGH vorgenommenen Unterscheidung wird sich das Kostentragungsproblem nicht abschließend bewältigen lassen.

Da die Produktbeobachtungspflicht, wie eingangs angedeutet, auch aus Herstellersicht inzwischen kein rein zivilrechtliches Phänomen mehr ist, ist ein produzierendes Unternehmen gehalten, ein umfassendes *juristisches Rückrufmanagement* vorzuhalten, das einen vorausschauenden strategischen Umgang mit Produktrisiken ermöglicht. Herstellern von Verbraucherprodukten wird ein solches System ohnehin durch das öffentlich-rechtliche Produktsicherheitsrecht abverlangt. Da zur Etablierung eines solches Systems nicht nur produktsicherheitsrechtliche Erwägungen, sondern auch Erkenntnisse zum Risiko- und Wissensmanagement maßgeblich sind, wird die Implementierung eines Rückrufmanagementsystems im Wege einer Gesamtschau abschließend unter 8.3 ausführlich betrachtet.

---

[96] Vgl. nur G. Wagner, JZ 2009, 908, 910.

2.2.4.8 Die überwölbende Organisationsverantwortung

Die zuvor behandelten Herstellerpflichten knüpfen an einzelnen Phasen des Produktentstehungs- und –vermarktungsprozesses an. Dabei wurde deutlich, dass die fehlerfreie Umsetzung der Pflichten u. a. eine Vielzahl *organisatorischer* Einzelmaßnahmen mit sich bringt. Da die Produzentenhaftung zumeist „eine Frage des organisatorischen Versagens" ist und bleibt[97], dürfen diese Einzelmaßnahmen nicht beziehungslos nebeneinander stehen, sondern müssen sich einer überwölbenden, allgemeinen Organisationspflicht des Produzenten unterordnen. Hierzu muss das herstellende Unternehmen ein Konzept der Organisationsverantwortung entwickeln, das sowohl das organisatorische Gefüge des Unternehmensträgers als Rechtsperson (Körperschaft) als auch den betrieblichen Bereich umfasst, innerhalb dessen der Produktentstehungsprozess gewährleistet wird.

Die *körperschaftliche* Organisationspflicht betrifft die Schaffung, Unterhaltung und Überwachung aufeinander abgestimmter Organisationseinheiten sowie der Sicherstellung von geeigneten Möglichkeiten der Kommunikation zwischen ihnen.

Treten insoweit Organisationsmängel auf (weil etwa die Unternehmensleitung einen zentralen Verantwortungsbereich weder selbst überwacht noch Maßnahmen getroffen hat, damit ein Mitarbeiter dies tun kann), greift die Rechtsprechung auf die Lehre vom *Organisationsmangel* (bzw. Organisationsverschulden) zurück. Danach muss der Unternehmensträger zur Vermeidung von Zuständen „kollektiver Verantwortungslosigkeit" im Unternehmen sicherstellen, dass für alle entscheidenden Aufgabenbereiche, die nicht unmittelbar von der Unternehmensleitung überblickt werden können, ein zuständiger, geeigneter und mit entsprechender Entscheidungsbefugnis ausgestatteter Mitarbeiter zur Verfügung steht. Fehlt es daran und beruht der Schaden des außen stehenden Dritten auf einem solchen organisatorischen Versagen, wird der Unternehmensträger so behandelt, als sei derjenige, in dessen Einflussbereich die fehlerhafte Entscheidung faktisch gefallen ist, ein verfassungsmäßig berufener Vertreter, dessen Fehlverhalten dem Unternehmensträger deliktsrechtlich (§ 823 Abs. 1 BGB), dann durch eine Anwendung der Zurechnungsvorschrift des § 31 BGB und ohne Möglichkeit des Führens eines Entlastungsbeweises, angelastet werden kann.

Die *betriebliche* Organisationspflicht knüpft konkret am Produktentstehungsprozess an und umfasst die hierzu erforderliche Personalorganisation sowie die Organisation des gegenständlich-technischen Bereichs (Sachorganisation).

(1) Maßnahmen der *Personal*organisation:

[97] Simitis, C 53.

• Einsatz qualifizierten Personals in ausreichendem Umfang: Dazu zählt die Auswahl geeigneter Mitarbeiter, deren sachgerechte Anleitung für ihre Tätigkeitsbereiche und die turnusmäßige Überwachung der Aufgabenerledigung;

• Klare Arbeitsplatzbeschreibungen inkl. der Ermittlung etwaiger Risiken, der Zuweisung konkreter Aufgaben und Zuständigkeiten sowie der Festlegung von Vertretungsregelungen für die einzelnen Arbeitsplätze (Krankheit, Urlaub, Schwangerschaft);

• Abstimmung der einzelnen Arbeitsplatzbeschreibungen aufeinander zur Feststellung und Vermeidung etwaiger Verantwortungslücken;

• Aufklärung über das mit dem jeweiligen Arbeitsplatz verbundene Risikopotential sowie Kommunikation geeigneter Schadensverhütungsmaßnahmen;

• Anleitung und Anweisung zur Verwendung der im Unternehmen gebräuchlichen Dokumentationssysteme (Prüflisten, Checklisten, Arbeitsberichte);

• Sicherung und Ausbau der Qualifikation des Personals durch Aus- und Weiterbildung, insbesondere unter Qualitätsgesichtspunkten;

• Sicherung der Einhaltung der einschlägigen Arbeitsschutzvorschriften (Arbeitzeit inkl. Schichteinteilung und Pausenregelung, evtl. branchenspezifische Besonderheiten);

• Gewährleistung der vorbezeichneten Vorgaben durch allgemeine Anweisungen und klare organisatorische Vorgaben, etwa hinsichtlich der Urlaubsplanung oder beim Umgang mit Sondersituationen (z. B. Erfordernis zusätzlicher Schichten in der Produktion bei entsprechender Auftragslage);

• Einrichtung eines innerbetrieblichen Berichtswesens innerhalb der einzelnen Organisationseinheiten und gegenüber höherrangigen Unternehmensebenen (Feststellung und gegebenenfalls Zuordnung von Fehlleistungen; Aus- bzw. Überlastung einzelner Funktions- und Aufgabenbereiche sowie daraus Folgerungen wie etwa die Notwendigkeit zusätzlichen Personals) sowie

• u. U. Folgerungen auf Ebene der körperschaftlichen Organisation wie z. B. die Einrichtung spezieller Betriebsabteilungen für bestimmte Bereiche (z. B. Prüfwesen, Qualitätsmanagement etc.).

(2) Maßnahmen der *Sach*organisation:

• Technische Ausstattung einzelner Arbeitsplätze bzw. Arbeitnehmer aufgrund besonderer Vorgaben des *Arbeitsschutzrechts* (z. B. Gerätschaften; Beleuchtung, Arbeitskleidung und vergleichbare Schutzgegenstände);

• Vorhalten geeigneter Kommunikationsmittel, die den Informationsaustausch zwischen Arbeitnehmern bzw. Unternehmensabteilungen ermöglichen (Intranet, Internet, betriebsinterne Wikis; zentrale Mitteilungsorgane wie gedruckte Hausmitteilungen oder „schwarze Bretter" zwecks Aushang);

• Gewährleistung des Zugangs für Mitarbeiter zu einschlägiger Fachliteratur (Handapparate, Fachbibliotheken, Zugang zu Internet und elektronischen Medien) sowie

• Beachtung der bereits zu den einzelnen Produktentstehungsphasen (vgl. oben 2.2.4.3-2.2.4.7) angesprochenen sachorganisatorischen Vorgaben.

Die Vornahme der zuvor genannten Maßnahmen kann im Einzelfall der betrieblichen Mitbestimmung durch den Betriebsrat (soweit vorhanden) unterliegen. In diesem Zusammenhang sei insb. auf § 87 Abs. 1 Nr. 5 (Bestimmungen über Urlaubszeit) bzw. Nr. 7 (Regelungen über Verhütung von Unfällen und Arbeitsschutz), evtl. auch Nr. 6 (Überwachung des Arbeitsplatzes mit technischen Einrichtungen) des Betriebsverfassungsgesetzes (kurz: BetrVG) verwiesen.

Da sich die Herstellung eines Produkts als der koordinierte Einsatz verschiedener Sach- und Personalmittel umschreiben lässt, stellen im Grunde sämtliche deliktsrechtlichen Pflichten der Produktverantwortung *zugleich* Organisationspflichten dar.[98] Aus diesem Grund sollte das produzierende Unternehmen bei der Gestaltung seines Produktionsmanagements einen Schwerpunkt auf die Einrichtung und Überwachung einer Qualitätsorganisation legen.

2.2.4.9 Der Produktfehler nach § 3 ProdHaftG

Die Produkthaftung nach ProdHaftG knüpft begrifflich nicht, wie die Herstellerhaftung nach § 823 Abs. 1 BGB, an einer Pflichtverletzung des Herstellers, sondern am Vorliegen eines Produktfehlers (§ 3 ProdHaftG) an, was sich anhand der berechtigten Sicherheitserwartung der Verbraucher am Maßstab des Stands von Wissenschaft und Technik entsprechend den konkreten Umständen des Einzelfalls beurteilt. Der Gesetzgeber hat in § 3 Abs. 1 ProdHaftG allerdings drei grundsätzlich bedeutsame Kriterien hervorgehoben, die bei der Rechtsanwendung als Wegweiser dienen können:

[98] Matusche-Beckmann, S. 219.

- ein hersteller- bzw. vertriebsbezogenes: der Art und Weise der Darbietung des Produkts;
- ein nutzungsbezogenes: der Gebrauch, mit dem der Hersteller rechnen musste und
- ein Zeitmoment: der Zeitpunkt des Inverkehrbringens des Produkts.

§ 3 Abs. 2 ProdHaftG bringt die Selbstverständlichkeit zum Ausdruck, dass ein Produkt nicht allein deswegen fehlerhaft i. S. des ProdHaftG ist, weil der Hersteller später ein verbessertes Produkt in Verkehr gebracht hat. Mit dem Zeitpunkt des Inverkehrbringens endet die Herstellerverantwortung nach dem ProdHaftG – deshalb können aus dem ProdHaftG, zumindest nach bisher vorherrschender Meinung, keine Produktbeobachtungspflichten (→ 2.2.4.7) abgeleitet werden.

Diese Erkenntnis allein hilft dem Hersteller freilich nicht weiter: Denn für seine Strategie der Produkthaftungsvermeidung muss er berücksichtigten, dass – wie aufgezeigt – aus § 823 Abs. 1 BGB eine Pflicht zur Produktbeobachtung folgen kann!

Neuerdings wird im Schrifttum (Juretzek, PHi 2011, 68, 70) die Meinung vertreten, eine aktuelle Entscheidung des BGH zum Produkthaftungsrecht (VersR 2010, 1666 ff. – Defibrillatorimplantat), in der das Gericht aus zivilprozessualen Gründen an die Vorinstanz zurückverwiesen hat, lasse immerhin die Frage offen, ob (auch) auf Grundlage des ProdHaftG eine Pflicht des Verantwortlichen zur Übernahme der Austauschkosten für ein eventuell fehlerhaftes Produkt besteht. Im Ergebnis könnte diese Einschätzung dafür sprechen, auch beim ProdHaftG von einer Produktbeobachtungspflicht als möglicher Nachwirkung einer fehlerhaften Konstruktion oder Fabrikation auszugehen. Da hierfür zugleich eine Interpretation der Zielsetzung der Produkthaftungsrichtlinie erforderlich wäre, müsste in letzter Konsequenz der EuGH entscheiden.

Unter *Produktdarbietung* (§ 3 Abs. 1 lit. a ProdHaftG) ist jede Form der Präsentation des Produkts gegenüber der Öffentlichkeit zu verstehen, soweit sie unmittelbar oder mittelbar einen Bezug zur Produktsicherheit aufweist. Der Begriff umfasst somit Werbeaktionen, sonstige Beschreibungen zu Absatzzwecken (z. B. auf Schulungs- oder Messeveranstaltungen) sowie individuelle oder generelle Informationen zu Gebrauch und Gefährlichkeit des Produkts (Bedienungsanleitungen, Kundenanschreiben etc.). Wegen der Weite des Begriffs ist der Hersteller gehalten, *sämtliche* öffentlichkeitsbezogenen Maßnahmen der Kommunikation des Produkts gegenüber Dritten aufeinander abzustimmen und dafür zu sorgen, dass die konkrete Beschreibung dem (potentiellen) Nutzer keine sicherheitsrelevanten Vorstellungen vorspiegelt, über die das Produkt aufgrund seiner Beschaffenheit objektiv nicht verfügt. Inhaltlich weist das Kriterium eine besondere Nähe zur Verletzung der Instruktionspflicht bei § 823 Abs. 1 BGB (→ 2.2.4.6) auf.

Daher gilt auch für das den Produktfehler konturierende Kriterium der Produktdarbietung: Der Hersteller hat es innerhalb noch darzustellender Grenzen (→ vgl. unten 2.2.6.3) in der Hand, das Nutzerverhalten durch produktbezogene Vorgaben (Beschreibungen, Empfehlungen) zu beeinflussen, um so letztlich die „berechtigten Sicherheitserwartungen" zu steuern.

Der *Produktgebrauch* (§ 3 Abs. 1 lit. b ProdHaftG) umfasst nicht nur den vom Hersteller beabsichtigten Umgang mit dem Produkt, sondern auch den Fehlgebrauch, mit dem zu rechnen ist (sog. nahe liegender Fehlgebrauch). Dieser ist abzugrenzen vom Produktmissbrauch, der von der Herstellerverantwortung auch nach dem ProdHaftG nicht mehr umfasst wird. Die Abgrenzung zwischen (vom Hersteller zu berücksichtigendem) Fehlgebrauch und Missbrauch ist keine „leuchtende Linie", sondern das Ergebnis von Wertungen. Als erster Anhaltspunkt für die Beurteilung dürfte die Überlegung dienen, ob die konkrete Gebrauchsform für den Hersteller irgendwie vorhersehbar war. Dazu müssen auch das Vorwissen des Herstellers über den Umgang mit seinem Produkt und der Erfahrungshorizont der Kreise der Produktnutzer herangezogen werden. Zur gedanklichen Vorwegnahme eines möglichen Fehlgebrauchs muss der Hersteller

- die Lebensdauer des von ihm in Verkehr gebrachten Produkts,
- diesbezüglich möglichen Verschleiß der eingesetzten Werkstoffe und Bauteile,
- Bequemlichkeit, Leichtsinn und sonstige leichte Sorgfaltswidrigkeit der Nutzer im Umgang mit dem Produkt und
- das Gewöhnungsverhalten der Verwender hinsichtlich der ihnen bekannte(n) Beschaffenheit und Eigenarten des Produkts

auf den Ebenen der Produktkonzeption, -konstruktion und –fabrikation sowie im Hinblick auf die Instruktionsmaßnahmen gegenüber den Nutzern mitberücksichtigen. Die Rechtsprechung neigt dazu, den Begriff des vorhersehbaren, nahe liegenden Missbrauchs recht weit zu fassen.

Das *Inverkehrbringen* des Produkts (§ 3 Abs. 1 lit. c ProdHaftG) bezeichnet den Zeitpunkt, zu dem das Produkt den Einfluss- und Machtbereich des jeweiligen Herstellers mit dessen Einverständnis verlässt („Werktorprinzip").

Zu beachten ist, dass das Inverkehrbringen für das Produkt eines jeden Herstellers gesondert bestimmt wird. Dies gilt insbesondere innerhalb aufeinander folgender Wertschöpfungsstufen: Das vom Zulieferer gefertigte Teilprodukt wird jedenfalls mit Auslieferung an den Endprodukthersteller/Assembler in Verkehr gebracht – davon zu trennen ist der Akt des Inverkehrbringens des (erst später hergestellten) Endprodukts.

2.2.5 Weitere Voraussetzungen der Produzenten- und Produkthaftung

Die weiteren Voraussetzungen der außervertraglichen Systeme der Produkthaftung seien im Folgenden noch in vergleichender Gegenüberstellung zwischen § 823 Abs. 1 BGB und dem ProdHaftG kurz behandelt.

2.2.5.1 Anknüpfung am konkreten schadensursächlichen Produkt

Während das BGB keine Produktdefinition kennt, umschreibt § 2 ProdHaftG das Produkt als „jede bewegliche Sache". Neben den unbeweglichen Sachen (Grundstücke nebst Zubehör) sind damit v. a. Dienstleistungen von dem gegenständlichen Bereich des Gesetzes ausgenommen.[99]

Produkt(e) i. S. der Produkthaftung ist/sind hingegen

- Software (zweifelsohne bei auf Datenträger festgehaltener Software; eine Einschätzung des BGH zum IT-Vertragsrecht deutet an, dass das Gericht Software auch dann als Produkt ansieht, wenn sie trägerlos per Datenfernübertragung übermittelt wird[100]),
- Elektrizität (ausdrückliche Erwähnung in § 2 ProdHaftG a.E.),
- lebendige Tiere sowie
- gebrauchte Waren.

Bei Druckwerken und anderen Verlagserzeugnissen ist hinsichtlich der Produkteigenschaft zu differenzieren: Fraglos ist ein Buch o. ä. mit Blick auf seine physische Beschaffenheit (z. B. scharfe Goldkanten; anhaftende Druckerschwärze) als Produkt anzusehen. Der Produkthaftung unterliegen Verlagserzeugnisse jedoch nicht im Hinblick auf inhaltliche Fehler bzw. Druckfehler[101]:

Zur Illustration der Problematik sei der Sachverhalt der Entscheidung BGH NJW 1970, 1963 – Carter-Robbins-Test, umrissen: Eine vom Arzt auf Grundlage einer im diagnostischen Handbuch fehlerhaft abgedruckten Handlungsempfehlung (25%ige Kochsalzösung – richtige Dosis: 2,5 %(!)) selbst hergestellte und verabreichte Infusion führt beinahe den Tod des Patienten herbei, bei dem sie angewendet wird.

Für die Zukunft bleibt abzuwarten, bis zu welchem Maße die Rechtsprechung die etablierten Systeme der Produkthaftung in eine Informationshaftung uminterpretiert bzw. ob die Gesetzgebung zusätzlich ein System der Dienstleistungs- und Informationshaftung schafft.

Mit den derzeit geltenden Systemen der Produkthaftung können beispielsweise in Entwicklung befindliche moderne Fahrerassistenzsysteme, die auf einer Car-to-Car- bzw. Car-to-Infrastructure-Kommunikation (Austausch von kfz- bzw. infrastrukturseitig erhobenen Daten, die im jeweiligen Kfz verarbeitet werden) basieren, jedenfalls nicht mehr sachgerecht erfasst werden.

---

[99] Vgl. insoweit zur Entstehungsgeschichte der Produkthaftungsrichtlinie Oetker: in Staudinger, ProdHaftG, § 2 Rn. 41 ff.

[100] BGH CR 2007, 75 ff. (die *Sach*qualität eines im Rahmen eines Application Service Providing (ASP)-Vertrags geschuldeten Computerprogramms bejahend, was angesichts der Definition in § 2 ProdHaftG die Qualifikation als Produkt i. S. der Produkthaftung nahe legt).

[101] Rechtslage im Einzelnen umstritten; vgl. dazu ausführlich Oetker in: Staudinger, ProdHaftG, § 2 Rn. 73 ff, der die Problematik des inhaltlichen Fehlers zu Recht als Sonderfall einer allgemeinen *Auskunftshaftung* begreift, die nicht von der Produkthaftung umfasst werde.

2.2.5.2 Rechts(guts)verletzung des Geschädigten

Die *Produzentenhaftung nach § 823 Abs. 1 BGB* setzt voraus, dass eines der in der Vorschrift genannten Rechtsgüter (Leben, Körper, Gesundheit, Eigentum, Freiheit) oder ein sog. absolut, d. h. gegenüber jedermann geschütztes Rechtsgut, verletzt wird. Es kommen insbesondere Verletzungen der körperlichen Integrität (also des Körpers bzw. der Gesundheit; eine trennscharfe Abgrenzung zwischen diesen personenbezogenen Rechtsgütern ist überflüssig) sowie Eigentumsverletzungen in Betracht.

Ersatzansprüche, mit denen „reine" Vermögensschäden ohne gleichzeitige Verletzung absolut geschützter Rechtspositionen geltend gemacht werden, können jedoch auf die deliktische Produzentenhaftung gestützt werden. Deshalb spielt beim Sachschadensersatz die Frage, ob eine Eigentumsverletzung i. S. des § 823 Abs. 1 BGB vorliegt, häufig die entscheidende Rolle.

Für die Beurteilung, ob durch die Verkehrssicherungspflichtverletzung des Herstellers beim Geschädigten eine Eigentumsverletzung hervorgerufen wurde, muss man sich erneut den inneren Grund der deliktischen Produzentenhaftung vor Augen führen: Es geht um den Schutz des Integritätsinteresses. Daraus folgen zwei eindeutige Erkenntnisse und eine Reihe umstrittener Anschluss- und Abgrenzungsprobleme.

(1) Allein der Umstand, dass die erworbene Sache einen Defekt aufweist, bedeutet für sich genommen noch keine Eigentumsverletzung, denn der Erwerber hatte ja nie mangel- und fehlerfreies Eigentum an der erworbenen Sache erhalten. Vielmehr ist er (in seiner Eigenschaft z. B. als Käufer) in seinem Äquivalenzinteresse betroffen, dessen Verletzung er mit den Rechtsbehelfen des Vertragsrechts gegenüber seinem Vertragspartner verfolgen muss.

Bsp.: Wer eine Espressokanne (aus Aluminium, zum Aufkochen des Getränks auf der Herdplatte) erwirbt und die Kanne aufgrund eines unerkannten Defekts des Druckventils stundenlang ohne Zubereitungserfolg einsetzt, kann vom Hersteller nicht unter Berufung auf die deliktische Produzentenhaftung Schadensersatz für nutzlos aufgewendete (Frei-)Zeit oder den währenddessen erlittenen Verdienstausfall verlangen. Denn in diesem Fall wird der Vermögensschaden nicht – wie in § 823 Abs. 1 BGB vorausgesetzt – über die Verletzung eines absolut geschützten Rechtsguts (hier: allenfalls Eigentum) oder eines absolut geschützten Rechts vermittelt.

(2) Ebenso unstreitig ist das Integritätsinteresse verletzt, wenn durch das fehlerhafte Produkt eine *andere*, zuvor intakte und im Eigentum des Geschädigten stehende Sache beschädigt oder zerstört wird. Hier greift die deliktische Produzentenhaftung.

Bsp.: Wenn die Espressokanne aufgrund des defekten Druckventils explodiert, der Kannenaufsatz deshalb nach oben schießt und dadurch Teile der Kücheneinrichtung beschädigt werden, liegt mit Blick auf die Einrichtungsgegenstände eine deliktsrechtlich berücksichtigungsfähige Eigentumsverletzung (der Kücheneinrichtung) vor.

(3) Kontrovers beurteilt wird die Ersatzfähigkeit von Schäden einerseits in Fällen, in denen komplexe Maschinen und Gerätschaften aufgrund eines untergeordneten fehlerhaften Bauteils beschädigt bzw. zerstört werden sowie andererseits bei produktfehlerbedingten Produktionsschäden. Die erstgenannte Fallgruppe zeichnet sich dadurch aus, dass im Grunde keine andere Sache vorliegt, da das fehlerhafte Bauteil ja einen Teil des Gesamtsystems bildet [ad 1], dass aber dennoch die Schadensentstehung auf andere Teile übergegriffen hat und daher die Idee vom Integritätsinteresse bezogen auf die zuvor intakten Hauptbestandteile der Maschine passt [ad 2]. Die Rechtsprechung behilft sich hier argumentativ mit der Rechtsfigur des sog. *Weiterfresserschadens* und fragt, ob sich im letztlich geltend gemachten Schaden bei natürlich-wirtschaftlicher Betrachtung nur der eigentliche Mangelunwert realisiert hat oder ob dieser sich – vergleichbar einer Kettenreaktion – fortgepflanzt, ja weitergefressen hat. Es geht um den Vergleich zweier Zustände:

Beispiel: Im paradigmatischen Fall eines in einer Maschine verbauten Schwimmerschalters (Wert damals: ca. 1 DM), der wegen eines Defekts den notwendigen Kühlmechanismus nicht ausgelöst hat als sich die Maschine übermäßig erhitzte und so den Brand der Maschine verursacht hat, hat die Rechtsprechung im Ergebnis eine deliktsrechtlich relevante Eigentumsverletzung der Maschine angenommen (BGHZ 67, 359 ff. – Schwimmerschalter). Mit der nunmehr vertretenen Argumentationsstruktur würde der BGH wohl annehmen, der durch den defekten Schalter umschriebene Mangelunwert und der hieraus entstandene Schaden an der Gesamtsache seien nicht „stoffgleich" (besser: nicht identisch) und deshalb liege im Verhältnis Schwimmerschalter zur Maschine gedanklich eine andere Sache sowie eine Verletzung des Integritätsinteresses vor, die mit einem Schadensersatzanspruch nach § 823 Abs. 1 BGB geltend gemacht werden kann.

Die Erstattungsfähigkeit von Produktionsschäden kreist um die Frage, ob Produktionsausschuss, der aufgrund fehlerhaft eingesetzter Grundstoffe oder Teilprodukte entsteht, zur Produzentenhaftung des Herstellers dieser Grundstoffe oder Teilprodukte führt.

Bsp.: Die vom Zulieferer bezogenen, aufgrund einer übermäßigen Verwendung von Klebestoffen (zunächst unerkannt) fehlerhaften Transistoren werden vom Assembler zusammen mit anderen Komponenten in Steuergeräte für von ihm gefertigte Zentralverriegelungen eingebaut. Der BGH (BGHZ 138, 230 ff. – Transistoren) hat entschieden, eine deliktische Eigentumsverletzung des Assemblers sei bereits dann anzunehmen, wenn bei der Anfertigung der Steuergeräte durch die unauflösliche Verbindung mit fehlerhaften Transistoren zuvor einwandfreie Einzelteile unbrauchbar und somit wertlos werden. Unter diesen Bedingungen sollen Produktionsschäden über § 823 Abs. 1 BGB unter dem Gesichtspunkt der Eigentumsverletzung erstattungsfähig sein. Die Entscheidung hat in der Rechtswissenschaft beträchtliche Kritik erfahren.

Bei der Auslegung des ProdHaftG sind nach § 1 ProdHaftG die Vorgaben der Produkthaftungsrichtlinie 85/374/EWG zu berücksichtigen. Wenn nach § 1 Abs. 1 Satz 2 ProdHaftG – in Übereinstimmung mit der RL – nur Schäden an anderen Sachen als dem fehlerhaften Produkt ersetzt werden und dies weitergehend nur, soweit das andere Produkt für den privaten Ge- oder Verbrauch bestimmt ist, müssen die Begriffe („andere Sache") wortwörtlich genommen und im Gesamtkontext des ProdHaftG, insbesondere im Lichte der Produktdefinition des § 2, interpretiert werden. Die Figur des Weiterfresserschadens aus der Dogmatik zu § 823 Abs. 1 BGB kann deshalb nicht auf das ProdHaftG übertragen werden.

2.2.5.3 Verantwortlichkeit: Haftungsadressaten

Das *ProdHaftG* benennt die Adressaten der Produkthaftung im Einzelnen anhand eines kaskadenhaften Systems in § 4. Nach dessen Abs. 1 Satz 1 ist zunächst der tatsächliche Hersteller des Endprodukts bzw. des Teilprodukts oder des verwendeten Grundstoffs (Rohstoffs) verantwortlich. Die weiteren, in Abs. 1 Satz 2, Abs. 2 sowie Abs. 3 genannten Personen sind nicht unmittelbar am Herstellungsprozess beteiligt, ihre Verantwortlichkeit folgt aus gesetzlich vorgegebenen Fiktionen der Herstellereigenschaft (Abs. 1 Satz 2, Abs. 2) bzw. aus dem Umstand, dass zur Vermeidung von Rechtsschutzlücken dem Geschädigten stets irgendein Haftungsadressat im Geltungsbereich des Gesetzes zur Verfügung stehen soll (Abs. 3).

Nach § 4 Abs. 1 Satz 2 ProdHaftG gilt derjenige als Hersteller, der sich durch das Anbringen seines Namens, seiner Marke oder eines anderen unterscheidungskräftigen Kennzeichens als Hersteller ausgibt. Auf diese Weise werden Unternehmen dem ProdHaftG unterworfen, die die Produktion von Waren auf andere, häufig im Ausland belegene Unternehmen ausgelagert haben und an den Produkten lediglich ihr „Label" anbringen lassen (sog. *Quasi-Hersteller*). Abs. 2 fingiert die Herstellereigenschaft des *Importeurs*, der Ware von außerhalb in den Europäischen Wirtschaftsraum einführt; auch diese Regelung dient der Vermeidung von Rechtsnachteilen, denen der Verbraucher in Deutschland andernfalls dadurch ausgesetzt wäre, dass er gegen Hersteller außerhalb Europas nach für ihn fremden Rechts- und Prozessordnungen und unter Hinnahme niedrigerer Sorgfaltsstandards vorgehen müsste. Für den Fall, dass ein Hersteller des Produkts nicht festgestellt werden kann, gilt gem. § 4 Abs. 3 ProdHaftG jeder *Lieferant* als Hersteller, es sei denn, der in Anspruch genommene Lieferant kommt der Aufforderung zur Benennung des Herstellers oder seiner eigenen Lieferanten binnen Monatsfrist nach.

Wie eine Gesamtschau der §§ 2-4 ProdHaftG zeigt, macht die „primäre" Herstellereigenschaft nach § 4 Abs. 1 Satz 1 daran fest, dass im Rahmen einer selbständigen Tätigkeit für eigene Rechnung eine bewegliche Sache hervorgebracht wird, wofür ein gewisses Maß an Einwirkung auf den Entstehungsprozess erforderlich ist.[102] Somit unterliegen nicht alle am Produktionsprozess i.w.S. Beteiligten der Haftungsverantwortung des ProdHaftG. Von der Haftung ausgenommen sind

- die an der Produktion beteiligten Arbeitnehmer, egal auf welcher Stufe des Produktentstehungsprozesses diese eingesetzt sind;

[102] Vgl. dazu ausführlich Oechsler in Staudinger, ProdHaftG, § 4 Rn. 8 ff.

- diejenigen, die zum Zwecke der Entstehung des Produkts nur selbständige, immaterielle Leistungen erbringen (sei es der Produktion vorgelagert als Lizenz- oder Franchisegeber; sei es der Produktion nachgelagert als Prüflabore oder Testinstitute),
- diejenigen, die keine neue Sache herstellen, sondern nur eine bestehende Sache lediglich wieder funktions- und einsatzbereit machen und
- – vorbehaltlich der Regelungen des § 4 Abs. 2 und 3 – alle Beteiligten, die nur in den Vermarktungsprozess einbezogenen sind.

Die Zuweisung der Verantwortung im Rahmen der *deliktischen Produzentenhaftung* nach § 823 Abs. 1 BGB hat demgegenüber keine explizite gesetzliche Regelung erfahren. Deshalb kommt der Beurteilung durch die Rechtsprechung insoweit entscheidende Bedeutung zu. Anerkanntermaßen unterliegen diesem Haftungssystem alle diejenigen, die unabhängig von den äußeren Rahmenbedingungen den Produktentstehungsprozess organisatorisch steuern (lassen) und auf eigene Rechnung betreiben. Neben Großunternehmen, die industriell in Serie fertigen, werden deshalb auch mittelständische Betriebe und selbst Kleinunternehmen[103] vom Herstellerbegriff erfasst, Endprodukthersteller ebenso wie Zulieferer (bezogen auf die jeweils gefertigten Produkte). In die deliktische Herstellerverantwortung sind jedoch auch – mit unterschiedlichem Pflichtenumfang – in Einzelfällen Akteure auf der Vermarktungsebene einbezogen worden:

(Vertriebs-)Händler und Importeure unterliegen im Grundsatz jedoch keinen Konstruktions- und Fabrikationspflichten; insbesondere Importeure werden nicht bereits durch ihre Tätigkeit als Wareneinführer zum „Quasi-Hersteller“.[104] In die deliktische Verantwortung werden Händler und Importeure ausnahmsweise dann einbezogen, wenn aufgrund bereits bekannter Schadensfälle oder sonstiger besonderer Umstände Anhaltspunkte für eine Untersuchung der Ware auf ihre gefahrfreie Beschaffenheit vorliegen. Als besonderer Umstand gilt beispielsweise der Import von Waren aus dem außereuropäischen Raum.[105] Vertriebshändler und Importeure unterliegen daher der deliktischen Haftung im Hinblick

- auf die ohnehin bestehenden passiven Produktbeobachtungspflichten (→ 2.2.4.7),
- auf Informations- und Warnpflichten gegenüber Kaufinteressenten, wenn ihnen bekannt ist, dass sich bei einem Produkt ein tatsächlich bestehendes Gefahrenpotential bereits in der Vergangenheit realisiert hat[106] oder wenn sie in den Herstellungsprozess einbezogen wurden oder

---

[103] BGHZ 116, 104 ff.– Hochzeitsessen (Gastronom als Hersteller).

[104] Grundlegend BGH VersR 1977, 839 f.; st. Rspr.

[105] Vgl. dazu aus neuerer Zeit BGH VersR 2006, 710 f. – Import einer Tapetenkleistermaschine aus China (im Rahmen des § 823 Abs. 2 BGB i.V.m. Vorschriften des Gerätesicherheitsrechts): Pflicht des Importeurs zur stichprobenartigen Untersuchung auf elementare Sicherheitsmängel.

[106] OLG Düsseldorf OLG-Report 2009, 349 ff.: Eigene Instruktions- und Warnpflichten des Vertragshändlers auch bei Gebraucht-Kfz der Marke, für die eine Vertragshändlerbindung besteht,

- auf originäre Produktsicherheitspflichten, wenn das vom vertriebenen Produkt ausgehende Gefahrenpotential – auch im Hinblick auf die gefährdeten Rechtsgüter – außerordentlich hoch ist[107] oder wenn sich der Händler bzw. der Importeur derart mit dem Produkt identifiziert, dass er es faktisch als sein eigenes ausgibt[108].

Nunmehr kann auch die Frage nach der Verantwortlichkeit im eingangs (vgl. unter 2.2.1, dort auch Abb. 2.2) zum PC-Tablet geschilderten Sachverhalt – hier anhand des ProdHaftG – beantwortet werden:

P wäre demnach als Quasi-Hersteller gem. § 4 Abs. 1 Satz 2 ProdHaftG produkthaftungsrechtlich verantwortlich, da er zwar nicht selbst produziert, aber durch entsprechende Kennzeichnung das Produkt als sein eigenes darstellt. *Z1* hat die u. a. von *Z2* und *Z3* gefertigten und gelieferten Komponenten zusammengefügt, weshalb Z1 als Endprodukthersteller und *Z2* und *Z3* als Teilprodukthersteller, jeweils nach § 4 Abs. 1 Satz 1 ProdHaftG anzusehen sind. Der Sachverhalt legt nahe, dass der Produktfehler ausschließlich beim verbauten, von Z2 gefertigten Display liegt, so dass sich der die Touchscreen fertigende Z3 auf einen Haftungsausschluss nach § 1 Abs. 3 ProdHaftG berufen könnte (vgl. dazu später noch unter 2.2.6.1), wonach ein Teilprodukthersteller nicht haftet, soweit er darlegen und beweisen kann, dass sein Teilprodukt fehlerfrei war und ihm keine Verantwortlichkeit für die Konstruktionsentscheidung hinsichtlich des Endprodukts trifft. Mögliche Haftungsadressaten nach § 4 ProdHaftG sind daher P, Z1 und Z2, nicht aber Z3.
Eine Verantwortlichkeit der Verkäufer *Gr* und *E*, die allenfalls aus der Lieferantenhaftung gem. § 4 Abs. 3 ProdHaftG folgen könnte, kann vorliegend nicht angenommen werden, da zumindest P als Hersteller nach § 4 Abs. 1 ProdHaftG feststellbar ist und vorrangig haftet. Auch Lizenzgeber *LG* kommt nicht als Hersteller nach § 4 Abs. 1 Satz 1 ProdHaftG in Betracht, da er keinen Beitrag zur Schaffung des Produkts als körperlichem Gegenstand erbracht und somit nichts hergestellt hat – sein Beitrag erschöpft sich in der Einräumung von Rechten (Lizenzen). Als Verbraucher und Letztkäufer des Produkts unterliegt *K* im Verhältnis zum Geschädigten G selbstverständlich nicht der Produkthaftung nach ProdHaftG.

Gegenstand kontroverser Diskussionen ist *die persönliche Haftung von Organen* des herstellenden Unternehmens wie GmbH-Geschäftsführer oder Mitglieder des Vorstands einer AG bzw. *leitenden Mitarbeitern* gegenüber dem Geschädigten. Während die persönliche Haftung „einfacher", am Produktentstehungsprozess beteiligter Arbeitnehmer wegen einer Verkehrssicherungspflichtverletzung ganz überwiegend abgelehnt wird, finden sich vereinzelt gerichtliche Stellungnahmen, die für eine persönliche Außenhaftung der Mitglieder der Unternehmensführung sprechen.[109] Wenn man die nach außen gerichtete Organisationsverantwortung,

---

soweit es um unvorhersehbare Gefahren geht, die den Hersteller zuvor zu einer Rückrufaktion nebst Änderung des Wartungsplans für den Fahrzeugtyp veranlasst haben.

[107] BGH NJW 2004, 1032, 1033 (Fehlende Überprüfung der Bereifung eines verkauften Gebraucht-Ferraris anhand der DOT-Nummer).

[108] BGH NJW 1980, 1219 ff.

[109] So insbesondere BGH NJW 2001, 964 f. (in einem Produkthaftungsfall wegen Instruktionspflichtverletzung wurden auch Organe und leitende Angestellte verklagt; zu deren Haftung konn-

auf der die Haftung wegen Verletzung von Verkehrssicherungspflichten beruht, einzig am (rechtsfähigen) Unternehmen selbst ansiedelt, besteht für eine persönliche Haftung der Geschäftsleiter gegenüber geschädigten Dritten kein Raum[110].

Selbst die Grundlagen einer persönlichen Haftung von Unternehmensangehörigen gegenüber außen stehenden Dritten sind noch immer nicht abschließend geklärt, weshalb in Rechtsprechung und Lehre zahlreiche Lösungsansätze wechselseitig präsentiert und kritisiert werden. Hintergrund der Auseinandersetzung ist einmal mehr der Gedanke, dass die Rechtsstellung des Geschädigten durch das Hinzutreten weiterer Haftungsadressaten insbesondere bei Beweisschwierigkeiten deutlich verbessert wird. Denkbar sind Fälle persönlicher Haftung von Organen juristischer Personen und (leitenden) Angestellten jedoch aufgrund besonderer Erwägungen, die zu speziellen Verkehrssicherungspflichten jenseits der Produktverantwortung führen, wie etwa ein besonderes gefahrbegründendes Verhalten des Organs oder die Anspruchnahme besonderen Vertrauens (vgl. dazu Katzenmeier, JuS 2003, 943, 948 Fn. 85).
Doch auch wenn eine persönliche Haftung von (leitenden) Angestellten gegenüber Dritten grundsätzlich für möglich gehalten wird, kann der betroffene Arbeitnehmer im Ergebnis von der Leistung von Schadensersatz befreit werden. Denn hier können arbeitsvertragliche Freistellungsansprüche des Arbeitnehmers gegen seinen Arbeitgeber eingreifen, mit der Folge, dass ausschließlich das Unternehmen als Arbeitgeber bzw. in letzter Konsequenz – der Haftpflichtversicherer des Unternehmens – zur Zahlung verpflichtet ist. Schäden aus Fehlverhalten von Organwaltern können mittels sog. Directors&Officers-liability-Versicherungen abgedeckt werden. Als Fazit bleibt: Das im Bürgerlichen Recht beheimatete Produkthaftungsrecht wird in der Rechtswirklichkeit bisweilen vom Arbeitsrecht und vom Privatversicherungsrecht überlagert.

2.2.6 Grenzen der Produkthaftung

Zur Entwicklung einer Haftungsvermeidungsstrategie potentieller Haftungsadressaten ist insbesondere das Wissen um diejenigen Gründe bedeutsam, die zum Ausschluss oder wenigstens zu einer summenmäßigen Begrenzung der Haftung führen können. Die damit aufgeworfene Frage nach den *Grenzen* der Produkthaftung kennt keine einheitliche Antwort, sondern präsentiert sich als Mosaik aus gesetzlichen Vorschriften, anerkannten Rechtsgrundsätzen und Entwicklungslinien der höchstrichterlichen Rechtsprechung.

2.2.6.1 Gesetzliche Regelungen

Bei den gesetzlichen Regelungen ist für die Haftung nach *ProdHaftG* zunächst § 1 Abs. 2 und 3 zu beachten. Diese Vorschriften umschreiben Situationen, in denen

---

te der BGH mangels entsprechender Sachverhaltsaufklärung durch das Berufungsgericht keine konkreten Ausführungen machen).

[110] So auch Katzenmeier, JuS 2003, 943, 948; für eine weit reichende Außenhaftung von Organen und Mitarbeitern hingegen Hager: in Staudinger, BGB, § 823 Rn. F 34.

die Ersatzpflicht des Herstellers ausgeschlossen ist, mithin negative Haftungsvoraussetzungen. Während § 1 Abs. 2 ProdHaftG für sämtliche Hersteller gilt, richtet sich § 1 Abs. 3 ProdHaftG gezielt an Hersteller von Teilprodukten und Grundstoffen.

§ 1 Abs. 2 Nr. 1 und 2 ProdHaftG schreiben den Ausschluss der Ersatzpflicht gem. § 1 Abs. 1 ProdHaftG vor, wenn der Hersteller das Produkt nicht (Nr. 1) oder fehlerfrei (Nr. 2 i. V. m. § 3 ProdHaftG) in Verkehr gebracht hat. Nicht in Verkehr gebracht sind Produkte, die gegen den Willen des Herstellers dessen Einflussbereich verlassen, also z. B. aufgrund eines Diebstahls. Aus § 1 Abs. 2 Nr. 2 ProdHaftG ergibt sich, dass Fehler, die nach dem Inverkehrbringen entstehen, keine Ansprüche nach ProdHaftG begründen.

Nicht in Verkehr gebracht ist das Produkt selbstverständlich, wenn der Produktionsprozess noch andauert. Arbeitnehmern, die sich dabei verletzen, stehen deshalb keine Produkthaftungsansprüche gegen ihren Arbeitgeber zu (denkbar sind freilich Ansprüche aufgrund anderer Anspruchsgrundlagen).

Während § 1 Abs. 2 Nr. 3 ProdHaftG, der einen Haftungsausschluss in Bezug auf Produkte vorsieht, die nicht zu wirtschaftlichen Zwecken und zugleich außerhalb einer beruflichen Tätigkeit hergestellt bzw. vertrieben werden, kaum Bedeutung im Wirtschaftsleben zukommt[111], sind die am Produktfehler ausgerichteten Entlastungsmöglichkeiten aus Abs. 2 Nr. 4 und 5 gerade für die Produktkonzeption und -fertigung von größerer Relevanz: Nr. 4 schließt die Produkthaftung nach ProdHaftG aus, wenn der Produktfehler auf einer Beachtung von im Zeitpunkt des Inverkehrbringens zwingenden Rechtsvorschriften beruht. Der Verweis auf den (selten gegebenen) zwingenden Charakter der betreffenden, bei der Herstellung angewendeten Vorschrift nimmt § 1 Abs. 2 Nr. 4 ProdHaftG indes die praktische Bedeutung, da technischen Normen ebenso wenig zwingender Charakter zukommt wie solche Gesetzesvorschriften, die von den Vertragspartnern abgeändert werden können (sog. dispositives Recht). Über § 1 Abs. 2 Nr. 5 erschließt sich der für das ProdHaftG zugrunde zu legende Maßstab der Fehlerfreiheit, der Stand von Wissenschaft und Technik (vgl. dazu bereits oben 2.2.2.1 unter [1]). Folgerichtig ist die Haftung für solche Fehler ausgeschlossen, die nach diesem Stand zum Zeitpunkt des Inverkehrbringens des Produkts schlicht nicht erkannt werden konnten (sog. *Entwicklungsfehler* im juristischen Sprachgebrauch, der sich nicht mit dem der Ingenieurwissenschaften deckt!). Auch dieser Ausschlussgrund ist in mehrfacher Hinsicht restriktiv zu interpretieren. Es geht darum, ob das allgemeine Fehlerrisiko – und nicht: nur der Fehler in seiner konkreten Gestalt – für irgendeinen

---

[111] Illustratives Beispiel für § 1 Abs. 2 Nr. 3 ProdHaftG bei Taschner, NJW 1986, 611, 613: Einladung des Nachbarn zu selbstgebackenem Kuchen (als Produkt i. S. des Gesetzes!). Zu beachten ist freilich, dass der Zweck der Norm angesichts der kumulativen Verknüpfung der Ausschlusskriterien „fehlender kommerzieller Herstellungs- bzw. Vertriebszweck“ sowie „fehlende Berufsbezogenheit des Vertriebs- bzw. Herstellungsprozesses“ wirklich nur auf den ganz privaten Lebensbereich abzielt. Deshalb erfasst der Haftungsausschlussgrund des § 1 Abs. 2 Nr. 3 ProdHaftG beispielsweise nicht geringwertige Werbegeschenke, die ein Unternehmen an vorhandene oder potentielle Kunden verteilt, da die Berufsbezogenheit der Handlung durch ihre Unentgeltlichkeit nicht aufgehoben wird!

Hersteller – und nicht: gerade für den betreffenden Hersteller selbst – tatsächlich nicht erkennbar – und nicht: zwar erkennbar, aber aufgrund technisch-ökonomischen Rahmenbedingungen unvermeidbar – war. Im Ergebnis spielt deshalb auch der in § 1 Abs. 2 Nr. 5 ProdHaftG statuierte Haftungsausschluss praktisch keine Rolle.

§ 1 Abs. 3 ProdHaftG enthält Tatbestände, die bei Fehlerhaftigkeit des Teilprodukts (bzw. Grundstoffs) zu einer Entlastung des *Teilproduktherstellers* (bzw. Grundstoffherstellers) im Verhältnis zum Geschädigten führen. Sie haben ihre Grundlage jeweils in einem schadensursächlichen Verhalten des Endproduktherstellers. Falls der Fehler erst und gerade durch die Konstruktion des Endprodukts entstanden ist oder falls er auf einer (fehlerhaften) Anleitung des Endproduktherstellers an den Teilprodukthersteller beruht, entfällt die Verantwortlichkeit des Teilproduktherstellers. Der Geschädigte kann sich mithin nur an den Endprodukthersteller halten. Das Verhältnis zwischen End- und Teilprodukthersteller wird in § 5 ProdHaftG geregelt (vgl. dazu unten 2.2.8).

Ferner sieht das ProdHaftG einen *Haftungsausschluss durch Zeitablauf* (§ 13 ProdHaftG) vor: 10 Jahre nach Inverkehrbringen des schadensursächlichen Produktexemplars endet die Verantwortlichkeit nach diesem Gesetz, da mit Ablauf der Frist Ersatzansprüche erlöschen. Soweit mehrere Personen als Hersteller in Betracht kommen (z. B. Hersteller des Endprodukts „Kfz“ und Hersteller des darin verbauten Teilprodukts „Steuerungssoftware“), wird der Fristbeginn unterschiedlich, nämlich nach dem Zeitpunkt des Inverkehrbringens des jeweiligen Produkts, bestimmt.

Sowohl das BGB als auch des ProdHaftG kennen den zur Reduzierung oder ausnahmsweise gar zum Ausschluss der Haftung führenden Einwand des *Mitverschuldens des Geschädigten* (§ 254 BGB; unmittelbar bzw. über die Verweisung in § 6 ProdHaftG). Damit ist ein allgemeines privatrechtliches Instrument angesprochen, anhand dessen ein mitwirkendes Fehlverhalten des Geschädigten auf Ebene des Umfangs der (dem Haftungsgrund nach gegebenen) Ersatzpflicht vom Gericht flexibel berücksichtigt werden kann. Der bereits erwähnte Umstand, dass der Hersteller auch den nahe liegenden Fehlgebrauch auf allen Ebenen der Produktion einzukalkulieren hat, führt bei den Systemen der Produkthaftung implizit zu einer den Geschädigten begünstigenden Heraufsetzung der Messlatte für die Annahme von Mitverschulden.

Schließlich können Ersatzansprüche nach BGB bzw. ProdHaftG ab dem Eintritt der *Verjährung* nicht mehr durchgesetzt werden, wenn der in Anspruch genommene Hersteller die entsprechende Einrede der Verjährung (§ 214 BGB) erhebt. Länge und Beginn der Verjährungsfrist richten sich nach den geltend gemachten materiellen Ansprüchen: Für die deliktische Produzentenhaftung gelten insoweit die allgemeinen Regeln v. a. der §§ 195, 199 BGB, die Verjährung des

Anspruchs gem. § 1 Abs. 1 ProdHaftG bemisst sich nach dessen § 12, der z. T. wieder auf das BGB zurückverweist.

Für den Anspruch nach § 823 Abs. 1 BGB gilt: Er verjährt innerhalb von drei Jahren beginnend mit dem Schluss des Jahres, in dem der Anspruch entstanden ist und der Geschädigte Kenntnis von den anspruchsbegründenden Umständen sowie der Person des Schädigers erlangt hat oder ohne grobe Fahrlässigkeit erlangen müsste. Als absolute Höchstgrenze gilt eine Frist von 30 Jahren nach Inverkehrbringen (§ 199 Abs. 2 bzw. 3 BGB).
Für den Anspruch gem. § 1 Abs. 1 ProdHaftG gilt: Er verjährt innerhalb von drei Jahren beginnend mit dem Schluss des Jahres, in dem der Anspruch entstanden ist und der Ersatzberechtigte Kenntnis vom Schaden, vom Produktfehler sowie der Person des Ersatzpflichtigen erlangt hat oder ohne (leichte oder grobe) Fahrlässigkeit hätte erlangen müssen. Die absolute Höchstgrenze der Verjährung von 30 Jahren nach Inverkehrbringen ist wegen der Regelung des § 13 ProdHaftG (s.o.) bedeutungslos.

2.2.6.2 (System-)Immanente Grenzen der Produkthaftung

Da weder das Bestehen bzw. der Umfang herstellerspezfischer Verkehrssicherungspflichten noch die Konturen eines Produktfehlers i.S. des ProdHaftG „in Stein gemeißelt sind", vollzieht sich die rechtliche Beurteilung der vom Hersteller vorgenommenen Gefahrabwendungsmaßnahmen bzw. die verbraucherseitig berechtigte Sicherheitserwartung an das Produkt anhand zahlreicher *wertungsbedürftiger Kriterien*. Nach höchstrichterlicher Rechtsprechung verbieten sich dabei schematische Lösungen, vielmehr sind stets die Umstände des Einzelfalls umfassend und in Zusammenschau zu würdigen, womit diejenigen Grenzen der Produkthaftung, die im Wesen der Produkthaftung selbst angelegt sind und keiner ausdrücklichen gesetzlichen Regelung bedürfen (systemimmanente Grenzen), angesprochen sind. Die wichtigsten Kriterien seien hier nach *übergeordneten Leitideen* gegliedert angeführt:

Maßstab der Produktsicherheit: Stand von Wissenschaft und Technik (bzw. im Duktus der Rechtsprechung des BGH „Berücksichtigung modernster Erkenntnisse" sowie „neuester Stand der Technik"), wobei „absolute Sicherheit" nicht erreicht und demzufolge auch nicht gefordert werden kann.

Kriterien aus der Einflusssphäre des *Herstellers*: Realisierung des sicherheitsrechtlich im Einzelfall anhand des ermittelten Risikopotentials Gebotenen, unter Umsetzung des technisch Möglichen und wirtschaftlich Zumutbaren, soweit die zur Gefahrvermeidung denkbaren Lösungsmodelle praktisch einsatzfähig und bisher nicht nur „auf dem Reißbrett" vorhanden sind[112]. Die wirtschaftliche Zumutbarkeit wird auch von der Natur und Eigenart des Produkts dem Marktsegment dem es zugehört und dem Preis, zu dem es unter Berücksichtigung seiner Beschaffenheit und Ausstattung im Verhältnis zu

[112] BGH, NJW 2009, 2952, 2953 – Airbag.

anderen Produkten desselben Segments angeboten wird (Luxusausführung vs. Basisversion), beeinflusst. Zur Wahrung eines Minimalstandards muss das Produkt in jedem Fall elementaren Anforderungen an die Produktsicherheit (die sog. Basissicherheit) genügen, andererseits folgt aus der Existenz bestimmter sicherheitstechnisch relevanter Produktfunktionen nicht automatisch, dass ihre Berücksichtigung bei der Produktkonzeption sicherheitsrechtlich geboten ist (vgl. dazu auch § 3 Abs. 2 ProdHaftG, wonach allein das Inverkehrbringen eines verbesserten Produkts das bisherige noch nicht fehlerhaft macht).

Kriterien aus dem Einflussbereich des *Geschädigten* bzw. *solche außerhalb des Einflussbereichs aller Beteiligten*: Gedanken der Eigenverantwortung bzw. Selbstgefährdung des Produktverwenders sowie dessen Handeln auf eigene Gefahr; Produktmissbrauch durch den Verwender; Realisierung des allgemeinen Lebensrisikos, das sich einer haftungsrechtlichen Zuordnung zum Hersteller entzieht, im eingetretenen Schaden.

2.2.6.3 Steuerungsmöglichkeiten für den Hersteller

Die Möglichkeiten des Herstellers, die Produkthaftungsrisiken durch Einwirkung auf die Produktverwender zu steuern, sind zwar begrenzt, aber dennoch vorhanden.

Zunächst zu den Grenzen: Der Hersteller kann die Haftungsrisiken *pauschal* weder ausschließen noch beschränken. Damit sind zunächst (mehr theoretische) *einseitige* Maßnahmen des Herstellers in Gestalt von Hinweisen auf Produktverpackungen, Mitteilungen in Werbemaßnahmen, etc. angesprochen: Das ProdHaftG erklärt in § 14 die Ersatzpflicht des Herstellers nach diesem Gesetz für unabdingbar, auch dem BGB ist der Gedanke einseitiger Haftungsfreizeichnungen fremd. Entsprechende *vertragliche* Vereinbarungen, die vor Schadensentstehung getroffen werden, sind im Anwendungsbereich des ProdHaftG durch § 14 ausgeschlossen. Im BGB wären sie prinzipiell denkbar, scheitern im Regelfall jedoch bereits am fehlenden vertraglichen Schuldverhältnis zwischen Hersteller und Geschädigtem (vgl. oben unter 2.2.3.1). Sollte eine vertragliche Bindung ausnahmsweise vorliegen, gilt bei Verwendung vorformulierter Vertragsbedingungen (sog. Allgemeine Geschäftsbedingungen, § 305 BGB) seitens des Herstellers, dass Klauseln, nach denen die Haftung wegen Verletzung der körperlichen Integrität ausgeschlossen oder beschränkt wird, inhaltlich unwirksam und damit unbeachtlich sind (vgl. § 309 Nr. 7 lit. a BGB). Da zwischen Hersteller und Verbraucher individuell ausgehandelte Haftungsfreistellungsklauseln ebenso unüblich wie unpraktikabel sind, ist im Ergebnis die außervertragliche Produkthaftung nach BGB und ProdHaftG als *zwingend* anzusehen. Auch anhand einer entsprechend „tief" angesiedelten Preisempfehlung kann der Hersteller das zu erwartende Sicherheitsniveau nicht unterhalb das Niveau der Basissicherheit senken: Zwar vermag der Verkaufspreis die Sicherheitserwartung zu beeinflussen und manche Kunden werden bereit sein, bei einem überdurchschnittlich günstigen, als „Basisversion" o. ä. bezeichneten Produkt im Gegenzug eine weit unterdurchschnittliche Produktsicherheit in Kauf zu nehmen. Jedoch ist der Blickwinkel des Käufers nicht der einzig maßgebliche für die Ermittlung der Produktsicherheit. Da die außervertragliche Produkthaftung als Jedermann-Haftung ausgestaltet ist, kann sich auch derjenige Geschädigte auf sie berufen, der als unbeteiligter Dritter (sog. *innocent bystander*) zufällig durch ein fehlerhaftes Produkt zu Schaden kommt. Damit dessen berechtigte Schutzerwartungen (vgl. den Wortlaut des § 3 Abs. 1 ProdHaftG) nicht unterlaufen werden, bleibt ein oben geschilderter „Pakt" zwischen Hersteller und Käufer ohne Auswirkung auf den konkret geschuldeten Sicherheitsstandard.[113]

Somit kann der Hersteller das ihn betreffende Haftungspotential allenfalls durch *Einflussnahme auf das Verhalten der Nutzer im Umgang mit dem Produkt* steuern, insbesondere durch Anleitungen, Empfehlungen und andere (Warn-)Hinweise. Wegen § 14 ProdHaftG kommt solchen Warnungen und Empfehlungen jedoch keine haftungsausschließende Wirkung zu.

(Fiktives) Bsp.: Ein Hersteller von Paraglidingschirmen erhält Rückmeldungen, wonach sich vermehrt ältere Produktverwender Knochenverletzungen während des Landemanövers zugezogen haben. Erste medizinische Fachgutachten führen die Verletzungen auf die typischerweise eingeschränkte Beweglichkeit der Angehörigen dieser Altersgruppe zurück. Der Hersteller überlegt, zur Vermeidung eventueller Produkthaftungsansprüche seine Gleitschirme fortan mit der markanten Aufschrift „Produkt nicht geeignet für Personen über 50 Jahre Lebensalter - deshalb nicht verwenden!" zu kennzeichnen. Eine wirksame Haftungsvermeidung geht mit der übrigens altersdiskriminierenden Kennzeichnung nicht einher, da ein verkappter, jedoch unwirksamer einseitiger Haftungsausschluss des Herstellers gegenüber bestimmten Produktnutzern vorliegt.

Hinreichende und geeignete Instruktionen zum Umgang mit dem Produkt können jedoch im Ergebnis zur Haftungsvermeidung beitragen, indem sie

- die Nutzer zu sachgemäßer Verwendung veranlassen und dadurch bereits Schadensfälle als Auslöser einer Produkthaftung ausbleiben,
- – vorbehaltlich der übrigen Herstellerpflichten – die Erfüllung des vom Hersteller sicherheitstechnisch Gebotenen dokumentieren und dadurch die Grundlage für die Produkthaftung entfällt sowie
- (hilfsweise) zumindest Anhaltspunkte für ein haftungsreduzierendes Mitverschulden bieten anhand derer der Hersteller das mitwirkende Fehlverhalten des Geschädigten dokumentieren und beweisen kann.

Zur Beurteilung, ob im Einzelfall die Instruktionen hinreichend und geeignet sind, müssen das Potential der vom Produkt ausgehenden Gefahren einschließlich des Werts der gefährdeten Rechtsgüter, das Zusammenspiel aller Herstellerpflich-

[113] Vgl. dazu auch Oechsler, in: Staudinger, ProdHaftG, § 2 Rn. 2 und 36 f.

ten im Produktentstehungsprozess bezogen auf das konkrete Erzeugnis sowie die Gesamtheit der dem Hersteller zurechenbaren Maßnahmen der Produktpräsentation berücksichtigt werden.

2.2.6.4 Besondere Grenzen bei der Haftung für *innovative* Produkte?

Noch nicht abschließend geklärt ist, ob der produkthaftungsrechtliche Rahmen für für neuartige Produkte einer besonderen Bestimmung bedarf. Innovative Produkte gehen für den Kunden häufig mit einer Verbesserung der Anwendungs- und Sicherheitsfunktionen und – gesamtwirtschaftlich betrachtet – mit einem Wohlfahrtsgewinn einher. Andererseits können mit dem Inverkehrbringen neuartiger Erzeugnisse auch neue, bisher unbekannte Risiken verbunden sein, die entweder auf die Beschaffenheit des Produkts oder auf den (eventuell noch nicht bekannten) Umgang der Nutzer mit selbigem zurückzuführen sind.

Angesichts dieser Unsicherheit eine generelle Besserstellung der Hersteller für die Dauer der *Markteinführungsphase* zu fordern[114], dürfte zu weit gehen, da nach den Vorgaben des ProdHaftG nur die objektiv fehlende Erkennbarkeit des Fehlersrisikos für den Hersteller zum Haftungsausschluss führt (vgl. § 1 Abs. 2 Nr. 5) und der Hersteller bekanntlich gehalten ist, das Nutzerverhalten mit Blick auf das von ihm auf den Markt gebrachte Produkt schon bei der Produktentstehung gedanklich vorwegzunehmen.

Bezogen auf die Entwicklung technisch komplexer Produkte in Serie kommen freilich weitere haftungsrechtliche Herausforderungen auf den Hersteller zu. Angesichts der regelmäßig geringen Fertigungstiefe und des über Jahre hinweg projektierten Produktentwicklungszyklus kommt die Annahme, das jeweilige Produktexemplar könne zum Zeitpunkt seines (!) Inverkehrbringens den dann geltenden Stand der Sicherheitstechnik abbilden, einer formaljuristischen Schimäre gleich. Der Hersteller wird mit anderen Worten den vom BGH unlängst beschworenen „neuesten Stand der Wissenschaft und Technik“[115] für das zu beurteilende Produkt nicht mehr realisiert haben *können*. Denn irgendwann muss – wie im neuesten juristischen Schrifttum zu Recht betont wird[116] – im Zuge der Produktentwicklung ein „technologischer design freeze“ einsetzen, da andernfalls ein fehlerfreies Zusammenspiel der aufeinander abgestimmten Komponenten des Produkt nicht mehr gewährleistet werden kann. An diesen Usancen und Entwicklungen des Produktionsmanagements kommt auch das Produkthaftungsrecht nicht vorbei. Daher sollte auch die Rechtsprechung keine in der Unternehmenspraxis unrealistischen Erwartungen zugrunde legen.

Überdies wäre für innovative Produkte zu erwägen, ob die für die Fehlerfreiheit maßgebende berechtigte Erwartung an die Produktsicherheit (§ 3 Abs. 1 ProdHaftG) nicht im Wege einer *Gesamtschau* des dem Produkt innewohnenden Si-

[114] Ablehnend auch Oechsler, in: Staudinger, ProdHaftG, § 3 Rn. 65 m.w.N.

[115] BGH, NJW 2009, 2952, 2953 – Airbag.

[116] Klindt/Handorn, NJW 2010, 1105, 1106.

cherheitspotentials gewonnen wird, die es gestattet, realisierte Sicherheitsgewinne, die das beurteilte Produkt erstmalig bietet, den möglicherweise neu entstehenden Risiken gegenüberzustellen.[117] Sowohl mit dem ProdHaftG wie mit der zugrunde liegenden EG-Richtlinie wäre eine solche globale Betrachtung der maßgeblichen berechtigten Sicherheitserwartung innerhalb der anerkannten Haftungsgrenzen (Beachtung der Basissicherheit etc.) vereinbar. Durch die globale Betrachtung wäre – bei gleichzeitiger Gewährleistung eines hohen Sicherheitsniveaus – eine bei vielen Herstellern vorherrschende Rechtsunsicherheit zumindest abgemildert. Zugleich wäre dem von manchen Innovatoren vorgebrachten strategischen Argument, angesichts der unübersehbaren Haftungsrisiken würden sie die Vermarktung neuartiger technischer Systeme und Komponenten jedenfalls nicht als „Pionier" oder „first mover" im Alleingang wagen, die Grundlage entzogen.

Mit Blick auf die Anforderungen, die die Rechtsprechung an die Sicherheit neuartiger Produkte stellt, lässt sich ein Korrektur- bzw. Konkretisierungsbedarf jedenfalls kaum leugnen, wenn (im Zusammenhang mit dem Airbag-Urteil des BGH) nunmehr bereits Juristen die Frage aufwerfen, ob „es wirklich (noch) sinnvoll [ist], Produkte (zur Erhöhung des Sicherheitsniveaus) auf den Markt zu bringen, wenn der Hersteller die Technik (noch) nicht (bis ins letzte Detail) beherrscht [...]" (Lenz, PHi 2009, 196, 200).

2.2.7 *Die Rechtsfolgen der Produkthaftung*

Verstöße gegen § 823 Abs. 1 BGB (unter dem Gesichtspunkt der Produzentenhaftung) sowie gegen § 1 ProdHaftG wirken haftungsbegründend und können zu Ansprüchen des Geschädigten gegen den Hersteller auf Schadensersatz führen. Ersatz kann für Vermögensschäden (materieller Schadensersatz) oder für bestimmte Nicht-Vermögensschäden (immaterielle Schäden) verlangt werden. Im Einzelnen unterscheiden sich die Regeln über den Schadensersatz.

2.2.7.1 Rechtsfolgen nach BGB

Für Schadensersatzansprüche nach §§ 823 ff. BGB gelten im Hinblick auf Art und Umfang des Schadensersatzes neben den deliktsspezifischen Sonderregelungen der §§ 842 ff. BGB die allgemeinen Vorschriften der §§ 249 ff. BGB.

§ 842 BGB stellt klar, dass die Ersatzpflicht wegen Verletzung einer Person auch die Nachteile des Verletzten erfasst, die mit der verletzungsbedingten Minderung seiner Arbeitskraft zusammenhängen. § 843 BGB umschreibt Modi des Ausgleichs beim Vorliegen dauerhafter Nachteile wegen Körper- oder Gesundheits-

---

[117] Ähnlich Klindt/Handorn, NJW 2010, 1105, 1107, die die von neuartigen technischen Systemen ausgehende *generelle Sicherheitserhöhung* als Element zur Beurteilung der Produktsicherheit heranziehen möchten.

verletzungen, indem dort die Möglichkeit wiederkehrender Geldleistungen („Geldrente") anstelle eines Einmalbetrags („Kapitalabfindung") geschaffen werden. Ersatzansprüche Dritter, d. h. anderer Personen als dem durch die unerlaubte Handlung Verletzten, werden in den Ausnahmeregelungen der §§ 844, 845 BGB behandelt: Geregelt sind dort die Ersatzansprüche Dritter bei Tötung eines Unterhaltspflichtigen (Beerdigungskosten, Unterhaltsleistungen) sowie bei Verletzung einer Person, die dem Ersatzberechtigten kraft Gesetzes zu Diensten in „Hauswesen oder Gewerbe" verpflichtet war.

Materielle Schäden (im Bereich der Produkthaftung insbesondere Heilbehandlungskosten wegen Körper- und Gesundheitsverletzungen sowie Ersatz für Sachen, die durch das Produkt beschädigt oder zerstört wurden) werden im Wesentlichen durch Gewährung des Geldbetrags, der zur Wiederherstellung des Zustandes erforderlich ist, der ohne das schädigende Ereignis bestünde (sog. restitutorischer Schadensersatz nach dem Herstellungsinteresse des Geschädigten, vgl. § 249 Abs. 2 BGB) ersetzt. Bei Beschädigung einer Sache schließt der restitutorische Schadensersatz die Umsatzsteuer nur mit ein, wenn und soweit sie tatsächlich angefallen ist (§ 249 Abs. 2 Satz 2 BGB). Ist eine Naturalrestitution i. S. des § 249 BGB nicht möglich oder nicht genügend, schuldet der Gläubiger Geldersatz gem. § 251 Abs. 1 BGB nach dem Wert- oder Summeninteresse. Soweit die Herstellung nur mit (für den Schuldner) unverhältnismäßigen Aufwendungen möglich ist, gestattet das Gesetz in § 251 Abs. 2 BGB dem Schuldner, den Gläubiger nach dem Wert- oder Summeninteresse in Geld zu entschädigen. § 252 BGB stellt klar, dass auch der entgangene Gewinn als Teil des zu ersetzenden Schadens anzusehen ist.

Immaterielle Schäden haben in § 253 BGB eine gesonderte Behandlung erfahren. Ersatz kann insoweit gem. § 253 Abs. 1 BGB nur verlangt werden, wenn ein Gesetz dies anordnet. § 253 Abs. 2 BGB trifft die in der Praxis bedeutsame Festlegung, dass wegen Verletzung des Körpers, der Gesundheit, der Freiheit oder der sexuellen Selbstbestimmung eine billige Entschädigung in Geld, landläufig als Schmerzensgeld[118] bezeichnet, gefordert werden kann. Die Höhe des Schmerzensgeldes wird vom Richter festgesetzt, die Spruchpraxis der Gerichte orientiert sich an leitlinienartigen Schmerzensgeldtabellen.

2.2.7.2 Rechtsfolgen nach ProdHaftG

Das Rechtsfolgenregime im ProdHaftG richtet sich nach den §§ 7-11, die nach der Art des verletzten Rechtsguts (vgl. § 1 Abs. 1 ProdHaftG) gegliedert sind.

---

[118] Vgl. zur dogmatischen Fundierung des Schmerzensgeldes nach § 253 Abs. 2 BGB, insbesondere zu seinen Zwecken, ausführlich S. Müller, Überkompensatorische Schmerzensgeldbemessung, passim.

Der Umfang der Ersatzpflicht bei Tötung bemisst sich nach § 7 ProdHaftG, der im Wesentlichen § 844 BGB nachgebildet ist. Neben der Verpflichtung zur Tragung der Beerdigungskosten regelt die Vorschrift also die Ersatzpflichten gegenüber Dritten, denen der Getötete kraft Gesetzes unterhaltspflichtig war.

Der praktisch bedeutsame § 8 ProdHaftG regelt den Umfang der Ersatzpflicht bei Verletzung der körperlichen Integrität, indem in Satz 1 materielle Schäden (Heilbehandlungskosten, Ausgleich für Erwerbungsausfall oder -minderung, verletzungsbedingte Mehrung der Bedürfnisse) aufgeführt sind und Satz 2 eine an § 253 Abs. 2 BGB angelehnte Verpflichtung zum Ersatz immaterieller Schäden („Schmerzensgeld“) vorsieht. § 9 ProdHaftG trifft eine § 843 BGB vergleichbare Regelung zur Leistung des Schadensersatzes wegen dauerhafter Folgenschäden an Körper und Gesundheit sowie wegen Tötung des Unterhaltspflichtigen (§ 7 Abs. 2 ProdHaftG) in Form einer Geldrente.

Eine Besonderheit gegenüber dem BGB ist die Haftungshöchstbetragsklausel bei Personenschäden (i. S. der §§ 7-9 ProdHaftG) in § 10 ProdHaftG, die v. a. bei sog. Massenschäden eingreift: Sind Personenschäden durch ein Produkt oder gleiche Produkt mit demselben Fehler verursacht, kann jeder dadurch betroffene Hersteller insgesamt nur bis zu einer Haftungshöchstsumme von 85 Mio. € in Anspruch genommen werden. Folgerichtig ordnet Abs. 2 eine anteilige Kürzung der individuellen Ersatzansprüche an, soweit die summierten Einzelansprüche den angegebenen Höchstbetrag übersteigen.

Schließlich sieht § 11 ProdHaftG eine auf Sachschäden beschränkte Sonderregelung in Gestalt einer Selbstbehaltklausel vor. Danach hat der Geschädigte einen Schaden bis zu einer Höhe von 500 € selbst zu tragen.

Ersatzansprüche von 500 € oder weniger muss der Geschädigte selbst tragen, bei höheren Beträgen wird ein Abzug von 500 € als Sockelbetrag vorgenommen. Wird wegen des fehlerhaften Produkts hinsichtlich mehrerer beschädigter Sachen Ersatz geschuldet, greift die Selbstbehaltklausel nur einmal bezüglich des gesamten Schadensfalles. Durch die Regelung möchte der deutsche Gesetzgeber die Haftung nach ProdHaftG bei Sachschäden auf „gravierende Fälle“ beschränken (BT-Drs. 11/2447, S. 24).

2.2.8 Das Verhältnis zwischen Endprodukthersteller und Zulieferer

Bei einer durch geringe Fertigungstiefe bedingten arbeitsteiligen Wirtschaftsweise ist auch das Verhältnis einzelner Haftungsverantwortlicher zueinander von Interesse. Eine besonders enge Beziehung liegt regelmäßig zwischen dem Endprodukthersteller, insb. als OEM[119] bzw. Assembler, und seinen Zulieferunternehmen

[119] Original Equipment Manufacturer.

in deren Eigenschaft als Teilprodukt- oder Grundstoffhersteller vor. Hier geht es sowohl um die Einzelheiten der Haftung nach außen, d. h. gegenüber dem Geschädigten, als auch um die Möglichkeiten der Ausgestaltung der Rechtsbeziehungen im Innenverhältnis zueinander.

2.2.8.1 Das Außenverhältnis zum Geschädigten

Unter der Voraussetzung, dass im Einzelfall sowohl Endprodukthersteller wie auch Teilprodukt- bzw. Grundstoffhersteller für eingetretene Schäden produkthaftungsrechtlich verantwortlich sind, stellt sich die Frage, in welchem Verhältnis zueinander sie gegenüber dem Geschädigten haften.

Dazu muss freilich zunächst die Haftung eines jeden als Haftungsadressaten in Betracht kommenden Herstellers für sich geprüft und positiv festgestellt werden. In diesem Zusammenhang ist für den Teilprodukt- bzw. Grundstoffhersteller nochmals auf den Haftungsausschluss des § 1 Abs. 3 ProdHaftG zu verweisen (vgl. dazu bereits 2.2.6.2).

Die zwingende Vorschrift des § 5 S. 1 ProdHaftG beantwortet die aufgeworfene Frage für das ProdHaftG dahin, dass End- und Teilprodukthersteller dem Geschädigten als Gesamtschuldner (vgl. dazu auch §§ 421 ff. BGB) haften. Der Geschädigte kann sich also nach seiner Wahl wegen des gesamten Schadens an einen der Hersteller wenden. Diese Wahlmöglichkeit ist v. a. dann bedeutsam, wenn einer der Haftungsadressaten nicht zahlungsfähig oder -willig ist. Für die Haftung nach Deliktsrecht, insb. nach § 823 Abs. 1 BGB, gilt nach § 840 Abs. 1 BGB ebenfalls die Anordnung einer Gesamtschuld (mit den Folgen der §§ 421 ff. BGB).

2.2.8.2 Die Übertragbarkeit von Pflichten an den Zulieferer

Angesichts der beachtlichen Haftungsrisiken, denen ein Endprodukthersteller ausgesetzt sein kann, liegt die Überlegung nahe, ob namentlich der OEM/Assembler, der das Endprodukt lediglich aus von dritter Seite hergestellten Komponenten zusammensetzt, die Verantwortlichkeit nach Produkthaftungsrecht nicht möglichst umfassend auf diejenigen abwälzen kann, die die Qualität und Sicherheit der Komponenten letztlich zu verantworten haben. Umfassend wäre die Verlagerung der Verantwortlichkeit dann, wenn ein späterer Geschädigter angesichts der zwischen den Herstellern getroffenen Vereinbarungen den Endprodukthersteller überhaupt nicht mehr in Anspruch nehmen könnte.

Das ProdHaftG hat die Möglichkeit einer haftungsbefreienden Pflichtendelegation mit Außenwirkung in § 14 ausdrücklich verworfen. Danach kann die aus dem ProdHaftG folgende Haftungsverantwortung im Voraus nicht zu Lasten eines potentiell Geschädigten ausgeschlossen werden, überdies werden auch andere Formen der Umgehung dieses Verbots für unwirksam erklärt.

Für das BGB-Deliktsrecht fehlt es an einer gesetzlichen Regelung. Die Übertragung der allgemeinen Organisationspflicht wird für ausgeschlossen gehalten, da die Koordination der einzelnen bei der Produktion anfallenden Arbeitsschritte die wesentliche Aufgabe eines Endproduktherstellers und Assemblers ausmacht. Ferner wird die Wirksamkeit der Delegation der anderen Verkehrssicherungspflichten an strenge Voraussetzungen geknüpft: Der Endprodukthersteller muss

- den Zulieferer mit Blick auf die zu erfüllenden Aufgaben sorgfältig auswählen,
- gegenüber dem Zulieferer die zu übertragenden Pflichten genau bezeichnen und
- sich von der sachgerechten Pflichtenerfüllung durch den Zulieferer regelmäßig zumindest anhand von Stichproben überzeugen.

Als Folge einer nach den o. g. Kriterien vorgenommenen wirksamen Pflichtenübertragung reduziert sich der Umfang der Verkehrssicherungspflichten des Endproduktherstellers auf eine Überwachung desjenigen, an den die Pflichten übertragen wurden. Die Reichweite dieser Überwachungspflicht hängt wiederum von den Umständen des Einzelfalles ab. Im Ergebnis lässt sich also auch nach dem BGB eine gegenüber dem Geschädigten wirksame vollumfängliche Haftungsfreistellung des Endproduktherstellers durch Pflichtenübertragung nicht erreichen.

2.2.8.3 Das Innenverhältnis zwischen Endprodukthersteller und Zulieferer

Während das Außenverhältnis zum (potentiell) Geschädigten privatautonomer Disposition vor Schadenseintritt weitgehend entzogen ist, lassen § 5 Satz 2 ProdHaftG und § 426 Abs. 1 Satz 1 BGB (i. V. m. § 840 Abs. 1 BGB) vertragliche Abreden der Haftungsadressaten End- und Teilprodukthersteller *untereinander* ausdrücklich zu. Die primäre Aussage des auf gerechte Schadensverteilung im Innenverhältnis angelegten § 5 Satz 2 ProdHaftG geht freilich dahin, dass in Ermangelung besonderer vertraglicher Abreden im Innenverhältnis derjenige Verantwortliche die Ersatzpflicht zu tragen hat, der den Schaden vorwiegend verursacht hat, wobei u. U. ein Mitverschulden des Regress begehrenden Produzenten (§ 6 ProdHaftG) zu beachten ist.

Bsp.: Ein vom Geschädigten in Anspruch genommener Quasi-Hersteller (§ 4 Abs. 1 Satz 2 ProdHaftG) bzw. ausnahmsweise haftungspflichtiger Lieferant (§ 4 Abs. 3 ProdHaftG) wird daher vom „tatsächlichen Hersteller" i. S. des § 4 Abs. 1 Satz 1 ProdHaftG regelmäßig vollumfänglich Erstattung verlangen können, wenn und soweit nur der tatsächlich Produzierende Fehlerursachen gesetzt und zu verantworten hat.

Vom gesetzlichen Grundgedanken (namentlich aus § 5 Satz 2 ProdHaftG) zugunsten des Endproduktherstellers abweichende vertragliche Regelungen finden sich für den Bereich des Produktionsmanagements insb. in Qualitätssicherungsvereinbarungen eingebettet. Deren Ausgestaltungsformen und Wirksamkeit wird daher an entsprechender Stelle (in Kap. 3 unter 3.2.5) näher erörtert.

2.2.9 Abwälzung des Haftungsrisikos auf Versicherer

Angesichts der immensen Summen, die der Ersatz von Schäden, die aus fehlerhaften Produkten resultieren, annehmen kann, ist die Abwälzung dieser Risiken für produzierende Unternehmen von existentieller Bedeutung. In Deutschland werden daher Produkthaftpflichtversicherungen zumeist als Teil der Betriebshaftpflichtversicherung angeboten. Der Gesamtverband der Deutschen Versicherungswirtschaft e. V. hat ein Produkthaftpflicht-Modell in Gestalt von Musterbedingungen (aktueller Stand: April 2006; als Teil der Betriebshaftpflichtversicherung) erarbeitet, das er seinen Mitgliedern unverbindlich zur Verwendung empfiehlt.

In Ziffer 4 werden die Bausteine des Modells erläutert. Danach werden durch die Versicherung abgedeckt:

- Ziff. 4.1 PHB: Personen- oder Sachschäden aufgrund von Sachmängeln infolge Fehlens von vereinbarten Eigenschaften,
- Ziff. 4.2 PHB: Verbindungs-, Vermischungs- und Verarbeitungsschäden,
- Ziff. 4.3 PHB: Weiterver- oder –bearbeitungsschäden,
- Ziff. 4.4 PHB: Aus- und Einbaukosten,
- Ziff. 4.5 PHB: Schäden durch mangelhafte Maschinen (fakultativ) und
- Ziff. 4.6 PHB: Prüf- und Sortierkosten (fakultativ).

Zu beachten sind jedoch auch die in Ziff. 6 PHB aufgeführten Ausschlusstatbestände, die hier nur auszugsweise angesprochen werden können. Ansprüche, die an die Stelle der Vertragserfüllung treten (z. B. Kosten der Nacherfüllung, des Rücktritts oder des sog. Schadensersatzes statt der Leistung), sind gem. Ziff. 6.1.1 PHB nur bei ausdrücklicher Vereinbarung mitversichert. Ferner besteht ein Ausschluss, wenn Erzeugnisse nach dem Stand der Technik nicht ausreichend erprobt waren (sog. Experimentierklausel, Ziff. 6.2.5). Ausgeschlossen sind nach Ziff. 6.2.8 des Modells ferner Kosten, die im Zusammenhang mit einem Produktrückruf stehen.

2.2.10 Das öffentliche Produktsicherheitsrecht

2.2.10.1 Grundlagen des öffentlichen Produktsicherheitsrechts

Der bisher betrachtete zivilrechtliche (haftungsrechtliche) Schutz als Teil des juristischen Gesamtkonzepts „Produktverantwortung" wirkt im Grunde nur reaktiv, d. h. er greift erst, wenn durch ein fehlerhaftes Produkt ein Schaden hervorgerufen wurde. Produktverwender und unbeteiligte Dritte möchten jedoch erst gar nicht durch ein unsicheres Produkt an Leib und Leben verletzt werden. Erforderlich sind daher zusätzliche präventive Schutzmechanismen, die auf gesetzlicher Ebene im Wesentlichen über das zum öffentlichen Wirtschaftsverwaltungsrecht zu zählenden *Produktsicherheitsrecht* bewirkt werden. Für die Ausgestaltung dieses Rechtsgebiets sind vor dem Hintergrund des einschlägigen Rechts der Europäischen Union mehrere Vorgaben zu beachten:

- in *materiell-rechtlicher* Hinsicht: Auf den Markt kommende Produkte müssen zumindest grundlegende Sicherheitsanforderungen erfüllen.
- in *verfahrensmäßiger* Hinsicht: Die Einhaltung dieser Sicherheitsanforderungen muss festgestellt werden, bevor die Produkte auf den Markt kommen (Marktzugangsprinzip), doch sollen die vorausgehenden Kontrollen insb. vor dem Hintergrund begrenzter Ressourcen der nationalen Verwaltungen effizient ausgestaltet sein. Weitere Überprüfungen durch nationale Behörden (behördliche Marktüberwachung) müssen freilich im Einzelfall möglich sein.
- unter Berücksichtigung des *europäischen Binnenmarktes*: Zwar ist der Gesundheitsschutz der Verbraucher ein wichtiges Ziel auch des Rechts der Europäischen Union, doch muss zugleich darauf geachtet werden, dass durch national unterschiedlich streng ausgeprägte Marktzugangs- und –überwachungskontrollen keine technischen Handelshemmnisse geschaffen werden, mit denen die Idee des Binnenmarktes unterlaufen würde. Um dies zu verhindern, sind die materiellen und formellen Anforderungen an die Produktsicherheit durch europarechtliche Regelungen und Mechanismen harmonisiert worden.

Das öffentliche Produktsicherheitsrecht ist daher in hohem Maße europarechtlich vorgeprägt und durch ein komplexes Mehrebenensystem (Recht der Europäischen Union; Recht der Mitgliedstaaten, was in Deutschland durch Behörden des Bundes und der Länder ausgeführt wird) gekennzeichnet, das überdies auf den durch europäische Normungsinstitutionen verkörperten technischen Sachverstand Bezug nimmt: Es wird seit den 1980er Jahren in materiell-rechtlicher Hinsicht von einer *Neuen Konzeption* bestimmt, die auf die Gewährleistung der grundlegenden Sicherheitsanforderungen angelegt ist. Dazu müssen die in Gestalt von produktgruppenspezifischem Richtlinienrecht geschaffenen gemeinschaftsrechtlichen Vorgaben an die Produktsicherheit einerseits in nationale Rechtsakte in den Mitgliedstaaten „übersetzt“ und andererseits anhand harmonisierter europäischer technischer Normen konkretisiert werden (→ vgl. dazu bereits oben 2.2.1.3 unter [2] und später ausführlich unter 4.3.2).

Beispiel: Es bestehen europäische Sicherheitsrichtlinien u. a. für Aufzüge, Bauprodukte, Gasverbrauchseinrichtungen, Maschinen, Medizinprodukte, nicht-selbsttätige Waagen, Spielzeug und Sportboote. Diese Richtlinien sind in Deutschland entweder durch Fachgesetze (Bauproduktengesetz, Gesetz über Medizinprodukte) oder das „allgemeine“ Produktsicherheitsgesetz, das ProdSG (bzw. dessen Vorgänger, dem GPSG), sowie zahlreiche, nunmehr auf das ProdSG zurückzuführende Rechtsverordnungen umgesetzt worden. Die Prüfung, welche europäischen Richtlinien bzw. nationalen Umsetzungsrechtsakte für das konkrete Produkt zu beachten sind, obliegt dem Hersteller.

Um die nationalen Verwaltungen nicht über Gebühr zu beanspruchen und zugleich die Produkthersteller aktiv in die Herbeiführung der Produktsicherheit einzubinden, wird die Übereinstimmung der Produktbeschaffenheit mit den materiell-rechtlichen Sicherheitsstandards (sog. Konformität) – einem *die Zertifizierung und das Prüfwesen betreffendes globalen Konzept* folgend – von Zertifizierungsunternehmen, sog. Konformitätsbewertungsstellen, überprüft, die aufgrund privatrechtlicher Verträge mit dem Hersteller gebunden sind und deren fachliche und persönliche Eignung im Wege der Akkreditierung sichergestellt wird.

Produktbezogene Eröffnungskontrollen durch Behörden sind jedoch – außerhalb des ProdSG – für einige besonders sicherheitskritische Produkte vorgesehen. So existieren etwa Zulassungsverfahren für Straßen-, Schienen- und Luftfahrzeuge, bestimmte Waffen(teile), bestimmte Arzneimittel und Medizinprodukte sowie bestimmte explosionsgefährliche Stoffe. Daneben bestehen namentlich im Gefahrstoffrecht Registrier- bzw. Notifizierungspflichten (vgl. dazu im Einzelnen Weiß, S. 334 ff. m.w.N. sowie für das Gefahrstoffrecht nach der REACH-Verordnung später in Kap. 6 zum Umweltmanagement unter 6.2.2).

Das Akkreditierungswesen war jüngst selbst Gegenstand einer grundlegenden Überarbeitung, mit dem in Fortentwicklung der bisherigen Ansätze ein „new legislative framework" für das Produktsicherheitsrecht geschaffen worden sollte.[120] In dem Maße wie die Produktsicherheit vor dem Marktzugang (unter weitgehendem Ausschluss der zuständigen Behörden) durch Zusammenwirken von Hersteller und im Regelfall privatrechtlich organisiertem Zertifizierer herbeigeführt und geprüft wird, nimmt das Produktsicherheitsrecht Züge eines unternehmerisch verantworteten Risikomanagements mit rechtlichen Rahmenvorgaben an.[121] Damit wandelt sich das typischerweise auf Kontrolle durch Behörden angelegte öffentliche Gefahrenabwehrrecht in weiten Teilen zu einem Anwendungsbeispiel „regulierter Selbstregulierung", das durch Akteure der Privatwirtschaft exekutiert wird.

2.2.10.2 Das allgemeine Produktsicherheitsrecht des ProdSG: Begriffe und Anwendungsbereich

Das im Wesentlichen zum 1.12.2011 in Kraft getretene Gesetz über die Bereitstellung von Produkten auf dem Markt (Produktsicherheitsgesetz – ProdSG) ersetzt das zum 1.5.2004 in Kraft getreten Geräte- und Produktsicherheitsgesetz (GPSG).

Durch die Gesetzesnovelle soll das deutsche Produktsicherheitsrecht v. a. an zwingende unionsrechtliche Regelungen, insb. die bereits angesprochene Verordnung (EG) Nr. 765/2008 des Europäischen Parlaments und des Rates vom 9. Juli 2008 für die Akkreditierung und Marktüberwachung im Zusammenhang mit der Vermarktung von Produkten und zur Aufhebung der Verordnung (EWG) Nr. 339/93 des Rates (veröffentlicht im ABl. L 218 vom 13.8.2008, S. 30), angepasst werden.

Der Anwendungsbereich des ProdSG ist eröffnet, wenn folgende *Voraussetzungen* erfüllt sind:

---

[120] Vgl. dazu ausführlich Kapoor/Klindt, EuZW 2008, 649 ff. (zu den Neuerungen in der Marktüberwachung) sowie dies., EuZW 2009, 134 ff. (zur Änderung des Akkreditierungswesens).

[121] Vgl. dazu umfassend aus wirtschaftsverwaltungsrechtlicher Sicht Stober, § 29 I 6 b.

- *Anknüpfungspunkt „Produkt"*: Als Produkt definiert § 2 Nr. 22 ProdSG Waren, Stoffe oder Zubereitungen, die durch einen Fertigungsprozess hergestellt worden sind. Für den Hersteller noch wichtiger ist die Definition des Verbraucherprodukts als Sonderkategorie von Produkten in § 2 Nr. 26 ProdSG. Die sprachlich wenig geglückte Vorschrift will letztlich besagen, dass alle Erzeugnisse, die ein Verbraucher unter vernünftigerweise vorhersehbaren Bedingungen verwenden *könnte*, als Verbraucherprodukte anzusehen sind. Der Kreis potentieller Verbraucherprodukte wird also ausgesprochen weit gezogen. Praktische Bedeutung erlangt die Abgrenzung dadurch, dass das Gesetz – wie noch zu zeigen sein wird – an das Vorliegen eines Verbraucherproduktes besonders strenge Herstellerpflichten knüpft.
- Die *Tätigkeiten*, die vom Gesetz erfasst werden, sind nach § 1 Abs. 1 i.V.m. § 2 Nr. 4 und Nr. 2 ProdSG die Bereitstellung, die erstmalige Verwendung und das Ausstellen von Produkten auf dem Markt, soweit die jeweilige Tätigkeit im Rahmen einer Geschäftstätigkeit erfolgt. Das Bereitstellen eines Produkts auf dem Markt wird als jede entgeltliche oder unentgeltliche Abgabe eines Produkts zum Vertrieb, Verbrauch oder zur Verwendung auf dem Markt im Europäischen Wirtschaftsraum im Rahmen einer Geschäftstätigkeit umschrieben, der Begriff ist somit sehr weit gefasst. Der vom GPSG her geläufige Begriff des Inverkehrbringens knüpft entsprechend der Definition in § 2 Nr. 15 ProdSG nunmehr an der (erstmaligen) Bereitstellung des Produkts auf dem Markt an, die Einfuhr eines Produkts in den Europäischen Wirtschaftsraum steht dem Inverkehrbringen gleich. Das ProdSG wird in § 1 Abs. 3 für nicht anwendbar erklärt im Hinblick auf Antiquitäten, bestimmte Gebrauchtprodukte, Produkte mit militärischer Zwecksetzung, Lebens- und Futtermittel, lebende Pflanzen sowie Medizinprodukte und Pflanzenschutzmittel. § 1 Abs. 5 ProdSG stellt den subsidiären Charakter des Gesetzes klar: Dessen Vorschriften greifen nicht, wenn in anderen Rechtsvorschriften entsprechende oder weiter gehende Vorgaben vorgesehen sind.
- Der *persönliche Anwendungsbereich* erfasst nach § 2 Abs. 29 ProdSG Wirtschaftsakteure, was den Oberbegriff für Hersteller (vgl. dazu näher § 2 Nr. 14 ProdSG), Bevollmächtigte (§ 2 Nr. 6 ProdSG), Einführer (§ 2 Nr. 8 ProdSG, gemeint sind Importeure) und Händler (§ 2 Nr. 12 ProdSG) bildet. Überdies werden in einzelnen Vorschriften Aussteller (vgl. dazu näher § 2 Nr. 3 ProdSG) von Produkten angesprochen. Wie eine Gesamtschau zeigt, verfolgt das ProdSG – wie schon das ProdHaftG – den Ansatz, irgendeinen der in der Absatzkette vorgefundenen Akteure als Verantwortlichen „greifbar" zu machen.

Die wesentlichen *Folgen* der Anwendbarkeit des ProdSG aus Sicht eines erzeugenden Unternehmens bestehen zum einen in der Schaffung besonderer Pflichten (namentlich des Herstellers[122]) in Bezug auf die Produktsicherheit namentlich bei der Bereitstellung von Produkten (vgl. §§ 3-7 ProdSG; dazu sogleich unter

[122] Im Folgenden wird der Zwecksetzung dieses Kapitels entsprechend schwerpunktmäßig auf den Hersteller abgehoben.

2.2.10.3), zum anderen in der Anordnung besonderer Überwachungsbefugnisse der nach dem Recht der einzelnen Bundesländer bestimmten Marktüberwachungsbehörden[123] (vgl. insb. §§ 24-28 ProdSG; dazu unter 2.2.10.4).

2.2.10.3 Die Herstellerpflichten hinsichtlich der Produktsicherheit

Diese zentrale Pflicht des Herstellers sowie ggfs. der weiteren dem ProdSG unterliegenden Wirtschaftsakteure besteht in der Gewährleistung von Produktsicherheit. Nach der Grundaussage des § 3 Abs. 2 ProdSG darf ein Produkt nur dann auf dem Markt bereitgestellt werden, wenn es bei bestimmungsgemäßer Verwendung oder vorhersehbarer Verwendung (vgl. dazu § 2 Nr. 5 bzw. Nr. 28 ProdSG) die Sicherheit und Gesundheit nicht gefährdet; soweit ein Produkt speziellen, in Rechtsverordnungen niedergelegten Sicherheitsanforderungen unterliegt, müssen die entsprechenden Voraussetzungen erfüllt sein, vgl. dazu § 3 Abs. 1 ProdSG. Grundlagen dieser Rechtsverordnungen deutschen Rechts sind wiederum entsprechende Richtlinien des europäischen Rechts, sog. Harmonisierungsrichtlinien.

In diesem harmonisierten Bereich können für die Beurteilung, ob ein Produkt den Anforderungen aus § 3 Abs. 1 oder Abs. 2 ProdSG genügt, nach § 4 ProdSG harmonisierte (technische) Normen (vgl. zum Begriff § 2 Nr. 13 ProdSG) zugrunde gelegt werden. Soweit ein Produkt der Norm oder Teilen einer solchen entspricht, wird vermutet, dass es den Anforderungen aus § 3 Abs. 1 bzw. Abs. 2 ProdSG genügt, soweit diese von den betreffenden Normen oder von Teilen der Normen gedeckt sind.

Für den nicht harmonisierten Bereich kann die Beurteilung über die Konformität des Produkts gem. § 5 ProdSG anhand von (sonstigen) Normen oder technischen Spezifikationen erfolgen, auch hier greift bei Vorliegenden der Voraussetzungen die soeben beschriebene Vermutungswirkung.

> Zu den Produkten des nichtharmonisierten Bereichs zählen neben den meisten Gebrauchtwaren beispielsweise einfache Möbel, einfache Textilien, diverses Bastel-, Freizeit- und Sportgerät sowie zahlreiche nicht-elektronischen Waren, die für den Einsatz im privaten Lebensbereich bestimmt sind (vgl. dazu auch – noch zum GPSG – Klindt, GPSG, § 4 Rn. 25 ff.).

Die Einhaltung der geltenden Sicherheitsanforderungen nach EU-Recht wird im harmonisierten Bereich nach außen dokumentiert, indem der Hersteller vor dem Inverkehrbringen des (von einzelnen oder mehreren EG-Sicherheitsrichtlinien erfassten) Produkts das europarechtlich vorgegebene *CE-Kennzeichen* an dem Produkt, seiner Verpackung oder beigefügten Unterlagen anbringt. Die Einzelheiten der Darstellung dieses Kennzeichens, das als Abkürzung für „Communautés Européennes" steht, regelt für das allgemeine Produktsicherheitsrecht die Vorschrift des § 7 ProdSG, die in Abs. 1 dafür auf zentrale Vorgaben des Art. 30 der Verordnung (EG) Nr. 765/2008 Bezug nimmt. Das Anbringen

---

[123] Als durch Landesrecht bestimmte zuständige Überwachungsbehörden fungieren v. a. Gewerbeaufsichts- bzw. Arbeitsschutzbehörden, bisweilen auch Bezirksregierungen.

des Kennzeichens markiert aus Herstellersicht den Abschluss des Konformitätsbewertungsverfahrens, dessen Einzelheiten in diesem Werk als juristische Begleiterscheinung des technischen Vertriebs später in Kap. 4 unter 4.3.2 beschrieben werden. Die Bedeutung des CE-Kennzeichens wird freilich häufig verkannt. Entgegen landläufiger Meinung handelt es sich beim CE-Kennzeichen nicht um ein Qualitäts- oder Gütezeichen (da ja nur europaweit harmonisierte Mindestsicherheitsanforderungen Prüfungsmaßstab sind), überdies wendet sich das Kennzeichen im Grunde gar nicht an Verbraucher und sonstige Abnehmer des Produkts. Vielmehr ist das CE-Kennzeichen in erster Linie an Marktüberwachungsbehörden in den Mitgliedstaaten der EU gerichtet. Allerdings sieht das ProdSG – anders als das vormals geltende GPSG – keine von den Behörden zubeachtende Vermutungswirkung bei Einhaltung grundlegender Sicherheitsvorschriften bezüglich mit CE-Kennzeichen versehender Produkte vor. Eine entsprechende Vermutung findet sich nunmehr jedoch vereinzelt in Rechtsverordnungen (so. z. B. in § 4 Abs. 4 der 6. Verordnung zum ProdSG (Druckbehälterverordnung)), wobei z. T. neben der CE-Kennzeichnung die Vorlage der EG-Konformitätsbescheinigung gem. der EU-Richtlinie, die mit der betreffenden Rechtsverordnung umgesetzt wurde, verlangt wird (so etwa in § 5 Abs. 4 der 11. Verordnung zum ProdSG (Explosionsschutzverordnung)).

Falls das CE-Kennzeichen trotz Bestehens eines entsprechenden Gebots nicht angebracht ist, darf das Produkt nicht auf den Markt gebracht werden. Die fehlende oder fehlerhafte Anbringung des Kennzeichens wird nach dem ProdSG ordnungswidrigkeitenrechtlich geahndet (vgl. insb. § 39 Abs. 1 Nr. 6), außerdem muss der Hersteller Sanktionen nach dem Lauterkeitsrecht (UWG) sowie vertragsrechtliche Rechtsfolgen gegenüber seinen Vertragspartnern (v. a. unter dem Gesichtspunkt „sachmangelhafte Ware“) fürchten.

Neben dem CE-Kennzeichen sieht das ProdSG in §§ 20-23 noch ein weiteres Sicherheitszeichen vor, das *GS-Zeichen*. Dieses als Marke zugunsten der Bundesrepublik Deutschland eingetragene Zeichen steht für „Geprüfte Sicherheit“, ist deutschen Ursprungs und verfolgt einen anderen Zweck als das CE-Kennzeichen, da es nicht den Abschluss eines europarechtlich vorgeprägten Konformitätsbewertungsverfahrens bekundet, sondern die Bestätigung einer akkreditierten Stelle („GS-Stelle“, vgl. dazu § 23 ProdSG) über das Einhalten eines bestimmten Prüfprofils enthält. Im Zuge der Ersetzung des GPSG durch das ProdSG sind die Anforderungen sowohl an den das GS-Zeichen begehrenden Hersteller als auch an die prüfende GS-Stelle gesteigert worden. Künftig treffen auch Einführer Prüfpflichten im Hinblick auf die Bescheinigung der GS-Stelle (vgl. § 22 Abs. 5 ProdSG).

Über die zuvor dargestellten Pflichten hinaus verlangt § 6 ProdSG den sicherheitsrechtlich verantwortlichen Wirtschaftsakteuren im Fall des Vorliegens eines Verbraucherprodukts i.S. des § 2 Nr. 26 ProdSG die Erfüllung einer ganzen Reihe von *Informations- und Organisationspflichten* ab. Geregelt sind in § 6 Abs. 1 ProdSG zunächst die *bei* der Bereitstellung des Verbraucherprodukts vom Hersteller, Bevollmächtigen bzw. Einführer zu beachtenden Pflichten,

- den Produktverwender über produktspezifische Gefahren und den Umgang mit diesen zu informieren (Nr. 1) und

- das Produkt so zu kennzeichnen, dass der produktsicherheitsrechtlich Verantwortliche (Hersteller bzw. – soweit dieser nicht im Europäischen Wirtschaftsraum ansässig ist – der Bevollmächtigte oder Importeur) erkennbar ist (Nr. 2) sowie
- eindeutige Kennzeichnungen zur Identifikation des Produkts vorzusehen (Nr. 3).

Die zuvor genannten Wirtschaftsakteuere haben überdies ein vorausschauendes System des Risikovermeidungsmanagements vorzuhalten, das auch für den Fall des Produktrückrufs bzw. der Produktrücknahme greift (§ 6 Abs. 2 ProdSG).[124]

Nach Bereitstellung des Produkts haben die veantwortlichen Wirtschaftsakteure weitere organisatorische Maßnahmen zu erfüllen (§ 6 Abs. 3 ProdSG), nämlich

- in Abhängigkeit vom Gefährdungspotential des Produkts und den Risikovermeidungsmöglichkeiten Stichprobenkontrollen durchzuführen,
- ein Beschwerdemanagement (Dokumentation, Prüfung und Behandlung von Beschwerden, die von Kunden oder Händlern eingegangen sind) vorzuhalten sowie
- Händler über weitere, das Verbraucherprodukt betreffende Maßnahmen zu unterrichten.

Ergänzt werden diese auf die Akteure des Wirtschaftskreislaufs beschränkten Pflichten um die in § 6 Abs. 4 ProdSG festgeschriebene Pflicht der produktsicherheitsrechtlich Verantwortlichen zur unverzüglichen Information der zuständigen Marktüberwachungsbehörden, sobald sie eindeutige Anhaltspunkte dafür haben, dass von einem von ihnen in Verkehr gebrachten Verbraucherprodukt eine Gefahr für die Gesundheit und Sicherheit von Personen ausgeht. Die Erkenntnisse, die Behörden aus der Erfüllung dieser als „Pflicht zu Selbstanschwärzung" bezeichneten Pflicht erhalten, darf nach Satz 2 jedoch nicht bei der Verfolgung von Straftaten bzw. Ordnungswidrigkeiten verwendet werden.

Händler von Verbraucherprodukten unterliegen nach § 6 Abs. 5 ProdSG eingeschränkten Informationspflichten. Sie haben danach lediglich dazu beizutragen, dass keine unsicheren Produkte bereitgestellt werden und müssen gegebenenfalls Meldungen an zuständige Behörden nach § 6 Abs. 4 ProdSG vornehmen.

2.2.10.4 Behördliche Marktüberwachung

Wenngleich die klassischen verwaltungsrechtlichen Instrumente (insb. Genehmigungs- und Zulassungsverfahren) hinsichtlich des Marktzugangs angesichts der unter 2.2.10.3 geschilderten Herstellerpflichten zurückgenommen sind, räumt das

---

[124] Vgl. dazu die – noch zum GPSG erarbeiteten – Leitlinien bei Klindt/Popp/Rösler, S. 9 ff. sowie bei Klindt, BB 2010, 583, 584 f.

ProdSG den zuständigen Produktsicherheitsbehörden der Länder bei der Marktzugangskontrolle und der Marktüberwachung in §§ 24 ff. zahlreiche Befugnisse ein.

Die zuständigen Länderbehörden sind ihrerseits gehalten, ein bundesweit abgestimmtes Überwachungskonzept sowie Marktüberwachungsprogramme zu entwickeln und durchzusetzen (vgl. § 25 Abs. 1 und 2 ProdSG) und mit den zuständigen Bundesbehörden einschließlich der Zollbehörden (§ 24 Abs. 2 ProdSG), Behörden anderer Mitgliedstaaten sowie der Europäischen Kommission die notwendigen Informationen auszutauschen (vgl. dazu v. a. § 25 Abs. 3, § 29 und § 30 ProdSG).

Bei begründetem Verdacht, dass ein Produkt nicht den gesetzlichen Sicherheitsanforderungen nach entspricht, kann die zuständige Behörde die erforderlichen produktsicherheitsrechtlichen Maßnahmen treffen, wozu gem. § 26 Abs. 2 ProdSG insbesondere gehören (sog. Standardmaßnahmen):

- Nr. 1: Die Untersagung des Ausstellens des Produkts i. S. des § 3 Abs. 5 ProdSG,
- Nr. 2: Die Anordnung von Maßnahmen, die gewährleisten, dass das Produkt erst in Verkehr gebracht wird, wenn es die Anforderungen nach § 3 Abs. 1 oder 2 ProdSG erfüllt,
- Nr. 3: Die Anordnung der Produktüberprüfung durch eine hierzu geeignete Stelle,
- Nr. 4: Die Anordnung eines temporären Bereitstellungs- bzw. Ausstellungsverbots für die Dauer einer erforderlichen Überprüfung,
- Nr. 5: Die Anordnung des Anbringens von Hinweisen zu produktspezifischen Risiken in deutscher Sprache,
- Nr. 6: Die Anordnung eines (dauerhaften) Bereitstellungsverbots,
- Nr. 7: Die Anordnung von Maßnahmen zur Rücknahme und zum Rückruf,
- Nr. 8: Die Anordnung der Sicherstellung und der Beseitigung (insb. Vernichtung) von Produktexemplaren sowie
- Nr. 9: Die Anordnung einer Warnung vor produktspezifischen Risiken, wobei die Behörde die Warnung auch selbst aussprechen kann, soweit der betreffende Wirtschaftsakteur der an ihn gerichteten Anordnung nicht selbst nachkommt.

Den subsidiären Charakter staatlicher Marktüberwachungsmaßnahmen belegt § 26 Abs. 3 ProdSG, wonach behördliche Maßnahmen i.S. des § 26 Abs. 2 ProdSG widerrufen oder abgeändert werden, sobald der verantwortliche Wirtschaftsakteur nachweist, dass er selbst wirksame Maßnahmen getroffen hat. Die zuständige Behörde ist nach § 26 Abs. 4 ProdSG zur Anordnung von Produktrückrufen bzw. –rücknahmen und zur Untersagung der Bereitstellung von Produkten verpflichtet, soweit von dem Produkt ernste Risiken für die Sicherheit und Gesundheit von Personen ausgehen.[125] § 2 Nr. 9 i.V.m. § 2 Nr. 23 definiert das ernste Risiko als derjenigen Kombination von Eintrittswahrscheinlichkeit einer Gefahr und der Schwe-

[125] Lach/Polly, PHi 2011, 170, 172 f., diskutieren anhand der Gesetzgebungsgeschichte, ob der Wortlaut der Vorschrift den Überwachungsbehörden möglicherweise keinen Ermessensspielraum mehr belässt und welche Konsequenzen daraus für die Praxis zu ziehen sind.

re des möglichen Schadens, die ein rasches Eingreifen der Marktüberwachungsbehörden erfordert.

In § 27 ProdSG werden die möglichen Adressaten von Maßnahmen nach § 26 ProdSG bezeichnet. Die Maßnahmen sind vorrangig an Wirtschaftsakteure und Aussteller, in zweiter Linie – hilfsweise und nur unter besonderen Voraussetzungen – an sonstige Personen zu richten. Ob durch die Neuregelung – im Vergleich zur Vorgängervorschrift des § 8 Abs. 5 GPSG – das „Primat quellnaher Marktüberwachung" aufgehoben wird[126], wird die zukünftige behördliche Praxis zeigen.

§ 28 ProdSG ermächtigt die zuständigen Behörden zum Betreten von Produktions-, Geschäfts- und Lagerräumen sowie zur Entnahme von Proben und Mustern „vor Ort". Zugleich werden die Adressaten der Maßnahmen zur Duldung derselben und zur Kooperation mit den Überwachungsbehörden verpflichtet.

Soweit die zuständige Marktüberwachungsbehörde eine Standardmaßnahme nach § 26 Abs. 2 ProdSG trifft, unterrichtet sie darüber gem. § 29 Abs. 1 ProdSG die Bundesanstalt für Arbeitsschutz und Arbeitsmedizin (BAuA), welche die Meldung dem zuständigen Bundesministerien und der Europäische Kommission zuleitet (§ 29 Abs. 3 ProdSG). Die dabei zu beachtenden Verfahren sind ebenfalls europarechtlich vorgeprägt, hervorzuheben ist neben dem allgemeinen, auf Art. 11 der Richtlinie 2001/95/EG basierenden Informationsaustauschsystem zwischen den Mitgliedstaaten und der EG-Kommission namentlich das Schnellinformationssystem RAPEX, das bei Maßnahmen aufgrund ernster Risiken (§ 26 Abs. 4 ProdSG) greift und nunmehr in § 30 ProdSG festgeschrieben ist.[127] Die Regelungen der §§ 29, 30 ProdSG müssen vor dem Hintergrund des § 31 ProdSG gesehen werden, wonach die BAuA die zentrale Melde- und Informationsstelle Deutschlands für gefährliche technische Produkte ist und bestimmte Anordnungen der Marktüberwachungsbehörden auch öffentlich bekannt macht, vorzugsweise auf elektronischem Weg. Weitere Aufgaben der BAuA im Zusammenhang mit der Erhebung und Bewertung produktsicherheitsrechtlicher Risiken sowie zur Beurteilung darüber, ob sich Produkte für die Zuerkennung des GS-Zeichens eignen, finden sich in § 32 ProdSG.

2.2.10.5 Die privatrechtliche Bedeutung des ProdSG

Obwohl das ProdSG wie das Vorgängergesetz (GPSG) zum öffentlichen Recht gezählt wird, wird man davon auszugehen haben, dass seine Vorschriften auch privatrechtliche Wirkung entfalten können. So wurde beispielsweise die Vor-

---

[126] So die Befürchtung von Klindt, PHi 2011, 42, 48.

[127] Vgl. zu RAPEX im Überblick Wiesendahl, S. 104 ff. sowie im Einzelnen die Entscheidung der Kommission zur Festlegung von Leitlinien für die Verwaltung des gemeinschaftlichen Systems zum raschen Informationsaustausch „RAPEX" gem. Artikel 12 und des Meldeverfahrens gem. Art. 11 der Richtlinie 2001/95/EG über die allgemeine Produktsicherheit (abgedruckt in ABl. EG [2001] L 22, S.1 ff.). Die Leitlinien richten sich v. a. an nationale Marktüberwachungsbehörden und enthalten überdies ein Standardformular für Meldungen an Behörden durch Hersteller oder Händler. Einen Überblick über die verschiedenen Systeme der produktsicherheitsrechtlichen Risikoinformationsverwaltung bietet Weiß, S. 400 ff., der noch das auf einer Datenbank basierende online-Informationssystem *ICSMS* (Information and Communication System for Market Surveillance; http://www.icsms.org) beschreibt.

schrift des § 4 GPSG, deren Inhalt nunmehr weitgehend in § 3 ProdSG niedergelegt ist, als Schutzgesetz i. S. des § 823 Abs. 2 BGB interpretiert, ihre Verletzung konnte den Hersteller daher zur Zahlung von Schadensersatz verpflichten.[128] Wer ein Produkt ausdrücklich mit der Wendung „CE-geprüft" bewirbt, erweckt den Eindruck, eine unabhängige Prüfstelle habe die Produktsicherheit besonders geprüft und sei Konkurrenzprodukten insoweit überlegen. Da die CE-Kennzeichung – wie gesehen – keine besonders geprüfte Sicherheit eines Produkts dokumentiert, liegt bei einer solchen Werbung ein wettbewerbsrechtlicher Verstoß gegen das Irreführungsverbot des § 5 UWG vor.[129] Dass sich eine nach § 11 GPSG zugelassene deutsche Prüfstelle („Zertifizierer") wegen fehlerhaften Prüfungen im Rahmen einer GS-Zertifizierung i. S. des § 7 GPSG nach werkvertragsrechtlichen Grundsätzen schadensersatzpflichtig machen kann, hat das OLG München entschieden.[130]

2.3 Anwendungsbeispiel

Die nachstehend abgedruckte Abb. 2.7 setzt die neuen höchstrichterlichen Vorgaben an den Hersteller im Umgang mit Produktgefahren graphisch um. Im Mittelpunkt steht die Bestimmung der erforderlichen Sicherheitsmaßnahmen. Dazu müssen die Gefahren, die vom Produkt möglicherweise ausgehen, zunächst unter Berücksichtigung des Stands von Wissenschaft und Technik ermittelt werden. Hierbei müssen selbstverständlich die Besonderheiten des jeweiligen Produkts und seiner Komponenten berücksichtigt und anhand der einschlägigen fachlichen Standards gemessen werden. Vermeidbare Gefahren sind primär durch konstruktive Maßnahmen auszuschalten, bei unvermeidbaren Gefahren ist weiter zu untersuchen, ob sie unvertretbar sind (dann hat der Hersteller die Konzeption zu überdenken) oder ob sie vertretbar sind (dann sind – auf sekundärer Ebene - Instruktionsmaßnahmen zu erwägen). Ein fiktiver *Beispielsfall* soll die juristische Produktverantwortung aus Sicht einer in den Produktentstehungsprozess (kurz: PEP) eingebundenen Ingenieurin illustrieren:

Die Gardenproduct GmbH (kurz: G) produziert und vertreibt Gartenbaugeräte, unter anderem den elektrischen Rasenmäher LawnRaider RS50, der ein

---

128 Den Schutzgesetzcharakter des § 4 GPSG bejaht im Grundsatz OLG Hamm NJW-RR 2009, 1537 f. – Zapfsäule; zuvor für § 3 GSG (betreffend technische Arbeitsmittel) bejahend BGH NJW 2006, 1589 ff. – Tapetenkleistermaschine; das OLG München hat der Vorschrift zum GS-Zeichen (§ 7 GPSG) hingegen die Eignung als Schutzgesetz abgesprochen (Beschl. v. 26.3.2009 – 7 U 1586/09, BeckRS 2009, 15553).

129 LG Stendal, Urt. v. 13.08.2008 – 31 O 50/08 – Arbeitshandschuhe, zitiert nach: openJur 2009, 237.

130 OLG München, Urt. v. 30.07.2009 – 23 U 2005/08, zitiert nach juris.de.

Eigengewicht von 14 kg aufweist. Bei der G gehen mehrere Meldungen ein, wonach Nutzer den Rasenmäher vom Boden abgehoben und im 45-Grad-Winkel geschwenkt zum seitlichen Stutzen von Gartenhecken verwendet haben, dabei mit dem Gerät abgerutscht sind und sich massive Schnittverletzungen zugezogen haben, weil das Schneidewerk des Geräts mit Armen und Händen in Berührung kam. Die Geschäftsleitung der G teilt diesen Sachverhalt der für die Konstruktion und Fertigung der Rasenmähersparte zuständigen Ingenieurin I mit und bittet sie um eine produkthaftungs- bzw. sicherheitsrechtliche Einschätzung sowie um die Mitteilung konkreter Maßnahmen, wie die G den Vorfällen begegnen sollte.

Es ist davon auszugehen, dass sich bisher weder auf der Verpackung noch auf der dem Produkt beiliegenden Gebrauchsanleitung ein Hinweis auf die mit der Verwendung des Mähers als Heckenschneidegerät in der oben beschriebenen Art und Weise verbundenen Gefahren befindet, da die Verantwortlichen der G einen derartigen Produktgebrauch – bisher – als völlig abwegig angesehen haben.

Zur Erfüllung der ihr gestellten Aufgabe wird Ingenieurin I zunächst berücksichtigen, dass sie als Mitarbeiterin der G nunmehr aufgefordert ist, eine Strategie und Maßnahmen zu entwerfen, damit das schadensursächliche Produkt gegen rechtliche Angriffe durch Dritte (z. B. die Geltendmachung von Haftungsansprüchen) verteidigt und somit der Gedanke der Haftungsvermeidung so weit wie möglich umgesetzt wird.

Aus dem mitgeteilten Sachverhalt stellt sich für I die Frage, ob die Rasenmäher unter produkthaftungs- und –sicherheitsrechtlichen Gesichtspunkten hinreichend sicher sind. Um dies beurteilen zu können, wird I zunächst organisatorische bzw. „technisch-wissenschaftliche" Maßnahmen zur *Risikobeurteilung* ergreifen, d. h.

- Untersuchungen zur Ermittlung der Schadenshergänge im Einzelnen einleiten (Sammlung und Auswertung verfügbarer Schadensprotokolle, Presseberichte und medizinischer Dokumentationen) sowie parallel dazu
- Produktüberprüfungen vornehmen oder durch Prüfstellen bzw. Laboratorien vornehmen lassen und
- auf Grundlage der ermittelten Ergebnisse eine vorläufige Risikobeurteilung durchführen.

Die Ergebnisse der Untersuchungen und der Beurteilung sowie die Vornahme aller weiteren Schritte und Maßnahmen wird I nach den Grundsätzen und Normen über die *technische Dokumentation* festhalten. Überdies wird I diejenigen Schritte einleiten, die nach dem bei G in Übereinstimmung mit § 6 Abs. 2 ProdSG installierten *Rückrufmanagementsystem* vorgesehen sind, insb. die für die Durchführung des Managementsystems Verantwortlichen unterrichten, soweit es sich bei dem Rasenmäher um ein Verbraucherprodukt (§ 2 Nr. 26 ProdSG) handelt, was bei einem solchen Produkt, soweit im Rahmen der Außendarstellung und Werbung nicht erkennbar nur Gartenbaufachleute angesprochen werden, zu bejahen.

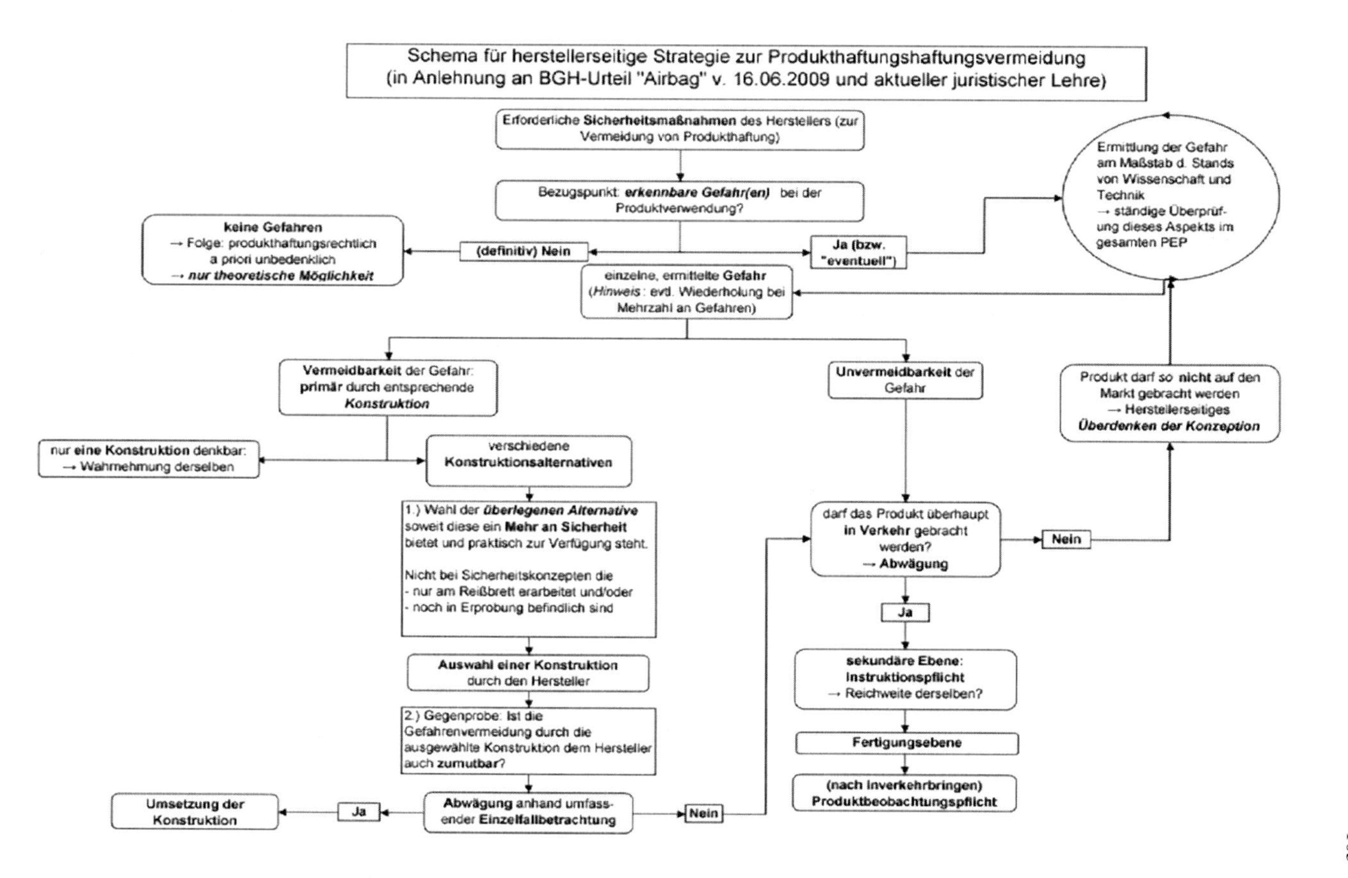

Abb. 2.7: Organigramm zum herstellerbezogenen Umgang mit der Produktverantwortung

Zur nachfolgenden *rechtlichen Beurteilung des Sachverhalts* sowie für das weitere Vorgehen wird I im Wesentlichen den im ProdHaftG und im ProdSG niedergelegten Rahmen berücksichtigen. Die Herstellereigenschaft der G steht dabei außer Frage, da die G den Rasenmäher als Endprodukt i. S. der § 4 Abs. 1 S. 1 ProdHaftG und §§ 1 Abs. 1 i.V.m. § 2 Nr. 14 und Nr. 29 ProdSG gefertigt und in Verkehr gebracht bzw. geschäftsmäßig auf dem Markt bereitgestellt hat. Zu prüfen bleibt, ob – unter Beachtung des Stands von Wissenschaft und Technik als Maßstab und der berechtigten Sicherheitserwartungen der Nutzer (vgl. § 1 Abs. 2 Nr. 5 sowie § 3 ProdHaftG) – der Rasenmäher einen *Fehler* aufweist, wobei hierzu nicht nur auf die bestimmungsgemäße Verwendung des Produkts, sondern jede vorhersehbare (Fehl-)Anwendung (vgl. § 2 Nr. 5 bzw. Nr. 28 ProdSG) abzustellen ist. Die Verwendung eines Rasenmähers als Heckenschneidegerät ist ungewöhnlich und sicher nicht mehr vom regelmäßigen Gebrauch gedeckt. Es bleibt also zu klären, ob das schadensursächliche Nutzerverhalten noch als vorhersehbare Verwendung oder bereits als nicht mehr vorhersehbare (und daher vom Hersteller nicht mehr einzukalkulierende) Fehlanwendung an der Grenze zum Produktmissbrauch steht. I wird zu diesem Zweck die gewonnenen Erkenntnisse verwerten und eingehend erörtern. Für ihre Argumentation, die der G zugleich als Grundlage für die Vorbereitung etwaiger gerichtlicher oder behördlicher Verfahren dient, wird I Folgendes berücksichtigen:

Für die Annahme einer *(noch) vorhersehbaren* Verwendung spricht:

- (Möglicherweise) Der Umstand, dass gleich mehrere Personen die schadensursächliche Art der Produktverwendung gewählt und sich dabei verletzt haben,
- das Fehlen einer entsprechenden Warnung, insb. da der Nutzerkreis jedenfalls auch aus Verbrauchern besteht sowie
- der Umstand, dass ein Rasenmäher aufgrund seiner Beschaffenheit in hohem Maße gefährlich für Körper und Gesundheit ist.

Für die Annahme einer *nicht mehr vorhersehbaren* Verwendung („krasse Fehlanwendung") spricht demgegenüber:

- Bereits der allgemeine Sprachgebrauch: ein Rasenmäher ist eben keine Heckenschere;
- die Atypik der dazu erforderlichen Bewegung: Das beschriebene seitliche Schwenken des Geräts ist erkennbar unpraktisch, kompliziert und es gestattet keine guten Schnitterfolge an der Hecke;
- das elementare Technikverständnis, das auch von Verbrauchern erwartet werden darf: Soweit ein Rasenmäher vom Boden gehoben wird, liegt das Schneidwerk (partiell) offen, was zu einer besonderen Gefährdungslage führt, sowie
- offenbar der Umstand, dass die G bisher von keinen Vorfällen der beschriebenen Art erfahren hat.

Letztlich dürfte mehr für die Bejahung eines nicht mehr voraussehbaren Fehlgebrauchs sprechen, demzufolge die G jedenfalls für die in der Vergangenheit liegenden Schadensfälle keine Verantwortlichkeit trifft, da kein Fehler und keine Pflichtverletzung vorliegt und das notwendige Maß an Produktsicherheit gewahrt war. Allerdings fällt – wie die o. g. Erwägungen zeigen – die Einschätzung nicht eindeutig aus. Deshalb kann nicht mit letzter Sicherheit ausgeschlossen werden, dass ein zur Beurteilung des Sachverhalts angerufenes Gericht die Argumente anders gewichtet und von einer (noch) vorhersehbaren Verwendung ausgeht. Für diesen Fall wäre produkthaftungsrechtlich weiter zu prüfen, ob ein Fehler i. S. des § 3 ProdHaftG (bzw. weitgehend gleichbedeutend: die Verletzung einer herstellerbezogenen Verkehrssicherungspflicht) anzunehmen ist. Da nach § 3 Abs. 1 ProdHaftG neben der Darbietung und dem Gebrauch der Zeitpunkt des Inverkehrbringens des Produkts die wesentlichen Beurteilungskriterien darstellen, wird I vorsorglich die Einordnung des Nutzerverhaltens als „noch vorhersehbaren Fehlgebrauch" zugrunde legen und für die von ihr zu erarbeitenden *Maßnahmenvorschläge* nach Zeitebenen (vgl. nachfolgend [1] bis [3]) unterscheiden.

[1] Wegen der bereits in Verkehr gebrachten, schadensursächlichen Produkte muss eine Überprüfung auf sämtlichen Phasen des PEP vorgenommen werden:

- Zur Beurteilung, ob auf *Konstruktionsebene* ein Produktfehler begangen wurde, muss etwa das Eigengewicht des Mähers mit 14 kg und die Werkstoffe, die das Gewicht ausmachen (zu leicht, da die besonders gefährliche Nutzung ermöglichend? Zu schwer, da es den Verwendern aus den Händen rutscht?) betrachtet werden. Einer eingehenden Würdigung bedarf der Umstand, dass das Gerät keine präventiv wirkenden Vorrichtungen gegen die Herbeiführung der schadensursächlichen Nutzung aufweist: In Betracht kommen neben mechanischen Lösungen (z. B. Verblendung des Schneidwerks beim seitlichen Kippen über einen bestimmten Neigungswinkel hinaus) auch elektrisch vermittelte Ansätze wie die Unterbrechung der Stromzufuhr in Abhängigkeit vom Neigungswinkel oder von Impulsen, die von eingebauten Lichtsensoren herrühren. Ob derartige Schutzvorrichtungen erforderlich waren, hängt neben den Erkenntnissen zum Stand der Wissenschaft und Technik sowie der Art und Wertigkeit der gefährdeten Rechtsgüter durchaus auch von Parametern der technischen Machbarkeit und ökonomischen Vertretbarkeit, insb. einer Kosten-Nutzen-Überlegung, ab.
- Da auf *Fabrikationsebene* ein mögliches Fehlverhalten der G als Herstellerin nicht erkennbar ist, wird sogleich die *Instruktionsebene* betrachtet. Hier bleibt es dabei, dass zur spezifischen Gefahr durch die schadensursächliche Nutzungsart in der Tat keine Hinweise erfolgt sind. Zwar endet die Instruktionspflicht des Herstellers dort, wo das allgemeine Erfahrungswissen der Nutzer einsetzt. Doch soweit man einen vorhersehbaren Fehlgebrauch bejaht, ist ein Instruktionsfehler insb. dann diskutabel, wenn man den Gesichtspunkt des Rasenmähers als einem Freizeit- und Arbeitsgerät, das jeden Gartennutzer ansprechen soll, argumentativ in den Vordergrund rückt.
- Als Herstellerin trifft die G – jedenfalls auf Grundlage des BGB und des ProdSG – eine aktive *Produktbeobachtungspflicht*. Geht man davon aus, dass die Schadensmeldungen zeitnah an I weitergeleitet wurden und die Schadens-

fälle zuvor noch nicht in Fachpublikationen etc. diskutiert worden sind, kann eine Verletzung der Pflicht verneint werden.
- Als konkrete Maßnahmen wird die I zunächst eine Unterrichtung von Händlern, Vertriebspartnern und Verbrauchern über die spezifischen Gefahren vorschlagen, wie § 6 Abs. 3 Nr. 3 ProdSG für Verbraucherprodukte gem. § 2 Nr. 26 ProdSG vorsieht. Da es immerhin Anhaltspunkte dafür gibt, dass vom Produkt Gefahren für die Sicherheit und Gesundheit von Verbrauchern ausgeht, wird die I zudem entsprechend § 6 Abs. 4 ProdSG die Unterrichtung der nach Landesrecht zuständigen Sicherheitsbehörde empfehlen. Ob eine Produktwarnung oder gar der Rückruf des Produkts (vgl. § 6 Abs. 2 ProdSG) erforderlich ist, hängt von der umfassenden Risikobeurteilung ab, die im Rahmen der Maßnahmen nach § 6 ProdSG gewonnen wurde.

[2] Bereits gefertigte, aber noch nicht in Verkehr gebrachte Rasenmäher des betroffenen Typs sollten bis zum Ablauf der Risikoüberprüfungsmaßnahmen nicht ausgeliefert werden.

[3] Für die zukünftige Produktion der Rasenmäher muss zunächst auf Grundlage der ermittelten Ergebnisse eine *neue Risikobeurteilung* vorgenommen werden: Ob konstruktive Maßnahmen zur Gefahrvermeidung überhaupt erforderlich und technisch möglich sowie wirtschaftlich zumutbar sind, hängt vorrangig von der Einschätzung des Gefahrenpotentials und der rechtlichen Bewertung der schadensursächlichen Gebrauchsart ab. Die erwogenen konstruktiven Lösungen zur Verhinderung der Nutzung des Mähers als Heckenschneider wären wohl technisch realisierbar, die dabei anfallenden Kosten können hier jedoch nicht abschließend beziffert werden. Soweit sie außer Verhältnis zum damit verbunden Nutzen sind, müssen auf jeden Fall – zumindest vorsorglich – (Warn-)Hinweise über die Gefahren bei der Benutzung des Rasenmähers als Schneidewerkzeug nach einem Schwenk im 45-Grad-Winkel in die Instruktionsmaßnahmen aufgenommen werden und bei der Darbietung des Produkts berücksichtigt werden.

2.4 Ausblick

Obwohl das juristische Konzept der Produktverantwortung in erster Linie durch das europäische und deutsche Privatrecht bzw. öffentliche Gefahrenabwehrrecht bestimmt wird, wird abschließend ein Blick auf das Strafrecht und das internationale Privatrecht geworfen (2.4.1 und 2.4.2). Technikrechtliche Betrachtungen zur Zukunft der juristischen Produktverantwortung (2.4.3) runden den Ausblick ab.

2.4.1 Die strafrechtliche Produktverantwortung

Im Zusammenhang mit der Herstellung und dem Vertrieb fehlerhafter Produkte können im Einzelfall zugleich Straftatbestände verletzt werden, wobei in erster Linie Strafvorschriften zu beachten sind, die personenbezogene Rechtsgüter schützen. Damit sind v. a. §§ 212, 222 StGB (vorsätzliche bzw. fahrlässige Tötung), §§ 223, 230 StGB (vorsätzlich bzw. fahrlässige Körperverletzung) sowie vergleichbare Tatbestände des Nebenstrafrechts (außerhalb des StGB) angesprochen.

Im Unterschied zum Produkthaftungsrecht kommt eine strafrechtliche Verantwortung der Organisation i. S. des Rechtsträgers, dem das Unternehmen rechtlich zugeordnet wird, nach deutschem Strafrecht in aller Regel nicht in Betracht.[131] Grund dafür ist die Geltung des Schuldprinzips (§§ 19, 20 StGB, Art. 20 Abs. 3 GG) im Strafrecht, die eine persönliche Vorwerfbarkeit eines Fehlverhaltens voraussetzt, die einem „künstlich geschaffenen Gebilde“ wie einer GmbH oder eine AG nicht entgegengesetzt werden kann. Strafrechtliche Verantwortung trifft nur natürliche Personen, also Menschen. Daher fokussiert sich die strafrechtliche Verantwortung auf Mitglieder der Geschäftsleitung oder leitende Angestellte mit Entscheidungsverantwortung.

Aufgrund des Schuldprinzips muss im Strafprozess einem Angeklagten sein Tatbeitrag, die insoweit wirkenden Ursachenzusammenhänge und der damit verbundene Schuldvorwurf im Einzelnen nachgewiesen werden. Unklarheiten in der Sachverhaltsaufklärung wirken getreu dem Grundsatz „in dubio pro reo“ zugunsten des Angeklagten und führen zur Einstellung des Strafverfahrens oder zum Freispruch. Gerade wegen der durch die Arbeitsteilung bedingten Verlagerung von Zuständigkeiten und Kompetenzen auf eine Mehrzahl von Beteiligten oder auf Gremien (z. B. aus mehreren Mitgliedern bestehender Vorstand einer AG) gestaltet sich die Aufklärung des Sachverhalts und seine strafrechtliche Würdigung ausgesprochen schwierig. Besonderes Augenmerk bei der im Strafrecht erforderlichen individuellen Zurechnung bei der strafrechtlichen Produkthaftung betreffen[132]

- die Konkretisierung der Sorgfaltsmaßstäbe in den einzelnen Phasen der Produktentstehung bzw. –vermarktung,
- die strafrechtliche Beurteilung des Unterlassens von Produktwarnungen und –rückrufen sowie
- die Zurechnung eines konkreten Mitarbeiterverhaltens, das häufig in einem Unterlassen besteht, zum tatbestandsmäßigen Erfolg (z. B. der Körperverletzung).

---

[131] Eine Ausnahme gilt für einzelkaufmännische Unternehmen, die personenidentisch mit dem Kaufmann als natürlicher Person sind. In produkthaftungsbezogenen Sachverhalten liegt die Organisationsverantwortung jedoch ganz überwiegend bei juristischen Personen des Privatrechts wie GmbH oder Aktiengesellschaften.

[132] Vgl. zum Folgenden ausführlich Bloy, S. 39 ff.

Dass diese Schwierigkeiten im Strafprozess nicht zwangsläufig zu einem Freispruch der angeklagten Geschäftsleiter und leitenden Mitarbeiter führen müssen, zeigt die Rechtsprechung des BGH zum sog. Lederspray-Fall.[133] Dort hat der BGH die Verurteilung mehrerer Geschäftsführer einer GmbH wegen Körperverletzung gebilligt. Ihnen wurde vorgeworfen, hinsichtlich eines von der GmbH hergestellten und vertriebenen Ledersprays trotz Kenntnis möglicher gesundheitlicher Auswirkungen bei den Nutzern (u. a. Asthmabeschwerden, Husten, Schüttelfrost und Fieber) und trotz einer Aufforderung des Bundesgesundheitsamtes zur Einstellung des Vertriebs oder zur Änderung der Zusammensetzung des Produkts, keine hinreichenden Maßnahmen zur Gefahrenabwendung getroffen zu haben. Den im Strafverfahren von den Angeklagten vorgebrachten Einwand, der Ursachenzusammenhang zwischen den behaupteten Beschwerden und den Auswirkungen des Produkts sei nicht eindeutig bewiesen worden, haben die Gerichte nicht gelten lassen. Sie sahen es als erwiesen an, dass die Ursache der Vorfälle nur in etwaigen toxikologischen Wirkungsmechanismen einzelner Rohstoffe des Produkts allein oder zumindest in Kombination mit anderen gelegen hat. Da somit andere Fehlerursachen als alleinige Ursachen für den Verletzungserfolg ausgeschlossen werden konnten, hat der BGH die individuelle Zurechnung der Tatbeiträge der Geschäftsführer gebilligt und die strafgerichtliche Verurteilung bestätigt.

2.4.2 Internationales Produkthaftungsrecht

Die Unterhaltung weltweiter Wirtschaftsbeziehungen, die Auslagerung der Produktion außerhalb Deutschlands und die Strategie, Absatzmärkte in anderen Staaten und auf anderen Kontinenten zu erschließen, führen zu einer zunehmenden Internationalisierung auch des Produkthaftungsrechts[134]: Ein in Deutschland ansässiger Hersteller kann in Tschechien produzieren, dabei auf Zuliefererprodukte aus Ungarn zurückgreifen und seine Produkte u. a. in den USA absetzen. Die internationale Dimension der Produkthaftung lässt sich im Kern auf zwei Gesichtspunkte zurückführen, die nachfolgend aus dem Blickwinkel des Rechts der Europäischen Union betrachtet werden sollen:

- Die Bestimmung der Rechtsordnung, nach der sich die produkthaftungsrechtliche Beurteilung von Schadensfällen richtet sowie
- die Bestimmung des für den Haftungsprozess zuständigen Gerichts sowie Fragen der internationalen Durchsetzung gerichtlicher Entscheidungen.

[133] BGHSt 37, 106 ff.

[134] Vgl. zum aktuellen Stand des internationalen Produkthaftungsrechts Laschet, PHi 2010, 158 ff.

2.4.2.1 Die Bestimmung der Rechtsordnung, die das materielle Recht vorgibt

Die Bestimmung der einschlägigen Rechtsordnung zur materiell-rechtlichen Beurteilung von Produkthaftungsansprüchen wird in der Europäischen Union anhand der sog. Rom-II-Verordnung[135] vorgenommen. Diese Verordnung legt selbst nicht fest, wie der Sachverhalt rechtlich zu entscheiden ist, sondern ermittelt die anwendbare Rechtsordnung. Da die Ansprüche des Geschädigten in aller Regel nicht auf vertraglichen, sondern auf außervertraglichen Schuldverhältnissen beruht, greift der Anwendungsbereich der Verordnung. Soweit die an der Anspruchsbeziehung Beteiligten keine wirksame Wahl der Rechtsordnung getroffen haben, der das außervertragliche Schuldverhältnis unterliegen soll (vgl. dazu Art. 14 der Rom-II-VO) und auch kein gemeinsamer gewöhnlicher Aufenthalt von Haftendem und Geschädigtem gegeben ist (Art. 4 Abs. 2 der Rom-II-VO), sieht Art. 5 Abs. 1 Satz 1 ein gestuftes Anknüpfungssystem vor, das maßgeblich auf das Inverkehrbringen des Produkts abstellt.

- Primär ist das Rechts des Staates berufen, in dem die geschädigte Person bei Eintritt des Schadens ihren gewöhnlichen Aufenthalt hatte, sofern das Produkt in diesem Staat in Verkehr gebracht wurde (Art. 5 Abs. 1 Satz 1 lit. a der Rom-II-VO),
- hilfsweise gelangt das Recht des Staates zur Anwendung, in dem das Produkt erworben wurde, soweit es in diesem Staat in Verkehr gebracht wurde (Art. 5 Abs. 1 Satz 1 lit. b der Rom-II-VO),
- höchst hilfsweise das Recht des Staates, in dem der Schaden eingetreten ist, sofern das Produkt in diesem Staat in Verkehr gebracht wurde (Art. 5 Abs. 1 Satz 1 lit. c der Rom-II-VO).

In besonders gelagerten Situationen wird von dem Regelungsmechanismus des Art. 5 Abs. 1 Satz 1 der Rom-II-VO abgewichen:

- Soweit der aus der Produkthaftung in Anspruch genommene „vernünftigerweise nicht voraussehen konnte“, dass das fragliche Produkt in einem Staat nach Art. 5 Abs. 1 Satz 1 lit. a, b oder c der Rom-II-VO in Verkehr gebracht wird, ist zu seinen Gunsten das Recht des Staates anwendbar, in dem er seinen gewöhnlichen (Geschäfts-)Sitz hat (Art. 5 Abs. 1 Satz 2 der Rom-II-VO).
- Art. 5 Abs. 2 der Rom-II-VO enthält schließlich eine Ausweichklausel zugunsten des Rechts des Staates, der offensichtlich enger mit der unerlaubten Handlung verbunden ist als der nach den Grundsätzen des Abs. 1 ermittelten Staates.

---

[135] Verordnung (EG) Nr. 864/2007 des Europäischen Parlaments und des Rates vom 11. Juli 2007 über das auf außervertragliche Schuldverhältnisse anwendbare Recht (ABl. EU [2007] L 199, S. 40 ff.).

2.4.2.2 Gerichtszuständigkeit

Im Recht der Europäischen Union sind auch die Fragen der Gerichtszuständigkeit sowie der Durchsetzung gerichtlicher Entscheidungen durch Verordnung[136] geregelt. Soweit zwischen Parteien keine (vorrangig zu berücksichtigende) Festlegung des Gerichtsstands durch schriftliche Vereinbarung erfolgt ist (Art. 23 Abs. 1 lit. a der EuGVVO), gilt als allgemeiner Gerichtsstand nach Art. 2 EuGVVO der Gerichtsstand des Beklagtenwohn- oder -geschäftssitzes. In Produkthaftungsfällen greift ferner Art. 5 Nr. 3 EuGVVO ein, wonach bei Ansprüchen aus unerlaubten Handlungen oder gleichgestellten Ansprüchen (wozu z. B. der Anspruch aus § 1 ProdHaftG zählt) der Gerichtsstand an dem Ort eröffnet ist, an dem das schädigende Ereignis eingetreten ist oder einzutreten droht.

Durch das Zusammenwirken von nationalem und internationalem Zivil- und Zivilprozessrecht kann im Produkthaftungsprozess vor Gericht die Situation entstehen, dass das erkennende Gericht eines Staates zwar nach seinem Zivilprozessrecht verfährt, den Sachverhalt jedoch nach den materiell-rechtlichen Vorschriften des Rechts eines anderen Staates beurteilen muss.

Bsp.: Der in Deutschland ansässige Hersteller von elektrischen Heckenscheren H vertreibt seine Produkte im europäischen Ausland ausschließlich in südeuropäischen Staaten. Während eines Urlaubsaufenthaltes in Spanien erwirbt der in Schweden wohnhafte Tourist T eine von H produzierte Heckenschere. Zurück in Schweden probiert T das Produkt aus, zieht sich dabei jedoch Brandverletzungen zu, da sich die Heckenschere überhitzt und wegen mangelnder Sicherungseinrichtungen das Gehäuse in Flammen aufgeht. Nach Art. 5 Nr. 3 EuGVVO kann T Klage vor einem schwedischen Gericht erheben, da der Personenschaden in Schweden entstanden ist. Wegen Art. 5 Abs. 2 Satz 1 lit. b) der Rom-II-VO ist materiell-rechtlich allerdings spanisches Recht anwendbar (die Anwendung des Art. 5 Abs. 2 Satz 1 lit. a) der Rom-II-VO, wonach schwedisches Sachrecht berufen wäre, möge vorliegend an einem fehlenden Inverkehrbringen des Produkts in Schweden scheitern).

2.4.3 Zur Zukunft der juristischen Produktverantwortung

Die Zukunft des Rechts der Produktverantwortung, insb. der Produkthaftung, ist schwer zu prognostizieren. Unzweifelhaft steht dieses Rechtsgebiet vor einer Reihe von Herausforderungen, von denen für das Technikrecht drei besonders bedeutsame kurz angesprochen werden sollen.

[1] Gegenstand der Produkthaftung sind herkömmlicher Weise, wie gezeigt wurde, ausschließlich bewegliche Sachen. In dem Maße wie technische komplexe

---

[136] Verordnung (EG) Nr. 44/2001 des Rates über die gerichtliche Zuständigkeit und die Anerkennung und Vollstreckung von Entscheidungen in Zivil- und Handelssachen vom 22.12.2000 (ABl. EG [2001] L 12, S. 1 ff.), kurz: EuGVVO genannt.

Geräte und Systeme schwerpunktmäßig auf Dienstleistungen, mithin unkörperlichen Gegenständen, zurückzuführen sind, hält das geschriebene Recht (derzeit noch) keine klaren Konfliktlösungsmechanismen bereit. Paradigmatisch sind insoweit etwa moderne Fahrerassistenzsysteme, bei denen – je nach Ausgestaltung – Fragen der Produkthaftung (bezüglich unterschiedlicher Hersteller), der Dienstleistungshaftung bzw. der Haftung für Datensicherheit, der Haftung nach Straßenverkehrsrecht (des Kfz-Halters bzw. Fahrers) sowie u. U. sogar der Haftung des Staates (als Betreiber und/oder Gewährleister der erforderlichen Infrastruktureinrichtungen) miteinander verwoben sind. Für die Hersteller moderner Assistenzsysteme folgt aus dem geltenden Rechtszustand in der Sache eine Haftungsverschonung, da die Ursachenzusammenhänge eines Schadensverlaufs kaum zuverlässig dargelegt und bewiesen werden können.[137] Ob der Gesetzgeber auf Dauer die strukturell bedingte Beweisnot des Geschädigten hinnähme, muss einstweilen abgewartet werden. Aus der Warte des Europäischen Privatrechts mahnt die Europäische Kommission zu einer genauen Betrachtung der Entwicklung u. a. des Rechtsbegriffs der Beweislast.[138] Gerade Betrachtungen zu Fahrerassistenzsystemen dokumentieren überdies die Vielschichtigkeit des Sicherheitsbegriffes: Facetten der Verkehrs-, Produkt-, Daten- und Infrastruktursicherheit können in ein und demselben Sachverhalt ineinander greifen. Außerdem tritt bei modernen Assistenzfunktionen, die auf ständiger fahrzeugseitiger Kommunikation mit den Infrastruktureinrichtungen, anderen Fahrzeugen und dem eigenen Fahrer beruhen, neben die „äußere" Sicherheit des objektiven Verkehrsgeschehens zunehmend die innere Sicherheit des Fahrers i. S. eines Schutzes vor Überforderung durch die Kommunikation mit den Systemen in den Vordergrund. Die juristische Produktverantwortung muss hier ihren Platz erst noch finden.

[2] Produkthaftung macht selbstverständlich nicht vor neuen Technologien Halt. So werden etwa bei der Verwendung sog. Nanomaterialien verschiedene aus der Nanostruktur (Partikelgröße zwischen 1^{-9} und 100^{-9} m) herrührende Gesundheitsrisiken diskutiert, wobei gesicherte Erkenntnisse noch fehlen. Die produkthaftungsrechtliche Behandlung ungewisser Risiken verpflichtet Produkthersteller, die Nanopartikel verarbeiten, zu einer umfassenden und vorausschauenden Risikoanalyse und –beurteilung, was sich in umfangreichen „Informationsgewinnungs- und verwertungspflichten" niederschlägt.[139] Für produzierende Unternehmen folgt daraus die Notwendigkeit, zur Ermittlung produktspezifischen Risikowissens die unternehmensinternen Systeme des Produktions-, Risiko-, Umwelt- und Wissensmanagements an die juristischen (hier: produkthaftungsrechtlichen) Vorgaben anzupassen.

---

[137] Vgl. etwa Gassner, VKU 2009, 224, 227 zur Kausalität zwischen Produktfehler und Schaden.

[138] Europäische Kommission, Dritter Bericht über die Anwendung der Richtlinie des Rates zur Angleichung der Rechts- und Verwaltungsvorschriften der Mitgliedstaaten über die Haftung für fehlerhafte Produkte (85/374/EWG), KOM(2006) 496 endg., vom 14.9.2006, S. 6 ff., 10.

[139] Vgl. dazu ausführlich Meyer, VersR 2010, 869, 871 ff.

[3] Schließlich stellt die Kommunikation der Produkteigenschaften gegenüber dem Produktverwender – auf dem Hintergrund der Verarbeitung von Risikowissen und der zunehmenden technischen Komplexität von Produkten – eine weitere Herausforderung an den Hersteller dar. Letzterer ist zur sach- und fachgerechten, allerdings auch verständlichen Instruktion verpflichtet[140]. Die Pflicht zur produktrisikobezogenen Aufklärung des Verbrauchers ist zwar eine umfassende, sie muss jedoch zugleich die Begrenztheit der kognitiven Fähigkeiten eines Menschen (zumal die des Verbrauchers) im Blick haben. Die Erarbeitung einer wirklich gelungenen Gebrauchsanweisung kann so einer Herkulesaufgabe gleichkommen, weshalb der Bedarf an interdisziplinärer Forschung zur Entwicklung geeigneter Lösungsansätze auf der Hand liegt. Überlegungen, die auf eine Standardisierung von Gebrauchsanweisungen abzielen[141], können insoweit als erster Schritt und als Ausgangspunkt betrachtet werden.

2.5 Literaturverzeichnis zu Kapitel 2

Anders, Sönke: Die berechtigte Sicherheitserwartung – zum produkthaftungsrechtlichen Fehlerbegriff am Beispiel von Fahrerassistenzsystemen in Kraftfahrzeugen, in: PHi 2009, 230-237.

Bewersdorf, Cornelia: Zulassung und Haftung bei Fahrerassistenzsystemen im Straßenverkehr, 2005, Duncker&Humblot.

Bloy, René: Die strafrechtliche Produkthaftung auf dem Prüfstand der Dogmatik, in: Bloy, R. et al. (Hrsg.): Gerechte Strafe und legitimes Strafrecht, Festschrift für Manfred Maiwald zum 75. Geburtstag, 2010, Duncker&Humblot, S. 35-59.

Dyckhoff, Harald: Grundzüge der Produktionswirtschaft, 4. Aufl. 2002, Springer.

Eisenberg, Claudius/Gildeggen, Rainer/Reuter, Andreas/Willburger, Andreas: Produkthaftung, 2008, Oldenbourg (zitiert als: Eisenberg et al.).

Ensthaler, Jürgen: Produkt- und Produzentenhaftung (mit Qualitätssicherungsvereinbarungen), 2006, Hanser.

Friederici, Ingolf: Produktkonformität, 2010, Hanser.

Gassner, Tom M.: Rechtliche Aspekte bei der Einführung von Fahrerassistenz- und Fahrerinformationssystemen, in: VKU 2009, 224-231.

Gildeggen, Rainer: Werbung, Produktsicherheit und Produkthaftung, in: PHi 2008, 224-230.

---

[140] Synnatzschke, S. 142 (insb. Fn. 735-737), führt das Beispiel der Bedienungsanleitung für einen Toyota Land Cruiser an, die einen Umfang von 844 Seiten aufweist, wobei für die Anwendungen „Geländefahrten“ und „Navigationssystem“ gesonderte Anleitungen existieren. Der Befund wirft die Frage auf: Wer kann vom Fahrer eines Kfz die Lektüre von knapp 1000 Seiten und die gedankliche Speicherung und Verarbeitung des Inhalts über Jahre hinweg ernsthaft erwarten?

[141] Kloepfer/Grunwald, DB 2007, 1342 ff.

Hager, Johannes: Kommentierung des § 823 BGB / deliktische Produzentenhaftung, in: Staudinger, Julius, v.: Kommentar zum BGB, Bearbeitung 2009, Sellier-de Gruyter.
Hauschka, Christoph E./Klindt, Thomas: Eine Rechtspflicht zur Compliance im Reklamationsmanagement?, in: NJW 2007, 2726-2729.
Hess, Hans- Joachim/Holtermann, Christian: Produkthaftung in Deutschland und Europa, 2008, Expert.
Jaeckel, Liv: Risiko-Signaturen im Recht, in: JZ 2011, 116-124.
Jessnitzer, Kurt/Frieling, Günter/Ulrich, Jürgen: Der gerichtliche Sachverständige, 12. Aufl. 2007, Heymanns.
Jones, Trevor O./Hunziker, Janet R.: Overview and Perspektives, in: Hunziker, Janet R./ Jones, T. (Hrsg.): Product Liability and Innovation, 1994, National Academy Press, S. 1-19.
Juretzek, Peter: Verschuldensunabhängige Haftung des Importeurs von fehlerhaften Produkten für Austauschkosten im Rahmen der Gefahrabwendungspflicht?, in: PHi 2011, 68-70.
Kapoor, Arun/Klindt, Thomas: „New Legislative Framework" im EU-Produktsicherheitsrecht - Neue Marktüberwachung in Europa, in: EuZW 2008, 649-654.
Kapoor, Arun/Klindt, Thomas: Die Reform des Akkreditierungswesens im Europäischen Produktsicherheitsrecht, in: EuZW 2009, 134-138.
Katzenmeier, Christian: Entwicklungen des Produkthaftungsrechts, in: JuS 2003, 943-949.
Klindt, Thomas: Geräte- und Produktsicherheitsgesetz (GPSG), 2007, Beck (zitiert als: Klindt, GPSG).
Klindt, Thomas: Produktrückrufe: Was tun, wenn was zu tun ist? – Praxishinweise, in: BB 2010, 583-585 (zitiert als: Klindt, BB 2010).
Klindt, Thomas: Auf dem Weg zum neuen deutschen Produktsicherheitsgesetz (ProdSG), in: PHi 2011, 42-48 (zitiert als: Klindt, PHi 2011).
Klindt, Thomas/Handorn, Boris: Haftung eines Herstellers für Konstruktions- und Instruktionsfehler, in: NJW 2010, 1105-1108.
Klindt, Thomas/Popp, Michael/Rösler, Matthias: Rückrufmanagement, 2. Aufl. 2008, Beuth.
Kloepfer, Michael/Grunwald, Anne: Zur rechtlichen Bedeutung von Herstellerinstruktionen, in: DB 2007, 1342-1347.
Lach, Sebastian/Polly, Sebastian: Das neue Produktsicherheitsgesetz – Behörden ohne Ermessen bei der Anordnung von Rückrufen?, in: PHi 2011, 170-173.
Laschet, Carsten: Rom I, Rom II und die Auswirkungen auf die Produkthaftung, in: PHi 2010, 158-162.
Leichsenring, Heike: Produkttests – Notwendigkeit und Haftung des Herstellers, in: PHi 2011, 130-137.
Lenz, Tobias: Zur Herstellerhaftung für die Fehlauslösung von Airbags, in: PHi 2009, 196-200.
Marburger, Peter: Die Regeln der Technik im Recht, 1979, Heymanns.
Matusche-Beckmann, Annegret: Das Organisationsverschulden, 2001, Mohr.

Meyer, Matthias: Nanomaterialien im Produkthaftungsrecht, VersR 2010, 869-876.
Müller, Stefan: Überkompensatorische Schmerzensgeldbemessung?, 2007, Verlag Versicherungswirtschaft.
Neudörfer, Alfred: Konstruieren sicherheitsgerechter Produkte, 4. Aufl. 2011, Springer.
Oechsler, Jürgen: Produkthaftungsgesetz, in: Staudinger, Julius v., Kommentar zum BGB, Bearbeitung 2009, Sellier-de Gruyter.
Reiff, Peter: Die haftungs- und versicherungsrechtliche Bedeutung technischer Regeln, in: Marburger, P. (Hrsg.): Technische Regeln im Umwelt- und Technikrecht, 2006, E. Schmidt, S. 155-197.
Pfeil, Norbert: Ist sich die Wissenschaft wirklich sicher?, Vortrag auf der BfR-Stakeholderkonferenz „Sicherer als sicher? Recht, Wahrnehmung und Wirklichkeit" vom 29.10.2009; Veröffentlichung im Internet abrufbar unter http://www.bfr.bund.de/cm/232/ist_sich_die_wissenschaft_sicher.pdf, dort Folie 8 (abgerufen am 21.12.2011).
Salje, Peter: Ökonomische Analyse des Technikrechts, in: Vieweg, K. (Hrsg.): Techniksteuerung und Recht, 2000, S. 151-176.
Schäppi, Bernd: Produktplanung – von der Produktidee bis zum Projekt-Businessplan, in: Schäppi, B. et al. (Hrsg.): Handbuch Produktentwicklung, 2005, Hanser, S. 265-291.
Schulte, Martin: Techniksteuerung durch Technikrecht – rechtsrealistisch betrachtet, in: Vieweg, K. (Hrsg.): Techniksteuerung und Recht, 2000, Heymanns, S. 23-34.
Seliger, Günter/Kernbaum, Sebastian: Entwicklung von Produktsprozessen und Produktionsplanung, in: Schäppi, B. et al. (Hrsg.): Handbuch Produktentwicklung, 2005, Hanser, S. 627-655.
Simitis, Spiros: Soll die Haftung des Produzenten gegenüber dem Verbraucher durch Gesetz, kann sie durch richterliche Fortbildung des Rechts geordnet werden? In welchem Sinne?, Gutachten für den 47. Deutschen Juristentag, Verhandlungen des 47. Deutschen Juristentags (dort als Gutachten C), 1968.
Staudinger, Julius v.: Kommentar zum Bürgerlichen Gesetzbuch mit Einführungsgesetz und Nebengesetzen, 13. Bearbeitung (zitiert: Bearbeiter, in: Staudinger).
Stober, Rolf: Allgemeines Wirtschaftsverwaltungsrecht, 16. Aufl. 2008, Kohlhammer.
Sydow, Jörg/Möllering, Guido: Produktion in Netzwerken – make, buy & cooperate, 2. Aufl. 2009, Vahlen.
Synnatzschke, Sebastian: Verbindung von Qualitäts- und Risikomanagement vor dem Hintergrund juristischer Anforderungen an produzierende Unternehmen in Deutschland und Europa, Diss. Ing. TU Berlin, 2011 (elektronische Resource; im Internet abrufbar unter: http://nbn-resolving.de/urn:nbn:de:kobv:83-opus-31679).
Taschner, Hans C.: Die künftige Produzentenhaftung in Deutschland, in: NJW 1986, 611-616.
Vahrenkamp, Richard: Produktionsmanagement, 6. Aufl. 2008.

Vieweg, Klaus: Produkthaftungsrecht, in: Schulte, M./Schröder, R. (Hrsg.): Handbuch des Technikrechts, 2. Aufl. 2011, Springer, S. 337-383.

Wagner, Gerhard: Haftung und Versicherung als Instrumente der Techniksteuerung, in: Vieweg, K. (Hrsg.): Techniksteuerung und Recht, 2000, Heymanns S. 87-120 (zitiert: G. Wagner, Haftung und Versicherung).

Wagner, Gerhard: Anmerkung zu BGH, Urt. vom 16.12.2008 – VI ZR 170/07 – Pflegebetten, in: JZ 2009, 908-911. (zitiert: G. Wagner, JZ 2009).

Weiß, Holger T.: Die rechtliche Gewährleistung der Produktsicherheit, 2008, Nomos.

Wiesendahl, Stefan: Technische Normung in der Europäischen Union, 2007, E. Schmidt.

Zeunert, C., Dokumentenmanagement, in: Görling, H./Inderst, C./Bannenberg, B. (Hrsg.): Compliance, 2010, C. F. Müller, S. 269-284.

3 Qualitätsmanagement und Recht

Jürgen Ensthaler und Sebastian Synnatzschke[142]

3.1 Qualitätsmanagement und Qualitätsmanagementsysteme

Wie nachfolgend aufgezeigt werden wird, gibt es eine beträchtliche Nähe zwischen den juristischen Anforderungen an Unternehmen - heute häufig mit dem Begriff Compliance zusammenfassend bezeichnet[143] - und dem Bereich des Qualitätsmanagements. Daher werden unter 3.1 die Grundzüge des Qualitätsmanagements und damit untrennbar verbunden die Qualitätsmanagementsysteme zur Institutionalisierung der Umsetzung des Qualitätsmanagements sowie deren juristische Anknüpfungspunkte dargestellt. Auf eine umfassende Darstellung der Vielzahl an Methoden des Qualitätsmanagements muss an dieser Stelle verzichtet werden, da sie im Rahmen des vorliegenden Werkes zwangsläufig unvollständig bleiben müsste. Es werden daher unter 3.1.3 lediglich drei exemplarische Qualitätstechniken dargestellt, die von grundlegender Bedeutung sind. Der interessierte Leser wird darüber hinaus auf einschlägige Standardwerke[144] verwiesen.

Unter 3.2 folgen Ausführungen zu Qualitätssicherungsvereinbarungen (QSV) - einem besonders für die Anwendung in der Unternehmenspraxis relevanten Phänomen der Verknüpfung juristischer Anforderungen mit dem Qualitätsmanagement -, die der Sicherstellung der Qualität in Lieferketten dienen. Eine beispielhafte und praxisnahe Illustration zur Schnittstelle von Qualitätsmanagement und Recht (unter 3.3) und ein Fazit (3.4) runden die Darstellung ab.

---

[142] Abschnitt 3.1 wurde von Sebastian Synnatzschke, die Abschnitte 3.2 und 3.4 von Jürgen Ensthaler formuliert. Abschnitt 3.3 basiert im Wesentlichen auf einer Darstellung von Jürgen Ensthaler, Stefan Müller und Sebastian Synnatzschke, die unter dem Titel „Technik- und technologieorientiertes Unternehmensrecht" im Betriebs-Berater 2008 (63. Jahrgang, Heft 49) auf S. 2639-2641 abgedruckt ist.

[143] Vgl. zur Compliance weitergehend die Darstellung in Kap. 5 unter 5.3.1.

[144] Einen gleichermaßen kompakten wie fundierten Überblick findet der interessierte Leser in Kamiske/Brauer, A bis Z.

3.1.1 Einleitung

Als Qualitätsmanagementsystem sei im Folgenden ein System für die Festlegung der Qualitätspolitik und von Qualitätszielen sowie zum Erreichen dieser Ziele verstanden. Ein Qualitätsmanagementsystem bezieht sich sowohl auf die Gesamtheit der aufbau- und ablauforganisatorischen Gestaltung zur Verknüpfung der qualitätsbezogenen Aktivitäten untereinander wie auch im Hinblick auf eine einheitliche, gezielte Planung, Umsetzung und Steuerung der Maßnahmen des Qualitätsmanagements im Unternehmen. Dabei wird nicht nur die Produktion mit ihren vor- und nachgelagerten Bereichen einbezogen, sondern das gesamte Unternehmen einschließlich der Beziehungen zu seinem Umfeld.

Die Qualität selbst ist dabei definiert als „Grad, in dem ein Satz inhärenter Merkmale Anforderungen erfüllt“[145]. Frehr definiert, angelehnt an diese Normdefinition, deutlicher: „Qualität ist die Erfüllung von Anforderungen. Über die Erfüllung entscheidet nur der Kunde. Die Anforderungen werden immer höher.“[146] Dieses Ziel, die Erfüllung der Anforderungen, wird mit Hilfe von Qualitätsmanagementsystemen angestrebt, auf die nachfolgend daher näher einzugehen ist. Vor dem Hintergrund der interdisziplinären Ausrichtung des vorliegenden Werkes ist hierbei hervorzuheben, dass die Qualitätswissenschaft, mit der Fokussierung auf die Erfüllung von Anforderungen, und die Rechtswissenschaft, mit ihrem aktuellen Schlagwort Compliance[147], vergleichbare Zielstellungen haben und sich somit auch zwangsläufig vielfältige Anknüpfungspunkte ergeben.

Wichtig ist – insoweit sei auf spätere Darstellungen in diesem Werk verwiesen[148] - vorab hervorzuheben, dass ein eingerichtetes Qualitätsmanagementsystem nicht zwangsläufig auch zertifiziert sein muss. Organisationen können auch Qualitätsmanagementsysteme einführen, wenn sie dadurch Vorteile erzielen möchten, ohne diese zertifizieren zu lassen. Es ist nicht Bestandteil der jeweiligen Modelle, dass diese zwangsläufig zertifiziert werden müssen. Im Gegenteil weist die ISO[149] selbst darauf hin, dass die Zertifizierung an sich nicht Erfordernis der ISO-Standards ist[150]. Umgekehrt ist allerdings festzustellen, dass insbesondere kleine und mittelständische Unternehmen (KMU) teilweise Qualitätsmanagementsysteme ausschließlich betreiben, um die entsprechenden Zertifikate zu erhalten, bzw.

---

[145] Vgl. DIN EN ISO 9000:2000, S. 18.

[146] Vgl. Frehr, S. 2.

[147] Worunter nach Poppe auch die Erfüllung von Anforderungen zu verstehen ist, vgl. Poppe, S. 1.

[148] Vgl. zum System der Akkreditierung und Zertifizierung insbesondere unter 3.2.6 sowie unter 4.3.2.

[149] Internationale Standardisierungs-Organisation.

[150] *„Certification is not a requirement of the standards themselves, which can be implemented without certification for the benefits that they help user organizations to achieve for themselves and for their customers.“* Vgl. http://www.iso.org/iso/survey2008.pdf, Abruf vom 21.06.10, S. 1.

zuvor erlangte Zertifikate zu behalten.[151] Ein derartiges Verhalten fördert - dies ist offensichtlich - weder die Qualitätsfähigkeit der Hersteller noch entspricht es den Prinzipien des Qualitätsmanagements.

Die grundsätzliche Aufgabe des Qualitätsmanagements besteht darin, Fehler zu vermeiden oder im Falle des Auftretens abzustellen, wobei Fehler im Qualitätsmanagement als unzulässige Abweichungen von einer Anforderung definiert sind[152]. Die wesentliche Kompetenz des Qualitätsmanagements besteht in diesem Zusammenhang darin, geeignete Methoden zusammenzustellen und systematisch anzuwenden, um Probleme zu vermeiden (*präventive Aufgabe*) oder im Falle des Auftretens zu lösen (*reaktive Aufgabe*).

Dabei liegt dem Vorgehen im Qualitätsmanagement häufig ein Vorgehensmodell zugrunde, das als DEMING-Zyklus bekannt ist[153]. Es handelt sich dabei um einen Zyklus mit den vier Phasen *Plan* (planen), *Do* (praktizieren), *Check* (prüfen) und *Act* (perfektionieren).[154] Daher wird er häufig auch PDCA-Zyklus genannt.

3.1.2 Die wichtigsten Qualitätsmanagementsysteme in der Praxis

Überblicksartig werden im Folgenden die in der Unternehmenspraxis sowohl nach Anzahl der Implementierungen wie auch nach Anerkennung dominierenden branchenübergreifenden Qualitätsmanagementsysteme dargestellt:

- DIN EN ISO 9001,
- EFQM.

3.1.2.1 DIN EN ISO 9001

Die DIN EN ISO 9001:2008[155] ist eine der dominierenden Normen für Qualitätsmanagementsysteme. Laut DQS[156] hat sich die ISO 9001 „schon lange als internationaler Maßstab für Qualitätsmanagementsysteme etabliert".[157] Sie beinhaltet An-

---

[151] Zuletzt wurde dies wieder festgestellt von Schmitt et al., S. 56.

[152] Vgl. DIN EN ISO 9000:2005, S. 27. Damit ist die Definition des Fehlers im Qualitätsmanagement noch strenger als die Definition des Fehlers in § 3 ProdHaftG, da dieser bekanntlich bei einer Gefährdung ansetzt, das Abweichen von einer Anforderung aber nicht zwangsläufig eine Gefährdung bewirken muss.

[153] Obwohl Deming selber darauf hinwies, dass dieser Zyklus ursprünglich von seinem Lehrer Shewhart stammt, vgl. Kamiske/Brauer, A bis Z, S. 289.

[154] Vgl. statt vieler Kamiske/Brauer, A bis Z, S. 289 f.

[155] Im Folgenden ISO 9001 genannt, genauso für DIN EN ISO 9000:2005 im Folgenden ISO 9000.

[156] DQS GmbH Deutsche Gesellschaft zur Zertifizierung von Managementsystemen.

[157] DQS, S. 2.

forderungen an ein Qualitätsmanagementsystem, welches die jeweilige Organisation in die Lage versetzen soll, die Kundenzufriedenheit durch die Erfüllung von Kundenanforderungen zu erhöhen.[158]

Einführung

1987 wurden die ersten Normen der ISO 9000-Familie, damals noch als Qualitätssicherungssysteme, herausgegeben.[159] Mit der vorletzten Revision im Jahre 2000 ist die Zahl der Normen innerhalb der Normenfamilie auf vier reduziert worden[160], sie lauteten danach[161]:

- ISO 9000: Qualitätsmanagementsysteme - Grundlagen und Begriffe,
- ISO 9001: Qualitätsmanagementsysteme - Anforderungen[162],
- ISO 9004[163]: Leiten und Lenken für den nachhaltigen Erfolg einer Organisation - Ein Qualitätsmanagementansatz,
- ISO 19011[164]: Leitfaden für Audits[165] von Qualitätsmanagement- und/oder Umweltmanagementsystemen.

In der ISO 9000 sind *acht Grundsätze für ein Qualitätsmanagement* festgeschrieben[166], die folgendermaßen lauten[167]:

Kundenorientierung: Organisationen hängen von ihren Kunden ab und sollten daher gegenwärtige und zukünftige Erfordernisse der Kunden verstehen, deren Anforderungen erfüllen und danach streben, deren Erwartungen zu übertreffen.

Führung: Führungskräfte schaffen die Übereinstimmung von Zweck und Ausrichtung der Organisation. Sie sollten das interne Umfeld schaffen und erhalten, in dem sich Personen voll und ganz für die Erreichung der Ziele der Organisation einsetzen können.

---

[158] Vgl. Kroonder, S. 10.

[159] Vgl. Beutler, S. 12.

[160] Außerdem wurde im Rahmen dieser Revision als wesentliche dogmatische Änderung auch Abschied von der Orientierung an Elementen genommen und auf eine prozessorientierte Sicht umgestellt.

[161] Ausführlicher dazu Beutler, S. 23.

[162] Dies ist auch nach der letzten Revision der ISO 9001 aus dem Jahre 2008 gleich geblieben, wobei die Revision im wesentlichen redaktionelle Änderungen zur Klarstellung, jedoch im Gegensatz zur Revision aus dem Jahre 2000 keinen erneuten dogmatischen Wechsel hervorgebracht hat (vergleiche Fußnote 160).

[163] Gemeint ist die DIN EN ISO 9004:2009.

[164] Gemeint ist die DIN EN ISO 19011:2002.

[165] Audits dienen laut ISO 9000:2005 der Ermittlung, inwieweit die Anforderungen an das Qualitätsmanagementsystem erfüllt sind.

[166] Ausführlich dazu Beutler, S. 27 f. und Campbell, S. 9.

[167] Vgl. ISO 9000:2005, S. 5 f.

Einbeziehung der Personen: Auf allen Ebenen machen Personen das Wesen einer Organisation aus, und ihre vollständige Einbeziehung ermöglicht, ihre Fähigkeiten zum Nutzen der Organisation einzusetzen.

Prozessorientierter Ansatz: Ein erwünschtes Ergebnis lässt sich effizienter erreichen, wenn Tätigkeiten und dazugehörige Ressourcen als Prozess geleitet und gelenkt werden.

Systemorientierter Managementansatz: Erkennen, Verstehen, Leiten und Lenken von miteinander in Wechselbeziehung stehenden Prozessen als System tragen zur Wirksamkeit und Effizienz der Organisation beim Erreichen ihrer Ziele bei.

Ständige Verbesserung: Die ständige Verbesserung der Gesamtleistung der Organisation stellt ein permanentes Ziel der Organisation dar.

Sachbezogener Ansatz zur Entscheidungsfindung: Wirksame Entscheidungen beruhen auf der Analyse von Daten und Informationen.

Lieferantenbeziehungen zum gegenseitigen Nutzen: Eine Organisation und ihre Lieferanten sind voneinander abhängig. Beziehungen zum gegenseitigen Nutzen erhöhen die Wertschöpfungsfähigkeit beider Seiten.

In Abb. 3.1 ist das prozessorientierte Modell eines Qualitätsmanagementsystems nach ISO 9000 dargestellt, das der ISO 9001 zugrunde liegt. Aus der Abbildung wird sowohl die Integration der Kunden, als auch der kontinuierliche Prozessansatz des Modells deutlich.

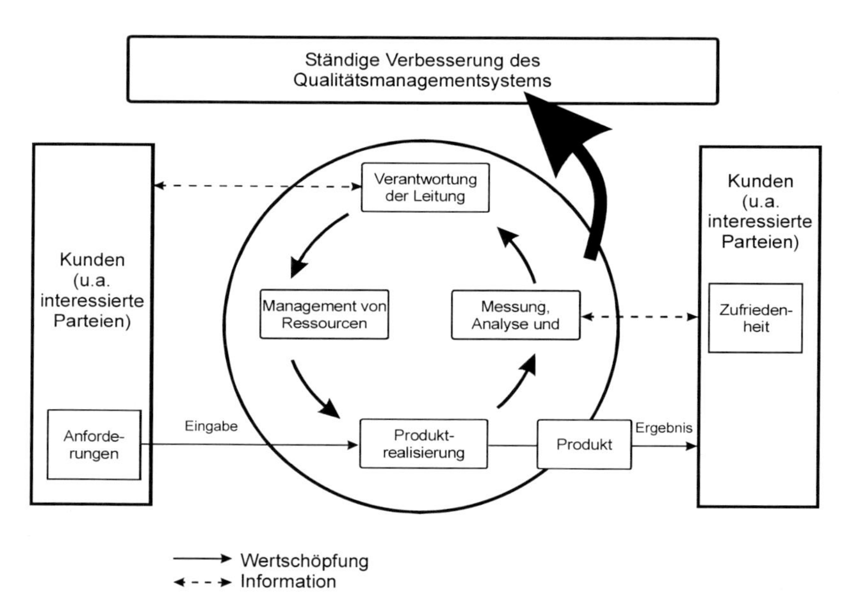

Abb. 3.1: Modell eines Qualitätsmanagementsystems nach ISO 9000[168]

[168] Nach DIN EN ISO 9000:2005, S. 10.

Anwender

Laut aktuellem ISO-Survey 2008[169] wurden bis Ende Dezember 2008 in 176 Ländern insgesamt 982.832 ISO 9001:2000 Zertifikate[170] ausgestellt. Dies entspricht einer Zunahme von 3% gegenüber der für das Jahr 2007 erhobenen Anzahl von ISO 9001:2000 Zertifikaten. Die Zahlen zeigen eine starke weltweite Verbreitung, die überdies auch branchenunabhängig ist.

Bewertung des Systems

Als besonderer Vorteil der ISO 9001 ist zu nennen, dass sie einen *internationalen Mindeststandard für Qualitätsmanagementsysteme* festlegt und somit eine Vertrauensgrundlage für die vielfältigen wirtschaftlichen Wechselbeziehungen der heute stark arbeitsteilig organisierten Wirtschaft herstellt[171].

Nach Campbell ist außerdem vorteilhaft, dass die Einrichtung eines Qualitätsmanagementsystems nach ISO 9001 vor Verlusten an Wissen schützen soll.[172] Dies geschieht, indem Schwachstellen entdeckt und behoben werden und der Zwang besteht, Verfahrensanweisungen zu dokumentieren.[173] Die häufig eher als „notwendiges Übel" empfundene Dokumentation im Rahmen des Qualitätsmanagements hat jedoch neben ihrer Bedeutung im Rahmen der Exkulpation auch einen nicht zu unterschätzenden Wert an sich als Wissensspeicher im Unternehmen.

Die Flexibilität eines Unternehmens hat sich zu einem herausragenden Erfolgsfaktor entwickelt, um sich im Wettbewerb zu behaupten. Dies belegen auch die Ergebnisse der Untersuchung ExBa 2004.[174] Allerdings steht dies deutlich im Kontrast zu der häufig in der betrieblichen Praxis als zu statisch und wenig an den innerbetrieblichen Prozessen orientiert empfundenen ISO 9001.[175] Dadurch entsteht ein Spannungsverhältnis, das durch einen an den individuellen Bedürfnissen des jeweiligen Unternehmens ausgerichteten Anpassungsprozess des als Meta-Standard zu verstehenden Norm-Modells aufgelöst werden muss.

Darüber hinaus ist die grundsätzliche Optimierungsrichtung der ISO 9001 kritisch zu beurteilen. Das ISO-Normmodell bezieht sich auf die Frage, was „gut ge-

---

[169] Abrufbar unter http://www.iso.org/iso/survey2008.pdf, Abruf vom 21.06.10. Daten zur ISO 9001:2000 im Überblick auf S. 11.

[170] Der ISO-Survey 2008 erfasst noch keine ISO 9001:2008 Zertifikate. Eine aktuellere Erhebung der ISO liegt derzeit noch nicht vor.

[171] Ausführlich zu den Konsequenzen der arbeitsteiligen Leistungserbringung und den sich daraus ergebenden Anforderungen zur Sicherstellung der Qualität im nachfolgenden Kapitel 3.2 im Rahmen der Darstellung der Qualitätssicherungsvereinbarungen.

[172] Vgl. Campbell, S. 7.

[173] Vgl. Beutler, S. 16. Zur Bedeutung der Standardisierung siehe auch Imai, S. 102 und 307.

[174] Vgl. Becker/Kaerkes, S. 31.

[175] Vgl. Beutler, S. 27.

nug" ist.[176] Es legt damit grundsätzlich *Anforderungen in Minimalhöhe* fest, mehr darf geboten werden, weniger nicht. Auch wenn der Aspekt der ständigen Verbesserung verankert wurde, so hat er dennoch in der Praxis nicht die Bedeutung, die er haben sollte. Dies zeigt sich auch, wenn in der Literatur teilweise als Kritikpunkt zur ISO 9001 angebracht wird, dass sie lediglich Negatives verhindere, aber nicht motivierend sei, da die Mitarbeiter nicht herausgefordert würden, die permanente Optimierung der Produkte und Prozesse zu ihrer eigenen Sache zu machen.[177] So ist beispielsweise das Prozessdenken nur eingeschränkt umgesetzt, was sich daran zeigt, dass keine durchgängige zielorientierte Geschäftsprozessplanung gefordert wird.[178]

Weiterhin wird häufig an der ISO 9001 kritisiert, dass sich viele Unternehmen lediglich aufgrund äußeren Drucks zu einer Zertifizierung entscheiden und entsprechend wenig positive Auswirkungen auf die Arbeitsabläufe zu erwarten sind.[179] Auch wenn dies zwar nicht systemimmanent im eigentlichen Sinne ist, so ist dies dennoch für eine Beurteilung des Systems zu berücksichtigen.

Darüber hinaus fällt bei der ISO 9001 negativ auf, dass die Mitarbeiterorientierung (inkl. Mitarbeitermotivation) nicht ausreichend gefordert[180] und so die Erschließung der Mitarbeiterpotentiale nicht im möglichen Umfang gefördert wird[181].

Die ISO 9001 enthält vielfältige Schnittstellen zu juristischen Fragen. Es werden beispielsweise die Organisationspflicht[182], die Konstruktionspflicht[183], die Fabrikationspflicht[184], die Produktbeobachtungspflicht[185] sowie Aspekte[186], die meist in Qualitätssicherungsvereinbarungen[187] geregelt werden, angesprochen.

---

[176] Vgl. Seghezzi, S. 109.

[177] Vgl. Bergbauer, S. 24.

[178] Vgl. Beutler, S. 15.

[179] Vgl. Beutler, S. 6. Eine aktuelle Wiederholung dieser These findet sich auch in der in Fußnote 151 angegebenen Quelle.

[180] Vgl. Beutler, S. 11.

[181] Vgl. Beutler, S. 17.

[182] Vgl. z.B. Abschnitt 4.1, 4.2.1 und 6.2.1 der ISO 9001.

[183] Vgl. z.B. Abschnitt 7.2.1 insb. c) und 7.3.3 der ISO 9001.

[184] Vgl. z.B. Abschnitt 8.3 der ISO 9001.

[185] Vgl. z.B. Abschnitt 7.2.3 und 7.5.3 der ISO 9001.

[186] Vgl. z.B. Abschnitt 7.4.1 der ISO 9001.

[187] Dazu ausführlich Kap. 3.2.

3.1.2.2 EFQM

Nachdem bereits oben unter Kapitel 3.1.2.1.3 zur ISO 9001 kritisch angemerkt wurde, dass ihre Optimierungsrichtung[188] wenig befriedigend ist, soll nachfolgend ein Qualitätsmanagementsystem dargestellt werden, das einen über den in der ISO 9001 gewählten Ansatz hinausgehendes Zielspektrum verfolgt.

Einführung

Mit der Einrichtung des Europäischen Qualitätspreises (European Quality Award - EQA) sollte im Jahre 1992 eine europäische Qualitätsinitiative gestartet werden, um die Erfolge der Japaner[189] und US-Amerikaner[190] mit ihren nationalen Qualitätspreisen nachzuahmen.[191] Dabei soll der EQA eine Auszeichnung für hervorragende Unternehmensqualität im Sinne von ganzheitlichem Vorgehen nach TQM[192] darstellen. Grundlage für den EQA ist der Aufbau eines Managementsystems nach dem Modell der European Foundation for Quality Management (EFQM). Diese wurde 1988, initiiert durch die Europäische Kommission, von der europäischen Industrie gegründet.[193]

In Deutschland existiert neben dem EQA der Ludwig-Erhard-Preis (LEP)[194] als nationale Variante, die am EFQM-Modell ausgerichtet ist.[195] Er wird seit 1997 jährlich vom deutschen EFQM-Center[196] vergeben.[197] Zusätzlich gibt es in Deutschland noch in verschiedenen Bundesländern Qualitätspreise, die am EQA

---

[188] Sie legt grundsätzlich Anforderungen in Minimalhöhe fest, mehr darf geboten werden, weniger nicht.

[189] Der Japanische Qualitätspreis heißt seit 1995 Deming Prize. Außerdem können seit 1970 Unternehmen, die zuvor den Deming Prize gewonnen haben, durch eine erneute Verbesserung die Japan Quality Medal erhalten. Vgl. Bergbauer, S. 122.

[190] Der US-amerikanische Qualitätspreis heißt Malcolm Baldrige Award (MBA). Er wird vom US-amerikanischen Präsidenten persönlich an die Gewinner übergeben.

[191] Vgl. Bergbauer, S. 108.

[192] Total Quality Management; eine sehr gute Einführung, deren grundlegende prinzipiellen Erläuterungen auch trotz des Alters der Quelle nach wie vor sehr lesenswert sind, findet sich bei Frehr.

[193] Vgl. Bergbauer, S. 111.

[194] Die Webpräsenz der Initiative Ludwig-Erhard-Preis Auszeichnung für Spitzenleistungen im Wettbewerb e.V. hält unter http://www.ilep.de/ weitere Informationen bereit. Zu den aktuellen Preisträgern des Jahres 2009 vgl. Funck.

[195] Vgl. Beutler, S. 6.

[196] Ausgerichtet von der DGQ und dem VDI.

[197] Vgl. Beutler, S. 38.

orientiert sind, wie z.B. den Qualitätspreis Berlin-Brandenburg[198] oder den Bayerischen Qualitätspreis[199].

Das dem EQA – und damit auch allen an ihm orientierten Qualitätspreisen – zugrunde liegende EFQM-Modell ist nachfolgend in Abb. 3.2 dargestellt.

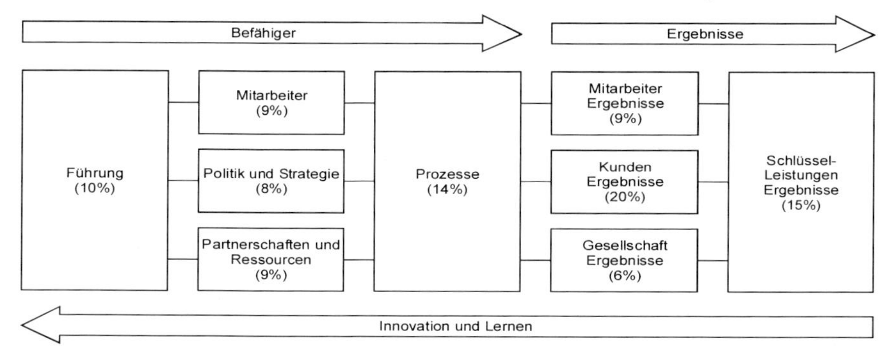

Abb. 3.2: EFQM-Modell[200]

Ein Vergleich dieses Modells mit dem in 2 dargestellten Modell eines prozessorientierten Qualitätsmanagementsystems nach ISO 9000 macht deutlich, dass es sich bei dem EFQM-Modell um den umfassenderen Ansatz handelt.

Anwender

Laut DGQ-Geschäftsführer Kaerkes wenden in Deutschland deutlich mehr als 2.000 Unternehmen das EFQM-Modell an, europaweit mehr als 20.000 Unternehmen.[201] Da jedoch keine beispielsweise der ISO 9001 vergleichbare Zertifizierung existiert, kann es sich bei diesen Zahlen nur um grobe Schätzungen handeln. Vermutlich orientieren sich deutlich mehr Organisationen an dem EFQM-Modell und scheuen lediglich den Aufwand einer Bewerbung um den EQA.

Bewertung des Systems

Als einziges hier vorgestelltes Modell zu umfassenden Qualitätsmanagementsystemen berücksichtigt das EFQM-Modell ausdrücklich den Aspekt des Lernens in

[198] Die Webpräsenz des Qualitätspreises Berlin-Brandenburg hält unter http://www.q-preis.de/ weitere Informationen bereit.

[199] Die Webpräsenz des Bayerischen Qualitätspreises hält unter http://www.bayerischer-qualitaetspreis.de weitere Informationen bereit.

[200] Nach Reiche, S. 744.

[201] Vgl. NN (2005): Excellence in Zahlen, S. 6.

seinem Aufbau – wie aus Abb. 3.2 ersichtlich ist – und legt somit einen wichtigen Grundstein für die Wettbewerbsfähigkeit der am EFQM-Modell ausgerichteten Unternehmen. Nur wenn Lernen im Qualitätsmanagement organisatorisch verankert wird, lässt sich beispielsweise die Wiederholung von Fehlern trotz deren Identifikation verhindern und somit Risiken reduzieren.

Vorteilhaft am EFQM-Modell ist weiterhin die Beachtung der Unternehmenskultur und die Durchgängigkeit der Ziele mit der Vision als deren Ausgangspunkt, wie dies in Abb. 3.3 dargestellt ist.

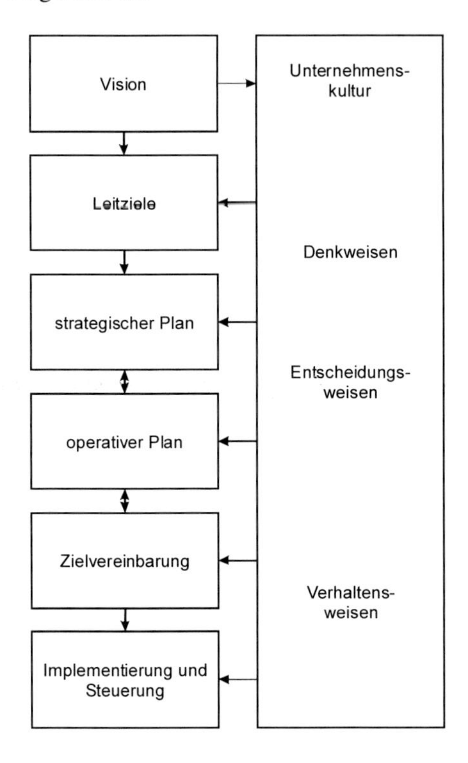

Abb. 3.3: Vision als Ausgangspunkt bei EFQM[202]

Dem EFQM-Modell innewohnend ist darüber hinaus der kontinuierliche Verbesserungsprozess, da jeder Managementprozess unter Anwendung des PDCA-Zyklus regelmäßig zu überarbeiten ist.[203] Der Qualitätskreis heißt im EFQM-Modell *RADAR* (Results Approach Deployment Assessment Review Results).[204] Dabei ist das EFQM-Modell auf eine *Kultur der ständigen Verbesserung* fokussiert.[205] Dies zeigt sich unter anderem daran, dass das EFQM-Modell unterstellt,

[202] Nach Bergbauer, S. 64.

[203] Vgl. Bergbauer, S. 134.

[204] Vgl. Beutler, S. 37.

[205] Vgl. Bergbauer, S. 137, zustimmend Beutler, S. 61.

dass ohne Verständnis der Zusammenhänge und ohne Motivation keine Verbesserungen zu erreichen sind.[206]

In diesem Sinne sind auch die zu veröffentlichenden Bewerbungsbücher, die die *Selbstbewertung der Bewerber* abbilden, zu verstehen. Indem sich Bewerber über die Lösungsansätze anderer informieren können, besteht neben der Möglichkeit zum Benchmarking auch eine Möglichkeit zum überorganisationalen Lernen am EFQM-Modell[207] durch Übernahme der in anderen Organisationen erfolgreich eingesetzten Konzepte[208].

Vorteilhaft ist auch, dass das EFQM-Modell insgesamt auf „eine wirksame Kommunikation über Hierarchieebenen hinweg von oben nach unten und umgekehrt sowie horizontal" setzt.[209] Zusätzlich wird auf die Pflege und Vertiefung von Kundenbeziehungen besonderer Wert gelegt. Dazu sollen Feedbacks aus täglichen Kundenkontakten ebenso verarbeitet, wie systematisch Daten zur Kundenzufriedenheit erhoben werden.[210]

Das EFQM-Modell bietet in vielfältiger Weise Anknüpfungspunkte zu den verschiedensten Verkehrssicherungspflichten und somit Schnittstellen zu juristischen Fragen. Darüber hinaus lassen sich Anknüpfungspunkte zu Qualitätssicherungsvereinbarungen[211] finden. Außerdem verbergen sich in dem Ergebnis-Kriterium „Gesellschaft" auch Anknüpfungspunkte zu Aspekten des Umweltrechts und des KrW-/AbfG[212].

3.1.3 Ausgewählte Techniken des Qualitätsmanagements

Nach der Darstellung der wichtigsten Qualitätsmanagementsysteme sollen - um dem Leser einen Ausblick auf die Vielfalt der Qualitätsmanagementtechniken zu geben - nachfolgend eine exemplarische Qualitätstechnik dargestellt werden, die unterschiedliche Phasen des in Abb. 3.4 aufgezeigten Phasenmodells abdeckt und vor dem Hintergrund der im Kapitel 2 unter 2.2.4 angesprochenen Aspekte der Produkthaftung eine besondere Bedeutung hat.

---

[206] Vgl. Beutler, S. 62. Diese Erkenntnis ist allerdings auch in der ISO 9000 enthalten vgl. Campbell, S. 22.

[207] Vgl. Bergbauer, S. 192 f.

[208] Vgl. Beutler, S. 37.

[209] Vgl. Beutler, S. 46.

[210] Vgl. Beutler, S. 46.

[211] Dazu ausführlich Kap. 3.2.

[212] Gesetz zur Förderung der Kreislaufwirtschaft und Sicherung der umweltverträglichen Beseitigung von Abfällen.

3.1.3.1 Phasenkonzept

Ein gängiges Phasenkonzept für den Bereich der Produktentstehung ist nachfolgend in Abb. 3.4 aufgeführt. Es umschreibt den Prozess, wie ausgehend von (vermuteten) Kundenbedürfnissen ein Produkt entsteht, das die Bedürfnisse des Kunden befriedigen soll.

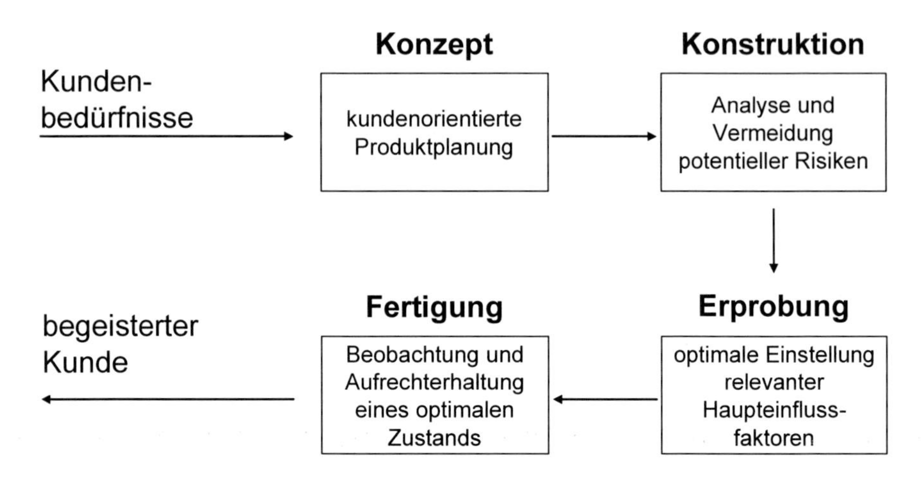

Abb. 3.4: Produktentstehungsprozess [213]

3.1.3.2 Fehlermöglichkeits- und -einflussanalyse (FMEA)

Mit Hilfe der Qualitätstechnik Fehlermöglichkeits- und -einflussanalyse (FMEA) ist es möglich, potenzielle Fehler an einer Konstruktion, einem Produkt oder einem System vor der jeweiligen Realisierung zu erkennen und das mit dem jeweiligen Fehler verbundene Risiko zu quantifizieren. Dazu wird eine systematische Analyse aller möglichen Fehler durchgeführt, um eine vollständige Erfassung aller potentiellen Risiken sicherzustellen.[214]

Bezogen auf das in Abb. 3.4 dargestellte Phasenschema ist die FMEA sowohl in der Konzeption, der Konstruktion, als auch in der Phase der Fertigung einsetzbar, wobei der Schwerpunkt der Qualitätstechnik FMEA auf der Prävention liegt und sie daher in einer möglichst frühen Phase Anwendung finden sollte. Daneben ist die FMEA auch anwendbar, um das Risikopotential bereits bestehender Produkte oder Prozesse zu bestimmen.

---

[213] In Anlehnung an Theden/Colsmann, S. 7.

[214] Vgl. Kamiske/Brauer, A bis Z, S. 72.

Arten der FMEA

Da, wie bereits erwähnt, der Schwerpunkt bei der Zielsetzung der FMEA auf der Prävention liegt, ist diese Qualitätstechnik in frühen Phasen des Produktentstehungsprozesses besonders wirksam.[215] Je nach Anwendungszeitpunkt und untersuchtem Objekt wird zwischen drei Arten der FMEA unterschieden[216]:

- Im Rahmen der *Konstruktions-FMEA* wird die FMEA in der Entwicklungsphase für ein Produkt, bzw. dessen Konstruktion durchgeführt.
- Im Rahmen der *Prozess-FMEA* wird die FMEA im Rahmen der Produktionsplanungsphase für den Herstellungsprozess durchgeführt.
- Im Rahmen der *System-FMEA* wird die FMEA zur Betrachtung übergeordneter Gesamtsysteme und der Wechselwirkungen ihrer einzelnen Teilsysteme durchgeführt.

Formblatt

Die Anwendung der FMEA wird durch ein Formblatt unterstützt[217], welches gleichzeitig zur Dokumentation der Maßnahme dient. Dazu wird in einem ersten Schritt eine Fehleranalyse, differenziert jeweils nach Art und Ort des Fehlers, möglichen Folgen des Fehlers und möglichen Ursachen durchgeführt. Diese Fehleranalyse lässt sich systematisch durchführen, indem sämtliche Elemente und Funktionen des Untersuchungsgegenstandes erfasst werden und daraus ein vollständiger Fehlerbaum entwickelt wird.

Anschließend an die Fehleranalyse wird für jede einzelne aus dem Fehlerbaum entwickelte Ausprägung von Fehlerursache, Fehler und Fehlerfolge eine Risikoanalyse durchgeführt.

Risikoprioritätszahl (RPZ)

Dabei wird zur Erstellung der Risikoanalyse jeweils bestimmt, wie wahrscheinlich das Auftreten des einzelnen Fehlers ist, welche Bedeutung das Auftreten des einzelnen Fehlers aus Kundensicht hätte und mit welcher Wahrscheinlichkeit der einzelne Fehler entdeckt wird, bevor er zum Kunden gelangen kann.[218]

Die Bewertung dieser drei Faktoren erfolgt mit einem standardisierten Raster, das jeweils Zahlenwerte zwischen 1 und 10 für unterschiedliche Ausprägungen der einzelnen Faktoren zulässt. Dadurch kann das Produkt, auch Risikoprioritäts-

[215] Vgl. Kamiske/Brauer, A bis Z, S. 73.

[216] Vgl. Kamiske/Brauer, A bis Z, S. 73.

[217] Vgl. Kamiske/Brauer, A bis Z, S. 74 ff.

[218] Vgl. Kamiske/Brauer, A bis Z, S. 75.

zahl (RPZ) genannt, aus den drei Faktoren für jede aus dem Fehlerbaum entwickelte Ausprägung von Fehlerursache, Fehler und Fehlerfolge berechnet werden.

$$\text{RPZ} = \frac{\text{Wahrscheinlichkeit}}{\text{für Auftreten des Fehlers}} \cdot \frac{\text{Bedeutung des Fehlers}}{\text{aus Kundensicht}} \cdot \frac{\text{Wahrscheinlichkeit}}{\text{für Entdeckung des Fehlers}}$$

Die RPZ kann dabei Werte zwischen 1 (gleichbedeutend mit geringer Wahrscheinlichkeit des Auftretens, geringer Bedeutung aus Kundensicht und hoher Wahrscheinlichkeit der Entdeckung des jeweiligen Fehlers, bevor dieser zum Kunden gelangen kann) und 1.000 (gleichbedeutend mit hoher Wahrscheinlichkeit des Auftretens, hoher Bedeutung aus Kundensicht und geringer Wahrscheinlichkeit der Entdeckung des jeweiligen Fehlers, bevor dieser zum Kunden gelangen kann) annehmen.

Da diese Risikobewertung für alle aus dem Fehlerbaum entwickelten Ausprägungen von Fehlerursache, Fehler und Fehlerfolge durchgeführt wird, lässt sich nach vollständiger Berechnung aller RPZ eine Fokussierung der zur Verfügung stehenden Ressourcen auf diejenigen Risiken durchführen, die als zu hoch angesehen werden. Es ist dabei individuell festzulegen, welche RPZ durch das Unternehmen im konkreten Anwendungsfall noch als annehmbar eingestuft werden und welche RPZ jenseits der jeweiligen Akzeptanzschwelle liegen.

An die Phase der Risikobeurteilung schließt sich im Rahmen der Bearbeitung der FMEA mit Hilfe des Formblattes die Phase der Entwicklung von Maßnahmen zur Lösung an. Dabei werden zu allen aus dem Fehlerbaum entwickelter Ausprägungen von Fehlerursache, Fehler und Fehlerfolge Lösungen zur Vermeidung entwickelt und festgehalten.

Sind diese Lösungsmaßnahmen umgesetzt, erfolgt eine erneute Risikobeurteilungen, deren Vorgehen identisch mit der ersten Risikobeurteilung ist. Zeigt sich, dass trotz Umsetzung der Lösungsmaßnahmen ein Risiko verbleibt, dass als nicht akzeptabel angesehen wird, muss erneut nach anderen Lösungsmaßnahmen gesucht werden. Außerdem ist es durchaus möglich, dass Lösungsmaßnahmen zur Lösung einzelner aus dem Fehlerbaum entwickelter Ausprägungen von Fehlerursache, Fehler und Fehlerfolge diese zwar verbessern, sich jedoch nachteilig auf andere auswirken. Dies ist im Rahmen der erneuten Risikobeurteilung erkennbar und muss entsprechende Konsequenzen bewirken.

3.2 Juristische Ausführungen

3.2.1 Der Begriff des Qualitätsmanagements im Recht

Der Begriff „Qualitätsmanagement" kommt in der Rechtslehre kaum bzw. wohl eher zufällig vor. Das liegt keinesfalls daran, dass es keine juristische Begleitung des Qualitätsmanagements gibt, sondern ist damit zu erklären, dass das Qualitätsmanagement in der Rechtswissenschaft unter anderen Begriffen eingeordnet ist. Die für das Qualitätsmanagement bedeutsamen juristischen Kategorien werden dann auch in anderen Zusammenhängen behandelt, als denen, die für die Ingenieurwissenschaften und die Betriebswirtschaftslehre von Bedeutung sind. Das lässt sich gut an einem Beispiel aus der Produzentenhaftung verständlich machen: Die Produzentenhaftung (der auch noch die Produkthaftung nach dem Produkthaftungsgesetz (kurz: ProdHaftG) zur Seite steht) ist für den Juristen nur ein Teilgebiet aus dem Bereich des Deliktrechts. Dieses Deliktsrecht ist wiederum Teil des großen Gebietes „Schuldrecht". Der Jurist betrachtet die Produzentenhaftung und behandelt sie auch in Wissenschaft und Praxis demnach als ein relativ kleines Teilgebiet des schon größeren deliktsrechtlichen Regelungsbereiches, das aber wiederum in das allgemeine Schuldrecht eingebunden ist. Vieles ist hier dann auch derart ineinander verwoben, dass etwa für eine Lösung konkreter Rechtsfälle alle berührten Gebiete zumindest berücksichtigt werden müssen, um zu einem sachgerechten Ergebnis kommen zu können. Ebenso wie das durch die Ingenieurwissenschaften definierte Qualitätsmanagement seine Wortzellen in vielen technischen Teilgebieten haben wird, so ist schließlich auch die Produkthaftung von vielen juristischen Disziplinen abhängig. Der mit Haftungsfragen befasste Ingenieur verlangt aber nach einem Produkthaftungssystem, das aus sich heraus verständlich ist.

Wie bereits in der Einführung (Kap. 1) ausgeführt, ist es Angelegenheit einer Technikrechtswissenschaft, die verschiedenen rechtlichen Regeln unter einer Systematik zu ordnen, die auch unternehmerischen und technikbezogenen Anforderungen genügt.

3.2.2 Erkenntnisse des Qualitätsmanagements als Vorgabe für die Rechtsauslegung

Es ist aber auch weiterhin Aufgabe der Rechtswissenschaft die Bereiche zu erkennen, in denen weniger juristische sondern mehr die technischen Disziplinen abschließende, die jeweilige Norm ausfüllende Wertungen hervorbringen. Es gilt nämlich zu erkennen, dass die technischen Wissenschaftsdisziplinen Problemlösungen erarbeitet haben, die mehr oder minder unmittelbar die von der jeweiligen Norm verlangte Bewertung eines Phänomens hervorbringen. Das interdisziplinäre Arbeiten zwischen Technik- und Rechtswissenschaft wird deshalb hier keinesfalls als ein Rechtsgebiet verstanden, bei dem es (nur) darum geht, Sachverhaltsaufklärung zu betreiben, um anschließend rechtseigene Wertungen darauf anzuwenden. Rechtswissenschaft und Rechtspraxis verwalten zum Teil auch nur aus überkommenen Traditionen heraus Bereiche, für die andere Wissenschaften Lösungen gefunden haben, die näher am zu lösenden Problem liegen. Dafür ist die Auslegung der Untersuchungs- und Rügepflicht des § 377 HGB unter dem Gesichtspunkt der Wareneingangskontrolle ein gutes Beispiel. Es wird unter 3.3 ausführlich behandelt, deshalb genügt an dieser Stelle eine knappe Einordnung des Phänomens.

Von Ingenieurwissenschaftlern wurden Methoden entwickelt, die es ermöglichen, durch stichprobenartige Überprüfung einer Teilmenge gesicherte Aussagen über die Fehlerhaftigkeit bzw. Fehlerfreiheit der gesamten Lieferung zu treffen. Für das Recht haben diese Methoden z.B. im Rahmen von § 377 HGB, der so genannten Rügeobliegenheit des gewerblich tätigen Käufers, Bedeutung. Was in der handelsrechtlichen Rechtsprechung und Literatur recht vage mit dem Begriff „grobsichtige Überprüfung" gemeint ist, kann bei Anwendung der genannten Methoden besser konkretisiert werden. Die Wareneingangskontrolle ist ein gutes Beispiel, weil bei einer Einbeziehung ingenieurwissenschaftliches Wissen in die Auslegung der Norm zur Konkretisierung der Obliegenheiten des Käufers auch erkannt wird, dass eine formularmäßiger Ausschluss dieser Rügeobliegenheit, namentlich im Zusammenhang mit Qualitätssicherungsvereinbarungen, doch möglich erscheint, weil häufig die Kontrollmöglichkeiten mit der Produktion im sehr engen Zusammenhang stehen und für den Produzenten und Lieferanten eine zusätzliche Ausgangskontrolle vertretbar erscheint.

Nur der Vollständigkeit halber sei an dieser Stelle angemerkt, dass auch die Erkenntnisse anderer Managementdisziplinen die Interpretation rechtlicher Vorgaben steuern.

Dies gilt zum einen für den Bereich des Risikomanagements, das unter Kap. 5 im Einzelnen betrachtet wird: Ob ein Risikomanagementsystem den Anforderungen des KonTraG (Nachweis) genügen kann, können nur die Fachleute für die Gestaltung solcher Risikomanagementsysteme beurteilen, also vornehmlich Ingenieure und technisch ausgerichtete Betriebswirte. Es ist z.B. nicht Aufgabe der Rechtswissenschaft, Lieferrisiken und Strategien zu deren Vermeidung zu entwerfen. Die abschließende Wertung, ob die aus dem KonTraG folgenden Voraussetzungen erfüllt wurden, obliegt anderen Wissenschaftsbereichen. Für den Bereich der technischen Normen ist ohnehin einsichtig, dass deren Interpretation in aller Regel von technischen Fachleuten vorgenommen wird.

Zum anderen ist das Umweltrecht zu nennen, das später unter Kap. 6 detailliert behandelt wird. Technik und Ökonomie stehen vielfach in einem Spannungsverhältnis zur Ökologie. Das Recht hat dabei nicht nur ein vom Staat verordnetes, durch Zwang durchzusetzendes Umweltrecht anzubieten. Vielmehr gib es eine Trendwende dahin, Umweltrecht in vorgegebenem Rahmen zur Unternehmenssache werden zu lassen. Die Unternehmen haben es in der Hand, Umweltmanagementsysteme für ihr Unternehmen zu entwickeln und entsprechend zu integrieren.

Die Öko-Audit-Verordnung, bzw. EMAS der Europäischen Union ist ein Beispiel dafür. Auch hier ist ganz wesentlich das technische Fachwissen der Unternehmen gefragt. Im Rahmen von EMAS z. B. haben die Unternehmen eine Ökobilanz zu erstellen, d.h. für ihren Betrieb aufzulisten, bzw. zu ermitteln, welche Umweltbelastungen in welchen betrieblichen Zusammenhängen entstehen.

3.2.3 Qualitätsmanagement als Grundlage eines Systems der Haftungsvermeidung

Eine weitere Kategorie des Technikrechts besteht darin, unter Einbeziehung juristischen und technisch-organisatorischen Wissens Systeme und Organisationsstrukturen zu schaffen, die die Befolgung rechtlicher Vorgaben ermöglichen. Dies gilt in besonderem Maße für Haftungssysteme. Privatrechtlicher Haftung kommt in einer marktwirtschaftlichen Ordnung auch die Funktion einer Korrektur für unnötigerweise gefährliche Produkte zu. Haftung dient demnach nicht nur dem Ausgleich für erlittene Schäden, sondern hat über die Androhung von Sanktionen auch die private Aufgabe, Unternehmen anzuhalten, möglichst gefahrlose Produkte zu schaffen. Diese Aufgabe wird besonders deutlich im Bereich der juristischen Produktverantwortung, die bereits in Kap. 2 unter 2.2 vorgestellt wurde. Aus „Qualitätssicht" geht es insoweit darum, die Bedeutung dieser Ausführungen für die Entwicklung von Haftungsvermeidungsstrategien zu nutzen. Es wird sich zeigen, dass die die Entwicklung solcher Haftungsvermeidungsstrategien zumindest in manchen Breichen leichter ist, als gemeinhin angenommen, dies gilt namentlich für die Produkt- bzw. Produzentenhaftung. Erforderlich ist dabei, ein für die Haftung ausschlaggebendes Tatbestandsmerkmal der Produzentenhaftung zu begreifen.

Zentraler Begriff für das Verständnis der Produzentenhaftung ist – wie bereits unter 2.2.1.2 und 2.2.3.2 ausgeführt wurde – der Rechtsbegriff der Verkehrssicherungspflichten, der stets an der Eröffnung eines potentiell mit Gefahrenquellen verbundenen Verkehrs anknüpft. Das richtige Verständnis des Begriffes hält zwei wichtige Erkenntnisse für die juristische Produktverantwortung bereit:

[1] Es wird verständlich, dass trotz des vorhandenen Gefahrenpotentials nicht die Produktion gefährlicher Güter „an sich" verboten ist, ansonsten wäre bei der hohen Anzahl von Verkehrstoten schon die Produktion von PKWs verboten.

[2] Es wird weiterhin erkennbar, dass der Begriff der Verkehrssicherungspflichten nicht nur dem Juristen Arbeitshilfe ist, sondern den Unternehmen die konkreten Verhaltensanforderungen aufzeigt, die es zu beachten gilt, wenn sich das Unternehmen keinen Haftungsrisiken aussetzen möchte.

Für eine Verletzung eines Rechtsgutes ist der Schädiger (Unternehmen) nach der deliktsrechtlichen Produzentenhaftung (§ 823 BGB) nur verantwortlich, wenn diese Verletzung auf ein dem Unternehmen zurechenbares Verhalten zurückzuführen ist. Das Verhalten des Herstellers muss demnach ursächlich für die Verletzung sein. Üblicherweise wird die Zurechenbarkeit nach der Frage entschieden, ob ein erfahrener und sorgfältiger „Beobachter" mit der Möglichkeit eines Schadens gerechnet hätte. Diese Fragestellung reicht aber bei der Produzentenhaftung zur Begründung der Ursächlichkeit nicht aus. Das liegt daran, dass dem Hersteller nur in Ausnahmefällen die Herstellung und das Inverkehrbringen des Produkts selbst vorgeworfen werden kann; diese Handlungen sind regelmäßig haftungsrechtlich irrelevant. Demnach dürfen nicht alle Umstände, die für eine Verletzung von Rechtsgütern ursächlich sind, für die Haftung herangezogen werden, weil sonst jedes in Verkehrbringen eines irgendwie gefährlichen Produkts mit Haftung bedroht wäre.

Den Verkehrssicherungspflichten kommt somit auch die Funktion zu, den deliktsrechtlich relevanten Verantwortungsbereich der Hersteller zu bestimmen. Sie sagen dem Hersteller, welche Handlungen oder welches Unterlassen zur Haftung führen kann, d. h. welches Verhalten im Zusammenhang mit der Herstellung und des Inverkehrbringens eines Produkts geeignet erscheint, für einen bestimmten Schaden ursächlich (kausal) zu sein. Mit der Verletzung einer Verkehrssicherungspflicht steht auch zugleich fest, dass das Verhalten rechtswidrig war. Die Verkehrssicherungspflichten sind demnach für die Frage nach der Zurechnung eines Verhaltens von Bedeutung, sie bestimmen zugleich die Rechtswidrigkeit eines Verhaltens, das gegen den entsprechenden Pflichtenkreis verstößt. Unter diesem Blickwinkel lassen sie sich als Verhaltensanweisungen an die Organisation eines Unternehmens zur Vermeidung von Haftung interpretieren (vgl. dazu bereits die Darstellung unter 2.2.4).

Ein Unternehmen, das seine Organisation auch im Hinblick auf die Vermeidung von Produkthaftungsfällen organisiert, muss zumindest die seitens der höchstrichterlichen Rechtssprechung genannten Verkehrssicherungspflichten auf die betriebliche Relevanz hin analysieren und dann in klare Verhaltensdirektiven für die Mitarbeiter umsetzen.

Die zweite Säule des Produkthaftungsrechts ist im ProdHaftG niedergelegt, das auf eine EG-Richtlinie zurückgeht. Das ProdHaftG bestimmt in seinem § 3, dass – vorbehaltlich der weiteren Anspruchsvoraussetzungen in §§ 1, 2 und 4 – bereits die Fehlerhaftigkeit eines Produkts zur Begründung der Haftung ausreicht. Anders als nach der deliktsrechtlichen Haftung (auf der Grundlage des BGB) genügt demnach schon ein fehlerhaftes Produkt, auch wenn dieser Fehler nicht auf die Verletzung einer Verkehrssicherungspflicht zurückzuführen ist und auch dann, wenn dieser Fehler rein zufällig und vielleicht sogar für das Unternehmen unvermeidbar entstanden ist. Insofern könnte die oben getroffene Aussage, zur Vermeidung von Haftung sind die Verkehrssicherungspflichten von zentraler Bedeutung, wieder relativiert werden. Diese Annahme wäre aber falsch. Der Fehlerbegriff in § 3 ProdHaftG ist trotz der in der Vorschrift vorhandenen Anknüpfungspunkte zur Ausfüllung des Begriffes recht abstrakt und einigermaßen inhaltsleer. Letztlich muss also auch der Fehlerbegriff durch Rechtsprechung und Rechtswissenschaft inhaltlich ausgefüllt werden. Dabei wird in weitem Umfang auf die Erkenntnisse der Rechtsprechung zu den Verkehrssicherungspflichten aus der deliktischen Produzentenhaftung zurückgegriffen. Dies gilt zunächst für Sachverhalte, deren Beurteilung anhand eines *soziologischen* Fehlerbegriffes vorgenommen wird.

Gemeint ist damit, dass die Sicherheitsvorkehrungen, die ein Unternehmen zu treffen hat, nicht per se vorgegeben sind, sondern sich in den allermeisten Fällen aufgrund gesellschaftlicher Anforderungen ergeben, die sich durch die Zeit hindurch verändern und auf einer wertenden Betrachtung beruhen. So ging es etwa in der „Milupa"-Entscheidung (BGHZ 116, 60 ff.) um die Frage, in welchem Umfang der Hersteller wegen möglicher Karieserkrankungen bei der Einnahme seines Kindertees in Haftung genommen wird. Der „Honda"-Fall (BGHZ 99, 167 ff.) des BGH thematisiert die Pflicht des Herstellers eines Motorrades, den Markt für Zubehörteile zu beobachten, um ggf. davor warnen zu können, dass bestimmte Anbauteile die Sicherheit des Motorrades gefährden. Stets geht es dabei (mit dem Gesetzeswortlaut aus § 3 Abs. 1 ProdHaftG) um die Bestimmung des Sicherheitsniveaus, das der Verbraucher erwarten kann. Für diese Bestimmung muss auf den Begriff der Verkehrssicherungspflichten zurückgegriffen werden, um den Fehlerbegriff des ProdHaftG operationalisieren zu können.

Soweit es sich bei dem Produktfehler allerdings um einen Fehler rein technischer Art handelt, also etwa um eine Materialermüdung, ist hinsichtlich des Nachweises der Voraussetzungen der jeweiligen Haftungssysteme in der Tat zu unterscheiden. Soweit der Anspruch des Geschädigten auf die deliktsrechtliche Haftung (Produzentenhaftung nach dem BGB) gestellt wird, muss zusätzlich zur Fehlerhaftigkeit (z. B. des Materials) noch dargelegt werden, dass in diesem Zusammenhang eine Verkehrssicherungspflicht verletzt wurde. Bei der Haftung nach dem Produkthaftungsgesetz genügt ausweislich des Gesetzeswortlauts des Vorliegens eines Fehlers. In aller Regel beruht der Fehler jedoch auch auf pflichtwidrigem Verhalten, sodass die Unterschiede zwischen beiden Haftungssystemen auch in diesen Fällen marginaler Natur sind, vgl. dazu bereits die Einschätzung unter 2.2.4.1.

3.2.4 Haftungsvermeidung am Beispiel der DIN ES ISO 9001:2008

Zur Illustration der eher abstrakten Ausführungen zum Inhalt der Verkehrssicherungspflichten unter 3.2.3 soll im Folgenden vorgestellt werden, wie nach der DIN EN ISO 9001:2008 ein Qualitätsmanagementsystem zur Vermeidung von Haftung aufgebaut werden kann. Dabei ist klar, dass diese internationale Norm keine Anforderungen enthält, die für andere Managementsysteme wie Umweltmanagement, Arbeitsschutzmanagement, Finanzmanagement oder Risikomanagement spezifisch sind. Die Regelungen dieser internationalen Norm stehen in engem Zusammenhang mit den Verkehrssicherungspflichten und unterstützen so den Aufbau eines Haftungsvermeidungssystems.

Die DIN EN ISO 9001:2008 enthält vielfältige Schnittstellen zu juristischen Fragen. Insbesondere sollen nachfolgend Anknüpfungspunkte zwischen der DIN EN ISO 9001:2008 und den zuvor vorgestellten Verkehrssicherungspflichten dargestellt werden, indem zuerst exemplarische Normabschnitte mit dem jeweiligen Normzitat genannt werden und jeweils anschließend der jeweilige Anknüpfungspunkt angezeigt wird. Zur besseren Orientierung sind den Normzitaten die jeweiligen Abschnitte der Norm, aus denen die Zitate entnommen sind, als Überschrift vorangestellt.

Qualitätsmanagementsystem

(4.1) Allgemeine Anforderungen
„Die Organisation muss entsprechend den Anforderungen dieser Internationalen Norm ein Qualitätsmanagementsystem aufbauen, dokumentieren, verwirklichen, aufrechterhalten und dessen Wirksamkeit ständig verbessern. Die Organisation muss …
d) die Verfügbarkeit von Ressourcen und Informationen sicherstellen, die zur Durchführung und Überwachung dieser Prozesse benötigt werden,
e) diese Prozesse überwachen, soweit zutreffen messen und analysieren, …
Wenn sich eine Organisation dafür entscheidet, einen Prozess auszugliedern, der die Produktkonformität mit den Anforderungen beeinflusst, muss die Organisation die Lenkung derartiger Prozesse sicherstellen.“

Hier angesprochen ist die Organisationspflicht. Außerdem wird der Bereich der Qualitätssicherungsvereinbarung (QSV) mit den ausgegliederten Prozessen und deren Lenkung angesprochen.

(4.2.1) Allgemeines
„Die Dokumentation zum Qualitätsmanagementsystem muss enthalten
a) dokumentierte Qualitätspolitik und Qualitätsziele,
b) ein Qualitätsmanagementhandbuch,
c) dokumentierte Verfahren, die von dieser Internationalen Norm gefordert werden, …“

Auch hier wird die Organisationspflicht konkretisiert.

(4.2.2) Qualitätsmanagementhandbuch
„Die Organisation muss ein Qualitätsmanagementhandbuch erstellen und aufrechterhalten, …“
(4.2.3) Lenkung von Dokumenten
„Die vom Qualitätsmanagementsystem geforderten Dokumente müssen gelenkt werden. …
Ein dokumentiertes Verfahren zur Festlegung der erforderlichen Lenkungsmaßnahmen muss eingeführt werden, …“

Auch in den vorgenannten Stellen wird die Organisationspflicht konkretisiert.

(5.) Verantwortung der Leitung
(5.1) Verpflichtung der Leitung
„Die oberste Leitung muss ihre Verpflichtung bezüglich der Entwicklung und Verwirklichung des Qualitätsmanagementsystems und der ständigen Verbesserung der Wirksamkeit des Qualitätsmanagementsystems nachweisen, indem sie
a) der Organisation die Bedeutung ... der gesetzlichen und behördlichen Anforderungen vermittelt,..."

Hier werden zwei Verkehrssicherungspflichten angesprochen, die Organisationspflicht und die Instruktionspflicht.

(5.4.2) Planung des Qualitätsmanagementsystems
„Die oberste Leitung muss sicherstellen, dass ...
b) die Funktionsfähigkeit des Qualitätsmanagementsystems aufrechterhalten bleibt, wenn Änderungen am Qualitätsmanagementsystem geplant und umgesetzt werden."

Dies bietet auch einen Anknüpfungspunkt für QSV neben der Organisationspflicht.

(5.5.1) Verantwortung und Befugnis
„Die oberste Leitung muss sicherstellen, dass die Verantwortungen und Befugnisse innerhalb der Organisation festgelegt und bekannt gemacht werden."

Hier wird gleichsam der Kern der Organisationspflicht angesprochen.

(7.) Produktrealisierung
(7.2.1) Ermittlung der Anforderungen in Bezug auf das Produkt
„Die Organisation muss Folgendes ermitteln: ...
c) gesetzliche und behördliche Anforderungen, die auf das Produkt zutreffen, ..."

Hier werden die Organisationspflicht und die Instruktionspflicht angesprochen.

(7.2.2) Bewertung der Anforderungen in Bezug auf das Produkt
„Die Organisation muss die Anforderungen in Bezug auf das Produkt bewerten. Diese Bewertung muss vor dem Eingehen einer Lieferverpflichtung gegenüber dem Kunden (z. B. Abgabe von Angeboten, Annahme von Verträgen oder Aufträgen, Annahme von Vertrags- oder Auftragsänderungen) vorgenommen werden ... Wenn der Kunde keine dokumentierten Anforderungen vorlegt, müssen die Kundenanforderungen vor der Annahme von der Organisation bestätigt werden."

Hier wird neben dem Themenbereich der Organisationspflicht der Kern der QSV angesprochen.

(7.2.3) Kommunikation mit den Kunden

„Die Organisation muss wirksame Regelungen für die Kommunikation mit den Kunden zu folgenden Punkten festlegen und verwirklichen:

a) Produktinformationen,

b) Anfragen, Verträge oder Auftragsbearbeitung einschließlich Änderungen, und

c) Rückmeldungen von Kunden einschließlich Kundenbeschwerden."

Hier angesprochen sind die Organisationspflicht sowie die Produktbeobachtungspflicht.

(7.3.2) Entwicklungseingaben

„Eingaben in Bezug auf die Produktanforderungen müssen ermittelt und aufgezeichnet werden ... Diese Eingaben müssen enthalten...

b) zutreffende gesetzliche und behördliche Anforderungen, ..."

Dies spricht sowohl den Bereich der Organisationspflicht, als auch den Bereich der QSV an.

(7.3.3) Entwicklungsergebnisse

„... Entwicklungsergebnisse müssen ...

d) die Merkmale des Produkts festlegen, die für einen sicheren und bestimmungsgemäßen Gebrauch wesentlich sind."

Dies betrifft den Bereich der Konstruktionspflicht.

(7.4.1) Beschaffungsprozess

„... Die Organisation muss Lieferanten auf Grund von deren Fähigkeit beurteilen und auswählen, Produkte entsprechend den Anforderungen der Organisation zu liefern. ..."

Dies spricht die im Rahmen einer QSV notwendige Lieferantenbeurteilung an und tangiert außerdem die Organisationspflicht.

(7.5.2) Validierung der Prozesse zur Produktion und zur Dienstleistungserbringung

„... Die Organisation muss Regelungen für diese Prozesse festlegen, die, soweit zutreffend, enthalten ...

b) Genehmigung der Ausrüstung und der Qualifikation des Personals, ..."

Dies betrifft den Bereich der Organisationspflicht und auch die QSV.

(7.5.3) Kennzeichnung und Rückverfolgbarkeit

„Die Organisation muss, soweit angemessen, das Produkt mit geeigneten Mitteln während der gesamten Produktrealisierung kennzeichnen. ..."

Dies spricht die Organisationspflicht sowie die Produktbeobachtungspflicht an.

(8.) Messung, Analyse und Verbesserung
(8.2.4) Überwachung und Messung des Produkts
„Die Organisation muss die Merkmale des Produkts überwachen und messen, um die Erfüllung der Produktanforderungen zu verifizieren. Dies muss in geeigneten Phasen des Produktrealisierungsprozesses in Übereinstimmung mit den geplanten Regelungen durchgeführt werden ..."

Dies spricht den Bereich der Fabrikationspflicht sowie der QSV an.

(8.3) Lenkung fehlerhafter Produkte
„Die Organisation muss sicherstellen, dass ein Produkt, das die Anforderungen nicht erfüllt, gekennzeichnet und gelenkt wird, um seinen unbeabsichtigten Gebrauch oder seine Auslieferung zu verhindern. ..."

Damit sind die Bereiche der Fabrikationspflicht und der Produktbeobachtung angesprochen.

3.2.5 Qualitätssicherungsvereinbarungen

Weiterhin hat das materielle Recht auf vielen Gebieten eine Dienstleistungsfunktion, die man zum Vorteil des eigenen Unternehmens in Anspruch nehmen sollte. Zivilrechtliche Normen, wie insbesondere die des Schuldrechts, dienen in erster Linie dazu, den Vertragspartnern ihren Interessen entsprechende und durchsetzbare vertragliche Regeln zur Seite zu stellen. Aufgrund der bestehenden Vertragseinheit dienen diese Regeln nicht primär der Disziplinierung, sondern ermöglichen vor allem eine interessengerechte Rechtssicherheit. Die neue Vertragsform der Qualitätssicherungsvereinbarungen (kurz: QSV) ist hier zu nennen. Es handelt sich um einen Vertrag sui generis, der zum Teil in den im BGB ausgeführten Vertragstypen angelegt ist. QSV koordinieren das Zusammenwirken vieler Unternehmen im Hinblick auf die Schaffung eines Produkts und sind für die arbeitsteilige Wirtschaft unerlässlich. Aufgrund ihrer Bedeutung für die Beschaffung und den Absatz von Waren wird diese Vertragsart in diesem Buch im Zusammenhang mit dem Vertriebsrecht im Kap. 4 unter 4.3.1 ausführlich behandelt. Ihre Grundlagen sollen wegen des engen Bezugs zum Thema Qualität allerdings bereits an dieser Stelle gelegt werden.

Die Besonderheit von QSV liegt darin, dass diese Verträge durch einen Rahmenvertrag begleitet werden, der regelmäßig vier Funktionen erfüllen soll: Zum einen geht es darum, mit Hilfe von QSV die Voraussetzungen für sichere Fertigungsprozesse beim Zulieferer zu schaffen. Neben dieser Präventionsfunktion kommt der QSV eine Rationalisierungsfunktion zu, da sie eine optimale Kosten-Nutzen-Verteilung und Abstimmung der einzelnen Qualitätssicherungsmaßnahmen im gesamten Produktionsprozess gewährleisten und dadurch Mehrfachprüfungen überflüssig machen soll. Weiterhin haben QSV eine Perpetuierungsfunktion, da sie dazu beitragen, die generelle Qualitätsfähigkeit des Zulieferers zu fördern, damit eine jederzeit kurzfristig aktivierbare Bezugsquelle aufgebaut und gleichzeitig eine dauerhafte Versorgungsbeziehung geschaffen wird. Schließlich werden durch QSV Verantwortungsbereiche und Haftungsrisiken von Zulieferern und Endhersteller festgelegt und begrenzt - QSV haben demnach auch eine Haftungsverteilungsfunktion. Im Hinblick auf ihre Inhalte lassen sich QSV in produktbezogene, organisatorische und rechtliche Aspekte unterteilen.

QSV sind von herausragender Bedeutung, weil sie unmittelbar Einfluss auf die Produktion von Gütern nehmen: Dem Zulieferer wird regelmäßig die Verwendung bestimmter Materialien, der Ablauf bestimmter Produktionsprozesse, die Implementierung bestimmter Kontrollmechanismen, und vieles mehr, was auf die Produktbeschaffenheit Einfluss nimmt, vorgeschrieben.

3.2.6 Qualitätsüberprüfung für den Vertrieb technischer Produkte

Als weiteres Beispiel für eine Dienstleistungsfunktion des Rechts kann das insbesondere zur Verwirklichung der Warenverkehrsfreiheit für den Binnenmarkt entwickelte System zur Konformitätsbewertung, gemeint ist das System von Akkreditierung[219], Zertifizierung[220] und Normung[221], genannt werden.

> Jedes Unternehmen, das zumindest europaweit Waren vermarktet – das werden nahezu alle Unternehmen sein –, wird mit diesem System konfrontiert werden. Aufgabe des Systems ist es auch, Handelshemmnisse, vor allen Dingen solche, die durch behördliche Kontrolle entstanden sind, abzubauen. Bei der Konformitätsbewertung von (technischen) Produkten für den Handel dieser Produkte innerhalb des Europäischen Binnenmarkts handelt es sich um ein recht facettenreiches zur Qualitätsüberprüfung. Die Besonderheit dieses Systems liegt darin, dass technische Normen die europäischen „Gesetze", die Richtlinien ergänzen und dass die Überprüfung der technischen Sicherheit der Produkte nicht von Aufsichtsbehörden, sondern von privaten Zertifizierern durchgeführt werden, deren Nachweise in allen Mitgliedstaaten der Union anzuerkennen sind. Das auch auf Qualitätskontrolle angelegte System kombiniert Aspekte der Konformitätsbewertung mit einer Kontrolle der für die Konformitätsbewertung zuständigen Akteure.

---

[219] Akkreditierung bedeutet: Bereitstellung eines Verfahrens zur Überprüfung der Prüfer bzw. Zertifizierer.

[220] Zertifizierung bedeutet: Überprüfung der Waren durch ihrerseits auf der Grundlage von Normen überprüften „Prüfern."

[221] Normen definieren die Beschaffenheitsanforderungen für die zu überprüfenden Waren und die Qualitätsanforderungen für die Zertifizierer.

Dieses System der Zertifizierung und Akkreditierung für den Europäischen Binnenmarkt wird wegen des immanenten Bezugs zum Vertrieb technischer Produkte im Kap. 4 unter 4.3.2 ausführlich dargestellt.

3.3 Anwendungsbeispiel zu Qualitätsmanagement und Recht

Als juristischer Rahmen für die beispielhafte Darstellung der Anwendung von Qualitätstechniken vor dem Hintergrund des dem vorliegenden Werkes zugrundeliegenden Interesses soll eine aus handels- und unternehmensrechtlicher Sicht klassische Materie dienen: die Untersuchungs- und Rügeobliegenheit des Handelskäufers gem. § 377 HGB. Die betriebswirtschaftlich-technologische Verortung liegt dabei vornehmlich im Bereich der Produktion, genauer: der Serienfertigung technisch komplexer Endprodukte, die der Hersteller aus von dritter Seite angelieferten Komponenten zusammensetzt (Assembler).

Das gewählte Beispiel stammt aus der Automobilindustrie, bei der aufgrund der geringen Fertigungstiefe QSV eine besondere Rolle spielen: Der Assembler (hier: Kfz-Hersteller) benötigt zur Fertigung von Dieselmotoren Dieseleinspritzpumpen, die er vom Zulieferer erster Stufe (sog. TIER 1) bezieht, der seinerseits Komponenten (hier: Laufbuchsen) von einem Zulieferer zweiter Stufe (sog. TIER 2) zukauft.

Bei der heute üblichen arbeitsteiligen Serienfertigung von Wirtschaftsgütern entlang einer verzweigten Zulieferer-Assembler-Kette besteht ein unabweisbares Bedürfnis des jeweiligen (Teil-)Herstellers, die vom Zulieferer geschuldeten Teile zeitpunktgenau und in der vereinbarten Qualität zu erhalten. Der Prävention i. S. einer Vermeidung negativer Qualitätsabweichungen kommt dabei entscheidende Bedeutung zu.[222]

Das auf Lieferung angelegte Schuldverhältnis zwischen Zulieferer und Assembler fußt dabei in der Praxis auf einem Qualitätsmanagementsystem (kurz: QMS), das regelmäßig zusätzliche Logistikkonzepte wie just-in-time- bzw. just-in-sequence-Abreden enthält. Damit stellt sich unmittelbar die Frage nach der Bedeutung qualitätswissenschaftlicher und logistischer Methoden und Systeme für die Beurteilung der durch § 377 HGB beeinflussten zivilrechtlichen Ansprüche des Käufers im Falle mangelhafter Lieferungen des Zulieferers.

Das „Dilemma“ des Assemblers besteht nun häufig darin, dass er vom Zulieferer anhand zahlreicher technischer Spezifikationen hergestellte Ware erhält, deren etwaige Mangelhaftigkeit sich ihm angesichts ihrer technischen Komplexität nicht ohne weiteres erschließt. Gleichwohl muss er die angelieferte Ware unter großem Zeitdruck unter Hinzufügung anderer Komponenten weiterverarbeiten, da größere Zwischenlager für Zulieferteile und Zwischenstufen der Fertigerzeugnisse häufig

---

[222] So bereits Ensthaler, NJW 1994, 817 m. w. N. aus der Qualitätswissenschaft; ders., in: Ensthaler (Hrsg.), Gemeinschaftskommentar zum HGB,7. Aufl. 2007, Anh § 377 (QS-Vereinbarungen) Rn. 6.

wirtschaftlich unmöglich sind.[223] Indes setzt eine rechtzeitige Rüge i. S. des § 377 HGB regelmäßig eine Prüfung der Ware voraus[224], die freilich die begrenzten zeitlichen und auch räumlichen Kapazitäten zu beachten hat. In der skizzierten Situation fällt diese Prüfung faktisch mit der Wareneingangskontrolle zusammen, sie können im Folgenden daher gleichgesetzt werden.[225] Es geht folglich um die Berücksichtigung der unternehmenstatsächlichen Rahmenbedingungen für die Beurteilung der zum Rechteerhalt zumeist erforderlichen Prüfung der angelieferten Ware.

3.3.1 *Prüfungsmodus*

Da § 377 Abs. 1 HGB die Art der Untersuchung nur sehr abstrakt umschreibt („soweit dies nach ordnungsgemäßem Geschäftsgange tunlich ist"), muss der Ablauf einer den Vorgaben des § 377 Abs. 1 HGB entsprechende Untersuchung für die skizzierte Situation der Serienproduktion gesondert herausgearbeitet werden. Unter Beachtung des in der Vorschrift angelegten Zeitmoments („unverzüglich nach der Ablieferung") wird im Schrifttum eine Zweiteilung der Untersuchungslast vorgeschlagen, wobei sich an eine erste grobsinnliche Prüfung (erste Stufe) eine eingehendere Untersuchung (zweite Stufe) anschließen soll, deren Intensität von den Gepflogenheiten der betreffenden Branche sowie den Einzelfallumständen abhängt.[226] Diese Sicht basiert offensichtlich auf der Annahme eines in zeitlicher und räumlicher Hinsicht vorhandenen Puffers zwischen der grobsinnlichen Prüfung bei Wareneingang und der später erfolgenden Untersuchung, wobei dieser Puffer mutmaßlich als einheitlicher Zeitabschnitt der Produktion gedacht wird.

Die in der beispielhaft skizzierten Situation vorgefundenen betrieblichen Abläufe gestatten einen solchen Puffer demgegenüber nicht[227]. Bei der Just-in-time-Abrede (d. h. produktionssynchrone Teileanlieferung)[228] erfolgt eine zeitpunktgenaue Anlieferung wegen der sich zumeist unmittelbar anschließenden Weiterver-

---

[223] Vgl. zu den verschiedenen Anforderungen an den Wertschöpfungsprozess umfassend Günther/Tempelmeier, S. 3 ff.

[224] Da der Käufer andernfalls bekanntlich das Risiko eingeht, einen bei Untersuchung erkennbaren Mangel nicht zu entdecken, somit nicht (fristgerecht) zu rügen und daher seiner Mängelrechte verlustig zu gehen.

[225] Hierdurch soll die rechtliche Bedeutung des § 377 HGB (Untersuchungs- und Rügeobliegenheit) freilich nicht normzweckwidrig in eine„Pflicht zur Wareneingangskontrolle" abgeändert werden. Dass § 377 HGB nicht der Qualitätssicherung dient, hat Popp, S. 43. f. herausgearbeitet.

[226] So vor allem Grunewald, NJW 1995, 1777, 1778 f.

[227] Im Übrigen müssten solche Puffer auch an allen Stellen des Produktentstehungsprozesses, an denen Zulieferteile integriert werden, bestehen: Den Puffer kann es m. a. W. ohnehin nicht geben.

[228] Vgl. zum Just-in-time-Konzept ausführlich Kamiske/Brauer, A bis Z, S. 120 ff.

wendung im Produktionsablauf beim Assembler. Die bei Grunewald angedeutete Zweiteilung lässt sich, jedenfalls soweit die nötigen Lagerkapazitäten nicht gegeben sind[229], häufig nicht sinnvoll durchführen, vielmehr kann eine unter Wirtschaftlichkeitsaspekten vertretbare Prüfung nur in einem Durchgang (nämlich bei Anlieferung) vorgenommen werden.

Der Gedanke der Zweiteilung versagt vollends bei Anlieferung auf sog. Just-in-sequence-Basis (d. h. Teileanlieferung in Montagereihenfolge). Soll in dieser Situation ein einzelnes Prüfstück zum Zwecke der Vornahme der eingehenden Prüfung (= zweite Stufe) aus der Lieferung herausgelöst[230], die vorgeprägte Reihenfolge mithin verändert werden, wird dem Hersteller nicht nur ein ökonomisch widersinniges Handeln abverlangt. Mit hoher Wahrscheinlichkeit werden sogar technische Abläufe gestört und so das Produktionsergebnis gefährdet. Die eingehende Prüfung kann daher allenfalls nach Einbau des zugelieferten Teiles erfolgen, was freilich voraussetzt, dass eine Prüfung der Funktionalitäten gerade des Zulieferstücks dann noch technisch möglich und wirtschaftlich vertretbar ist.

Beim o. g. Kfz-Beispiel wäre eine Überprüfung der verbauten Dieseleinspritzpumpe jedenfalls nicht bezüglich aller Parameter, wie etwa der Standfestigkeit der Laufbuchsenbeschichtung, möglich[231].

Ein Blick auf den Unternehmensprozess führt somit vor Augen, dass der Gedanke der in der juristischen Lehre vorgeschlagenen Zweiteilung der Prüfung weder wirtschaftlich noch technisch zielführend ist.

3.3.2 Prüfungsgegenstand und Prüfungsmaßstab

Zugegebenermaßen stellt die zweifelhafte Praxistauglichkeit mancher juristischer Lösungsansätze im Zusammenhang mit der Prüfung für den „Anwender vor Ort" nicht die entscheidende Hürde dar. Für ihn wiegt schwerer, dass das Unternehmensrecht zur Konkretisierung der Untersuchungsobliegenheit auf den Einzelfall

---

[229] Die Einschätzung hängt freilich (in erster Linie) von der physischen Beschaffenheit der Zulieferteile ab: bei der Automobilherstellung lassen sich kleinteilige Elektronikkomponenten deutlich einfacher lagern als etwa voluminöse Abgassysteme.

[230] Und, da die Überprüfung selten ohne Eingriff in die Sachsubstanz erfolgen kann, möglicherweise sogar zerstört.

[231] Vielmehr ist eine an den Mangelfolgen ausgerichtete, stichprobenartige Überprüfung zu einem früheren Prozessschritt der betrieblichen Abläufe her betrachtet möglich und unter Zugrundelegung der h. M. zur Ausgestaltung der Untersuchung i. S. des § 377 HGB rechtlich geboten; vgl. grundlegend dazu RGZ 106, 359 ff. (Apfelmark). Dies gilt auch unter Berücksichtigung der eingesetzten Logistikkonzepte, da die Stichprobentechnik an diese Randbedingungen angepasst werden kann. Einzelheiten zur Stichprobentechnik können an dieser Stelle nicht dargestellt werden, vgl. dazu Masing, Statistik als Basis qualitätsmethodischen Denkens und Handelns in: Pfeifer/Schmitt (Hrsg.), Handbuch Qualitätsmanagement, 5. Aufl. 2007, S. 661, 666 sowie Kamiske/Brauer, A bis Z, S. 303 ff.

Aussagen nur über das Maß bzw. die Intensität einer Untersuchung trifft, ihm jedoch keine Anknüpfungspunkte für die Zielrichtung der ihm abverlangten Untersuchung liefert.

3.3.2.1 Handelsrechtlicher Rahmen der Untersuchungslast

Für den geschilderten Beispielsfall ist unstreitig, dass auch bei längerfristigen Geschäftsbeziehungen bzw. Sukzessivlieferungsverträgen § 377 HGB hinsichtlich jeder Einzellieferung gilt. Nach ganz vorherrschender Meinung entbinden eventuelle Schwierigkeiten bei der Entdeckung des Mangels den Käufer, der dafür gegebenenfalls sachverständige Hilfe zu Rate ziehen muss, nicht gänzlich von der Untersuchungsobliegenheit[232], die im Übrigen auch nicht durch anderslautenden Handelsbrauch abbedungen werden kann[233]. Was tunlich ist, mithin das gebotene Maß der Untersuchung, orientiert sich an der verkehrs- und branchenüblichen Sorgfalt, die letztlich anhand einer Interessenabwägung im Einzelfall zu ermitteln ist. Ob dabei verschärfte Untersuchungsanforderungen anzulegen sind, hat der BGH in einer Entscheidung vom 17.09.2002 an folgenden Kriterien festgemacht[234]: In erster Linie an der Schwere der zu erwartenden Mangelfolgen und an etwaigen Auffälligkeiten der Ware oder aus früheren Lieferungen bekannten Schwachstellen, daneben die Natur der Ware sowie die Gepflogenheiten der Branche.

3.3.2.2 Fehlende Übertragbarkeit dieser Vorgaben auf die Unternehmenspraxis

Anhand der vom BGH ausgemachten Gesichtspunkte zur Bestimmung des Untersuchungsmaßstabs allein vermag der mit der Eingangskontrolle befasste Mitarbeiter des Assemblers keine Konkretisierung auf den Einzelfall durchzuführen. Denn die Vorgaben der Rechtsprechung liefern dem Anwender keine Hinweise zur Ableitung von Prüfpunkten, es ist somit nicht klar, woraufhin untersucht werden soll – die Vornahme einer Untersuchung ohne Definition des Untersuchungsziels gestattet keine Ableitung konkreter Handlungsanweisungen, weshalb eine Erfolg versprechende Wareneingangskontrolle scheitern muss. Darüber hinaus bieten die Vorgaben dem Anwender keine Unterstützung hinsichtlich der Frage, wie „das Gewicht der Mangelfolgen" denn genau zu bestimmen ist. Soweit die Rechtsprechung in erster Linie eine Orientierung an möglichen Mangelfolgen festlegt, ist eine Risikobewertung möglicher Mängel unerlässlich, weshalb potentielle Mängel lückenlos erfasst werden müssen. Hierbei erfährt der Assembler komplexer technischer Produkte Unterstützung durch die Qualitätswissenschaft.

---

[232] BGH NJW 1977, 1150 (zur Serienproduktion); Baumbach/Hopt, HGB, § 377 Rn. 25.

[233] BGHRep. 2003, 285, 286.

[234] BGHRep. 2003, 285, 286.

3.3.2.3 Die FMEA als Methode der Qualitätswissenschaft

Die daraus resultierende Lücke zwischen den Vorgaben des Unternehmensrechts und der vom Anwender erstrebten Konkretisierung kann mit Hilfe der unter 3.1.3.2 dargestellten Fehlermöglichkeits- und Einflussanalyse (FMEA) überwunden werden. Mittels der FMEA können im Wege der Fehleranalyse Prüfpunkte abgeleitet werden, die dann bei einer einstufigen Wareneingangskontrolle abzuarbeiten sind. Außerdem lässt sich im Wege der Risikoanalyse die Anforderung der Berücksichtigung der Schwere der Mangelfolgen integrieren und somit eine wirtschaftlich zumutbare Überprüfung gewährleisten, wenn ausschließlich Prüfungen durchgeführt werden, bei denen die Prüfkosten (wirtschaftliche Zumutbarkeit) in einem zumutbaren Verhältnis zu den zu erwartenden Risiken (Schwere der Mangelfolge) stehen.

3.3.2.4 Die FMEA als Instrumentarium der Rechtsanwendung

Indem die FMEA aus Sicht der Qualitätswissenschaft versucht, Fehlerursachen frühzeitig zu identifizieren, antizipiert sie zugleich mögliche Fehlerfolgen – und damit eben jenes Kriterium („Mangelfolgen"), das nach den Vorgaben des BGH bei der Bestimmung der erforderlichen Intensität der Untersuchung federführend zu berücksichtigen ist. Die Hilfestellung der Qualitätswissenschaft besteht insoweit[235] darin, dass sie einzelne Kriterien zur Ausfüllung wertungsoffener Rechtsbegriffe, deren Aussagekraft aus rein juristischer Perspektive kaum sinnvoll und erschöpfend beurteilt werden kann, berechen- und bestimmbar macht: Erst durch die Berücksichtigung der FMEA-Ergebnisse werden die abstrakten Vorgaben der Rechtsprechung vollends subsumtionsfähig gestaltet, die Qualitätswissenschaft wird so zum Mosaikstein im Vorgang der Rechtsauslegung.

3.3.3 Rechtliche Grenzen der Geltungskraft technologischer (hier: qualitätswissenschaftlicher) Systeme

Angesichts dieses Beitrags der Qualitätswissenschaft zur Auslegung wertungsoffener (Handels-)Rechtsbegriffe könnte man vermuten, dass sich die Geltung des der Parteidisposition unterliegenden § 377 HGB anhand qualitätswissenschaftlicher Methoden auch gänzlich ausschalten ließe. Darauf laufen jedenfalls im Ergebnis Ansätze hinaus, die das Modell der verkäuferseitigen Warenausgangskontrolle an die Stelle der Untersuchung der gelieferten Ware beim Käufer setzen und auf diese Weise § 377 HGB vollständig und kompensationslos abbedingen möch-

---

[235] Hier aus Gründen des begrenzten Umfanges nur vertreten durch die FMEA, auch wenn weitere Techniken wie beispielsweise die statistische Prozesskontrolle oder die Prüfplanung einschlägig wären.

ten.[236] Solche Klauseln sind häufig Teil von QSV[237], die dem Zulieferer regelmäßig durch assembler-, also käuferseitig eingebrachte AGB auferlegt werden.[238]

Der Streit um die „AGB-Festigkeit" solcher Klauseln ist seit langem Gegenstand einer lebhaften Diskussion, die an dieser Stelle nicht ausführlich wieder gegeben werden muss. Hier genügt es aufzuzeigen, dass aus qualitätswissenschaftlicher Sicht keine zwingenden Argumente für die hier etwas pointiert gefasste These, nach der § 377 HGB als „Fremdkörper" in QSV deren praktischen Nutzen vereitele, hergeleitet werden können. Diese These schimmert im Schrifttum in unterschiedlichen Ansätzen durch.

In rechtspraktischer Sicht wird vielfach bemängelt, der Regelungsgehalt des § 377 HGB werde den Anforderungen, die eine arbeitsteilige Serienproduktion technisch komplexer Güter mit sich bringt, nicht mehr gerecht[239]: Die geforderte Wareneingangskontrolle lasse sich nicht mehr ohne weiteres in die Produktionsplanung und Logistik moderner Zuliefersysteme (namentlich die weitgehend lagerlose Produktion bei just-in-time- bzw. just-in-sequence-Abreden) integrieren. Dies sei ohne weiteres für den Zulieferer erkennbar, der häufig nur noch als „verlängerte Werkbank" des Herstellers fungiere.

Soweit diese Ansätze gleichsam einen Handelsbrauch bzw. eine Branchenüblichkeit des Inhalts umschreiben, wonach bei auf Just-in-time-Abreden und QMS beruhenden Zulieferbeziehungen eine Mängelanzeige des Herstellers generell nicht praktikabel und aus diesem Grunde nicht tunlich ist, scheitern sie an der höchstrichterlichen Rechtsprechung. Der BGH sieht nicht nur seit langem die

---

[236] Steinmann, BB 1993, 873, 879; zuvor schon Lehmann, BB 1990, 1849, 1851 ff. (teleologische Reduktion der §§ 377 f. HGB a. F. auf just-in-time-Kooperationen); etwas anderer Ansatz bei Quittnat, BB 1989, 571, 573, der eine Rüge des Bestellers als „wenig sinnvolle Formalität" abtut, da der Zulieferer angesichts der bestehenden vertraglichen Vereinbarung „das Recht verwirkt [habe], sich auf den Ausschluss der Gewährleistungsrechte durch die unterlassene Rüge zu berufen". Inwieweit § 377 HGB in der hier in Rede stehenden Rechtsbeziehung durch assemblerseitig vorformulierte Vertragsbedingungen abbedungen werden kann, wenn der Zulieferer im Gegenzug begünstigt wird, soll hier nicht untersucht werden, vgl. diesbezüglich etwa das Modell von Grunewald, NJW 1995, 1777, 1784 (Beteiligung des Käufers an Folgeschäden, die auf fehlerhafte Ware des Verkäufers zurückzuführen sind als Wertungsaspekt, der die mit dem vorformulierten Rügeverzicht grundsätzlich verbundene unangemessene Benachteiligung des Verkäufers aufheben soll).

[237] Beispiele für entsprechende Klauseln bei Steinmann, BB 1993, 873 („Der Hersteller übernimmt keine Prüf- oder Rügepflicht gem. §§ 377, 378 HGB [a. F.] für eingehende Lieferungen. Fehler können aber immer noch nach ihrer späteren Entdeckung gerügt und daraus resultierende Ansprüche geltend gemacht werden") sowie Westphal, S. 79 Rn. 242 (dort aus dem Umfeld der Elektro-Industrie).

[238] Ensthaler, NJW 1994, 817, 818 („vom Hersteller vorformulierte Regelwerke"); ders., in: Ensthaler (Hrsg.), HGB, nach § 377 Rn. 6; Merz, Qualitätssicherungsvereinbarungen, 1992, S. 157 f.

[239] Vgl. hierzu – mit Begründungsunterschieden im Detail – Nagel, DB 1991, 319; Westphal, S. 93 f.; Zirkel, NJW 1990, 347; Lehmann, BB 1990, 1849, 1851 ff.

vollständige Abbedingung der Rügelast in AGB-Klauseln als unwirksam an[240], er hat auch unlängst betont, dass ein Handelsbrauch bzw. entsprechende Branchenüblichkeit nicht vollständig von der Untersuchungsobliegenheit entbinden können[241]. Überdies führt die angesprochene Klauselgestaltung zu Friktionen mit dem gesetzlich fixierten Zeitpunkt der Untersuchung, der Ablieferung beim Käufer: Die räumliche und zeitliche (Vor-)Verlagerung der Qualitätskontrolle auf den Betrieb des Zulieferers vermag begrifflich diejenigen Mängel nicht zu erfassen, die sich erst nach Verlassen der Ware beim Zulieferer ergeben bzw. auswirken, mithin eventuelle Transportschäden oder Irrläufer.[242] Indes ist nicht erkennbar, weshalb der Assembler auch unter Zugrundelegung der beschriebenen Produktions- und Logistikkonzepte noch nicht einmal zur groben, auf Verpackung und Identität der Zuliefererware beschränkten Sichtung in der Lage sein sollte. Die Unternehmenswirklichkeit redet daher keineswegs einer vollumfänglichen Abbedingung des § 377 HGB durch Installierung einer Warenausgangskontrolle beim Zulieferer das Wort.

Außerdem wird für die Verlagerung der Qualitätskontrolle auf den Zulieferer unter gleichzeitigem vollständigen Ausschluss der Untersuchungs- und Rügelast angeführt, die Fehlerwahrscheinlichkeit werde durch effiziente QMS so weit reduziert, dass auch eine (zusätzliche) Wareneingangskontrolle beim Hersteller das verbleibende Fehlerrisiko nicht spürbar verringern könne.[243] Damit soll die angebliche ökonomische Fehlsteuerung des § 377 HGB innerhalb von QSV-beziehungen veranschaulicht werden.[244] Indes kann auch diese Einschätzung hinsichtlich der eben angeführten Transportschäden und Identitätsfehler von vorne herein nicht zutreffen. Doch selbst wenn eine Wareneingangskontrolle beim Hersteller aufgrund der „engmaschig strukturierten" Betriebsabläufe in Just-In-Time-Beziehungen keine signifikante Reduzierung des Fehlerrisikos nach sich ziehen sollte, kann aus diesem Befund kein Argument für die Einschätzung, § 377 HGB würde den Anforderungen von QSV nicht gerecht, abgeleitet werden. Denn zum einen zeigt ein Blick in die Tagespresse, dass auch bei weltweit renommierten, mit modernsten QM-methoden arbeitenden Zulieferunternehmen (im Endprodukt nachwirkende) Produktionsfehler vorkommen[245], die die Grundannahme der Be-

---

[240] BGH NJW 1991, 2633 ff. = BB 1993, 1732 ff.

[241] BGHRep 2003, 285 ff.; zustimmend Ensthaler, in: Ensthaler (Hrsg.), HGB, nach § 377 Rn. 13.

[242] Grunewald, NJW 1995, 1777, 1783.

[243] Steinmann, BB 1993, 873, 877 f.

[244] In diese Richtung Lehmann, BB 1990, 1849 f. (Nutzung der Wettbewerbs- und Kostenvorteile der technisch-organisatorischen Integration).

[245] So etwa beim Automobilzulieferer Robert Bosch in den Jahren 2004/2005 hinsichtlich fehlerhaft gefertigter Dieseleinspritzpumpen und Bremskraftverstärkern, die in Modelle deutscher und US-amerikanischer Kfz-Hersteller eingebaut wurden und im Fall der Bremskraftverstärker zum Rückruf von über 150.000 Wagen auf dem amerikanischen Markt führen, vgl. dazu F. A. Z. vom 12.02.2005, Nr. 36, S. 15. Das Risiko der Fehleranfälligkeit der Zulieferprodukte potenziert sich in den Maße, wie der Zulieferer seinerseits auf vorgefertigte Komponenten aus Zulieferketten zurückgreift.

fürworter einer Abkehr von der Regelung des § 377 HGB, nämlich die permanente Funktionsfähigkeit und Wirksamkeit ausgefeilter Mechanismen des Qualitätsmanagements, in Zweifel ziehen. In dem genannten Beispiel hätte eine wirksame, an möglichen Mangelfolgen ausgerichtete Wareneingangskontrolle innerhalb der verflochtenen Lieferkette eine Ausbreitung des Fehlers über mehrere Stufen der Wertschöpfungskette mit hoher Wahrscheinlichkeit verhindert.[246] Vor allem gilt es aber zu bedenken, dass der Zulieferer auch beim sog. verdeckten Mangel ein Interesse daran hat, im Wege der Mängelanzeige zeitnah von Produktfehlern zu erfahren, etwa um die betreffende Produktionsserie zu überprüfen und gegebenenfalls umzustellen oder rasch Untersuchungen bei seinen Zulieferern einzuleiten. Auch diese Interessen schützt § 377 HGB, dessen Normzweck daher auch insoweit grundsätzlich gegen die kompensationslose Abbedingung des § 377 HGB in QSV-Beziehungen streitet.[247]

3.4 Fazit

Im Hinblick auf das Qualitätsmanagement sind Recht und Technik in besonders enger Maße aufeinander bezogen. Der aus den Management- und Technikwissenschaften herrührende Ansatz der ständigen Qualitätsverbesserung wird juristisch auf vielfältige Weise unterstützt. Im Gegenzug können anerkannte Qualitätstechniken auch auf die Auslegung einschlägiger Rechtsnormen Einfluss nehmen.

3.5 Literaturverzeichnis

Becker, Roman/Kaerkes, Wolfgang: Verständigung: mangelhaft. ExBa 2004 untersucht Kommunikation in Unternehmen, in: QZ, Jg. 50, 04/2005, S. 29-34.
Bergbauer, Axel K.: Die Unternehmensqualität messen – den Europäischen Qualitätspreis gewinnen. EFQM – Selbstbewertung in der Praxis. 2. Aufl. 1999, expert.
Beutler, Kai: Die neue ISO 9000, das EFQM-Modell und andere Qualitätsmanagementsysteme, 2001.
Campbell, Ian: ISO 9001:2000 im Klartext, 2002, weka-media.
DIN EN ISO 9000:2005. Qualitätsmanagementsysteme – Grundlagen und Begriffe (ISO 9000:2005); Dreisprachige Fassung EN ISO 9000:2005.
DIN EN ISO 9001:2008. Qualitätsmanagementsysteme – Anforderungen (ISO 9001:2008); Dreisprachige Fassung EN ISO 9001:2008.

---

[246] Im Beispiel der Dieseleinspritzpumpe hat sich der Fehler über zahlreiche Zulieferstufen (fehlerhaft hergestellte Chemikalie zur Beschichtung von Buchsen, die in der Einspritzpumpe verbaut wurden) erstreckt.

[247] So im Ergebnis auch Grunewald, NJW 1995, 1777, 1783 f.; Wellenhofer-Klein, S. 349 f.

DQS (2008): DIN EN ISO 9001:2008. Klassifizierung der Änderungen., abrufbar unter https://de.dqs-ul.com/zertifizierung/qualitaetsmanagement/iso-9001.html?aoe_damfe%5Bmvcinstance%5D=3991&aoe_damfe%5Bdamrecord%5D=299&aoe_damfe%5Baction%5D=download&cHash=f99701cc20, Abruf vom 09.06.10.
Ensthaler, Jürgen: Die haftungsrechtliche Bedeutung von Qualitätssicherungsvereinbarungen, in: NJW 1994, 817-823.
Ensthaler, Jürgen (Hrsg.): Gemeinschaftskommentar zum HGB, 7. Aufl. 2007, Luchterhand (zitiert als: Bearbeiter, in: Gemeinschaftskommentar zum HGB).
Frehr, Hans-Ulrich: Total Quality Management. Unternehmensweite Qualitätsverbesserung, 2. Aufl. 1994, Hanser.
Funck, Thomas: Excellence ist ein Rennen durch die Wüste. Deutsches Excellence Forum und LEP-Preisverleihung in Berlin, in: QZ, Jg. 55, 01/2010, S. 20-23.
Grunewald, Barbara: Just-in-time-Geschäfte – Qualitätsvereinbarungen und Rügelast, in: NJW 1995, 1777-1784.
Günther, Hans-Otto/Tempelmeier, Horst: Produktion und Logistik, 7. Aufl. 2007, Springer.
Imai, Masaaki: Kaizen. Der Schlüssel zum Erfolg der Japaner im Wettbewerb, 3. Aufl. 1993, Ullstein.
ISO-Survey 2008, abrufbar unter http://www.iso.org/iso/survey2008.pdf, Abruf vom 21.06.10.
Kamiske, Gerd/Brauer, Jörg-Peter: Qualitätsmanagement von A bis Z. Erläuterungen moderner Begriffe des Qualitätsmanagements. 5. Aufl. 2006, Hanser (zitiert als: Kamiske/Brauer, A bis Z).
Kamiske, Gerd/Brauer, Jörg-Peter: ABC des Qualitätsmanagements, 2. Aufl. 2002, Hanser (zitiert als: Kamiske/Brauer, ABC).
Kroonder, Michael: Qualitätssicherungsvereinbarungen, in: Pfeifer, T. (Hrsg.): Masing Handbuch Qualitätsmanagement, 2007, Hanser.
Lehmann, Michael: Just in time – Handels- und AGB-rechtliche Probleme, in: BB 1990, 1849-1855.
Nagel, Bernhard: Schuldrechtliche Probleme bei Just-in-Time-Lieferbeziehungen. Dargestellt am Beispiel der Automobilindustrie, in: DB 1991, 319-327.
NN (2005): Excellence in Zahlen. Leistungsbilanz. in: QZ, Jg. 50, 04/2005, S. 6.
Popp, Klaus: Die Qualitätssicherungsvereinbarung, 1992, Hanser.
Poppe, Sina: Begriffsbestimmung Compliance: Bedeutung und Notwendigkeit, in: Görling, H./Inderst, C./Bannenberg, B. (Hrsg.): Compliance. Aufbau - Management - Risikobereiche, 2010, C. F. Müller, S. 1-12.
Quittnat, Joachim: Qualitätssicherung und Produkthaftung, in: BB 1989, 571-575.
Reiche, Markus: Qualität im Fokus. Mit dem EFQM-Modell zu erfolgreicher Mitarbeiter- und Kundenorientierung. in: QZ, Jg. 45, 6/2000, S. 744-747
Schmitt, Robert/Mütze-Niewöhner, Susanne/Vetter, Sebastian/Lieb, Helmut/Nielen, Alexander: Mehr Leben im Spiel. Motivationsgerechte Gestaltung von QM-Systemen, in: QZ, Jg. 55, 08/2010, S. 56-57.
Seghezzi, Hans Dieter: Konzepte – Modelle – Systeme, in: Masing, W. (Hrsg.): Handbuch Qualitätsmanagement, 4. Aufl. 1999, Hanser, S. 103-126.

Spitz, Hermann: C.A.R.S. QM-Systeme. DIN EN ISO 9000 ff/QS-9000/VDA Band 6.1. Ein Überblick über den Aufbau und die Forderungen, 1997, C.A.R.S.
Steinmann, Christina: Abdingbarkeit der Wareneingangskontrolle in Qualitätssicherungsvereinbarungen, in: BB 1993, 873-879.
VDA. Qualitätssicherungs-Systemaudit. Nach DIN ISO 9004 / EN 29004. Fragenkatalog. Bewertung der Ergebnisse. 2. Aufl., 1993.
Theden, Philipp/Colsmann, Hubertus: Qualitätstechniken. Werkzeuge zur Problemlösung und ständigen Verbesserung. 4. Aufl. 2005, Hanser.
Wellenhofer-Klein, Marina: Zulieferverträge im Privat- und Wirtschaftsrecht, 1999, C. H. Beck.
Westphal, Constantin: Der Ausschluss der §§ 377, 378 HGB durch Allgemeine Einkaufsbedingungen, 1996, Lang.
Zirkel, Herbert: Das Verhältnis zwischen Zulieferer und Assembler – eine Vertragsart sui generis, in: NJW 1990, 345-351.

4 Vertriebsmanagement und Recht

Jürgen Ensthaler

In diesem Kap. 4 soll unter 4.1 zunächst eine kurze Einführung in die Vertriebsorganisation gegeben werden, wobei dieser Überblick nicht zwischen technischen und nichttechnischen Produkten unterscheidet. Auch das unter 4.2 dargestellte „allgemeine“ Vertriebsrecht ist die Grundlage für den Vertrieb aller Produkte bzw. Dienstleistungen und insofern als Grundlage auch für den Vertrieb technischer Produkte von Bedeutung. Die ausgewählten und ausführlichen Beispiele unter 4.3 betreffen gezielt den Vertrieb technischer Produkte. Ein Beispiel behandelt die Qualitätssicherungsvereinbarung, wie sie als Rahmenvertrag die Lieferbeziehungen zwischen Zulieferern und Herstellern begleitet. Das zweite Beispiel befasst sich mit dem Rechtssystem, das den Vertrieb technischer Produkte wesentlich erleichtert, gerade wenn über die Landesgrenzen hinaus veräußert wird; vorgestellt wird ein System zur Konformitätsbewertung. Das dritte Beispiel beleuchtet eine für den Anlagenbau typische Situation, die Kombination von Veräußerung technischer Produkte und Vereinbarungen über deren Inbetriebnahme und Wartung.

4.1 Einführung in die Vertriebsorganisation: Eigen- und Fremdvertrieb

Waren und auch Dienstleistungen müssen zur Amortisation der für ihre Herstellung bzw. Durchführung entstandenen Kosten auf den Markt gebracht bzw. dort vertrieben werden. Der Vertrieb kann einerseits vom Hersteller der Ware bzw. vom Dienstleister selbst vorgenommen (Eigenvertrieb), andererseits – wie dies überwiegend der Fall ist – von dritter Seite durchgeführt werden (Fremdvertrieb).

Aus rechtlicher Sicht unterscheiden sich der Eigen- und der Fremdvertrieb dadurch, dass im Eigenvertrieb nur die Vertragsbeziehung zum Kunden bzw. die Art und Weise seiner Einwerbung von Bedeutung ist und im Falle des Vertriebs durch Dritte außerdem noch die vertraglichen Beziehungen zu eben diesen Dritten von Bedeutung sind. Hinzu kommt beim Fremdvertrieb, dass der Absatzmittler selbst Abnehmer der Waren sein kann oder aber, dass der Absatzmittler die Abnahme der Waren nur durch seine Tätigkeit vorbereitet. Im erstgenannten Fall hat der Hersteller nur vertragliche Beziehungen zu seinem Absatzmittler, mit dem er sowohl den Vertriebsvertrag wie auch den Kaufvertrag über die Waren schließt. Im zweitgenannten Fall bestehen vertragliche Beziehungen zwischen Hersteller und Vertriebsmittler einerseits sowie zwischen Hersteller und Abnehmer der Ware, dem Endkunden andererseits.

Ein Beispiel für den erstgenannten Fall ist der Vertragshändler, der die Waren beim Hersteller einkauft, um sie dann auf eigenes Risiko zu vertreiben; ein Beispiel für den zweitgenannten Fall ist der Handelsvertreter, der zwar auch selbständiger Kaufmann ist, aber den Verkauf der Waren für den Hersteller nur vermittelt.

Aus *betriebswirtschaftlicher* Sicht stellt sich die Frage, warum der Hersteller seine Ware nicht selbst vertreibt. Die Kosten für den Vertrieb hochwertiger Produkte, z.B. eines Pkws, sollen rund 30% des empfohlenen Listenpreises betragen. Der Vertragshändler erhält auf diesem Gebiet eine Marge, die zwischen zwölf und 20% liegt. Es ist also zunächst vorstellbar, dass ein Eigenvertrieb die Kosten reduziert bzw. dass die im Zusammenhang mit der Marge von den Handelshäusern gemachten Gewinne vom Hersteller selbst erzielt werden könnten.

Zunächst muss man sich die fließenden Unterschiede zwischen Eigen- und Fremdvertrieb vergägenwärtigen. Nicht alles, was aus juristischer Sicht dem Fremdvertrieb zuzurechnen ist – weil vom Herstellerunternehmen getrennte selbständige Kaufleute vertreiben –, ist auch aus wirtschaftlicher Sicht Fremdvertrieb.

Einerseits gibt es Absatzmittler, die die Ware mit all den verbundenen Risiken selbst zu Eigentum erwerben, um sie dann an den Endkunden oder Händler weiterzugeben. Andererseits gibt es Absatzmittler, die dieses Risiko nicht tragen. Gemeint sind damit die Handelsvertreter und die Kommissionsagenten. In der Betriebswirtschaftslehre werden deshalb auch die Tätigkeiten der Handelsvertreter und der Kommissionäre dem direkten Vertrieb (Eigenvertrieb) zugerechnet. In der Praxis verhält es sich so, dass bei einem Vertrieb über Handelsvertreter diesen Vertretern Margen eingeräumt werden, die unter denen der Vertragshändler liegen, die die Ware zu Eigentum erwerben und auf eigenes wirtschaftliches Risiko veräußern. Die Marge ist weiterhin davon abhängig, in welchem Umfang die Übernahme von Geschäftsrisiken vom Handelsvertreter verlangt wird.

Diese Unterscheidung hat auch für die Rechtsprechung große Bedeutung, die auf dieser Grundlage zwischen sog. *echten* und *unechten* Handelsvertretern unterscheidet. Die unechten Handelsvertreter, das wurde oben bereits gesagt, sind solche, die wirtschaftliche Risiken bei der Vertragsvermittlung eingehen, während die echten Handelsvertreter nicht mit wirtschaftlichen Risiken belastet sind. Die Differenzierung hat juristisch weiterreichende Folgen, insbesondere bei der Anwendbarkeit kartellrechtlicher Vorschriften auf den unechten Handelsvertreter; dieser wird dem Vertragshändler kartellrechtlich gleichgestellt. Diese Gleichstellung hat für den Hersteller wiederum Konsequenzen hinsichtlich seiner Befehlsgewalt über den unechten Handelsvertreter. Weil er Absatzrisiken trägt, unterfällt er – wie der Vertragshändler – den (Schutz-)Vorschriften des Kartellrechts, insbesondere denen der Gruppenfreistellungsverordnungen (kurz: GVOs) für den Vertrieb (allgemein) und den Vertrieb von Kraftfahrzeugen (speziell).

Einem echten Handelsvertreter kann z.B. untersagt werden, Filialen zu unterhalten, einem unechten Handelsvertreter gegenüber ist dies auf dem Gebiet des Kraftfahrzeughandels nicht und auf anderen Vertriebsgebieten nur eingeschränkt möglich. Unechte Handelsvertreter können auf der Grundlage der gegenwärtig noch in Kraft befindlichen Kfz-GVO (Verordnung (EG) Nr. 1400/2002 i.V.m. Verordnung (EU) Nr. 461/2010)[248] überall im Binnenmarkt Ausstellungsräume und Ausstellungslager einrichten. Hinsichtlich der wirtschaftlichen Entlohnung, der Gewinnerzielungsmöglichkeit, sind die entsprechenden Regelungen beim unechten Handelsvertreter, denen beim Vertragshändler angenähert. So gibt es einen Gleichlauf zwischen Risikoübernahme und Gewinnerzielungsmöglichkeiten.

Der Hersteller hat somit durch diese doch relativ eng in seinen betrieblichen Ablauf eingegliederten unechten Handelsvertreter die Möglichkeit, einen Mischtyp zwischen Eigenvertrieb und Fremdvertrieb durchzuführen, wobei das Verhältnis von völligem Eingebundensein in betriebliche Abläufe, insbesondere hinsichtlich der Marketing-Maßnahmen, bis zu einer wirtschaftlichen Selbständigkeit reichen kann, die schon der des Vertragshändlers ähnlich ist. Insbesondere die Differenzierung zwischen dem echten und dem unechten Handelsvertreter zeigt, dass man sich die Vertragsgestaltungen zwischen Hersteller und Absatzmittler genau ansehen muss, um eine Aussage darüber zu treffen, warum kein Eigenvertrieb durchgeführt wird. Die nachfolgende Abb. 4.1 stellt die unterschiedlichen Ausgestaltungsmöglichkeiten eines Handelsvertreters noch einmal graphisch dar.

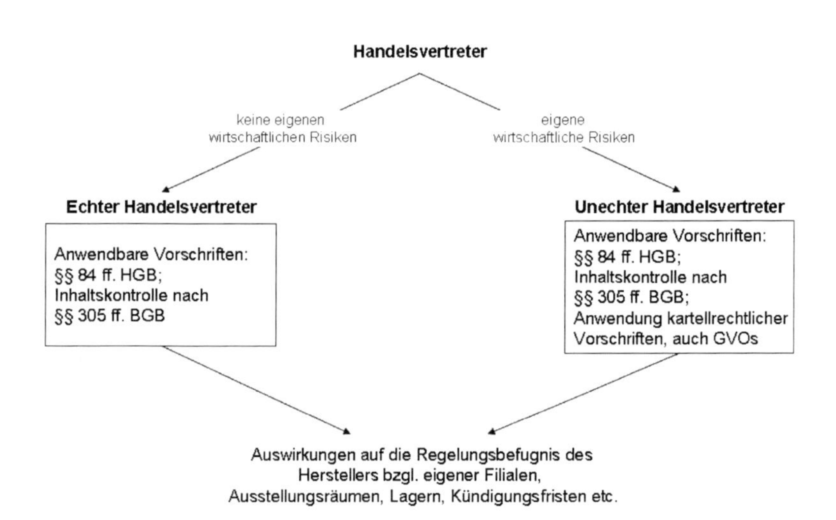

Abb. 4.1: Echter/Unechter Handelsvertreter

In der Betriebswirtschaftslehre zählen überhaupt nur diejenigen zu den Absatzmittlern, die die Ware auf eigenes Risiko einkaufen und dann an ihre Kunden

---

248 Vgl. zu den für den Kfz-Vertrieb geltenden Gruppenfreistellungsverordnungen ausführlich später unter 4.2.1.2.

weitergeben. Als Absatzmittler erscheinen also nur die, die selbst Eigentum an der Ware erlangen. Wenn hier die Frage wiederholt wird, warum auf diese kostenträchtige Handelsstufe zurückgegriffen und nicht ein Eigenvertrieb oder zumindest ein, wie oben ausgeführt, modifizierter Eigenvertrieb vorgenommen wird, so müsste man wohl branchenspezifisch unterscheiden, um zu aussagekräftigen Ergebnissen zu gelangen.

Allgemein lässt sich zumindest folgern, dass vielen Herstellern die finanziellen Mittel fehlen, um ihre Produkte ohne Zwischenglieder direkt an die Endverbraucher zu verkaufen. Ein weiteres Argument bei zahlreichen Produkten ist, dass der Hersteller auch noch die Funktion von Zwischenhändlern übernehmen und eventuell auch noch zusätzlich die Produkte anderer Hersteller mitverkaufen müsste, um eine wirtschaftlich sinnvolle Warenverteilung zu erreichen.[249]

Hinzu kommt, dass die den Händlern zur Verfügung gestellten Margen, also die Differenz zwischen dem Händlerabgabepreis und dem empfohlenen Listenpreis, sehr häufig nicht marktgerecht ist. Der Händler kann seine Geschäfte häufig nur durch Gewährung von Rabatten abschließen; im Kfz-Handel spricht man seit einigen Jahren im Hinblick auf den dem Handel nur noch verbleibenden Teil an der Marge von sog. „Hungerrenditen". Daraus folgt, dass selbst Hersteller, die es sich leisten könnten, firmeneigene Distributionskanäle zu betreiben, dies nicht unternehmen, weil die Rendite aus der Produktionstätigkeit weitaus höher als die aus dem Handelsgeschäft ist und es insofern profitabler ist, in das eigentliche Kerngeschäft zu investieren.

Soweit einige Hersteller zumindest teilweise firmeneigene Distributionssysteme betreiben, geht es häufig darum, Erfahrungen im Management aller Stufen des Distributionssystems zu sammeln und dadurch die Leistungsfähigkeit der für den Handel regelmäßig daneben existierenden Distributionspartner (oder Franchisenehmer) einschätzen zu können; d.h. neue Produkte und Verkaufsmethoden schnell und flexibel auszuprobieren, sowie Leistungsstandards für die Vertragshändler und auch Franchisenehmer aufzustellen.[250] Nachteile bei diesen mehrgleisigen Distributionssystemen ergeben sich aber in der Praxis daraus, dass es selten ein einvernehmliches Nebeneinander der Eigen- mit der Fremddistribution gibt. Der Hersteller ist sehr häufig geneigt, den eigenen Absatzmittlern bessere Informationen zu geben, ihnen zu helfen, preisgünstiges Fremdkapital zu erhalten und, wenn es sein muss, ihnen die Waren auch billiger abzugeben, damit diese am Markt Erfolg haben können. Es gibt zahlreiche Beispiele dafür, dass Hersteller, namentlich die, die durch Handelshäuser ihre Marke exklusiv vertreiben lassen, insolvenzgefährdeten Handelshäusern den Wareneinkauf zu weitaus besseren Konditionen ermöglichen. Dies führt natürlich zu einer Wettbewerbsverzerrung zwischen den Händlern. Zum Ausgleich der Nachteile gibt es kartellrechtliche Möglichkeiten. So hat nach der Rechtsprechung des BGH innerhalb eines Vertriebssystems die sog. Systemgerechtigkeit zu herrschen. Ohne sachlich gerecht-

---

[249] Kotler/Keller/Bliemel, S.850.

[250] Kotler/Keller/Bliemel, S. 851.

fertigten Grund darf ein Vertriebsbinder seine Distributionspartner nicht unterschiedlich behandeln. Dies gilt dann auch für die Situation, dass er selber Handel betreibt und die von ihm betriebenen Handelshäuser begünstigt. In der Praxis sind aber diese Fälle sehr schwer aufzufinden, weil es viele Möglichkeiten gibt, die gewährten Vorteile zu verdecken.

Zum Thema Eigenvertrieb ist schließlich noch anzuführen, dass Hersteller zum Teil den Vertrieb über Handelspartner dazu nutzen, die Vertriebskosten einseitig zu Lasten dieser Handelspartner zu senken, um dann bei Insolvenz der Handelspartner diese Betriebe zu übernehmen.

Die Margensysteme sind häufig sehr ausgeklügelt und es werden die verschiedensten Zwecke damit verfolgt, wobei auch einige dieser Zwecke unlauter bzw. rechtswidrig sind. So gibt es Margensysteme, die gegen die Vertikal-GVO und auch gegen die Kfz-GVO verstoßen. Es gibt Hersteller, die innerhalb quantitativ selektiver Vertriebssysteme ihren Vertragshändlern gewisse Boni gewähren, soweit diese an ihre bisherigen Stammkunden veräußern und nicht aus anderen Gebieten Kunden akquirieren. Dies verstößt gegen die genannten GVOs, weil innerhalb quantitativ selektiver Vertriebssysteme der intra-brand-Wettbewerb dadurch gefördert wird, dass keinem Händler mehr ein exklusives Gebiet zugewiesen werden darf, sondern die Händler in der gesamten Europäischen Union bzw. im europäischen Wirtschaftsraum Kunden akquirieren und somit auch in Konkurrenz zu ihren Markenkollegen treten dürfen. Nur unter dieser Voraussetzung sind quantitativ selektive Vertriebssysteme nach den beiden einschlägigen GVOs überhaupt freigestellt. Bei solchen Vertriebssystemen wird der Wettbewerb dadurch beschränkt, dass nicht alle Händler, die mit der Ware auf den Markt treten wollen, diese Marke auch erhalten. Der Wettbewerb soll dann aber wiederum dadurch verstärkt werden, dass zumindest die vom Vertriebsbinder (Hersteller) zugelassenen Händler auch untereinander in Konkurrenz treten dürfen. Soweit die Marge auch davon abhängig gemacht wird, dass gerade nicht an Kunden verkauft wird, die in dem Gebiet eines anderen Händlers ihren Wohn- bzw. Firmensitz haben, wird gegen diese Gruppenfreistellungsverordnungen und damit gegen das Kartellrecht verstoßen.

Die von den Herstellern eingesetzten Margensysteme sind von großer Bedeutung für den Handel. Durch die Organisation der Margensysteme versucht der Vertriebsbinder seine Vertriebspolitik gegenüber dem Handel durchzusetzen. Das beginnt damit, dass bestimmte Waren, nämlich Waren, die sich leichter verkaufen lassen, mit einer geringeren Marge belegt sind als schwieriger zu verkaufende Waren. Das ist durchaus gerecht, weil hier höhere Anstrengungen seitens des Handels vorgenommen werden müssen.

Daneben wird mit dem Margensystem Modellpolitik gemacht. Es wird insbesondere versucht, gewisse Ausstattungsvarianten durch zu gewährende Sonderboni an den Kunden zu bringen.

Die Boni-Systeme sind zum Teil so undurchsichtig, dass sie nur noch „Eingeweihte“ verstehen und das auch nur mit Schwierigkeiten.

Ein (anonymisiertes) Beispiel aus der Praxis: „Die [XY] AG hat das Margen- und Bonussystem für das Jahr 2011 vorgestellt. Darin wurden bisherige Bestandteile wie

Volumenbonus, Wachstums- und Konjunkturbonus sowie Nevada-Bonus durch Marketing, Loyalität/Eroberung, prospektive Loyalität und Vorführwagen ersetzt. Bei dem CSS und Modellbonus wurden Anpassungen in prozentualer Höhe vorgenommen. Der CI-CD-Bonus hat in seiner heutigen Form weiterhin Bestand."
Hinter diesen selbst für Mitglieder des Vertriebssystems schwer zu enträtselnden Erklärungen verbergen sich zahlreiche Strategien des Herstellers: Belohnung für Mengenwachstum, Markteroberung, Anpassung an Konjunkturschwierigkeiten, Belohnung für verkaufsfördernde Investitionen und vieles mehr. Sie werden in das Margensystem aufgenommen und in ein kompliziertes Beziehungsgeflecht gebracht. Es gibt bei vielen Marken seit langem kein Margensystem auf der einfachen Grundlage von gleich bleibender prozentualer Beteiligung am verkauften Produkt mehr.

4.2 Die rechtliche Einbindung der Vertriebsverträge

Die für das Vertriebsrecht maßgeblichen Regelungsbereiche sind sehr zahlreich und gehören auch recht unterschiedlichen Rechtsbereichen an.

Für einen ersten Überblick kann man dahin unterscheiden, ob die jeweiligen Adressaten des Rechts Verbraucher sind oder ob es um das Rechtsverhältnis zwischen Hersteller (Vertriebsbinder) und Absatzmittler (Händler, Handelsvertreter etc.), mithin Unternehmern geht. Das Vertriebsrecht – präzise benannt müsste es Vertriebs- und Absatzmittlerrecht heißen – befasst sich also mit zwei unterschiedlichen Rechtskreisen. Behandelt werden einerseits die Erwerbsgeschäfte durch den Kunden bzw. Endverbraucher (auch die zwischen Zulieferer und Hersteller) und andererseits die Rechtsbeziehung zwischen dem Hersteller und dem Absatzmittler, der entweder im eigenen Namen oder im Namen des Herstellers vertreibt.

Diese Unterscheidung lässt sich aber nicht absolut durchführen. Durch die jeweiligen Mitglieder der Vertriebsorganisation werden entsprechende Verträge mit den Kunden geschlossen, und zwar entweder in ihrem eigenen Namen oder im Namen des Herstellers. Auch wenn die Absatzmittler die Verträge im eigenen Namen schließen, diese also selbst Vertragspartner des Endverbrauchers werden, wirken die Verträge regelmäßig auf den Hersteller zurück, z.B. im Zusammenhang mit Gewährleistungs- und Garantieansprüchen oder im Zusammenhang mit der Produkt- bzw. Produzentenhaftung. Werden die Verträge im fremden Namen, also im Namen des Herstellers abgeschlossen, so entscheidet die konkrete Ausgestaltung der Vertragsbeziehung zwischen Hersteller und Absatzmittler (z.B. Handelsvertreter), ob und in welchem Umfang der Absatzmittler zum Abschluss berechtigt war. Eine tabellenartige Zusammenstellung der verschiedenen Arten von Absatzmittlern findet sich nachfolgend in Tabelle 4.1.

Tätigwerden ...	... im eigenen Namen	... in fremdem Namen
... auf fremde Rechnung	Kommissionär Kommissionsagent	Handelsvertreter Handelsmakler
... auf eigene Rechnung	Vertragshändler Franchisenehmer	

Tabelle 4.1: Übersicht Absatzmittler

Die vertriebsrechtlichen Vereinbarungen zwischen den Vertriebsbindern (Herstellern) und den Absatzmittlern (z.B. Vertragshändler) sind nicht in einem einheitlichen, geschriebenen Vertriebsrecht nachzulesen, auch nicht in zumindest wesentlichen Bereichen. Die Regelungen finden sich weit gestreut im geschriebenen Recht. Die Vorschriften für die Absatzgehilfen des HGB, also Regelungen für den *Handelsvertreter* und den *Kommissionär*, treffen für die Mehrzahl der Vertriebsverträge nicht unmittelbar zu, es kommt insoweit allenfalls eine entsprechende (analoge) Anwendung einzelner Normen in Betracht. Dies gilt namentlich für den Vertragshändler.

4.2.1 Der Vertriebshändler als Absatzmittler

Es gibt keinen in ein Gesetz aufgenommenen *Vertriebshändlervertrag*. Vielmehr handelt es sich dabei um einen Vertrag eigener Art der im Rahmen der grundsätzlich bestehenden Vertragsgestaltungsfreiheit möglich ist und dem Hersteller dazu dient, ein bestimmtes Vertriebssystem aufzubauen.

4.2.1.1 Die Inhaltskontrolle

Da Vertriebshändlerverträge regelmäßig vorformulierte Verträge sind, – der Vertrieb soll einheitlich verlaufen und muss durch dieselben Vertragsklauseln organisiert werden –, unterliegen sie einer Inhaltskontrolle nach den Vorschriften über Allgemeine Geschäftsbedingungen (kurz: AGB, vgl. §§ 305 ff. BGB). Es gibt zahlreiche Entscheidungen des BGH, gerade auf dem Gebiet des Kfz-Vertriebs, durch die einzelne Klauseln in den Vertragshändlerverträgen wegen ihrer Unvereinbarkeit mit den für die Inhaltskontrolle maßgeblichen Normen, insbesondere der Generalklausel des § 307 BGB (Stichwort: „unangemessene Benachteiligung" des schwächeren Vertragspartners) für unwirksam erklärt worden sind.

Unwirksam sind z. B. (vgl. dazu BGH GRUR 2005, 62):

- Klauseln, welche das Bemühen des Händlers vorschreiben, bestimmte Mindestabsatzmengen zu erreichen. Dies würde sonst zu einer Begrenzung von

Querlieferungen führen und somit gegen Art. 4 GVO 1400/2002 (GVO 461/2010, auch nach GVO 330/2010) verstoßen.
- Die Bestimmung von Mindestabnahmemengen unter Einbeziehung der „Vertriebspolitik" des Herstellers. Die Regelung ist unwirksam, weil die „Vertriebspolitik" ein konturloser Begriff ist.
- Die Pflicht zum Vorhalten einer Mindestanzahl von Vorführwagen.
- Die außerordentliche Kündigung wegen Nichterreichung von Absatzzielen, unabhängig davon, dass der Händler sich um die Zielerreichung bemüht hat.

Bei den für die Inhaltskontrolle maßgeblichen Wertungsmaßstäben orientiert sich die Rechtsprechung an kartellrechtlichen Vorgaben, insbesondere den Vorschriften für Gruppenfreistellungsverordnungen des europäischen Kartellrechts.

4.2.1.2 Kartellrechtliche Einschränkungen

Die bedeutsamsten kartellrechtlichen Regelungsinstrumente sind die auf der Grundlage des europäischen Kartellrechts geschaffenen Gruppenfreistellungsverordnungen (kurz: GVOs). Durch GVOs können grundsätzlich bestehende kartellrechtliche Verbote (Art. 101 Abs. 1 AEUV = ex-Art. 81 Abs. 1 EG-Vertrag) unter bestimmten, in diesen GVOs genannten Voraussetzungen aufgehoben werden (Art. 101 Abs. 3 AEUV).

Das europäische Kartellrecht kennt zwei GVOs für den Vertrieb. Es handelt sich um die sog. Vertikal-GVO (Verordnung EU Nr. 330/2010 der Kommission vom 20. April 2010) und um die sog. Kfz-GVO (Nr. 1400/2002[251] der Kommission vom 31. Juli 2002), die im Mai 2010 noch einmal um drei Jahre verlängert wurde (Verordnung EU Nr. 461/2010 der Kommission vom 27. Mai 2010). Beide Gruppenfreistellungsverordnungen, die Vertikal-GVO, anwendbar auf jegliche Art von vertikalen Vertriebssystemen, und die Kfz-GVO für den Vertrieb neuer Pkw und Lkw, ermöglichen überhaupt erst die vertikalen Vertriebsbindungen, soweit diese quantitativ selektieren. Unterhält der Hersteller ein sog. quantitativ selektives Vertriebssystem, dann wählt er seine Händler nicht nur nach deren fachlicher Qualifikation aus, sondern begrenzt die Zahl der Händler nach seinem Belieben. Der Hersteller lässt also nicht jeden Händler zu, der mit seinem Unternehmen den Qualifikationsanforderungen entspricht. Grundsätzlich ist diese Art der Auswahl von Vertriebshändlern durch Art. 101 Abs. 1 AEUV verboten und wird erst durch die genannten GVOs erlaubt, soweit deren Voraussetzungen erfüllt werden.

Dieser quantitativ selektive Vertrieb steht im Gegensatz zum qualitativ selektiven Vertrieb. Dieser unterfällt dann nicht dem kartellrechtlichen Verbot des Art. 101 Abs. 1 AEUV, soweit die qualitativen Selektionskriterien im Hinblick auf die Waren- und Brancheneigenarten erforderlich erscheinen. Es stellt keine unzulässi-

---

[251] Zur Kfz-GVO siehe ausführlich Ensthaler/Funk/Stopper, Handbuch des Automobilvertriebsrechts.

ge Wettbewerbsbeschränkung dar, wenn z.B. der Hersteller einer bekannten Marke von seinen Vertriebspartnern verlangt, dass diese dem Markenimage entsprechende Einrichtungen vorhalten bzw. mit Personal arbeiten, deren Ausbildung den Erwartungen der Kunden dieser Marke entspricht. Der Hersteller muss dann aber auch jeden Händler in sein Vertriebssystem aufnehmen, der mit seinem Handelsunternehmen diese Anforderungen erfüllt.

Die GVOs befreien für die quantitativ selektiven Vertriebssysteme nur dann vom Kartellverbot, soweit die Marktanteile der Vertriebsbinder (regelmäßig) nicht über 30% liegen. Dies ist für den Kfz-Vertrieb ein relativ hoher Wert. Der größte Produzent Europas, die Volkswagen AG, erreicht ca. 22% auf dem Pkw-Markt.

Diese Marktanteilsschwelle von 30% ist auch der Grund dafür, dass auf dem Gebiet der Servicebetriebe (Werkstattbetriebe) im Kfz-Bereich keine quantitative Selektion mehr zulässig ist. Der Marktanteil für den Kfz-Vertrieb wird nach Art. 3 Abs. 1, Art. 8 Abs. 1 lit. c) der Kfz-GVO 1400/2002 bzw. 461/2010 und nach der Vertikal-GVO 330/2010, Art. 3, 7c danach bestimmt, in welchem Ausmaß der Hersteller durch die mit ihm vertraglich verbundenen Servicebetriebe die Fahrzeuge der eigenen Marke warten lässt. Bislang gilt es als sicher, dass die markengebundenen Werkstätten mehr als 30 % der jeweiligen Marke eines bestimmten Vertriebsbinders versorgen. Der BGH hat allerdings in zwei neueren Urteilen (Parallelverfahren)[252] entschieden, dass die Marktanteilsberechnung nicht den Endkundenmarkt als Berechnungsgrundlage hat. Ergebnis dieser Rechtsprechung ist, dass auf dem Automobilsektor in Europa kein Hersteller die 30%-Schwelle im Servicebereich erreicht und dann auch keine marktbeherrschende Stellung hat, die zur Aufnahme von Werkstattbetreibern in das jeweilige Servicesystem verpflichtet. Eine Aufnahmeverpflichtung besteht aber schon auf der Grundlage des allgemeinen Diskriminierungs- bzw. Willkürverbotes.

Soweit ein bestimmtes Vertriebssystem eines Herstellers der GVO unterfällt, müssen in den Vertriebsverträgen die Verbote der GVO beachtet werden. Unterschieden wird dabei zwischen den sog. grauen und den schwarzen Klauseln. Ein Verstoß gegen eine graue Klausel führt zur Unwirksamkeit der jeweiligen Vertragsklausel und ggf. zur Verhängung einer Geldbuße gegen den Hersteller. Gefährlicher ist ein Verstoß gegen eine schwarze Klausel. Solch ein Verstoß führt zum Zusammenbruch des Vertriebssystems, weil bei auch nur einem Verstoß gegen eine schwarze Klausel alle Freistellungen vom Kartellverbot hinfällig werden, insbesondere das Recht, quantitativ zu selektieren, also sich seine Händler nach Belieben auszusuchen. Zu den schwarzen Klauseln gehören z.B. das Verbot Mindestpreise zu vereinbaren; das Verbot, die Waren durch Querbezug (von anderen Händlern, nicht vom Hersteller) zu erhalten; Beschränkungen hinsichtlich des ak-

[252] BGH NJW 2011, 2730 ff. (Kartellsenat) – MAN-Vertragswerkstatt; BGH GRURPrax 2011, 227 (Kartellsenat) – Nutzfahrzeug-Servicenetz; vgl. zu den Entscheidungen auch die Besprechung von Ensthaler, NJW 2011, 2701 ff.

tiven und passiven Verkaufs an Endkunden; der Ausschluss des Mehrmarkenvertriebs (beim Kfz-Vertrieb); das Verbot an Lieferanten, Kfz-Werkstätten mit Originalersatzteilen zu beliefern .

4.2.1.3 Regelungen für den Kfz-Servicebereich

Bis zum Auslaufen der durch die Kfz-GVO 461/2010 bis zum Jahr 2013 verlängerten Kfz-GVO 1400/2002 gibt es für die autorisierten Werkstattunternehmen des Kraftfahrzeugsektors eine Sonderregelung.

Jede Kfz-Werkstatt, die die vom Hersteller geforderten Qualitätsstandards erfüllt, ist grundsätzlich als Markenwerkstatt in das Servicesystem aufzunehmen[253], wobei die Standards nach dem Kartellrecht dem Erforderlichkeitsmaßstab unterliegen (vgl. Art. 1 Abs. 1 lit. h) GVO 1400/2002). Dieser Erforderlichkeitsmaßstab geht mit der Auslegung des allgemeinen europäischen Kartellrechts konform, dass „in der Natur der Sache“ liegende Wettbewerbsbeschränkungen nicht unter das Kartellverbot des Art. 101 Abs. 1 AEUV fallen.[254] Dies bedeutet, dass die von den Herstellern abverlangten Standards nach den allgemeinen Auslegungskriterien hinsichtlich des Erforderlichkeitsmaßstabes überprüft werden.[255] Es kommt darauf an, dass die abverlangten Standards dazu „geeignet“ sind ein vom Kartellrecht bzw. einer GVO gedecktes Ziel zu erreichen. Es ist also der vom Kartellrecht vorgegebene Rahmen zu beachten. Werkstätten brauchen z.B. keinen Handel mit Fertigprodukten (Pkw) zu betreiben; die entsprechende GVO nennt als Tätigkeitsbereiche die Instandsetzung, die Wartung und den Verkauf von Ersatzteilen. Weiterhin beinhaltet das Erforderlichkeitskriterium ein Übermaßverbot. Grundsätzlich wären danach alle vom Hersteller/Vertriebsbinder abverlangten Standards dahin zu überprüfen, ob nicht geringer aufwendige Mittel zu gleichen oder nahezu gleichen Ergebnissen führen würden.

Allerdings ist zu berücksichtigen, dass dem Systembinder auch das Recht zustehen muss, über den Bereich der allgemeinen Fachhandelsbindungen hinaus Qualitätsziele zu definieren. Es sind demnach nicht nur Standards erlaubt, die sich aus der Natur der Sache ergeben, sondern auch Standards, die sich an den Eigenarten (insbesondere Markenimage) des Produkts orientieren. Dieses Recht ist aber wiederum zu begrenzen, weil andernfalls der Erforderlichkeitsmaßstab leicht ausgehöhlt würde und letztlich sich die Situation einstellen könnte, dass die nur er-

---

[253] Siehe aber die unter 4.2.1.2 zitierten BGH-Entscheidungen (vgl. vorige Fn.), nach denen ein Verstoß gegen die entsprechenden kartellrechtlichen Regelungen außerhalb einer marktbeherrschenden Stellung des Herstellers nicht zur Aufnahmeverpflichtung führt.

[254] Anders die Regelung für qualitative Systeme in der Vertikal-GVO 330/2010, dort gibt es den Erforderlichkeitsmaßstab nicht (siehe Art. 1d). Erst wenn die 30%-Schwelle überschritten ist, gilt der Erforderlichkeitsmaßstab wieder über Art. 101 Abs. 1 AEUV.

[255] Vgl. Art. 1 Abs. 1 lit. h) der bis 2013 verlängerten GVO 1400/2002; Leitlinien der Kommission, Commission Regulation (EC) No. 1400/2002 vom 31.07.2002.

laubte qualitative Selektion doch zu einer quantitativen Selektion führt. Eine wohl zutreffende Auslegung des so verstandenen Maßstabs geht dahin, über die allgemeinen Fachhandelsbindungen hinausgehende am Markenimage orientierte Standards zu erlauben, diese aber im Hinblick auf die aus Verbrauchersicht erwartete Qualität der Werkstatt zu begrenzen.[256]

Daneben sind weitere kartellrechtliche Beschränkungen im Hinblick auf die Werkstätten zu verzeichnen: Die Werkstätten brauchen Ersatzteile nicht über den Hersteller zu beziehen (Ausnahmen: vom Hersteller bezahlte Kulanz- und Garantieleistungen/ Gewährleistungsarbeiten). Den Werkstätten kann durch den Servicevertrag nicht vom Hersteller verboten werden, Ersatzeile auch dann als Originalersatzteile zu verwenden, wenn sie nicht über den Hersteller bezogen wurden, soweit sie von demselben Lieferanten stammen bzw. unter gleichen Produktionsbedingungen hergestellt wurden oder sonst gleichwertig sind. Schließlich wird durch das europäische Kartellrecht sichergestellt, dass die sog. freien Werkstätten alle technischen Informationen über die vertriebenen Fahrzeuge erhalten, die für deren Reparatur- und Wartungsarbeiten erforderlich sind.

4.2.1.4 Die Vertikal-GVO

Die allgemeine Vertriebs-GVO 330/2010 (auch „Vertikal"-, „Dach"- oder „Schirm"-GVO genannt) soll ab 2013 die einzige GVO für den Vertrieb werden. Dies bedeutet, dass es künftig keine Sonderbestimmungen für den wirtschaftlich sehr bedeutsamen Kfz-Vertrieb mehr geben wird. Die Europäische Kommission hat allerdings bereits verlautbart, für diesen Bereich einen eigenständigen „Code of Conduct" für faire kaufmännische Gepflogenheiten zu initiieren.

Die Vertikal-GVO unterscheidet sich jedenfalls wesentlich von der bis 2013 geltende GVO:

Sie hat weitaus weniger schwarze Klauseln als die noch in Kraft befindliche Kfz-GVO. Nach den schwarzen Klauseln ist sowohl die Vereinbarung von Mindestpreisen, als auch die Beschränkung des aktiven oder passiven Verkaufs an Endkunden sowie die Beschränkung von Querlieferungen verboten.
Im Übrigen verbietet Art. 5 der Vertikal-GVO „alle unmittelbaren oder mittelbaren Wettbewerbsverbote, welche für eine unbestimmte Dauer oder für eine Dauer für mehr als fünf Jahren vereinbart werden". Diese Regelung schützt den Händler nicht vor für ihn nachteiligen Wettbewerbsverboten, weil die Regelung nicht einer nach Ablauf dieser fünf Jahre erneut vereinbarten Wettbewerbsbeschränkung entgegensteht; es kann dieselbe Beschränkung nach Ablauf von fünf Jahren wieder für fünf Jahre vereinbart werden. Der Händler, der mit der Vereinbarung einer erneuten Beschränkung nicht einverstanden ist, wird sicher mit der Kündigung des Vertriebsvertrages rechnen müssen.
Eine weitere für den Handel nachteilige Situation kommt hinzu: Nach der Vertikal-GVO sind Vereinbarungen möglich, die den Händler (auf Dauer) verpflichten bis zu 80% der von ihm vertriebenen Waren von einem Hersteller (Vertriebsbinder) zu beziehen; der Mehrmarkenvertrieb kann dadurch ausgeschlossen werden.

[256] Ensthaler/Gesmann-Nuissl, BB 2005, 1749, 1750 ff.

4.2.1.5 Einbeziehung handelsrechtlicher Vorschriften

In der Rechtsprechung ist anerkannt, dass einzelne Vorschriften des HGB zum Handelsvertreterrecht, §§ 84 ff. HGB, analog auf Vertriebshändlerverträge anzuwenden sind. Insbesondere sind die Vorschriften über den Abfindungsanspruch des Handelsvertreters (§ 89b HGB) auf die Vertragshändler anwendbar.

Aber auch umgekehrt sind bestimmte kartellrechtliche Vorschriften, insbesondere die des europäischen Kartellrechts mit seinen Gruppenfreistellungsverordnungen bei bestimmten Typen von Handelsvertretern (sog. unechten Handelsvertreter) zu beachten. Die Vertragsfreiheit ist beim Händlervertrag nicht unerheblich eingeschränkt, wie nachfolgend in Abb. 4.2 illustriert.

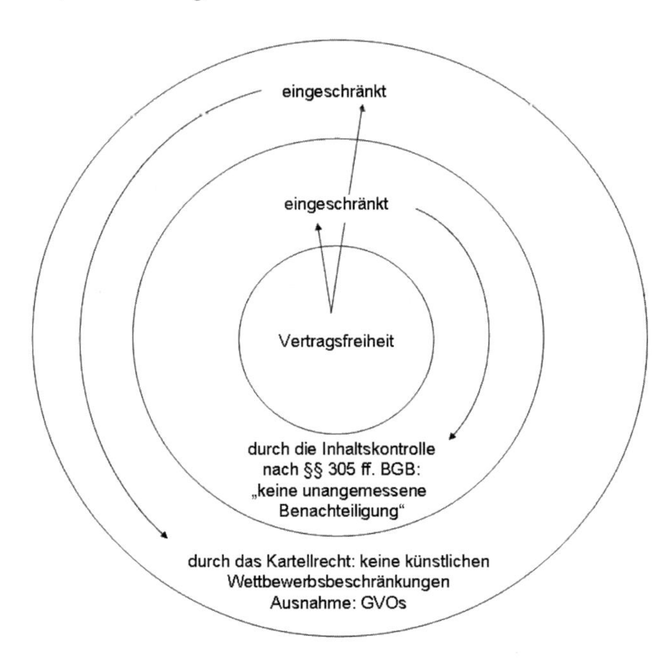

Abb. 4.2: Einschränkungen der Vertragsfreiheit

4.2.2 Der Handelsvertreter als Absatzmittler

Wie bereits zu Beginn festgestellt, lässt sich der Vertrieb über selbständige Absatzmittler in verschiedene Vertriebsformen einteilen. Abzugrenzen ist danach (1) in wessen Namen und auf wessen Rechnung der externe Absatzmittler handelt und (2) inwieweit er das wirtschaftliche und rechtliche Risiko des Produktabsatzes zu tragen hat. Der Vertrieb durch den Handelsvertreter liegt im Grenzbereich zwischen Eigen- und Fremdvertrieb.

4.2.2.1 Der Handelsvertretervertrag

Das prägende Element eines Vertriebsvertrages im Sinne der §§ 84 ff. HGB ist, dass dieser sich „als vertriebsvertragliche Kooperationsform verstehen lässt, die von einem Unternehmer auf höherer Stufe (Absatzzentrale) mit einem auf nachgeordneter Stufe platzierten Unternehmer (Absatzmittler) praktiziert wird, um der absatzwirtschaftlichen Zusammenarbeit beim Vertrieb von Waren (...) eine langfristige vertragliche Grundlage zu geben.“[257] Handelsvertreterverträge sind folglich als Subordinationsverträge zu verstehen, bei denen der Absatzmittler seine Interessen im Zweifel denen des sog. Absatzherrn unterordnet, um zumundest mittelbar (durch Provisionen) daran zu profitieren.[258]

4.2.2.2 Der Begriff des Handelsvertreters

Bei dem Begriff „Handelsvertreter“ handelt es sich nicht um eine geschützte Berufsbezeichnung, vielmehr wurde in § 84 Abs. 1 HGB vom Gesetzgeber nur definiert, wer Handelsvertreter im Rechtssinne ist.[259] Die folgenden Merkmale kennzeichnen den Rechtsbegriff:

- Selbständiger Gewerbetreibender, § 84 Abs. 1 S. 2 HGB:
  Maßgebend ist hierbei die persönliche, nicht die wirtschaftliche Selbständigkeit. Entscheidend sind die Möglichkeit zu eigenständiger Bestimmung, das Gesamtbild der vertraglichen Ausgestaltung sowie der tatsächlichen Handhabung.[260]
- Vermittlung oder Abschluss von Geschäften für einen anderen Unternehmer:
  Der Handelsvertreter handelt im fremden Namen und auf fremde Rechnung. Der Absatzmittler wird also nicht selbst Vertragspartei des Kunden, sondern handelt ausdrücklich für den Geschäftsherrn, so dass die wirtschaftlichen Folgen des Geschäfts auch nicht den Handelsvertreter, sondern den Geschäftsherrn treffen.[261] Bei seiner Arbeit handelt es sich also um eine bloße Vermittlungstätigkeit. Der Handelsvertreter trägt nicht die wirtschaftlichen Risiken in Bezug auf die übertragenen Vermittlungstätigkeiten, sondern nur die allgemeinen kaufmännischen Risiken, wie sie jede selbständige geschäftliche Tätigkeit nach sich zieht.[262]
- Ständige Betrauung:
  Als entscheidendes Kriterium muss der Handelsvertreter gemäß § 84 Abs. 1 HGB von seinem Geschäftsherrn mit der ständigen Vermittlung oder dem stän-

257 OLG Hamburg GWR 2009, 273.

258 OLG Hamburg GWR 2009, 273.

259 Hopt, in: Baumbach/Hopt, HGB, § 84 Rn. 6; Prasse, in: Giesler, § 2 Rn 5.

260 Roth, in: Koller/Roth/Morck, HGB, § 84 Rn. 3.

261 Hombacher, JURA 2007, 690, 690.

262 OGH Wien GRUR Int. 2010, 885, 888.

digen Abschluss von Geschäften betraut sein. Der Handelsvertreter muss also in das Vertriebssystem des Unternehmers eingebunden sein. Die Betrauung bedeutet neben der *allgemeinen Tätigkeitspflicht*, dass der Unternehmer dem Handelsvertreter die Wahrnehmung seiner Interessen anvertraut. Die *allgemeine Interessenwahrnehmungspflicht* des Handelsvertreters für den Unternehmer ist damit zwingende Voraussetzung für die Annahme eines Handelsvertretervertrages.[263] Der Vertrag muss also eine regelmäßige Tätigkeit sowie eine unbestimmte Zahl von Geschäften zum Gegenstand haben.[264] Dieses Merkmal ist konstitutiv.

4.2.2.3 Die Pflichten des Handelsvertreters

Der Handelsvertreter hat sich gemäß § 86 Abs. 1 HGB um die Geschäftsvermittlung zu bemühen. Bemühen bedeutet dabei, die Verpflichtung, aktiv tätig zu werden, also etwa den Markt zu beobachten, neue Absatzmöglichkeiten zu erschließen und Kundenbeziehungen zu etablieren und zu erschließen.[265] Die Vermittlungstätigkeit hat stets unter Wahrung der Interessen des Unternehmers zu geschehen. Daraus folgt auch das Wettbewerbsverbot während der Dauer des Handelsvertretervertrages. Der Handelsvertreter darf dem Unternehmer, für den er tätig ist, keine Konkurrenz in dem ihm zur Betreuung übertragenen Bereich machen, wenn er dadurch die Interessen des Unternehmers erheblich beeinträchtigt.[266]

Zudem muss der Handelsvertreter gemäß § 86 Abs. 2 HGB dem Unternehmer die „erforderlichen Nachrichten" geben, insbesondere über seine Tätigkeit und deren Erfolge unverzüglich Bericht erstatten. Was unter den Begriff „erforderliche Nachrichten" fällt, bestimmt sich unter Abwägung der Interessen des Handelsvertreters danach, was das objektive Interesse des Unternehmers nach Besonderheit und Dringlichkeit erfordert.

Des Weiteren gelten bestimmte Treuepflichten. Der Handelsvertreter unterliegt dem Weisungsrecht seines Geschäftsherrn. Dieses Recht beschränkt sich auf Weisungen bezüglich des zu vermittelnden Produktes, um nicht in den Selbständigenstatus des Handelsvertreters einzugreifen. Darüber hinaus muss der Handelsvertreter die ihm zur Verfügung gestellten Gegenstände pfleglich behandeln und gemäß § 90 HGB Stillschweigen über Geschäftsgeheimnisse bewahren.[267]

---

[263] OLG Hamburg GRUR 2006, 788, 789.

[264] Hombacher, JURA 2007, 690, 690.

[265] Hombacher, JURA 2007, 690, 691.

[266] Roth, in: Koller/Roth/Morck, HGB, § 86 Rn. 6.

[267] Hombacher, JURA 2007, 690, 691.

4.2.2.4 Die Rechte des Handelsvertreters

Das wichtigste Recht des Handelsvertreters ist der Anspruch auf Provision. Gemäß § 87 Abs. 1 HGB bezieht sich dieser Anspruch auf alle Geschäfte, die während des Vertragsverhältnisses zwischen dem Geschäftsherrn und dem Kunden abgeschlossen wurden und auf seine Tätigkeit zurückzuführen sind. Neben dem Provisionsanspruch hat der Handelsvertreter einen Anspruch auf angemessene Unterstützung durch seinen Geschäftsherrn, insbesondere dass dieser ihm die erforderlichen Unterlagen und Informationen zur Verfügung stellt (§ 86a HGB).

Nach Beendigung des Vertrages steht dem Handelsvertreter ein vertraglich nicht abdingbarer Ausgleichsanspruch zu, § 89b HGB. Sinn dieses Anspruchs ist es, dem Handelsvertreter einen Ausgleich dafür zu verschaffen, dass der Geschäftsherr auch nach Ende der Zusammenarbeit von den Kundenbeziehungen profitiert, die sein Handelsvertreter im Rahmen seiner Tätigkeit geknüpft hat.[268]

4.2.2.5 Der Handelsvertreter in der Wirtschaftspraxis

Auch wenn der klassische Handelsvertreter durch moderne Vertriebsformen wie das Franchising teilweise verdrängt wurde, so bleibt er dennoch im sog. Business-to-Business-Bereich die vorherrschende Art der Absatzmittlung.[269] Der Handelsvertreter bleibt auch weiterhin ein wichtiges Bindeglied zwischen verschiedenen Marktstufen.[270]

Auf die Unterscheidung zwischen echten und unechten Handelsvertretern, wie unter 4.1 behandelt, wird hier noch einmal hingewiesen. Nicht selten wird der gesetzlich bestimmte Pflichtenbereich um weitere, die wirtschaftlichen Risiken erhöhende, Pflichten erweitert. Der Handelsvertreter wird dann zum unechten Vertreter mit der Folge, dass nun auch die für den Vertragshändler vorgesehenen kartellrechtlichen Vorschriften einschlägig sind.[271]

Eine weitere Unterscheidung ist die zwischen dem Hauptvertreter (auch Bezirksvertreter o.ä. genannt) und Untervertretern. Hinsichtlich der Untervertretung ist noch zwischen echten und unechten Untervertretern zu differenzieren[272], wie in Abb. 4.3 dargestellt wird.

---

[268] Hombacher, JURA 2007, 690, 691.

[269] Prasse, in: Giesler, § 2 Rn. 4.

[270] Prasse, in: Giesler, § 2 Rn. 4.

[271] Siehe dazu bereits die Ausführungen zum Vertragshändler unter 4.2.1.2.

[272] Dazu Genzow, in: Ensthaler, HGB, § 84 Rn. 24 ff.

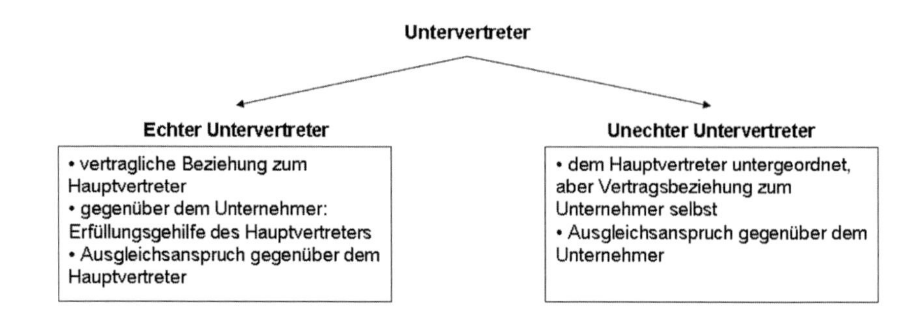

Abb. 4.3: Echter/Unechter Untervertreter

Schließlich gibt es noch den Handelsvertreter im Nebenberuf (§ 92b HGB), der nach der gesetzlichen Regelung insbes. keine Ausgleichsansprüche (§ 89b HGB) gegen den Unternehmer hat.[273] Die für den Handelsvertreter im Nebenberuf geltenden Besonderheiten sind in Abb. 4.4 visualisiert.

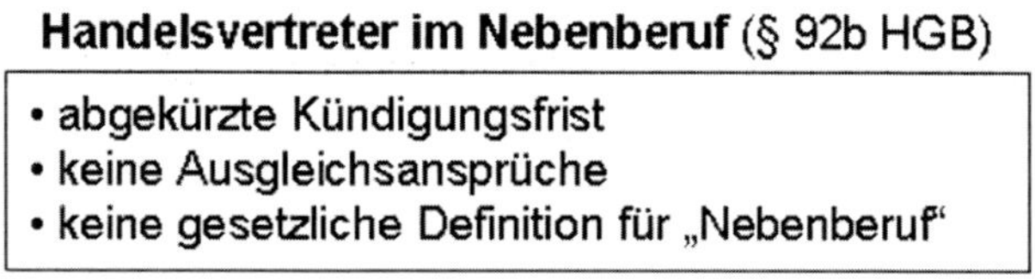

Handelsvertreter im Nebenberuf (§ 92b HGB)

- abgekürzte Kündigungsfrist
- keine Ausgleichsansprüche
- keine gesetzliche Definition für „Nebenberuf"

Abb. 4.4: Handelsvertreter im Nebenberuf

4.2.3 Der Kommissionär als Absatzmittler

Der Kommissionär verkauft oder kauft Waren oder Wertpapiere im eigenen Namen auf die Rechnung eines anderen, des Kommittenten (§ 383 HGB). Anders als der Handelsvertreter handelt der Kommissionär demnach nicht im Namen eines anderen Unternehmens, sondern im eigenen Namen; anders als der Vertragshändler handelt der Kommissionär nicht auf eigene, sondern auf fremde Rechnung. Kennzeichen des Kommissionsgeschäftes ist demnach sein Geschäftsbesorgungscharakter, der in der Übernahme eines fremden Geschäfts im eigenen Namen zum Ausdruck kommt. In der Praxis kommt das Kommissionsgeschäft insbesondere im Effektenhandel zur Ausführung, also beim Kauf oder Verkauf von Wertpapieren

[273] Genzow, in: Ensthaler, HGB, § 92b Rn. 5 ff.

für andere.[274] Kommissionsgeschäfte werden weiterhin häufig im Versteigerungsgewerbe, im Kunst- und Antiquitätenhandel abgeschlossen. Das Besondere am Kommissionsgeschäft ist, dass Vertragspartner des Dritten nur der Kommissionär ist und nicht der eigentlich am Geschäft Interessierte, der Kommittent.[275]

Die Rechte des Kommittenten bestimmen sich nach § 384 HGB. Der Kommissionär hat ordentlich auszuführen und die Weisungen des Kommittenten zu beachten. Wesentlich ist, dass an den Kommittenten herauszugeben ist, was der Kommissionär durch die Geschäftsbesorgung erlangt hat.

Weiterhin sind die Rechte des Kommittenten durch § 392 HGB bestimmt. Danach kann der Kommittent Forderungen erst nach Abtretung durch den Kommissionär geltend machen. Allerdings gelten die Forderungen - auch wenn sie noch nicht abgetreten sind - im Verhältnis zwischen dem Kommissionär und dem Kommittenten sowie den Gläubigern des Kommissionärs als Forderungen des Kommittenten. Dies hat für den Kommittenten den Vorteil, dass er bei Insolvenz des Kommissionärs aussondern kann (§ 47 InsO) bzw. sich durch Drittwiderspruchsklage nach § 771 ZPO gegen den Zugriff von Gläubigern des Kommissionärs auf die Forderung wehren kann.

Dies gilt allerdings nur bis zur Erfüllung der Forderung durch den Dritten an den Kommissionär, so dass für den Kommittenten die bei Ausführung des Geschäfts aufgrund der Vereinbarungen eintretenden Eigentumssituationen von Bedeutung sind. So kommt es bei der Einkaufskommission (Kommissionär erwirbt für den Kommittenten) regelmäßig zu einem Durchgangserwerb des Kommissionärs, der die Rechte dann weiter übertragen muss, bevor der Kommittent Eigentümer wird. Möglich ist aber auch ein unmittelbarer Erwerb des Kommittenten, entweder aufgrund ausdrücklicher Vereinbarung oder dadurch, dass die verdeckte Stellvertretung – der Kommissionär handelt für den Kommittenten ohne dies zu erklären – rechtliche Bedeutung hat; dies gilt nach den Grundsätzen des Geschäfts für den, den es angeht. Dies wird z.B. im Kunsthandel Bedeutung haben, weil hier auch dem Verkäufer zumeist bewusst ist, dass der Käufer (Kommissionär) für einen Dritten (Kommittenten) auftritt. Erforderlich ist im Hinblick auf den Eigentumserwerb aber immer das Vorliegen von entsprechenden Anhaltspunkten.

4.2.4 Franchisesysteme

Wie bereits in der Einführung erwähnt, befasst sich das Vertriebsrecht nicht nur mit Waren, sondern auch mit Dienstleistungen. Auch reine Dienstleistungen, also nicht nur solche, die der Warenlieferung angehängt sind, z.B. Wartungsarbeiten an dem verkauften Produkt, werden vielfach durch vertriebsvertragliche Absatzorga-

---

[274] Achilles, in: Ensthaler, § 383 Rn. 2; Gesmann-Nuissl, in: Ensthaler, HGB, nach § 406 Rn. 635.

[275] BGH NJW 1965, 249, 250.

nisationen durchgeführt. Bekannt sind bereits von früher her die Versicherungs- und Bausparkassenvertreter, die im Gesetz schon vor fast 50 Jahren eine Sonderregelung durch § 92 HGB erhalten haben.

In heutiger Zeit ist allgemein zu unterscheiden zwischen einer reinen Absatzorganisation, die die Dienstleistungen für den Dienstleister vermittelt und der Situation eines Vertikalgefüges mit einer Art von Zentrale, deren Aufgabe darin besteht, die Standards für die einzelnen Dienstleistungen zu schaffen und deren Einhaltung zu überwachen. Dies ist wegen der zunehmenden Standardisierung der Dienstleistungen und der damit verbundenen Möglichkeit, zahlreiche konkret angeleitete und angewiesene Dienstleistungseinzelbetriebe die Dienstleistungen einheitlich erbringen zu lassen, zunehmend möglich.

Denkbar wäre dann, dass diese Dienstleister die Dienstleistungen bei dem Kunden für die zentrale Stelle gegen gewisse Provisionsleistungen durchführen oder aber, dass die Dienstleister die Dienstleistung beim Kunden als Vertragspartner dieses Kunden erfüllen und an die Zentralstelle ihrerseits für die von dort erbrachten Leistungen bezahlen.

4.2.4.1 Wirtschaftliche Bedeutung des Franchising

Franchising ist mit einem durchschnittlichen Umsatzwachstum von 15 % pro Jahr die wohl am schnellsten wachsende und interessanteste Distributionssystementwicklung der letzten Jahre überhaupt. Die in dem deutschen Franchise-Verband (DFV) angeschlossenen Betriebe haben im Jahre 2005 einen Gesamtumsatz von rund 32 Mrd. Euro erwirtschaftet. Obwohl die Grundidee des Franchisings schon lange existiert, gibt es immer neue Franchising-Formen.

In der Betriebswirtschaftslehre wird im Wesentlichen zwischen vier Erscheinungsformen unterschieden:

a) Das *herstellergeführte Großhandelsfranchising*. Diese Art des Franchisings findet man u.a. in der Erfrischungsgetränkeindustrie. Coca Cola z. B. arbeitet auf verschiedenen Absatzmärkten mit Abfüllbetrieben (Großhändlern) als Franchisenehmern zusammen, die das Sirupkonzentrat von Coca Cola kaufen, es mit Wasser und Kohlensäure versetzen, in Flaschen abfüllen und das Getränk dann an die Einzelhändler im jeweiligen Marktgebiet verkaufen, abgefüllt in den typischen, von Coca Cola vorgegebenen Flaschenformen und beschriftet mit der Marke.

b) Das *Servicefranchising*. Ein Dienstleitungsunternehmen organisiert hier als Franchisegeber ein Franchisesystem, um sein Dienstleistungsangebot möglichst effizient an den Abnehmer zu bringen. Beispiele hierfür sind die Autovermieter Avis, die Fast-Food-Unternehmen McDonalds und Burger King und auch der Tür- und Küchenrenovierungsspezialist Portas.

c) Das *herstellergeführte Einzelhandelsfranchising*. Hier wird ein bestimmtes Produkt vom Verkäufer und Franchisegeber an unabhängige Händler gegeben, die sich bereiterklärt haben, unter ganz bestimmten Verkaufsbedingungen zu veräußern und dabei bestimmte Serviceleistungen nach den Vorgaben des Franchisegebers zu erfüllen (Kotler/Keller/Bliemel, S. 882).

d) Hinzu kommt das *Produktionsfranchising*. Die Vereinbarungen gehen hier dahin, dass der Franchisenehmer nach den Vorgaben des Franchisegebers Produkte herstellt oder an ihrer Herstellung beteiligt ist. Der Franchisegeber erteilt hierzu die erforderlichen Lizenzen für Markenrechte, Patente etc. Da es bei diesem Typus immer darum geht, dass der Franchisenehmer die ganz oder teilweise hergestellte Ware vertreibt, handelt es sich auch immer um eine Art des Handelsfranchising, zumeist des Großhandelsfranchising.

4.2.4.2 Die Grundstruktur des Franchise[276]

Eine Franchiseorganisation ist in jedem Fall eine durch Vertrag geregelte Zusammenarbeit zwischen einem Franchisegeber (Hersteller, Großhändler oder Regieunternehmen mit Dienstleistungscharakter) und deren Franchisenehmern, die als selbständige Unternehmen das Recht erwerben, unter eigener Verantwortung und unter einem eigenen Management einen oder mehrere Betriebe im Franchisesystem zu betreiben.

Diese Franchiseorganisationen werden in der Regel um ein besonderes Produkt und/oder um eine besondere Geschäftsmethode herum aufgebaut. Zu dieser Organisation gehört regelmäßig ein vom Franchisegeber entwickelter Firmenname und weitere immaterielle Geschäftswerte wie Patente, Urheberrechte, Know-how, Markenrechte, weiterhin die Pläne für die Ausstattung der Geschäftsräume, der Aufbau von Buchungssystemen, die Schulungen des Personals, die Planung und Durchführung von Werbemaßnahmen usw. – um es mit einem Schlagwort auszudrücken: Es geht um die „Multiplikation einer Geschäftsidee“.

Die Vergütung des Franchisegebers durch den Franchisenehmer kann sich aus unterschiedlichen Elementen zusammensetzen: Aus einer Einstandsgebühr, einer Beteiligung am Bruttoumsatz, Miet- und Pachtgebühren für die vom Franchisegeber zur Verfügung gestellten Ausrüstungen und Einrichtungen, Gewinnbeteiligungen und Lizenzgebühren.

4.2.4.3 Einschränkungen der Gestaltungsfreiheit

Die Begrenzung der Privatautonomie, also die Einschränkung der Gestaltungsmöglichkeiten, geschieht hier durch zwei Rechtsgebiete:

Durch kartellrechtliche Regelungen und durch die Inhaltskontrolle im Zusammenhang mit der regelmäßig erfolgten Verwendung allgemeiner Geschäftsbedingungen i.S.v. § 305 BGB sowie nach den Regeln über die Sittenwidrigkeit.

---

[276] „Franchising“ ist begrifflich über die französische Sprache ins Englische bzw. Amerikanische übernommen worden und bedeutet privilegiert bzw. durch eine Konzession im Vorteil zu sein.

(1) Die Vertikal-GVO

Bis 2000 gab es im Wettbewerbsrecht eine GVO für Franchising (GVO 4087/88 EG). Diese GVO wurde nicht verlängert, so dass seit dem Jahre 2000 die „allgemeine" Vertriebs-GVO („Vertikal"-GVO) auch für den Vertrieb über Franchise-Verträge anzuwenden ist (zur Zeit: GVO 330/2010).

Der EuGH hat allerdings schon in seiner Entscheidung aus dem Jahre 1986, mit der sog. Pronuptia-Entscheidung[277], klargestellt, dass es für die Franchise-Verträge im Grunde kaum einer Freistellung vom Kartellverbot bedarf. In den Verträgen würden sich überwiegend wirtschaftlich sinnvolle Abreden finden. Darunter versteht der EuGH Abreden, die fest mit einer bzw. dieser Vertriebsform verbunden sind, wie Schutz des Know-how, Wettbewerbsverbote, Bezugsverpflichtungen zur Sicherstellung der Qualität, Regelungen zum Auftreten unter einheitlichem Erscheinungsbild, Abtretungsverbote bezüglich der Rechte aus dem Franchise-Vertrag, Sortimentsbeschränkungen, Gestaltung der Werbung. Hierbei handelt es sich demnach um Bindungen, die der Geschäftsmethode immanent sind und nicht als künstliche Wettbewerbsbeschränkungen erscheinen, also demnach auch nicht unter das Kartellverbot des Art. 101 AEUV fallen, von dem sie erst befreit werden müssten, z.B. durch eine GVO (oder heute auch durch eine – überprüfbare – Selbstfreistellung).

Nicht durch die Erhaltung der Funktionsfähigkeit dieser Vertriebsart kartellrechtlich gerechtfertigt sind nach dem EuGH Marktaufteilungsvereinbarungen zwischen den einzelnen Franchisenehmern, also Gebietsschutzklauseln, Preisbestimmungen sowie das Verbot von Querlieferungen.

Wie jede GVO enthält auch die Vertikal-GVO sog. Kernbeschränkungen.[278] Unter die Kernbeschränkungen fällt das Verbot der Preisbindung (Art. 4). Der Franchisenehmer ist hinsichtlich der Bestimmung der Preisuntergrenze frei; die Bestimmung von Obergrenzen ist zulässig. Preisempfehlungen sind zulässig, aber sehr häufig rechtlich problematisch.

> BGH (NJW-RR 2003, 1170 ff.; Kartellsenat): Es darf keine Werbung des Franchisegebers für Preise erfolgen ohne einen Hinweis auf die Unverbindlichkeit für die Franchisebetriebe.
> BGH (BGHZ 140, 342 ff.; Kartellsenat): Eine unzulässige Umgehung des Preisbindungsverbotes liegt vor, wenn wirtschaftlich das erreicht wird, was rechtlich verboten ist. Der wirtschaftliche Druck auf den Nehmer ist gleich bedeutend mit einer rechtlichen Verpflichtung.

Der Aufbau selektiver Vertriebssysteme ist durch die Vertikal-GVO freigestellt. Es ist demnach für den Aufbau von Franchisesystemen erlaubt, dass ein Hersteller (oder Anbieter von Dienstleistungen) hinsichtlich seiner Vertriebspartner auch quantitativ selektiert, also auch die ausschließt, die seine Anforderungen

---

[277] EuGH NJW 1986, 1415, 1415.

[278] Zur Bedeutung dieser Kernbeschränkungen siehe die Ausführungen zum Vertragshändler unter 4.2.1.

grundsätzlich erfüllen. Verboten ist es aber, den Aufgenommenen Beschränkungen hinsichtlich ihrer Möglichkeiten, an Endkunden zu verkaufen aufzuerlegen (keinerlei aktive oder passive Verkaufsbeschränkungen bei Endkunden, also auch keine Vorbehalte zugunsten von Eigenverkäufen des Gebers). Für die Praxis relevante Einschränkungen ergeben sich aber gemäß Art. 4b Vertikal-GVO aus der Berechtigung des Franchisegebers, dem Nehmer die Einrichtung von Filialen zu verbieten (auch „mobile Filialen").

Darüber hinaus ist eine Marktaufteilung zwischen einzelnen Franchisenehmern zumindest nicht innerhalb eines Franchisesystems möglich, bei denen die Franchisenehmer direkt an Endkunden vertreiben - was regelmäßig der Fall ist.

Das sog. exklusive Vertriebssystem ist von der Vertikal-GVO zugelassen und auch dort geregelt. Die Zuweisung von einzelnen Marktgebieten an Händler ist unter der Voraussetzung erlaubt, dass diesen Händlern (Anbietern) wiederum erlaubt wird, an nicht zum Franchisesystem gehörende Händler (Anbieter) zu leisten, was in selektiven Vertriebssystemen verboten werden kann. Das exklusive Vertriebssystem passt nur auf Franchisesysteme, bei denen nicht oder nicht nur an Endverbraucher abgegeben wird. Soweit man mit selbständigen Händlern geführte Vertriebssysteme, z. B. Vertragshändler des Automobilhandels (wegen der durch die Verträge geschaffenen Regelungsdichte) zu den Franchiseverträgen rechnet, ist diese Konstellation möglich. Nach der Kfz- wie auch der Vertikal-GVO ist es möglich, dass den einzelnen Händlern Marktgebiete exklusiv zugewiesen werden. Im „Gegenzug" muss dann diesen Händlern auch erlaubt werden, an nicht zum jeweiligen Vertriebssystem gehörende (graue) Händler zu liefern.

In der Vertikal-GVO ist weiterhin geregelt, dass „nur" bis zu 80 % der Waren (z.B. „Hamburger") von Franchisegeber bezogen werden müssen. Dies bezieht sich auf alle Lieferungen an den Nehmer, so dass hinsichtlich einzelner Produkte auch eine 100%ige Abnahme verlangt werden kann.

Auch das Verbot von Querlieferungen zwischen den Franchisenehmern ist in die Vertikal-GVO aufgenommen worden.

(2) Die Inhaltskontrolle von AGB

Auf die Franchiseverträge sind die Vorschriften des BGB zur Inhaltskontrolle der AGB anwendbar. Zu unterscheiden ist grundsätzlich zwischen der Situation, dass der Franchisenehmer schon bei Vertragsabschluss Kaufmann i.S.d. HGB war und der Situation, dass dieser erst bei Aufnahme der entsprechenden Tätigkeit Kaufmann wurde.

Auch wenn der Franchisenehmer schon bei Vertragsschluss Kaufmann war, ist die Inhaltskontrolle nach dem BGB möglich. Zur Anwendung kommt dann zumindest § 307 BGB (Unwirksamkeit von Bestimmungen die dem Vertragspartner entgegen „den Geboten von Treu und Glauben unangemessen benachteiligen") Die weiteren Verbotsnormen der Inhaltskontrolle kommen nur unmittelbar bei

Nehmern in Betracht, die bei Vertragsabschluss noch nicht Kaufleute waren. Die in diesen Regelungen zum Ausdruck gebrachten Wertungen sind aber auch für den kaufmännischen Bereich vielfach anwendbar. Man spricht insofern von der Ausstrahlungswirkung dieser weiteren Regelungen für die in jedem Fall anzuwendende Norm des § 307 BGB.

Die Überprüfung der AGB führt meistens zu Wertungen, die den kartellrechtlichen entsprechen. Franchisesysteme werden unter Berücksichtigung der Voraussetzungen ihrer Funktionalität bewertet und regelmäßig für nicht unangemessen im Verhältnis zum Franchisenehmer angesehen. In seiner McDonalds-Entscheidung[279] hat der BGH ausgeführt, wegen des kaufmännischen Ziels, weltweit bestimmte Speisen von gleich bleibender Qualität preisgünstig anzubieten, sei ein „umfassendes System von Richtlinien" nicht zu beanstanden. Dies schließt Vorgaben ein, die ein straffes Management und rigide Organisationsführung enthalten und die den Franchisenehmer in seiner wirtschaftlichen Selbständigkeit einschränken. Dies alles entspricht der Natur des konkreten Franchisevertrages.

Beschränkungen gibt es auch hinsichtlich der Bindungsdauer. Wichtig ist die Differenzierung zwischen dem vom Franchise-Rahmenvertrag abzugrenzenden Lieferungs- bzw. Dienstleistungsvertrag. Hinsichtlich des Rahmenvertrages ist eine Bindungsdauer bis 10 Jahre anerkannt. In der Literatur werden aber z.T. auch bereits 10 Jahre Laufzeit ohne ordentliche Kündigungsmöglichkeit für den Franchisenehmer im Hinblick auf Art. 12 GG für unangemessen gehalten.[280]

Unwirksam ist eine lange Bindungsdauer aber, wenn sie mit kurzen Kündigungsfristen des Franchisegebers einhergeht, z.B. im Falle eines Zahlungsverzugs des Franchisenehmers. Unwirksam war die Verbindung einer Laufzeit von 10 Jahren mit 10-tägiger Kündigungsfrist bei Zahlungsverzug des Franchisenehmers[281] (Verstoß gegen § 307 Abs. 1 und Abs. 2 BGB). Soweit Bindungsfristen hinsichtlich Lieferung und konkreter Dienstleistungen festgelegt sind, beträgt die Höchstlaufzeit zwei Jahre (§§ 309 Nr. 9 BGB, 307 Abs. 1 und Abs. 2 BGB).

Die Rechtsprechung hat im Rahmen der Inhaltskontrolle (§ 307 BGB) auch auf Rückzahlung der vom Franchisenehmer geleisteten Eintrittsgebühren im Falle vorzeitiger Kündigung erkannt: Ein genereller Ausschluss der Rückzahlung im Falle vorzeitiger Kündigung ist unwirksam, § 307 Abs. 1 und Abs. 2 BGB.[282]

Ebenso wie bei der kartellrechtlichen Überprüfung hat auch bei der Inhaltskontrolle der Erforderlichkeitsmaßstab Bedeutung. Der Maßstab wird hinsichtlich der dem Franchisenehmer abverlangten Ausstattungen für die Geschäftslokale angewandt, nämlich hinsichtlich der Frage, ob die Ausstattungsgegenstände unbedingt beim Franchisegeber oder seinen Vertragspartnern gekauft werden müssen und hinsichtlich der Beteiligung an den Kosten der Werbemaßnahmen usw.

---

[279] BGH NJW 1985, 1894, 1895.

[280] Adams/Witte, DStR 1998, 251, 253.

[281] KG BB 1998, 607, 608.

[282] Prüfungsmaßstab: Hat ein angemessener Wert der Einstandsgebühr entgegengestanden?

(3) Die Sittenwidrigkeitskontrolle nach § 138 BGB

Weiterhin unterliegt der Franchisevertrag der Sittenwidrigkeitskontrolle (§ 138 Abs. 1 BGB): Auch hier erfolgt seitens der Rechtsprechung regelmäßig eine eher restriktive Auslegung. Ein auffälliges und sittenwidriges Missverhältnis von Leistung und Gegenleistung kann sich daraus ergeben, dass der Betriebsinhaber „für mindestens 10 Jahre nicht mit einem Gewinn rechnen" kann. Regelmäßig sittenwidrig sind Franchiseverträge, mit denen ein Multi-Level-Marketing-System (Schneeballsystem) begründet werden soll. Hier kommt es nicht auf die Weiterveräußerung von Waren an den Endabnehmer an, sondern auf die progressive Anwerbung neuer Franchisenehmer und eine Abnahme der Vertragswaren durch diese Vertriebsmittler.[283]

Bei der Sittenwidrigkeitsprüfung stellt die Rechtsprechung auch auf die wirtschaftliche Abhängigkeit ab. Indizien für eine sittenwidrige Knebelung sind die ständige Erteilung von Einzelanweisungen im Hinblick auf Finanzierung und Investitionsentscheidungen sowie die jederzeitige Kontrolle der Geschäftsbücher und einzelner Geschäftsvorgänge.[284]

4.2.4.4 Mangelhafte Franchisesysteme

Der Franchisevertrag hat nicht nur, und auch nicht notwendigerweise, die Lieferung einzelner Sachen oder konkret benannter Dienstleistungen zum Gegenstand. Ihm liegt aber regelmäßig ein bestimmtes Konzept und ein damit verbundenes Know-how zugrunde. Konzept und Know-how können bereits mangelhaft sein. Die Feststellung dieses Mangels ist allerdings oft schwierig.

Eine Definition für ein mangelhaftes System findet sich in der Literatur bei Canaris.[285] Schon das System ist danach mangelhaft, wenn die technische Nutzbarkeit nicht gegeben ist und damit verbunden ein fortwährender Gewinn auch bei Vorliegen idealer Marktumstände nicht erreichbar ist. Die Umschreibung ist sehr abstrakt gefasst. Zur Konkretisierung müssen die durch das System konkret benannten oder zu erwartenden Leistungen als „Soll-Beschaffenheit" den tatsächlichen Gegebenheiten als „Ist-Beschaffenheit" gegenübergestellt werden.[286] Das dem System zugrunde liegende Know-how muss dem Franchisenehmer einen Wettbewerbsvorteil gegenüber nicht zum System gehörenden Unternehmen gewähren.[287]

---

[283] OLG München, OLGZ 1985, 444, 450; Martinek/Semler/Habermeier/Flohr, S.101, 1055 f.

[284] Martinek/Semler/Habermeier/Flohr, S. 496.

[285] Canaris, § 18 Rn. 54.

[286] In der Praxis geht es darum, die Vorteile des gelieferten Know-hows mit der Situation zu vergleichen, dass keine Zugehörigkeit zum Franchisesystem besteht; dazu Canaris, § 18 Rn 54.

[287] Martinek, in: Moderne Vertragstypen – Band II, S. 216.

Hinsichtlich der einzelnen Leistungen hat die ganz regelmäßig dem Nehmer lizenzierte Marke des Gebers eine besondere, zumeist die Grundlage des Vertrages betreffende Bedeutung. Dies ist zumindest dann der Fall, wenn die Marke eine derart große Sogwirkung hat, dass allein deshalb die Zugehörigkeit zum jeweiligen System wirtschaftlich lohnend ist. In diesem Fall ist der Bestand der Marke und auch die Pflege der Marke (insbesondere das Vorgehen gegen Schutzrechtsverletzungen) Leistungsverpflichtung des Franchisegebers, deren Nicht- oder Schlechterfüllung (regelmäßig erst nach erfolgter Abmahnung, § 314 BGB) zur Kündigung berechtigt und ihn bei schuldhaftem Verhalten zum Schadensersatz verpflichtet.

4.2.4.5 Schadensersatzansprüche

Gegenstand der Rechtsprechung waren auch Schadensersatzforderungen der Franchisenehmer gegen den Franchisegeber wegen geschäftsschädigender Werbemaßnahmen.

Ein Beispiel dafür ist die Benetton-Schockwerbung aus den 1990er Jahren. Es ging um die Abbildung ölverschmutzter Wasservögel, die Abbildung eines sterbenden Aidspatienten und die Abbildung von Kindern in Transportcontainern. Der BGH hat diese Werbekampagnen als unlauter i.S.d. UWG angesehen (vgl. etwa zum Fall der ölverschmutzten Ente BGH NJW 1995, 2488 ff.). Dieser Ansatz wurde vom Bundesverfassungsgericht beanstandet und die Urteile des BGH deshalb aufgehoben (BVerfG NJW 2001, 594 ff.).
Der BGH war mit den Fällen der Schockwerbung ein zweites Mal befasst, als es darum ging, über Schadensersatzansprüche wegen Rückgangs der Umsätze bei den Franchisenehmern im Zusammenhang mit diesen Werbemaßnahmen zu entscheiden. Schadensersatzansprüche der Franchisenehmer wegen Verkaufsrückgängen wurden abgelehnt. Der BGH hat sich aber dafür ausgesprochen, dass eine Werbekampagne abzubrechen ist, wenn sich negative Reaktionen seitens der Verbraucher offenbaren. Als Voraussetzung dafür hat er die ausdrückliche Aufforderung mehrerer Franchisenehmer mit dem Nachweis von erheblichen Umsatzrückgängen angesehen, wobei er einen Zeitraum für die Einstellung von zwei Monaten zwischen Beschwerde und Einstellung für ausreichend erachtet hat (BGH BB 1997, 1860, 1861).

Schließlich bestehen auch vorvertragliche Pflichten zur Aufklärung unerfahrener potentieller Franchisenehmer, die gleichfalls schadensersatzbewehrt sind.

4.2.5 Moderne Vertriebsmethoden

4.2.5.1 Leasing

Der Leasingvertrag ist seit Beginn der 1970er Jahre als ein atypischer Mietvertrag, für die Finanzierung zahlreicher Wirtschaftsgüter gebräuchlich. Am bekanntesten ist der Leasingvertrag wohl im Bereich des Kfz-Leasings geworden. Der Pkw ist das teuerste Konsumgut im privaten Bereich. Früher wurde dieses kostenträchtige Gut häufig über einen mit dem Kaufvertrag verbundenen Darlehensvertrag vorgenommen; heute dominiert auf diesem Gebiet der Leasingvertrag.

Im privaten Bereich erstaunt dies, weil das Leasen die teuerste Art der Finanzierung eines Konsumgutes ist. Man muss sich nur vor Augen halten, welche einzelnen Posten in der Leasingrate regelmäßig enthalten sind: Die Finanzierungskosten, also der zumindest banküblich Zins, die Verwaltungskosten, die Beiträge zur Gewinnerzielung der Leasinggesellschaft, weiterhin selbstverständlich auch die Kosten zur Deckung des wirtschaftlichen Wertes der Abnutzung des jeweiligen Leasinggutes; darüber hinaus sind in der Leasingrate die Kosten für die Risiken enthalten, die im Zusammenhang mit der Kalkulation des Restwertes des Leasinggutes nach Ablauf der Leasingzeit verbunden sind. Hinzu kommt, dass der Leasingnehmer, zumindest beim Finanzierungsleasing, die Gefahr des zufälligen Untergangs bzw. der zufälligen Verschlechterung des Leasinggutes zu tragen hat.

Der Leasingnehmer muss also die eventuell erforderlich werdenden Reparaturen am Leasinggut durchführen lassen und für den Fall der Reparaturbedürftigkeit die Leasingraten weiterzahlen. Am Ende der Leasingzeit ist er verpflichtet, ein insofern repariertes Leasinggut zurückzugeben oder aber einen entsprechenden Ausgleich zu zahlen. Regelmäßig findet sich in den Leasingverträgen auch die Klausel, dass Reparaturen nur bei den vom jeweiligen Hersteller autorisierten Fachwerkstätten durchgeführt werden dürfen. Dies hat zur Folge, dass der Leasingnehmer für den Fall einer Reparaturdurchführung bei einer freien Werkstatt zumindest dafür beweispflichtig ist, dass die Reparatur mit gleicher Qualität durchgeführt wurde, wie dies von einer Fachwerkstatt erwartet werden kann.

Die Rechtsprechung hat diese für den Leasingnehmer recht bedeutsamen Nachteile dadurch ausgeglichen, dass ein kurzfristiges Kündigungsrecht nicht für den Fall vertraglich ausgeschlossen werden kann, dass das Fahrzeug gestohlen wird,[288] dass die Sache untergegangen ist[289] oder dass die Leasingsache erheblich beschädigt wurde.[290] Dies bedeutet, dass der Leasingvertrag in den benannten Fällen mit der Folge gekündigt werden kann, dass der Leasingnehmer nicht mehr die bis zum Ende der regulären Laufzeit anfallenden Leasingraten schuldet, sondern dass es nun ausschließlich um die Frage geht, welchen Wert das Leasinggut im Falle des Unterganges oder der erheblichen Beschädigung vor diesem Ereignis hatte bzw. welchen Wert der Leasingnehmer auszugleichen hat. Der Leasingnehmer braucht dagegen nicht mehr die bis zum Ablauf der Leasingzeit fällig werdenden Leasingraten zu zahlen, ebenso wenig die Verwaltungskosten und den Kapitalzins. Durch diese Rechtsprechung wird verhindert, dass der Leasingnehmer bei vorzeitiger Kündigung – trotz des außerordentlichen Wertverlustes des Leasinggutes (im Falle der Beschädigung oder sogar des völligen Untergangs) - alle

---

[288] BGH NJW 1998, 2284, 2285.

[289] BGH NJW 1996, 1888, 1889.

[290] BGH NJW 1987, 377.

bis zum regulären Ablaufzeitpunkt des Leasingvertrages anfallenden Leasingraten zahlen muss.

(1) Financial Leasing

Der Leasingvertrag steht – zumindest beim *Financial Leasing* – außerhalb der Zivilrechtsdogmatik, die das BGB prägt. Bei einem Leasingvertrag handelt es sich, wie eingangs gesagt, um eine Art des Mietvertrages. Ein Mietvertrag lässt sich jedoch nicht begründbar dahin modifizieren, dass der Vermieter das Risiko des zufälligen Untergangs bzw. das Risiko der zufälligen Verschlechterung auf den Mieter überträgt. Nach den Wertungen des BGB und der zugrunde liegenden Schuldrechtsdogmatik hat der Vermieter als Eigentümer der Mietsache dieses Risiko zu tragen. Insofern ist der Leasingvertrag als eine außerhalb der Rechtsdogmatik stehende, gesellschaftlich akzeptierte Vertragsgestaltung zu qualifizieren.

Das Besondere am Leasingvertrag, zumindest in seiner am häufigsten anzutreffenden Art, dem Financial Leasing, ist, dass der Leasingnehmer die Preisgefahr im Hinblick auf die Leasingraten und auch die Sachgefahr hinsichtlich des Leasinggutes zu tragen hat. Verschlechterung oder Vernichtung der Sache gehen zu Lasten des Leasingnehmers, selbst wenn er dies nicht zu vertreten hat, ihn also kein Verschulden (§ 276 BGB) trifft (sog. Sachgefahr). Er bleibt grundsätzlich zur Zahlung der Leasingraten verpflichtet, auch wenn das Leasinggut untergegangen ist (sog. Preisgefahr).

Allerdings soll – zumindest bei kaufähnlicher Ausgestaltung (also für den Fall des Financial Leasings) – ein Verstoß gegen § 307 BGB vorliegen, wenn dem Leasingnehmer im Falle des Untergangs oder der wesentlichen Verschlechterung nicht wahlweise ein kurzfristiges Kündigungsrecht oder ein gleichwertiges Lösungsrecht eingeräumt wird[291] bzw. wenn der Leasingnehmer bei einem Verlust der Sache zur sofortigen Zahlung aller ausstehenden Leasingraten verpflichtet sein soll.[292] Dieses kurzfristige Kündigungsrecht soll dem Leasingnehmer bei einem Totalschaden des Leasinggutes, bei dessen Diebstahl oder bei einer ganz erheblichen Beschädigung zustehen.[293] Damit entgeht der Leasingnehmer freilich nur der für ihn dann nutzlos gewordenen Finanzierung des Leasinggutes, nicht aber der Verpflichtung, das Leasinggut unbeschädigt zurückzugeben, §§ 546, 546a BGB finden Anwendung. Den durch den Untergang bzw. die Verschlechterung des Leasinggutes beim Leasinggeber entstandenen Schaden hat der Leasingnehmer unabhängig davon, ob er diesen Untergang bzw. die Verschlechterung zu vertreten hat (§ 276 BGB), auszugleichen.

---

[291] BGH NJW 1998, 3270, 3270; BGH NJW 2004, 1041, 1042.

[292] BGH NJW 1988, 198, 200.

[293] BGH NJW 1996, 1888, 1889; BGH NJW 1987, 377, 377.

Hinsichtlich der Schadensberechnung gibt es mittlerweile eine recht umfassende Rechtsprechung. Der jeweilige Schaden muss konkret berechnet werden.[294] Dabei ist der Verwertungserlös des Leasinggegenstandes vom Schadensersatzanspruch abzuziehen. Der Leasinggeber muss sich immer um eine bestmögliche Verwertung bemühen.

Gesichert ist durch die Rechtsprechung auch, dass der Leasinggeber wegen § 307 BGB insbesondere nicht die Weiterzahlung der Raten und - nach erfolgter Kündigung – nicht die Rückgabe der Sache verlangen kann.[295] Damit ist eine Verfallklausel für die restlichen künftigen Leasingraten bei fristloser Kündigung z.B. wegen Zahlungsverzugs verbunden mit der Rücknahme des Leasinggegenstandes unangemessen (Unwirksam nach § 307 BGB[296] und auch nach § 308 Nr. 7a BGB[297]).

(2) Operating Leasing

Vom Finanzierungsleasing ist das Operating Leasing abzugrenzen. Im Unterschied zum Finanzierungsleasing soll hier die vollständige Amortisation durch das mehrfache Überlassen des Leasinggegenstandes an verschiedene Leasingnehmer erreicht werden.[298] So ist die Vertragsdauer hierbei unbestimmt bzw. die Grundmietzeit kurz bemessen; die Kündigung ist erleichtert oder jederzeit möglich.[299] Für das Operating Leasing gilt, dass es regelmäßig allein nach Mietvertragsrecht zu beurteilen ist. Den Leasinggeber trifft hier regelmäßig die gesetzliche Gewährleistung nach den Vorschriften des Mietrechts (§§ 536 ff. BGB). Ein Übergang der Sach- und Preisgefahr durch Regelung in AGB, wie beim Finanzierungsleasing, wird hier von der Rechtsprechung wegen § 307 BGB nicht anerkannt.

Diese Verträge werden in heutiger Zeit von der rechtswissenschaftlichen Literatur zumeist als „normale" Mietverträge des BGB angesehen. Das ist zutreffend und wird auch nicht dadurch relativiert, dass diese Überlassungsverträge auf relativ kurze Zeit (im Verhältnis zum Finanzierungsleasing) und häufig mit zahlreichen Nebenleistungen seitens des Leasinggebers verbunden sind. Häufig wird die Wartung vom Geber durchgeführt und es werden Versicherungsleistungen oder Beratungsleistungen für einen möglichst funktionalen Einsatz der Leasingsache

[294] BGH NJW 1985, 2253, 2253.

[295] BGH NJW 1978, 1432, 1434 (zur Vorgängervorschrift des § 9 AGBG).

[296] BGH NJW 1982, 870, 871 (zur Vorgängervorschrift des § 9 AGBG).

[297] BGH NJW 1982, 1747, 1748 (zur Vorgängervorschrift des § 10 Nr. 7a AGBG).

[298] BGH NJW 1998, 1637, 1639.

[299] BGH NJW 1998, 1637, 1639.

angeboten.[300] Dies belässt den Kernbereich der Verträge aber im Mietrecht, weil die Abkehr vom Mietvertragsrecht in der oben beschriebenen Übertragung der Sach- und Preisgefahr liegt, wie dies beim Finanzierungsleasing der Fall ist. Beim Operating Leasing wäre dies nicht mit § 307 BGB vereinbar.

(3) Weitere Einteilungen

Unter dem *Hersteller- oder auch Händlerleasing* ist die Situation angesprochen, dass der Lieferant des Leasinggegenstandes, also der Hersteller oder ein Händler selbst, auch der Leasinggeber ist. Hier fehlt es an dem für den Leasingvertrag typischen Dreiecksverhältnis. (Hersteller oder Händler, Leasingbank bzw. Leasinggeber und Leasingnehmer bzw. Kunde)

Von einem sog. *Null Leasing* ist die Rede, wenn der Leasingnehmer die Sache für einen bestimmten Zeitraum gegen periodisch fällig werdende Raten ohne Zins zum Gebrauch überlassen erhält und dann nach Ablauf des Vertrages den Leasinggegenstand für einen von vornherein ausgehandelten Preis zum Eigentumserwerb angeboten bekommt.

Schließlich ist von *sale-and-lease-back Leasing* die Rede, wenn der Eigentümer das Leasinggut an den Leasingnehmer übereignet, um es dann von ihm zu leasen.[301]

(4) Die Anfechtung des Leasingvertrages

Der Leasingnehmer kann ein Interesse daran haben, den Leasingvertrag wegen einer arglistigen Täuschung durch den Lieferanten (Verkäufer) direkt gegenüber dem Leasinggeber anzufechten. Dies ist jedoch nur möglich, sofern der Lieferant nicht Dritter i.S.v. § 123 Abs. 2 BGB ist. Dritter ist nach § 123 Abs. 2 BGB nur derjenige, der am Geschäft völlig unbeteiligt ist. Kein Dritter ist, wer auf Seiten des Erklärungsempfängers steht und maßgeblich am Zustandekommen des Vertrages mitgewirkt hat. Der Lieferant ist somit nicht Dritter i.S.v. § 123 Abs. 2 BGB, wenn er mit Wissen und Wollen des Leasinggebers selbst den Leasingvertrag ausgehandelt hat.[302] In diesem Fall ist er Erfüllungsgehilfe des Leasinggebers, so dass die Anfechtung wegen arglistiger Täuschung auch gegen den Leasinggeber gerichtet werden kann.

Der Lieferant ist insbesondere dann Erfüllungsgehilfe des Leasinggebers (§ 278 BGB), wenn er mit Wissen und Wollen des Leasinggebers mit dem Leasingneh-

---

[300] Eine Art des Operating Leasing ist das Revolving-Leasing. Hierbei erhält der Nehmer das Recht während der Leasingzeit technisch überholte Gegenstände gegen neue Modelle einzutauschen.

[301] Vgl. dazu insbesondere bei Haftung im Hinblick auf Mängel v. Westphalen, BB 1991, 149, 150.

[302] BGH NJW 1989, 287, 288.

mer die Vorverhandlungen über den Leasingvertrag geführt hat. Angesprochen ist hier also die häufig anzutreffende Situation (gerade im Kfz-Leasing), dass der Hersteller oder (regelmäßig) Händler Verhandlungen über das Leasinggut mit dem späteren Leasingnehmer führt und diesen dahin berät, ob der Fahrzeugpreis über einen Darlehensvertrag finanziert werden soll oder aber ob das Fahrzeug durch eine Leasinggesellschaft an den Erwerber überführt werden soll. In diesen Fällen ist der Händler selbstverständlich nicht unbeteiligter Dritter, sondern im Hinblick auf den etwaig abgeschlossenen Leasingvertrag Erfüllungsgehilfe des Leasinggebers, dessen arglistige Täuschung sich dieser zurechnen lassen muss.

(5) Mängelhaftung

Der Leasinggeber stellt dem Leasingnehmer eigentumsähnlich das Leasinggut zur Nutzung zur Verfügung. Dies hat für die Mängelhaftung (Gewährleistungsrechte) Bedeutung.

Eine Mängelhaftung kann nur durch den Vertrag ausgeschlossen werden, wenn die Rechte aus den §§ 433 Abs. 1 S. 2, 434 ff. (oder §§ 633 ff.) BGB an den Leasingnehmer abgetreten werden.[303] Geht diese Abtretung ins Leere, weil im Vertrag zwischen Leasinggeber und Verkäufer ein wirksamer Gewährleistungsausschluss vereinbart wurde, so ist der Ausschluss der mietrechtlichen Gewährleistung gegenüber einem Leasingnehmer, der Verbraucher ist, unwirksam.[304] Im Verhältnis zum gewerblich tätigen Leasingnehmer kann hier aber nichts anderes gelten. Der Unterschied zum Verbraucher besteht nur darin, dass dem Verbraucher gegenüber die Gewährleistung nicht ausgeschlossen werden kann und der Gewährleistungsausschluss durch den gewerblich tätigen Hersteller/Händler oder Leasinggeber keine Bedeutung für den Verbraucher haben darf. Soweit aber dem gewerblich tätigen Leasingnehmer die Rechte abgetreten worden sind, obwohl sie zwischen Hersteller/Händler und Leasinggeber ausgeschlossen wurden, haftet der Leasinggeber für diese Gewährleistungsrechte.

Der Technikbezug beim Vertriebsrecht ist in heutiger Zeit beträchtlich. Häufig und immer noch zunehmend werden Waren und Dienstleistungen über das Internet abgesetzt.

4.2.5.2 Der Vertrieb über das Internet

Das Telemediengesetz (TMG) hat für diese Vertriebsart Bedeutung. Das TMG hat in erster Linie für den sog. Plattformbetreiber Bedeutung, der seine Plattform für Dritte zur Verfügung stellt, die dort ihre Waren zum Verkauf anbieten. Diese Plattform ist ein virtueller Marktplatz, der auch einer Marktordnung unterliegen muss. Das TMG regelt nun, unter welchen Voraussetzungen der Plattformbetrei-

---

[303] St. Rspr., vgl. BGH NJW 1985, 1535.

[304] BGH NJW 2006, 1066, 1068.

ber für rechtswidrige Daten im Hinblick auf die angebotenen Waren verantwortlich ist; geregelt ist demnach die Verantwortung für fremde Daten im Netz.

Nach wohl mittlerweile herrschender Interpretation von § 10 TMG ist der Plattformbetreiber, soweit er keine positive Kenntnis von rechtsverletzenden Angeboten Dritter hat bzw. keine Kenntnis von Umständen hat, die auf Rechtsverletzungen schließen lassen, weder strafrechtlich noch deliktsrechtlich verantwortlich.[305] Nach der Regelung des § 7 Abs. 2 TMG, der die EG-Richtlinie 2000/31 über Verträge im elektronischen Geschäftsverkehr umsetzt, bezieht sich diese Haftungsprivilegierung aber nicht auf allgemeine Bestimmungen, zu denen auch die Störerhaftung gehört.[306] Unbestritten ist dann auch, dass der Provider, auf dessen Plattform z.B. Plagiate angeboten werden, grundsätzlich als Störer haftbar gemacht werden kann. Dies bedeutet, dass er zur Löschung der entsprechenden Daten (nicht zum Schadensersatz) verpflichtet werden kann und damit verbunden, dass er die von ihm unterhaltene Plattform nach rechtswidrigen Angeboten zu untersuchen hat.[307]

Die zuletzt genannte Anforderung, die Untersuchung der Plattform nach rechtswidrigen Angaben, steht in einem Widerspruch zu § 7 Abs. 2 TMG nach dem der Betreiber gerade nicht zu einer ständigen Überprüfung verpflichtet sein soll. In seiner Entscheidung aus 2004[308] hat der BGH dahin entschieden, dass die Störerhaftung (auf Entfernung der rechtswidrigen Angebote und Untersuchung auf weitere Rechtsverletzungen der gegenständlichen Art) erst bei Kenntnis vom Störfall bzw. von Umständen die auf eine Rechtsverletzung schließen lassen beginnt.[309] Hinsichtlich der dann beginnenden Untersuchungsverpflichtung bezogen auf weitere, dem ersten Störfall ähnliche Rechtsgutsverletzungen, berücksichtigt die Rechtsprechung Zumutbarkeitskriterien. Der Betreiber ist danach nicht verpflichtet, die ihm übermittelten Daten zu überwachen oder „aktiv nach Umständen zu forschen, die auf eine rechtswidrige Tätigkeit hinweisen“, soweit das von ihm verfolgte Geschäftsmodell dadurch gefährdet wird.[310] Dieses Privileg soll den Plattformbetreiber aber nicht davon freistellen, die im Rahmen eines „vernünftigen Ermessens“ angezeigte Überprüfung der übermittelten Daten vorzunehmen, soweit ihm dies ohne Gefährdung des Geschäftsmodels möglich und zumutbar ist. Konkret bedeutet dies, dass vorhandene elektronische Prüfsysteme auch einzusetzen sind, aber eine manuelle Überprüfung regelmäßig nur im Zusammenhang mit der Überprüfung der „Treffer“ der elektronisch durchgeführten Überwachung zu

---

[305] BGH GRUR 2011, 152, 154 – Kinderhochsitz.

[306] Grundlegend zur Störerhaftung und zur mittelbaren Schutzrechtsverletzung Leistner, GRUR, Beilage zu Heft 1/2010.

[307] BGH GRUR 2011, 152, 154.

[308] BGH GRUR 2004, 860 – Internetversteigerung I.

[309] BGH GRUR 2004, 860, 863.

[310] BGH GRUR 2011, 152, 155.

erfolgen braucht.[311] Der BGH kommt zu diesem Ergebnis auf der Grundlage einer Abwägung. Das an sich rechtmäßige Geschäftsmodell, z.B. die Warenverkäufe über eine Internetplattform, dürfe nicht durch (überzogene) Prüfpflichten gefährdet werden; die Überprüfungspflicht darf demnach nicht den Rahmen des Zumutbaren überschreiten. In der Entscheidung „Kinderhochsitz" aus 2010 trennt der BGH hinsichtlich der Untersuchungspflicht zwischen einerseits „allgemeinen Verpflichtungen" zur Überwachung und andererseits Untersuchungspflichten, die nach „vernünftigen Ermessen" unter Beachtung innerstaatlich durch Rechtsvorschriften auferlegter „Sorgfaltspflichten" zur Aufdeckung rechtswidriger Tätigkeiten erforderlich sind.[312] Der Unterschied zwischen beiden Kategorien verläuft nach den Erläuterungen des BGH aber nicht auf der Grundlage von mehr oder minder konkret bestehenden Gefahrensituationen, sondern danach, was dem Plattformbetreiber unter Berücksichtigung der Durchführung des von ihm vollzogenen Geschäftsmodells möglich ist bzw. ohne Gefährdung dieses Modells möglich ist.[313]

Vom BGH wird weiterhin die Rechtsansicht vertreten, dass die Unterlassungsdelikte von den privilegierenden Vorschriften des TMG nicht erfasst werden.[314]

Der BGH sieht in § 10 TMG auch keine Sperrwirkung gegenüber den Unterlassungsdelikten, soweit sie sich auf die Verletzung von Immaterialgüterrechten beziehen. So hat er in der Entscheidung Kinderhochsitz zwar die Täterschaft bzw. Mittäterschaft durch Unterlassen schon mangels Vorsatz, die Beihilfe durch Unterlassen aber erst auf der Ebene der Zumutbarkeit ausgeschlossen, d.h., die Beihilfe durch Unterlassen würde erst im Zusammenhang mit der Frage, was dem Plattformbetreiber an Untersuchungshandlungen zumutbar erscheint, ausgeschlossen.[315] Insofern gelten dieselben Ausführungen wie im Falle der Störerhaftung. Zumutbar ist trotz § 7 Abs. 2 TMG der Einsatz einer (tauglichen) Kontrollsoftware; unzumutbar ist regelmäßig die manuelle Überprüfung.[316] Die nachfolgende Tabelle 4.2 stellt das komplexe Zusammenspiel zwischen §§ 7 und 10 TMG noch einmal graphisch dar.

[311] BGH GRUR 2011, 152, 155; Verweis auf BGH GRUR 2008, 702 – Internetversteigerung III.

[312] BGH GRUR 2011, 152, 155.

[313] BGH GRUR 2011, 152, 155; Verweis auf BGH GRUR 2004, 860 – Internetversteigerung I und BGH GRUR 2007, 708 – Internetversteigerung II.

[314] BGH GRUR 2011, 152, 153.

[315] BGH GRUR 2011, 152, 154.

[316] Siehe zu den Ausnahmen die Entscheidung BGH ZUM 2007, 846, 853.

§10 TMG Haftungsprivilegien für strafrechtliche Verfolgung und Schadenersatz	Grundsätzlich: eingeschränkte Schadenersatzansprüche/Strafverfolgung aufgrund fremder Informationen im Netz. Anders: Unterlassungsansprüche werden von der Privilegierung nach der BGH-Rechtsprechung nicht erfasst und haben auch keine Sperrwirkung durch §7 TMG.
§7 Abs. 1 TMG	keine Pflicht zur aktiven Untersuchung der Plattform
§7 Abs. 2 Satz 2 TMG	Nach dem BGH bleiben die Pflichten aus allgemeinen Vorschriften – Deliktsrecht, Unterlassungsdelikte, Störerhaftung – bestehen. Demnach: Unterlassungsdelikte werden durch Verkehrspflichten konkretisiert/eingegrenzt. Bei der Störerhaftung bzw. deliktsrechtlichen Haftung wird die Zumutbarkeit einer Überprüfung berücksichtigt, wobei die Überprüfungspflicht nicht zur Aufgabe des an sich zulässigen Geschäftsmodells führen darf.

Tabelle 4.2: §§ 7 und 10 TMG

Im Hinblick auf das UWG hat der BGH wiederholt entschieden, dass eine Störerhaftung in den dem Verhaltensunrecht zuzuordnenden Fällen nicht in Betracht kommt. Es sei dem Plattformbetreiber nicht zuzumuten, komplizierte Rechtsfragen im Hinblick auf eine mögliche Verwirklichung eines UWG-Verbotstatbestandes zu lösen[317]; die Entwicklung der Rechtspraxis ist in der nachfolgenden Tabelle 4.3 illustriert.

BGH – Internetversteigerung I (BGH GRUR 2004, 860)
Grundsätzlich besteht keine Überprüfungspflicht solange es nicht zu einer bekannt gewordenen Rechtsverletzung gekommen ist.
BGH – Kinderhochsitz: (BGH GRUR 2011, 152)
Nach einer Rechtsverletzung und Kenntniserlangung besteht grundsätzlich eine Überprüfungspflicht, die durch Zumutbarkeitserwägungen eingeschränkt wird.

Tabelle 4.3: Rechtspraxis des BGH zur sog. Providerhaftung

Einen unmittelbaren Technikbezug gibt es bei den Fernabsatzgeschäften, insbesondere bei dem sog. E-Commerce. In den §§ 312 ff. BGB sind „Besondere Ver-

[317] BGH GRUR 2011, 152, 156.

triebsformen" geregelt. Man unterscheidet Haustürgeschäfte, Fernabsatzgeschäfte und Verträge im elektronischen Rechtsverkehr, wobei die Haustürgeschäfte für die mit diesem Werk verfolgte Zielsetzung außer Betracht bleiben können.

4.2.5.3 Fernabsatzgeschäfte und elektronischer Geschäftsverkehr

Der Fernabsatzvertrag muss nach den gesetzlichen Vorgaben (§ 312b BGB) unter ausschließlicher Verwendung von Fernkommunikationsmitteln zwischen einem Unternehmer und einem Verbraucher (§§ 13, 14 BGB) zustande kommen, d.h., ohne gleichzeitige körperliche Anwesenheit der Vertragsparteien. Hierbei kommt es nicht auf die Kausalität der besonderen Vertriebsmethode, sondern auf deren ausschließliche Verwendung für den Vertragsschluss an.[318] Daher greift der fernabsatzrechtliche Schutz etwa dann nicht ein, wenn zwar die Willenserklärung im Wege der Fernkommunikation abgegeben worden ist, aber während der Vertragsanbahnung ein persönlicher Kontakt stattgefunden hat.[319] Das Fernabsatzrecht findet weiterhin dann keine Anwendung, wenn der entsprechende Vertrag nicht im Rahmen „eines für den Fernabsatz organisierten Vertriebs- oder Dienstleistungssystems" erfolgt ist (§ 312b BGB). Dadurch wollte der Gesetzgeber sicherstellen, dass nicht allein die Benutzung von Fernkommunikationsmitteln die Schutzwirkungen der Fernabsatzregelungen auslösen kann. Dem Fernabsatzrecht unterliegen nur solche Vertragsabschlüsse, die innerhalb eines vom Unternehmen entsprechend organisierten Systems zustande gekommen sind. Der Anbieter, der seine Waren regelmäßig in seinem Geschäftslokal (Warenlager) und nur gelegentlich über telefonische Bestellungen vertreibt, wird nicht erfasst. Die Existenz eines organisierten Vertriebssystems verlangt, dass der Unternehmer mit personeller und sachlicher Ausstattung innerhalb seines Betriebs die organisatorischen Voraussetzungen geschaffen hat, die notwendig sind, um regelmäßig im Fernabsatz zu tätigende Geschäfte zu bewältigen.

Strittig ist die Situation, dass ein Gewerbetreibender zwar auch – regelmäßig und organisiert – über Internet und Telefon verkauft, aber die Waren auf seinem Betriebsgelände abgeholt werden müssen. In solch einer Situation wäre es im Hinblick auf die gesetzlichen Regelungen für die nicht im Fernabsatz durchgeführten Verkäufe perplex, hier den Verbraucher zu privilegieren, der zwar per Telefon etc. kauft, aber beim Händler die Ware abholt bzw. übereignet bekommt. Der Fernabsatzkunde könnte „vor Ort" die Ware entgegennehmen und zwei Wochen ausprobieren und die Ware dann ohne Angabe von Gründen zurückgeben, während der nicht durch einen Fernabsatz, sondern vor Ort den Vertrag abschließende Kunde nur unter den Voraussetzungen des Gewährleistungsrechts zurückgeben könnte.
Als Ausprägung des unionsrechtlich vorgeprägten Verbraucherschutzrechts ist das Recht der modernen Vertriebsformen weiterhin im Fluss: Am 10.10.2011 hat der Europäische

---

[318] Grigoleit, NJW 2002, 1151, 1151.

[319] Teilweise strittig, ob Mindestanforderungen an die Qualität des persönlichen Kontakts zu stellen sind. Konnte der Verbraucher auf Grund des persönlichen Kontakts vertragswesentliche Informationen erhalten? Kriterium aber nicht rechtssicher; zudem RegE, BT-Drs. 14/2658, S.30 auch ohne Einschränkungen zum persönlichen Kontakt.

Rat eine Verbraucherrechterichtlinie angenommen, die von den EU-Mitgliedstaaten binnen zwei Jahren in nationales Recht umzusetzen ist. Inhaltlich verfolgt die Richtlinie eine Vollharmonisierung der Informationspflichten und der Widerrufsrechte (vgl. dazu sogleich unter (2) und (3)), womit eine weitere Vereinfachung des grenzüberschreitenden Warenhandels innerhalb der EU bezweckt wird.

(1) Verträge im elektronischen Geschäftsverkehr (e-Commerce)

Hier muss der Vertrag unter Einsatz eines elektronischen Mediums zustande kommen. Es muss sich also um eine Willenserklärung des Kunden via Internet oder Onlinedienst handeln, d.h. der Kunde kommuniziert bei Abgabe seiner Erklärung mit einem vom Unternehmer bereitgestellten Programm.[320]

Ein gemäß § 312g BGB im elektronischen Geschäftsverkehr geschlossener Vertrag ist regelmäßig auch ein Fernabsatzgeschäft, da das elektronische Medium ein Fernkommunikationsmittel ist. Im Verhältnis zwischen Unternehmern und Verbrauchern ist der elektronische Geschäftsverkehr also ein „besonderer Fernabsatz“, für den in § 312g Abs. 3 S. 1 BGB ausdrücklich klargestellt wird, dass auch die allgemeinen Vorschriften über Fernabsatzgeschäfte gelten.[321] Ausnahmen bleiben die in § 312b Abs. 3 BGB genannten Vertragsarten und ein persönlicher Kontakt bei Vertragsanbahnung.[322]

(2) Informationspflichten

Die Informationspflichten für den Fernabsatz ergeben sich aus Art. 246, §§ 1,2 EGBGB[323] und sind dort explizit aufgelistet. Für den E-Commerce formulieren § 312g Abs. 1 BGB und Art. 246, § 3 EGBGB weitergehende Informationspflichten und stellen bestimmte Anforderungen an die Gestaltung des elektronischen Programms durch den Unternehmer.

Insbesondere müssen die Informationen dem Verbraucher in einer dem eingesetzten Fernkommunikationsmittel entsprechenden Weise klar und verständlich unter Angabe des geschäftlichen Zwecks zur Verfügung gestellt werden, so dass der Verbraucher in die Lage versetzt wird, die angebotene Leistung zu beurteilen und seine Entscheidung in Kenntnis aller Umstände zu treffen.

---

[320] Grigoleit, NJW 2002, 1151, 1152.

[321] Grigoleit, NJW 2002, 1151, 1152 (zum § 312e BGB a.F.).

[322] Grigoleit, NJW 2002, 1151, 1152 f.

[323] Die vormaligen §§ 1-3 der BGB-InfoVO wurden zwischenzeitlich aufgehoben und durch Art. 246, §§ 1-3 EGBGB ersetzt.

(3) Widerrufs- und Rückgaberecht

§ 312d BGB knüpft an die allgemeinen Vorschriften über das Widerrufs- und Rückgaberecht an und bestimmt, dass dem Verbraucher ein Widerrufsrecht nach § 355 BGB zusteht oder ihm bei Verträgen über die Lieferung von Waren alternativ ein Rückgaberecht nach § 356 BGB eingeräumt werden kann.[324]

> Der Lauf der Widerrufsfrist von zwei Wochen beginnt nur, wenn drei Voraussetzungen[325] erfüllt sind: (1) Der Unternehmer muss dem Verbraucher alle Informationen zur Verfügung gestellt haben, die dem Verbraucher nach Art. 246, §§ 1-3 EGBGB zu erteilen sind. (2) Bei Verträgen über die Lieferung von Waren beginnt die Widerrufsfrist erst mit dem Tag des Eingangs der Ware beim Empfänger. (3) Zudem muss der Unternehmer gemäß gem. Art. 246, § 1 Abs. 1 Nr. 10 EGBGB dem Verbraucher in Textform eine Widerrufsbelehrung erteilen.

Widerrufs- bzw. Rückgaberecht sind also sowohl Gegenstand der Widerrufsbelehrung gemäß § 355 Abs. 2 BGB als auch der Informationspflichten, Art. 246, § 1 Abs. 1 Nr. 10 EGBGB. Soweit verschiedene Vorschriften eine Mitteilung desselben Umstands verlangen, wird allen Vorschriften im Grundsatz durch einmalige Information Rechnung getragen.[326] Die Angabe muss allerdings aus formaler bzw. zeitlicher Sicht den strengsten bzw. frühesten eingreifenden Anforderungen genügen.[327] Des Weiteren sind die Ausschlusstatbestände des § 312d Abs. 4 BGB zu beachten.

(4) Die Rücknahme benutzter Ware

Im Fernabsatz ist das - in der Regel mit wirtschaftlichen Nachteilen verbundene - Rücknahmerisiko grundsätzlich dem Unternehmer zugewiesen. Der Widerruf ist also nicht wegen erheblicher Verschlechterung der Ware ausgeschlossen. Schließlich soll das Widerrufsrecht gerade den Nachteil ausgleichen, der sich für den Verbraucher aus der fehlenden Möglichkeit ergibt, das Produkt vor Abschluss des Vertrages unmittelbar zu sehen und zu prüfen.

Generell darf der Unternehmer also keinen Wertersatz für die Nutzung der Ware verlangen, wenn der Verbraucher sein Widerrufsrecht fristgemäß ausübt. Schließlich würden die Wirksamkeit und die Effektivität des Rechts auf Widerruf beeinträchtigt, wenn dem Verbraucher auferlegt würde, allein deshalb Wertersatz zu zahlen, weil er die durch Vertragsabschluss im Fernabsatz gekaufte Ware geprüft und ausprobiert hat. Das Widerrufsrecht hat gerade zum Ziel, dem Verbraucher diese Möglichkeit einzuräumen. Deren Wahrnehmung kann nicht zur Folge

---

[324] Insoweit sei auf die Regelungen der §§ 355 ff. BGB verwiesen; im Folgenden wird ausschließlich auf die ergänzende Vorschrift des § 312d BGB abgestellt.

[325] Grüneberg, in: Palandt, BGB, § 312d Rn. 3 ff.

[326] BT-Drs. 14/7052 S. 208 zu Art. 245 Nr. 2 EGBGB; Grüneberg, in: Palandt, BGB, § 312d Rn. 5.

[327] Grigoleit, NJW 2002, 1151, 1157.

haben, dass er dieses Recht nur gegen Zahlung eines Wertersatzes ausüben kann.[328] Dies steht jedoch nicht einer Verpflichtung des Verbrauchers entgegen, für die Benutzung der Ware Wertersatz zu leisten, wenn er sie auf eine mit den Grundsätzen des bürgerlichen Rechts, wie denen von Treu und Glauben oder der ungerechtfertigten Bereicherung, unvereinbaren Art und Weise benutzt hat, sofern die Zielsetzung der Verbraucherschutz-Richtlinie 97/7/EG und insbesondere die Wirksamkeit und die Effektivität des Rechts auf Widerruf nicht beeinträchtigt werden.[329] Es ist Sache der nationalen Gerichte, einen Rechtsstreit auf diesem Gebiet im Licht dieser Grundsätze unter gebührender Berücksichtigung all seiner Besonderheiten zu entscheiden, insbesondere entsprechend der Natur der fraglichen Ware und der Länge des Zeitraums, nach dessen Ablauf der Verbraucher – aufgrund der Nichteinhaltung der dem Verkäufer obliegenden Informationspflicht – sein Widerrufsrecht ausgeübt hat; so die EuGH-Rechtsprechung zur Frage nach einer Wertersatzverpflichtung des Verbrauchers[330].

4.3 Technikbezogene Verträge – Anwendungsbeispiele

4.3.1 Qualitätssicherungsvereinbarungen (QSV)

QSV (früher: just-in-time-Verträge) werden zwischen den Herstellern – den Unternehmen, die das Endprodukt fertigen – und den Zulieferern – den Unternehmen, die Teile für das Endprodukt liefern – vereinbart. Grob gesprochen, geht es in diesen Verträgen darum, durch verbindliche Absprachen ein bestimmtes Qualitätsniveau innerhalb bestimmter Fristen innerhalb der Produktionskette zu erreichen und die Folgen einer Vertragsverletzung zu bestimmen.

In QSV legen die Parteien in erster Linie technisch-organisatorische Maßnahmen bzw. Verhaltensregeln fest. Es werden die für die Erreichung der definierten Qualitätsstandards erforderlichen Arbeitsschritte beschrieben und als Teil der Leistungsverpflichtung des Teileherstellers ausgewiesen. Daneben finden sich Regelungen über die Verteilung der Risiken auf die einzelnen beteiligten Unternehmen für den Fall der Gewährleistung und der Produkthaftung. Die wesentlichen Funktionen, die mit dem Einsatz von QSV bezweckt werden, wurden bereits im Kapitel zum Qualitätsmanagement (Kap. 3) unter 3.2.5 dargestellt.

---

[328] EuGH BB 2009, 2164, 2165.

[329] BGH WPR 2010, 396, 400.

[330] EuGH BB 2009, 2164.

QSV lassen sich hinsichtlich ihrer Inhalte in produktbezogene, organisatorische und nicht zuletzt rechtliche Aspekte unterteilen.[331]

Produktbezogene Inhalte:
Produktbeschreibung in technischen Spezifikationslisten
Erstmusterprüfung

Organisatorische Inhalte:
Informationsregelungen
Qualitätsdokumentation
Zutrittsregelungen
Abbedingung der Wareneingangskontrollen
Auditverfahren
Personalbereitstellung und –schulung

Rechtliche Inhalte:
Betreffend die Gewährleistungssituation
Betreffend die Produkthaftungssituation

4.3.1.1 Regelungsinhalte und rechtliche Einordnung der QSV

QSV weisen in heutiger Zeit aufgrund von branchen- bzw. produktspezifischen Besonderheiten eine hohe Variationsvielfalt auf. Trotzdem lassen sich im Hinblick auf Erscheinungsform und Inhalt Gemeinsamkeiten feststellen.

QSV sind Verträge, die der Hersteller mit seinen Zulieferunternehmen abschließt. Sie bilden die rechtliche Grundlage, auf der der arbeitsteilige Produktionsprozess vollzogen wird. Diese Rahmenverträge bestehen unabhängig von den einzelnen kauf- oder werklieferungsvertraglichen Bestellaufträgen bzw. Lieferabrufen.[332] Die besonders enge arbeitsteilige Beziehung und das sich daraus ergebende gesteigerte Vertrauens- bzw. Abhängigkeitsverhältnis der Vertragsparteien macht es erforderlich, in den QSV über – den einzelnen punktuellen Austauschvertrag hinaus – Regelungen hinsichtlich aller Kooperationsphasen zu treffen.[333] Nach der wohl ganz überwiegend in der juristischen Literatur vertretenen Ansicht sollen deshalb in diesen Verträgen auch Vertragstypen zahlreicher Verträge vereint sein (sog. typenvermischte Vertragsart). So sollen QSV sowohl werk-, dienst-, als auch gesellschaftsvertragliche Elemente oder Elemente einer Geschäftsbesorgung beinhalten.

[331] Grundlegende Behandlung der QSV von Ensthaler, in: Ensthaler, HGB, nach § 377 sowie Merz, in: Produkthaftungshandbuch.

[332] Zur Aufteilung zwischen Rahmen- und Bestellvertrag siehe Franz, S. 56, und Martinek, in: Moderne Vertragstypen, S. 296; Ensthaler, NJW 1994, 817 ff.

[333] Martinek, in: Moderne Vertragstypen – Band III, S. 296.

Dieses Argument ist ungenau. Im Hinblick auf einzelne in den Vertrag aufgenommene Regelungen kann es sich selbstverständlich um Regelungen handeln, die unterschiedlichen Vertragskategorien von Austauschverträgen zugehörig sind.

> z.B.: Die Verpflichtung bei der Produktion der Zulieferteile bestimmte Materialien zu verwenden, ist sicher ein Element eines Werkvertrages, das den – von der QSV geregelten– Bestellvertrag (Liefervertrag über jeweils eine Anzahl von Zulieferteilen) ergänzt, der diese technische Spezifikation nicht ausdrücklich enthält.
> Die Verpflichtung, die Produktion der Zulieferteile zur Sicherstellung der Kapazität durch eine bestimmt Anzahl von Fertigungsmaschinen zu erledigen, die Verpflichtung ein Qualitätsmanagementsystem einzuführen oder die Verpflichtung, das Personal unter bestimmten Vorgaben schulen zu lassen, haben dienstvertragliche Verpflichtungen zum Inhalt, die auch nicht in einem direkten Zusammenhang zu den einzelnen Lieferverträgen stehen. Die Pflicht ist unabhängig davon zu erfüllen, ob die Zulieferware durch die Erfüllung besser wird oder nicht.

Ungenau ist die Umschreibung vom „typenvermischten" Vertrag deshalb, weil die einzelnen Regelungen, wie beispielhaft umschrieben, eindeutig den einzelnen Vertragstypen des Bürgerlichen Rechts (BGB) zugeordnet werden können. Es geht gerade insofern nicht darum, dass Regelungstypen ineinander übergehen bzw. ineinander verwoben sind.

Wenn hier schon von einer Vermengung die Rede sein soll, dann geht es um die Verbindung der Regeln des Rahmenvertrages mit denen der einzelnen Lieferverträge. Dabei verhält es sich regelmäßig so, dass die werkvertraglichen Elemente diese Verbindung aufweisen, während die dienstvertraglichen Elemente Gegenstand einer (zumeist) umfassenden Qualitätssicherung sind (hinsichtlich Qualitätskontrolle, Einhaltung von Lieferzeiten, Kapazitätsbewältigung u. ä.) und aus rechtlicher Sicht nicht in diesem unmittelbaren Zusammenhang zu den Inhalten der Lieferverträge stehen.

Falsch ist es auch, bei den QSV von einer Typenvermengung zwischen Austauschverträgen (Werkvertrag/Dienstvertrag etc.) und dem Vertrag zu einem gemeinsamen Zweck (Gesellschaftsvertrag) auszugehen bzw. eine Dritte Vertragskategorie zu unterstellen, die dann dieser Typenvermengung gerecht werden soll.

Zwischen den Austauschverträgen und den Verträgen zu einem gemeinsamen Zweck soll nach in der Literatur vertretener Ansicht eine weitere eigenständige dritte Grundform bestehen, deren wesentliches Merkmal eine bestimmte Art von Interessenwahrung ist. Dabei geht es um die Verpflichtung der untergeordneten Partei, die Interessen der anderen Partei (im Rahmen des Austauschgeschäftes) im besonderen Maße zu wahren, wobei als Teil der Gegenleistung der übergeordneten Partei eine gesteigerte Treuepflicht (Pflicht zur Rücksichtnahme auf den untergeordneten Vertragspartner) bestehen soll. In diesem Zusammenhang werden neben der QSV der Geschäftsbesorgungsvertrag, die Treuhand, aber auch der Handelsvertretervertrag genannt.[334]

---

[334] Martinek/Semler/Habermeier/Flohr, S. 9.

Diese Einteilung ist zu kritisieren. Sowohl dem geschriebenen Recht, wie der Jurisprudenz ist die Unterscheidung zwischen Austauschverträgen und Verträgen zu einem gemeinsamen Zweck bekannt. Daneben gibt es Verträge, die schwer in diese beiden Kategorien einzuordnen sind. Dazu gehört, wohl als bekanntester in diese Kategorie gehörender Vertrag, der Konzernvertrag und sicher auch die hier angesprochene QSV. Die Schwierigkeit der Einordnung hat aber nicht dazu geführt, eine dritte Kategorie zu entwickeln. Dies muss zumindest de lege lata schon deshalb ausscheiden, weil das geschriebene Recht – namentlich das BGB – eine solche dritte Kategorie nicht kennt. Es kann auch rechtslogisch, dogmatisch, keine dritte Kategorie geben, weil die Rechtsinstitute „Austauschvertrag" und „Vertrag zu einem gemeinsamen Zweck" bzw. die Einteilung in diese Vertragstypen keine auf der Grundlage dieser Einteilung zuordnungsfähige dritte Kategorie zulässt. Entweder ist ein Vertrag ein Austauschvertrag oder unter Berücksichtigung der Interessen der Parteien ein Vertrag zu einem gemeinsamen Zweck. Was mit der Bildung dieser dritten Kategorie wohl gemeint ist, lässt sich dahin umschreiben, dass es Verträge gibt, bei denen mehr die Interessen der einen als die der anderen Partei gewahrt werden, dass es also zur Verpflichtung einer Partei gehört, umfangreich die Interessen der anderen Partei zu wahren, ohne dass dies an konkreten Leistungsverpflichtungen festgemacht werden könnte. Als Gegenleistung wird dann eine für beide Seiten bestehende besondere Treuepflicht beider Parteien begründet. In diesem Zusammenhang werden dann der Auftrag, die Geschäftsbesorgung und auch der Handelsvertretervertrag genannt.[335] Selbstverständlich sind die genannten Verträge, also Auftrag, Geschäftsbesorgung, Handelsvertretervertrag, dem Grunde nach Austauschverträge, die sich von anderen Verträgen dadurch unterscheiden, dass die Wahrnehmung der Interessen der anderen Partei im Vordergrund steht (Handelsvertreter: „ständig damit betraut"); die Interessenwahrung der anderen Partei gehört zur Leistungsverpflichtung z.B. des Handelsvertreters oder des Auftragnehmers und es mag sich so verhalten, dass als Gegenleistung ein gesteigertes Treueverhältnis zwischen den Parteien zugrunde zu legen ist (z. B. beim Handelsvertreter: Informationspflicht, frühzeitige Information über Veränderungen, Ausstattung mit erforderlichen Unterlagen). Diese zuletzt besprochene sog. dritte Konstellation ist demnach kein eigenständiger Vertragstypus, sondern einer der beiden bekanntesten Vertragskonstellationen (Austauschvertrag, Gemeinschaftsverhältnis) unterzuordnen.

Um das Ergebnis vorwegzunehmen: Die QSV wird nach wohl herrschender Meinung als Austauschvertrag qualifiziert, der aber in den meisten Fällen eine ganz erhebliche Unterordnung des Zulieferers unter die Interessen des Herstellers verlangt und von daher mit dem gegenseitigen, aber in erster Linie dann den Hersteller treffenden, gesteigerten Rücksichtnahmegebot belegt ist. Es macht vor allem für Haftungsfragen einen Unterschied, ob es sich bei dem zwischen dem Zulieferer und dem Hersteller geschlossenen Vertrag um einen Austauschvertrag

---

[335] Martinek/Semler/Habermeier/Flohr, S. 9.

handelt oder aber um einen Vertrag zu einem gemeinsamen Zweck. Der Vertrag zu einem gemeinsamen Zweck (§ 705 BGB) beinhaltet keine Gewährleistungsansprüche und beschränkt die Haftung auf die Fälle der Verletzung der eigenüblichen Sorgfalt bis zur Grenze der groben Fahrlässigkeit. Folge dieser Einordnung ist also, dass es beim Gewährleistungsrecht und darüber hinaus auch bei der Haftung für Folgeschäden wegen mangelhafter Beschaffenheit der Zulieferteile verbleibt.

Von großer Bedeutung ist im Zusammenhang mit den QSV auch, dass der Lieferant für einen Zeitraum von maximal fünf Jahren für die von ihm gelieferten Produkte nach der gesetzlichen Regelung des § 479 Abs. 2 S. 2 BGB verpflichtet bleibt. In sog. Lieferketten wurde die Verjährungsfrist für mangelhafte Leistungen auf diesen 5-Jahreszeitraum verlängert. Vielen Unternehmen ist bis in die heutige Zeit diese, im Jahre 2002 in Kraft getretene Änderung nicht bekannt.

QSV werden regelmäßig auf zwei Arten in Geltung gesetzt: Die meisten Vereinbarungen sind äußerlich selbständige Klauselwerke, die mit Einverständnis des Partners in die Transaktionsbeziehung eingeführt werden. Die Alternative besteht darin, dass die QSV in die Bestell- und Einkaufsbedingungen der einzelnen Firmen als Unterabschnitte eingearbeitet werden.[336]

In den ganz überwiegenden Fällen handelt es sich bei den QSV um Allgemeine Geschäftsbedingungen i.S.d. § 305 BGB, denn der Hersteller beabsichtigt, die von ihm vorformulierten Vertragstexte - die nicht zwischen den Vertragsparteien ausgehandelt werden - auf eine Vielzahl seiner Zulieferer anzuwenden. Ein Aushandeln würde erst dann vorliegen, wenn der Endhersteller die vorformulierten QSV dem Zulieferer zur Disposition stellt. »Aushandeln« bedeutet dabei mehr als Verhandeln. Anstatt einer bloßen Besprechung der Vertragsklauseln müsste eine gründliche Erörterung vorliegen. Ein Indiz hierfür wären tatsächliche Abänderungen des vorformulierten Vertragstextes.

4.3.1.2 QSV und Wareneingangskontrolle[337]

(1) Untersuchungs- und Rügeobliegenheiten nach § 377 HGB

QSV enthalten regelmäßig Just-in-time-Vereinbarungen. Just-in-time-Vereinbarungen befassen sich u.a. mit dem Problem, dass der Abnehmer bei Übergabe der Ware zur unverzüglichen Untersuchung der Ware nach Mängeln angehalten ist und im Falle der Mängelfeststellung diese rügen muss, wenn er sich seine Gewährleistungsansprüche und auch Schadensersatzansprüche umfänglich erhalten will . Die Untersuchung und die Rüge nach § 377 HGB ist keine Rechtspflicht des Abnehmers, sie ist eine Obliegenheit. Der Unterschied liegt darin, dass der Abnehmer nicht zur Untersuchung und Rüge verpflichtet ist; im Falle des Un-

---

[336] Quittnat, BB 1989, 571, 571 f.; Martinek, in: Zulieferverträge und Qualitätssicherung, S. 133.

[337] Vgl. dazu bereits das Anwendungsbeispiel zum Qualitätsmanagement im Kap. 3 unter 3.3.

terlassens aber eigene Interessen verletzt, denn er verliert Gewährleistungsansprüche und eventuell auch Schadensersatzansprüche, die sich auf die Fehler beziehen, die bei ordnungsgemäßer Untersuchung hätten geltend gemacht werden können. Der Grund liegt darin, dass bei beiderseitigen Handelsgeschäften das Interesse des Lieferanten an einer endgültigen Abwicklung des Vertrages für schützenswert erachtet wird; nach kurzer Frist soll der Lieferant sicher sein können, dass seine Leistung vertragsgerecht war und er nicht mehr mit Gewährleistungsansprüchen rechnen muss.

Dem Abnehmer wird zugemutet, die Ware einer Eingangskontrolle zu unterziehen und für den Fall, dass Mängel festgestellt werden, unverzüglich zu rügen. Mängel, die bei der Lieferung einer einfachen, groben Überprüfung[338] festgestellt werden (können), müssen innerhalb einer sehr kurzen Frist (ein bis zwei Tage) gerügt werden.[339] Zeigen sich dann während der Untersuchungsfrist Mängel, kann die Wochenfrist abgewartet werden, sie ist dem Verkäufer zumutbar. Hinzuzurechnen sind ein bis zwei Tage für die Rüge selbst. Es brauchen also, außerhalb einer ersten, grobsichtigen Überprüfung, nicht alle Mängel sofort nach ihrer Entdeckung gerügt werden. Innerhalb der Wochenfrist kann „das Gesamtergebnis der Untersuchung abgewartet werden".[340] Die sog. verdeckten Mängel sind Fehler, die bei einer ordnungsgemäßen Untersuchung nicht in Erscheinung getreten sind oder - falls eine Untersuchung nicht stattgefunden hat - bei einer ordnungsgemäßen Untersuchung nicht in Erscheinung getreten wären. Ein Mangel ist danach auch dann verdeckt, wenn gar keine Stichproben entnommen wurden, aber bei der Entnahme von Stichproben mit an Sicherheit grenzender Wahrscheinlichkeit der Mangel nicht entdeckt worden wäre.[341] Die Frist, die ab Entdeckung des Mangels läuft, beträgt dann wieder ein bis zwei Tage.[342] Jeder entdeckte Mangel muss dann unverzüglich für sich gerügt werden.[343]

Ein Problem kann sich daraus ergeben, dass der Käufer einzelne der gelieferten Stücke für die Untersuchung auswählt und die anderen Teile bereits zur Weiterverarbeitung in die Produktion gegeben werden. Ein Verlust der Rügemöglichkeit ist mit der Weiterverarbeitung aber nicht verbunden.[344] Ergeben die Stichproben Mängel, so kann der Verkäufer, soweit er insofern ordnungsgemäß gerügt hat, nicht nur die Gewährleistungsansprüche hinsichtlich dieser noch nicht eingebauten, sondern auch hinsichtlich der bereits im Produktionsprozess befindlichen Stücke geltend machen. Etwas anderes könnte nur gelten, wenn der Verkäufer davon

---

[338] „Grobsichtige" Überprüfung, so die Bezeichnung für die erste Eingangsüberprüfung von Grunewald, NJW 1995, 1777, 1779.

[339] RGZ 62, 256, 258; RGZ 106, 359, 361; OLG München NJW 1955, 1560, 1561. „Eine Untersuchung, die aufgrund der konkreten Umstände dem Käufer zumutbar ist", Hopt, in: Baumbach/Hopt, § 377 Rn 25.

[340] Hopt, in: Baumbach/Hopt, HGB, § 377 Rn. 36.

[341] Dazu ausführlich Grunewald, NJW 1995, 1777, 1780.

[342] BGH NJW-RR 1986, 52, 53.

[343] OLG München NJW 1986, 1111.

[344] BGH NJW 1889, 2532, 2533; so auch Grunewald, NJW 1995, 1777, 1780.

ausgehen darf, dass während der Untersuchung die als Stichproben verwandten Stücke dem Produktionsprozess ferngehalten und irgendwo gelagert werden. Mangels einer hierauf gerichteten vertraglichen Abrede kann der Verkäufer nicht davon ausgehen. Das Gesetz verlangt die Untersuchung im Rahmen eines ordnungsgemäßen Geschäftsganges. Kostenintensive Zwischenlagerungen sind vom Käufer nicht verlangt. Weiterhin ist zu berücksichtigen, dass der Verkäufer auch bei verdeckten Mängeln, die erst lange Zeit nach Anlieferung entdeckt werden, mit Schadensersatzansprüchen wegen des Ausgleichs von Folgeschäden rechnen muss.

Die Regelung des § 377 HGB ist dispositiv. Die Vertragsparteien können demnach Vereinbarungen treffen, die bis zum völligen Ausschluss der Untersuchungs- und Rügeobliegenheit reichen.[345] Privatautonome Gestaltungen finden aber durch die §§ 305 ff. BGB ihre Beschränkung. Qualitätssicherungsvereinbarungen und darin regelmäßig enthaltene Just-in-time-Klauseln werden in Form von AGB vereinbart.[346]

(2) Ausschluss der Untersuchungs- und Rügeobliegenheit

Der Verzicht auf die Wareneingangskontrolle oder auch nur die Reduzierung der Kontrollmaßnahmen erhöht das Risiko beim Lieferanten; das ist regelmäßig auch dann noch der Fall, wenn es vorgeschaltete substitutive Maßnahmen gibt, namentlich wenn beim Lieferanten eine Ausgangskontrolle geführt wird. Das ist schon deshalb so, weil jede Kontrolle einmal versagen kann; wer dann im Falle des Versagens eines Kontrollsystems haften muss, lebt im Risiko. Die Wertung des Gesetzgebers geht dahin, dem Abnehmer das Risiko unzureichender oder sonst wie fehlgeschlagener Kontrollen aufzubürden. Der BGH hatte daher in einer Entscheidung 1991 den formularmäßigen Ausschluss der Rügeobliegenheit für unwirksam erklärt.[347] Diese Entscheidung stand jedoch nicht im Zusammenhang mit QSV, welche dem Lieferanten nicht nur Risiken aufbürden, sondern ihm wegen der zahlreichen technischen und organisatorischen Vorgaben auch Risiken nehmen können.

In der Literatur taucht deshalb immer wieder das Argument auf, dass Rügeverzichtsklauseln im Rahmen von QSV zulässig sein müssten, weil diese Organisationsformen sich aufgrund ihrer betriebswirtschaftlichen Vorteilhaftigkeit für beide Seiten durchgesetzt hätten. Es sei daher auch Aufgabe des Handelsrechts, solche Entwicklungen zu fördern, jedenfalls aber nicht zu blockieren.[348] Für die Abbedingung des § 377 HGB bestehe wegen der „betriebs- und volkswirtschaftlich er-

---

[345] Hierzu auch Schmidt, NJW 1991, 144, 148.

[346] Gegensätzlich dazu Steckler, BB 1993, 1225, 1227.

[347] BGH NJW 1991, 2633, 2634.

[348] Lehmann, BB 1990, 1849, 1852.

wünschten Rationalisierungsvorteile der (...) Integration des Zulieferers in den Produktionsprozess" ein unabweisbares Bedürfnis.[349] Die Argumente für die Möglichkeit der Abbedingung reichen von der betriebswirtschaftlichen Notwendigkeit über die volkswirtschaftliche Vernünftigkeit bis hin zur Wertung, durch solch eine Abbedingung werde die Position des Zulieferers „nicht wesentlich", sondern „nur dadurch" verschlechtert (...), „dass er selbst die Verantwortung für die ordnungsgemäße Durchführung der Qualitätskontrolle trägt".[350]

In der Literatur gibt es im Hinblick auf die betriebswirtschaftlichen bzw. technischen Besonderheiten heutiger Produktionsabläufe auch durchaus gegensätzliche Wertungen. Nicht selten ist der Hinweis, dass auch bei Just-in-time-Verträgen immer noch Zeit besteht, die Ware einer zumindest grobsichtigen Prüfung zu unterziehen; kein Produzent würde vernünftigerweise angelieferte Ware ohne jegliche Überprüfung sofort in die Produktion verbringen lassen.[351]

Dies alles mag richtig sein; die Argumente treffen aber nicht den Grund für die gemäß § 307 BGB bestehende Unwirksamkeit eines Ausschlusses der Rügeobliegenheit. Nach der vom Gesetzgeber getroffenen Wertung soll jeder gewerbliche Lieferant sich darauf verlassen können, dass auch der Belieferte noch einmal eine Überprüfung der Ware vornimmt. § 377 HGB bestimmt dabei nicht eine Pflicht zur Vornahme, sondern verteilt die Risiken zwischen Käufer und Verkäufer. Der Käufer mag aus organisatorischen Gründen von einer nochmaligen Überprüfung absehen; niemand kann ihn zwingen. Er trägt dann aber auch das Risiko Gewährleistungs- bzw. Schadensersatzansprüche zu verlieren. Zutreffend erklärt insofern Grunewald: „Zur Debatte steht einzig und allein, wer das Risiko von Mängeln, die trotz aller Qualitätssicherungen nicht vermieden worden sind, zu tragen hat."[352] Mit anderen Worten: Es ist dem Abnehmer unbenommen, seiner beim Zulieferer installierten Kontrollorganisation zu vertrauen; es soll ihm aber nicht erlaubt sein, neben der Verlagerung der Eingangskontrolle auf die Ausgangskontrolle auch das Haftungsrisiko auf den Zulieferer zu verlagern. Die durch § 377 HGB erfolgte Wertung des Gesetzgebers blockiert also keinesfalls neue Produktionsmethoden; es wird nur bestimmt, wer das Risiko der Weiterverarbeitung unkontrollierter Waren zu tragen hat.

Hinweise auf betriebswirtschaftliche und auch technische Veränderungen reichen demnach als Argumente für die Möglichkeit der Abdingbarkeit von § 377 HGB nicht aus. Auch das Argument, die der Rüge vorausgehende Untersuchung könnte durch vereinbarte Qualitätssicherungsmaßnahmen, z.B. eine Warenausgangskontrolle beim Lieferanten, überflüssig werden, steht noch nicht außerhalb der Wertung des Gesetzgebers. Wenn dem Abnehmer die Fehlerwahrscheinlich-

---

[349] Martinek, in: Moderne Vertragstypen – Band III, S. 336.

[350] Martinek, in: Moderne Vertragstypen – Band III, S. 341.

[351] Grunewald, in: Münchener Kommentar zum HGB, § 377 Rn. 125.

[352] Grunewald, NJW 1995, 1777, 1782.

keit so gering erscheint, dass selbst die Überprüfung der Ware auf offen zutage liegende Mängel unrentabel scheint, so mag er die Überprüfung unterlassen. Warum dann im Falle eines sich trotzdem einschleichenden Fehlers kein Rechtsverlust für den Abnehmer eintreten soll, ist damit nicht erklärt. Es ist eher schlüssig die Ansicht zu vertreten, dass bei einem Versagen eines vom Abnehmer initiierten Kontrollsystems, welches diesen von der Wareneingangskontrolle befreien soll, auch der Abnehmer Rechtsverluste hinzunehmen hat. Die Qualitätssicherungsmaßnahmen können das Risiko mindern; dort, wo es noch besteht, soll es jedoch bei dem bleiben, dem es nach der Wertung des Gesetzgebers obliegt. Das Gesetz verlangt nicht die Untersuchung der Ware; weder dort, wo sie mangels QSV angezeigt ist, noch dort, wo sie wegen der Qualität eines solchen Systems vielleicht schon nahezu überflüssig erscheint. Es bestimmt, dass der Abnehmer, wie funktional auch immer seine präventiven Maßnahmen waren, zur Vermeidung von Rechtsverlusten erkennbare Fehler zu rügen hat. Alle Maßnahmen des Endherstellers, die darauf abzielen, eine Warenausgangskontrolle überflüssig zu machen, könnte nach der Wertung des § 377 HGB nichts daran ändern, dass er Rechtsverluste hinzunehmen hat, wenn sie versagen.[353]

In einer Entscheidung aus dem Jahre 2002[354] stellt der BGH die Bedeutung von § 377 Abs. 1 HGB für den Lieferanten heraus:

> „Weder ein bestehender Handelsbrauch bzw. eine Branchenüblichkeit noch die Zusicherung einer Eigenschaft durch den Lieferanten kann von jeder Untersuchungspflicht entbinden." Die Interessen des Lieferanten an schneller Mängelrüge besonders hervorhebend heißt es weiter in der Entscheidung: „Ist eine sachlich gebotene und zumutbare Art der Untersuchung nicht branchenüblich, so verdient eine solche Übung keinen Schutz" (unter Verweis auf BGH NJW 1976, 625).

Wenn selbst der Handelsbrauch insoweit keinen Schutz verdient, kann auch eine vom Besteller vorformulierte, die Überprüfungsobliegenheit ausschließende, Vertragsklausel mit § 307 BGB grundsätzlich nicht vereinbar sein. Allgemeine Geschäftsbedingungen können, wenn sie sich durchsetzen, Handelsbräuche begründen. Man kann nur schlecht dahin argumentieren, dass einem von § 377 Abs. 1 HGB abweichenden Handelsbrauch der Schutz zu versagen ist, aber dessen Vorstufe, die entsprechende Allgemeine Geschäftsbedingungen keinen gegen den Gerechtigkeitsgehalt von § 307 Abs. 1 verstoßenden Inhalt hat.[355]

Eine andere Bewertung scheint dann angezeigt, wenn der Lieferant, was im Rahmen von QSV regelmäßig der Fall ist, verpflichtet ist, mit Qualitätssicherungsmaßnahmen (Qualitätsmanagementsystemen) zu arbeiten. Wenn der Lieferant (z. B.) auf der Grundlage anerkannter FMEA-Methoden[356] die Produkte entwickelt, ist es ihm regelmäßig möglich aus den Ergebnissen der

---

[353] Grunewald, NJW 1995, 1777, 1783.

[354] BGHRep 2003, 285 ff.

[355] Schmidt, S. 28 f.

[356] Vgl. dazu bereits die Ausführungen zum Qualitätsmanagement in Kap. 3 unter 3.3.2.3.

Methodenanwendung heraus die Fehlerquellen aufzudecken und hinsichtlich ihrer Auftrittswahrscheinlichkeit auch zu bewerten. Soweit der Verkäufer verpflichtet ist, diese Ergebnisse dem Käufer mitzuteilen (bei QSV ist dies regelmäßig der Fall), wäre es keine unangemessene Benachteiligung des Lieferanten i.S.v. § 307 BGB, wenn der Käufer nur noch entsprechend der danach möglichen Fehler zu untersuchen und ggfs. zu rügen hat.[357] Hierbei würde es sich um eine Reduzierung des Umfangs der Untersuchungs- und Rügeobliegenheit bzw. der (technischen) Vorgaben für den genauen Gegenstand der Untersuchung handeln. Diese Reduzierung ist auf der Grundlage von § 377 HGB dadurch gerechtfertigt, dass überhaupt nur ein grobsichtige Prüfung verlangt ist und eine schon derart vom Umfang her reduzierte Prüfung nicht dort zu verlangen ist, wo der Lieferant hinsichtlich des Aufspürens von Fehlern den Einsatz eines geeigneten Qualitätsmanagementsystemen zugesagt hat und für den Abnehmer nicht erkennbar geworden ist, dass der Lieferant dieses System nicht oder nicht richtig einsetzt.

Es geht bei dem Vorhergesagten nicht darum, dass die Wareneingangskontrolle durch vertragliche Abreden zwar nicht abbedungen, aber durch eine Warenausgangskontrolle beim Verkäufer ersetzt werden soll. Eine solche Vereinbarung wäre dort, wo die Wareneingangskontrolle nicht durch entsprechende Methoden während des Produktionsprozesses überflüssig wird, eine Umgehung der Obliegenheit zur Untersuchung und ggf. erforderlichen Rüge, so dass auch diese Vereinbarung gegen § 307 BGB verstoßen würde und unwirksam wäre.[358]

Eine entsprechende vertragliche Vereinbarung wäre auch aus anderen Gründen für den Käufer kaum von Vorteil. Die vertragliche Gestaltung wäre dahin auszulegen, dass der Verkäufer die zusätzliche Pflicht auferlegt bekommt für den Käufer die Wareneingangskontrolle (als Ausgangskontrolle) durchzuführen. Einzuordnen wäre diese Verpflichtung als Dienstvertrag in der Art des Geschäftsbesorgungsvertrages (§§ 611, 675 BGB). Dies würde bedeuten, dass der Verkäufer nur im Falle einer ihm vorwerfbaren (§ 276 BGB) Pflichtverletzung (§ 280 BGB) bei Durchführung dieser Dienstleistung dem Käufer schadensersatzpflichtig wäre. Damit wäre keine Freistellung von allen Sanktionen im Fall der Nichtbeachtung der Rügeobliegenheit durch den Käufer erreicht. Der Käufer würde nach wie vor wegen Nichterfüllung dieser Obliegenheit seine damit im Zusammenhang stehenden Gewährleistungsansprüche bzw. Schadensersatzansprüche verlieren und könnte den Schaden nur für die Situation auf den Verkäufer abwälzen, dass dieser schuldhaft seine Pflichten aus der ihm auferlegten Ausgangskontrolle verletzt hat (vgl. dazu Teichler, BB 1991, 428, 430).

Daher kann selbst eine für den Zulieferer geschaffene Organisationsverpflichtung zumindest grundsätzlich nicht die dem Assembler obliegende „Rügepflicht" ersetzen; die Haftung des Endherstellers bzw. Assemblers ist rigider. Anders gewendet, der Endhersteller kann innerhalb des Rahmens des gesetzlichen Haftungssystems dem Zulieferer regelmäßig auch nicht durch vertragliche Vereinbarungen die Risiken aufbürden, die ihn im Rahmen des § 377 HGB treffen.

---

[357] Zu untersuchen wäre die Ware weiterhin auf Transportschäden.

[358] Grunewald, in: Münchener Kommentar, HGB, § 377 Rn. 122.

§ 377 HGB würde aber dann „leer laufen", wenn Zulieferer und Endhersteller haftungsrechtlich auf der gleichen Ebene anzusiedeln wären. Das ist dann gegeben, wenn der Fehler, den es zu rügen galt, bei pflichtgemäßem Einsatz von Fehlervermeidungsmaßnahmen (Qualitätsmanagementmaßnahmen) nicht eingetreten wäre und dieses Versäumnis auch schuldhaft war. Die Bedeutung der Rügepflicht, ihre Schutzfunktion für den Verkäufer, relativiert sich in dem Maße, wie die Fehlervermeidungsmaßnahmen Teil der geschuldeten Leistung des Zulieferers sind. Wobei mit der geschuldeten Leistung hier nicht etwa eine dem Lieferanten auferlegte Pflicht zur Ausgangskontrolle sein soll, sondern die Pflicht zum Einsatz von Fehlervermeidungsorganisationen.

Die Rügepflicht kann auch nicht dadurch im Wege von AGB ausgeschlossen werden, dass der Verkäufer eine Garantieerklärung abgibt, die eine unbedingte - also auch für den Fall der Verletzung der Rügeobliegenheit bestehende - Einstandspflicht des Verkäufers für die ordnungsgemäße Beschaffenheit der Ware umfasst. Eine solche Garantieerklärung wäre eine unzulässige Abbedingung der Rügeobliegenheit.[359]

Entsprechend den Wertungen der AGB-Inhaltskontrolle, die auf das Verbot einer unangemessenen Benachteiligung gerichtet sind, kann ein AGB-mäßig formulierter Verzicht auf die Rügeobliegenheit wirksam sein, wenn der Nachteil für den Verkäufer durch einen damit im Zusammenhang stehenden Vorteil ausgeglichen wird. So ist der Verzicht z.B. wirksam, wenn dem Deliktsrecht gleich Käufer und Verkäufer für den Fall von Mangelfolgeschäden vereinbaren, dass beide zu gleichen Anteilen dafür haften.[360] Gleiches müsste dann aber auch für die Gewährleistungssituation verlangt werden. D.h. auch hier müsste der Verzicht auf die Rügeobliegenheit damit einhergehen, dass der Käufer zumindest auf einen Teil des Wertes seiner Gewährleistungsansprüche verzichtet. Da die Rügeobliegenheit regelmäßig aber nur einen Teil möglicher Fehlerquellen abdeckt und damit verbunden, für weitere, sich erst später zeigende Mängel die Gewährleistungshaftung bestehen bleibt, dürfte hier ein Verzicht auf Gewährleistungsansprüche seitens des Käufers i. H. v. 30 % angemessen sein.

Des Weiteren kann auch die Rügeobliegenheit abgemildert werden. Dies bezieht sich auf die dem Verkäufer zur Verfügung stehende Zeit für die Rüge. Rügefristen bei offenen Mängeln sollen auch unter § 307 BGB wirksam sein.

(3) Wahl des Untersuchungsortes

Von § 377 HGB nicht erfasst ist die Frage, ob der Käufer in seinen AGB nur möglichen Ort nennen kann, an den die Ablieferung erfolgen soll und die Ware zu untersuchen ist. In der Literatur wird mit Recht gefolgert, dass kein Ablieferungsort verlangt werden kann, der außerhalb vernünftiger Interessen - auch des Käufers –

---

[359] Martinek, in: Moderne Vertragstypen – Band III, S. 331.

[360] Grunewald, in: Münchener Kommentar, HGB, § 377 Rn. 128.

steht.[361] Als Maßstab soll insofern der Grundsatz gelten, dass die Bestimmung des Ablieferungsortes nicht dazu führen darf, dass die Rügeobliegenheit dem Verkäufer nicht mehr von Nutzen sein kann.[362] So wäre eine Klausel mit § 307 Abs. 1, Abs. 2 Nr. 1 BGB unvereinbar, wenn die Ware mit der Maßgabe an den Abnehmer des Käufers geliefert werden soll, dass der (End-)Abnehmer die Ware an den Käufer zurückgeben kann, wenn er damit nicht einverstanden ist und der Käufer erst von diesem Zeitpunkt an verpflichtet ist, zu prüfen und ggf. zu rügen. Mit § 307 BGB vereinbar ist aber die Regelung, dass bei Vereinbarung einer Hol- bzw. Schickschuld die Untersuchung erst zu erfolgen braucht, wenn der Käufer bzw. ein Filialunternehmen die Ware tatsächlich erhalten hat. Dass § 269 BGB (als gesetzliches Leitbild) von der Holschuld ausgeht bzw. dass auch bei einer Schickschuld der Leistungsort der Ort der gewerblichen Niederlassung des Verkäufers ist, hat im Hinblick auf § 307 BGB nicht die Unwirksamkeit einer Vertragsklausel zur Folge, nach der auch bei diesen Schuldverhältnissen erst dann zu prüfen ist, wenn die Ware beim Käufer angekommen ist.[363]

4.3.1.3 Fixgeschäftsklauseln und Verzugsschadensersatzklauseln

Wenn der Zulieferer den vom Hersteller bestimmten Lieferungszeitpunkt nicht einhält, drohen Produktionsverzögerungen, die eventuell zum völligen Stillstand des gesamten Fertigungsprozesses führen können. Der Hersteller muss deshalb auf die unbedingte Einhaltung des beim jeweiligen Teileabruf festgesetzten Lieferzeitpunktes für die einzelnen Sendungen bestehen, d.h. er muss darauf bestehen, dass die bei den einzelnen Abrufen vorgeschriebenen Liefertermine „fix" gelten. Solche Regelungen sind dem positiven Recht bekannt; sie sind in den §§ 323 Abs. 2 S. 2 BGB und 376 HGB im Grundsatz geregelt.

Bei Just-in-time-Lieferungen ist allerdings zwischen absoluten und relativen Fixgeschäften zu unterscheiden. Von einem absoluten Fixgeschäft ist die Rede, wenn die Leistung ihrem Inhalt nach nur zu oder bis zu einem fest bestimmten Zeitpunkt erbracht werden kann und sich ein späterer Erfüllungsversuch inhaltlich als etwas anderes als die geschuldete Leistung darstellt. Das absolute Fixgeschäft wird über die §§ 275, 280 ff., 326 BGB geregelt und gehört demnach zu der Fallgruppe der Unmöglichkeit des Leistungsstörungsrechts.

Eine Auslegung der Fixgeschäftsklauseln in Just-in-time-Verträgen muss wohl für den Regelfall ergeben, dass die Parteien kein absolutes Fixgeschäft mit der Anwendung des Unmöglichkeitsrechts wollten, sondern ein relatives Fixgeschäft mit den daraus resultierenden verzugsrechtlichen Konsequenzen.[364] Der Hersteller, der keine eigene Lagerhaltung betreibt, ist zur Weiterführung seiner Produktion

---

[361] Grunewald, in: Münchener Kommentar, HGB, § 377 Rn. 121.

[362] Grunewald, in: Münchener Kommentar, HGB, § 377 Rn. 121.

[363] Grunewald, in: Münchener Kommentar, HGB, § 377 Rn. 121.

[364] Merz, in: Qualitätssicherungsvereinbarungen, S. 146 ff.

regelmäßig auch auf die verspätete Lieferung angewiesen. Dem Besteller/Abnehmer kommt es bei der üblichen relativen Fixgeschäftsklausel auf eine Besserstellung seiner Rechtsposition als Gläubiger der Lieferung gegenüber den allgemeinen Voraussetzungen des Schuldnerverzuges nach den §§ 286 ff. BGB an. Er sucht regelmäßig eine günstigere Ausgestaltung der allgemeinen Verzugsfolgen der §§ 286 ff. BGB. Die formularvertragliche Vereinbarung eines Fixgeschäfts mit den Wirkungen der §§ 323 Abs. 2 S. 2 BGB, 376 HGB ist ausweislich der gesetzlichen Wertung in § 309 Nr. 4 BGB, die auf die Generalklausel des § 307 BGB ausstrahlt, auch unter Kaufleuten keineswegs unbedenklich; es sei denn, der Gläubiger kann ein schutzwürdiges Interesse an einer zeitgenauen Lieferung geltend machen.[365] Bei einem Just-in-time-Vertrag wird man ihm aber dieses Interesse grundsätzlich zubilligen müssen, denn das wirtschaftliche Grundkonzept lebt vom Fixcharakter der Liefertermine. Zulieferer und Hersteller müssen in der Regel hohe Investitionen erbringen, um eine exakte mengen- und zeitgerechte Belieferung zu ermöglichen. Wird ein solcher Vertrag individuell ausgehandelt, so ist er angesichts seiner wirtschaftlichen Zielrichtung und der praktischen Gegebenheiten als Fixgeschäft auszulegen; mag auch der ausdrückliche Zusatz „fix" fehlen. Wird die exakte Lieferverpflichtung des Zulieferers in den Hersteller-AGB festgelegt, so erhält der Zulieferer genau den Vertragsinhalt, den er im Rahmen von Vertragsverhandlungen erwarten müsste. Entsprechende Klauseln sind vor diesem Hintergrund durchaus sachlich gerechtfertigt, werden vom Lieferanten erwartet und können vom Rechtsanwender so wenig wie vom Rechtsverkehr als eine „unangemessene" Benachteiligung des Zulieferers betrachtet werden.[366] „Der Verkäufer akzeptiert bis 30 Tage vor dem bestätigten Liefertermin Terminverschiebungen ohne Kosten für den Abnehmer."[367] Eine unangemessene Benachteiligung kann nur dann erwogen werden, wenn die Bedingungen zur Zeitgenauigkeit denjenigen Grad erheblich überschreiten, der nach den technologischen und organisatorischen Vorkehrungen erforderlich ist.

Nach § 376 HGB besteht unter der Voraussetzung des Verzugs ein Schadensersatzanspruch. Dieser Anspruch entsteht allerdings nur in dem Fall des Untergangs des Primäranspruchs; § 376 HGB gewährt einen Schadensersatz „statt der Erfüllung". Bei Inanspruchnahme der (verspätet erbrachten) Leistung besteht ein Schadensersatzanspruch nach den allgemeinen Vorschriften (§§ 286, 280 Abs. 1 BGB). Hinsichtlich der Schadensersatzansprüche „statt der Leistung" gibt es zwischen den bürgerlich-rechtlichen Ansprüchen und denen aus § 376 HGB keinen Unterschied. Beim bürgerlich-rechtlichen relativen Fixgeschäft soll im Zusammenhang mit Just-in-time-Vereinbarungen § 281 Abs. 2, 2. Alt. BGB erfüllt sein.[368]

---

[365] Vgl. BGH NJW 1990, 2065, 2067; BGH DB 1990, 578, 579; dazu auch Nagel, DB 1991, 319, 321 f., jeweils zum alten Schuldrecht.

[366] Nagel, DB 1991, 319, 322.

[367] Popp, S. 203.

[368] Dazu ausführlich Herresthal, ZIP 2006, 883, 884 f.

4.3.1.4 Die Veränderung der Gewährleistungssituation

Wegen der Vielzahl der technischen Spezifikationen und der Pflicht, ein bestimmtes oder bestimmte Qualitätsmanagementsysteme/Qualitätssicherungssysteme zu unterhalten, wird der für die Gewährleistung maßgebliche Fehlerbegriff ganz wesentlich unter Einbeziehung dieser Vorgaben zu ermitteln sein.[369] In erster Linie wird es darauf ankommen, ob eine bei dem Produkt festgestellte Abweichung der Istbeschaffenheit von der Sollbeschaffenheit in Zusammenhang mit dem Qualitätssicherungssystem steht. Es muss festgestellt werden, ob das abverlangte System den Fehler hervorbrachte, ob der Fehler sich einstellte, weil den Anforderungen des Systems nicht genügt wurde oder aber, ob zwischen Fehler und Qualitätssicherungssystem keine Kausalität besteht.[370]

(1) Abschied vom klassischen Gewährleistungssystem?

Die Festlegung bestimmter, vom Zulieferer zu erbringender Qualitätssicherungsmaßnahmen, bedingt eine teilweise Ablösung von der klassischen Gewährleistung. Durch sein Verlangen, bestimmte Qualitätssicherungsmaßnahmen durchzuführen, gibt der Abnehmer zu erkennen, dass er nunmehr das Auftreten fehlerhafter Teile selbst nicht mehr für möglich hält. Der Zulieferer müsste im Rahmen der Reichweite der Sicherungsvereinbarung nicht mehr für die Qualität des Produkts, sondern allein für die Einhaltung der Vorgaben des Sicherungssystems einstehen. Er bräuchte für einen Mangel der Ware nicht zu haften, soweit ihm der Nachweis der Installierung und Anwendung eines, den vertraglichen Anforderungen entsprechenden, Qualitätssicherungssystems gelingt. In der Literatur ist dieses Problem von Merz behandelt worden.[371] Ihm zufolge handelt es sich hier um zwei unterschiedliche und eigenständige wirtschaftliche Leistungen: Einerseits die Herstellung des Gutes und andererseits die industrielle Dienstleistung „Qualitätssicherung", die - wenn auch organisatorisch eng verzahnt - inhaltlich streng zu unterscheiden sind. Wesentlich ist dann die Frage nach der Unterscheidbarkeit. Je mehr Spezifikationen für die Produktion und Beschaffenheit des Gutes durch die QSV vorgegeben sind bzw. verbindlich gemacht wurden, desto weniger lässt sich haftungsrechtlich zwischen Herstellungsprozess und Herstellungserfolg unterscheiden. Die zur Abklärung haftungsrechtlicher Fragen vorgeschlagene Auftei-

---

[369] Ensthaler, in: Ensthaler, HGB, nach § 377 Rn. 19; Merz, in: Produkthaftungshandbuch – Band 1, § 44 Rn. 24. Siehe auch die „Bekanntmachung über die Beurteilung von Zuliefererver-einbarungen" der Kommission vom 18.12.1978, ABl. 1979 C 1,2 Anhang G. Danach hat der Auftraggeber dem Zulieferer alle für die Erfüllung des Auftrags erforderlichen Informationen zu geben, eingeschränkt allerdings um Informationen, die der Konkurrenz dienen könnten.

[370] So wird in der Literatur gefordert, dass ein Ausschluss der Untersuchungs- und Rügepflicht innerhalb von AGB vereinbart werden kann, wenn z.B. eine laufende oder periodische Überwachung der Fertigungs- und Qualitätssicherungsprozesse in der „Vorstufe" stattfindet; vgl. Quittnat, BB 1989, 571, 572 f.; Steinmann, BB 1993, 873, 877 f.

[371] Merz, in: Qualitätssicherungsvereinbarungen, S. 229 f.

lung in zwei selbständige Leistungen müsste im Ergebnis zu dem Kuriosum führen, dass Gewährleistungsansprüche wegen fehlerhafter Produkte durch schuldrechtliche Ansprüche des Zulieferers gegen den Hersteller wegen der Verpflichtung zur Durchführung fehlerhafter Qualitätssicherungssysteme kompensiert würden. Fertigungsprozess und Fertigungsergebnis stellen haftungsrechtlich eine Einheit dar. Für die Frage nach der Fehlerhaftigkeit eines Produkts muss dann auch das Qualitätssicherungssystem selbst Bedeutung haben. Das Qualitätssicherungssystem in seinen Auswirkungen auf die Produktbeschaffenheit hat dann auch Bedeutung für die Definition des Fehlers; im Prinzip hat zu gelten: Das, was das Sicherungssystem bedingt, hat der Zulieferer nicht zu vertreten.

Einzelne Klauselbeispiele:

QSV enthalten häufig folgende Formulierungen: „Eigene Qualitätsprüfungen des Bestellers sowie Freigabe und Zustimmung, nach bestimmter Qualitätssicherungsvorschrift zu verfahren, entlasten den Auftragnehmer nicht von seiner Gewährleistungspflicht und Verantwortung für die Fehlerfreiheit seiner Leistungen.“ Häufig findet sich auch pauschal, ohne nähere Substantiierung, die Bestimmung: Der Zulieferer trägt „volle Verantwortung für die Qualität seiner Erzeugnisse.“ (Popp, S. 162 ff.)
Derartige Klauseln sind perplex; sie sind in sich widersprüchlich. Soweit es aufgrund der Formulierung im Einzelfall noch möglich ist, sind sie dahin auszulegen, dass der Zulieferer gewährleistungsverpflichtet bleibt bzw. die »Verantwortung für die Qualität seiner Erzeugnisse« allein trägt, soweit es um die ordentliche Installierung, Überwachung des Qualitätssicherungssystems und darum geht, Planungen bzw. Verrichtungen außerhalb der Wirkweise des Qualitätssicherungssystems durchzuführen.

(2) QS-Vereinbarungen auf der Grundlage eines Musters

Aus schuldrechtsdogmatischer Sicht bereitet es zumindest im grundlegenden wenige Schwierigkeiten, eine Beziehung zwischen QSV und der Gewährleistungssituation herzustellen. Das liegt daran, dass die Parteivereinbarungen, die die Art und Weise der Produktherstellung spezifizieren, nicht isoliert vom Ergebnis der Produktion beurteilt werden können. Komplizierter werden die Dinge, wenn der Vertrag zwischen Lieferanten und Hersteller auf der Grundlage einer „Bemusterung“ der zu fertigenden Erzeugnisse abgeschlossen wird. Insbesondere Großhersteller schließen ihre Verträge mit Zulieferern auf der Grundlage eines oder mehrerer sog. Erstmuster. Diese zeichnen sich dadurch aus, dass sie im Idealfall mit den für die Serienfertigung vorgesehenen Einrichtungen und Verfahren unter den zugehörigen Randbedingungen gefertigt sind.[372]

Klärungsbedürftig ist insbesondere die Reichweite der Festlegung der Leistungsmerkmale mittels einer Bezugnahme auf ein solches Erstmuster. Fraglich ist hierbei, ob das Erstmuster ausschließlich und abschließend zur Ermittlung des In-

---

[372] Merz, in: Qualitätssicherungsvereinbarungen, S. 100.

halts der vom Lieferanten geschuldeten Leistung herangezogen werden kann oder ob noch zusätzlich weitere Erkenntnisquellen maßgeblich sein können. Zunächst stellt sich die Frage nach dem tatsächlichen Verlauf, d.h. nach den Gründen einer Abweichung später gelieferter Produkte vom Erstmuster. Ein Grund wird darin liegen, das Erstmuster vielfach nur „unvollkommen" unter Serienproduktionsbedingungen hergestellt wurden. Es kommt in der Praxis häufig vor, dass der Lieferant vor Abschluss des Vertrages noch nicht über die erforderlichen Spezialwerkzeuge für die Serienproduktion verfügt und das Erstmuster eine Improvisation späterer Fertigungsprozesse darstellt. Es kann sich herausstellen, dass die dem Lieferanten zugebilligten Toleranzen selbst auf der Grundlage des zum Vertragsinhalt gewordenen Qualitätssicherungssystems bei Serienproduktion nicht einzuhalten sind. Schließlich kann es so sein, dass die Spezifikationsvorgaben bzw. Begleitabreden zu den realisierten Mustermerkmalen Widersprüchlichkeiten aufweisen. Als eine Lösungsmöglichkeit böte sich die komplette Substitution der vorausgegangenen Spezifikationen und Begleitabreden durch die tatsächlichen Eigenschaften des freigegebenen Musters an. Das erscheint für die Situation, dass das Muster und die durch die QSV vorgeschriebene Verfahrensweise nicht in Einklang zu bringen sind, nicht interessengerecht.[373] Ohne deutlichen Anhaltspunkt gibt es keinen Grund für die Annahme, dass mit der Freigabeerteilung die Spezifikationsvorgaben bzw. Begleitabreden gegenstandslos sein sollen. Der denkbare Konflikt zwischen einerseits durch das Erstmuster klar definierten Leistungsgegenstand und andererseits vereinbarten Vorgaben für den Produktionsablauf, die Abweichungen von dem Erstmuster bedingen, wird sich schuldrechtlich nur über einen Katalog von Nebenpflichten erledigen lassen. Im Grundsatz wird das freigegebene, den Vertragsabschluss begleitende Muster die geschuldete Leistung näher bestimmen. Dies aber unter der Einschränkung aus § 242 BGB. Das Risiko, dass Muster und nach Vorgaben produzierte Waren nicht identisch sind, ist von dem zu tragen, der sich widersprüchlich verhalten hat. Das wird regelmäßig der Abnehmer und Verwender der entsprechenden AGB sein.

4.3.1.5 Verteilung des Produkthaftungsrisikos

Die Verlagerung von Risiken aus der Produkthaftung vom Hersteller auf den Zulieferer ist in zweierlei Art und Weise denkbar. Der Hersteller kann durch eine entsprechende Vereinbarung mit dem Zulieferer versuchen, diesen bereits im Außenverhältnis, regelmäßig im Verhältnis zum Endabnehmer, das Haftungsrisiko aufzubürden.[374] Weiterhin wird er bemüht sein, durch eine umfassende Regressvereinbarung den Zulieferer im Innenverhältnis für den Fall seiner Inanspruchnahme haftbar zu machen.

---

[373] Eine ausführliche Diskussion über die Bedeutung des Erstmusters im Falle abweichender Spezifikationsvorgaben findet sich bei Merz, in: Qualitätssicherungsvereinbarungen, S. 108 ff.

[374] Durch Übertragung von Verkehrssicherungspflichten, siehe Merz, in: Produkthaftungshandbuch, § 44 Rn. 53 ff.

(1) Das Außenverhältnis

Bei Anwendung des Produkthaftungsgesetzes kommt der Vereinbarung über die Haftungsverlagerung im Außenverhältnis geringe Bedeutung zu. Das 1990 in Kraft getretene Produkthaftungsgesetz (ProdHaftG) schließt wegen seiner Grundkonzeption als Gefährdungshaftung eine auch nach außen wirkende Haftungsreduzierung aus. Außerhalb des eng begrenzten Ausnahmekataloges des § 1 Abs. 2 und Abs. 3 ProdHaftG wäre die Delegation wirkungslos. Eine „schlichte" Modifizierung des Kreises der Ersatzpflichtigen scheitert schon an § 14 ProdHaftG.[375]

Die Bedeutung von Qualitätssicherungssystemen für die Reduzierung des Haftungsrisikos nach dem ProdHaftG ist durch diese Feststellungen nicht berührt, weil es dabei zuvorderst um die Frage geht, wie Haftungsrisiken überhaupt reduziert werden können. Der haftungsbegründende Tatbestand des § 3 ProdHaftG, das fehlerhafte Produkt, wird in den wohl überwiegenden Fällen nur durch eine Definition von Verhaltensgeboten spezifiziert werden können, also letztlich durch die Verkehrssicherungspflichten, die auch für die Begründung der Produzentenhaftung nach den §§ 823 ff. BGB von Bedeutung sind. Aus diesem Grund ist eine auf Arbeitsverfahren bezogene Qualitätsvereinbarung für die Entlastung von Hersteller und Zulieferer selbstverständlich von Bedeutung.

(2) Der Haftungsausgleich im Innenverhältnis[376]

Für den Haftungsausgleich im Innenverhältnis kommt es nach § 5 S. 2 ProdHaftG auf den Anteil und das Maß der Schadensverursachung an. Gegen eine vertragliche, durch QSV geregelte Regresslösung bestehen dabei keine Bedenken. („Auch das neue Produkthaftungsrecht lässt intern wirkende Regelungen zwischen den Unternehmen der einzelnen Fertigungsstufen zu. Die amtliche Begründung zu § 14 ProdHaftG wie auch zu § 3 ProdHaftG bestätigt dies ausdrücklich"[377]) Im Innenverhältnis können die Qualitätssicherungsvereinbarungen die Ausgleichsregelungen der §§ 426 BGB, 5 S. 2 ProdHaftG ersetzen. Ob und inwieweit vorformulierte Regressvereinbarungen gegen die §§ 305 ff. BGB verstoßen, insbesondere an § 307 BGB scheitern, ist anhand aller die Risikosituation regelnder Klauseln zu prüfen. Insbesondere ist zu beachten, dass risikoverlagernde Klauseln durch andere, risikomindernde, kompensiert werden können und dann innerhalb der dem Verwender zustehenden Gestaltungsfreiheit liegen.[378] Insofern kann auf die Ausführungen zur Gewährleistungssituation verwiesen werden. Hier wie dort ist es möglich, Risikoerhöhungen durch sie kompensierende eigene Verpflichtungen auszugleichen, wie dies bei der Freistellung von der Rügepflicht verbunden mit der Vereinbarung eines Qualitätssicherungssystems der Fall sein kann.

---

[375] Vgl. dazu bereits oben im Kapitel zum Produktionsmanagement (Kap. 2) unter 2.2.6.3.

[376] Vgl. dazu im Kapitel zum Produktionsmanagement (Kap. 2) unter 2.2.8.3.

[377] Kreifels, ZIP 1990, 489, 495; BT-Drs. 11/2447 v. 9.6.1988; vgl. Nagel, DB 1991, 319, 325.

[378] BGH NJW 1992, 1628, 1629.

Wegen der Haftungsdogmatik des ProdHaftG, der Haftung ohne Verschulden, ist es bedenkenlos, den Innenregress nach dem Verursachungsprinzip auszugestalten. In diesem Zusammenhang hat dann die Aufgabenverteilung zwischen den an der Herstellung beteiligten Produzenten große Bedeutung. Auf das vom Zulieferer bezogene Produkt konzentriert, bedeutet dies, der Fehler und seine schädigende Wirkung beim Dritten bestimmt die Haftung des Zulieferers. Soweit es bei dieser Haftungssituation nicht bleiben soll, sind wegen der Inhaltskontrolle nach § 307 BGB die jeweils einschlägigen gesetzlichen Haftungsmaßstäbe zu ermitteln. Hat der Verwender Verkehrssicherungspflichten delegiert, die über den durch das ProdHaftG für den Zulieferer bestimmten maßgeblichen Haftungsbereich hinausgehen, so führt grundsätzlich auch nur eine schuldhafte Pflichtverletzung zur Innenhaftung.

Gleiches muss für den Fall gelten, dass dem Hersteller eigene „Folgekosten" (Schäden) durch die mangelhafte Zulieferung entstehen, z.B. Prozesskosten, Rückrufaktionen, Nachbesserungen usw. Auch hier ist danach zu differenzieren, ob der Lieferant bei direkter Inanspruchnahme durch den Dritten bzw. nach der gesetzlichen Gewährleistungssituation verschuldensunabhängig oder verschuldensabhängig haftete.

Es wurde bereits darauf hingewiesen, dass QSV nicht nur Austauschelemente enthalten, sondern auch gesellschafts- und dienstrechtliche Komponenten. Diese Komponenten sind nach Ansicht einiger Stimmen in der Literatur häufig derart dominant, dass sie die kaufrechtlichen Aspekte überwiegen und von einem „Kauf" nicht mehr die Rede sein kann.[379] Nach der von Merz vertretenen Ansicht handelt es sich schon bei der Verpflichtung des Zulieferers, nach dem vereinbarten Qualitätssicherungssystem zu fabrizieren, um eine „selbständige industrielle Dienstleistung", die von der dann eigenständigen Verpflichtung zur Herstellung eines mangelfreien Gutes zu trennen ist. Diese Ansicht verhilft u. a. zu einer AGB-konformen Haftungsvereinbarung, nach der der Zulieferer für zahlreiche Risikobereiche die Verantwortung oder Mitverantwortung zu tragen hat und zwar auch unabhängig davon, in welchem Umfang fehlerhafte Produktionen die Haftung vermitteln (Pflichtenbereiche wären hier: Produktbeobachtungspflicht, Rückrufaktionen, Beteiligung bzw. Übernahme der Prozesskosten im Falle der Inanspruchnahme des Herstellers usw.). Die Folge dieser Ansicht wäre die „Umwandlung" von Sekundäransprüchen in Primäransprüche. Rückrufaktionen etwa oder die Verpflichtung, die Prozesskosten des Herstellers unter bestimmten Voraussetzungen zu tragen, die Verpflichtung, Kosten der Benachrichtigung der Verbraucher zu übernehmen[380] wären als Primäransprüche und somit verschuldensunabhängig durchsetzbar. Mit der Inhaltskontrolle ist das nicht vereinbar, weil die gesetzlichen Gewährleistungsvorschriften für die Lieferung bzw. den Verkauf von Produkten durch die Einbeziehung dienst- oder auch gesellschaftsrechtlicher Momente verdrängt würden. Selbstverständlich ist bei dieser Argumentation die Erklärung dafür erforderlich, warum es die gesetzlichen Gewährleistungsvorschriften des Kauf-

---

[379] Vgl. Steinmann, BB 1993, 873, 876; Lehmann, BB 1990, 1849, 1852f.; kritisch v. Westphalen, CR 1993, 65, 66.

[380] Popp, S. 162 ff.

oder auch Werklieferungsrechts sein müssen, die hier das für die Anwendung des § 307 BGB maßgebliche Haftungssystem bestimmen. Gesellschaftliche Elemente sind wie dargelegt in den QSV „produktionsbezogen" bzw. „organisationsbezogen" und nicht in dem Sinne vorhanden, dass die Tauschbeziehung zwischen den Vertragspartnern aufgehoben wird.

Das Zusammenarbeiten von Lieferanten und Herstellern, der Organisationsverbund, endet beim Austausch der Leistungen. Die Parteien wollen insofern „Gegner" bleiben. Bedeutsam muss dann sein, wie das Austauschgeschäft durch das vorangegangene Zusammenarbeiten beeinflusst wird. Die Einflussnahme kann zur Änderung der Sollbeschaffenheit der zu produzierenden Ware führen und damit auf die Feststellung eines Fehlers Einfluss nehmen. Sie kann aber nicht einen Haftungsverbund herbeiführen, wie er zwischen Gesellschaftern besteht; es fehlt letztlich am gemeinsamen Zweck (§ 705 BGB).

4.3.1.6 Die Lieferantenbeurteilung

Allgemein obliegt es dem Endhersteller, im Hinblick auf die Anforderungen an das Endprodukt geeignete Zulieferer auszuwählen. Der Endhersteller muss sich daher einen Überblick verschaffen, ob das Zulieferunternehmen genügend Sachkunde und geeignete Produktions- und Kontrollanlagen besitzt, um für das Endprodukt taugliche Produkte mangelfrei herstellen zu können. Der Umfang der Lieferantenbeurteilung richtet sich zum einen nach der Bedeutung des Zulieferteils für das Gesamtprodukt. Je größer die Bedeutung des Zulieferprodukts für die Gefährlichkeit einer Ware ist, desto höher sind die Anforderungen, die an die Lieferantenbeurteilung gestellt werden. Sind keine besonderen Gefahren (insbesondere keine Personenschäden) durch das Zulieferteil zu erwarten, so dürfte es in der Regel ausreichend sein, dass sich der Lieferant in der Branche als geeignet ausgewiesen hat. Anderenfalls muss der Endhersteller zusätzlich Referenzen einholen oder das Unternehmen vor Ort auf seine Eignung überprüfen. Zum anderen wird der Umfang der Lieferantenbeurteilung durch die Art der Lieferbeziehung bestimmt, d.h. es kommt darauf an, ob eine horizontale oder vertikale Arbeitsteilung vorliegt. Die horizontale Arbeitsteilung entspricht der sog. Auftragsfertigung. Der Endhersteller vergibt hierbei bestimmte Arbeitsgänge oder Produktionsphasen an andere Unternehmen. Im Gegensatz hierzu werden bei vertikaler Arbeitsteilung Zulieferprodukte vom Endhersteller gekauft, da er sie weder besitzt noch selbst fertigen kann. Konstruktion und Fabrikation der Zulieferprodukte liegen bei vertikaler Arbeitsteilung in der Hand des Zulieferers; bzw. inwieweit durch die QSV Verkehrssicherungspflichten auf den Zulieferer übertragen werden sollen. Werden dem Lieferer im Rahmen der QSV Verkehrssicherungspflichten übertragen (etwa Konstruktionspflichten), so muss sich der Endhersteller davon überzeugen, dass der Zulieferer dieser auftragsbezogenen Pflichtenübernahme auch gerecht werden kann. Es reicht hierbei nicht aus, sich auf Zusicherungen des Lieferanten zu verlassen, vielmehr muss der Endhersteller sich selbst vor Ort einen Überblick verschaffen.

Da der Umfang der Lieferantenbeurteilung von der Gefährlichkeit des Zulieferprodukts für das Gesamtprodukt abhängt, lässt sich keine allgemeingültige Vorgehensweise beschreiben. Nachfolgend werden daher Verfahrensweisen wiedergegeben, die sich in der Praxis bewährt haben. Zu einer Lieferantenbeurteilung gehört die geeignete Lieferantenauswahl sowie Lieferantenüberwachung bzw. Auditierung des Lieferanten. Die Beurteilung eines Lieferanten ist demnach nicht nur bei Erstlieferanten nötig, vielmehr muss der Endhersteller kontinuierlich die Wahrung der gesetzten Qualitätsanforderungen auch bei langfristigen Lieferbeziehungen überprüfen.[381] Die Lieferantenbeurteilung dient neben der Erfassung der Leistungsfähigkeit des Zulieferers auch der Förderung und Entwicklung der Geschäftsbeziehungen.[382] Die Lieferantenauswahl macht eine Marktforschung notwendig, durch die alle potentiellen Anbieter ermittelt werden. Darauf aufbauend muss eine wertanalytische Betrachtung dieser potentiellen Zulieferer vorgenommen werden. Es gilt dabei für den Endhersteller, Zulieferer zu finden, die seinen Anforderungen an Qualität, Kosten und Lieferterminen gerecht werden. Dabei kann es leicht zu Zielkonflikten kommen, die einer individuellen Abwägung bedürfen.[383]

Für die Lieferantenbewertung bietet es sich an, einen Zielekatalog aufzustellen, der z.B. Angaben zu folgenden Bereichen enthalten könnte:
Zum einen muss aus der Lieferanteneinschätzung die Eignung der Produkteigenschaften zur Erfüllung des Auftrags hervorgehen. Anzeichen hierfür sind die Qualitätsmerkmale, die Zweckmäßigkeit und Funktionstüchtigkeit der Zulieferteile sowie die Verträglichkeit mit anderen Produktteilen des Assemblers.
Weiterhin muss der Zulieferer zuverlässig sein, d.h. er muss sich durch eine hohe Termin- und Mengentreue sowie eine gleichbleibende Qualität seiner Zulieferteile auszeichnen.
Daneben bieten die Zahlungsbedingungen ein weiteres Beurteilungskriterium. Lange Zahlungszeiten, günstige Preise sowie das Kulanzverhalten im Reklamationsfall oder die Möglichkeit von Gegengeschäften heben Zulieferer positiv ab.
Ferner sollten Aspekte wie die Flexibilität des Zulieferers bei kurzfristigen Änderungen, die Ausstattung des Lieferanten oder dessen Deckungsschutz der Haftpflichtversicherung Berücksichtigung finden.

Die Leistungsfähigkeit der potentiellen Zulieferer ist an den so aufgestellten Zielen zu messen. Es bieten sich für die Auswertung insbesondere drei verschiedene Verfahren an: das Checklistenverfahren, die Punktebewertungsmethode und das Geldwertverfahren.[384]

---

[381] Vgl. Hollmann, QZ 1988, 499, 500.

[382] Vgl. Pfeifer, S. 472.

[383] Vgl. Pfeifer, S. 469 f.

[384] Vgl. Pfeifer, S. 470.

4.3.2 Konformitätsbewertung – das System der Zertifizierung, Akkreditierung und Normung

4.3.2.1 Funktionen des Systems

In Zeiten „schlanker Unternehmen“ werden immer mehr Aufgabenbereiche aus größeren Unternehmen ausgelagert und von Zulieferbetrieben durchgeführt, wobei diese Unternehmen dann den technischen, ökonomischen und auch juristischen Standards des Assemblers genügen müssen. Von den zumeist mittelständischen Zulieferbetrieben wird heute vielfach eine Zertifizierung nach DIN EN ISO 9001 verlangt. Die DIN EN ISO-Normenreihe 9000 ff. enthalten Regelungen zum Aufbau eines Qualitätsmanagementsystems. Maßnahmen für die Fehlererkennung und Fehlervermeidung werden erstmalig in größerem Umfang systematisiert, standardisiert, normiert und internationalisiert. Die ISO-Zertifizierung führt von dem unternehmens- und produktbezogenen Qualitätsmanagement zur produktunabhängigen Darstellung vom Qualitätsmanagementsystem. Die organisatorischen Anforderungen, die an das Unternehmen nach den ISO-Normen gestellt werden, sind z.B. geeignet, das Produkthaftungsrisiko zu mindern.[385]

Von großer Bedeutung sind die Begriffe „Zertifizierung“ und „ Akkreditierung“ für die Ordnung des Europäischen Binnenmarktes und damit zusammenhängend für die Unternehmen, die europaweit vertreiben[386].

Die Verwirklichung der sog. wirtschaftlichen Grundfreiheiten nach dem EG-Vertrag (heute: Vertrag über die Arbeitsweise der Europäischen Union, AEUV) ist seit Abschluss der Römischen Verträge das vordringlichste Ziel der Europäischen Gemeinschaft. Die Verwirklichung der Grundfreiheiten bedeutet Verwirklichung der Warenverkehrsfreiheit, der Dienstleistungsfreiheit, der Freizügigkeit der Arbeitnehmer und des freien Kapitalverkehrs unter Beachtung des Gesundheits-, Arbeits-, Verbraucher- und Umweltschutzes.

Dabei ist die Harmonisierung der Warenverkehrsfreiheit von zentraler Bedeutung. Diese wohl wichtigste Grundfreiheit im EG-Vertrag wurde durch die sog. „Neue Konzeption“ – das bedeutsamste Projekt zur Realisierung des Binnenmarktes – verwirklicht. Diese „Neue Konzeption“ wurde im Jahr 1985 im Weißbuch der Europäischen Kommission vorgestellt und durch eine Entschließung des Rates

---

[385] Vgl. diesbezüglich auch die Ausführungen (aus dem Blickwinkel der juristischen Produktverantwortung) in Kap. 2 unter 2.2.10.

[386] Zur Zertifizierung, Akkreditierung und Normung für den Europäischen Binnenmarkt siehe grundlegend Ensthaler/Strübbe/Bock, Zertifizierung und Akkreditierung technischer Produkte; KAN-Bericht 30 (Ensthaler, Edelhäuser, Schaub), Kommission Arbeitsschutz und Normung, Akkreditierung von Prüf- und Zertifizierungsstellen.

rechtlich verankert. Die vorgeschlagene Konzeption zur Herstellung der Warenverkehrsfreiheit innerhalb des Gebietes der EU bzw. des EWR war neu: Da sich eine vollständige Rechtsangleichung einschließlich aller technischen Sicherheitsanforderungen als zu langwierig und darum als fast unmöglich erwiesen hat, verfolgte die Kommission die Strategie der Mindestharmonisierung. Sie ging dabei – vordergründig – von der Überlegung aus, dass die jeweils einschlägigen Vorschriften der Mitgliedstaaten weitgehend gleichwertig sind, sodass es im Prinzip genügen würde, die einzelstaatlichen Vorschriften gegenseitig anzuerkennen. Die Kommission hat sich diese Auffassung zu Eigen gemacht und im Weißbuch das Konzept der Mindestharmonisierung (über Richtlinien) bei größtmöglicher Anerkennung fremder Rechte erarbeitet. Es heißt dort: Die Gemeinschaft soll sich künftig bei der Angleichung von Rechtsvorschriften für das Inverkehrbringen von Erzeugnissen maßgeblich auf die Festlegung von Mindestkriterien für Konformitätsbewertungsstellen und auf grundlegende Anforderungen an Produkte beschränken. Mit den grundlegenden Anforderungen sind – je nach dem Zweck der zu erlassenden Richtlinien – Anforderungen an Sicherheit, Gesundheit, Umweltschutz, Verbraucherschutz u. ä. gemeint.

Allerdings ist die Mindestharmonisierung nur eine Angleichung auf „halbem Wege". Die Mindestharmonisierung war und ist ein Mittel, um den Binnenmarkt rasch zu erreichen; sie ist aber kein Konzept für eine dauerhafte Lösung. Auch dies hat die Kommission erkannt. Für viele Gebiete – auch für Bereiche, in denen es keine harmonisierten Richtlinien gibt – wurde daher innerhalb der „Neuen Konzeption" eine weitere Angleichung durch die Schaffung einheitlicher harmonisierter Normen vorgesehen. Diese Normen haben keinen „Gesetzescharakter", ihre Beachtung bleibt aber dennoch nicht rein fakultativ. Werden die Normen beachtet, haben die Mitgliedstaaten davon auszugehen, dass die entsprechend ausgewiesenen Erzeugnisse, bzw. (Fertigungs-)Verfahren mit den Mindestanforderungen der Richtlinien übereinstimmen (Vermutungswirkung). Es wird somit auf die Unternehmen Druck ausgeübt, sich normenkonform zu verhalten.

Ein weiteres wesentliches Element der „Neuen Konzeption" zur Gewährleistung der Warenverkehrsfreiheit innerhalb des Europäischen Binnenmarktes ist die gegenseitige Anerkennung von Konformitätsnachweisen. Handelsschranken würden dann wieder aufgebaut werden, wenn die jeweils nationalen Kontrollbehörden die in anderen Mitgliedstaaten erbrachten Nachweise über die Erfüllung von Richtlinien und/oder Normen nicht akzeptierten. Früher verlangten die nationalen Behörden – oder im gesetzlich nicht geregelten Bereich die Abnehmer – häufig für eingeführte Produkte oder implementierte Managementsysteme wiederholte Prüfungen oder gar im Bestimmungsland ausgestellte Bescheinigungen. Dadurch wurden Handelshemmnisse verfestigt.

Zur Beseitigung solcher Handelsschranken war es notwendig, ein System zu schaffen, mit dem die Mitgliedstaaten grundsätzlich die durch unabhängige Stellen ausgestellten Bescheinigungen gegenseitig anerkennen. Die Akzeptanz eines derartigen Systems beruht wesentlich auf einem hinreichenden Vertrauen in die Konformitätsbewertungsergebnisse von Stellen anderer Mitgliedstaaten, womit das

Vertrauen in einen ausreichenden Gesundheits-, Arbeits-, Verbraucher- und Umweltschutz einhergeht.

Diese Überlegungen veranlassten die Kommission zur Entwicklung ihres „Globalen Konzeptes", das zu einer Transparenz der Konformitätsbewertungssysteme und einer Vergleichbarkeit der Kompetenz der Prüf-, Zertifizierungs- und Überwachungsstellen führen sollte, sodass das Anerkennungskonzept funktionsfähig wird. Wesentliche Idee dabei war, nicht nur einheitliche und transparente Mindestanforderungen für Produkte, sondern auch für die Tätigkeit der Konformitätsbewertungsstellen festzulegen. Vor Verabschiedung des „Globalen Konzeptes" enthielten die EG-Richtlinien nach „Neuer Konzeption" nicht aufeinander abgestimmte, unterschiedliche Konformitätsbewertungsverfahren. Das „Globale Konzept" beinhaltet demzufolge:

- Die Harmonisierung der Anforderungen an Produkte und Konformitätsbewertungsverfahren, die der Hersteller einzuhalten hat.
- Die Harmonisierung der Vorschriften, die für die Organisation und die Arbeitsweise der nationalen Prüf-, Zertifizierungs- und Überwachungsstellen gelten.
- Die Harmonisierung der Vorschriften, die für die Organisation und die Arbeitsweise der – oft unter staatlicher Zuständigkeit stehenden – überwachenden Stellen gelten, die die nationalen Stellen zulassen.
- Die Harmonisierung der nationalen Systeme, die festlegen, wer für die Zulassung der nationalen Stellen berechtigt ist.

Ein wesentlicher Vorteil der „Neuen Konzeption" i.V.m. dem „Globalen Konzept" ist die Relevanz für alle denkbaren Fälle des Warenverkehrs in Europa.

Konformitätsbewertungen können einerseits notwendig sein, weil nationale oder europäische Rechtsvorschriften bestimmte technische Spezifikationen verlangen oder andererseits, weil sie einem Marktbedürfnis entsprechen. Im ersten Fall schreiben die Gesetzgeber Konformitätsnachweise vor, die der Hersteller unter Umständen aus Gründen des Arbeits-, Gesundheits- und Umweltschutzes, der Sicherheit usw. zu erbringen hat, bis er die Erzeugnisse in Verkehr bringen kann. Im zweiten Fall wird die Prüfung der Erzeugnisse von den Käufern bei Abschluss eines Geschäftes verlangt; die Überprüfung ist Folge einer Wettbewerbsstrategie des Unternehmens.

Alle genannten Fälle berücksichtigt das beschriebene System; eingeschlossen sind:

- der sog. „harmonisiert gesetzlich geregelte Bereich", d.h. der Bereich, in dem es harmonisierte EG-Richtlinien gibt,
- der sog. „gesetzlich geregelte Bereich", in dem es wohl nationale Vorschriften gibt, aber (noch) keine EG-Richtlinien, und
- der „privatwirtschaftliche, gesetzlich nicht geregelte Bereich", in dem Anforderungen und Kontrollverfahren allein Sache der Vertragsparteien sind und den

die Kommission oder der EuGH nur insofern beeinflussen können, als dass sie den Vertragspartnern einen strukturellen und organisatorischen Rahmen zur Unterstützung bereitstellen.

4.3.2.2 Ziele und Voraussetzungen der Konformitätsbewertung

Das wesentliche Ziel der „Neuen Konzeption" i.V.m. dem „Globalen Konzept" ist die Vermeidung technischer Handelshemmnisse – sowohl im harmonisiert gesetzlich geregelten als auch im nicht geregelten Bereich – zur Gewährleistung der Warenverkehrsfreiheit im Binnenmarkt unter Beachtung von hinreichenden Mindeststandards für den Verbraucher-, Umwelt- und Gesundheitsschutz. Erreicht werden soll dieses Ziel durch das schon erwähnte System aus:

- Richtlinien nach „Neuer Konzeption", in denen die Mindestanforderungen sowohl an die Produkte, Dienstleistungen und Prozesse als auch an die Kompetenz der Konformitätsbewertungsstellen (in Form allgemeiner Mindestkriterien) geregelt sind,
- die durch Normen ergänzt werden, um die genannten Mindestanforderungen zu operationalisieren,
- und aus einer gegenseitigen Anerkennung von Konformitätsbewertungsergebnissen sowohl hinsichtlich der Produkte als auch der beteiligten (Konformitätsbewertungs-)Stellen.

Damit die einzelnen Mitgliedstaaten, die alle national unterschiedliche Standards hinsichtlich Normen, Gesetzen sowie Verwaltungs- und Prüfverfahren hatten, dieses System akzeptieren, waren einige Voraussetzungen notwendig. Analog der drei genannten Elemente ist zunächst wichtig, dass die in den Richtlinien aufgeführten Kriterien für Produkte und Stellen tatsächlich einen ausreichenden Mindeststandard im Gesundheits-, Umwelt- und Verbraucherschutz gewährleisten. Diese – zumeist recht abstrakten – Mindestkriterien müssen nun in den harmonisierten Normen so detailliert werden, dass die Anwender damit praktisch sinnvoll arbeiten können und das in den Richtlinien verankerte Mindestniveau nicht unterschritten wird.

4.3.2.3 Arten der Konformitätsbewertung

Die „Neue Konzeption" beruht – i.V.m. dem „Globalen Konzept" – auf zwei Stufen, d.h. zwei Arten der Konformitätsbewertung: Die erste Stufe ist die Überprüfung, ob Produkte, Dienstleistungen, Prozesse etc. den Anforderungen der Richtlinien oder auch Normen entsprechen. Als Ergebnis wären die Produkte etc. richtlinien- oder normenkonform hergestellt, im Folgenden Zertifizierung genannt.

Da die Qualität dieser Produkte etc. – und damit auch das Niveau an Sicherheit, Umwelt- und Gesundheitsschutz – aber direkt von der Qualität und Kompetenz der die Produkte prüfenden Stellen abhängt, wurde durch das „Globale Konzept" eine zweite Stufe der Überprüfung eingeführt: Die Konformitätsbewertung der prüfenden Stellen, im Folgenden Akkreditierung genannt. Das Akkreditierungssystem, also die Bestimmung der Voraussetzungen unter denen die Konformitätsbewertungsstellen für ihre Prüftätigkeit legitimiert werden, war in den zurückliegenden Jahren vielfacher Kritik ausgesetzt. Diese Kritik war geeignet, das gesamte System in Frage zu stellen, weil über die Qualität der Konformitätsbewertungsstellen letztlich auch die der zu prüfenden Waren beeinflusst wird.

Der Europäische Gesetzgeber im Jahr 2008 mit dem sog. *New Legislative Framework* den Rechtsrahmen für die Vollendung des Binnenmarktes modernisiert und dabei sogleich die Grundlagen der Warenverkehrsfreiheit unter Produktsicherheitsgesichtspunkten novelliert. An den Grundlagen des Systems hat sich allerdings nichts geändert. Der New Legislative Framework, der insoweit die Überleitung des New Approach in die „Neuzeit" realisieren soll, umfasst im Wesentlichen zwei europäische Rechtsakte:

Die Verordnung (EG) Nr. 765/2008 des Europäischen Parlaments und des Rates vom 9. Juli 2008 durch die zwei Dinge geregelt werden: Die Durchführung der Akkreditierung von Konformitätsbewertungsstellen und die Anforderungen an eine Marktüberwachung von Produkten.

Der Beschluss Nr. 768/2008/EG des Europäischen Parlaments und des Rates vom 9. Juli 2008 durch den höhere Anforderungen an die Qualität der Zertifizierer gestellt werden und die Module (geringfügig) abgeändert werden.

4.3.2.4 Die Darstellung der neuen europäischen Gesamtkonzeption

Die neue europäische Gesamtkonzeption – die unter dem Dach einer Verordnung steht und damit ohne weiteren Umsetzungsakt für alle Mitgliedstaaten seit dem 1. Januar 2010 unmittelbar gilt (Art. 44 EG-VO 765/2008) – hält zunächst einmal an einigen bewährten Strukturen fest. So werden auch weiter die „grundlegenden Anforderungen" an technische Produkte abstrakt in Richtlinien festgelegt und die Konkretisierung der Inhalte – die sog. technisch-organisatorischen Spezifikationen – bleibt weitestgehend den „sachnäheren" Normgebern vorbehalten. Das Zusammenspiel zwischen der Verordnung (EG) Nr. 765/2008 und einschlägigen Produktsicherheitsrichtlinien ist in Abb. 4.5 graphisch umgesetzt.

Abb. 4.5: Neue Europäische Gesamtkonzeption nach dem New Legislative Framework

Eine entscheidende Neuerung stellt dagegen die Konzeption des Beschlusses Nr. 768/2008/EG dar, der zum einen den Modulbeschluss 93/465/EWG aufhebt[387] und seinerseits Gültigkeit sowohl für zukünftige als auch für die Überarbeitung vorhandener Richtlinien beansprucht.[388]

Die durch den Beschluss 93/465/EWG begründete Vermutungswirkung wird eingeschränkt. Nach der alten Rechtslage konnte allein die Normentreue hinsichtlich der sektoralen mandatierten Normen die Vermutungswirkung auslösen, ohne Überprüfung der Inhalte der Normen. Dies war zu rechtfertigen, weil die Normen von der Kommission mandatiert sein mussten und insofern eine Übereinstimmung mit den Anforderungen aus den entsprechenden Richtlinien wahrscheinlich war.

Mit dem neuen Beschluss wird ein Wechsel vollzogen. Die Richtlinientreue bei Erfüllung der Voraussetzungen der mandatierten Normen wird nicht mehr unterstellt, sondern der Beschluss lässt die Vermutungswirkung nur eingreifen, wenn die Normen den Mindestvoraussetzungen des Art. R 17 genügen.[389] Anders formuliert: Art. R 17 begründet durch die positive Umschreibung dieser Mindestvoraussetzungen zugleich die Widerlegung der Vermutungswirkung. Unabhängig davon, ob eine Konformitätsbewertungsstelle die sie betreffenden Regelungen

[387] Siehe Art. 8 des Beschlusses Nr. 768/2008/EG.

[388] Siehe Erwägungsgrund 2 des Beschlusses Nr. 768/2008/EG.

[389] Anhang I zum Beschluss 768/2008/EG, Art. R 18 i.V.m. Art. R 17.

erfüllt, gilt die Vermutungswirkung nicht, soweit die Voraussetzungen des Art. R 17 nicht erfüllt werden.

> R 18 Konformitätsvermutung:
> Weist eine Konformitätsbewertungsstelle nach, dass sie die Kriterien der einschlägigen harmonisierten Normen oder Teile davon erfüllt, deren Fundstellen im Amtsblatt der Europäischen Union veröffentlicht worden sind [die also mandatiert wurden], wird vermutet, dass sie die Anforderungen nach Artikel R 17 erfüllt, aber nur insoweit als die anwendbaren harmonisierten Normen diese Anforderungen abdecken.

Art. R 17 des Anhang I Beschluss 768/2008/EG enthält einen Katalog von Voraussetzungen für den Eintritt der Vermutungswirkung. Bei derart umfangreich genannten Voraussetzungen stellt sich für gewöhnlich die Frage, ob solch ein Katalog eine abschließende Regelung enthält oder ob er einer Auslegung zugänglich ist, nach der unter bestimmten Umständen weitere Voraussetzungen für den Eintritt der Vermutungswirkung aufgestellt werden können.

Der Katalog des Art. R 17 ist im Hinblick auf die Nennung der einzelnen Anforderungen an die notifizierte Stelle (Konformitätsbewertungsstelle) derart umfassend, dass davon auszugehen ist, dass der Beschlussgeber diese vollständig regeln, d.h. keine weiteren Ergänzungen zum Kriterien-/Anforderungskatalog zulassen wollte.

Hinsichtlich der begrifflichen Umschreibung der einzelnen Anforderungen an die notifizierte Stelle sind die Angaben in Art. R 17 allerdings nicht abschließend. D.h. begrifflich können durchaus Abweichungen oder (fachlich bzw. technische) Konkretisierungen stattfinden, sofern dabei inhaltlich auch weiter eine Übereinstimmung zum Anforderungskatalog des Art. R 17 besteht. Dies folgt schon aus Ziff. (8) des Art. R 17. Das sehr bedeutsame Kriterium der „Unabhängigkeit" wird dort nur begrifflich aufgenommen. Dies spricht eindeutig für eine Auslegung von Art. R 17 dahin, dass die jeweiligen Inhalte einer Norm zu diesem Begriff einer Auslegung zugänglich sind – also geschaut werden kann, wo in der Norm die Unabhängigkeit, ggf. unter welcher anderen Begrifflichkeit angesprochen oder weiter konkretisiert wird. Soweit es allerdings bei der Begriffsveränderung oder Konkretisierung in der Norm dann auch zu einer inhaltlichen Abweichung zu den jeweiligen (abschließend festgelegten) Kriterien/Anforderungen des Art. R 17 kommt, nehmen diese Erweiterungen/Konkretisierungen dann nicht mehr an der Vermutungswirkung teil. Es kann sich demnach so verhalten, dass eine Norm die Unparteilichkeit (= Unabhängigkeit) verlangt, dass aber die darin angesprochenen Kriterien nicht für die Vermutungswirkung ausreichen, da die darunter benannten Normanforderungen inhaltlich den Umfang des Anforderungskatalogs aus Art. R 17 überschreiten.

4.3.2.5 Richtlinien nach der „Neuen Konzeption“

Hier soll nur auf die Fundstellen dieser Richtlinien verwiesen werden. Die Richtlinien werden u.a. genannt und (z.T.) erläutert bei: Ensthaler/Strübbe/Bock, S. 251 ff.

4.3.2.6 Konformitätsnachweise

In den Richtlinien des „New Approach“ wird nur darauf verwiesen, dass von der Einhaltung der zwingend vorgeschriebenen grundlegenden Sicherheitsanforderungen auszugehen ist, wenn die Produkte einschlägigen Normen entsprechen.

Dennoch wird kein Hersteller gezwungen, seine Produkte nach europäischen Normen oder europäisch anerkannten nationalen Normen herzustellen. Es bleibt den Produzenten selbst überlassen, wie sie die Anforderungen der Richtlinien erfüllen. Produzieren die Hersteller allerdings nicht nach den Normen, so wird ihnen vorgeschrieben, für den Nachweis der grundlegenden Anforderungen unabhängige Stellen einzuschalten, die die Einhaltung der Rechtsvorschriften überprüfen und bescheinigen. Zur Ausstellung der Zertifikate sind nur solche Stellen berechtigt, die von den Mitgliedstaaten für die Prüfung und Zertifizierung der entsprechenden Produkte benannt und allen anderen Mitgliedstaaten sowie der Kommission mitgeteilt wurden.

Richten sich die Hersteller nach den Normen, so wird in den Richtlinien nach „Neuer Konzeption“ im Allgemeinen nur die Herstellererklärung als Nachweis für die Einhaltung der grundlegenden Anforderungen verlangt. Diese Wahlmöglichkeit besteht jedoch nicht für alle Produktarten oder -typen, nach denen in den sektoralen Richtlinien[390] unterschieden wird. Je nach Produktart und den zu berücksichtigenden Sicherheitsaspekten kann - unabhängig von der Übereinstimmung mit einschlägigen Normen - auch die Zertifizierung durch eine benannte Stelle vorgeschrieben werden.

Die Behörden der Mitgliedstaaten haben aber dann von der Übereinstimmung des Erzeugnisses mit den grundlegenden Anforderungen der jeweiligen Richtlinie auszugehen, wenn eine der den Herstellern in der entsprechenden Richtlinie zur Wahl stehenden Bescheinigungen vorgelegt werden kann. Sie haben also die Zertifikate grundsätzlich zu akzeptieren und dürfen die Wahlmöglichkeit weder für inländische, noch für Hersteller oder Importeure eingeführter Erzeugnisse einschränken.

---

[390] Die einzelnen Produktsektoren sind: 1. einfache Druckbehälter, 2. Spielzeug, 3. Bauprodukte, 4. elektromagnetische Verträglichkeit von IT-Produkten, 5. Maschinen, 6. persönliche Schutzausrüstungen, 7. nicht selbsttätige Waagen, aktive implantierbare medizinische Geräte, Gasverbrauchseinrichtungen, Telekommunikationsendeinrichtungen.

Bei berechtigten Zweifeln können die Behörden der Mitgliedstaaten allerdings Angaben über die durchgeführte Sicherheitsprüfung von den Herstellern verlangen, wenn lediglich eine Herstellererklärung ausgestellt wurde.

4.3.2.7 Die Auswahl der Überprüfungsart

Für jede Produktart sollen den Herstellern in den sektoralen Richtlinien verschiedene standardisierte Verfahren zur Auswahl gestellt werden. Es muss aber gewährleistet sein, dass bei Anwendung der zur Auswahl stehenden Verfahren die Übereinstimmung der Produkte mit den grundlegenden Anforderungen der Richtlinie festgestellt werden kann. Die Verfahren sollen nur dann durch einzelne Richtlinien verändert werden, bzw. durch zusätzliche Bestimmungen innerhalb der Richtlinien ergänzt werden, wenn es die besondere Sachlage einer Produktart erfordert.

Die zur Auswahl stehenden standardisierten Bewertungsverfahren werden in den Anhängen der sektoralen Richtlinien unter den folgenden Titeln aufgeführt:

- Interne Fertigungskontrolle mit und ohne Einschaltung einer benannten Stelle,
- Baumusterprüfung,
- Konformität mit der Bauart,
- Qualitätssicherung Produktion,
- Qualitätssicherung Produkt,
- Prüfung der Produkte,
- Einzelprüfung,
- umfassende Qualitätssicherung.

Für das Inverkehrbringen der unter eine Richtlinie nach „Neuer Konzeption" fallenden Produkte sind die Ausstellung der Herstellererklärung und die Kennzeichnung des Erzeugnisses durch den Hersteller mit dem CE-Zeichen zwingend vorgeschriebene Voraussetzung. Wird außerdem die Zertifizierung durch eine benannte Stelle verlangt, muss für den Vertrieb des Produkts auch die Bescheinigung der durchführenden Stelle vorliegen.

Falls eine oder mehrere Stellen zur Überwachung eingeschaltet wurden, steht hinter dem CE-Zeichen die Kennnummer der eingeschalteten Stelle. Die Anbringung anderer Zeichen ist erlaubt (bspw. des deutschen GS-Zeichens für „Geprüfte Sicherheit"), sofern sie die Lesbarkeit des CE-Zeichens nicht beeinträchtigen und sich auch eindeutig davon unterscheiden. Bestimmungen bezüglich des Schriftbildes des CE-Zeichens, der Mindestgröße und der Anbringungsweise sind in dem Verordnungsentwurf geregelt.

4.3.2.8 Erläuterungen des Modularen Konzepts

Bei dem Konformitätsbewertungsverfahren wird von dem Prinzip ausgegangen, dass die Wahl des am besten geeigneten Verfahrens für die Bewertung der Konformität soweit wie möglich dem Hersteller überlassen bleiben sollte. Neben der Herstellerwahl ist die Benutzung der einzelnen Module von der Intensität der Gefahr, die von einem Produkt ausgehen kann, abhängig. In jeder EU-Richtlinie, die nach der Verabschiedung des „Globalen Konzepts" geschaffen wurde, ist für ihren Geltungsbereich festgelegt, welche nach dem „Globalen Konzept" möglichen Verfahren vom Hersteller benutzt werden dürfen.

Bei der Entwicklung der einzelnen Module wurde davon ausgegangen, dass sich bei einem Herstellungsverfahren die Konformitätsbewertung immer auf zwei Stufen bezieht, und zwar auf die Entwicklungsstufe und die Produktionsstufe. Für jede dieser zwei Stufen gibt es dann modulare Verfahren.

Der Vorstellung der einzelnen Module oder Bausteine ist demnach der Hinweis voranzustellen, dass die Wahlmöglichkeit für den Hersteller nur in dem Umfang besteht, wie die jeweilige Richtlinie sie zulässt. Die einzelnen Maßnahmen oder Module können zu einem kompletten Verfahren zusammengestellt werden. Für die gleiche Funktion können in einer Richtlinie mehrere Module vorgesehen sein, wobei die Ergebnisse einen bestimmten Äquivalenzgrad aufweisen sollen. Die Module beziehen sich auf:

- Herstellererklärung[391]
- Drittprüfung und Zertifizierung,
- Baumusterprüfung mit anschließender Herstellererklärung und Produktionsüberwachung,
- Baumusterprüfung mit anschließender Herstellererklärung und bestehendem zertifiziertem Qualitätssicherungssystem beim Hersteller.

4.3.3 Produktbegleitende Dienstleistungen

Hochkomplexe Industrieanlagen, insbesondere aus dem Bereich der Herstellungstechnologien, sind vielfach dienstleistungsintensiv. Dabei handelt es sich nicht nur um Wartungsarbeiten. Häufig bedarf es der Konfiguration von Software- in Hardwarekomponenten, Anweisungen für die Inbetriebnahme, der Außerbetriebsetzung, Veränderungen der technischen Wirkweisen, besondere Arten der Einrichtung von Maschinenelementen für unterschiedliche Produktionen etc. Für die Durchführung solcher Dienstleistungen ist regelmäßig ein Spezialwissen im Hinblick auf die Vermeidung von Beschädigungen an der Anlage und von Produkti-

---

[391] Der Begriff „Herstellererklärung" (Manufactories declaration) wird international nicht verwandt; für den internationalen Sprachgebrauch hat man sich auf das Wort „Anbietererklärung" geeinigt.

onsausfällen erforderlich. Folge daraus ist, dass der Hersteller und Auftragnehmer der Anlagen dem Auftraggeber Informationen geben muss.[392]

4.3.3.1 Die Informationspflicht

Es besteht für den Auftragnehmer bei derart dienstleistungsintensiven Anlagen zumindest die Pflicht, auf die Risiken nicht ordnungsgemäß durchgeführter Dienstleistungen hinzuweisen. Diese Pflicht ist eine Nebenpflicht zum Vertrag, unabhängig davon, ob diese Verpflichtung in das Vertragswerk einbezogen wurde oder nicht. Die Verletzung einer entsprechenden Pflicht kann zu Schadensersatzansprüchen führen; die Schadensersatzansprüche umfassen dabei regelmäßig auch die sog. Mangelfolgeschäden. Es besteht demnach eine Informationspflicht über die Risiken nicht sachgerechter Dienstleistungen.

Hinsichtlich der Tiefe der Information ist danach zu differenzieren, ob nach der vertraglichen Vereinbarung die Dienstleistung vom Auftragnehmer durchgeführt werden soll oder nicht. Soweit vertraglich vereinbart ist, dass die Dienstleistungsarbeiten, z.B. Wartungsarbeiten, vom Auftragnehmer selbst durchgeführt werden sollen, braucht über die Gefahren der Durchführung von Dienstleistungen durch Dritte, nicht autorisierte Firmen, nicht voll umfänglich informiert werden. Die Informationspflicht reduziert sich dann noch weiter, soweit im Hinblick auf Gefahrensituationen auch Geschäftsgeheimnisse offenbart werden müssten.

Ein pauschaler Hinweis auf mögliche Gefahren reicht allerdings nicht aus. Erforderlich ist, dass die Dienstleistungen, deren Durchführung durch nicht autorisierte Dritte zu Schäden führen kann, zumindest nachvollziehbar erklärt und in dem Zusammenhang jeweils ein Warnhinweis ausgesprochen wird, mit was für Risiken eine solche Fremddurchführung behaftet ist.

Eine entsprechende Vereinbarung lässt sich regelmäßig sehr leicht formulieren. Soweit der Auftragnehmer die Dienstleistungen selbst durchführen soll, werden sie auch in einem Pflichtenheft beschrieben sein. Dann lassen sich auch die Dienstleistungen noch separieren, deren Durchführung durch Dritte gefährlich ist und mit einem entsprechenden Warnhinweis versehen.

Für den Fall, dass der Auftragnehmer die Dienstleistungen selber durchführen soll, reicht eine solche Beschreibung aus. Der Auftragnehmer kann grundsätzlich mit der Vertragstreue des Bestellers rechnen und dann auch damit rechnen, dass die Dienstleistungen ohnehin von seinem Unternehmen selbst, also seinen fachkundigen Leuten durchgeführt werden.

> Zu berücksichtigen ist aber auch, dass es aus zeitlichen Gründen einmal zu Hilfsmaßnahmen fremder Dienstleistungsunternehmen kommen kann, oder aber dass bei längerer Vertragsdauer sich andere Üblichkeiten als vereinbart „einschleichen" können.

[392] Zur Einführung in die Probleme im Zusammenhang mit produktbegleitenden Dienstleistungen, siehe Pfaff/Osterrieth, GRUR Int. 2004, 913 ff.

Man kann die Verpflichtung hier mit der Warnfunktion aus der Produzenten- bzw. Produkthaftung vergleichen. Auch dort muss der Unternehmer hinsichtlich der Warnhinweise an den Kunden damit rechnen, dass es zu Fehlgebräuchen kommen kann und entsprechende Sicherungsmaßnahmen treffen bzw. Warnungen auszusprechen.

Soweit der Auftragnehmer für Dienstleistungen nicht verpflichtet werden soll, also im Vertrage die Durchführung von Wartungsarbeiten und anderen Dienstleistungsarbeiten ausgeschlossen ist, kann ihn eine weitaus umfangreichere Informationspflicht hinsichtlich nicht sachgerecht durchgeführter Wartungsarbeiten etc. treffen. Auch hier kann ein Beispiel aus der Produkt- bzw. Produzentenhaftung die Richtung weisen. Betriebsanleitungen für technische Produkte, insbesondere sicherheitsrelevante Produkte wie Autos, sind in den letzten Jahren zunehmend informativer geworden. Sie sind umfangreicher und vor allen Dingen für den Kunden ansprechender gestaltet worden. Dies liegt daran, dass die Rechtsprechung von den Unternehmen verlangt, ihre Kunden umfangreich über die sachgerechte Bedienung und die Folgen von Fehlgebräuchen zu informieren. Selbstverständlich ist daran zu denken, dass es sich insofern zumeist um private Kunden, also Laien handelt. Der Besteller einer Maschinenanlage wird Fachkenntnisse haben. Man kann hier voraussetzen, dass er über allgemeine Gefahren informiert ist, aber eben nicht über die speziellen Gefahrensituationen einer bestimmten Anlage.

Es gehört deshalb zur Vertragspflicht des Auftragnehmers, den Besteller über die Besonderheiten der entsprechenden Anlage zu informieren. Er muss darüber informiert werden, welche besonderen Bedienungskenntnisse erforderlich sind, welche Gefahren im Zusammenhang mit Fehlgebräuchen stehen, ob Menschen oder Sachen gefährdet sind, das mögliche Ausmaß des Schadens etc. Die Hinweise auf die möglicherweise eintretenden Störfälle bei unsachgemäßem/r Gebrauch bzw. Wartung gehören zu den Vertragspflichten des Auftragnehmers. Bei einem Verstoß gegen diese Vertragspflichten (sog. positive Vertragsverletzung) reicht der mögliche Schadensersatzanspruch bis in die Mangelfolgeschäden hinein; damit ist gemeint, dass nicht nur Instandsetzungsarbeiten an der beschädigten Maschine drohen, sondern eine grundsätzliche Ersatzpflicht für die Folgeschäden besteht, die sich durch den Fehlgebrauch einstellen. Selbstverständlich ist im Schadensfalle jeweils im Einzelfall zu prüfen, ob den Auftraggeber nicht auch ein Mitverschulden trifft.

4.3.3.2 Informationspflichten im Bereich Schutzrechte/Betriebsgeheimnisse

Soweit Maschinenteile patentrechtlich geschützt sind oder Softwareelemente dem urheberrechtlichen Schutz unterfallen, bzw. andere gewerbliche Schutzrechte in Betracht kommen, besteht hierbei auch kein Spannungsverhältnis zwischen der Mitteilung von Betriebsgeheimnissen und Warnpflichten. Der zuvörderst in Betracht kommende patentrechtliche Schutz hat zur Folge, dass die Anmeldung veröffentlicht, also jedermann bekannt gemacht werden wird. Der Unternehmer verrät also hier keine Betriebsgeheimnisse, wenn er dort aufklären muss, wo er erfinderisch tätig war.

Anders ist die Situation, wenn es Maschinen- oder Softwareelemente[393] gibt, die nicht patentrechtlich bzw. urheberrechtlich geschützt sind, aber von dem Unternehmen als Betriebsgeheimnis gewahrt werden und die bei normaler Benutzung der Maschine sich auch nicht ohne weiteres offenbaren. Hier kann es zu einem Spannungsverhältnis zwischen der Wahrung von Betriebsgeheimnissen und der Hinweisverpflichtung zur Vermeidung von Haftung kommen.

Insofern ist darauf hinzuweisen: In solch einer Situation muss dem Unternehmen daran gelegen sein, die entsprechenden Wartungsarbeiten selbst durchzuführen. Sollte die Verhandlungssituation aber die sein, dass nur geliefert aber nicht gewartet werden soll, bzw. auch nicht andere Dienstleistungen an dem Produkt durchgeführt werden sollen, so muss das Unternehmen zunächst abwägen, ob der Auftrag dann noch im Hinblick auf die Offenbarung der Betriebsgeheimnisse wirtschaftlich von Interesse ist.

Ein Kompromiss könnte darin liegen, den Besteller zur Geheimhaltung zu verpflichten. Dies muss aber ausdrücklich geschehen und darf auch nicht nur allgemein, vage ausgedrückt werden. Betriebsgeheimnisse werden regelmäßig durch die Wettbewerbsordnungen (in Deutschland: dem UWG) geschützt. Eine Voraussetzung ist, dass es sich tatsächlich um ein Betriebsgeheimnis handelt, und dass die Beteiligten bemüht sind, das Geheimnis zu wahren. So wird z.B. von den Gerichten in China regelmäßig der Nachweis verlangt, dass wirklich ein Betriebsgeheimnis vorgelegen hat. Insofern sind Unterlagen beizubringen, aus denen sich ergibt, welche Personen regelmäßig Zugang zu den Informationen hatten, dass diese Personen in die Geheimhaltungsverpflichtung genommen wurden und welche Sicherheitsmaßnahmen das Unternehmen noch durchführt. Weiterhin muss zwischen den Parteien genau geregelt werden, wie in der konkreten Vertragsbeziehung zwischen Auftraggeber und Auftragnehmer das Betriebsgeheimnis gewahrt werden soll. Auch hier reicht eine bloße Umschreibung, der Auftraggeber werde das Betriebsgeheimnis wahren, nicht aus. Aus dem Vertragswerk muss sich ergeben, dass die Wahrung des Betriebsgeheimnisses nach den konkreten Vereinbarungen der Parteien auch möglich ist. Soweit der Besteller (Auftraggeber) durch eigene Leute wartet, ist dies noch relativ leicht möglich. Er hat dann im Vertrag zu versichern, dass er nur von vertrauenswürdigen und auch entsprechend ermahnten Mitarbeitern diese Wartungsarbeiten durchführen lässt.

Soweit der Besteller selber wiederum Fremdfirmen beauftragen muss, um diese Wartungen und Dienstleistungen durchzuführen, wird es schwierig. Auch hier kann natürlich verlangt werden, dass der Besteller sich verpflichtet, nur Firmen zu beauftragen, die eine Geheimhaltungsverpflichtung unterzeichnet und dazu noch erklärt haben, dass sie ihre Mitarbeiter noch einmal ermahnt und auf die zivil- und strafrechtlichen Folgen einer Verletzung von Betriebsgeheimnissen aufmerksam gemacht haben. Es wird sich aber in solchen Fällen schwer nachweisen lassen, durch wen ein Betriebsgeheimnis dann schließlich offenbart und das Wissen in den „Umlauf“ gekommen ist.

---

[393] Zum patentrechtlichen und urheberrechtlichen Softwareschutz vgl. Ensthaler, Gewerblicher Rechtsschutz und Urheberrecht, S. 123 ff. und S. 8 ff., 59 ff.

4.3.3.3 Obliegenheitsverletzungen bei Gewährleistungspflichten

Häufig verhält es sich gerade bei Auslandslieferungen im Anlagenbau so, dass Wartungs- und Instandsetzungsarbeiten, Konfigurationsarbeiten vertragswidrig vom Besteller (Auftraggeber) durchgeführt werden. Soweit diese Arbeiten misslingen, steht die Frage nach dem Schicksal von vertraglich bzw. gesetzlich dem Auftragnehmer auferlegten Gewährleistungspflichten an.

Wenn der Besteller vertragswidrig Wartungs-, Instandsetzungsarbeiten etc. selbst, bzw. durch andere durchführen lässt, so kann er auch seiner Gewährleistungsansprüche verlustig werden. Bei der Frage nach dem Inhalt und dem möglichen Verlust von Gewährleistungsansprüchen wird der Werkvertrag zugrunde gelegt; es wird davon ausgegangen, dass aufgrund einer konkreten Bestellung eine Maschinenanlage für den Besteller hergestellt wird und dass es sich insofern nicht um die Leistung vertretbarer Elemente handelt. Es wird also davon ausgegangen, dass eine bestimmte, zumindest in nicht unwesentlichen Bauteilen, auch für den Besteller erstellte Maschine ausgeliefert werden soll. Die Ausführungen werden dann noch um kaufrechtliche Beurteilungen ergänzt werden.
Zunächst zur Situation des Werkvertrages: Die Beurteilung erfolgt nach deutschem Recht. Das deutsche Werkvertragsrecht, so wie es in novellierter Form vorliegt, entspricht internationalen Standards.

Bei mangelhafter Werkleistung hat der Besteller (Auftraggeber) die Rechte aus § 634 BGB. In § 634 Nr. 2 BGB ist das Recht zur Selbstbeseitigung beschrieben, und zwar mit dem damit verbundenen Anspruch auf Ersatzleistung für die entsprechenden Aufwendungen. Das Recht zur Selbstvornahme ist aber von einer entsprechenden Fristsetzung gegenüber dem Auftraggeber abhängig. Das Recht zur Selbstvornahme, bzw. zur Beauftragung eines dritten Unternehmers steht somit dem Auftraggeber nur dann zu, wenn der Auftragnehmer nicht innerhalb der gesetzten Frist tätig wird. Diese Frist hat auch im Hinblick auf die Beseitigung des Mangels angemessen zu sein.

Zur ersten Rechtsfolge: Wenn der Besteller ohne diese Fristsetzung, bzw. ohne Aufforderung an den Auftragnehmer und Gewährleistungsverpflichteten selbst tätig wird, bzw. Dritte in seinem Auftrag arbeiten lässt, so verliert der Auftraggeber seinen Gewährleistungsanspruch. Es entspricht dabei herrschender Rechtsprechung, dass er für seine Aufwendungen auch keine Ansprüche aus anderen Rechtsgründen gegen den Auftragnehmer hat; insbesondere stehen dem Auftraggeber keine Bereicherungsansprüche zu (weil ja der Auftragnehmer nun die Gewährleistungsarbeiten nicht mehr auszuführen braucht) und es steht ihm auch kein Ersatz aus Geschäftsführung ohne Auftrag zu. Der Auftraggeber kann auch seinen Arbeitsaufwand zur Beseitigung des Mangels nicht mit einem eventuell noch offen stehenden Vergütungsanspruch verrechnen. Die Regelung ist insofern klar gefasst: Besteht ein Mangel, der den Auftragnehmer zur Gewährleistung verpflichtet, und wird der Auftragnehmer nicht aufgefordert, diesen Mangel innerhalb einer bestimmten (angemessenen) Frist zu beseitigen, sondern wird der Auftraggeber vielmehr selbst tätig, so verliert er seinen insofern grundsätzlich bestehenden Gewährleistungsanspruch. Es gibt auch keinen Ausgleich für den beim Auftraggeber entstandenen Aufwand.

Zur zweiten Rechtsfolge: Von großer Bedeutung ist die Frage in dem Zusammenhang, dass der Auftraggeber durch schlecht durchgeführte Wartungsleistungen, Pflegeleistungen, durch eine unsachgemäße Benutzung der Maschine oder eventuell durch unfachmännische Reparaturarbeiten Schäden verursacht, bzw. im Falle einer Gewährleistungssituation (es liegt ein vom Hersteller noch zu vertretender Mangel vor) vorhandene Schäden noch vergrößert.

Grundsätzlich ist der Besteller Eigentümer der Anlage geworden und kann mit seinen eigenen Sachen nach Belieben umgehen. Die Frage ist, ob er Gewährleistungsansprüche verliert. Es ist insofern zu differenzieren: Soweit durch die fehlerhaften Wartungs-, Pflegeleistungen bzw. Reparaturversuche ein bereits bei Auslieferung vorhandener, bzw. dem Auftragnehmer zuzurechnender Schaden noch intensiviert wird, so hat der Auftraggeber die nach wie vor noch vom Auftragnehmer durchzuführenden Arbeiten anteilig zu entlohnen. Analog der Regeln über das Mitverschulden ist auch der Auftraggeber, entsprechend seiner Beteiligung an der Fehlerentstehung, zu den Kosten heranzuziehen.

Hierbei kann weiterhin schon die Frage auftreten, ob noch eine Fehlerbeseitigung, dieses vom Auftraggeber intensivierten Fehlers, dem Auftragnehmer überhaupt noch zumutbar ist. Dies kann nur durch eine fachbezogene Wertungsfrage entschieden werden. Da der Auftragnehmer seinen Mehraufwand vom Auftraggeber verlangen kann, wird regelmäßig auch bei einem höheren Aufwand die Zumutbarkeit zur Mängelbeseitigung bestehen. Gründe, die Arbeit nicht mehr durchführen zu müssen, können darin liegen, dass der Auftragnehmer auf eine für ihn fremde Situation stößt, dass aufgrund der vorhergehenden Reparatur- bzw. Wartungsversuche des Auftraggeber eine Reparatursituation entstanden ist, auf die das Unternehmen des Auftragnehmers nicht vorbereitet ist. Dann entfallen die Gewährleistungsverpflichtungen.

> Zudem kommt es häufig vor, dass durch fehlerhafte Wartungsarbeiten, bzw. andere Arbeiten an der Anlage Fehler erst entstehen. Für diese Fehler bestehen selbstverständlich keine Gewährleistungspflichten, schon deshalb nicht, weil sie zum Zeitpunkt des Gefahrübergangs, des Zeitpunkts der Abnahme der Anlage, noch nicht vorhanden waren.

Weiterhin wird sich häufig die Situation einstellen, dass durch fehlerhafte Wartungsarbeiten ein zur Gewährleistung verpflichtender Mangel zwar nicht behoben, das entsprechende Teil aber derart zerstört wird, dass es nicht mehr reparabel ist. Damit ist die Situation gemeint, dass durch einen unsachgemäßen Reparaturversuch ein Schaden angerichtet wird, der über den ursprünglichen Mangel noch hinausgeht und zwar derart, dass der ursprüngliche Mangel im neu Entstehenden aufgeht. In diesem Fall besteht schon deshalb keine Nachbesserungsverpflichtung des Auftragnehmers, weil der entsprechende Mangel im großen Schaden untergegangen ist, insofern liegt Unmöglichkeit der Ausführung der Leistung vor.

Damit stellt sich die Frage, ob wegen dieser Unmöglichkeit zumindest eine Minderung verlangt werden kann. Dies könnte deshalb bejaht werden, weil bei Auslieferung der entsprechenden Anlage ja die Gewährleistungssituation bereits „angelegt", der Fehler latent vorhanden war und insofern eine Minderung des Werklohnes interessengerecht wäre.

Eine Minderung kommt zumindest nach deutschem Recht aber nicht in Betracht, da eine solche (wie der Rücktritt vom Vertrag) grundsätzlich voraussetzen, dass dem Auftragnehmer zuvor die Möglichkeit der Mangelbeseitigung eingeräumt wurde. Soweit der Mangel aber nicht mehr beseitigungsfähig ist, weil er durch einen seitens der Auftraggeber verursachten Mangel nicht mehr reparabel ist, kann auch kein Anspruch auf Minderung bzw. Rücktritt entstehen. Ein solcher Anspruch ist nämlich der Möglichkeit der Fehlerbeseitigung nachgeordnet. Auch in diesem Fall gibt es keinen Wertausgleich für seitens des Auftragnehmers ersparte Aufwendungen.

4.3.3.4 Anwendbarkeit des UN-Kaufrechtsübereinkommens

Die bedeutsamste internationale Regelung auf dem Gebiet des Warenverkehrs ist das UN-Kaufrecht (CISG).[394] Das UN-Kaufrecht findet Anwendung, wenn die Parteien eines Kaufvertrages ihre Niederlassung in verschiedenen Staaten haben und zwar unabhängig davon, ob das UN-Kaufrecht vereinbart wurde. Das UN-Kaufrecht gilt, soweit es sachlich anwendbar ist, immer dann, wenn es nicht ausdrücklich ausgeschlossen ist. Voraussetzung ist zum einen, dass die Staaten der Vertragsparteien sich diesem internationalen Abkommen angeschlossen haben. China und Deutschland sind z. B. Vertragsparteien des UN-Kaufrechtsübereinkommens. Zum anderen ist das internationale Vertragswerk nicht nur auf den Kaufvertrag beschränkt, sondern über Art. 3 findet das UN-Kaufrecht auch Anwendung bei „Verträgen über herzustellende Waren oder Dienstleistungen". Art. 3 Abs. 1 des UN-Kaufrechts bestimmt, dass den Kaufverträgen Verträge über die Lieferung herzustellender oder zu erzeugender Ware gleichgestellt sind (Es sei denn, dass der Besteller einen wesentlichen Teil der für die Herstellung oder Erzeugung notwendigen Stoffe selbst zur Verfügung stellt).

Zu beachten ist in diesem Zusammenhang allerdings Art. 3 Abs. 2 des UN-Kaufrechtsübereinkommens. Hier wird bestimmt, dass das Übereinkommen nicht auf Verträge anzuwenden ist, bei denen der „überwiegende Teil der Pflichten der Partei, welche die Ware liefert, in der Ausführung von Arbeiten oder anderen Dienstleistungen besteht".

---

[394] Grundlegend zum UN-Kaufrechtsübereinkommen, Achilles, Kommentar zum UN-Kaufrechtsabkommen.

Allein Serviceverträge bzw. Wartungsverträge werden also nicht vom UN-Kaufrecht umfasst. In der Standardkommentierung[395] heißt es insofern: „Dass Verträge, bei denen z.B. die Planungs-, Projektierungs-, Montage-, Wartungs-, Betriebs-, Betreuungs- und/oder Lizenzierungsleistungen wertmäßig ein solches Eigengewicht haben, dass sie ihrer wirtschaftlichen oder technologischen Bedeutung nach die für die bloße stoffliche Herstellung beizusteuernden Anteile überwiegen und damit bei wertender Betrachtung gegenüber den kaufvertragstypischen Pflichten das eigentliche Leistungsschwergewicht bilden" vom UN-Kaufrecht nicht erfasst werden. Wenn also die genannten Dienstleistungen mehr im Vordergrund stehen, die anlagentechnischen Komponenten überwiegen, ist dieses internationale Vertragsabkommen nicht anwendbar.

In der genannten Kommentierung heißt es im Hinblick auf die konkrete Wertbestimmung, dass die Frage, was im Einzelfall überwiegt, der Anlagenbau oder die unterstützende Dienstleistung, anhand der im Vertrag festgelegten Maßstäbe, „ansonsten nur nach den verkehrsüblichen Bewertungsmaßstäben erfolgen kann, und zwar ausgedrückt in Geld". Dies heißt, dass bei einem Austauschvertrag (Ware/Dienstleistung/Werkleistung gegen Geld) die Wertbestimmung der einzelnen Leistung maßgeblich ist. Überwiegt der Bau der technischen (softwaretechnischen) Komponenten, so ist das UN-Kaufrecht anwendbar; davon ist wohl regelmäßig auszugehen. Hinsichtlich der Gewährleistungsverpflichtungen bei Vorliegen von Sachmängeln regelt das UN-Kaufrecht dies in den Art. 46 ff.

Das UN-Kaufrecht enthält keine Vorschriften für die Situation, dass der Mangel durch unsachgemäße Eigenarbeiten seitens des Auftraggebers vergrößert oder sogar irreparabel wird. Das UN-Kaufrecht enthält aber Lösungsmöglichkeiten.

Aus Art. 50 des UN-Kaufrechts folgt, dass auch im Falle einer fehlerhaften Warenlieferung bzw. Werkleistung das Minderungsrecht gegenüber der Nachbesserung nachrangig ist. Mehr noch: In der Standardkommentierung zu Art. 50 UN-Kaufrecht wird davon ausgegangen, dass das Minderungsrecht „ein für alle Mal verloren" geht, wenn der Käufer ein zulässiges (d.h. zumutbares) Nachbesserungsangebot zurückweist.[396]

Der Zurückweisung steht es logischerweise gleich, dass der Auftragnehmer die Nachbesserungsmöglichkeit durch sein Verhalten, durch die schlechte Eigenarbeit, unmöglich macht, bzw. (wenn der Mangel überhaupt noch behebbar ist) ganz wesentlich verteuert. Dies bedeutet, dass dem Auftraggeber kein Minderungsrecht zusteht, wenn der Auftragnehmer (Hersteller) den Mangel nicht mehr aus den genannten Gründen beseitigen kann.

Im Ergebnis gilt dann auch für den Anwendungsbereich des UN-Kaufrechts, dass der Auftraggeber, der eigenmächtig und unsachgemäß Wartungsarbeiten durchführt und dadurch einen etwaig vorhandenen Mangel wesentlich intensiviert oder die Gerätschaft

[395] Achilles, Kommentar zum UN-Kaufrechtsabkommen, Art. 3 Rn 4.

[396] Achilles, Kommentar zum UN-Kaufrechtsabkommen, Art. 50 Rn 3.

derart zerstört, dass der Mangel nicht mehr behebbar ist, seine Gewährleistungsansprüche verliert, also auch nicht im Hinblick auf einen etwa vorhandenen Mangel mindern kann.

4.3.3.5 Gewährleistungsausschluss

Klarzustellen ist noch, dass allein der Umstand einer vertragswidrigen Wartungsarbeit noch nicht zum Gewährleistungsausschluss führt. Es muss sich so verhalten, dass – kausal – durch diese Wartungs- und Pflegearbeiten etc. des Auftraggebers der Mangel noch intensiviert wird, bzw. aufgrund größerer eintretender Schäden nicht mehr behebbar ist. Um es an einem Beispiel zu illustrieren: Wenn der Auftraggeber versucht, eine schon bei Übergabe vorhandene und schadhafte Welle zu richten und dabei die Welle so zerstört, dass die Reparatur nur noch mit ganz erheblich größerem Aufwand, bzw. gar nicht mehr durchführbar ist, so ist der Auftragnehmer für diesen Mangel, so wie er vorher sicher auch bestanden hat, nicht mehr verantwortlich; er braucht nicht mehr nachzubessern, bzw. braucht sich den Werklohnanspruch nicht mindern zu lassen, auch nicht um den Wert des Schadens, der vor den schlechten Reparaturversuchen des Auftraggebers bestand.

4.4 Literaturverzeichnis zu Kapitel 4

Achilles, Wilhelm-Albrecht: Kommentar zum UN-Kaufrechtsübereinkommen, 2000, Luchterhand. (zitiert: Achilles, Kommentar zum UN-Kaufrechtsübereinkommen).

Adams, Norbert/Witte, Jürgen: Rechtsprobleme der Vertragsbeendigung von Franchise-Verträgen, in: DStR 1998, 251-256.

Baumbach, Adolf/Hopt, Klaus (Hrsg.): Beck'sche Kurz-Kommentare HGB, 34. Aufl. 2010, C.H.Beck (zitiert: Bearbeiter, in: Baumbach/Hopt, HGB).

Canaris, Claus-Wilhelm: Handelsrecht, 24. Aufl. 2006, C.H. Beck.

Ensthaler, Jürgen: Marktabgrenzung bei Kfz-Servicesystemen – keine marktbeherrschende Stellung des Kfz-Herstellers?, in: NJW 2011, 2701-2704.

Ensthaler, Jürgen: Gewerblicher Rechtsschutz und Urheberrecht, 3. Aufl. 2009, Springer (zitiert: Ensthaler, Gewerblicher Rechtsschutz und Urheberrecht).

Ensthaler, Jürgen: Haftungsrechtliche Bedeutung von Qualitätssicherungsvereinbarungen, in: NJW 1994, 817-823.

Ensthaler, Jürgen (Hrsg.): Kommentar zum HGB, 7. Aufl. 2007, Luchterhand (zitiert: Bearbeiter, in: Ensthaler, HGB).

Ensthaler, Jürgen/Funk, Michael/Stopper, Martin: Handbuch des Automobilvertriebsrechts, 2003, C.H. Beck (zitiert: Ensthaler/Funk/Stopper).

Ensthaler, Jürgen/Gesmann-Nuissl, Dagmar: Entwicklung des Kfz-Vertriebsrechts unter der GVO 1400/2002, in: BB 2005, 1749-1758.
Ensthaler, Jürgen/Strübbe, Kai/Bock, Leonie: Zertifizierung und Akkreditierung technischer Produkte, 2007, Springer (zitiert: Ensthaler/Strübbe/Bock).
Flohr, Eckhard: Franchise-Vertrag, 4. Aufl. 2010, C.H. Beck (zitiert: Flohr, Franchise-Vertrag).
Franz, Birgit: Qualitätssicherungsvereinbarung und Produkthaftung, 1995, Nomos.
Giesler, Jan Patrick (Hrsg.): Praxishandbuch Vertriebsrecht, 2005, Deutscher Anwaltverlag (zitiert: Bearbeiter, in: Giesler).
Giesler, Jan Patrick/ Nauschütt, Jürgen: Franchiserecht, 2. Aufl. 2007, Luchterhand (zitiert: Giesler/Nauschütt, Franchiserecht).
Grigoleit, Hans Christoph: Besondere Vertriebsformen im BGB, in: NJW 2002, 1151-1158.
Grunewald, Barbara: Just-in-time-Geschäfte - Qualitätssicherungsvereinbarungen und Rügelast, in: NJW 1995, 1777-1784.
Heide, Nils: Patent- und Know-how-Lizenzen in internationalen Anlagenprojekten, in: GRUR Int. 2004, 913-918.
Herresthal, Carsten: Der Anwendungsbereich der Regelungen über den Fixhandelskauf (§ 376 HGB) unter Berücksichtigung des reformierten Schuldrechts, in: ZIP 2006, 883-890.
Hombacher, Lars: Der Vertrieb über selbständige Absatzmittler – Handelsvertreter, Vertragshändler, Franchisenehmer & Co., in: JURA 2007, 690-695.
Koller, Ingo/Roth, Wulf-Henning/Morck, Winfried: Handelsgesetzbuch Kommentar, 7. Aufl. 2011, C.H. Beck (zitiert: Bearbeiter, in: Koller/Roth/Morck, HGB).
KAN-Bericht 30 (Ensthaler, Edelhäuser, Schaub), 2003, Kommission Arbeitsschutz und Normung, Akkreditierung von Prüf- und Zertifizierungsstellen.
Kotler, Philip/Keller, Kevin/Bliemel, Friedhelm: Marketing-Management, 12. Aufl. 2007, Pearson Studium.
Kreifels, Thomas: Qualitätssicherungsvereinbarungen - Einfluß und Auswirkungen auf die Gewährleistung und Produkthaftung von Hersteller und Zulieferer, in: ZIP 1990, 489-496.
Lehmann, Michael: Just in time - Handels- und AGB-rechtliche Probleme, in: BB 1990, 1849-1853.
Leistner, Matthias: Störerhaftung und mittelbare Schutzrechtsverletzung, Beilage zu GRUR Heft 1/2010, 1-32.
Martinek, Michael/Semler, Franz-Jörg/Habermeier, Stefan/Flohr, Eckhard (Hrsg.): Handbuch des Vertriebsrechts, 3. Aufl. 2010, C.H. Beck.
Martinek, Michael: JuS Schriftenreihe, Moderne Vertragstypen - Band III, 1993, C.H.Beck (zitiert: Martinek, in: Moderne Vertragstypen – Band III).
Martinek, Michael: JuS Schriftenreihe, Moderne Vertragstypen - Band II, 1993, C.H.Beck (zitiert: Martinek, in: Moderne Vertragstypen – Band II).
Martinek, Michael: Zulieferverträge und Qualitätssicherung, 1991, Verlag Kommunikationsforum (zitiert: Martinek, in: Zulieferverträge und Qualitätssicherung).
Merz, Axel: Qualitätssicherungsvereinbarungen, 1992, Otto Schmidt. (zitiert: Merz, in: Qualitätssicherungsvereinbarungen).

Nagel, Bernhard: Schuldrechtliche Probleme bei Just-in-Time-Lieferbeziehungen, DB 1991, 319-327.
Palandt, Otto: Beck'sche Kurzkommentare Bürgerliches Gesetzbuch, 69. Aufl. 2010, C.H. Beck (zitiert: Bearbeiter, in: Palandt, BGB).
Pfaff, Dieter/Osterrieth, Christian: Lizenzverträge, 3. Aufl. 2010, C.H. Beck.
Pfeifer, Tilo: Qualitätsmanagement, 3. Aufl. 2001, Hanser.
Popp, Klaus: Die Qualitätssicherungsvereinbarung, 1992, Hanser.
Quittnat, Joachim: Qualitätssicherungsvereinbarung und Produkthaftung, in: BB 1989, 571-575.
Schmidt, Detlef: Qualitätssicherungsvereinbarungen und ihr rechtlicher Rahmen, in: NJW 1991, 144-152.
Schmidt, Karsten (Hrsg.): Münchener Kommentar zum Handelsgesetzbuch – Band 3, 2. Aufl. 2007, C.H.Beck/Vahlen. (zitiert: Bearbeiter, in: Münchener Kommentar zum HGB).
Schmidt, Karsten: Handelsrecht, 5. Aufl. 1999, Heymanns.
Steckler, Brunhilde: Das Produkthaftungsrisiko im Rahmen von Just-in-time-Lieferbeziehungen, in: BB 1993, 1225-1231.
Steinmann, Christina: Abdingbarkeit der Wareneingangskontrolle in Qualitätssicherungsvereinbarungen, in: BB 1993, 873-879.
Teichler, Maximilian: Qualitätssicherung und Qualitätssicherungsvereinbarungen, in: BB 1991, 428-432.
Westphalen, Friedrich Graf von (Hrsg.): Produkthaftungshandbuch – Band 1, 1997, C.H. Beck (zitiert: Bearbeiter, in: Produkthaftungshandbuch – Band 1).
Westphalen, Friedrich Graf von: Die Haftung des Leasinggebers beim "sale-and-lease-back", in: BB 1991, 149-153.
Westphalen, Friedrich Graf von: Qualitätssicherungsvereinbarungen, in: CR 1993, 65-73.

5 Risikomanagement und Recht

Dagmar Gesmann-Nuissl und Sebastian Synnatzschke

Im folgenden Kapitel werden Managementsysteme betrachtet, welche die bereits vorgestellten und die noch nachfolgenden Einzelsysteme mit dem Ziel verbinden, strategische, prozessuale und organisatorische Synergien herzustellen.

Je nach Tiefe der Verbindung unterscheidet man zwischen dem Zusammenfassen einzelner Managementsysteme zu einem (nur) *Integrativen Managementsystem (IMS)* oder dem Aufbau bzw. die Integration der Einzelsysteme in ein übergreifendes *Risikomanagementsystem (RMS).* Letzteres wird nach einer kurzen Abgrenzung der beiden Systeme (5.1) detailliert in seiner betriebswirtschaftlichen (5.2) und rechtlichen Dimension (5.3) betrachtet, wobei die Compliance-Organisation als Instrument des *Rechts*-Risikomanagementsystems im Fokus steht. Ein Fazit betreffend das funktionale Zusammenspiel von Risikomanagementsystem und Compliance-System schließt das Kapitel ab (5.4).

5.1 Integrative Managementsysteme

Wie schon die vorausgegangenen Kapitel belegen, wurden in der Vergangenheit auf Grund steigender gesetzlicher Anforderungen aber auch wegen der gestiegenen Ansprüche innerhalb der Unternehmen oder im Rahmen von Kunden-Lieferanten-Beziehungen diverse Managementsysteme auf den unterschiedlichsten betrieblichen Ebenen – sowohl in den produkt-, prozess- und vermarktungszentrierten, als auch in den ressourcenabhängigen Bereichen – etabliert.[397] Bedingt durch die zeitlich versetzte Entwicklung der jeweiligen Systeme – das Prinzip des QM-Systems[398] entwickelte sich bereits Anfang der achtziger Jahre, UM-Systeme[399] zu Beginn der neunziger Jahre – sowie der thematischen Abgeschlossenheit derselben, führten die Unternehmen zunächst nur *isolierte Einzelsysteme* ein. Eine Verknüpfung und/oder Harmonisierung dieser „Insellösungen" zu einem Gesamtsystem fand bis vor einigen Jahren nicht oder zumindest nicht in ausreichendem Maße statt.[400] Dies führte dazu, dass neben zusätzlichen Kosten und auftretenden Ineffizienzen auch zahlreiche Synergieeffekte innerhalb der Unternehmen nicht optimal genutzt werden konnten.[401]

---

[397] Reuter/Zink, S. 1.

[398] Siehe dazu das dem Qualitätsmanagement (QM) gewidmete Kap. 3.

[399] Siehe dazu das dem Umweltmanagement (UM) gewidmete Kap. 6.

[400] Felix/Pischon/Riemenschneider, S. 1.

[401] Reuter, S. 2.

5.1.1 Problematik parallel existierender Managementsysteme

Die Nachteile, die durch eben diese parallel existierenden Einzel-Managementsysteme ausgemacht wurden, beschrieb die einschlägige Literatur[402] wie folgt:

- Das getrennte Erstellen und Verwalten relevanter Dokumente verursacht Mehraufwand und führt am Ende zu einer umfangreichen und unübersichtlichen Dokumentation; Informationsverluste sind die zwangsläufige Folge.
- Mehrfachaudits und nicht abgestimmte Auditzyklen binden Mitarbeiter und behindern den betrieblichen Ablauf; es entstehen zeitliche Einbußen.
- Zuständigkeiten bleiben in den Schnittmengen der Einzel-Managementbereiche zumeist ungelöst.
- Betriebliche Abläufe und Tätigkeiten werden oft mehrfach und ohne Abstimmung untereinander vorgenommen. Im Extremfall widersprechen sich die Vorgehensweisen (Anweisungen und Ausführungshandlungen) in den jeweiligen Zuständigkeitsbereichen. Dadurch kann es zu erheblichen Koordinationsproblemen kommen, welche die Funktionen der Einzel-Systeme ad absurdum führen können.
- Belastungen durch Doppelarbeit und Mehrfachaudits, sowie die Unklarheiten bezüglich der Zuständigkeiten führen zu einer ablehnenden Haltung der Mitarbeiter gegenüber den Managementsystemen und damit auch zu internen Motivationsschwierigkeiten.
- Im Bereich der „legal compliance" (Rechtsrisikosteuerung) sind die Informationsverluste und die Schwierigkeiten bei der Regelung betrieblicher Abläufe als besonders problematisch einzustufen. Der Verlust von Informationen kann im Extremfall gesetzlich vorgesehene Exkulpationsmöglichkeiten verhindern und wegen fehlenden oder fehlerhaften Regelungen zu den betrieblichen Abläufen und Zuständigkeiten ein Organisationsverschulden und damit Haftung begründen.

5.1.2 Ziele der Integration von Managementsystemen

Ausgehend von diesen Feststellungen, die in der provokanten Frage von Huth/Mirzwa endete „Wie viele Systeme verträgt der Kleinbetrieb"[403], bezweckte die in der Folge angestoßene Integration der einzelnen themenzentrierten Managementsysteme in ein Gesamtsystem, die zuvor benannten Probleme und Nachteile zu überwinden oder zumindest abzumindern.

---

[402] Ahrens/Hofmann-Kamensky, S. 73; Reuter, S. 115 m.w.N.; Reuter/Zink, S. 3.

[403] Huth/Mirzwa, S. 31 ff.

Hauptziele eines Integrierten Managementsystems sind demgemäß die Realisierung von Synergie- und Einsparpotenzialen sowie die Optimierung der prozessualen und organisatorischen Abläufe. Felix et al.[404] fassen dies zusammen und unterteilen die Zielsetzungen in sog. Basis-, Effizienz-, Sicherungs-, Innovations- und Flexibilitätsziele (siehe nachfolgende Tabelle 5.1), wobei darauf hingewiesen wird, dass es durchaus auch zu Überschneidungen zwischen den einzelnen Zielkategorien kommen kann.

Basisziele	**Effizienzziele**	**Sicherungsziele**	**Innovationsziele**	**Flexibilitätsziele**
Geringe Umweltbelastung Schonung der natürlichen Ressourcen „Sustainable Development“ Optimale Qualität „Null Fehler“	Anwendung der *besten Managementpraxis* Die *ungestörte Betriebsstunde* Kosteneinsparung durch Redundanzreduktion Minimierung des Auditierungsaufwandes Personaleinsparung	Sicherung der Rechtskonformität Vermeidung und Verminderung von Haftungsrisiken Gerichtsfeste Organisation Vermeidung von Imageschäden	Kontinuierliche Verbesserung der Systemleistung Informationsbasis zur Unterstützung von Entscheidungen Managementinstrumente und Organisationsabläufe Technologien	Anpassungsfähigkeit an sich ändernde Umfeldbedingungen Anpassungsfähigkeit an sich ändernde Anforderungen aus den unterschiedlichen Teil-Managementsystemen
Basisziele	**Effizienzziele**	**Sicherungsziele**	**Innovationsziele**	**Flexibilitätsziele**
Zufriedene Kunden Keine Unfälle	Klare Verantwortlichkeiten Schnittstellenoptimierung		Produkte und Dienstleistungen	

[404] Felix/Pischon/Riemenschneider, S. 3; vgl. ebenso Funck, QZ 2001, Nr. 5.

Gesunde Mitarbeiter	Konfliktfreie Arbeitsanweisugnen Schlankere Organisation Übersichtlichere Dokumentation Größere Identifikation und Motivation der Mitarbeiter			

Tabelle 5.1: Angestrebte Ziele bei der Integration von Managementsystemen[405]

5.1.3 Integrationskonzepte

Integrationskonzepte beschreiben darauf aufbauend die grundlegende Vorgehensweise der angestrebten Integration und schaffen damit die Grundlage auf der die Einzelsysteme zur Zielerreichung sinnvoll zusammengeführt werden können. In der Literatur werden vier unterschiedliche Konzepte zur Integration von Managementsystemen diskutiert;[406] daneben existieren weitere Mischformen auf die im Rahmen dieser Abhandlung nicht näher eingegangen werden kann.

- Partielle Integration

  Zuvörderst steht die *partielle Integration* bzw. die Integration verschiedener Managementsysteme in ein bestehendes, normorientiertes Einzelsystem. Ausgangspunkt bildet dabei ein bereits existierendes Managementsystem nach ISO 9001 oder ISO 14001. Die durch die jeweiligen Normen vorgegebene Struktur dient dabei als Integrationsrahmen, in welchen sich andere/weitere Einzelsysteme einfügen. Methodisch oder inhaltlich ähnliche bzw. gleiche Anforderungen lassen sich direkt einander zuordnen, wie etwa die Anforderungen an die Dokumentation und die Organisationsstruktur eines UM- oder QM-Systems. Anforderungen, die keinem Strukturpunkt des Basissystems entsprechen, werden in zusätzlichen Kapiteln an die bestehende Struktur angehangen.[407]

---

[405] Abbildung nach Felix/Pischon/Riemenschneider, S. 3.

[406] Felix/Pischon/Riemenschneider, S. 42 ff.; Reuter, S. 124 ff.

[407] Felix/Pischon/Riemenschneider, S. 47 ff.; Reuter, S. 124 f.

- Prozessorientierte Integration
  Grundlage einer *prozessorientierten Integration* ist im Gegensatz dazu kein anderes Managementsystem, sondern die identifizierten Unternehmensprozesse, denen die entsprechenden Anforderungen und Regelungen der jeweiligen Managementsysteme zunächst zugeordnet werden. Anschließend folgt in einem weiteren Schritt die Analyse und Ausgestaltung der Unternehmensprozesse mit dem Ziel, die zugeordneten Anforderungen zu erfüllen.[408] Sinnvoll ist eine prozessorientierte Integration daher vor allem, wenn das Unternehmen bereits prozessorientiert agiert. Ziel ist es dann, möglichst viele Aktivitäten in diesen Prozess hinein zu verlagern.

- Systemübergreifende Integration
  Für eine *systemübergreifende Integration* der einzelnen Managementsysteme werden die Managementsysteme zunächst in ihre systemlenkenden und themenspezifisch operativen Elemente zerlegt. Die systemlenkenden Elemente werden anschließend zu den sog. systemübergreifenden Elementen zusammengefasst und gelten für alle weiter zu integrierenden Managementsysteme gleichermaßen. Die themenspezifischen Anforderungen der Einzelsysteme bleiben als einzelne Module erhalten und werden unter dem „Dach" der systemübergreifenden Elemente organisiert.[409]

- Integration in ein umfassendes Managementsystem
  Nach Reuter ähnelt die *Integration in ein umfassendes Managementsystem* dem Prinzip der partiellen Integration, da auch hier wieder die Struktur eines übergeordneten Managementsystems als Basissystem herangezogen wird, um „die Inhalte und Anforderungen der themenspezifischen Managementsysteme" darunter einzubinden. Ein umfassendes Managementsystem kann dabei als das „allgemeine Managementsystem eines Unternehmens" oder als ein Integriertes Managementsystem", das inhaltlich und strukturell über die themenzentrierten Einzelsysteme hinausgeht, verstanden werden.[410] In der Literatur werden in diesem Zusammenhang die Integration der Einzelsysteme, z.B. in das St. Galler Managementkonzept[411] oder das EFQM-Modell[412] erläutert.

Unabhängig vom angewandten Grundkonzept ist die Integration bestehender Managementsysteme in ein Gesamtsystem geeignet die oben beschriebenen Nachteile paralleler Einzelsysteme zu beseitigen. Zwar werden hauptsächlich Potenziale zu Kosteneinsparungen und Effizienzsteigerungen verwirklicht, aber auch im Bereich der Sicherungsziele kann ein integriertes System zu Verbesserungen

---

[408] Felix/Pischon/Riemenschneider, S. 66 ff.; Reuter, S. 127.

[409] Felix/Pischon/Riemenschneider, S. 69 ff.; Reuter, S. 128 f..

[410] Reuter, S. 130 ff.

[411] Umfangreich zu Integration von Umweltmanagementsysteme in das St. Galler Management-Konzept auch Dylick/Hummel, S. 137 ff.

[412] Dazu ausführlich Zink, S. 99 ff.; in Ansätzen bereits in diesem Werk in Kap. 3 unter 3.1.2.2.

beitragen. Von besonderer Bedeutung ist dabei die schon in den vorangegangenen Kapiteln angesprochene Qualität der Dokumentation, die neben Ineffizienzen auch Informationsverluste vermeiden kann und überdies eine klare Zuteilung von Zuständigkeiten sowie die Erstellung gemeinsamer Arbeitsanweisungen nachzuweisen hilft.[413]

5.1.4 Bestandteil: Risikomanagementsystem

Wie die nun nachfolgenden Ausführungen aufzeigen werden, wird auch das Risikomanagement in der Regel als Bestandteil eines integrativen Managementsystems genutzt. Die inhaltliche Abgrenzung der beiden Systeme – Integriertes Managementsystem vs. Risikomanagementsystem – lässt sich praktisch durch zwei Aspekte begründen:[414]

Zum einen werden die Integrierten Managementsysteme auf freiwilliger Basis von den Unternehmen geschaffen, während die Einrichtung von Risikomanagementsystemen in diversen Branchen schon verpflichtend vorgeschrieben ist. In Deutschland wird dies z.B. durch das Gesetz zur Kontrolle und Transparenz von Unternehmen (KonTraG) für alle börsennotierten Unternehmen angeordnet, ebenso sieht das KWG und das VVG für alle Finanzdienstleistungs- und Versicherungsunternehmen die Installation eines Risikomanagementsystem verpflichtend vor.[415] Ferner existieren internationale Gesetze, wie etwa der Sarbanes-Oxley-Act (SOA), der ebenfalls ein internes Kontrollsystem für Unternehmen fordert, die an US-Börsen gelistet sind.

Zum anderen gibt es für Integrierte Managementsysteme bislang keine allgemein gültigen Normen und Standards, die einen Aufbau oder eine entsprechende Form der Integration vorgeben oder gar eine Zertifizierung dieser Systeme ermöglichen. Im Bereich des Risikomanagements stellt sich die Situation dagegen anders dar: Hier liegt mit der ISO 31000 zumindest ein internationaler Standard vor, wenngleich als allgemeines generisches Regelwerk[416], welches soeben auch eine

---

[413] Die Bedeutung dieser Nachweismöglichkeit ist bereits in den vorangegangenen Kapiteln, insbesondere im Rahmen des Qualitäts- und Umweltmanagements deutlich geworden (siehe Kap. 3 und 6).

[414] Lorenz, ZRFG 2006, 5 ff.; Winter, ZRFG 2007, 149 ff.

[415] Vgl. dazu auch das Rundschreiben der BaFin zur Ausgestaltung des Risikomanagements bei deutschen Finanzinstituten und Versicherungen (Mindestanforderungen an das Risikomanagement - MaRisk), welches die Anforderungen aus § 25a KWG, § 33 WpHG und § 64a VVG konkretisiert.

[416] Die ISO 31000 ist als „Allgemeiner Leitfaden zur Gestaltung und Umsetzung eines Risikomanagementbereichs" ausgestaltet. Begleitet wird die ISO 31000 von der ISO 31010, welche den Risikobeurteilungsprozess durch die Beschreibung von verschiedenen Beurteilungsmethoden unterstützt. Siehe dazu: Brühwiler, ZRFG 2008, 14 ff.; Brühwiler, Management und Qualität, S. 24; Krause/Borens, ZRFG 2009, 183 f.

Umsetzung in das deutsche Normgefüge erfährt[417], sowie in einigen Ländern eigenständige Normen, nach denen sogar die Zertifizierung des Risikomanagements möglich ist, wie etwa nach der österreichischen Norm ONR 49000 ff. oder der australisch-neuseeländischen AS/NZS 4360, deren Inhalte mit dem ISO-Standard harmonisiert wurden.[418] Auf diese Normen – insbesondere auf die ONR 49000 ff. – wird an späterer Stelle noch einzugehen sein (vgl. dazu unten 5.2.4).

5.2 Risikomanagement und Risikomanagementprozess

Nachdem in den vorangegangenen Kapiteln des Gesamtwerkes schon an verschiedener Stelle die Bezüge zum Risikomanagement aufgezeigt wurden, wird in diesem Unterkapitel nun das Risikomanagement mit dem zugehörigen Risikomanagement-Prozess samt Phasen-Modell dargestellt.

Nach einer kurzen Eingrenzung dessen, was im Folgenden unter Risikomanagement verstanden werden soll, erfolgt eine Definition der wichtigsten Begriffe im Zusammenhang mit dem Risikomanagement in Anlehnung an einschlägige Normen, um schließlich das Risikomanagement und den zugehörigen Risikomanagement-Prozess mit seinen relevanten Aspekten darzustellen. Dieses Unterkapitel wird abgeschlossen durch eine kurze Darstellung einer Normenfamilie, die Unternehmen bei der Umsetzung des Risikomanagements sowie der Verzahnung mit anderen Managementsystemen wie bspw. dem bereits in Kap. 2 Produktionsmanagement, dem Qualitätsmanagementsystemen (vgl. dazu Kap. 3), dem Umweltmanagementsystem (vgl. dazu Kap. 6) oder dem Wissensmanagement (vgl. dazu Kap. 8) eine wertvolle Hilfestellung bietet.

5.2.1 Eingrenzung

Im betriebswirtschaftlichen Schrifttum wird mit dem Begriff des Risikomanagements fast ausschließlich die Kontrolle und Regelung des *finanziellen* Bereiches eines Unternehmens verbunden.[419] Vor dem Hintergrund des besonderen Blickwinkels des vorliegenden Buches – Technik und Recht – soll an dieser Stelle jedoch keine Fokussierung auf den finanziellen Bereich gesetzt werden, sondern – ausgehend von den umfangreichen Vorarbeiten aus dem betriebswirtschaftlichen Bereich zum Thema Risikomanagement – der Schwerpunkt auf ein *technisches Risikomanagement* gelegt werden unter besonderer Berücksichtigung juristischer

---

[417] Die DIN ISO 31000 (Entwurf) "Risikomanagement – Grundsätze und Leitlinien" wurde am 10. Januar 2011 vom Deutschen Institut für Normung e.V. (DIN) publiziert und ist nunmehr für die Öffentlichkeit einsehbar.

[418] Brühwiler, ZRFG 2008, 14 ff.; Krause/Borens, ZRFG 2009, 183 f.

419 Vgl. Hagebölling, S. 1, m.w.N.; gleichlautend Keitsch, S. 9, S. 24 und S. 105.

Anforderungen an und für diesen Bereich der betrieblichen Organisation. Dabei ist es erstaunlich, dass bisher nur einzelne Aspekte des Produktentstehungsprozesses isoliert vor dem Hintergrund des Risikomanagements betrachtet werden, wie dies beispielsweise Neudörfer mit seiner Konzentration auf die Konstruktionsphase tut. Aktuell hat Hagebölling eine seltene Übersicht zum „Technischen Risikomanagement“ zusammengestellt.

Die Bedeutung des finanzwirtschaftlich orientierten Risikomanagements soll durch dieses Vorgehen nicht in Frage gestellt werden. Vielmehr bleibt festzustellen, dass auch ein finanzwirtschaftlich orientiertes Risikomanagement für Unternehmen aller Branchen eine erhebliche Bedeutung hat, da sich dies auf ein positives Rating, welches für die Kreditgewährung von Bedeutung ist, vorteilhaft auswirkt. Die Sicherstellung eines positiven Ratings motiviert zunehmend mehr Unternehmensleitungen dem Risikomanagement eine größere Bedeutung beizumessen, in deren Gesamtverantwortung das Risikomanagement liegt[420].

5.2.2 *Begriffsbestimmung*

Obwohl sicherlich jeder Leser ohne längeres Zögern ein eigenes Verständnis dazu nennen könnte, was sie und er beispielsweise unter Begriffen wie *„Risiko“* und *„Gefahr“* verstehen, so wird dieses individuelle Verständnis mit einer gewissen Wahrscheinlichkeit von den Inhalten abweichen, mit denen diese Begriffe im Bereich der Technik belegt sind; ein einheitliches Verständnis innerhalb der gesamten Leserschaft darf sicherlich nicht unterstellt werden. Daher ist es zunächst erforderlich, die zentralen Begriffe im Zusammenhang mit einem technisch orientierten Risikomanagement genauer zu klären. Auch wenn die Gefahr besteht, mit den eher formalen Formulierungen der einschlägigen Normen[421] Teile der Leserschaft nicht auf Anhieb zu begeistern, so soll dennoch auf diese Definitionen zurückgegriffen werden, da diese zum einen ein geschlossenes und abgestimmtes Begriffssystem bilden und zum anderen immerhin den Rang allgemein anerkannter Regeln der Technik[422] darstellen.

Bereits Marburger stellt fest, dass technische Sicherheit und technisches Risiko reziproke Begriffe sind.[423] Daher soll bei der Annäherung an das Begriffssystem zum Risikomanagement von dem angestrebten Zustand ausgegangen werden,

---

420 Vgl. Keitsch, S. 1.

421 Stellvertretend und ohne Einschränkung der Allgemeingültigkeit wird nachfolgend auf Normen zur Maschinensicherheit zurückgegriffen, da diese mit der (alten) Maschinenrichtlinie 98/37/EG abgestimmt sind und einen sehr weit reichenden Anwendungsbereich besitzen.

422 Für den Zusammenhang von DIN-Normen und den allgemein anerkannten Regeln der Technik vgl. BGH NJW-RR 1991, 1445-1447.

423 Vgl. Marburger, S. 122, m.w.N.

nämlich zuverlässigen Maschinen. Die DIN EN ISO 12100-1:2004[424] definiert für Maschinen[425] *Zuverlässigkeit* als „Fähigkeit einer Maschine oder von deren Teilen oder Ausrüstung, eine geforderte Funktion unter festgelegten Bedingungen und für einen vorgegebenen Zeitraum ohne Ausfall zu erfüllen.“[426]

Dabei wird unter *Ausfall* die „Beendigung der Fähigkeit einer Einheit, eine geforderte Funktion zu erfüllen“[427] verstanden. Dieser wird als „Gefahr bringender Ausfall“ folgendermaßen präzisiert: „Jede Fehlfunktion in der Maschine oder in deren Energieversorgung, die das Risiko erhöht.“[428]

Interessanterweise wird die Fehlfunktion selbst in der genannten Norm nicht näher definiert, dafür jedoch der *Fehler* als „Zustand einer Einheit, in dem sie unfähig ist, eine geforderte Funktion zu erfüllen, wobei die durch Wartung oder andere geplante Handlungen bzw. durch das Fehlen äußerer Mittel verursachte Funktionsunfähigkeit ausgeschlossen ist.“[429].

Das *Risiko*, das in der Definition des Gefahr bringenden Ausfalls angesprochen wird, wird definiert als „Kombination der Wahrscheinlichkeit des Eintritts eines Schadens und seines Schadensausmaßes“[430], wobei der *Schaden* als „physische Verletzung oder Schädigung der Gesundheit“[431] definiert wird.

Um die Definitionen abzuschließen und zu dem Ausgangspunkt, der Aussage von Marburger, zurückzukehren, sollen noch das *Restrisiko*, definiert als „Risiko, das nach der Anwendung von Schutzmaßnahmen verbleibt“[432], sowie die Schutzmaßnahme, definiert als „Mittel zur vorgesehenen Minderung des Risikos, umgesetzt vom: Konstrukteur (inhärent sichere Konstruktion, technische Schutzmaßnahmen und ergänzende Schutzmaßnahmen, Benutzerinformation) und Benutzer (Organisation: sichere Arbeitsverfahren, Überwachung, Betriebserlaubnis zur Ausführung von Arbeiten; Bereitstellung und Anwendung zusätzlicher Schutzeinrichtungen; Anwendung persönlicher Schutzausrüstungen; Ausbildung)“[433], abschließend genannt werden.

---

424 Sicherheit von Maschinen - Grundbegriffe, allgemeine Gestaltungsleitsätze - Teil 1: Grundsätzliche Terminologie, Methodologie.

425 Wobei die Norm eine Maschine definiert als „Gesamtheit von miteinander verbundenen Teilen oder Baugruppen, von denen mindestens eine(s) beweglich ist, mit den entsprechenden Antriebselementen, Steuer- und Energiekreisen, die für eine bestimmte Anwendung zusammengefügt sind, insbesondere für die Verarbeitung, Behandlung, Fortbewegung oder Verpackung eines Materials. Der Begriff „Maschine“ gilt auch für Maschinenanlagen, die so angeordnet und gesteuert werden, dass sie als einheitliches Ganzes funktionieren, um das gleiche Ziel zu erreichen.“, vgl. DIN EN ISO 12100-1:2004, S. 5.

426 Vgl. DIN EN ISO 12100-1:2004, S. 5.

427 Vgl. ebenda, S. 10.

428 Vgl. ebenda.

429 Vgl. ebenda.

430 Vgl. ebenda, S. 6.

431 Vgl. ebenda, S. 5.

432 Vgl. ebenda, S. 6.

433 Vgl. ebenda, S. 6 f.

Aufgabe des technischen Risikomanagements ist es nun, dieses verbleibende Restrisiko – und damit die erreichte technische Sicherheit – auf ein Niveau zu bringen, das von allen, die von der Maschine direkt oder indirekt tangiert werden, akzeptiert werden kann. Dazu bedient sich der Risikomanagement-Prozess eines grundlegenden Phasenkonzepts, die beide (Prozess und Phasenkonzept) nachfolgend näher dargestellt werden.

5.2.3 Grundlegendes Phasenkonzept des Risikomanagement-Prozesses

Bei dem dargestellten grundlegenden Phasen-Konzept des Risikomanagement-Prozesses handelt es sich um ein branchenübergreifendes Konzept.

5.2.3.1 Prozess

Bevor nachfolgend die grundlegenden Phasen des Risikomanagement-Prozesses näher dargestellt werden, muss vorab deutlich herausgestellt werden, was bereits im Begriff Risikomanagement-*Prozess* zum Ausdruck kommt. Es handelt sich – und dies ist für das Verständnis des Risikomanagements von herausragender Bedeutung – beim Risikomanagement im eigentlichen Sinne um einen im Unternehmen zu integrierenden Prozess.[434] Risikomanagement ist eben nicht als ein weiteres im Unternehmen einzurichtendes physisches System, das neben anderen Einzel-Managementsystemen wie beispielsweise dem Qualitätsmanagementsystem oder Umweltmanagementsystem einzurichten ist, zu verstehen.[435] Vielmehr handelt es sich um einen Prozess, der entlang der gesamten Wertschöpfungskette innerhalb und über die Schnittstellen des Unternehmens hinaus zu implementieren ist. Dabei ist der Prozess in Form eines Regelkreises einzurichten, so dass er kontinuierlich im gesamten Unternehmen alle Phasen iterativ durchläuft.[436]

5.2.3.2 Risikostrategie und Risikopolitik

Ausgangspunkt für die Betrachtung des Risikomanagements und gleichzeitig auch für die Bewirtschaftung von Risiken im Unternehmen ist die Risikostrategie. Dabei gilt es sich bewusst zu machen, dass der Begriff der Risikostrategie einen zweigeteilten Charakter hat.

---

[434] Vgl. Keitsch, S. 65.

[435] Vgl. ebenda.

[436] Vgl. ebenda, S. 3.

Auf der einen Seite bestimmt die Risikostrategie als Eingangsgröße für den Risikomanagement-Prozess sämtliche Phasen des Risikomanagement-Prozesses, indem sie – abgeleitet aus der Unternehmensphilosophie und -strategie – Vorgaben setzt, die in allen Phasen des Risikomanagement-Prozesses beachtet werden müssen und quasi den Rahmen der Beurteilung sämtlicher Handlungen in diesen Phasen setzt. Wenn im Folgenden diese Bedeutung gemeint ist, wird dies als Risikostrategie i.w.S. bezeichnet.

Auf der anderen Seite ist die Risikostrategie im Phasenkonzept ein Schritt, der nach Identifizierung, Analyse und Bewertung sämtlicher relevanter Risiken den weiteren Umgang mit diesen Risiken festlegt. Wenn im Folgenden diese Bedeutung gemeint ist, wird dies als Risikostrategie i.e.S. bezeichnet.

Schmitz/Wehrheim definieren in diesem Zusammenhang eine Strategie wie folgt: „Eine Strategie stellt eine Handlungsvorgabe dar, an der sich alle mittel- und langfristigen Ziele des Unternehmens orientieren müssen."[437] Dies gilt auch für die Risikostrategie i.e.S. Es muss allerdings bei der Festlegung der Risikostrategie i.e.S., also bei der Festlegung der Strategie bei der Bewirtschaftung der Risiken durch das Unternehmen, stets als Referenzgröße die Gesamtunternehmensstrategie berücksichtigt werden.[438]

Am anderen Ende der Verkettung der Risikostrategie muss berücksichtigt werden, dass es möglich sein muss, aus der Risikostrategie i.e.S. eine Zielhierarchie abzuleiten, also ein System aus Ober- und Unterzielen.[439] Dies beinhaltet sowohl die Bewertung von Zielen als auch die Feststellung, welche Ziele zur Erreichung anderer notwendig sind. Dabei kann diese Zielhierarchie auch als Risikopolitik[440] bezeichnet werden. Die Einbettung der Risikostrategie wird nachfolgend in Abb. 5.1 nochmals graphisch umgesetzt.

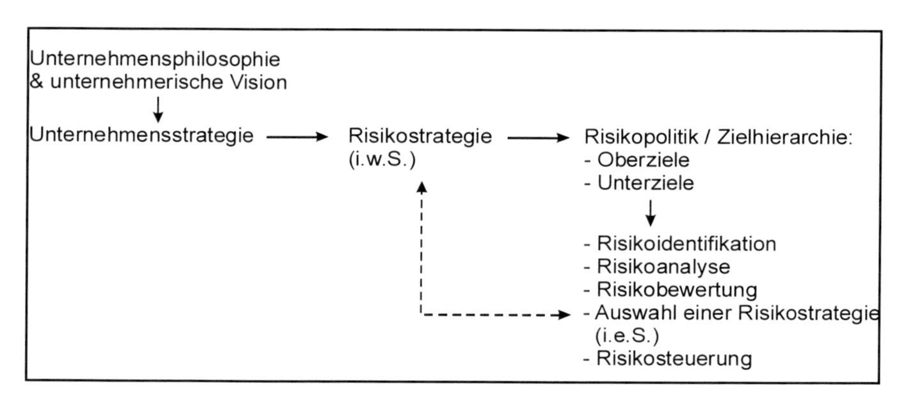

Abb. 5.1: Einbettung der Risikostrategie[441]

[437] Vgl. Schmitz, S. 16.

[438] Vgl. ebenda, S. 17, ähnlich auch Keitsch, S. 65.

[439] Vgl. Schmitz/Wehrheim, S. 17.

[440] Vgl. Keitsch, S. 1 f.

[441] Eigene Darstellung.

Sind diese Voraussetzungen erfüllt, können die nachfolgend dargestellten Phasen des Risikomanagement-Prozesses (iterativ) durchlaufen werden.

5.2.3.3 Risikoidentifikation

Im Phasenkonzept des Risikomanagements schließt sich an die Festlegung der Risikostrategie i.w.S. und die damit verbundene Erstellung der Risikopolitik des Unternehmens die Identifikation der Risiken an.

Ziel der Risikoidentifikation ist es, Quellen möglicher Risiken und die daraus resultierenden Risiken zu erkennen. Bei der Identifizierung stehen dem Unternehmen interne und externe Informationen zur Verfügung, wobei diese meist asymmetrisch verteilt sind.[442] Da die Informationen begrenzt sind, ist es unumgänglich, diese kontinuierlich zu sammeln und umgehend im Risikomanagement-Prozess zu verarbeiten, da eine Beschaffung der Informationen erst bei Erkennen des entsprechenden Bedarfs zu einem vergleichsweise hohen Aufwand und zusätzlichen Verzögerungen führen würden.[443]

Aufgrund der Notwendigkeit einer Komplexitätsreduktion werden im einzelnen Unternehmen bezogen auf die spezielle Situation des Unternehmens, sog. Risikofelder[444] eingeführt, auf denen die Risikoidentifikation getrennt erfolgt, um die Risikoidentifikation handhabbarer zu machen.

Da Unternehmen ihre Leistungen in einem dynamischen Umfeld erbringen und die unternehmensindividuell zu bildenden Risikofelder kein statisches Verhalten zeigen, besteht die Notwendigkeit, die Identifikation der für das Unternehmen relevanten Risiken als einen permanenten Prozess auszugestalten.[445] Es muss sichergestellt werden, dass Risiken regelmäßig identifiziert werden, um zum einen möglichst zeitnah auf neu entstandene Risiken reagieren zu können und zum anderen nicht unnötig Ressourcen auf die Bewirtschaftung von Risiken zu verwenden, die aufgrund neuerer Entwicklungen ihre Relevanz für das Unternehmen verloren haben. Gerade der zeitliche Aspekt kann dem Unternehmen erhebliche Wettbewerbsvorteile verschaffen.[446]

Hier wird der iterative Charakter der Phasen des Risikomanagement-Prozesses deutlich. Es ist nicht möglich, ressourcenoptimale Entscheidungen zur Risikoidentifikation zu treffen, ohne bereits Vorwissen aus früheren Durchläufen der Risikoanalyse und -bewertung mit einzubeziehen.

---

[442] Vgl. Schmitz/Wehrheim, S. 35.

[443] Vgl. ebenda, S. 35.

[444] Eine beispielhafte, stark aggregierte Übersicht von Risikofeldern findet sich bei Keitsch, S. 173 ff.

[445] Vgl. Schmitz/Wehrheim, S. 52 f.

[446] Vgl. ebenda, S. 53.

5.2.3.4 Risikoanalyse

Die Risikoanalyse schließt sich als Phase des Risikomanagement-Prozesses an die Risikoidentifikation an und bereitet die Risikobewertung vor.[447]

Das Ziel der Risikoanalyse ist zweigeteilt. Zum einen gilt es, den inneren Aufbau der einzelnen identifizierten Risiken an sich zu erkennen und zu verstehen. Die Analyse des inneren Aufbaus der einzelnen identifizierten Risiken sollte dabei auch eine Untersuchung hinsichtlich geeigneter Messmethoden[448] bzw. die Suche nach geeigneten Indikatoren für das jeweilige identifizierte Risiko beinhalten, da diese für die weitere Bewirtschaftung der relevanten Risiken erforderlich sind.

Zum anderen gilt es im Rahmen der Risikoanalyse, die Abhängigkeiten zwischen den identifizierten Risiken zu erkennen und zu verstehen. Nur mit diesem Verständnis können Wechselwirkungen aufgedeckt und bewertet werden.

Nach einer umfassenden Identifikation möglicher Risiken im Unternehmen und der Unternehmensumwelt steht als Ausgangspunkt eine Liste mit diversen Risiken aus den jeweiligen Risikofeldern zur Verfügung. Damit diese identifizierten Risiken systematisch analysiert werden können, stellt sich die Notwendigkeit, diese analysegerecht zu ordnen.

Nachdem die so eingeteilten identifizierten Einzelrisiken jeweils für sich allein analysiert wurden, um deren Ursachen zu erkennen und zu verstehen, gilt es, die Beziehungen der einzelnen Risiken zu analysieren.

Eine wirkungsvolle Analyse der zuvor identifizierten Risiken kann nur gewährleistet werden, wenn die Analyse zum einen systematisch und zum anderen vollständig erfolgt. Diese Forderung bezieht sich dabei sowohl auf die Phase der einzelnen identifizierten Risiken wie auch auf die Analyse der Wechselwirkungen zwischen den identifizierten Risiken.

Weiterhin ist zu fordern, dass die Analyse der Risiken durch ein abteilungsübergreifendes Team erfolgt. Nur so ist gewährleistet, dass alle Blickwinkel der verschiedenen Abteilungen aber auch deren bereichsspezifische Bezeichnungen und das häufig im Unternehmen verteilte Wissen über die jeweiligen Teilprozesse im Unternehmen ausreichend Berücksichtigung finden.

5.2.3.5 Risikobewertung

Nachdem in der Phase der Risikoidentifikation die potentiellen Quellen von Risiken für das Unternehmen und in der Phase der Risikoanalyse die Zusammenhänge der identifizierten Risiken untersucht wurden (sowohl risikointern als auch risikoübergreifend), wird nachfolgend die Bewertung der identifizierten Risiken dargestellt.

Ziel der Risikobewertung ist es, die Folgen der identifizierten Risiken und deren Wechselwirkungen für das Unternehmen zu erkennen und zu verstehen. Erst

[447] Vgl. ebenda, S. 80.

[448] Zur Bedeutung einer konsistenten Risikomessung vgl. Keitsch, S. 66.

nach einer Bewertung der identifizierten Risiken und deren Wechselwirkungen ist eine sinnvolle Bewirtschaftung der Risiken möglich.

Zunächst sind für sämtliche identifizierten und analysierten Risiken sowohl die Eintrittswahrscheinlichkeiten, als auch die potentiellen Schadenshöhen zu bestimmen.[449] Dabei erscheint eine Abgrenzung des Vorgehens für die identifizierten Einzelrisiken sowie für die Risiken, die sich erst aus den Wechselwirkungen ergeben bzw. durch sie verstärken, geeignet.

Anschließend erfolgt im Rahmen der Risikobewertung eine Abgrenzung der bewerteten Risiken nach ihrer Schwere hinsichtlich der Auswirkungen auf das Unternehmen und zugleich eine Unterscheidung zwischen Risiken, die durch die Risikosteuerung beeinflusst werden, und Risiken, die durch die Risikosteuerung nicht beeinflusst werden.[450]

Im Zusammenhang mit dem Vorgehen bei der Risikobewertung muss darauf hingewiesen werden, dass die Bewertung von Risiken durch Individuen – und niemand anderes beurteilt letztendlich die identifizierten und analysierten Risiken im Unternehmen – durchaus problembehaftet ist.[451] So haben z.B. sog. „Autoritätsgradienten" einen erheblichen Einfluss auf das individuelle Verhalten sowie die individuelle Risikoeinschätzung, was z.B. dazu führt, dass bei etwa jedem fünften Flugzeugunglück das Zögern des Copiloten, Entscheidungen des Piloten rechtzeitig für diesen wahrnehmbar in Frage zu stellen, für mitunfallursächlich gehalten wird.[452]

5.2.3.6 Risikostrategien

Wie bereits oben dargestellt, geht es bei der sich an die Risikobewertung anschließenden Auswahl einer geeigneten Risikostrategie je Risiko um die Risikostrategie i.e.S.

Ziel der Phase Risikostrategien im Rahmen des Risikomanagement-Prozesses ist die Auswahl von Maßnahmen zum Umgang mit den bewerteten Risiken. Dabei findet die Auswahl der Maßnahmen unter allen grundsätzlich möglichen Maßnahmen, die nachfolgend vorgestellt werden, unter Beachtung der Risikostrategie i.w.S. und der Risikopolitik statt. Dadurch sollen die Einzelrisiken zusammen mit den sich aus den Einzelrisiken ergebenden Verbundrisiken und das sich daraus ergebende Gesamtrisiko des Unternehmens gesteuert werden.[453] Es wird insgesamt eine Risikosituation angestrebt, die für die Entscheidungsträger des Unternehmens als ausgewogen betrachtet wird.[454]

---

[449] Vgl. Schmitz/Wehrheim, S. 81.

[450] Vgl. ebenda.

[451] Eindrucksvoll zu Phänomenen, die die individuelle Wahrnehmung beeinflussen die Darstellung bei Fine, Wissen Sie, was Ihr Gehirn denkt?

[452] Vgl. Fine, S. 65 m.w.N.

[453] Vgl. Schmitz/Wehrheim, S. 95.

[454] Vgl. ebenda.

Dazu wird für die bewerteten Risiken eine Kombination der nachfolgend dargestellten Maßnahmen ausgewählt, die im Ergebnis zu der ausgewogenen Risikosituation führen soll.

(1) Risikovermeidung

Unter Risikovermeidung wird der Verzicht auf die mit dem jeweiligen Risiko behaftete Tätigkeit verstanden.[455] Dadurch soll die Entstehung des jeweiligen Risikos für das Unternehmen vollständig verhindert werden.

Da diese Risikostrategie i.e.S. im grundsätzlichen Widerspruch zum Grundgedanken unternehmerischer Tätigkeit steht, kann sie jeweils nur auf einzelne Risiken angewendet werden, da ansonsten keine Unternehmenstätigkeit mehr übrig bleiben würde.[456]

(2) Risikoverminderung

Im Gegensatz zur Risikovermeidung wird im Rahmen der Risikoverminderung das jeweilige Einzelrisiko zwar grundsätzlich eingegangen, es werden aber Anstrengungen unternommen, es auf zwei Ebenen zu begrenzen. Zum einen wird versucht, die Eintrittswahrscheinlichkeit des jeweiligen Risikos positiv zu beeinflussen.[457] Zum anderen wird unabhängig davon versucht, den Umfang des möglicherweise eintretenden Schadens zu verringern.[458]

(3) Risikoüberwälzung

Im Rahmen der Risikoüberwälzung wird ein Transfer der jeweiligen bewerteten Risiken auf externe Dritte angestrebt.[459] Angemerkt werden muss, dass diejenigen Risiken, die mit dem Kern der eigenen unternehmerischen Tätigkeit verbunden sind, daher für eine solche Überwälzung häufig nicht zur Verfügung stehen.[460]

Die Risikoüberwälzung findet häufig in Form von entsprechenden Verträgen, Allgemeinen Geschäftsbedingungen, Versicherungen, die Nutzung eines Eigentumsvorbehalts[461] oder grundsätzlichen make or buy-Entscheidungen statt[462].

[455] Vgl. ebenda.

[456] Vgl. ebenda.

[457] Vgl. ebenda, S. 96.

[458] Vgl. ebenda.

[459] Vgl. ebenda, S. 97.

[460] Vgl. ebenda.

[461] Vgl. Keitsch, S. 187.

[462] Vgl. Schmitz/Wehrheim, S. 97.

(4) Risikodiversifikation

Im Rahmen der Risikodiversifikation wird eine Reduzierung des Gesamtrisikos des Unternehmens angestrebt, indem Einzelrisiken gestreut werden und systematisch nicht korrelierende Einzelrisiken miteinander kombiniert werden.[463]

(5) Risikoübernahme

Für bewertete Risiken, die nicht bereits durch die vorher genannten Maßnahmen ausreichend gesteuert werden können, verbleibt nur noch die Übernahme durch das Unternehmen.[464] Im Zusammenhang mit diesen Risiken wird häufig auch von „Elementarrisiken im Zusammenhang mit den Erfolgspotentialen des Unternehmens" gesprochen.[465] Dabei handelt es sich allerdings häufig auch um die entscheidenden Zukunftschancen des Unternehmens, was berücksichtigt werden sollte, bevor der Versuch unternommen wird, diese doch einer Risikovermeidung zuzuführen.

Damit das Unternehmen die verbliebenen Risiken selbst tragen kann, ist es erforderlich, dass es eine entsprechende Deckungsmasse schafft, damit es, sollten sich diese Risiken als Verluste realisieren, dieselben auch tragen kann.[466]

5.2.4 ONR 49000 ff. als Umsetzungsbeispiel

5.2.4.1 Einleitung

Nachfolgend wird die Österreichische Normenreihe ONR 49000 ff. zum Risikomanagement als ein Umsetzungsbeispiel näher dargestellt, welches Unternehmen eine wertvolle Hilfestellung geben kann, um den zuvor grundlegend dargestellten Risikomanagement-Prozess im Unternehmen zu etablieren. Sie hat momentan eine Alleinstellung, da vergleichbare DIN- bzw. EN-Normen (noch) fehlen.[467]

Die Normenreihe ONR 49000 ff. möchte für verschiedene Anwendungsgebiete umfangreiche Grundlagen, insbesondere terminologischer und konzeptioneller Art, anbieten, um ein gemeinsames Verständnis für die Anwendung und Umset-

---

[463] Vgl. ebenda, S. 101.

[464] Vgl. ebenda, S. 106 und Keitsch, S. 190.

[465] Vgl. Schmitz/Wehrheim, S. 106.

[466] Vgl. ebenda.

[467] Die DIN ISO 31000 "Risikomanagement – Grundsätze und Leitlinien" liegt bislang nur als Entwurf vor; der Entwurf wurde am 10. Januar 2011 vom Deutschen Institut für Normung e.V. (DIN) publiziert und ist nunmehr für die Öffentlichkeit einsehbar und zur Diskussion gestellt.

zung des Risikomanagements zu schaffen.[468] Es soll eine breite Anwendbarkeit für Unternehmen, Systeme, Produkte, Prozesse, Dienstleistungen und Projekte erreicht werden. Außerdem soll die Möglichkeit einer Begutachtung und Anerkennung des Risikomanagement-Systems durch eine externe Stelle geschaffen werden.[469] Dabei geschieht die Darstellung in einer sehr kompakten Form – die gesamte Normenreihe mit ihren insgesamt sechs Teilen hat dabei einen praxistauglichen Umfang von 125 DIN A4-Seiten.

Ergriffen wurde die Initiative zur Schaffung eines umfangreichen Regelwerkes zum Risikomanagement durch das Österreichische Normungsinstitut (ON) – genauer den Arbeitskreis ON-W 1113 in Zusammenarbeit mit dem Netzwerk Risikomanagement mit Unterstützung des Schweizerischen Instituts zur Förderung der Sicherheit[470]– im Zusammenhang mit der Ausgabe der Serie ONR 4900x:2004 unter dem Titel „Risikomanagement für Organisationen und Systeme“[471].

Mit der aktuellen Überarbeitung ONR 4900x:2008 sollen die inzwischen international erfolgten Normungsarbeiten zum Risikomanagement[472] integriert und die gewonnenen Erfahrungen in der Anwendung berücksichtigt werden.[473]

5.2.4.2 Struktur der Normenreihe

Die Serie der ON-Regeln „Risikomanagement für Organisationen und Systeme“ besteht aus insgesamt sechs Teilen. Bevor diese nachfolgend allesamt einzeln mit ihren wichtigsten Inhalten vorgestellt werden, wird ein Überblick gegeben, um den Gesamtzusammenhang darzustellen.

Quasi als Fundament dient die ONR 49000:2008 – Begriffe und Grundlagen. In ihr werden alle wichtigen Begriffe definiert und Grundlagen erläutert, um ein einheitliches Verständnis zu schaffen und so überhaupt erst eine Umsetzung zu ermöglichen.[474] Auf diese Definitionen und Grundlagen beziehen sich alle anderen Teile der Normenreihe.

Darauf aufbauend beschreibt die ONR 49001:2008 quasi als Metastandard das Risikomanagement für Unternehmen.

Wiederum darauf aufbauend unterstützen die drei Teile der ONR 49002:2008 die Umsetzung in Form eines Leitfadens für die Einbettung des Risikomanage-

---

[468] Vgl. ONR 49000:2008, S. 3 f.

[469] Vgl. ebenda, S. 4.

[470] Vgl. ONR 49001:2008, S. 3.

[471] Vgl. ONR 49000:2008, S. 3.

[472] Zu nennen sind hier insbesondere der Entwurf ISO/DIS 31000 „Risk Management – Principles and Guideliness for Implementation“ und der ISO/IEC-Guide 73 „Risk Management – Vocabulary“.

[473] Vgl. ONR 49000:2008, S. 3.

[474] Im Gegensatz zur DIN EN ISO 12100-1:2004, die sich auf Maschinen fokussiert, wird hier ein weiter reichendes Anwendungsspektrum angestrebt.

ments ins Managementsystem (Teil 1), eines Leitfadens für Methoden der Risikobeurteilung (Teil 2) und eines Leitfadens für das Notfall-, Krisen- und Kontinuitätsmanagement (Teil 3).

Vervollständigt wird die Normenreihe schließlich durch die ONR 49003:2008, in der Anforderungen an die Qualifikation des Risikomanagers – also des Hauptanwenders der Normenreihe zur Umsetzung im Unternehmen – beschrieben sind.

Der Aufbau der Normenreihe ist zusammenfassend in Abb. 5.2 dargestellt.

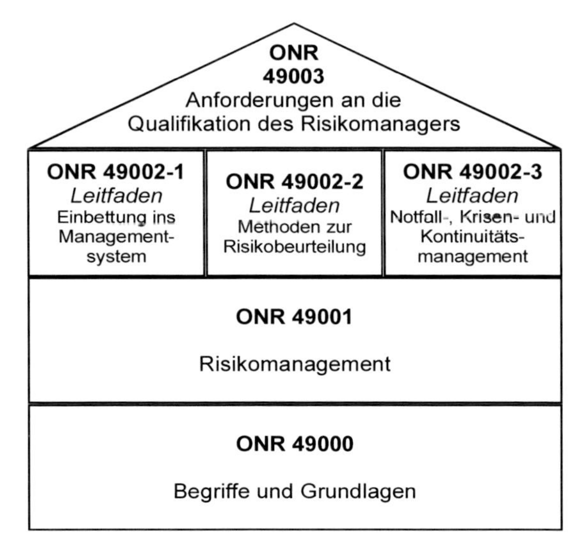

Abb. 5.2: Aufbau der Normenreihe ONR 49000 ff.[475]

5.2.4.3 Die Normen im Einzelnen

Nachfolgend werden die einzelnen Normen der Normfamilie ONR 49000 ff. mit ihren wichtigsten Inhalten vor dem Hintergrund dieser Arbeit dargestellt.

(1) ONR 49000:2008 – Begriffe und Grundlagen

Die ONR 49000:2008 definiert Begriffe und beschreibt die Grundlagen des Risikomanagements sowie die Anwendung und das Zusammenwirken mit anderen Führungsinstrumenten.[476] Dabei wird ein Begriffssystem entwickelt, das es ermöglicht, die tieferen inhaltlichen Zusammenhänge zu erschließen, indem wichtige Begriffe definiert und ihre Beziehungen zueinander dargestellt werden.

---

[475] Eigene Darstellung in Anlehnung an ONR 49000:2008, S. 4.

[476] Vgl. ONR 49000:2008, S. 5.

Herausgearbeitet wird, dass der Risikomanagement-Prozess insbesondere die folgenden Tätigkeiten umfasst: Herstellung eines Zusammenhangs, die Risikoidentifikation, die Risikoanalyse, die Risikobewertung und die Risikobewältigung, allesamt begleitet durch die Risikokommunikation und Risikoüberwachung.[477]

Abgeschlossen wird die Darstellung der Grundlagen des Risikomanagements durch einen Zielkatalog sowie einen Katalog aus elf Grundsätzen des Risikomanagements.

(2) ONR 49001:2008 – Risikomanagement

Die ONR 49001:2008 definiert und beschreibt die Elemente eines Risikomanagement-Systems, damit dieses intern überprüft bzw. extern anerkannt werden kann.[478] Es wird dabei herausgestrichen, dass die einzelnen Elemente des Risikomanagement-Systems und des Risikomanagement-Prozesses von Faktoren der Organisation, insb. der Größe der Organisation, der Risiko-Exposition, der Komplexität der Prozesse und den Vorgängen in ihrem Umfeld abhängt.[479]

Das Risikomanagement-System ist nach dem aus dem Qualitätsmanagement bekannten PDCA-Zyklus[480] gegliedert. In der Planungs-Phase werden mit der „Politik der Organisation" durch systematische Analyse des Umfeldes der Organisation sowie deren interner Leistungsfaktoren die Ziele, die Strategien und die Ressourcen bestimmt, um die Organisation zu entwickeln und den Veränderungen aus dem Umfeld und aus der Organisation selbst anzupassen.[481]

Um die Verantwortung der Leitung herauszuarbeiten, enthält die ONR 49001:2008 einen Maßnahmenkatalog für die oberste Leitung, um die Einführung und Verwirklichung des Risikomanagement-Systems sowie dessen ständige Verbesserung zu unterstützen.[482] Notwendig ist insb. die Erarbeitung einer Risikopolitik, die die Grundsätze und Verpflichtung der obersten Leitung festlegt.[483]

Daneben wird die Notwendigkeit der Festlegung und Kommunikation der Verantwortung und Befugnis herausgearbeitet.[484] Nur wenn die Verantwortlichen benannt und deren jeweiligen Befugnisse klar festgelegt und transparent sind, ist ein Funktionieren des Risikomanagement-Systems möglich.

Eine weitere zentrale Forderung ist die geeignete Umsetzung des Risikomanagements: Es muss sichergestellt werden, dass der Risikomanagement-Prozess mit

[477] Vgl. ebenda, S. 17.

[478] Vgl. ONR 49001:2008, S. 3.

[479] Vgl. ebenda, S. 4.

[480] Auch bekannt als Deming-Zyklus. Einführend hierzu Kamiske/Brauer, S. 283 ff.

[481] Vgl. ONR 49001:2008, S. 5.

[482] Vgl. ebenda, S. 6.

[483] Vgl. ebenda, S. 7.

[484] Vgl. ebenda, S. 8.

den Kernprozessen der Organisation tatsächlich verknüpft ist.[485] Dazu ist insb. eine Integration in die Strategieentwicklung und -umsetzung, die Ressourcenplanung, den Produktentstehungsprozess und den Projektmanagementprozess erforderlich.[486]

Für die Risikobewältigung wird vorgeschlagen, das Drei-Stufen-Modell der Maschinenrichtlinie[487] der Sicherheit für technische Systeme auf Organisationen zu übertragen.[488] Demnach sind in einem ersten Schritt Maßnahmen zur Beseitigung oder Minimierung der Gefahren durch alternative Gestaltung zu unternehmen. In einem zweiten Schritt sind Schutzmaßnahmen gegen nicht zu beseitigende Gefahren zu ergreifen. In einem dritten Schritt sind die Benutzer über die dennoch verbliebenen Gefahren hinzuweisen. So ist insgesamt das Ursprungsrisiko auf ein tolerierbares Restrisiko zu verringern.

Die ONR 49001:2008 schließt mit Empfehlungen zur Dokumentation des Risikomanagement-Systems und des Risikomanagement-Prozesses.[489]

(3) ONR 49002:2008 - Teil 1: Leitfaden für die Einbettung des Risikomanagements ins Managementsystem

Die ONR 49002:2008 – Teil 1 beschreibt die Einbettung eines Risikomanagements in ein Managementsystem.[490] Dabei wird dargestellt, dass der Risikomanagement-Prozess nach ONR 49001:2008 in Form eines integrierten Managementsystems z.B. mit einem Qualitätsmanagement nach DIN EN ISO 9001:2008, einem Umweltmanagement nach DIN EN ISO 14001:2005, einem Arbeitssicherheitsmanagement nach BS OHSAS 18001:2007 oder einem IT-Sicherheitsmanagement nach DIN ISO/IEC 27001:2008 zusammengeführt werden kann.[491] Damit ist der Risikomanagement-Prozess nach ONR 49001:2008 also kombinierbar mit den wichtigsten und am weitesten verbreiteten Managementsystemen für die jeweiligen Teilbereiche.

(4) ONR 49002:2008 – Teil 2: Leitfaden für die Methoden der Risikobeurteilung

Die ONR 49002:2008 – Teil 2 gibt einen Überblick über Methoden der Risikobeurteilung bezüglich des Vorgehens und der Anwendung.[492]

---

[485] Vgl. ebenda, S. 10.

[486] Vgl. ebenda, S. 10 f.

[487] Maschinenrichtlinie 2006/42 EG vom 17.05.2006, hier Anhang I, 1.1.2. „Grundsätze für die Integration der Sicherheit“, b).

[488] Vgl. ONR 49001:2008, S. 20.

[489] Vgl. ebenda, S. 24 f.

[490] Vgl. ONR 49002:2008 – Teil 1, S. 4.

[491] Vgl. ebenda, S. 4.

[492] Vgl. ONR 49002:2008 – Teil 2, S. 4.

Dazu wird zuerst ein matrixartiger Überblick über verschiedene Methoden und ihre Eignung für die verschiedenen Phasen des Risikomanagement-Prozesses gegeben.[493] Anschließend werden die Methoden jeweils bezüglich ihres Vorgehens beschrieben und ihre Anwendung im Risikomanagement dargestellt. Behandelt werden folgende Methoden:

- Kreativitätstechniken:
  - Brainstorming,
  - Delphi-Technik,
  - morphologische Matrix,
- Szenario-Analysen:
  - Schadensfall-Analyse,
  - Fehlerbaum- und Ablaufanalyse,
  - Szenario-Analyse,
- Indikatoren-Analysen:
  - Critical Incidents Reporting Systems (CIRS),
  - Change Based Risk Management (CBRM),
- Funktions-Analysen:
  - Failure Mode and Effects Analysis (FMEA),
  - Gefährdungs-Analysen,
  - Hazard and Operability Study (HAZOP),
  - Hazard and Critical Control Point-Analyse (HACCP),
- Statistische Analysen:
  - Standardabweichung,
  - Konfidenzintervall,
  - Monte Carlo Simulation.

(5) ONR 49002:2008 – Teil 3: Leitfaden für das Notfall-, Krisen- und Kontinuitätsmanagement

Die ONR 49002:2008 – Teil 3 stellt mit einem Notfall-, Krisen- und Kontinuitätsmanagement auf jene Risiken ab, die eine Organisation trotz präventiver Maßnahmen plötzlich, unerwartet und schwer treffen können[494] und beschreibt diese mit dem Fokus der Risikobewältigung.[495] Dabei ist die besondere Aufgabe des

---

[493] Vgl. ebenda, S. 5.

[494] Typische Schadensereignisse sind z.B. Brand, Explosion, Unfall, Naturkatastrophen, Leistungsmängel oder Rückrufe.

[495] Vgl. ONR 49002:2008 – Teil 3, S. 3.

Kontinuitätsmanagements[496] die unverzügliche Wiederherstellung der verlorenen Betriebsfunktionen.[497]

Ziel ist es, den Ablauf nach dem Eintritt eines Schadensereignisses so zu gestalten, dass die Phase des „*Chaos*" möglichst kurz ist und umgehend und koordiniert die Phasen „*Response*" – zur Abarbeitung der Akutphase – und „*Recovery*" – zur Rückführung der Organisation und der Betroffenen in den Normalzustand – folgen.[498]

(6) ONR 49003:2008 – Anforderungen an die Qualifikation des Risikomanagers

Die ONR 49003 als letzter Teil der Normfamilie behandelt die Anforderungen an die Qualifikation des Risikomanagers.[499] Dabei wird – hier stark verkürzt dargestellt – gefordert, dass ein Risikomanager die Inhalte der Normfamilie ONR 49000 ff. kennt und in Teilbereichen oder einer ganzen Organisation anwenden kann. Die dazu notwendige Ausbildung und ihre Ziele werden beschrieben.[500] Abschließend wird die Bedeutung der ständigen Weiterbildung unterstrichen, damit die Qualifikation des Risikomanagers dem jeweils aktuellen Stand der Technik entspricht.[501]

5.3 Juristische Betrachtung des Risikomanagements, insbesondere Compliance

Wie soeben ausführlich dargelegt wurde, wird durch das Risikomanagement eine Art „Klammer" um bereits eingerichtete Einzelmanagementbereiche eines Unternehmens gelegt, d.h. es wird gerade kein neues Managementsystem neben anderen geschaffen, sondern es wird ein Prozess installiert, der die bestehenden Einzelmanagementbereiche sinnvoll verknüpft und untereinander integriert, insbesondere um positive Synergien (wie z.B. Kostenersparnis, Auditverkürzungen, effiziente Dokumentenlenkung, Sicherheit) zu generieren (vgl. bereits oben 5.2.3.1).

Insofern bleiben die in den jeweiligen Teilbereichen angesprochenen *juristischen* Besonderheiten natürlich auch weiter relevant, d.h. im Rahmen der Qualitätsmanagementsysteme bleibt auch weiter der Produktfehler und seine haftungsrechtlichen Folgen prägend, im Umweltmanagementsystem der Nachweis über die Einhaltung der öffentlich-rechtlichen Vorgaben oder der Stoffmengen und -flüsse,

---

496 Auch Business Continuity Management (BCM) oder Recovery genannt.

497 Vgl. ONR 49002:2008 – Teil 3, S. 3.

498 Vgl. ebenda, S. 5 f.

499 Vgl. ONR 49003:2008, S. 4.

500 Vgl. ebenda, S. 4 f.

501 Vgl. ebenda, S. 7.

um Haftung zu vermeiden oder einem Vermarktungsverbot zu entgehen.[502] Das Risikomanagementsystem verändert die Rechtsprobleme zunächst nicht, sondern sorgt allenfalls dafür, dass sie frühzeitig und ggf. jetzt in ihrer gesamten Komplexität (Verknüpfung zu jeweils anderen Teilbereichen) sichtbar werden.

Allerdings tritt im Rahmen des Risikomanagements jetzt eine neue Fragestellung hinzu, namentlich: Wer übernimmt nun die „Oberverantwortung" für die zusammengeschlossenen Systeme? Während es in den jeweiligen Einzelmanagementbereichen regelmäßig Fachzuständigkeiten und Fachzuständige auf der mittleren Managementebene gibt, die für ihre Bereiche die Risiken mittels Kontroll- und Überwachungsmechanismen identifizieren, bewerten und Maßnahmen zu ihrer Beseitigung einleiten, fehlt für das „übergeordnete Ganze" eine Entsprechung; die Norm ONR 49001:2008 spricht lediglich von der „obersten Leitung" und signalisiert damit bereits, dass es eine originäre Führungsaufgabe ist, sich mit den Grundlagen des Risikomanagements auseinander zu setzen. Schließlich müssen nunmehr *alle Risikofelder* des Unternehmens – vertragliche, öffentlich-rechtliche, normelle *auf allen Unternehmensebenen* – erkannt, überwacht und bewertet werden. Die Erkenntnisse müssen anschließend in eine Risikosteuerung münden, die ihrerseits nicht losgelöst von der Unternehmenspolitik und -steuerung erfolgen darf.[503] Letzteres kann der Fachzuständige nicht mehr leisten und man kann es redlicher Weise – selbst bei einer großzügigen Auslegung seiner Überwachungs- und Kontrollpflichten[504] – von ihm auch nicht erwarten. Daher muss die Verantwortlichkeit auf einer höheren zentralen Ebene angesiedelt sein.

Im Zusammenhang mit der *Rechts*risikosteuerung – einem ganz wesentlichen Teilbereich aller Managementsysteme jenseits vom Identifizieren und Analysieren leistungs- und finanzwirtschaftlicher Risiken – fällt im Zusammenhang mit der Frage nach der Gesamtverantwortung zumeist der Begriff *„Compliance"*, der wörtlich übersetzt („to comply with") zunächst einmal nur „Einhaltung", „Befolgung" und „Ordnungsgemäßheit" bedeutet, aber zugleich als Synonym für die Errichtung einer Compliance-Organisation zur *Vermeidung aller (Rechts-)Risiken* sowie der *umfassenden Sicherung der Regelkonformität* im Unternehmen steht.[505]

Nachfolgend soll deshalb der Begriff „Compliance" (5.3.1), die Frage nach der Verpflichtung zur Etablierung einer Compliance-Organisation (5.3.2), Aufgaben

---

[502] An dieser Stelle können nicht alle juristischen Fragestellungen aus den Einzelmanagementbereichen wiederholt werden – weitere ausführliche Darstellungen hierzu finden sich deshalb in den Kapiteln 2 bis 4 und 6 bis 8 dieses Werks.

[503] Dazu auch Pampel/Glage, in: Hauschka, § 5 Rn. 4.

[504] Siehe dazu die jeweiligen Ausführungen in den Einzelkapiteln.

[505] Nach der hier zugrunde liegenden „weiten" Begriffsdefinition erstreckt sich die Rechtsbefolgung nicht nur auf die Einhaltung des Gesetzesrechts (so das „enge" Begriffsverständnis), sondern auch auf Standards und unternehmensdefinierte Vorgaben, wie etwa den „Corporate-Governance"- Grundsätzen, den „rules of conduct" oder einer unternehmensintern proklamierten „corporate social responsibility".

und inhaltliche Ausgestaltung von Compliance-Organisationen und deren Einbinden in bestehende Managementsysteme (5.3.3) sowie die Rechtsfolgen bei fehlerhafter Compliance (5.3.4) dargestellt werden.

5.3.1 Begriff „Compliance“

Der Begriff „Compliance“ – der in unserer Rechtsordnung bislang nicht legaldefiniert ist – wurde der angelsächsischen Rechtsterminologie entnommen und in das deutsche Wirtschaftsrecht überführt. Er bedeutet – wie bereits erwähnt – zunächst einmal ganz allgemein so viel wie „Einhaltung“, „Befolgung“, „Übereinstimmung“, „gemäß etwas Handeln“. Bezieht man diese Übersetzung nun auf den hier interessierenden Bereich der Rechts*befolgung*, so bedeutet Compliance zunächst einmal nur, dass die Unternehmen, deren Organe und Mitarbeiter gemäß dem geltenden Recht zu handeln haben.[506]

Dies ist aber keine neue Erkenntnis, sondern entspricht einer in den meisten Rechtsstaaten selbstverständlichen Auffassung und ist – wie es Hans U. Schneider bereits 2003 pointiert aber zutreffend ausdrückte[507] – zunächst einmal eine „Binsenweisheit“.

Allerdings – und darin liegt dann doch das Besondere – beschränkt sich Compliance nicht allein auf das Postulat der *Rechtstreue*, sondern Compliance umschreibt daneben *die Summe aller organisatorischer Maßnahmen* (Organisationsstrukturen, Prozesse und Systeme), mit denen über alle Aufgabenbereiche eines Unternehmens hinweg und alle Fach- und Rechtsgebiete einbeziehend, gewährleistet werden soll, dass sich die Geschäftsleitung und die im Unternehmen agierenden Mitarbeiter rechtmäßig – im Sinne eines *weiten* Compliance-Begriffs – verhalten. *Weiter Compliance-Begriff* bedeutet insoweit, dass sich die Rechtstreue der Verpflichteten nicht nur auf das gesamte Gesetzesrecht (so das „enge“ Begriffsverständnis), sondern auch – wie es der Deutsche Corporate Governance Codex ausweist[508] – auf Standards und unternehmensdefinierte Vorgaben zu erstrecken hat, wie beispielsweise den Corporate-Governance-Grundsätzen, den rules of conduct oder einer unternehmensintern proklamierten „corporate social responsiblity“ (als eine rein ethisch-moralische Selbstverpflichtung).[509]

Compliance ist danach eine *Querschnittsaufgabe zur Sicherung der allgemeinen Rechts- und Regelkonformität unter Einbezug der hierfür notwendig werden-*

---

[506] Hauschka, in: Hauschka § 1 Rn. 2.

[507] Schneider, ZIP 2003, 645, 646.

[508] Siehe Abschnitte 3.4 Abs. 2, S. 1, 4.1.3 und 5.3.2, S. 1 des Deutschen Corporate Governance Kodex.

[509] Gesmann-Nuissl, S. 281, 293; Steinmeyer/Späth, S. 172; Gößwein/Hohmann, BB 2011, 963, 964.

den organisatorischen Maßnahmen. Die wesentlichen Einflussgrößen auf das Management von Compliance werden nachfolgend in Abb. 5.3 illustriert.

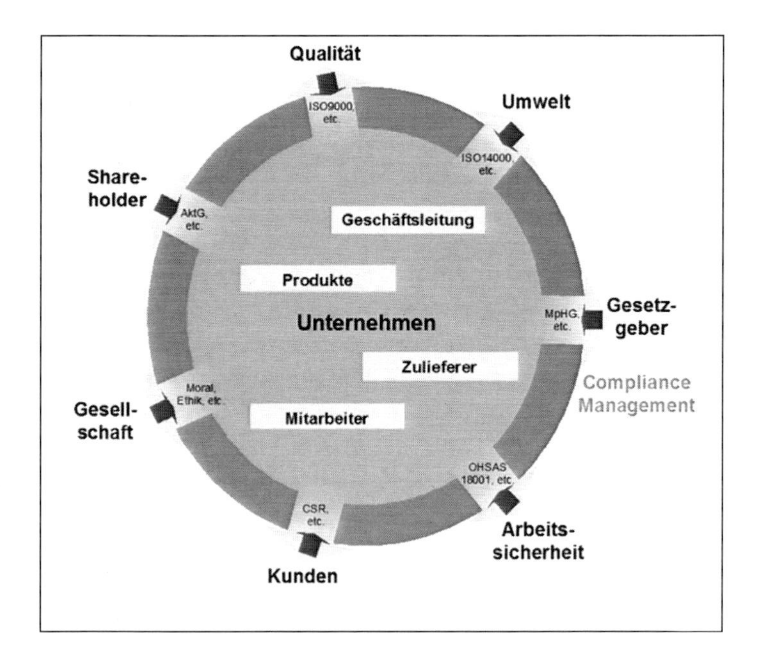

Abb. 5.3: Einflussfaktoren auf das Compliance-Management

Dieses weite Begriffsverständnis von Compliance ergibt sich ebenso, wenn man sich dem Compliance-Begriff über die *Funktionen* nähert und danach fragt, welche Funktionen ein Compliance-System nach einem „modernen Verständnis" – aus Sicht der Unternehmen (!) – erfüllen sollte (siehe oben Abb. 5.3). Neben der „selbstverständlichen" Schutz- und Risikobegrenzungsfunktion, bei der es in erster Linie darum geht, Risiken von außen zu minimieren und Schäden sowie Haftung abzuwenden, werden sodann weitere Funktionen des Compliance-Systems sichtbar – namentlich eine Beratungs- und Informationsfunktion, eine Qualitätssicherungsfunktion sowie eine Überwachungs- und Marketingfunktion, welche die Beständigkeit des unternehmerischen Geschäftsmodells nach innen absichern und ebenso dazu beitragen sollen, das Ansehen in der Öffentlichkeit zu verbessern.[510]

Auch unter dieser Perspektive ist Compliance eben nicht alleine als Rechtsbefolgung zu begreifen, sondern Compliance fordert ein Compliance-System; eine Compliance-Organisation als Mittel, das der Rechtsbefolgung einerseits aber auch der Mehrdimensionalität der Interessen und Zielsetzungen des Unternehmens und

510 Lösler, NZG 2005, 104 ff.; Bergmoser/Theusinger/Gushurst, BB-Special 2008, 1 f.; Bergmoser, BB-Special 2010, 2, 3.

der diversen Anspruchsgruppen andererseits gerecht werden kann. Schon deshalb ist Compliance eine zentrale Leitungsaufgabe und sehr eng mit der Errichtung eines Risikomanagementsystems verbunden, welches ebenfalls mehrdimensional ist und eine Art „übergreifenden, allem gerecht werdenden Charakter“ besitzt.

5.3.2 Rechtspflicht zur Compliance-Organisation („ob“)?

Nachdem der Rechtsbegriff „Compliance“ geklärt ist, muss weiter danach gefragt werden, ob es nach unserer Rechtsordnung – neben der allgemein bestehenden Pflicht zur Rechtsbefolgung (s.o.) – auch eine Pflicht zur Errichtung einer Compliance-Organisation bzw. zur Vornahme systematischer Compliance-Maßnahmen gibt; der Unternehmer wird insoweit wissen wollen, *„ob“* er zur Einrichtung einer „Compliance-Organisation“ verpflichtet ist.

In der Literatur sind die Ansichten darüber geteilt, ob es eine solche „allgemeine“, d.h. „branchenunabhängige“ Rechtspflicht gibt, die darauf gerichtet ist, eine systematische Compliance-Organisation einzurichten.[511] Während eine Reihe von Autoren dies zumindest mit Blick auf die Aktiengesellschaft[512] oder aus Erwägungen zur „kaufmännischen Vorsicht“[513] bejahen, wird von anderen eine allgemeine Rechtspflicht zur Errichtung einer Compliance-Organisation – neben der dauerhaft und unstreitig bestehenden allgemeinen Pflicht zur Gesetzestreue – verneint,[514] während wieder andere eine Entscheidung darüber offen lassen.[515]

Jetzt darf man hier natürlich nicht stehen bleiben und auf das breitere Meinungsspektrum verweisen, sondern man muss der eingangs gestellten Frage nachgehen und sie schon deshalb beantworten, weil spätestens bei den Detailfragen – etwa nach den Rechtsfolgen bei einer versäumten „Compliance-Pflicht“ (so sie denn besteht) – der normative Hintergrund bekannt sein muss, um überhaupt zu seriösen Antworten zu gelangen.[516]

Einleitend ist diesbezüglich feststellbar, dass – anders als in den USA oder Australien, wo eine gesetzliche Rechtspflicht für alle Unternehmen zur Errichtung eines Compliance-Systems in die Rechtsordnung implementiert ist – in Deutschland kein Regelwerk existiert, welches die Anforderungen an ein Compliance-System *allgemein und branchenübergreifend* definieren würde. Insofern könnte sich eine solche Verpflichtung lediglich in anderer Weise aus unserer Rechtsord-

511 Bachmann, S. 65, 67.

512 Schneider, ZIP 2003, 645, 646 ff., 648, der eine mindestens 7-stufige Compliance-Organisation als „Grundpflicht“ annimmt.

513 Wiederholt/Walter, BB 2011, 968, 969.

514 Bachmann/Prüfer, ZRP 2005, 109, 111; Hauschka, in: Hauschka, § 1 Rn. 23.

515 Lampert, in: Hauschka, § 9 Rn. 1.

516 Bachmann, S. 65, 67 f.

nung ableiten lassen – namentlich aus organisationsbezogenen Einzelnormen, sofern man davon ausgeht, dass Compliance-Pflichten zumindest zum „Fundus der Organisationspflichten“[517] gehören. Diesen Pflichten kann man sich dann „Kleeblatt-ähnlich“ von vier Seiten – von spezialgesetzlicher Seite, von Seiten des Strafrechts, des Deliktsrechts und des Gesellschaftsrechts – nähern:

Zuvörderst stehen die Vorschriften zum Finanzdienstleistungs- und Versicherungswesen in denen eine Rechtspflicht zur Errichtung einer Compliance-Organisation normiert ist. Zentrale Vorschrift ist insofern § 25a KWG, der eine „ordnungsgemäße Geschäftsorganisation“ – u.a. ein angemessenes Risikomanagement – zur „Einhaltung der vom Institut zu beachtenden gesetzlichen Bestimmungen“ vorschreibt und über den Verweis in § 33 WpHG („Organisationspflichten“) auch für alle Wertpapierdienstleistungsunternehmen gilt. Beide Normen (§ 25a KWG und § 33 WpHG) werden darüber hinaus seit Juli 2007 durch pedantische Ausführungsbestimmungen hinsichtlich der zu betreibenden Compliance-Organisation konkretisiert,[518] die das Aufsichts-, Steuerungs- und Kontrollsystem sowie die zu ergreifenden Compliance-Maßnahmen in den Instituten genau festlegen – angefangen von den Dokumentationspflichten (= Art und Weise der Dokumentation) bis hin zu der Pflicht, einen Compliance-Beauftragten zu bestellen, der die organisatorischen Maßnahmen überwacht und dem Vorstand und Aufsichtsrat berichtet.

Ähnliches gilt seit dem letztem Jahr auch für die Versicherungswirtschaft – auch hier wird eine „ordnungsgemäße Geschäftsorganisation“ durch ein „angemessenes Risikomanagement“ abgefordert, welches – wenn man die Detailregelungen weiter verfolgt – über „geeignete Kontroll- und Steuerungsmechanismen – z.B. eine interne Revision – verfügen muss“ (§ 64a VVG).

Fragt man sich allerdings nach der Verallgemeinerungsfähigkeit dieser Normen, auch in den Technologiebereich hinein, so ist festzustellen, dass diese Vorschriften *streng branchenspezifisch konzipiert* sind. Sie haben als Markt-Aufsichtsrecht öffentlich-rechtlichen Charakter und sind als solche daher nur beschränkt analogiefähig; sie lassen sich also nicht ohne weiteres auf eine allgemeinere Ebene, d.h. auf andere Unternehmenszweige übertragen und scheiden schon deshalb zur Begründung einer allgemeinen Compliance-Pflicht unter Vorgabe einer bestimmten einzuhaltenden Compliance-Organisation aus.

Eine branchenunabhängige Organisationspflicht normiert dagegen der § 130 OWiG, der mit der Compliance-Debatte aus seinem Dornröschenschlaf erwacht ist. Danach handelt ein Unternehmensinhaber ordnungswidrig, „wenn er schuldhaft diejenigen Aufsichtsmaßnahmen unterlässt, die zur Abwendung von Rechtsverstößen im Unternehmen erforderlich sind“. Zwar ergibt sich somit aus § 130 OWiG eine (relative) Rechtspflicht zur Normbefolgung und zur Errichtung einer

---

[517] Scharpf, S. 202.

[518] Bachmann, S. 65, 69 f.

Organisations- und damit auch einer „Compliance-Struktur",[519] doch bleibt deren Wirkungskreis aufgrund des engen Anwendungsbereichs des § 130 OWiG beschränkt:[520] Zum einen ist nur die Einhaltung von Pflichten zu gewährleisten, die den Betriebsinhaber (nach § 30 OWiG auch Vorstände und Geschäftsführer) als solchen treffen (z.B. Steuer- und Sozialabgabepflicht; Ordnungswidrigkeiten) – also es geht gerade nicht um die Pflicht zur Einhaltung sämtlicher Vorschriften i.S. einer allgemeinen Rechtsbefolgung („weiter" Compliance-Begriff, der auch interne Verpflichtungen einschließt). Und zum anderen betrifft die Verhinderungspflicht nur bußgeld- und strafbewährte Taten, so dass die Verpflichtung insoweit ebenfalls nicht allumfassend ist. Ferner fehlen – anders als im Finanzdienstleistungsbereich – detaillierte Angaben darüber, „wie" ein Unternehmen seiner Organisationspflicht nachzukommen hat, so dass der § 130 OWiG zur Begründung einer allgemeinen Compliance-Pflicht ausscheidet.

Eine taugliche Rechtsquelle für „Compliance-Pflichten" könnten ferner die von der Rechtsprechung geschaffenen organisationsbezogenen Verkehrssicherungspflichten im Rahmen des § 823 BGB bilden,[521] wonach der Geschäftsherr eine Unternehmensorganisation vorzuhalten hat, die insbesondere bei arbeitsteiliger Pflichterfüllung dafür Sorge trägt, dass es nicht zu Schäden Dritter kommt.

Allerdings taugt auch dieser Ansatz zur Begründung einer „allgemeinen" Compliance-Pflicht nicht, da die Organisationspflichten im Rahmen des § 823 BGB nicht um ihrer selbst willen existieren, sondern eine dienende Funktion wahrnehmen, namentlich die primären und unmittelbar rechtsschützenden Verkehrspflichten – namentlich z.B. die Einhaltung der Fabrikations-, Konstruktions-, Produktbeobachtungspflicht – zu gewährleisten.[522] Insoweit haben die Organisationspflichten im Rahmen des § 823 BGB einen unmittelbaren Bezug (nur) zu den Verkehrspflichten und lassen sich daher gerade nicht verallgemeinern.

Und schließlich finden sich auch im Aktiengesetz einzelne Normen, die als Anknüpfungspunkt für „Compliance-Pflichten" gelten könnten.[523]

Gemäß §§ 76 Abs. 1 AktG, 93 Abs. 1 AktG hat der Vorstand die Aktiengesellschaft unter eigener Verantwortung „mit der Sorgfalt eines gewissenhaften und ordentlichen Geschäftsmanns" zu leiten. Die Leitungsaufgabe der Vorstandsmitglieder umfasst nach ganz herrschender Auffassung im Rahmen des Aktienrechts

---

[519] Dieses wurde bereits in einigen der vorstehenden Kapitel erörtert – z.B. im Bereich des Umweltordnungsrechts spielt der § 130 OWiG eine Rolle, wenn er dort die Unternehmensleitung zu einer Organisation (Aufbau- und Ablauforganisation) verpflichtet, die Umweltordnungswidrigkeiten vermeidet.

[520] Bachmann, S. 65, 70 f.

[521] Auch hierzu wurde bereits in den vorausgegangenen Kapiteln ausgeführt.

[522] Bachmann, S. 65, 71 f.; Spindler, S. 689 ff., 760 ff.

[523] Siehe dazu: Bergmoser, BB-Special 4/2010, 2, 3 f.

insbesondere die Verpflichtung, gesetzeskonformes Verhalten der Gesellschaft gegenüber Dritten sicher zu stellen (sog. Legalitätsprinzip[524]).

Ferner wird aus § 76 Abs. 1 AktG die Pflicht abgeleitet, das Unternehmen ordnungsgemäß zu organisieren, die Verantwortungsbereiche zu überwachen und zu kontrollieren (z.B. Revisionsabteilungen einzurichten, sie personell und sächlich ordnungsgemäß auszustatten, etc.), wobei die erforderlichen Einzelmaßnahmen – die im Wesentlichen von der Rechtsprechung in den § 76 Abs. 1 AktG hineininterpretiert wurden – von der Art, Größe und Organisation des Unternehmens abhängen und sich daraus damit weder eine Pflicht zur Vermeidung aller Rechtsverstöße noch zur Errichtung eines bestimmten Compliance-Systems ableiten lässt.

Eine weitere Konkretisierung erfährt diese Leitungsverantwortung sodann in § 91 Abs. 2 AktG, nach welchem der Vorstand, „geeignete Maßnahmen, insbesondere ein Überwachungssystem einzurichten hat, damit die den Fortbestand der Gesellschaft gefährdende Entwicklungen möglichst früh erkannt werden". Auch wenn das dort geforderte Frühwarnsystem (das nach § 317 HGB auch Gegenstand der Abschlussprüfung ist) ähnlich wie das nach dem BilanzrechtsmodernisierungsG geforderte „Risikomanagementsystem" sicherlich ohne Zweifel als „Compliance-Maßnahme" kategorisiert werden kann, lässt sich auch aus diesen Normen keine „allgemeine" Compliance-Pflicht ableiten. Denn § 91 Abs. 2 AktG befiehlt weder die Einrichtung eines allumfassenden Risikomanagementsystems,[525] noch führt schon jeder Rechtsverstoß im Unternehmen zu einer „Bestandsgefährdung" – darauf aber wird die Notwendigkeit, ein Frühwarnsystem oder ein Risikomanagementsystem einzurichten, nach § 91 Abs. 2 AktG beschränkt.

Und schließlich vermag auch der bereits angesprochene Corporate Governance Kodex keine unmittelbare Pflicht zur Errichtung einer Compliance-Organisation zu begründen – er definiert wohl den Begriff der „Compliance", vermag aber keine Verpflichtung zu begründen. Hierfür müsste es – wie im Banken- und Versicherungswesen – einen gesetzlichen Anker geben, den es – wie die vorherigen Ausführungen deutlich machten – gerade nicht gibt.

Als *Fazit* kann daher festgehalten werden, dass in unserer Rechtsordnung zwar bestimmte Rechtsnormen dafür sorgen, dass die Unternehmen und/oder deren Leiter durch organisatorische Vorkehrungen die Einhaltung von Rechtsvorschriften sicherstellen (siehe dazu auch die Ausführungen aller vorangegangenen Kapitel). Dahinter mag man auch einen *allgemeinen Rechtsgedanken* erblicken für eine geordnete Aufbau- und Ablauforganisation zu sorgen – eine allgemeine, sich auf *alle*[526] Unternehmens- und

[524] Das Legalitätsprinzip gilt auch für den Geschäftsführer einer GmbH (§ 43 GmbHG) oder den Gesellschaftern von Personen- und Personenhandelsgesellschaften (§ 242 BGB).

[525] Hüffer, AktG, § 91 Rn. 9; Bachmann, S. 65, 73.

[526] Im Sinne eines „weiten" Compliancebegriffs unter Einschluss auch ethisch-moralischer Anforderungen etc.

Rechtsbereiche beziehende *Compliance-Pflicht* lässt sich daraus jedoch noch *nicht ableiten.*[527]

Es bleibt vielmehr bei den in den vorangegangenen Kapiteln dargestellten (nur) „normspezifischen" Organisationspflichten (einem „Pflichtenteppich"[528]), die jedoch z.T. durch die Rechtsprechung inhaltlich weiter konkretisiert wurden und die je nach „Risikoklasse" eine spezifische, d.h. „schärfere" Ausgestaltung in den einzuhaltenden Anforderungen oder – in die andere Richtung – eine Abschwächung unter der Prämisse der Zumutbarkeit erfahren haben. So verschärfen sich die Anforderungen mit Erreichen gewisser Risikoschwellen – bis hin zu einer Rechtspflicht, wie man es bereits im Bereich des Qualitäts- und Umweltmanagementbereichs beobachten kann.[529] Werden aber z.B. Kleinstgewerbetreibende betroffen, dann können gewisse organisatorische Maßnahmen – und zwar gleichgültig wie relevant die einzuhaltende normspezifische Organisationspflicht auch sein mag – für sie wiederum unzumutbar sein (etwa das Bestellen eines Compliance-Officer oder die digitale, computergestützte Überwachung), etwa wenn der Grundpflicht auch auf anderer Weise nachgekommen werden kann. Hier ließen sich dann aus Gründen der Zumutbarkeit weniger einschneidende Maßnahmen akzeptieren.

Diese normspezifischen Organisationspflichten sind von den Unternehmen und deren Geschäftsleitern auch zu beachten (das haben die vorangegangenen Kapitel mehr als deutlich werden lassen) – sog. „Legalitätsprinzip", allerdings bleibt das *„wie"* – also in welcher Weise die Unternehmen die ihnen auferlegten Organisationspflichten wahrnehmen und ausgestalten wollen (zentral, dezentral etc.) – stets der (zu verantwortenden) Entscheidung der Geschäftsleitung vorbehalten.

5.3.3 Inhaltliche Ausgestaltung einer Compliance-Organisation („wie")

Die Errichtung und inhaltliche Ausgestaltung einer Compliance-Organisation – also das „wie" – ist, wie soeben festgestellt, eine originäre Angelegenheit der Unternehmensleitung und dieser steht dabei ein *breites Ausgestaltungsermessen* zu.

Die Implementierung einer Compliance-Organisation wird sich – sofern erstrebt – an der Größe des Unternehmens, der Branche, den jeweiligen Geschäftsfeldern und deren Risiken sowie an Kosten-Nutzen-Aspekten orientieren und ist damit von den Umständen des Einzelfalls abhängig. Insofern bleiben die Organi-

---

[527] Gößwein/Hohmann, BB 2011, 963 f.; Wiederholt/Walter, BB 2011, 968, 969; Steinmeyer/Späth, S. 188 ff.; Hauschka, in: Hauschka, § 1 Rn. 22 f.

[528] Wiederholt/Walter, BB 2011, 968, 969.

[529] Siehe dazu Kap. 3 und 6 des vorliegenden Werkes.

sationsmodelle, die sich hierzu bislang herausgebildet haben, auch sehr vielfältig, d.h. ein allgemeingültiges „Compliance-Modell" gibt es gerade nicht.[530]

Allerdings wird es bei der Installation einer Compliance-Organisation immer ganz allgemein darum gehen, eine zweckmäßige Arbeitsteilung (horizontal oder vertikal) zu etablieren, die es begünstigt, die gesetzten Ziele (Gesetzes- *und* Regelkonformität, wobei letzteres *weit* zu verstehen ist) zu erreichen. Dabei müssen die Compliance-Management-Elemente untereinander, aber auch mit den bereits bestehenden Managementsystemen (und deren Anforderungen) hinreichend integriert werden.[531]

Folgende gestaltende Abfolge, die erkennbar an den konzeptionellen Vorgaben eines Risikomanagements anknüpft und dieses als Instrument nutzt, hat sich in der Praxis bei der Konzeption und Umsetzung einer Compliance-Organisation bzw. eines Compliance-Managementsystems etabliert (vgl. dazu Abb. 5.4):

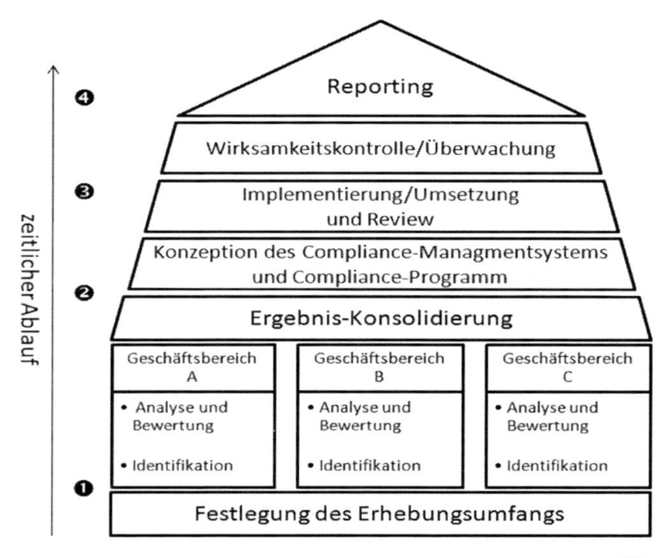

Abb. 5.4: Konzeption und Umsetzung eines Compliance-Management-Systems[532]

In einem *ersten Schritt* werden zunächst risikoorientiert Einheiten und Prozesse des Unternehmens erfasst (Scoping/Festlegung des Erhebungsumfangs) und anschließend die unternehmensindividuellen einschlägigen Rechts- und Regelungsbereiche in den jeweiligen Einheiten/Prozessen identifiziert (Inventur der Compli-

---

[530] Graphische Darstellungen bei Bussmann/Krieg, S. 22; Hauschka, NJW 2004, 257, 259; Bürkle, BB 2005, 565, 569.

[531] Zahlreiche Beispiele finden sich in: Hauschka, Corporate Compliance – Handbuch der Haftungsvermeidung im Unternehmen, und etwas praxisbezogener in: Wieland/Steinmeyer/Grüninger, Handbuch Compliance-Management – Konzeptionelle Grundlagen, praktische Erfolgsfaktoren, globale Herausforderungen; Gößwein/Hohmann, BB 2011, 963 f.; Bergmoser, BB Special 4/2010, 2, 4 ff.

[532] Eigene Abbildung in Anlehnung an Knoll/Kaven, S. 463.

ance-Inhalte) sowie untersucht, inwieweit das Unternehmen bereits Vorkehrungen zur Gewährleistung der Compliance in diesen Bereichen getroffen hat und wo noch Lücken bestehen; letztere werden dabei klassifiziert (Risikoanalyse und -bewertung im Regelkreis nach ISO/IEC Guide 73). In dieser Phase wird ein etabliertes Risikomanagementsystem, das dieselbe Zielrichtung im Unternehmen verfolgt, wertvolle Hilfe leisten können.[533] Im Rahmen der Risikoidentifikation (s.o. 5.2.3.3) treten weitere Compliance-Felder hinzu, wie z.B. „Risikofeld Korruption", „Risikofeld Kinderarbeit" oder „Risikofeld Mitarbeiterloyalität".

Im *zweiten Schritt* wird für jeden Compliance-Inhalt geprüft, mit welchen Instrumentarien die Compliance sichergestellt werden kann und wie sich diese Maßnahmen horizontal, vertikal oder lateral integrieren lassen. Dabei wird bei den Instrumentarien (auch) auf bestehende Teil-Managementsysteme zurückgegriffen und – ähnlich wie dies im Rahmen des Risikomanagements angedacht ist – deren Verlinkung zur Effizienzsteigerung überprüft. Erst wenn dieser Schritt erfolgt ist, kann die detaillierte, üblicherweise meilensteingetriebene Umsetzungsplanung erstellt werden.[534]

Die Umsetzung der konzipierten Maßnahmen (des Compliance-Programms) erfolgt – begleitet von einer komplexen Kommunikation in die diversen Hierarchieebenen über sog. Compliance-Manuals – regelmäßig in einem *dritten Schritt*, dem sog. „roll-out".[535] Dabei wird auch die Verantwortlichkeit innerhalb des Unternehmens festgelegt. Verbreitet ist die Ernennung eines CCO (Chief Compliance Officer), d.h. die vertikale Aufgaben- und Verantwortungsdelegation an eine einzelne Person (als „Haftungspuffer"[536] zur Leitungsebene). Daneben ist – allerdings vereinzelt – die Installation eines kollegial verfassten Compliance-Board (Compliance-Council oder Compliance-Committee) anzutreffen, für den die dezentrale Compliance-Verantwortung nach Unternehmensbereichen charakteristisch ist, und in welchem sich auch die haftungs- und strafrechtliche Verantwortung auf „mehreren Schultern" verteilt.[537]

Und schließlich geht es im *vierten Schritt* um die Funktionsprüfung der getroffenen organisatorischen Maßnahmen. Dazu werden alle wesentlichen prozessualen und aufbauorganisatorischen Vorkehrungen sowie erforderlich werdende Reintegrationsmaßnahmen auf ihre Funktionsfähigkeit getestet und ggf. angepasst, um anschließend das Compliance-System in den Wirkbetrieb des Unternehmen zu

[533] Bergmoser, BB Special 4/2010, 2, 4 f.; Knoll/Kaven, S. 462 ff.

[534] Bergmoser, BB Special 4/2010, 2, 4 f.

[535] Knoll/Kaven, S. 473 f.

[536] Gößwein/Hohmann, BB 2011, 963, 966.

[537] Im Prinzip werden die Verantwortlichkeiten aus den Management-Teilbereichen (siehe die jeweiligen Einzelkapitel) im Board zusammen gefasst und damit die Reaktionszeiten verkürzt und das spezifische Fachwissen nutzbringend eingebracht.

entlassen und dort fortzuführen.[538] Dieser Prozess wird von einem kontinuierlichen Reporting zur Unternehmensleitung begleitet.

Obschon die Konzeption einer solchen Compliance-Organisation eine unternehmensindividuelle Angelegenheit bleibt (es gibt wie gesagt keine Vorgaben), kommt die Rechtsprechung im Rahmen der diversen „normspezifischen" Organisationspflichten (siehe die vorangegangenen Kapitel des vorliegenden Werkes) immer wieder zu denselben *allgemeinen Grundanforderungen an Organisationen* bzw. der Unternehmensleitung zurück, die in allen Geschäfts- und Tätigkeitsbereichen auftauchen und daher auch im Rahmen eines implementierten Compliance-System (zwingend) abgefangen werden müssen.

Solche *„General-Pflichten"* (sog. „common sense"), die bei der Ausgestaltung und Konzeption einer Compliance-Organisation (insbesondere bei der Delegation von Verantwortlichkeit) immer Beachtung finden müssen, sind:

- Die Pflicht, sich um eine vernünftige Auswahl, Einweisung, Ausstattung und Überwachung der Mitarbeiter zu kümmern.
- Die Pflicht, für klare Zuständigkeiten und Verantwortungen im Unternehmen zu sorgen.
- Die Pflicht, stichprobenartige Kontrollen durchzuführen.
- Die Pflicht, für ausreichende Informationen an den durchführenden Stellen zu sorgen.
- Die Pflicht zu kontinuierlichen Schulungsmaßnahmen.
- Die Pflicht, Verstöße und Verdachtsfälle zu verfolgen.
- U. U. die Pflicht, zur Einrichtung einer internen Revision.

Ferner ist dem breiten Ausgestaltungsermessen auch seitens der Rechtsprechung eine *Grenze* gezogen, insoweit nämlich, als dass natürlich andere, mit der Ausgestaltung der Organisationspflicht im Zusammenhang stehende bereichsspezifische Probleme stets beachtet werden müssen (z.B. arbeits-, konzern- und vertriebsrechtliche Fragestellungen). So berührt z.B. jeder Eingriff in die Organisation – z.B. die Installation eines die Compliance unterstützenden Überwachungssystems (wie z.B. ein Whistleblowing-System zur Vermeidung von Korruption oder Illoyalität) – auch arbeitsrechtliche Bereiche, so dass natürlich die arbeitsrechtlichen Vorgaben nicht ignoriert werden können. Die Nichtbeachtung würde erneut Konfliktpotentiale in sich tragen und überdies zur Unwirksamkeit der Implementierungsmaßnahme führen.

Als anschauliches Beispiel mag die Wal-Mart-Entscheidung des LAG Düsseldorf dienen (LAG Düsseldorf ZIP 2006, 436 ff.): Hier hatte der amerikanische Wal-Mart-Konzern in einem deutschen Tochterunternehmen Ethikrichtlinien (u.a. auch Drogen- und Gesundheitstests) eingeführt und deren Einhaltung unter Androhung von Ordnungsgeld abgefordert. Dies wurde z.T. vom LAG untersagt, weil hier das Mitbestimmungsrecht des

---

[538] Bergmoser, BB Special 4/2010, 2, 5.

Betriebsrates missachtet wurde (§ 87 Abs. 1 Nr. 1 u. 6 BetrVG); ferner zogen die Grundrechte der Mitarbeiter (Persönlichkeitsrechte) den überzogenen Ethikregeln materielle Schranken und schließlich war auch die Weitergabe der personenbezogenen Daten an ein Unternehmen im EU-Ausland aus datenschutzrechtlichen Gründen problematisch.

Sorgsames Vorgehen ist schließlich – bleiben wir bei den arbeitsrechtlichen Bezügen – beim Einbringen von Compliance-Vorgaben in das konkrete Arbeitsverhältnis angezeigt (also in der konkreten Umsetzungsphase). Hierbei stellt sich sodann die Frage, ob die Vorgaben (CoC, Ethikrichtlinien etc.) über das Direktionsrecht (§ 106 GewO) eingeführt, mittels einer Betriebsvereinbarung realisiert werden können (§ 77 Abs. 3 BetrVG), die dann allerdings nur für den Betrieb gelten würde – nicht notwendig für das Unternehmen – oder ob sogar eine Änderungskündigung erforderlich ist. Auch dies muss zuvor abgeprüft und geklärt werden, wenn man hier keine bösen Überraschungen erleben möchte.

Im Ergebnis kann daher festgehalten werden, dass die Unternehmensleitung bei der Ausgestaltung ihrer Compliance-Organisation – sofern sie eine solche bereichsübergreifend installieren möchte – relativ frei ist. Sie kann ihre „normspezifische" Organisationsverantwortung auf einen Chief Compliance Officer (CCO), einen Compliance Board oder einen internen bzw. externen Compliance-Verantwortlichen übertragen,[539] sofern sie ihren unternehmerischen Aufsichtspflichten (Organisations- und Überwachungspflichten) nachkommt. Insoweit hat sie die sog. General-Pflichten zu beachten – hierfür Vorkehrungen zu treffen – und darf die vorgegebenen Grenzen der Rechtsordnung nicht ignorieren.

5.3.4 Verantwortung für fehlerhafte Compliance-Organisation

Abschließend soll noch auf die Frage eingegangen werden, ob die Unternehmensleitung bzw. der Chief Compliance Officer (CCO) oder der Compliance Board bei einem Rechtsverstoß des Unternehmens (z.B. Patentrechtsverletzung) bzw. der Mitarbeiter (z.B. Korruption) in die Haftung geraten kann, obschon ein Compliance-System installiert war, welches jedoch den konkreten Rechtsverstoß nicht verhindern konnte.

Dazu ist festzuhalten, dass alleine die Tatsache eines Rechtsverstoßes die Annahme des unzulänglichen Compliance-Systems – und damit eine Organisationspflichtverletzung – noch nicht rechtfertigt. Vielmehr muss die Frage nach der *gebotenen* Compliance aus der ex ante Perspektive – und zwar unter Ausblendung des Rechtsverstoßes – erfolgen.[540] Wenn die für die Organisation verantwortliche Person die normspezifisch abgeforderten und ihr zumutbaren organisatorischen Maßnahmen ergriffen hat, also die, die unter normalen Umständen den Rechtsver-

[539] BGH NJW 2009, 3173 zur strafrechtlichen Verantwortlichkeit eines CCO.

[540] Fleischer, AG 2003, 291, 300.

stoß verhindert hätten, dann ist dem Verantwortlichen auch kein Vorwurf mehr zu machen – er hätte die eingetretene Rechtsfolge dann auch nicht bei „gebotener Sorgfalt“ verhindern können; er kann sich entlasten und die eingerichtete Compliance fungiert insoweit als „safe harbour“.[541]

Stellt sich allerdings – bei dieser ex ante Betrachtung – die Compliance-Maßnahme als unzulänglich heraus (z.B. zurückliegende Verstöße hätten Anlass zu einer verstärkten Überwachung geben müssen), liegt zunächst einmal ein Pflichtverstoß (gegen die normspezifische Organisationspflicht) vor, der weitere Rechtsfolgen (zivil- oder strafrechtliche Inanspruchnahme) begründen könnte.

Allerdings muss der Anspruchsteller (z.B. der Geschädigte) jetzt noch die Kausalität zwischen der unzureichenden Compliance und dem Rechtsverstoß nachweisen, um seine Ansprüche durchzusetzen, was dem Geschädigten nicht immer leicht fallen dürfte.[542] Beweiserleichterungen greifen für ihn jedoch dann, wenn anerkannte Überwachungsmaßnahmen völlig ignoriert oder überhaupt keine Compliance-Anstrengungen übernommen wurden, weil dann die tatsächliche Vermutung greift, dass der Pflichtverstoß für den eingetretenen Erfolg auch kausal war.[543]

Zum selben Ergebnis gelangt man, wenn man die Business Judgement Rule (§ 93 Abs. 1 S. 2 AktG) zur Anwendung bringt, die für Vorstand, Geschäftsführer und alle sonstigen Leitungsorgane gilt.

Denn es besteht weitgehend Einigkeit darüber, dass das Leitungsorgan hinsichtlich der von ihm ausgewählten Compliance-Vorkehrungen (also hinsichtlich des „wie“) den vollen Schutz der Business Judgement Rule genießt, d.h. wenn er annehmen durfte auf der Grundlage angemessener Informationen mit seiner Compliance-Maßnahme zum Wohle der Gesellschaft zu handeln, scheidet eine Pflichtverletzung und damit eine Verantwortlichkeit aus.

Dagegen ist das *„ob“* Ausdruck des Legalitätsprinzips, also eine gebundene Entscheidung („nur Erfüllung der gesetzlichen Pflicht“) und damit nicht vom Schutz der Business Judgement Rule umfasst; hat sich das Leitungsorgan also gar keine oder offenkundig unzureichende Gedanken zum Thema „Organisationspflicht“ gemacht, wird ihm der Schutz der Business Judgement Rule entzogen und er ist für alle Rechtsfolgen wieder voll verantwortlich.[544]

Unzulängliche Compliance kann darüber hinaus weitere Rechtsfolgen auslösen, die zwar u.U. keine persönliche Inanspruchnahme (Haftung/Sanktionen) bedeuten, aber dennoch für das Unternehmen bzw. den Geschäftsleiter unangenehm sind, wie negative Governance-Ratings, unangenehme Aktionärsfragen, Versagen der

---

[541] Bachmann, S. 65, 84. Dies wurde bezogen auf die normspezifische Organisationsverantwortung auch in den vorangegangenen Kapiteln erläutert.

[542] Bachmann, S. 65, 83.

[543] Bachmann, S. 65, 84; BGHZ 152, 280, 284.

[544] Siehe dazu auch die Ausführungen zur Organisationsverantwortung in den vorangegangenen Kapiteln.

Entlastung, Versagen von Prüfvermerken usw. Hierauf kann aber in Anbetracht des angestrebten Umfangs des Gesamtwerkes nicht weiter eingegangen werden.

5.4 Fazit und Ausblick: Zusammenspiel zwischen Risikomanagement und Compliance

Betrachtet man die beiden Instrumente Risikomanagement und Compliance so beziehen sie sich scheinbar zunächst auf unterschiedliche Risikokategorien. Während das Risikomanagement eher organisatorische und technische Risiken in den Blick nimmt, fokussiert Compliance die rechtlichen und regelbezogenen Risiken. Allerdings – und das zeigen die Ausführungen im gesamten Werk – bestehen zwischen diesen Risikokategorien keine prinzipiellen Unterschiede, sie sind voneinander abhängig und greifen ineinander über: Sowohl die technische Risikoprävention als auch die Wahrnehmung von Geschäfts- und Marktchancen erfolgt unter Berücksichtigung von Compliance-Risiken.[545] Umgekehrt ergeben sich die Compliance-Risiken (Rechts- und Regelkonformität) aus der Unternehmenstätigkeit unter Einschluss von technischen Abläufen und Marktgegebenheiten und können – wie aufgezeigt wurde (vgl. dazu oben 5.3.3) ohne weiteres mit den Methoden des Risikomanagementsystems (z.B. nach ONR 49000 ff.) identifiziert, bewertet, bewältigt und überwacht werden. Selbst Kennzahlenmodelle sind auf die Überwachung von Rechts- und Regelkonformität übertragbar, wenngleich die dort vorzunehmende Risikoinventur und -bewertung aufgrund einer oftmals höheren Komplexität der Fragestellungen einzelfallbezogene Wertungen nach sich zieht. Das eine schließt das andere also nicht aus, die Systeme gehen Hand in Hand und es wird eine Aufgabe für die Zukunft sein, die Herausforderungen an der Schnittstelle zwischen Betriebs- und Rechtswissenschaft im (um Compliance erweiterten) Risikomanagementsystem zu vereinen.[546]

[545] So sind z.B. bei der Frage, ob zu einem Kunden Geschäftsbeziehungen fortgesetzt werden sollen nicht mehr nur wirtschaftliche Risiken (z.B. Lieferschwierigkeiten, Liquiditätsengpässe etc.) von Bedeutung, sondern unter Compliance-Gesichtspunkten sind jetzt auch die Risiken seiner Einkaufsbedingungen (z.B. nachwachsende Rohstoffe, keine Kinderarbeit bei der Herstellunng der Zulieferprodukte etc.) zu berücksichtigen.

[546] Kritisch Bürkle, in: Hauschka, § 8 Rn 32, der wegen der unabdingbaren Unabhängigkeit der Überwachung der Rechtskonformität die Compliance als eigenständige Kontrollinstanz neben den Risikomanagement installieren will. Allerdings verkennt er dabei, dass sowohl die Compliance als auch das Risikomanagement originäre Leitungsaufgaben sind, d.h. die Geschäftsleitung in beiden Systemen eine Delegation auf Dritte (z.B. einen Compliance-Board) vornehmen kann, jedoch stets die Organisations- und Überwachungspflicht wahrzunehmen hat.

5.5 Literaturverzeichnis

Ahrens, Volker/Hofmann-Kamensky, Matthias: Integration von Managementsystemen – Ansätze für die Praxis, 2001, Vahlen.

Bachmann, Gregor: Compliance – Rechtgrundlagen und offene Fragen, in: Schriftenreihe der Gesellschaftsrechtlichen Vereinigung, Band 13, 2007, O. Schmidt.

Bachmann, Gregor/Prüfer, Geralf: Korruptionsprävention und Corporate Governance, in: ZRP 2005, 109-113.

Bergmoser, Ulrich: Integration von Compliance-Managementsystemen, in: BB-Special 4/2010, 2 – 6.

Bergmoser, Ulrich/Theusinger, Ingo/Gushurst, Klaus-Peter: Corporate Compliance - Grundlagen und Umsetzung, in: BB-Special 5/2008, 1-11.

Brühwiler, Bruno: Der neue Risikomanagement-Standard ISO 31000, in: ZRFG 2008, 14-18.

Brühwiler, Bruno: Die Norm ISO 31000, in: Management und Qualität, 2009, 24-27.

Bürkle, Jürgen: Corporate Compliance – Pflicht oder Kür für den Vorstand der AG?, in: BB 2005, 565-570.

Bürkle, Jürgen: Unternehmensinterne Selbstkontrolle durch Compliance-Beauftragte, in: Hauschka, C. (Hrsg.): Corporate Compliance – Handbuch der Haftungsvermeidung im Unternehmen, 2. Aufl. 2010, C.H. Beck, S. 136-162 (zitiert: Bürkle, in: Hauschka).

Bussmann, Kai/Krieg, Oliver: Compliance und Unternehmenskultur, 2010, PriceWaterhouseCoopers.

Dylick, Thomas/Hummel, Johannes: Integriertes Umweltmanagement im Rahmen des St. Galler Management-Konzepts, in: Steger, U. (Hrsg.): Handbuch des integrierten Umweltmanagements, 1997, Oldenbourg.

Felix, Reto/Pischon, Alexander/Riemenschneider, Frank/Schwerdtle, Hatwig: Integrierte Managmentsysteme: Ansätze zur Integration von Qualitäts- Umwelt- und Arbeitssicherheitsmanagmentsysteme, IWÖ-Diskussionsbeitrag Nr. 41, St. Gallen, 1997.

Fine, Cordelia: Wissen Sie, was Ihr Gehirn denkt? Wie in unserem Oberstübchen die Wirklichkeit verzerrt wird … und warum, 2007, Spektrum Akademischer Verlag.

Fleischer, Holger: Vorstandsverantwortlichkeit und Fehlverhalten von Unternehmensangehörigen – von der Einzelüberwachung zur Errichtung einer Compliance-Organisation, in: AG 2003, 291-300.

Funck, Dirk: Integrierte Managementsysteme in der Praxis – Ziele, Probleme und Stand der Umsetzung, in: QZ 2001, Nr. 5.

Gesmann-Nuissl, Dagmar: Rechtsinstrumente einer nachhaltigen Risikosteuerung im Unternehmen, in: von Hauff, M./Lingnau, V./Zink, K. (Hrsg.): Nachhaltiges Wirtschaften – Integrierte Konzepte, 2008, Nomos, S. 281-299.

Gößwein, Georg/Hohmann, Olaf: Modelle der Compliance-Organisation in Unternehmen – Wider den Chief Compliance Officer als „Überverantwortungsnehmer, BB 2011, 963-968.
Hageböllling, Volker H. (Hrsg.): Technisches Risikomanagement, 2009, TÜV media.
Hauschka, Christoph: Compliance, Compliance-Manager und Compliance-Programm, NJW 2004, 257-261 (zitiert: Hauschka, NJW).
Hauschka, Christoph: Einführung, in: Hauschka, Christoph (Hrsg.), Corporate Compliance – Handbuch der Haftungsvermeidung im Unternehmen, 2. Aufl. 2010, C.H.Beck, S. 1-27 (zitiert: Hauschka, in: Hauschka).
Hüffer, Uwe: AktG - Kommentar, 9. Aufl. 2010, C.H.Beck (zitiert: Hüffer, AktG).
Huth, Günter/Mirzwa, Uwe: Warum integriertes Management, ... oder wieviel Systeme verträgt ein Kleinbetrieb, in: Henn, S./Schimmelpfeng, L./Jansen, C. (Hrsg.): Integrierte (Umwelt-)Managementsysteme, 1998, Eberhard Blottner, S. 31-40.
Kamiske, Gerd/Brauer, Jörg-Peter: Qualitätsmanagement von A bis Z, 5. Aufl. 2006, Hanser.
Keitsch, Detlef: Risikomanagement, 2007, Schäffer-Poeschel.
Knoll, Thomas/Kaven, Aram: Praxis des Compliance-Managements – Compliance Risk Assessment; Einordnung und Abgrenzung, in: Wieland, J./Steinmeyer, R./Grüninger, S. (Hrsg.): Handbuch Compliance-Management – Konzeptionelle Grundlagen, praktische Erfolgsfaktoren, globale Herausforderungen, 2010, E. Schmidt, S. 457-476.
Krause, Lars/Borens, David: Strategisches Risikomanagement nach ISO 31000 (Teil 1), in: ZRFG 2009, 180-186.
Lampert, Thomas: Compliance-Organisation, in: Hauschka, Christoph (Hrsg.), Corporate Compliance – Handbuch der Haftungsvermeidung im Unternehmen, 2. Aufl. 2010, C.H. Beck, S. 163-178 (zitiert: Lampert, in: Hauschka).
Lorenz, Manuel: Rechtliche Grundlagen des Risikomanagements, in: ZRFG 2006, 5-11.
Lösler, Thomas: Das moderne Verständnis von Compliance im Finanzmarktrecht, in: NZG 2005, 104 – 108.
Marburger, Peter: Regeln der Technik im Recht, 1979, Heymanns.
Neudörfer, Alfred: Konstruieren sicherheitsgerechter Produkte: Methoden und systematische Lösungssammlungen zur EG-Maschinen-RL, 3. Aufl. 2005, Springer.
Pampel, Jochen/Glage, Dietmar: Unternehmensrisiken und Risikomanagement, in: Hauschka, Christoph (Hrsg.), Corporate Compliance – Handbuch der Haftungsvermeidung im Unternehmen, 2. Aufl. 2010, C.H. Beck, S. 84-101 (zitiert: Pampel/Glage, in: Hauschka).
Reuter, Anne: Ganzheitliche Integration themenspezifischer Managementsysteme, 2003, Rainer Hampp.
Reuter, Anne/Zink Klaus: Der Weg zum integrierten Managementsystem, 2003, Universität Kaiserslautern.

Scharpf, Markus: Corporate Governance, Compliance und Chinese Walls, 2000, Roderer.
Schmitz, Thorsten/Wehrheim, Michael: Risikomanagement: Grundlagen, Theorie, Praxis, 2006, Kohlhammer.
Schneider, Uwe: Compliance als Aufgabe der Unternehmensleitung, in: ZIP 2003, 645-650.
Spindler, Gerald: Unternehmensorganisationspflichten, 2001, Heymanns.
Steinmeyer, Roland/Späth, Patrick: Rechtliche Grundlagen und Rahmenbedingungen, in: Wieland, J./Steinmeyer, R./Grüninger, S. (Hrsg.): Handbuch Compliance-Management – Konzeptionelle Grundlagen, praktische Erfolgsfaktoren, globale Herausforderungen, 2010, E. Schmidt, S. 171-212.
Wiederholt, Norbert/Walter, Andreas: Compliance – Anforderungen an die Unternehmensorganisationspflichten, in: BB 2011, 968-972.
Winter, Peter: Risikomanagement-Standard als Leitfaden für formalisierte Unternehmens-Risikomanagment-Systeme – Überblick und Bewertung, in: ZRFG 2007, 149-155.
Zink, Klaus: TQM als integratives Managementkonzept, 2003, Hanser.

6 Umweltmanagement und Recht

Dagmar Gesmann-Nuissl

Der Umweltschutz – insbesondere der betriebliche Umweltschutz – ist in Zeiten der globalen Umweltverschmutzung, des anthropogenen Klimawandels, des rapiden Arten- und Habitatverlustes, der galoppierenden Flächen- und Ressourceninanspruchnahme[547] und dem Verlangen nach umfassender Lebensqualität und dauerhafter Sicherheit eine dringend wahrzunehmende Verpflichtung gegenüber allen nachfolgenden Generationen. Er erfordert, um effektiv zu sein, das Einbinden verschiedener gesellschaftlicher Akteure. Dies ist zum einen der Staat, der traditionell durch Planungsinstrumente sowie Instrumente der direkten und indirekten Verhaltenssteuerung (Ge- und Verbote, Gestattungen, Konzessionen sowie Anreizsysteme und Haftungsinstrumente) einen Umweltmindestschutz sicherstellt und damit seiner Gewährleistungsverantwortung[548] nachkommt. Es sind aber auch die Staatsbürger und die Organisationen/Unternehmen, die aktiv zum Umweltschutz beitragen müssen. Letzteres zumindest ist die Zielsetzung der „neuen Umweltpolitik", die sich seit Ende der 80er Jahre – sowohl national als auch international – von einer nur nachträglichen, staatlichen Einschreitementalität („end-of-the-pipe") distanziert und stattdessen durch Deregulierung und Vereinfachung von Umweltgesetzgebung bei gleichzeitiger Übertragung von Verantwortlichkeit auf Private und Unternehmen speziell diese Akteure zu proaktivem und selbstgesteuertem Handeln in Umweltangelegenheiten animieren möchte.

Aus der Sicht der Unternehmen verstärkt sich damit allerdings auch der Anspruch, der an sie gestellt wird. Die Unternehmen werden nun nicht mehr nur als Adressaten umweltschützender Gesetze direkt angesprochen und zu deren Einhaltung verpflichtet, sondern sie sind außerdem angehalten betriebliche Organisationsstrukturen zu schaffen, um entsprechend der neuen Zielsetzung selbsttätig die entstehenden (Umwelt-)Probleme frühzeitig zu erkennen und geeignete Lösungsmöglichkeiten anzubieten oder gesetzte Umweltqualitätsziele zu erreichen.

Dabei sind jedoch im deutschen Umweltrecht – anders als es der Anspruch an die Unternehmen zunächst vermuten ließe – gesetzliche Regelungen, die zum Schutz der Umwelt *direkt* in die Betriebsorganisation eines Unternehmens eingreifen und entsprechende Systeme verpflichtend vorschreiben, bislang nur in sehr geringem Umfang vorgesehen (z.B. bei der gesetzlichen Verpflichtung einen Um-

---

[547] Reese, ZUR 2010, 339, 341.

[548] Als Gewährleistungsverantwortung bezeichnet man die Verpflichtung des Staates auch bei der Privatisierung ursprünglicher Staatsaufgaben ein gewisses Maß an Schutz zu übernehmen (die Schutzverpflichtung folgt aus Art. 1 i.V.m. Art. 2 Abs. 2 GG) und wenigstens die Kontrolle der ordnungsgemäßen Aufgabenerfüllung durch die Privaten aufrecht zu erhalten. Der Staat gibt dabei den Anspruch auf die alleinige Gemeinwohlverwirklichung auf, garantiert aber, dass diese im Zusammenwirken mit anderen, privaten Akteuren (z.B. den Unternehmen, DIN etc.) erreicht werden kann; vgl. u.a. Bachmann, S. 72 m.w.N.

weltschutzbeauftragten zu installieren[549]; s.u. 6.1.4). Allerdings setzt das materielle Umweltrecht an diversen Stellen eine eingerichtete umweltschutzsichernde Betriebsorganisation voraus (z.B. §§ 52a BImSchG, 53 KrW-/AbfG, Mitwirkungspflichten bei Sachverhaltsermittlungen[550]) oder koppelt deren Vorhandensein an Vollzugserleichterungen (z.B. betreffend betrieblicher Berichtspflichten: §§ 58e BImSchG, 55a KrW-/AbfG, 21h WHG) und gewährt bei Vorhalten solcher Systeme durchaus auch Haftungsprivilege (etwa eine Exkulpationsmöglichkeit im Rahmen der Umwelthaftung) sowie sonstige Vorteile (z.B. verbesserte Absatzchancen und erhöhte Marktakzeptanz durch das Nutzen von erteilten Zeichen und Zertifikaten; Begünstigung bei öffentlichen Ausschreibungen) – setzt also bewusst *indirekt* ökonomische Anreize für die Unternehmen, solche umweltschützenden Betriebsorganisationen, z.B. in Form von Umweltmanagementsystemen, auch freiwillig sowie eigeninitiativ zu schaffen und in den Unternehmen zu installieren.

In ähnlicher Weise agiert der europäische Gesetzgeber, nach dessen Rechtsverständnis ein kooperativer Umweltschutz – also das Zusammenspiel zwischen privaten Akteuren (wie Unternehmen) und dem Staat (bzw. seiner Behörden) – zur Erreichung eines „hohen (Umwelt-)Schutzniveaus" (Art. 191 Abs. 2 AEUV) ohnehin selbstverständlich ist. Auch durch ihn werden keine direkten Eingriffe in die Betriebsorganisation angeordnet. Allerdings wird europäisches (Umwelt-)Recht geschaffen, dessen Anforderungen sich nur erfüllen lassen, sofern die Unternehmen über eine umweltschützende Betriebsorganisation verfügen, die ihnen die erforderlichen umweltbezogenen Informationen zur Verfügung stellen oder zumindest dafür sorgen, dass Unternehmensabläufe risikosteuernd begleitet werden (vgl. beispielhaft die umfassenden Kennzeichnungs-, Informations- und Registrierungspflichten, die sich für die Hersteller chemischen Stoffen und Substanzen aus der REACH-Verordnung[551] ergeben oder die Verpflichtung, bestimmte Umweltqualitätsziele zu erreichen, wie etwa in der Wasserrahmenrichtlinie[552] oder der Luftqualitätsrichtlinie[553] angeordnet).

Wie sich nun diese – allenthalben notwendig werdenden – betrieblichen Umweltmanagementsysteme (sowohl die vom Staat auferlegten, d.h. die gesetzlich

[549] Betriebsbeauftragte für Umweltschutz sind gesetzliche vorgesehen in §§ 21a-h WHG als Gewässerschutzbeauftragter, in §§ 53-55a KrW-/AbfG als Betriebsbeauftragter für Abfall, in §§ 53-58 BImSchG als Immissionsschutzbeauftragter, in §§ 58a-e BImSchG als Störfallbeauftragter und in §§ 31 ff. StrSchV als Strahlenschutzbeauftragter.

[550] Z.B. Emissionserklärungen, Messpflichten, Dokumentationspflichten etc.

[551] Verordnung (EG) Nr. 1907/2006 des Europäischen Parlaments und des Rates vom 18.12.2006 zur Registrierung, Bewertung, Zulassung und Beschränkung chemischer Stoffe (REACH) i.d.F. der Verordnung (EG) Nr. 276/2010 v. 31.3.2010, in: ABlEU L 86 v. 1.4.2010, S. 7.

[552] Richtlinie 2000/60/EG des Europäischen Parlaments und des Rates vom 23.10.2000 zur Schaffung eines Ordnungsrahmens für Maßnahmen der Gemeinschaft im Bereich der Wasserpolitik, in: ABl. L 327 vom 22.12.2000, S. 1.

[553] Richtlinie 2008/50/EG des Europäischen Parlaments und des Rates vom 21.5.2008 über Luftqualität und saubere Luft für Europa, in: ABl. L 152 vom 11.6.2008, S. 1.

angeordneten sowie die eigeninitiativ und freiwillig geschaffenen) entwickelt haben, wie sie heute ausgestaltet sind und welche Bedeutung sie in unserem Rechtssystem einnehmen, soll Gegenstand der nachfolgenden Ausführungen sein.

6.1 Betriebliches Umweltmanagement

6.1.1 Begriff

Unter einem „betrieblichen Umweltmanagement" subsumiert man heute ganz allgemein den Teilbereich des Managements einer Organisation bzw. eines Unternehmens, der eine möglichst geringe unternehmensinduzierte Umweltbelastung durch eine geeignete und wirtschaftlich vertretbare Gestaltung von Produkten und Prozessen zu erreichen versucht.[554] Das betriebliche Umweltmanagement ist dabei Mittel zum Zweck. Es ist ein auf Dauer angelegtes Instrument, welches die Organisation bzw. das Unternehmen in die Lage versetzt, den von ihm selbst angestrebten oder den abgeforderten Umfang an Umweltleistung zu erreichen, fortlaufend und systematisch zu kontrollieren und am Ende weiter zu entwickeln[555] (kontinuierlicher Verbesserungsprozess) sowie dafür Sorge zu tragen, dass dabei die Rechtskonformität jederzeit gewährleistet ist.

Dabei beschränkt sich das betriebliche Umweltmanagement in der heutigen Zeit nicht mehr nur auf den rein betrieblich-technischen Umweltschutz *nach innen* (z.B. durch eine Anordnung zur Erneuerung und Installation von Filter- und Kläranlagen), sondern es bezieht ebenso ökonomische und soziale Rückwirkungen auf das Unternehmen *von außen nach innen* sowie strategisch-organisatorische Dimensionen *von innen nach außen* mit ein.[556] Es verfolgt also – im Gegensatz zu früheren Formen – einen ganzheitlichen – u.U. und je nach Zielsetzung auch nachhaltigen[557], stakeholderorientierten[558] – Steuerungsansatz.

---

[554] Klimova, S. 6; Kramer, S. 362.

[555] So die Definition der DIN ISO 14001:2005.

[556] Fischer, S. 66; Theuer, in: Ewert/Lechelt/Theuer, Teil B Rn. 77 ff.

[557] Siehe dazu unten 6.1.3.5.

[558] Als Stakeholder oder Anspruchsgruppen bezeichnet man Personen, Personengruppen oder Institutionen, die im Erreichen ihrer eigenen Ziele vom Betrieb/Unternehmen abhängen und von denen anderseits der Betrieb/das Unternehmen abhängig ist; es besteht also eine starke, nahezu unauflösliche Wechselbeziehung (vgl. zum Begriff auch DIN 10006).

6.1.2 Entstehung

Seine Ursprünge fand das betriebliche Umweltmanagement in den USA. Hier führten im Laufe der 70er Jahre die ersten Großunternehmen – wie General Motors, Allied Signal oder die Olin Corporation[559] – als Reaktion auf eine sich verschärfende Umweltgesetzgebung und einer neuen Bewertungsgrundlage der amerikanischen Börsenaufsicht sog. Umwelt-Audits durch. Diese, zunächst nur rein umweltbezogenen „*punktuellen*“ Betriebsprüfungen,[560] waren nahezu ausschließlich darauf ausgerichtet, zu ermitteln, ob innerhalb der Unternehmen die einschlägigen Umweltvorschriften beachtet und alle gesetzlich abgeforderte technischen Maßnahmen umgesetzt wurden (sog. environmental compliance audits).[561]

Mitte der 80er Jahre folgten dann auch in Europa erste nationale Ansätze zur Förderung der Einrichtung solcher betriebsinterner Umweltüberwachungssysteme. Zunächst erließ Frankreich im Jahr 1976 das „Gesetz über genehmigungsbedürftige Einrichtungen“[562], nach welchem von den Unternehmen seitens der Behörden sog. Selbstprüfungsverfahren für Luft- und Wasseremissionen sowie Untersuchungen über die Abfallwirtschaft abgefordert werden konnten.[563] Wenige Jahre später – im Jahr 1989 – veröffentlichten auch die Niederlanden ein Aktions- und Maßnahmenprogramm zur Unterstützung von betriebsinternen Überwachungssystemen,[564] verbunden mit der Zielsetzung, Unternehmen zur Einhaltung bestehender Umweltgesetze zu bewegen.

Während Frankreich und die Niederlande Umweltüberwachungssysteme staatlicherseits anregten, ohne sich allerdings mit deren Ausgestaltung als dauerhaftem Steuerungsinstrument weiter zu befassen, setzte man sich in Großbritannien schon frühzeitig auch mit den Verfahrensweisen zur Ausgestaltung von dauerhaft im Unternehmen zu installierenden Umweltmanagementsystemen auseinander, wobei treibende Kraft dort die Normungsgremien waren. Folglich war es dann auch die British Standard Institution (BSI) die im März 1992 den weltweit ersten Standard für die Ausgestaltung eines solches Managementsystems entwickelte – den sog. BS 7750[565] – und dadurch erstmals das reine Sammeln von umweltrelevanten Informationen in Form von Umwelt-Audits mit dem innerbetrieblichen Analysieren, Planen, Kontrollieren und Steuern des umweltrelevanten Verhaltens einer Organisation bzw. eines Unternehmens zusammenführte.

---

[559] Baumast, S. 33 ff.

[560] Im Vordergrund stand das Sammeln von Informationen zu umweltrelevanten Sachverhalten, vgl. Landmann/Rohmer, Kap. 12 Rn. 6.

[561] Waskow, S. 1 ff.; Scherer, NVwZ 1993, 11, 12; Cahill, S. 1 ff.

[562] Lechelt, in: Ewert/Lechelt/Theuer, Teil A Rn. 70.

[563] Lechelt, in: Ewert/Lechelt/Theuer, Teil A Rn. 70.

[564] Leifer, S. 90 f.

[565] Der BS 7750:1992 wurde im März 1997 zurückgezogen, seine Inhalte sind allerdings in die Norm BS EN 14001 eingeflossen. Vgl. auch Landmann/Rohmer, Kap. 12 Rn. 109; Leifer, S. 90 ff.

Angeregt durch diese Entwicklung und befördert von politischen Umweltkonferenzen und -programmen[566] nahm man sich sowohl international als auch auf europäischer Ebene jetzt der Entwicklung von Umweltmanagementsystemen an.

International gründete sich im Jahr 1991 unter Schirmherrschaft der International Organization of Standardization (ISO) die Strategic Advisory Group on Environment (SAGE) mit dem Ziel, die weltweit vorherrschenden Umweltmanagement-Praktiken auf ihre Vereinheitlichungspotentiale hin zu untersuchen und entsprechende Standardisierungsvorschläge zu erarbeiten.[567] Auf Empfehlung der SAGE wurde 1993 das Technical Committee 207 (TC 207) eingerichtet, welches nach Vorbild der Normenreihe ISO 9000 ff. (Qualitätsmanagement) die Normenreihe ISO 14000 ff. (Umweltmanagement) zur freiwilligen Teilnahme am Umweltmanagementsystem entwickelte und im Jahr 1996 veröffentlichte. Unter anderem wurden in dieser privatwirtschaftlichen, zertifizierungsfähigen Normenreihe eine einheitliche Vorgehensweise und Struktur für Umweltmanagementsysteme sowie für deren Auditierung (ISO 14001 i.V.m. ISO 14010 - 14012) festgelegt.[568]

Nahezu zeitgleich verabschiedete auf europäischer Ebene der Umweltministerrat der Europäischen Gemeinschaft am 29. Juni 1993 mit der EG-Öko-Audit-Verordnung (EMAS I)[569], die erste *rechtliche* Vorgabe, welche – in ähnlicher Weise wie der BS 7750 – für gewerbliche Unternehmen ein innerbetriebliches Umweltmanagementsystem vorsah und dieses mit internen, aber auch mit externen (sowie kontrollierenden) Umwelt-Audits zu einem eigenständigen System kombinierte.[570] Die Europäische Gemeinschaft verfuhr dabei von Anfang an zweigleisig. Sie hielt die Einrichtung eines Umweltmanagementsystems (das Steuern und Auditieren des umweltrelevanten Verhaltens) für ebenso wichtig, wie das Sammeln und Bewerten umweltrelevanter Informationen durch Umwelt- *und* Compliance-Audits.[571] Die Beteiligung an diesem europaweit geltenden neuartigen „System staatlich *und* öffentlich überwachter Selbstkontrolle" stand dabei von Anfang an unter dem Postulat der Freiwilligkeit und wurde – quasi zur Belohnung und als

[566] Zu nennen sind hier insbesondere die AGENDA 21 Kap. 30 der United Nations Conference on Enivironment and Development (UNCED) und die Umwelt-Aktionsprogramme der Europäischen Union, u.a. das 4. Aktionsprogramm 1987 – 1992, ABl. C 328 v. 7.12.1987, S. 1 und das 5. Aktionsprogramm 1993 – 1998, ABl. C 138 v. 17.5.1993, S. 5, welche als grundlegend für die „neue, kooperative Umweltpolitik" gelten.

[567] Schwaderlapp, S. 88; s. a. http://www.tc207.org.

[568] Vgl. dazu unten 6.1.3.1.

[569] Verordnung (EWG) Nr. 1836/93 über die freiwillige Beteiligung gewerblicher Unternehmen an einem Gemeinschaftssystem für das Umweltmanagement und die Umweltbetriebsprüfung, ABl. L 168/1 v. 10.7.1993 – als Verordnung hatte dieser europäische Gesetzesakt sofortige, weil nicht von einem Umsetzungsakt abhängige, Gültigkeit in jedem Mitgliedstaat. Die später eingeführte Bezeichnung EMAS I folgt aus der englischen Sprachfassung der Verordnung „Eco-Management and Audit Scheme" (= EMAS).

[570] Scherer, NVwZ 1993, 11, 13 spricht von einem „umfassenden System öffentlich kontrollierter, betrieblicher Selbstkontrolle".

[571] Landmann/Rohmer, Kap. 12 Rn. 7.

Anreiz für eine Teilnahme – mit einem standortspezifischen „Gütezeichen" (Logo) prämiert.[572]

Beide Instrumente haben sich in der Vergangenheit weiterentwickelt und angenähert (vgl. dazu nachfolgendes Kap. 6.1.3), ohne dass sich allerdings deren grundsätzliche Strukturen verändert hätten – die ISO 14001 wurde im Jahr 2004 überarbeitet, die EMAS bereits zweimal im Jahr 2001[573] und 2010[574].

Während man auf internationaler und europäischer Ebene den Organisationen/Unternehmen somit die Wahl ließ, ob sie ein umweltschutzsicherndes Managementsystem unterhalten wollten oder nicht, griff der Gesetzgeber in Deutschland über das (Umwelt-)Verwaltungsrecht direkter in die Managementebene des Unternehmens ein und verpflichtete dieselben mittels Gesetz dazu, einen „Betriebsbeauftragten für den Umweltschutz"[575] zu installieren (= „staatlicher Organisationszwang"). Insoweit gibt es in Deutschland neben den „eigenen", weil freiwillig installierten umweltschutzsichernden betrieblichen Organisationsmaßnahmen außerdem die „vom Staat auferlegten bzw. erzwungenen"[576](vgl. dazu Kap. 6.1.4).

6.1.3 Systematik der freiwilligen Umweltmanagementsysteme am Beispiel von DIN EN ISO 14001 und EMAS III

6.1.3.1 DIN EN ISO 14001

Die von der International Organization of Standardization (ISO) entwickelte Normenreihe ISO 14 000 ff. (s. die nachfolgende Abbildung) umfasst weltweit gültige, prozess-/organisations- und produktorientierte Normen, die einen unmittelba-

---

[572] Zur Entstehung der EG-Öko-Audit-Verordnung: Ensthaler/Füssler/Nuissl/Funk, Umweltauditgesetz und EG-Öko-Audit-Verordnung, 1996, S. 35 ff.; Waskow, Betriebliches Umweltmanagement, 1994, S. 3 ff.

[573] Verordnung (EG) Nr. 761/2001 v. 19.3.2001, ABl. L 114/1 v. 24.4.2001.

[574] Verordnung (EG) Nr. 1221/2009 v. 25.11.2009 über die freiwillige Teilnahme von Organisationen an einem Gemeinschaftssystem für Umweltmanagement und Umweltbetriebsprüfung und zur Aufhebung der Verordnung (EG) Nr. 761/2001, sowie der Beschlüsse der Kommission 2001/681 EG und 2006/193 EG, ABl. L 342/1 v. 22.12.2009.

[575] Z.B. Immissionsschutzbeauftragte (§§ 53 – 58 BImSchG), Störfallbeauftragte (§§ 58 a – d BImSchG), Gewässerschutzbeauftragte (§§ 21 a – g WHG), Abfallbeauftragte (§§ 54, 55 KrW/AbfG), Beauftragte für biologische Sicherheit (§ 16 GenTSV), Strahlenschutzbeauftragte (§§ 31 ff. StrlSchV), Gefahrgutbeauftragte (§ 2 ChemVerbotsV).

[576] Ensthaler/Funk/Gesmann-Nuissl/Selz, Umweltauditgesetz und EMAS-Verordnung, 2002, S. 35; Feldhaus, Umweltschutzsichernde Betriebsorganisation, NVwZ 1991, S. 927 (927 f.).

ren Bezug zum Umweltschutz aufweisen. Die Normenfamilie ISO 14000 ff. ist in Tabelle 6.1 zusammengestellt.

Terminologie/Begriffe	ISO 14050	„plan“
Umweltmanagementsystem	ISO 14001, ISO 14004, ISO/TR 14061	
Umweltaspekte in der Produktentwicklung	ISO 14062	
Ökobilanzierung	ISO 14040, ISO 14041, ISO 14042, ISO 14043, ISO/TR 14047, ISO 14048	„do“
Umweltaudit	ISO 19011 (ersetzt die vormals bestehenden ISO 14010, ISO 14011, ISO 14012), ISO 14015	„check“
Umweltleistungsbewertung	ISO 14031, ISO/TR 14032	
Umweltkommunikation	ISO 14063	„act“
Umweltkennzeichnung/-deklaration	ISO 14020, ISO 14021 (Typ II), ISO 14024 (Typ I), ISO/TR 14025 (Typ III)	
Treibhausgasemissionen und Anforderungen an Verifizierer	ISO/WD 14064 ISO 14065	

Tabelle 6.1: Die Normenfamilie ISO 14000 ff.

Die wichtigste Norm aus dieser Reihe ist zweifelsohne die ISO 14001 (≅ DIN EN ISO 14001), die eine einheitliche Vorgehensweise für den *Aufbau und die Struktur eines Umweltmanagementsystems* (UMS) festlegt.

Sie richtet sich an Organisationen[577], die als „Gesellschaft, Körperschaft, Betrieb, Unternehmen, Behörde oder Institution oder Teil oder Kombination davon, eingetragen oder nicht, öffentlich oder privat, mit eigener Funktion oder eigener Verwaltung“ (Nr. 3.16 ISO 14001) definiert werden, und berechtigt sie zur Teilnahme.

Das Kernstück der ISO 14001 sind die Vorgaben für das Umweltmanagementsystem in Abschnitt 4. Hiernach besteht das System aus *fünf Elementen* – der Umweltpolitik (Nr. 4.2 ISO 14001), der Planung (Nr. 4.3 ISO 14001), der Implementierung und Durchführung (Nr. 4.4 ISO 14001), der Überwachung und Kontrollmaßnahmen (Nr. 4.5 ISO 14001) sowie der Bewertung des Gesamtzyklus durch die oberste Leitung (Nr. 4.6 ISO 14001). Die sachliche Struktur folgt dabei der Managementregel „plan-do-check-act“ (sog. Deming- bzw. PDCA-Zyklus)[578], der in Abb. 6.1 visualisiert ist:

[577] Laut Aussage der ISO haben ca. 200.000 Organisationen in 155 Ländern ein UMS nach ISO 14001 implementiert.

[578] Feldhaus, UPR 1998, 41; Masing. S. 148.

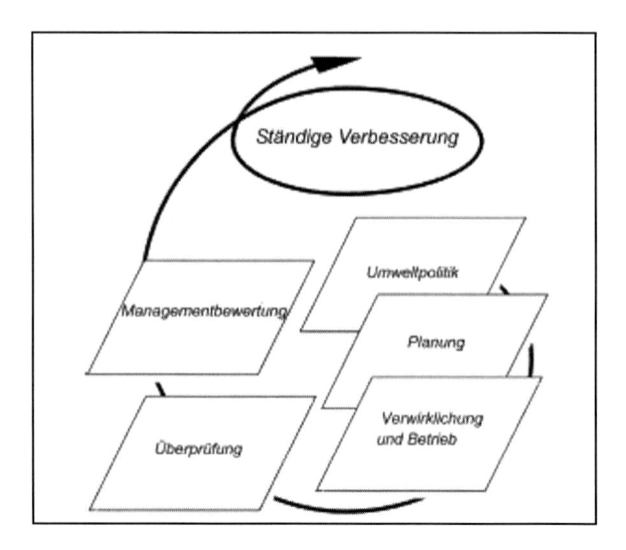

Abb. 6.1: Modell des Umweltmanagementsystems nach ISO 14001

Ausgangspunkt für die Implementierung eines funktionsfähigen Umweltmanagementsystems nach ISO 14001 ist die *Festlegung der Umweltpolitik*, mit welcher die oberste Leitung einer Organisation zunächst den Rahmen für ihre umweltbezogenen Ziele (Gesamt- und Einzelziele) absteckt. Dabei darf die öffentlich zugängliche Erklärung[579] nicht völlig abstrakt sein, sondern muss den räumlichen Anwendungsbereich ebenso erkennen lassen wie die Angemessenheit der Umweltpolitik hinsichtlich Art, Umfang und Umweltauswirkungen der unternehmerischen Tätigkeiten, Produkte oder Dienstleistungen; sie enthält daher – neben eigenen Zielsetzungen, die sich aus Selbstverpflichtungen, Leitbildern etc. ergeben können – Aussagen zur kontinuierlichen Verbesserung und Verhütung von Umweltbelastungen, d.h. zur Umweltleistung sowie zur Einhaltung der für die Organisation relevanten Umweltgesetze und -vorschriften (s. Nr. 4.2 i.V.m. Anh. A.2 ISO 14001).

In einer zweiten Phase folgt die *Planung („plan“)*. Sie fordert vom obersten Führungsgremium, Verfahren einzuführen und aufrechtzuerhalten, die dafür Sorge tragen, die Umweltaspekte sowie die gesetzlichen und anderen Anforderungen bezogen auf Produkte, Tätigkeiten und Dienstleistungen der Organisation zu ermitteln (Informationssammlung) und diese sodann in eine Art Prioritäten- bzw. Dringlichkeitsraster einzubringen. Auf der Grundlage dieses Rasters werden anschließend für jede Funktion und Ebene innerhalb der Organisationsstruktur konkrete, möglichst messbare Zielsetzungen festgelegt sowie Umweltprogramme zur Zielerreichung ausgearbeitet. In ihnen sind die verantwortlichen Personenkreise,

---

[579] Waskow, S. 89, spricht insofern von dem „Glaubensbekenntnis“ der obersten Leitung zum Umweltschutz.

die zur Verfügung stehenden Mittel und der zur Verfügung stehende Zeitrahmen auszuweisen (s. Nr. 4.3 i.V.m. Anh. A.3 ISO 14001).

Die dritte Phase des Umweltmanagements – *Verwirklichung und Betrieb („do")* – bezieht sich sodann auf die operative Ebene, d.h. auf die Sicherstellung der betriebsinternen Abläufe. Dabei wird besonderer Wert auf die Organisationsstruktur und die Festlegung von innerbetrieblichen Verantwortlichkeiten (z.B. das Benennen von Beauftragten) gelegt. Ferner sind Mitarbeiterschulungen durchzuführen sowie eine betriebsinterne Kommunikation, die Dokumentation und Dokumentenlenkung, die Ablauflenkung und die Notfallvorsorge dauerhaft zu etablieren (s. Nr. 4.4 i.V.m. Anh. A.4 ISO 14001).

Inwieweit die gesetzten Ziele (also das eigene Umweltprogramm zur Erreichung der avisierten Umweltleistung sowie die Einhaltung der maßgeblichen Umweltvorschriften) tatsächlich erreicht werden, ist im Rahmen der *Überprüfung* (vierte Phase *„check"*) fortlaufend zu ermitteln. Hierfür ist ein System der Überwachung einzurichten, zu welchem Messungen, Aufzeichnungen und interne Auditierungen des Umweltmanagementsystems, als ein systematischer, unabhängiger und dokumentierter Prozess zur Erlangung von Prüfnachweisen und deren objektiver Auswertung, gehören (s. Nr. 4.5 i.V.m. A 5 ISO 14001).

Die oberste Leitung bewertet schließlich – in einer periodisch wiederkehrenden fünften Phase – dem sog. „management review" (*Managementbewertung, „check"*) – die Brauchbarkeit, Angemessenheit und Effektivität der umgesetzten Regelungen. Dabei ist auf eine sorgfältige Dokumentation der Ergebnisse sowie der sich daraus ableitenden Schlussfolgerungen und anzuordnenden Veränderungsmaßnahmen zu achten (s. Nr. 4.6 i.V.m. A 6 ISO 14001). Der Zyklus beginnt mit der Festlegung der künftigen Umweltpolitik (= neue Zielsetzungen) von vorne.

Die Zertifizierung[580], d.h. die unabhängige Bestätigung der Übereinstimmung des eingeführten Umweltmanagementsystems mit der ISO 14001 erfolgt grundsätzlich auf freiwilliger Basis (siehe dazu Einführung zur ISO 14001).

Die Zertifizierung übernehmen die von der DAkkS[581] benannten und zugelassenen Prüfstellen (sog. Konformitätsbewertungsstellen). Dabei handelt es sich, im Gegensatz zu den bei EMAS vorherrschenden Einzelgutachtern, zumeist um privatrechtliche Zertifizierungsgesellschaften (z.B. TÜV, DEKRA), die zugleich auch in anderen Bereichen anerkannt sind, z. B. bei der Zertifizierung nach ISO 9001 (QM-Systeme). Sie müssen, um zugelassen zu werden, den fachlichen, orga-

[580] Vgl. zum System der Zertifizierung und Akkreditierung bereits die grundlegenden Ausführungen im Rahmen des Vertriebsmanagements in Kap. 4 dieses Werks unter 4.3.2.

[581] Die DAkkS ist eine privatrechtlich geführte GmbH, welche die Akkreditierung (Zulassung) von Konformitätsbewertungsstellen gemäß der VO (EG) Nr. 765/2008 v. 9.7.2008 als hoheitliche Aufgabe wahrnimmt und der Fachaufsicht der Bundesministerien untersteht – ihre Befugnis ergibt sich aus dem AkkreditierungsstellenG v. 31.7.2009, BGBl. I S- 2625.

nisatorischen und sonstigen Anforderungen der ISO 17021[582] und 17024[583] genügen.

Zum genauen Prüfablauf einer Zertifizierung des betrieblichen Umweltmanagements liefert die Norm ISO 14001 selbst keine Hinweise. Vielmehr muss hierfür auf die Norm ISO 19011[584] zurückgegriffen werden, welche die Zertifizierung des Umweltmanagementsystems als *reine Systemprüfung* beschreibt, die durch externe zugelassene Gutachter erfolgt und mit der Übergabe des Zertifikats beendet ist.[585] Das Zertifikat bestätigt Dritten gegenüber lediglich die Konformität des betrieblichen Managementsystems mit der Norm ISO 14001. Eine Verwendung zu Werbezwecke ist daher auch nicht gestattet, weil gerade nicht die Verbesserung der prozess- oder produktbezogenen Umweltleistung bestätigt wird.

Der Zeitraum zwischen den Zertifizierungen richtet sich grundsätzlich nach der Gültigkeit der erteilten Zertifikate, wobei die Gültigkeitsdauer maximal fünf Jahre beträgt. Innerhalb dieser Geltungsdauer muss eine Neuzertifizierung vorgenommen werden.[586]

6.1.3.2 EMAS III

Die EMAS III-Verordnung, welche seit dem 11. Januar 2010 in Kraft ist und ihre Vorgängerverordnungen ersetzt, soll – unter Beibehaltung der wesentlichen Umweltmanagement- und Audit-Abläufe der Vorgängerverordnungen – vor allem international besser wahrgenommen werden, um damit zu einem „Referenzsystem“[587] für das Umweltmanagement avancieren. Hierfür haben die europäischen Gesetzgeber jetzt den weltweiten Zugang zum EMAS-System ermöglicht. Somit können sich fortan auch außereuropäische Organisationen/Standorte registrieren lassen. Ferner wurden „Kernindikatoren“ zu sog. Schlüsselbereichen geschaffen, welche ausgewiesen in der Umwelterklärung noch besser zur Vergleichbarkeit der jeweiligen Umweltleistungen beitragen. Es wurde die Sammelregistrierung ermöglicht, eine Verlängerung des Validierungszyklus für KMU gestattet, das EMAS-Logo vereinfacht und die Europäische Kommission angehalten, den Bekanntheitsgrad von EMAS zu vergrößern. Ob alle diese Veränderungen allerdings ausreichen werden, um die Attraktivität des EMAS-Systems, welches in den letz-

---

[582] ISO 17021 „Konformitätsbewertung – Allgemeine Anforderungen an Stellen, die Managementsysteme auditieren und zertifizieren.

[583] ISO 17024 „Konformitätsbewertung – Allgemeine Anforderungen an Stellen die Personen zertifizieren“.

[584] Die ISO 19011 „Leitfaden für Audits von QM- und UM-Systeme“, die insoweit die vormals bestehenden Normen ISO 14011 (Auditverfahren) und 14012 (Anforderungen an die fachliche Qualifikation von Umwelt-Auditoren) ersetzte.

[585] Vgl. dazu auch Wohlfahrt, BB 1996, 1679, 1680.

[586] Engel, S. 44.

[587] Falke, ZUR 2010, 214.

ten Jahren kaum noch Zulauf zu verzeichnen hatte, gegenüber der ISO 14001 zu steigern, ist fraglich und wird abzuwarten sein.

Am System der EMAS III-Verordnung kann jede Organisation[588] freiwillig teilnehmen, die ihre betriebliche Umweltleistung kontinuierlich verbessern möchte (Art. 1 Abs. 2). Als kleinste registrierungsfähige Einheit ist dabei der „Standort"[589] festgelegt, wobei der Geltungsbereich der Verordnung seit EMAS III nicht mehr beschränkt ist, vielmehr die Teilnahme am Gemeinschaftssystem für das Umweltmanagement und die Umweltbetriebsprüfung nun auch Organisationen außerhalb der Gemeinschaft freisteht (Art. 1 Abs. 1).

Der Ablauf des Gemeinschaftssystems gestaltet sich wie in der nachfolgenden Abb. 6.2 illustriert:[590]

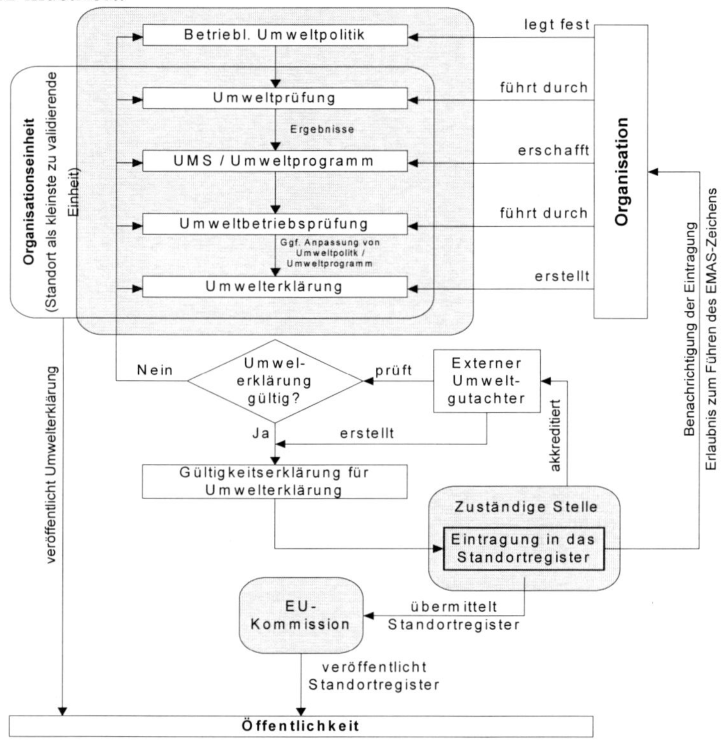

Abb. 6.2: Ablauf des Gemeinschaftssystems nach der EMAS-Verordnung[591]

[588] Organisation i.S. der EMAS III-Verordnung ist eine „Gesellschaft, Körperschaft, Betrieb, Unternehmen, Behörde oder Einrichtung bzw. Teil oder Kombination hiervon, innerhalb oder außerhalb der Gemeinschaft, mit oder ohne Rechtspersönlichkeit, öffentlich oder privat, mit eigenen Funktionen und eigener Verwaltung (Art. 2 Nr. 21).

[589] Standort i.S. der EMAS III-Verordnung ist ein bestimmter geographischer Ort, der der Kontrolle einer Organisation untersteht und an dem Tätigkeiten ausgeführt, Produkte hergestellt und Dienstleistungen erbracht werden (Art. 2 Nr. 22).

[590] Vgl. ausführlich – auch zu den jeweiligen Abläufen – und mit zahlreichen Beispielen das Werk von Ensthaler/Gesmann-Nuissl/Funk/Selz sowie bei Ensthaler/Nuissl/Füssler, S. 298 ff.

Bei einer erstmaligen Teilnahme am EMAS-System ist es erforderlich, dass die Organisation nach der *Festlegung ihrer betrieblichen Umweltpolitik (Umweltzielsetzung*, die auch qualitative Inhalte haben darf*)* eine *Umweltprüfung* durchführt, d.h. eine umfassende Untersuchung der Umweltaspekte, der Umweltauswirkungen und der Umweltleistungen im Zusammenhang mit den Tätigkeiten, Produkten oder Dienstleistungen einer Organisation (sog. Bestandsaufnahme). Bei dieser Bestandsaufnahme sind neben den umweltbezogenen und -relevanten Daten (z.B. Menge an Gefahrstoffen, Abwässern, Rückständen, etc.) alle einschlägigen Rechtsvorschriften sowie die bereits angewandten Techniken und Verfahren des Umweltmanagements zu ermitteln (vgl. Anhang I).

Ausgehend von dieser umfassenden Ist-Analyse lässt sich ein standortbezogenes *Umweltprogramm* aufstellen, das die innerbetrieblichen Verantwortlichkeiten sowie die freizugebenden Mittel und Zeitfenster zur Zielerreichung festlegt. Ferner entscheidet die Organisation über den Aufbau eines noch nicht existierenden oder über die Beibehaltung und ggf. Änderung eines bestehenden *Umweltmanagementsystems*. Grundlage dieses Systems ist die ISO 14001 ergänzt um einige wesentliche verpflichtende Zusatzanforderungen (vgl. Anhang II), namentlich die Einhaltung aller einschlägigen Umweltvorschriften („legal compliance" B.2.1), eine quantifizierbare und messbare produktlebenszyklusbezogene Verbesserung der Umweltleistungen in stofflicher und energetischer Hinsicht (B.3.), eine aktive Mitarbeiterbeteiligung in allen Phasen des Gemeinschaftssystems (B.4.) sowie das ausdrückliche Bekenntnis zur aktiven externen Kommunikation und Transparenz (B.5.).

Im Anschluss an die Einrichtung des Umweltmanagementsystems folgt die sog. *Umweltbetriebsprüfung* – das „Herzstück" des Systems, das eigentliche Audit. Es wird von internen und/oder externen Betriebsprüfern nach einem festgelegten Prüfprogramm durchgeführt (vgl. Anhang III). Ziel dieser Prüfung ist es, die Funktionsfähigkeit des implementierten Managementsystems zu überprüfen (u.a. mittels Interviews und Begehungen) und anschließend zu bewerten. Hierbei stehen die Kompatibilität mit der Umweltpolitik und dem -programm sowie die Einhaltung der einschlägigen Umweltvorschriften im Fokus.

Die Ergebnisse des internen Audits werden – und hier liegt ein weiterer ganz wesentlicher Unterschied zur ISO 14001 – in Form einer *Umwelterklärung* an die Öffentlichkeit kommuniziert (vgl. Anhang IV). Sie enthält in knapper und verständlicher Form eine Beschreibung der Organisation, der Umweltpolitik und -zielsetzungen, des Umweltmanagementsystems sowie der tatsächlichen Umweltleistungen der Organisation (!).[592] Dabei erfolgen die Angaben zur Umweltleis-

---

[591] Abbildung angelehnt an Ensthaler/Funk/Gesmann-Nuissl/Selz, 59.

[592] Zu den allgemeinen Anforderungen und dem Inhalt von Umwelterklärungen mit zahlreichen anschaulichen Beispielen, siehe: UGA, Die EMAS_Umwelterklärung, abrufbar unter: http://www.emas.de/fileadmin/ user_upload/06_service/PDF-Dateien/Die_EMAS-Umwelterklaerung.pdf und Europäische Kommission, Leitfaden zur EMAS-Erklärung, abrufbar unter: http://www.emas.de/fileadmin/user_upload/03_teilnahme/PDF-Dateien/guidance04_de.pdf (17.2.2011). Auf den Seiten des UGA findet sich ferner eine Sammlung von Umwelterklärungen der nach EMAS registrierten Unternehmen und Organisationen: http://www.emas.de/teil-

tung in den Schlüsselbereichen (Kernindikatoren[593]) in Form standardisierter Kennzahlen und nach einheitlichen Bezugsgrößen, um der Öffentlichkeit den Vergleich über mehrere Jahre hinweg sowie zwischen verschiedenen Organisationen zu ermöglichen. Die Umwelterklärung ist jährlich zu aktualisieren und öffentlich verfügbar zu machen.

Um die Glaubwürdigkeit der Umweltbetriebsprüfung (die auch vollständig intern erfolgen könnte) sowie der -erklärung zu erhöhen, sieht das EMAS-System zusätzlich eine externe *Validierung durch einen Umweltgutachter* vor (vgl. Anhang VII). Er kontrolliert, ob die Organisation eine interne Umweltbetriebsprüfung und eine Prüfung der Einhaltung der geltenden Umweltvorschriften vorgenommen hat, den Nachweis für die dauerhafte Einhaltung der Rechtsvorschriften und für eine Verbesserung der Umweltleistung erbringt sowie eine aktualisierte Umwelterklärung erstellt hat,[594] also ob die Organisation die Anforderungen aus der EMAS III-Verordnung erfüllt und umsetzt.

Nach erfolgreicher Überprüfung wird die für gültig erklärte Umwelterklärung schließlich bei den „zuständigen Stellen" (in Deutschland sind dies die Industrie- und Handelskammern sowie Handwerkskammern) – für maximal drei Jahre – in ein Verzeichnis eingetragen. Jeweils zum Jahresende wird dieses Verzeichnis an die Europäische Gemeinschaft übermittelt, die ihrerseits die eingetragenen Standorte im Amtsblatt der Europäischen Gemeinschaften veröffentlicht.

Mit der Eintragung ins Verzeichnis wird die Organisation berechtigt, das EMAS-Zeichen zu führen (vgl. Anhang V der Verordnung sowie sogleich als Abb. 6.3), welches sie ohne weiteres auch für Werbezwecke einsetzen darf.

Abb. 6.3: Das EMAS-Logo

Ein ganz wesentliches Element des EMAS-Systems – welches ebenfalls den „qualitativen Mehrwert" gegenüber der ISO 14001 unterstreicht – ist neben der öffentlich zu machenden Umwelterklärung das ausgefeilte Validierungssystem.

nahme/umwelterklaerungen/sammlung/ (17.2.2011) sowie ein Verweis auf die EMAS-Helpdesk der Europäischen Kommission mit Umwelterklärungen europäischer Unternehmen und Organisationen.

[593] Die Kernindikatoren für die Umweltberichterstattung lauten: Energieeffizienz, Materialeffizienz, Wasser, Abfall, Biologische Vielfalt, Emissionen (vgl. Anhang IV C).

[594] DAU, Information für Umweltgutachter v. 22. Januar 2010.

Ein zuverlässiger, fachkundiger, unabhängiger[595] *staatlich zugelassener* Umweltgutachter überprüft, ob das bei der Organisation eingerichtete System mit der EMAS konform ist (s.o.).

Die Zulassung und Beaufsichtigung von Umweltgutachtern (zumeist sind dies Einzelgutachter) wurde in Deutschland an die Deutsche Akkreditierungs- und Zulassungsgesellschaft für Umweltgutachter mbH (DAU)[596] delegiert, die eigens zu diesem Zweck gegründet und mit diesen Aufgaben beliehen wurde. Sie verantwortet die Einhaltung der Art. 20 ff. EMAS III iVm dem UAG sowie der UAG-Fachkunderichtlinie bei der Zulassung von Umweltgutachtern, beaufsichtigt dieselben und unterhält eine Datenbank die alle zugelassenen Gutachter, mit deren Adresse, Zulassungsnummer sowie deren Bereichszulassung (NACE-Code) ausweist.

Ergänzend zur DAU wurde ein pluralistisch zusammengesetzter Ausschuss, der sog. Umweltgutachterausschuss (UGA)[597] eingerichtet. Seine Aufgabe besteht darin, der DAU die Richtlinien für die Zulassung der Umweltgutachter sowie die Ermessensleitlinien für die Aufsicht über dieselben an die Hand zu geben (§ 21 UAG) und das Bundesumweltministerium in allen Zulassungs- und Aufsichtsfragen zu beraten.[598] Das genaue Zusammenspiel zwischen der DAU und dem UGA ist im Umweltauditgesetz (UAG)[599] sowie den ergänzenden Rechtsverordnungen und Richtlinien geregelt, in Abb. 6.4 ist das Zulassungssystem nochmals (in vereinfachter Form) graphisch zusammengefasst.

---

[595] Die Anforderungen an die Zuverlässigkeit, Unabhängigkeit und Fachkunde des Umweltgutachters ergeben sich aus Art. 20 ff. EMAS III-Verordnung, dem Umweltauditgesetz (UAG), der UAG-Fachkunderichtlinie (UAG-FkR) i.V.m. der UAG-Zertifizierungsrichtlinie.

[596] Die DAU hat ihren Sitz in Bonn; zahlreiche Informationen zur Arbeitsweise finden sich unter: http://www.dau-bonn-gmbh.de/ (abgerufen am 17.2.2011).

[597] http://www.uga.de/ (abgerufen am 17.2.2011).

[598] Koplin/Müller, in: Baumast/Pape (Hrsg.), S. 55; Ensthaler/Gesmann-Nuissl/Funk/Selz, S. 155.

[599] Gesetz zur Ausführung der Verordnung (EG) Nr. 761/2001 des Europäischen Parlaments und des Rates vom 19. März 2001 über die freiwillige Beteiligung von Organisationen an einem Gemeinschaftssystem für das Umweltmanagement und die Umweltbetriebsprüfung (EMAS), neugefasst durch Bekanntmachung vom 4. September 2002 (BGBl. I S. 3490), zuletzt geändert durch Artikel 10 des Gesetzes vom 11. August 2010 (BGBl. I S. 1163).

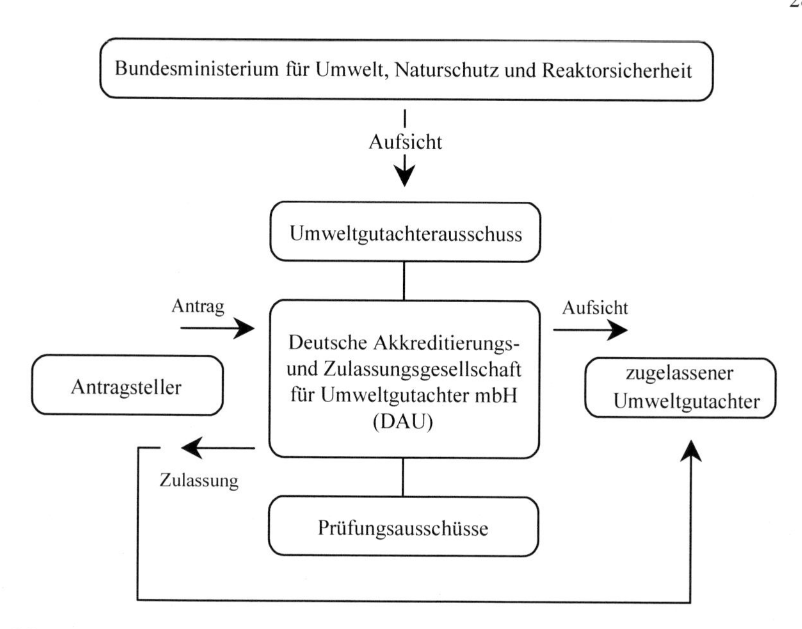

Abb. 6.4: Vereinfachte Abbildung des Zulassungssystems in Deutschland

6.1.3.3 Vergleichende Tabelle ISO 14001 und EMAS III

Vergleicht man die beiden Managementsysteme ISO 14001 und EMAS III miteinander, so ist feststellbar, dass sie sich immer mehr annähern.[600] Neben der weitgehend gleichen Zielsetzung der kontinuierlichen Verminderung der betrieblichen Umweltwirkungen (bei ISO 14001 über das Umweltmanagementsystem, bei EMAS III über die Umweltleistung) sowie der generellen Verpflichtung zur Einhaltung aller umweltbezogenen rechtlichen Rahmenbedingungen, sind auch die Instrumente und Abläufe zur Zielerreichung nahezu gleich geformt. So macht EMAS z.B. keine eigenen Vorgaben zum Umweltmanagementsystem mehr, sondern verweist in die ISO 14001 – schließt, vereinfacht formuliert, die Anforderungen nach ISO 14001 in sich ein.[601] Dennoch bleiben Unterschiede, die insbesondere durch zusätzliche „qualitative" Anforderungen an die Unternehmen seitens der EMAS zum Ausdruck kommen,[602] was letztlich auch dazu führt, dass zahlreiche Unternehmen stufenweise vorgehen, indem sie sich zunächst nach ISO 14001 zertifizieren lassen und danach erst entscheiden, ob sie auf dieser Grundlage an dem Gemeinschaftssystem EMAS teilnehmen oder nicht.[603]

---

[600] Steger, S. 29; von Ahsen, S. 28.

[601] Meyer, in: Hauschka (Hrsg.), § 28 Rn. 49.

[602] von Ahsen, S. 28.

[603] Engel, S. 196.

Die wesentlichen Gemeinsamkeiten und Unterschiede zwischen ISO 14001 und EMAS III sind in der nachfolgenden Tabelle 6.2[604] nochmals zusammengefasst.

	ISO 14001	**EMAS III**
Grundlage	- Internationale Norm DIN EN ISO 14001:2004	- Europäische Verordnung (EG) Nr. 1221/2009
Status	- privatwirtschaftlicher Standard ohne Rechtscharakter	- rechtliche Grundlage in Form einer Verordnung mit der Umsetzung für Deutschland durch das Umweltauditgesetz (UAG)
Räumlicher Anwendungsbereich	- weltweit	- weltweit
Inhalt	- Umweltmanagementsystem (UMS) mit interner und externer Überprüfung	- Gesamtpaket aus Umweltmanagementsystem mit interner und externer Überprüfung, Registrierung in öffentlich zugängliche nationale und internationale Register und Bereitstellung der Umwelterklärung
Ausrichtung und Ziel	- verfahrens- / systemorientiert - Ziel ist die kontinuierliche Verbesserung des UMS	- ergebnis-/umweltleistungsorientiert - Ziel ist die kontinuierliche Verbesserungen der Umweltleistung von Organisationen - durch das UMS, unter aktiver Beteiligung der Arbeitnehmer und im Dialog mit der Öffentlichkeit - EMAS ist eingebunden in den Aktionsplan für Nachhaltigkeit in Produktion und Verbrauch und für eine nachhaltige Industriepolitik der EU
Teilnahme	- freiwillig	- freiwillig
Anforderungen	- UMS einführen, dokumentieren, verwirklichen, aufrechterhalten und ständig verbessern	- zusätzlich zu den Anforderungen der ISO 14001 fordert EMAS:

[604] Tabelle in Anlehnung an UGA, Systematisches Umweltmanagement – mit EMAS Mehrwert schaffen, S. 6 ff.

	- Umweltpolitik - Planung inkl. bedeutende Umweltaspekte bestimmen, geltende rechtliche Verpflichtungen ermitteln und zugänglich haben, Aufstellung von Zielen und dem Programm - Verwirklichung und Betrieb des UMS sicherstellen, Qualifizierung von verantwortlichen Personen, interne Kommunikation - Überprüfung (einschließlich interner Audits) - Managementbewertung	- Umweltprüfung: erstmalige umfassende Untersuchung des Ist-Zustandes im Zusammenhang mit den Tätigkeiten, Produkten und Dienstleistungen - Nachweis der Einhaltung geltender Rechtsvorschriften und Genehmigungen - kontinuierliche Verbesserung der Umweltleistung - Mitarbeiterbeteiligung durch Einbeziehung in den Prozess der kontinuierlichen Verbesserung und Information der Beschäftigten - externe Kommunikation mit der Öffentlichkeit, interessierten Kreisen, Kunden usw. - regelmäßige Bereitstellung von Umweltinformationen (Umwelterklärung)
Betrachtungsebenen	- organisationsbezogen	- organisations- und standortbezogen - bedeutende Umweltauswirkungen und -leistung werden standortbezogen dargestellt
Wesentlicher Prüfungsinhalt	- Regeln für die Zertifizierung enthält der Text der ISO 14001 nicht, dafür werden zusätzliche Zertifizierungs- und Auditierungsnormen herangezogen (z.B. ISO 19011) - durch Einsichtnahme in die Dokumente und Besuch auf dem Gelände wird überprüft, ob das UMS der Organisation mit den Anforderungen der ISO 14001 übereinstimmt	- im Rahmen der Begutachtung wird durch Einsichtnahme in die Dokumente und Besuch auf dem Gelände überprüft, ob die Umweltprüfung, die Umweltpolitik, das UMS, die interne Umweltbetriebsprüfung sowie deren Umsetzungen den Anforderungen der EMAS-Verordnung entsprechen - zusätzlich werden im Rahmen der Validierung die Informationen und Daten der Umwelterklärung für gültig erklärt (zuverlässig, glaubhaft und korrekt)
Prüfer	- Zertifizierungsorganisationen werden durch die DAkkS akkreditiert (Deutsche Akkreditie-	- EMAS-Umweltgutachter und -Umweltgutachterorganisationen werden durch die DAU (Deut-

	rungsstelle) der staatlich beliehenen nationalen Stelle für das gesamte Akkreditierungswesen	sche Akkreditierungs- und Zulassungsgesellschaft für Umweltgutachter mbH), einer speziellen staatlich beliehene Stelle, zugelassen und beaufsichtigt
Einbezug von Umweltbehörden	- nicht vorgesehen	- vor der Registrierung werden die Umweltbehörden von der Registrierungsstelle beteiligt
Zertifikat / Gültigkeitserklärung	- Zertifikat: ausgestellt durch die private Zertifizierungsorganisation, bescheinigt die Erfüllung der Anforderungen der ISO 14001	- Gültigkeitserklärung: der EMAS-Umweltgutachter stellt eine unterzeichnete Erklärung zu den Begutachtungs- und Validierungstätigkeiten aus, mit der bestätigt wird, dass die Organisation alle Anforderungen der EMAS-Verordnung erfüllt
Urkunde / Registrierung	- kein Registereintrag	- Registerstellen (Industrie- und Handelskammern, Handwerkskammern) tragen die Organisation unter vorheriger Einbeziehung der Umweltbehörde in die öffentlich zugänglichen nationalen und internationalen Register ein und stellen eine Registrierungsurkunde aus. - jede Organisation bekommt eine individuelle Register-nummer
Externe Kommunikation / Berichterstattung	- Berichterstattung und externe Kommunikation ist nicht vorgegeben - nur die Umweltpolitik muss der Öffentlichkeit zugänglich sein - Organisation entscheidet selbst, ob sie darüber hinaus extern kommunizieren will - Öffentlichkeit kann keine Informationen verlangen - kein einheitliches Logo	- alle drei Jahre erstellt die Organisation eine Umwelterklärung, die jährlich aktualisiert und durch den EMAS-Umweltgutachter validiert wird - kleine Betriebe können diese Intervalle auf vier bzw. drei Jahre verlängern. - Kommunikation mit der Öffentlichkeit und anderen interessierten Kreisen, einschließlich lokalen Behörden und Kunden - ein attraktives Kommunikations- und Marketinginstrument stellt das einheitliche EMAS-Logo dar
Einhaltung von Rechtsvor-	- geltende rechtliche Verpflichtungen müssen berücksichtigt	- Nachweis wird gefordert, dass und wie für die Einhaltung der

schriften	werden	Rechtsvorschriften gesorgt wird
Einbezug der Beschäftigten	- Einbeziehung der Beschäftigten, von deren Tätigkeiten bedeutende Umweltauswirkungen ausgehen können, in Form von Schulungen und Sicherstellen des Bewusstseins über das UMS - die für das UMS verantwortlichen Personen sind mit notwendigen Informationen zu versorgen	- über die Normanforderungen (Fähigkeiten, Schulung, Bewusstsein) hinaus aktive Einbeziehung und Information aller Mitarbeiterinnen und Mitarbeiter - Beschäftigte müssen in den Prozess der kontinuierlichen Verbesserung einbezogen werden - Mitarbeitervertreter (z. B. Gewerkschaften) sind auf Antrag ebenfalls einzubeziehen - Informationsrückfluss von der Leitung an die Mitarbeiter
Außendarstellung	- Zeichen der Zertifizierungsstelle - Präsentation des Zertifikats	- Veröffentlichung und Präsentation der Umwelterklärung, geprüfter Umweltinformationen und der Registrierungsurkunde - Verwendung des EMAS-Logos mit individueller Registernummer für Marketing- und Kommunikationszwecke, z. B. Internetseiten, Briefbögen, E-Mail-Signaturen, Schilder, Werbung, Printmedien etc. - Eintrag in die öffentlich zugänglichen nationalen und internationalen Register
Erleichterungen für KMU und Behörden	- keine Sonderregelungen für kleine Organisationen oder Behörden - keine Möglichkeit auf jährliche Überwachungsaudits zu verzichten - Zertifizierer haben festgelegte Zeittabellen, die sie je nach Größe des Betriebs für die Zertifizierung kalkulieren müssen - Fördermöglichkeiten von	- Verlängerung des Überprüfungsintervalls von drei auf vier Jahre möglich - jährlich zu aktualisierende Umwelterklärung muss nur alle zwei Jahre validiert werden - bei der Begutachtung durch den EMAS-Umweltgutachter werden die besonderen Merkmale bei Kommunikation, Arbeitsaufteilung, Ausbildung und Dokumentation berücksichtigt - keine Mindestzeiten, die der Gutachter für die Begutachtung ansetzen muss - Fördermöglichkeiten von Bund

	Bund und Ländern	und Ländern
Direkte rechtliche Erleichterungen	- keine	- EMAS-PrivilegVO schafft Erleichterungen in Bezug auf die Anzeige- und Mitteilungspflichten zur Betriebsorganisation nach § 52a BImSchG, die Bestellung und die Pflichten des Umweltbeauftragten sowie bei Messungen und sicherheitstechnischen Prüfungen

Tabelle 6.2: Unterschiede/Gemeinsamkeiten zwischen ISO 14001 und EMAS III

6.1.3.4 „Niederschwellige" Umweltmanagementansätze

Neben den dargestellten formellen Standards (ISO 14001 und EMAS), die auf eine ständige Verbesserung des *gesamten* Umweltmanagementsystems ausgerichtet sind, haben sich in den letzten Jahren auch sog. „niederschwellige" Umweltmanagement*ansätze* entwickelt, die sich häufig nur auf eine *bestimmte Branche* beziehen und/oder nur *einzelne Maßnahmen* zur Verbesserung der Umweltleistung in den Blick nehmen (vgl. „Eco-Lighthouse" in Norwegen, „Green-Network" in Dänemark, „EcoCamping", „Grüne Gockel", „hotel energy check", „Bioland" in Deutschland, etc.).[605] Diese Systeme stellen regelmäßig weit geringere Anforderungen an die Unternehmen (hinsichtlich der Dokumentation, Auditierung etc.), als dies beim Einstieg in die ISO 14001 und EMAS der Fall wäre. Die Umsetzung der abgeforderten (Einzel-)Maßnahmen steht daher bereits *qualitativ* nicht mit den oben dargestellten Umweltmanagementsystemen gleich, weshalb sie auch nicht in gleicher Weise zertifiziert bzw. validiert werden können.

Allerdings haben die Anbieter dieser „kleinen Lösungen" zumeist eigene Registrierungsformen geschaffen und sorgen so dafür, dass die teilnehmenden Unternehmen eine Form der Auszeichnung erhalten oder ein besonderes Label führen dürfen. Für die sich beteiligenden Unternehmen stellen diese Systeme damit oftmals eine kostengünstigere Variante einer umweltbezogenen Selbstdarstellung/-erklärung (namentlich zur Unterstützung und Markierung des eigenen Leistungsangebots) dar, die in erster Linie aus Imagegründen (sie suggerieren Kompetenz und Glaubwürdigkeit) begehrt wird.

Der juristische Wert solcher *prozess*bezogenen Öko-Labels (z.B. deren Einsatz, um eine behördlich angeordnete Nachweisverpflichtung zu erfüllen) hängt ganz maßgeblich von der Transparenz der bestätigten Inhalte sowie der Reputation der sie vergebenden Institutionen ab. Dabei steigen die Glaubwürdigkeit und der juris-

---

[605] Braun/Kahlenborn, Der Umweltbeauftragte, 3/2004; Koplin/Müller, in: Baumast/Pape, S. 55.

tische Wert des Signets mit der Fachkompetenz und Unabhängigkeit der sie ausstellenden Institution.

Bsp.: Sofern ein Unternehmensverbund eine Eigenmarke („ECO-XY“) kreiert, welche die Umweltkonformität der betriebsinternen Prozesse und Abläufe bescheinigt, darf ein solches Instrument zwar den Kunden beeindrucken, taugt aber nicht zu einem Haftungsausschluss bzw. als Exkulpationsnachweis nach § 6 Abs. 2 des Umwelthaftungsgesetzes (kurz: UmweltHG). Anderes gilt jedoch, wenn die Standorte des Verbundes z.B. nach EMAS registriert wurden oder es sich um ein Nachweis-Label einer anerkannten wissenschaftlich-technischen Institution (wie z.B. dem TÜV) handeln würde.[606]

Trotz dieser vorsichtig mitschwingenden Kritik[607] bedeuten diese einfachen Management*ansätze* in jedem Fall begrüßenswerte erste Schritte zur Etablierung eines betrieblichen Umweltmanagementsystems, denn mit dem stärkeren Umweltbewusstsein in den Unternehmen und der Umsetzung von Einzelmaßnahmen wächst regelmäßig auch der Wunsch nach einem vollständigen zertifizierten Umweltmanagementsystem.[608]

6.1.3.5 Nachhaltiges Umweltmanagement oder umweltorientiertes Nachhaltigkeitsmanagement

Umweltmanagementsysteme stehen zumeist nicht alleine, sondern werden in den Unternehmen von Qualitätsmanagementsystemen (ISO 9001), Systemen zum Arbeits- und Gesundheitsschutz (OHSAS 18001), IT-Sicherheitsmanagementsystemen (ISO 27001) und weiteren Einzelsystemen begleitet. Idealerweise sind diese Einzelsysteme in einem Integrierten Management System (IMS) zusammengeführt und durch ein übergreifendes Risikomanagementsystem (ISO 31000/ONR 49000[609]) mit- und untereinander verbunden, um Zielkonflikte, Ineffizienzen,

---

[606] Als Beispiel mag hier der BSCI-Standard – ein Verhaltenskodex von Einzelhandelsunternehmen für faire und ökologische Produktionsbedingungen gelten, der zwar nicht zertifiziert werden kann, dessen praktische Umsetzung allerdings vom TÜV Süd überprüft und durch ein Nachweis-Signet bestätigt wird.

[607] Die Kritik bezieht sich dabei vor allem auf die z.T. undifferenzierte Zunahme von Öko-Labels – nicht nur prozess-, sondern auch produktbezogen (vgl. dazu unten bei 6.1.6 „Typ II – Deklarationen“) – die dazu führt, dass das Hauptziel der Kennzeichnung, namentlich den Abbau von Informationsasymmetrien zu fördern, konterkariert wird, weil die Labels eben ob ihrer Vielfalt keine schnelle Orientierung für den Verbraucher mehr zulassen. In diesem Sinne auch: Kupp, in: Baumast/Pape, S. 233; Appleton, S. 23.

[608] Dies zumindest ist das Ergebnis einer Studie von Kahlenborn/Freier aus dem Jahr 2005 im Auftrag des Bundesumweltministeriums, vgl. http://www.ums-fuer-kmu.de (abgerufen am 17.2.2011).

[609] Die ISO 31000 löst als erste international gültige Norm zum Risikomanagement das im Rahmen des Sarbanes-Oxly-Act umgesetzte COSO-Regelwerk ab. Dazu wurden national geltende Normen, insbesondere die österreichische ON-R 49000 sowie die AS/NZS 4360 des australisch-neuseeländischen Normungsverbandes berücksichtigt und eingearbeitet. Entstanden ist ein allgemein und generisch formulierter Leitfaden, der nicht als Zertifizierungsnorm vorgesehen ist.

Doppelbelastungen etc. zu vermeiden und Synergieeffekte sinnvoll zu nutzen[610] (s. dazu die nachfolgende Abb. 6.5 und ausführlich im Kap. 5 des vorliegenden Werks).

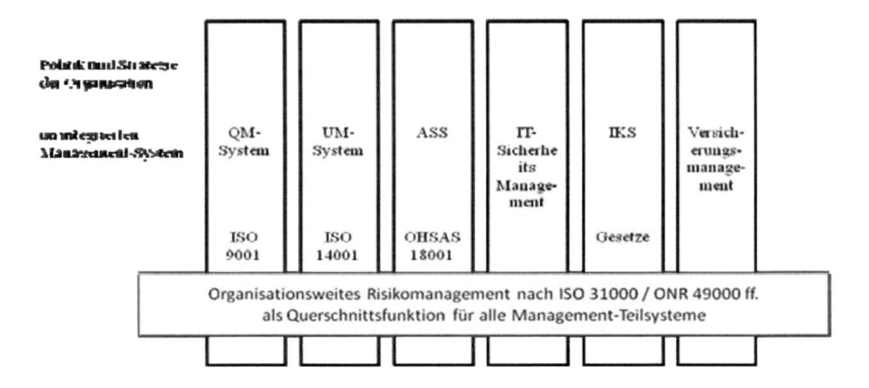

Abb. 6.5: Verbund von Managementsystemen nach ISO 31000 / ONR 49000

Zu einer *„nachhaltigen"* Organisation – diese Eigenschaft wird aktuell, wo bereits Finanzierungszusagen der Banken von dem Nachweis der „nachhaltigen Produktion" oder „nachhaltiger Produkte" abhängen, immer wichtiger[611] – kann das Unternehmen werden, sofern es sich in seinem Leitbild zum Konzept der Nachhaltigkeit[612] bekennt und dabei neben den ökonomischen und ökologischen Interessen insbesondere soziale Belange i.S. der „Social Responsibility" („gesellschaftliche Verantwortung", Stakeholderanforderungen) in die bestehenden (Management-/Umweltmanagement-)Strukturen integriert.

Die Vorgaben hierfür ergeben sich seit Anfang des Jahres 2011 aus der ISO 26000. Diese Norm – um die bereits seit 2001 diskutiert wurde[613] – ist bislang nicht als technische Norm oder als Management-System-Standard ausgestaltet, sondern „nur" als ein nicht *zertifizierungsfähiger Leitfaden* (Empfehlung).[614] Dennoch liegt wohl *faktisch* ein Management-System-Standard vor, denn es steht zu

[610] Vgl. dazu Reuter, Ganzheitliche Integration themenspezifischer Managementsysteme – Entwicklung eines Modells zur Gestaltung und Bewertung integrierter Managementsysteme, 2003.

[611] Siehe zuletzt Schlemminger, in: FAZ v. 4.3.2011, S. 39; Reese, ZUR 2010, 339, 345.

[612] „Einem langfristig ausgerichteten, ganzheitlichen Optimierungsansatz, der zu einer gesellschaftlichen Entwicklung führen sollte, die . . . den Bedürfnissen der heutigen Generation entspricht, ohne die Möglichkeiten künftiger Generationen zu gefährden", vgl. v. Hauff , in: ders. (Hrsg.), S. 46.

[613] Der Diskussionsprozess startete mit dem Grünbuch der Europäischen Union zur CSR in 2001, weitere Aktivitäten folgten: „Europäisches Multistakeholder-Forum CRS" 2002 - 2004, „Europäisches Bündnis für soziale Verantwortung der Unternehmen" 2006 und auf deutscher Seite insbesondere die Dialoge des Deutschen Nachhaltigkeitsrates 2005 - 2007.

[614] ISO 26000 „ist weder für Zertifizierungszwecke noch für die gesetzliche oder vertragliche Anwendung vorgesehen oder geeignet." (Nr. 1 DIN ISO 26000:2011).

erwarten, dass die Unternehmen, die sich den Prinzipien (z.T. mit Anforderungscharakter) aus der ISO 26000 unterwerfen (z.B. die sog. Global Player), die Umsetzung eines solchen Systems bzw. die Übernahme der Prinzipien auch von ihren Lieferanten und Händler fordern, d.h. dieselben bilateral dazu verpflichten werden (z.B. in Form von Allgemeinen Geschäftsbedingungen, QS-Vereinbarungen); es ist daher davon auszugehen, dass eine „Diffusion der ISO 26000 durch die Lieferkette“[615] stattfinden wird. Gestützt wird diese Annahme auch dadurch, dass einige Nationalstaaten bereits eine zertifizierbare Lösung umgesetzt haben oder eine solche in Erweiterung der ISO 26000 unmittelbar planen.[616]

Für den hier interessierenden Umweltmanagementbereich bedeutet diese Entwicklung, dass künftig schon bei der Festlegung der Umweltpolitik, aber auch bei deren Umsetzung z.B. die Aspekte einer nachhaltigen Produktgestaltung (Langlebigkeit, Gebrauchsnutzen, etc.) sowie die Verantwortung der Organisation durch die gesamte Lieferkette (z.B. Vermeidung von Kinderarbeit auch bei Zulieferern und Händlern) und über den gesamten Lebenszyklus hinzutreten müssten, damit überhaupt von einem „nachhaltigen Umweltmanagement“ gesprochen werden kann. Ferner wären die Umweltindikatoren/-kennzahlen (s.o. EMAS III) um sog. „weiche Kennzahlen“ – Nachhaltigkeitsindikatoren – zu erweitern (z.B. Reputation, Mitarbeiterzufriedenheit, aber auch Barrierefreiheit, Verhinderung von Kinderarbeit, Erhalt der Artenvielfalt etc.), deren Erfüllungsgrad turnusgemäß zu ermitteln wäre, um darüber anschließend öffentlich Bericht zu erstatten.[617]

6.1.4 Systematik der gesetzlich abverlangten Betriebsorganisation – der Betriebsbeauftragte für den Umweltschutz

Neben den beschriebenen „freiwilligen“ Managementsystemen wirkt der Gesetzgeber in Deutschland außerdem durch das (Umwelt-)Verwaltungsrecht auf die innerbetriebliche Organisationsstruktur der Unternehmen ein, indem er für beson-

---

[615] Castka/Balzarova, S. 281ff.

[616] In Portugal wurde mit Bezug auf das Normungsvorhaben ISO 26000 die Norm NP 4469-1 Managementsystem sozialer Verantwortung als zertifizierbares Managementsystem veröffentlicht (NP 4469-1:2008: Sistemas de Gestão da Responsabilidade Social). Das österreichische Normungsinstitut veröffentlichte einen Leitfaden gesellschaftlicher Verantwortung nach dem PDCA-Modell (ON-V 23:2004: Corporate Social Responsibility – Handlungsanleitung zur Umsetzung von gesellschaftlicher Verantwortung in Unternehmen), sowie eine zertifizierbare Norm für SR-Beratung (ÖNORM S 2502:2009: Beratungsdienstleistung zur gesellschaftlichen Verantwortung von Organisationen) und in Dänemark erfolgt mit der Erarbeitung einer zertifizierbaren Managementsystemnorm in Erweiterung der Normfamilie (DS 26001: Social responsibility management systems – Specifications).

[617] Hierbei kann auf Vorarbeiten der Global Reporting Initiative (GRI) zurückgegriffen werden, die bereits ein Indikatorenset mit 49 Kern- und 30 Zusatzindikatoren zur Nachhaltigkeitsberichterstattung entwickelt hat; vgl. GRI, Leitfaden zur Nachhaltigkeitsberichterstattung, 2006.

ders umweltrelevante Anlagen die Installation von sog. „Umweltbeauftragten“[618] abfordert (vgl. nachfolgende Tabelle 6.3).

Umweltbeauftragte[619]	**Bestellungspflicht**	**Rechtsgrundlage**
Immissionsschutz-beauftragter	- bei bestimmten genehmigungs-pflichtigen Anlagen gemäß Anhang I der 5. BImSchV	§ 53 BImSchG
Abfallbeauftragter	- bei genehmigungsbedürftigen Anlagen nach § 4 BImSchG - bei Anlagen, in denen regelmäßig besonders überwachungsbedürftige Abfälle anfallen - bei ortsfesten Sortier-, Verwertungs- und Abfallbeseitigungsanlagen - Hersteller und Händler, die Abfälle zurück nehmen - bei einem zur Abfall-Rücknahme Verpflichteten	§§ 54, 55 KrW-/AbfG
Gewässerschutz-beauftragter	- bei Abwassereinleitung über 750 m^3 pro Tag oder Lagerung wassergefährdender Stoffe	§§ 4 II, § 21 a - g WHG
Störfallbeauftragter	- bei Betriebsbereichen nach § 1 I der 12. BImSchV	§§ 58 a – d BImSchG
Beauftragter für biologische Sicherheit	- bei gentechnischen Arbeiten und Freisetzungen	§§ 6 IV GenTG, 16 GenT-SicherheitsV
Strahlenschutz-beauftragter	- beim Umgang mit gefährdenden Strahlungen	§§ 31 ff. StrlSchV
Gefahrstoffbeauftragte	- bei zu erwartenden Gefährdungen im Umgang mit Gefahrstoffen	§ 2 ChemVerbotsG, § 9 XII GefStoffV iVm. Anh. III

Tabelle 6.3: Überblick über die Bestellungspflicht für Umweltbeauftragte[620]

Trotz der damit verbundenen Verrechtlichung der Binnenorganisation von Unternehmen und dem augenscheinlich „verordneten Teilnahmezwang“ soll über die Beauftragten *keine staatliche Ausforschung* betrieben werden, sondern aus der

[618] Der Begriff „Umweltbeauftragter“ wird hier als Sammelbegriff verwendet; die tatsächliche Bezeichnung (s. Tab. 6.3) findet sich in den einschlägigen Gesetzen.

[619] In Tab. 6.3 sind nur die wichtigsten Umweltbeauftragten aufgeführt, es gibt weitere Beauftragte in unserem Rechtssystem.

[620] Abbildung in Anlehnung an Bauer, S. 10 und Rathje, in: Baumast/Pape (Hrsg.), S. 74.

Sicht des Gesetzgebers stellen die Beauftragten – ganz im Sinne der marktwirtschaftlichen Prinzipien der Selbstbestimmung und Eigenüberwachung – lediglich das „Umweltgewissen" des Unternehmens dar und fungieren gerade nicht als der „verlängerte Arm" der Überwachungsbehörde.[621] Umweltbeauftrage stehen weder in einem Beleihungs-, noch in einem Auftragsverhältnis zum Staat, sie sind ausschließlich Beauftragte ihres Betriebes, so dass dem Unternehmen/der Organisation immer auch ein selbstregulativer Spielraum für die betriebliche Überprüfung der gesetzlichen Vorschriften verbleibt. In diesem Sinne ist auch allen Arten von Umweltbeauftragten gemein, dass sie eine umwelteffektive Betriebsorganisation aus dem Unternehmen heraus, also *von innen heraus* garantieren sollen,[622] wobei sich aber durchaus ihre konkreten Aufgaben und Kompetenzen je nach Aufgabengebiet unterscheiden können.[623] Die rechtliche Ausgestaltung des Beauftragtenwesens ist hingegen in allen Bereichen nahezu gleich, weshalb es sich sehr gut am Beispiel des Immissionsschutzbeauftragten darstellen, und ohne weiteres auf die anderen o.g. Bereiche übertragen lässt.

Beim Betrieb besonders umweltrelevanter Anlagen i.S. des Anhang I der 5. BImSchV sind nach §§ 53 Abs. 1, 55 Abs. 1 BImSchG ein oder mehrere Umweltbeauftragte schriftlich zu bestellen. Die Auswahl obliegt der freien Organisationsentscheidung des Unternehmens,[624] allerdings ist die genaue Anzahl der zu bestellenden Personen so zu wählen, dass jederzeit eine ordnungsgemäße Aufgabenerfüllung gewährleistet bleibt; dabei kann ein Beauftragter durchaus auch für mehrere Anlagen verantwortlich sein (§ 4 der 5. BImSchV sog. „Konzernbeauf-trager"). Eine Befreiung von der gesetzlich angeordneten Bestellungspflicht ist möglich (§ 6 der 5. BImSchV), ebenso aber auch eine Einzelfallanordnung bei nicht gelisteten Anlagen und besonderer Notwendigkeit (§ 53 Abs. 2 BImSchG).

Ein Umweltbeauftragter muss – um seine Aufgaben souverän ausführen zu können – über die erforderliche Fachkunde verfügen und zuverlässig sein (§ 55 Abs. 2 BImSchG). Dies setzt nach § 7 der 5. BImSchV ein abgeschlossenes Hochschulstudium in relevanten Fachbereichen (z.B. Biologie, Chemie oder Ingenieurswesen), eine mindestens zweijährige Berufserfahrung sowie die Festigung und Erweiterung des Wissensstandes durch regelmäßige Fortbildung und Teilnahme an Lehrgängen voraus. Ferner müssen seine persönlichen Eigenschaften, sein Verhalten und seine Fähigkeiten dazu geeignet sein, die ihm obliegenden Funktionen (s.u.) tatsächlich wahrnehmen zu können.[625] Dies ist z.B. nicht mehr der Fall,

---

[621] Engel, S. 197. Ein weitergehender Eingriff in die Binnenorganisation der Unternehmen würde sich auch aus Art. 14 GG verbieten.

[622] Versteyl, in: Kunig/Paetow/Versteyl, KrW-/AbfG, § 54 Rn. 1.

[623] Kloepfer, § 5 Rn. 423.

[624] Während nach dem BImSchG und dem KrW-/AbfG grds. nur Betriebsangehörige bestellt werden dürfen, ist die Aufgabenwahrnehmung nach dem WHG bspw. auch einem externen Dienstleister gestattet.

[625] Rathje, S. 76.

wenn der Beauftragte wegen der Verletzung umweltrechtlicher Vorschriften mit Geldbuße oder Strafe belegt wurde (§ 10 Abs. 2 BImSchV).

Die Funktion eines Umweltbeauftragten besteht – abstrakt betrachtet – einerseits darin, innerhalb des Betriebes über die Einhaltung der Umweltgesetze zu wachen (§ 54 Abs. 1 Nr. 3 BImSchG), andererseits aber auch ganz allgemein darin, den Umweltschutz als integrierendes Unternehmensziel in die Firmenpolitik hineinzutragen und die umweltgerechte Entwicklung und Erforschung neuer Verfahrensweisen und Produkte zu fördern (§ 54 Abs. 1 Nr. 1 und 2 BImSchG)[626]. Die einzelnen Funktionen (= Aufgaben) lassen sich dabei weiter wie folgt konkretisieren:

- Initiativ- und Vorsorgefunktion: Der Umweltbeauftragte wirkt auf die Entwicklung und Einführung umweltfreundlicher Verfahren, Prozesse und Produkte sowie auf umweltbezogene Investitionsentscheidungen hin; hierfür ist ihm ein direktes Vortragsrecht eingeräumt (§§ 54 Abs. 1 S. 1, 56, 57 BImSchG).
- Beratungs-, Überwachungs- und Kontrollfunktion: Der Umweltbeauftrage begleitet die betriebsinternen Abläufe, kontrolliert sie (z.B. durch Messungen, Befragungen) und sorgt für die Einhaltung der umweltbezogenen Rechtsvorschriften und behördlichen Anordnungen (§ 54 Abs. 1 BImSchG).
- Informations-, Aufklärungs- und Schulungsfunktion: Der Beauftragte sammelt und verdichtet die umweltrelevanten Informationen, führen eine SWOT- bzw. GAP-Analyse durch und bereitet die Ergebnisse für die jeweiligen Unternehmensbereiche, deren Mitarbeiter oder die Behörde in geeigneter Weise auf (z.B. Umwelt-Reporting und Schulungen, vgl. § 54 Abs. 1 BImSchG).
- Berichtsfunktion: Der Umweltbeauftrage ist verpflichtet, der Unternehmensleitung in regelmäßigen Abständen – zumeist jährlich – über die getroffenen und geplanten Maßnahmen Bericht zu erstatten (§ 54 Abs. 2 BImSchG).
- Vertretungsfunktion: Der Umweltbeauftragte vertritt das Unternehmen gegenüber den Umweltbehörden, in einschlägigen Umweltgremien sowie in sonstigen umweltrelevanten Einrichtungen, sofern er von der Unternehmensleitung hierzu legitimiert wurde.

Angesichts dieser vielfältigen Funktionen, die ein Umweltbeauftragter im Unternehmen wahrzunehmen hat, wird nachvollziehbar, dass er zumeist eine Stabstelle innerhalb des Unternehmens begleitet, die unmittelbar der Unternehmensleitung zugeordnet ist. Damit der Umweltbeauftragte trotz dieser starken betrieblichen Integration auch in der Erfüllung seiner Aufgaben wirkungsvoll, d.h. dem

---

[626] Kloepfer, § 5 Rn. 423.

Umwelt- und damit auch Allgemeinschutz verpflichtet bleibt, hat der Gesetzgeber dafür Sorge getragen, dass er nicht behindert oder benachteiligt wird (§ 58 Abs. 1 BImSchG) und außerdem einem besonderen Kündigungsschutz unterliegt (§ 58 Abs. 2 BImSchG). Hierdurch kann die Effektivität und Objektivität innerhalb des Unternehmens (als „Umweltgewissen") hinreichend gesichert werden.

6.1.5 Exkurs: Produktbezogene Umweltzeichen

Produktbezogene Umweltkennzeichen und -deklarationen gelten einerseits als Werkzeuge, anderseits als Ergebnis eines funktionierenden Umweltmanagements – sie liefern Informationen über Produkte, ganze Produktsysteme (life-cycle) oder Dienstleistungen im Hinblick auf deren Umwelteigenschaften und/oder -leistungen. Insofern können sie – sofern zertifiziert (z.B. Typ I - und Typ III - Deklarationen, s.u.) – dazu beitragen den Erfüllungsgrad von gesetzlichen Anforderungen (z.B. Energieeffizienzanforderungen nach dem Energieverbrauchskennzeichengesetz) zu belegen (s.a. Abschn. 6.2.2). Außerdem lässt sich durch ihren Einsatz die Nachfrage nach ökologischen Produkten und/oder Dienstleistungen steigern. Letzteres wird insbesondere durch den sog. *„Top-Runner"-Ansatz* bewirkt, der das beste am Markt befindliche Produkt zum Standard erhebt und Produkte, die diesen Standard innerhalb einer bestimmten Frist nicht erreichen, vom Markt ausschließt.[627]

Als *verpflichtendes* produktbezogenes Umweltzeichen existiert bislang nur das EU-einheitliche Energieverbrauchskennzeichen, welches den zulässigen Energieverbrauch für bestimmte Produktgruppen (z.B. Kühlschränke, Waschmaschinen, Fensterverglasungen etc.) sichtbar werden lässt. Die Energieverbrauchskennzeichnung ist bereits 1992 durch eine EU-Rahmenrichtlinie[628] eingeführt worden, die in Deutschland durch das Energieverbrauchskennzeichnungsgesetz (EnVKG) und durch die Energieverbrauchskennzeichnungsverordnung (EnVKV) eine Umsetzung erfuhr.

Daneben gibt es allerdings eine Reihe *freiwilliger* Umweltzeichen, die Auskunft zu konkreten Umwelteigenschaften und/oder -leistungen geben können. Sie sind im Gegensatz zu den niederschwelligen Managementansätzen (s.o. 6.1.4)

---

[627] Vgl. dazu z.B. die Ökodesign-Richtlinie (RL 2009/125/EG v. 21.10.2009, in: ABl. EG L 295, S. 10) die bestimmte Anforderungen an die umweltgerechte Gestaltung energieverbrauchsrelevanter Produkte stellt (z.B. Haushaltslampen 2009/244/EG; externe Netzteile 2009/278/EG; Haushaltswaschmaschinen 2010/1015/EG) und damit ineffiziente Geräte faktisch vom Markt ausschließt.

[628] EU-Rahmenrichtlinie 92/75/EWG zur Energieverbrauchskennzeichnung v. 22.9.1992, neu gefasst durch: Richtlinie 2010/30/EU v. 19.5.2010 über die Angabe des Verbrauchs an Energie und anderen Ressourcen durch energieverbrauchsrelevante Produkte mittels einheitlicher Etiketten und Produktinformationen, in: ABl. L 153/2010 v. 18.6.2010, S. 1.

normiert; die Normenreihe ISO 14020 ff. klassifiziert dabei drei Typen zur Produktkennzeichnung:

- *Type I: Zertifizierte Ökolabel*: Zertifizierte Ökolabel (Type I) sind öffentliche Umweltkennzeichen, die innerhalb einer Produktkategorie für Produkte mit einer besseren Umweltleistung bei konstanter Qualität vergeben werden. Die Vergabe von Ökolabel basiert auf einer produktgruppen-spezifischen Kriterienliste, die vom Inhaber des Labels (ein Verband, eine unabhängige oder staatliche Institution) und interessierten Kreisen erstellt, und deren Einhaltung von einer unabhängigen dritten Stelle (Umweltzeichenvergabestelle, z.B. RAL) zertifiziert wird. Mit Erfüllung der produktgruppen-spezifischen Anforderungen, erhält der Hersteller vom Label-Inhaber die Berechtigung das Ökolabel zu führen (vgl. ISO 14024). Bekannte Beispiele sind die Öko-Label „Blauer Engel" und „nature plus", ebenso die Euro-Blume[629].
- *Type II: Selbstdeklarationen*: Dieser Typus der Umweltkennzeichnung (Typ II) wird meist von Herstellern oder vom Handel entwickelt, um nur einzelne Umweltaspekte der Produkte und Dienstleistungen besonders hervorzuheben (ISO 14021). Die Norm spricht deshalb selbst von „umweltbezogenen Anbietererklärungen". Anders als bei den Umweltkennzeichnungen nach Typ I und Typ III findet keine Zertifizierung durch externe Dritte statt. Um die Glaubwürdigkeit gegenüber Kunden und Verbrauchern trotzdem zu sichern, müssen die Informationen zumindest verifizierbar, genau und relevant sein.
- *Type III: Produktdeklarationen (EPD):* Produktdeklarationen (kurz EPD, Environmental Product Declarations) sind Produktlabels, die auf quantifizierbaren Mess- und Maßzahlen einer Ökobilanz oder einem Carbon Footprint[630] beruhen und deshalb jederzeit einen wertfreien Vergleich mit anderen Type-III-Label-Produkten ermöglichen. Die ISO 14025 beschreibt die Anforderungen an eine solche Produktdeklaration, die zumeist Umweltkennzahlen zum Rohstoffverbrauch, zur Abfallträchtigkeit oder zu den Treibhausgasemissionen über den gesamten Lebenszyklus eines Produktes enthält sowie dazu ergänzende Erläuterungen vornimmt (z.B. zu den Klimaeffekten). Die Produktdeklarationen können, müssen aber nicht durch unabhängige Dritten zertifiziert werden und lassen sich – wegen der darin enthaltenen objektiven Umweltkennzahlen – sehr gut mit Umweltmanagementsystemen, die eine Ökobilanzierung erfordern (ISO

---

[629] Mit der Euro-Blume (Verordnung (EU) 66/2010 v. 25.11.2010 über das EU-Umweltzeichen) können in allen EU-Mitgliedsstaaten sowie den assoziierten Nachbarstaaten Produkte ausgezeichnet werden, die bezogen auf die gesamte Lebensdauer geringere Umweltauswirkungen haben als der Marktdurchschnitt ohne dass dabei die Sicherheit der Produkte beeinträchtigt oder die Eignung für den vorgesehenen Gebrauch verringert wird. Das EU-Umweltzeichen besitzt derzeit europaweite Gültigkeit in 24 Produktkategorien, die Vergabekriterien, die der European Union Ecolabeling Board (EUEB) festgelegt hat, sind in der Verordnung normiert.

[630] Der „Product Carbon Footprint" (PCF) bezeichnet die Menge der Treibhausgasemissionen entlang des gesamten Lebenszyklus eines Produkts in einer definierten Anwendung und bezogen auf eine definierte Nutzeinheit.

14001 oder EMS III), kombinieren. Beispiele für EPDs bilden die CO2-Labels, das Label „Energy Star“, das Label des IBU oder das Produktinformationssystem „PRODIS“ der Gemeinschaft umweltfreundlicher Teppichboden. Gerade bezogen auf diese Produktdeklarationen (EPDs) wird aktuell die direkte gesetzliche Verknüpfung diskutiert; nach dem Entwurf der europäischen Bauproduktverordnung[631] (Erwägungsgrund 11a und 43c), sollen bei der Bewertung der nachhaltigen Nutzung von Ressourcen und der Auswirkungen von Bauwerken auf die Umwelt, die EPDs – soweit verfügbar – künftig herangezogen werden.

6.2 Juristische Betrachtung des Umweltmanagements

Der juristische Wert von Umweltmanagementsystemen ist ambivalent.[632] Gelten sie im nationalen Recht zumeist nur als Selbststeuerungsmechanismen, deren (z.T. freiwillige) Etablierung in die Unternehmensabläufe zu Handlungs- und Vollzugserleichterungen führen oder das Risiko zivil- und strafrechtlicher Inanspruchnahme verringern (s. Abschn. 6.2.1), stellen sie sich bezogen auf das europäische Umweltrecht in zahlreichen Regelungsbereichen bereits als unverzichtbare Voraussetzung dar, um die dort gestellten Anforderungen überhaupt erfüllen zu können (vgl. dazu später unter 6.2.2).

Dies hängt ganz maßgeblich mit den unterschiedlichen Leitbildern der beiden Rechtssysteme zusammen. Während im nationalen Recht das *ordnungsrechtliche Konzept der Gefahrenabwehr* auch weiterhin die zentrale Bedeutung einnimmt (etwa im Anlagen-, Abwasser- oder Bodenschutzrecht) und durch das Vorsorgeprinzip (z.B. durch die Beschreibung von sog. Grundpflichten) sowie den kooperativen Instrumenten der Betriebsorganisation/Eigenüberwachung (u.a. Umweltbeauftragte, Auskunfts- und Mitteilungspflichten, Umweltmanagementsysteme) eine „nur“ sinnvolle Ergänzung erfährt, unterscheidet das europäische Umweltrecht konzeptionell nicht zwischen Gefahrenabwehr und Vorsorge, nimmt gerade keine Stufung vor, sondern setzt von Anfang an verbindliche *Umweltqualitätsziele*, welche von den Verpflichteten – etwa den Unternehmen – zu erreichen *und* nachzuweisen sind.[633] Insoweit bekommen Umweltmanagementsysteme auf europäischer Ebene einen völlig anderen Charakter. Sie sind nicht mehr nur betriebs-

---

[631] Entwurf einer Verordnung des Europäischen Parlaments und des Rates zur Festlegung harmonisierter Bedingungen für die Vermarktung von Bauprodukten, KOM (2008) 311 endg. V. 23.5.2008.

[632] Der wirtschaftliche Wert ist hingegen nachgewiesen: So steht einem durchschnittlichen Kostenaufwand zur Etablierung eines Systems von ca. 60.000 € eine sofortige Ersparnis von ca. 70.000 € gegenüber – vgl. SRU BT-Drs. 14/8792, Tz. 111 ff. Ferner können Kostensenkungspotentiale dauerhaft ermittelt werden, ebenso lassen sich günstigere Bank- und Versicherungskonditionen erzielen und schließlich verbessern sich durch erteilte Logos die Absatzchancen: Kloepfer, § 5 Rn. 448; Engel, S. 110 ff.

[633] Reese, ZUR 2010, 339, 342.

wirtschaftlich motivierte reflexive Instrumente[634], die auf Unternehmensebene mit der Analyse von Betriebsabläufen dazu beitragen, Energie und Geld zu sparen oder für geringfügige Handlungs- und Vollzugserleichterungen zu sorgen, sondern sie sind jetzt unverzichtbar, um die abverlangte europäische Umweltqualität nachzuweisen, die sich u.a. in konkreten Messgrößen, Stoffeigenschaften und/oder eigenständigen Risikobewertungen (s. EPDs) niederschlägt; u.U. sogar obligatorisch darzulegen ist, um den Ausschluss vom Markt zu vermeiden („no data no market").

Als Beispiel mag etwa die neue Eigenverantwortung unter REACH gelten, die zwar in einem Kernbereich für Hochrisikostoffe weiter an den ordnungsrechtlichen Instrumentarien der Ge- und Verbote in Gestalt von gemeinschaftsweiten Stoffbeschränkungen festhält, aber für die große Masse der Chemikalien (vgl. Art. 2 REACH-VO) nur noch auf die „modernen" Steuerungsinstrumente der *eigenverantwortlichen Risikoermittlung und Risikobewertung* sowie auf einen darauf aufbauenden *akteurübergreifenden Risikominderungsprozess* setzt.[635] Risikoermittlung und -bewertung der Chemikalienflüsse über die gesamte Lieferkette sowie die herstellerseitige Kommunikation gegenüber den vor- und nachgeschalteten Akteuren (Stoffsicherheitsberichte und -beurteilungen, Art. 34 REACH-VO) und gegenüber der Registrierungsstelle (Europäische Agentur[636]) kann lückenlos und nachhaltig (s. auch die Aufbewahrungspflichten nach Art. 36 REACH-VO) nur mittels eines (Chemikalien-)Managementsystems erreicht werden. Die Europäische Agentur nimmt ihrerseits nurmehr eine formale (keine materiell-rechtliche!) Registrierungskontrolle der von den Unternehmen selbst formulierten Unterlagen vor. Das Managementsystem (als kontinuierlicher und verlässlicher Informationslieferant) wird somit zur Grundvoraussetzung bei Erfüllung der neuen Pflichtenlage und ebenso für die weitere Teilhabe am Marktgeschehen (Art. 5 REACH-VO); darauf wird an späterer Stelle unter 6.2.2 nochmals einzugehen sein.

6.2.1 Umweltmanagement und nationales Umweltrecht

Im Rahmen des „klassischen", nationalen Umweltrechts erlangen die Umweltmanagementsysteme sowohl im Verwaltungsrecht (s. dazu unter. 6.2.1.1) als auch im Zivil- (s. dazu unter 6.2.1.2) und Strafrecht (s. dazu unter 6.2.1.3) Bedeutung.

Sie schaffen – wie vom Gesetzgeber beabsichtigt – neben der erhöhten Bereitschaft zur Rechtsbefolgung, Handlungs- und Vollzugserleichterungen und haben Auswirkungen auch dort, wo es in zivil- und strafrechtlicher Hinsicht um den Nachweis einer umweltgerechten Betriebsorganisation geht.

---

[634] Kloepfer, § 5 Rn. 418.

[635] Führ/Lahl, abrufbar unter http://www.bmu.de/files/chemikalien/downloads/application/pdf/-reach_eigenverantwortung.pdf.

[636] Die Agentur zur Registrierung chemischer Stoffe in Helsinki (EChA) ist eine unabhängige, mit Rechtsfähigkeit ausgestattete europäische Verwaltungseinrichtung, die von den nationalen Stellen als Vollzugshelfer – „System amtlicher Kontrollen und anderer im Einzelfall zweckdienlichen Tätigkeiten" (Art. 125 REACH-VO) – unterstützt wird.

6.2.1.1 Umweltverwaltungsrecht

Umweltmanagementsysteme können zu *Handlungserleichterungen* führen, sofern im Umweltverwaltungsrecht – zur Unterstützung staatlicher Kontrolle und behördlicher Überwachung – Eigenüberwachungspflichten (z.B. Messverpflichtungen: §§ 7 Abs. 1 Nr. 3, 26, 28 BImSchG; Einstufungspflichten: § 3a ChemG) oder Aufzeichnungs-, Offenbarungs- und Mitwirkungspflichten (z.B. Anzeige-, Melde- und Mitteilungspflichten: §§ 15, 31, 52a BImSchG, §§ 36, 53 KrW-/AbfG, §§ 16 ff. ChemG; Erklärungspflichten: § 27 BImSchG; Datenerfassungs-, Dokumentations- und Nachweispflichten: § 14 UmweltstatistikG, § 2 UmweltinformationsG, §§ 42, 43 KrW-/AbfG, 31 BImSchG, 7 ff. StörfallVO, § 6 Abs. 10 GefStoffVO)[637] vorgesehen sind. Denn bezogen auf diese verwaltungsrechtlichen Anforderungen, die zumeist auf eine Weiterleitung umweltrelevanter Daten und Informationen zielt, die in Menge und Komplexität stetig zunimmt, lassen sich durchaus Synergieeffekte zu den Informationen herstellen, die das Umweltmanagementsystem z.B. im Rahmen seiner Ökobilanzierung, seiner Umweltbetriebsprüfung bzw. seiner Umweltdatenerfassung zu Tage bringt oder zu den Nachweisen, die im Rahmen der systemimmanenten Dokumentenlenkung ohnehin erstellt werden. Sofern diese Informationen, Erklärungen, Mitteilungen aus den Umweltmanagementsystemen mit den abgeforderten überwachungsrechtlichen Instrumenten vergleichbar sind, also eine *funktionale Äquivalenz* besteht, lassen sie sich zweifelsohne auch ordnungsrechtlich – namentlich im Rahmen der Behördenkontrolle – nutzbar machen.[638] In welcher Weise dies konkret geschehen kann, liegt dabei im Ermessen der damit befassten Behörden und wurde in manchen Bundesländern durch Verwaltungsanweisungen näher ausgestaltet.[639]

So schaffte man bspw. in Hessen schon im Jahr 2002 einen Katalog verwaltungsrechtlicher Erleichterungen zugunsten EMAS auditierter oder nach ISO 14001 zertifizierter Organisationen.[640] In Thüringen erging 2004 ein Erlass zur Substitution ordnungsrechtlicher Maßnahmen durch Erleichterungen im Verwaltungsvollzug.[641] Und in Niedersachsen räumte man bei der Erteilung behördlicher Erlaubnisse oder bei der Anlagenüberwachung deutliche Ermäßigungen von Verwaltungsgebühren ein, sofern die Unternehmen über zertifizierte Umweltmanagementsysteme verfügten.[642]

---

[637] Weitere solcher Handlungserleichterungen finden sich in einer Studie des Umweltgutachterausschusses: UGA, EMAS in Rechts- und Verwaltungsvorschriften, Stand: Dez. 2010, http://www.emas.de/fileadmin/user_upload/05_rechtliches/PDF-Dateien/EMAS_in_Rechts_und _Verwaltungsvorschriften.pdf (abgerufen am 28.3.2011).

[638] Ensthaler/Funk/Gesmann-Nuissl/Selz, S.33 ff.

[639] Mehrseitige tabellarische Übersicht bei Meß sowie UGA, EMAS in Rechts- und Verwaltungsvorschriften, Stand: Dez. 2010, http://www.emas.de/fileadmin/user_upload/05_rechtliches /PDF-Dateien/EMAS_in_ Rechts_und _Verwaltungsvorschriften.pdf (abgerufen am 28.3.2011).

[640] Hess StAnz. Nr. 1 vom 07.01.2002.

[641] Thür StAnz. Nr. 3 vom 19.1.2004, S. 160.

[642] Nds. GVBl. Nr. 18/2002, ausgegeben am 28.6.2002.

Eine tatsächliche *Vollzugserleichterung* erfährt das Unternehmen allerdings erst, wenn es nicht nur zu einer faktischen, sondern auch zu einer tatsächlichen Aufgabe (Substitution) von staatlicher Kontrolle kommt, wenn also die Tatsache, dass ein Umweltmanagement vorgehalten wird, zur *gesetzlich angeordneten Privilegierung* des Unternehmens führt – es kein Nebeneinander von Eigen- und Behördenkontrolle mehr gibt, sondern die Eigenkontrolle die behördliche Kontrolle vollständig ersetzt.

Eine solche ordnungsrechtliche Privilegierung ist seit 2001 in Ausführung des Art. 10 Abs. 2 EMAS II[643] in den Bestimmungen der §§ 58e BImSchG, 55a KrW-/AbfG und 21 h WHG mittels Verordnungsermächtigungen angelegt, die ihrerseits eine weitere Konkretisierung durch die EMAS-Privilegierungs-Verordnung (EMASPrivilegV)[644] sowie durch landesrechtliche Regelungen[645] erfahren haben.

Ziel der EMASPrivilegV ist es, den Unternehmen/Organisationen, die sich am Gemeinschaftssystem beteiligen (das sind ausschließlich die nach EMAS registrierten Anlagen, nicht die nach ISO 14000 zertifizierten!), bundeseinheitlich bestimmte genehmigungs-, verfahrens- und überwachungsrechtliche Erleichterungen zu gewähren. Nach § 2 EMAS-PrivilegV werden Anzeige- und Mitteilungspflichten zur Betriebsorganisation nach §§ 52a BImSchG und 53 KrW-/AbfG alleine durch die Bereitstellung des Bescheides zur Standort- oder Organisationseintragung erfüllt. Gemäß § 3 Abs. 1 EMAS-PrivilegV kann bei einer EMAS-Anlage auf die Anordnung der Bestellung eines oder mehrerer Betriebsbeauftragten nach § 53 Abs. 2 BImSchG (Betriebsbeauftragter für Immissionsschutz) oder nach § 54 Abs. 2 KrW-/AbfG (Betriebsbeauftragter für Abfall) verzichtet werden. Dies gilt analog für die behördliche Anordnung nach § 58 a Abs. 2 BImSchG (Störfallbeauftragter). § 3 Abs. 2 EMAS-PrivilegV ermöglicht ferner den Verzicht auf die jährlichen Berichte nach §§ 54 Abs. 2, 58 b Abs. 2 BImSchG und nach § 55 Abs. 2 KrW-/AbfG. Außerdem können die Anzeigepflichten nach §§ 55 Abs. 1, 58 c Abs. 1 BImSchG und § 55 Abs. 3 KrW-/AbfG seitens des Betreibers dadurch erfüllt werden, dass der Beauftragte die im Rahmen des Umweltaudits erstellten Unterlagen der zuständigen Behörde zuleitet. Die §§ 4 – 9 EMAS-PrivilegV enthalten schließlich Erleichterungen bei Emissionsermittlungen, wiederkehrenden

---

[643] Art. 10 Abs. 2 der Verordnung (EG) Nr. 761/2001 v. 19.3.2001, ABl. L 114/1 v. 24.4.2001 (EMAS II) gab den Mitgliedstaaten auf, zu prüfen „... wie der EMAS-Eintragung ... bei Durchführung und Durchsetzung der Umweltvorschriften Rechnung getragen werden kann, damit doppelter Arbeitsaufwand sowohl für die Organisation als auch für die ... Behörden [= Eigen- und Behördenkontrolle] vermeiden werden kann."

[644] Verordnung über immissionsschutz- und abfallrechtliche Überwachungserleichterungen für nach der Verordnung (EG) Nr. 761/2001 registrierte Standorte und Organisationen (EMAS-Privilegierungs-Verordnung – EMASPrivilegV), ergangen als Art. 1 der Verordnung zum Erlass und zur Änderung immissionsschutzrechtlicher und abfallrechtlicher Verordnungen v. 24.6.2002, BGBl. I S. 2247.

[645] Die landesrechtlichen Privilegierungen, die seither geschaffen wurden, können im Rahmen der Abhandlung nicht dargestellt werden – einen sehr guten Überblick in tabellarischer Form gewährt: *UGA*, EMAS in Rechts- und Verwaltungsvorschriften, Stand: Dez. 2010, http://www.emas.de/fileadmin/user_upload/05_rechtliches/PDF-Dateien/EMAS_in_Rechts_und_Verwaltungsvorschriften.pdf (28.3.2011).

Messungen, Funktionsprüfungen, sicherheitstechnischen Prüfungen sowie hinsichtlich der Berichts- und Unterrichtungsverpflichtung gegenüber der Öffentlichkeit (§§ 26 ff. BImSchG i.V.m. mit den einschlägigen BImSchVOen). Alle diese Erleichterungen (Privilegierungen i.S. von Substitutionen) stehen jedoch im behördlichen Ermessen und werden nur eingeräumt, sofern die Einhaltung der umweltrechtlichen Vorschriften zuvor im Rahmen einer „legal compliance" (bei EMAS ist das fest vorgesehen!) stattgefunden hat – die Privilegierung betrifft außerdem lediglich den Verwaltungs*vollzug* – ersetzt/substituiert also die Behördenkontrolle – und lässt dabei die bestehenden ordnungsrechtlichen Verpflichtungen unberührt.[646]

6.2.1.2 Umweltprivatrecht

Im Rahmen des nationalen Umweltprivatrechts spielen Umweltmanagementsysteme insbesondere im Bereich der (Umwelt-)Haftung[647], also bei einer privatrechtlichen Inanspruchnahme der Unternehmen durch Geschädigte oder Beeinträchtigte, eine Rolle. Hier tragen sie einerseits dazu bei den Begriff der „betrieblichen Organisationspflicht" und damit den status quo der umweltspezifischen Verkehrspflichten mit auszugestalten. Sie definieren also, was vom Unternehmer/Anlagenbetreiber erwartet werden kann, d.h. an welchen Vorgaben er organisatorisch zu messen ist und wirken insofern anforderungssteigernd und haftungsverschärfend. Andererseits ermöglichen sie aber auch verfahrensrechtliche Vorteile, namentlich dort, wo vom Unternehmen/Anlagenbetreiber der „bestimmungsgemäße Normalbetrieb" bzw. die „Einhaltung der Betreiber- und Organisationspflichten" nachzuweisen ist. Hier können Managementsysteme haftungsentlastend wirken. Diese doch unterschiedliche Wirkweise der Managementsysteme innerhalb des privaten Umwelthaftungsrechts soll nachfolgend dargestellt werden.

Die privatrechtlichen Ansprüche, mit welchen die Unternehmen bzw. die Betreiber aufgrund von Umwelteinwirkungen konfrontiert werden können, lauten regelmäßig auf Schadensersatz aus den Tatbeständen der deliktsrechtlichen Verschuldenshaftung (§§ 823 ff. BGB) sowie der anlagenbezogenen Gefährdungshaftung (§§ 1 ff. UmweltHG) oder auf Beseitigung und/oder Entschädigung aus der Aufopferungshaftung (§§ 906 BGB, 14 BImschG).[648] Da die Wirkweise der

---

[646] Knopp, NVwZ 2001, S. 1098, 1099 f.

[647] Dem Begriff „Haftung" liegt hier ein weites Begriffsverständnis zugrunde, das Umweltnachbarrecht wird explizit eingeschlossen – vgl. hierzu bereits Ensthaler/Funk/Gesmann-Nuissl/ Selz, Umweltauditgesetz und EMAS-Verordnung, 2002, S. 22 ff., Ensthaler/Nuissl/Füssler, Juristische Aspekte des Qualitätsmanagements, 1997, S. 237 ff.

[648] Unberücksichtigt bleibt in diesem Zusammenhang die RL 2004/35/EG des Europäischen Parlaments und des Rates vom 21.4.2004 über Umwelthaftung zur Vermeidung und Sanierung von Umweltschäden (ABl EG Nr L 143 S. 56) sowie das Umweltschadensgesetz als Umsetzungsgesetz (BGBl. 2007 I S. 666), da sie gerade keine Haftungstatbestände im „klassischen" Sinne erfassen, sondern (öffentlich-rechtliche) Kostenerstattungspflichten für Restitutions- und Rekulti-

Umweltmanagementsysteme im Rahmen dieser Schadensersatz- und Entschädigungsansprüche nahezu gleich ist, werden die Ausführungen hier auf Schadensersatzansprüche aus der deliktsrechtlichen Verschuldungshaftung beschränkt.[649]

Eine Inanspruchnahme aus der *deliktsrechtlichen Grundnorm des § 823 Abs. 1 BGB* setzt voraus, dass ein rechtwidriges und schuldhaftes (vorsätzlich oder fahrlässiges) Verhalten des Unternehmens (d.h. des Betriebsinhabers/Betreibers oder seiner Verrichtungsgehilfen) eine Schädigung der in § 823 Abs. 1 BGB benannten Rechtsgüter Dritter (u.a. Leben, Körper, Gesundheit, Eigentum) herbeigeführt hat.

Das tatbestandsmäßige Verhalten kann dabei in einem aktiven Tun liegen (z.B. dem Einleiten einer giftigen Substanz in ein Gewässer) oder aber in einem pflichtwidrigen Unterlassen (z.B. dem Austritt giftiger Substanzen, weil der Werkmeister die abendliche Routinekontrolle nicht vornimmt). Gerade dieses pflichtwidrige Unterlassen ist im Umweltprivatrecht von besonderer Bedeutung; Umweltschäden oder Schäden wegen Umwelteinwirkungen treten sehr häufig deshalb ein, weil jemand die „im Verkehr gebotene Sorgfalt" (§ 276 Abs. 1 S. 2 BGB) nicht einhält, die eigentlich gebotene Handlung unterlässt. Was aber genau die „im Verkehr gebotene Sorgfalt/Handlung" ist, was also der Betreiber zu veranlassen hat, damit von seiner Anlage bzw. dem Anlagenbetrieb (der Gefahrenquelle, für die er die Verantwortung trägt) keine Gefahren/Schädigungen für Dritte ausgehen – welche Sicherheitsanforderungen er also zu erfüllen hat (sog. umweltspezifische Verkehrs- bzw. Verkehrssicherungspflicht[650]), ist im Rahmen des Privatrechts nicht näher ausgestaltet. Vielmehr richten sich Inhalt und Umfang dieser umweltspezifischen Verkehrspflicht nach einem *objektiven* Sorgfaltsmaßstab („Was kann man in verständiger Weise aus Sicht der betroffenen Verkehrskreise vom Betreiber bzw. der Anlage erwarten?"),[651] der sich im Wege einer Gesamtschau aus öffentlich-rechtlichen Rechtsvorschriften (z.B. den immissionsrechtlichen Grundpflichten nach §§ 5, 22 BImSchG i.V.m. den untergesetzlichen Regelungen und behördlichen Anordnungen; § 6 Abs. 3 UmweltHG; Unfallverhütungsvorschriften; TAs), Standards (z.B. Stand von Wissenschaft und Technik), technischen Regeln priva-

---

vierungsmaßnahmen der öffentlichen Hand i.S. einer ordnungsrechtlichen Störerhaftung vorsehen.

[649] Die Grundlagen aller anderen privatrechtlichen Ansprüche sind in Ensthaler/Füßler/Nuissl, S. 237 ff. nachgezeichnet. Ebenso u.a. bei Dombert, in: Ewer/Lechelt/Theuer (Hrsg.), Kap. L Rn. 7 ff.; sowie bei Kloepfer, § 6.

[650] *Wagner,* in: MüKo, BGB, § 823 Rn. 232 ff.; vgl. zum Grundgedanken der Verkehrssicherungsflichten (im Kontext der juristischen Produktverantwortung) bereits die Ausführungen in Kap. 2 des vorliegenden Werks unter 2.2.1.2.

[651] Im Rahmen des Umweltprivatrechts kommt es ebenso wie Produkthaftungsrecht zu einer allmählichen Ersetzung der subjektiv-individuellen Fahrlässigkeit durch einen objektiv-typisierenden Fahrlässigkeitsmaßstab, der dann in den umweltspezifischen Verkehrspflichten seinen Ausdruck findet; vgl. dazu auch Kloepfer, § 6 Rn. 154.

ter Normungsorganisationen und -verbände (DIN, VDE etc.) ableiten lässt[652] und seine Grenze in der (auch wirtschaftlichen) Zumutbarkeit findet.[653]

Neben Emissionsbeobachtungspflichten,[654] Nachforschungspflichten[655] oder der Verpflichtung zur umweltgerechten Abfallbeseitigung[656], die allesamt als Ausprägung dieser umweltspezifischen Verkehrspflicht gelten, gehört nach ständiger Rechtsprechung auch die allgemeine Verpflichtung dazu, dafür Sorge zu tragen, dass die innerbetrieblichen Abläufe so organisiert werden, dass Schädigungen Dritter in gebotenem Umfang vermieden werden.[657] Hierfür hat das Unternehmen / der Betreiber nicht nur die Arbeitsabläufe im Unternehmen zu planen, zu kontrollieren und zu beaufsichtigen (Aufbau- und Ablauforganisation), sondern auch die nachgeordneten Mitarbeiter sorgfältig auszuwählen (§ 831 Abs. 1 BGB), sie in dem gebotenem Umfang zu instruieren sowie die sorgfältige Ausführung der übertragenen Tätigkeiten zu überwachen (Aufsichtsorganisation). Dem Unternehmen / Betreiber soll insoweit die Verpflichtung zur Risikoanalyse, zur Risikobewertung, zur Errichtung eines Kontrollsystems sowie zur Implementierung eines Kommunikations- und Informationssystems zufallen,[658] wobei die Art und Ausgestaltung der Ablauf- und Aufsichtsorganisation[659] (sog. betriebliche Organisationspflicht) an den Gegebenheiten des Einzelfalls auszurichten ist.[660] Ganz allgemein soll dabei gelten, dass die Anforderungen steigen, je unübersichtlicher (größer) das Unternehmen / die Organisation ist, und je größer die Gefahren sind, die von dem Unternehmen / der Organisation ausgehen.[661]

Bei der erforderlich werdenden Konkretisierung dieser „betrieblichen Organisationspflicht" („was darf denn konkret erwartet werden"), erlangen nun die Umweltmanagementsysteme (ISO 14001, EMAS III) Bedeutung. Denn sie beschreiben als Regelwerke sachverständiger Gremien (sowohl in den Normungsausschüssen als auch im Rahmen der europäischen Gesetzgebung) das organisatorisch Machbare und stellen nach zumeist langen Normungs- und Gesetz-

---

[652] Grds. besteht zwar eine Eigenständigkeit der privatrechtlichen deliktischen Sorgfaltspflichten gegenüber öffentlich-rechtlichen Bestimmungen, da das Privatrecht eine eigenständige Funktion erfüllt. Allerdings können die öffentlich-rechtlichen Vorgaben, technische Regeln etc. für die Gerichte eine wichtige Orientierungshilfe bei der Ermittlung der verkehrserforderlichen Sorgfalt geben, weil sie insoweit eine Art Mindeststandard setzen – s. BGHZ 92, 143, 151 f.; BGHZ 114, S. 273, 275 f.; BGH NJW-RR 2002, 525, 526; VersR 2004, 657, 658.

[653] Wagner, in: MüKo, BGB, § 823 Rn. 258; Versen, S. 142 ff, 185 ff.

[654] BGHZ 92, 143, 151; BGH ZIP 1997, 1706, 1708 f.

[655] VG Kassel, AbfallR 2003, 43.

[656] BGH VersR 1976, 62 – Industrieabfälle.

[657] BGHZ 4, 1, 2 f.; RGZ 89, 136, 137 f.

[658] Dombert, in: Ewer/Lechelt/Theuer (Hrsg.), Kap. L Rn. 31.

[659] „Ablauf- und Aufsichtsorganisation" ist die „räumlich-zeitliche Strukturierung der für die betriebliche Aufgabenerfüllung notwendigen Arbeitsprozesse" sowie die organisatorische Festlegung der Aufsicht darüber, Bea/Göbel, S. 343.

[660] Reuter, DB 1993, 1605 ff.; wohl auch Dombert, in: Ewer/Lechelt/Theuer (Hrsg.), Kap. L Rn. 52.

[661] BGH VersR 1978, 538, 540.

gebungsprozessen ein Ergebnis zur Verfügung, auf das sich die Sachverständigen unter Beachtung aller relevanten Aspekte haben einigen können. Insofern sind die Anforderungen, welche in ISO 14001 oder EMAS III hinsichtlich der Betriebsorganisation abverlangt werden und die obendrein auf die Belange von KMU Rücksicht nehmen (ihre Anforderungen variieren proportional zur Betriebsgröße), als ein in jedem Fall *einzuhaltender Mindeststandard* einzustufen, auf den sich die besonnenen und gewissenhaft agierenden Angehörige der betroffenen Verkehrskreise im Wege der gesellschaftlichen Regelbildung verständigt haben. Diese „Regelanforderungen"[662] bilden sonach das (Mindest-)Maß der im Verkehr erforderlichen Sorgfalt (§ 276 Abs. 1 S. 2 BGB), zumindest soweit es um die Ausgestaltung der betrieblichen Ablauf- und Aufsichtsorganisation geht. Wenn etwa in Anh. II B 4 – B 5 EMAS III und in ähnlicher Weise in Anh. A 4.1 – 4.3 ISO 14001 Anforderungen an die Betriebsorganisation im Hinblick auf Mitarbeiterführung, Schulung und Kommunikation formuliert werden, so bestimmen sie die Sorgfaltsanforderungen im Rahmen des § 823 Abs. 1 BGB betreffend des zu installierenden Kommunikationssystems. Ähnliches gilt hinsichtlich der Vorgaben zur standortbezogenen Risikoanalyse nach Anh. II B 1 / B2 EMAS III und Anh. 5.2 ISO 14001. Auch die niederschwelligen Managementsysteme können hier beachtenswerte Aussagen treffen, sofern diese durch die Fachkompetenz und Glaubwürdigkeit der begutachtenden Institution gesichert sind (s. Abschn. 6.1.3.4).

Bsp.: Kommt es während des Anlagebetriebs zu einem atypischen Betriebsablauf der zu Gesundheitsschäden Dritter führt, so wird sich auch die Frage stellen, ob der Anlagenbetreiber seine betrieblichen Organisationspflichten erfüllt hat. Hält der Betreiber eine Ablauf- und Aufsichtsorganisation vor, die den Vorgaben der ISO 14001 oder EMAS III entspricht, wird man dieses unterstellen können. Bleiben hingegen seine Bemühungen hinter diesen Vorgaben zurück, wird man zunächst einmal eine Verkehrspflichtverletzung des Betreibers annehmen dürfen, weil die nach dem heutigen Kenntnisstand als unverzichtbar geltenden organisatorischen Maßnahmen nicht eingerichtet wurden, er insoweit sorgfaltswidrig i.S. des § 276 Abs. 1 S. 2 BGB agierte.

Sofern ein Verstoß gegen die vorbenannten umweltspezifischen Verkehrspflichten vorliegt, ein *fehlerhaftes Betreiben der Anlage* feststeht, wird – wie aufgezeigt – nicht nur die Rechtswidrigkeit indiziert, sondern auch das erforderliche Verschulden vermutet; die Missachtung der vorgenannten Verkehrspflichten begründet in der Regel schon den notwendigen Fahrlässigkeitsvorwurf.[663] Insofern reicht am Ende häufig schon die Kausalität zwischen einer umweltspezifischen Verkehrspflichtverletzung und dem Schadenseintritt aus, um eine Inanspruchnahme auf Schadensersatz aus § 823 Abs. 1 BGB materiell-rechtlich zu begründen.

Allerdings muss nach traditionellen prozessrechtlichen Grundsätzen der Geschädigte – also derjenige, der den Anspruch aus § 823 BGB geltend macht – alle anspruchsbegründenden Voraussetzungen darlegen und beweisen. Während diese zivilprozessrechtliche Maxime hinsichtlich des Schadenseintritts zumeist keine

---

[662] Feldhaus, NVwZ 1991, 927, 932.

[663] BGH VersR 1987, 102.

Probleme bereitet, der Nachweis ohne weiteres erbracht werden kann, wird der Geschädigte bezüglich des Vorliegens der umweltspezifischen Pflichtverletzung und der Kausalität regelmäßig Schwierigkeiten haben, die sich auch nicht über Erfahrungsregeln (§ 286 ZPO „freie Beweiswürdigung") oder den sog. Anscheinsbeweis lösen lassen.[664] Daher finden sich in der Rechtsprechung ernstzunehmende Ansätze,[665] die dieses Problem mittels Beweiserleichterungen bis hin zur (partiellen) Umkehr der Beweislast lösen wollen, d.h. der Geschädigte behauptet nurmehr das Vorliegen der Voraussetzungen (z.B. der Verkehrspflichtverletzung), sie werden dann zunächst unterstellt, und das Unternehmen / der Betreiber muss anschließend den Entlastungsbeweis führen.

Diese Vorgehensweise entspricht auch dem Leitbild des UmweltHG, nach welchem der Inhaber einer Anlage, welche eine erhöhte Gefahr für die Umwelt darstellt[666], bei auftretenden Schäden während des Anlagenbetriebes ohne jegliches Verschulden und ohne Rücksicht darauf, ob es sich um einen Störfall oder den Normalbetrieb der Anlage handelt, auf Schadensersatz haftet (sog. Gefährdungshaftung nach §§ 1, 3 UmweltHG). Dabei kann diese zunächst gesetzlich angeordnete Kausalitätsvermutung (§ 6 Abs. 1 UmweltHG) – im Prinzip wie nach den Rechtssprechungsregeln (s.o.) – nur erschüttert werden, wenn der Betreiber *positiv* nachweist, dass die Schädigung im Rahmen des bestimmungsgemäßen Betriebs erfolgte und er die besonderen Betriebspflichten eingehalten hat, d.h. im Rahmen aller Genehmigungen gehandelt und die im Verkehr erforderliche Sorgfalt beachtet hat (die Anlage störfallfrei und nicht fehlerhaft betrieben wurde, § 6 Abs. 2 UmweltHG).

Bsp. (an das vorherige anknüpfend): Kann der Geschädigte eine Verkehrspflichtverletzung, die Stoffkausalität oder die Ursache-Wirkungsbeziehung nicht nachweisen, obschon eine gegenüber den Festsetzungen der TA-Luft messbare Überschreitung der Immissions- und Emissionswerte festellbar ist (atypischer Betriebsablauf), können für den Geschädigten Beweiserleichterungen greifen (§§ 823, 831 BGB), es kann sich die Beweislast zu seinen Gunsten umkehren (§§ 823, 831 BGB: vom „Anspruchsteller-Vollbeweis" zur „am Betroffenen-Schutz orientierten Beweislast" [667]) oder es kann die Verpflichtung zur Widerlegung der Kausalitätsvermutung gesetzlich angeordnet sein (§ 6 UmweltHG). Zunächst würde nach allen Alternativen die Verkehrspflichtverletzung, die Stoffkausalität oder die Ursache-Wirkungsbeziehung unterstellt und anschließend hätte der Unternehmer / Anlagenbetreiber dann nachzuweisen, dass er – trotz der festgestellten erhöhten Werte – im Rahmen des genehmigten, bestimmungsgemäßen Betriebs agierte und die gebotene Sorgfalt beachtete.

In solchen Fallkonstellationen können Umweltmanagementsysteme u.U. haftungsentlastend wirken, da der Betreiber jetzt jederzeit auf die Managementsyste-

---

[664] Hager, in: Landmann/Rohmer, UmweltHG, § 6 Rn. 4 ff.

[665] BGHZ 92, 143, 151 - Kupolofen; BGH NJW 1994, 1880 f. - Ölkontamination.

[666] Die Anlagen sind enumerativ in Anh. I des Umwelthaftungsgesetzes (UmweltHG) aufgelistet und entsprechen weitgehend den genehmigungsbedürftigen Anlagen nach dem BImSchG.

[667] Dombert, in: Ewer/Lechelt/Theuer (Hrsg.), Kap. L Rn. 56.

me (ISO 14001, EMAS III, z.T. auch auf niederschwellige Umweltmanagementsysteme) zurückgreifen und über die dort verfügbaren Informationen[668] den bestimmungsgemäßen, störungsfreien (= fehlerfreien) Betrieb dokumentieren kann. Auch Auskunftsansprüche, die sich nun gegen ihn richten können (vgl. nur § 8 UmweltHG), ließen sich mittels der Dokumentation aus den Managementsystemen (Managementhandbücher mit Angaben zu Stoffflüssen, Verbräuchen, Emissionen etc. sowie der Umwelt- bzw. Teilnahmeerklärung) befriedigen. Sofern der Betreiber nach EMAS III validiert ist, kann er überdies den wichtigen Nachweis erbringen, dass die Einhaltung aller geltenden Umweltvorschriften am Standort gesichert war und ist. Alle diese zertifizierten/validierten Angaben werden zunächst einmal ausreichen, um die Vermutungswirkungen im Rahmen der §§ 823 Abs. 1, 831 Abs. 1 BGB und des § 6 Abs. 1 UmweltHG außer Kraft zu setzen und damit die Haftung vorübergehend auszusetzen oder ganz abzuwenden.[669]

Exkurs: Nur ergänzend sei an dieser Stelle erwähnt, dass die Inhaber von Anlagen, die vom Gesetzgeber in Anhang II des UmweltHG benannt wurden, grds. zur Deckungsvorsorge verpflichtet sind (§ 19 UmweltHG). Unabhängig davon, welche Form der betrieblichen Umwelthaftpflichtversicherung (UHV) vom Betreiber gewählt wird – die Umwelthaftpflicht-Basisversicherung, die der allgemeinen Betriebshaftpflicht zuzuordnen ist, oder das individuelle Umwelt-Haftpflicht-Modell, welches sich im Bausteinsystem aus einzelnen Deckungsbausteine zusammen setzt[670] – werden die Versicherungsgesellschaften Eintrittskriterien festlegen, bevor sie eine Sicherungszusage erteilen. Diese Eintrittskriterien sind aus Sicht der Versicherungsunternehmen erforderlich, um das eigene Risiko der Inanspruchnahme abschätzen zu können; je höher die qualitativen Vorbedingungen sind, desto geringer ist der Eintritt des Versicherungsfalls.

Zu diesen Eintrittskriterien gehört nun, dass die zu versichernden Betriebe stets die Regelkonformität zusichern müssen und darüber hinaus über eine Betriebsorganisation verfügen sollten, die entstehende Risiken erkennen, analysieren und beseitigen kann. Dabei minimieren diese abgeforderten Mechanismen der Selbstkontrolle – die allesamt in den Umweltmanagementsysteme verfahrenstechnisch angelegt sind (ISO 14001 / EMAS III) – für die Versicherungsgesellschaften nicht nur das Risiko der Inanspruchnahme, sondern lassen sich auch für die dem Vertragsschluss vorausgehende Risikoanalyse bzw. der Beurteilung des Drittschadenspotentials nutzbar machen und sorgen dabei für eine effizientere kostengünstigere

---

[668] Daten und Dokumentation der Umweltmanagement-Organisation, erfolgt in den meisten Betrieben über ein *Umweltmanagement-Handbuch*. Im Umweltmanagement-Handbuch finden sich regelmäßig: Aussagen zur Unternehmenspolitik und den Umweltzielen, Management- und Verfahrensanweisungen (Aufbau- und Ablauforganisation sowie Zuständigkeiten und Befugnisse) sowie konkrete umweltrelevante Arbeits-, Verfahrens- oder Prüfanweisungen für bestimmte Funktionsbereiche und Arbeitsplätze. Muster: http://www.umweltbundesamt.de/umwelt-oekonomie/emas/beispiele/arbeitse/Handbuch_Entwurf.pdf (abgerufen am 28.3.2011).

[669] Der „Ball würde prozessrechtlich zurück gespielt", d.h. der Geschädigte müsste nun darlegen und beweisen.

[670] Schanz, in: Veith/Gräfe (Hrsg.), Rn. 530 ff., 545 ff.

Abwicklung. Sollten die Versicherer beim Anlagenbetreiber hier allerdings organisatorische Defizite ausmachen, schlägt sich dies wegen des dann verstärkten Risikos der Inanspruchnahme und dem Verlust von betriebswirtschaftlichen Synergieeffekten entweder in der Prämienbemessung nieder oder stellt sich gar als „deal-breaker“ dar.

6.2.1.3 Umweltstrafrecht

Im Umweltstrafrecht wirken Umweltmanagementsystemen positiv, weil sich mit ihnen ein Verantwortungsgefüge nachweisen lässt, welches ggf. eine Fehlleitung strafrechtlicher Verantwortlichkeit (etwa aus dem Grundsatz der „strafrechtlichen Generalverantwortung der Unternehmensleitung“) verhindern kann. Ferner können sie – ähnlich wie im Umweltprivatrecht – dazu beitragen, eine zunächst vermutete Kausalität, die auch für die Zurechnung strafrechtlicher Verantwortlichkeit eine notwendige Voraussetzung ist, zu widerlegen.

Unter den Begriff „Umweltstrafrecht“ subsumiert man gemeinhin die Straftatbestände, die sich im 29. Abschnitt des StGB (§§ 324-330d StGB) befinden und die relativ unsystematisch die vorsätzliche und fahrlässige Beeinträchtigung von Umweltmedien (§§ 324, 324a, 325, 326 Abs. 1 Nr. 4, 329 StGB), die Verletzung betriebsbezogener Pflichten (§§ 325a, 326, 327 StGB) sowie den Umgang mit gefährlichen Stoffen (§§ 328, 330a StGB) unter Strafe stellen. Ferner hat der Gesetzgeber in einzelnen Fachgesetzen weitere Strafvorschriften implementiert, die als sogenanntes Nebenstrafrecht (§§ 59 – 62 LuftVG, §§ 27, 27a ChemG und § 66 BNatSchG) denselben Regeln folgen.

Bei einer Strafverfolgung auf dem Gebiet des Umweltrechts sind prinzipiell zwei Grundsätze von besonderem Interesse, namentlich die *„strenge Verwaltungsakkzessorietät“* – d.h., dass nicht bestraft werden kann, was verwaltungsrechtlich gestattet ist (das Strafrecht folgt insoweit den öffentlich-rechtlichen Vorgaben, nimmt eine nur „dienende“ Rolle ein)[671] – und die *„höchstpersönliche Verantwortlichkeit“*, die besagt, dass nach deutschem Strafrecht nur natürliche Personen straffähig sind, es eine strafrechtliche Verantwortung von juristischen Personen oder Personenvereinigungen – also eines „Unternehmens“ als solches – nicht gibt.

Die im deutschen Umweltstrafrecht angelegte Grundannahme, dass nur natürliche Personen schuldfähig und damit strafrechtlich verantwortlich sein können (*nulla poena sine culpa)* wird derzeit in Frage gestellt. Nach einer Richtlinie der Europäischen Union über den strafrechtlichen Schutz der Umwelt

---

[671] Dies führt – negativ gewendet – dazu, dass Umweltbelastungen, die auf Summations-, Kumulations- oder synergetischen Effekten von legalen, dh durch Genehmigungen und Auflagen gedeckten Handlungen beruhen, strafrechtlich nicht mehr zu erfassen sind; Lackner/Kühl, StGB, 2011, §§ 324 ff., Vorbem. Rn. 5.

(2008/99/EG[672]), die bis zum 26.12.2010 umzusetzen war, sollen europaweit die Sanktionen um sog. „Kriminalstrafen" auch gegen juristische Personen (und Personenvereinigungen) erweitert werden (Art. 3 RL 2008/99/EG). Art. 6 RL 2008/99/EG verpflichtet die Mitgliedstaaten sicherzustellen, dass (auch) juristische Personen und Personenvereinigung für Umweltstraftaten verantwortlich gemacht werden können, wenn eine solche Straftat zu ihren Gunsten von einer vertretungs-, entscheidungs- oder kontrollberechtigten Person in leitender Stellung begangen wurde. Es handelt sich sonach um eine Form eines Zurechnungsmodells, wie es in Deutschland bereits aus dem Ordnungswidrigkeitenrecht (§ 130 OWiG) oder dem Privatrecht (§ 31 BGB) bekannt ist. Zur Umsetzung dieser RL liegt aktuell ein – heftig kritisierter[673] – Gesetzesentwurf vor.[674]

Angesichts dieser (bislang) fehlenden strafrechtlichen Verantwortlichkeit von Unternehmen könnten betreiberbezogene Sonderstraftatbestände (z.B. § 327, § 327 a StGB „beim Betrieb") leerlaufen, sofern der Anlagenbetreiber eine (strafunfähige) juristische Person oder Personenvereinigung wäre. Diese Lücke schließt § 14 StGB, der eine umfassende Organ- und Vertreterverantwortlichkeit anstelle des Unternehmens normiert. Als im Unternehmen verantwortlich Handelnde – und damit als potentielle Straftäter – kommen nach § 14 Abs. 1 Nr. 1 und 2 StGB das vertretungsberechtigte Organ einer juristischen Person (Geschäftsführer, Vorstand) bzw. ein Mitglied desselben, sowie die vertretungsberechtigten Gesellschafter einer Personengesellschaft in Betracht (= Unternehmensleitung). Daneben können aber auch diejenigen strafrechtlich zur Verantwortung gezogen werden, die vom Betriebsinhaber beauftragt wurden den Betrieb ganz oder zum Teil zu leiten (§ 14 Abs. 2 Nr. 1 StGB) oder in eigener Verantwortung (selbsttätig!) Aufgaben wahrzunehmen, die eigentlich dem Betriebsinhaber obliegen (§ 14 Abs. 2 Nr. 2 BGB) – wie etwa Organisations- und Betriebspflichten.

Nach dieser weiten Zurechnungsnorm des § 14 StGB kommen als potentielle Straftäter für eine aus dem Unternehmen generierte, umweltbezogene Sonderstraftat daher die Mitglieder der Unternehmensleitung, die Ressortverantwortlichen, die Werksleiter sowie die Betriebsbeauftragten[675] in Frage (d.h. die Unternehmensleitung sowie die mittlere Führungsebene). Lediglich die Mitarbeiter der untergeordneten Hierarchieebenen (operative Ebene) scheiden als taugliche Täter von umweltbezogenen Sonderstraftaten aus, da sie ihre Aufgaben nicht selbsttätig wahrnehmen, sondern regelmäßig streng weisungsgebunden agieren.

---

[672] Richtlinie 2008/99/EG über den strafrechtlichen Schutz der Umwelt v. 19.11.2008, in: ABl. L 328 vom 6.12.2008, S. 28.

[673] Vgl. NJW-Spezial 2011, S. 122, welche insoweit auf Stellungnahmen des Richterbunds und des DAV verweist: Richterbund-Stellungnahme Nr. 48/2010 und DAV-Stellungnahme Nr. 71/2010.

[674] Entwurf eines Strafrechtsänderungsgesetzes zur Umsetzung der Richtlinie des Europäischen Parlaments und des Rates über den strafrechtlichen Schutz der Umwelt, BReg.-Drs. 58/11 v. 04.02.2011.

[675] Zur weiteren Differenzierung zwischen den sog. „Nur-Betriebsbeauftragten" und „Auch-Betriebsbeauftragte" s. Vierhaus, NStZ 1991, 466; Kloepfer, § 7 Rn. 27 ff.

Hinsichtlich der potentiellen Täterkreise von Umweltstraftaten ist daher zwischen der Verwirklichung eines Allgemeindelikts und eines Sonderdelikts zu unterscheiden: Während bei aktiver Verwirklichung eines umweltbezogenen Allgemeindelikts (z.B. §§ 324, 324 a StGB „wer") grds. *alle* im Unternehmen Handelnden (vom Mitarbeiter bis zum Vorstandsvorsitzenden) nach den allgemeinen Regeln von Täterschaft und Teilnahme als Täter in Betracht zu ziehen sind, kann bei einem Sonderdelikt (z.B. § 327, 327 a StGB „beim Betrieb") überhaupt nur das mittlere Management und die Unternehmensleitung strafrechtlich verantwortlich sein.

Die strafrechtliche Verantwortlichkeit steht bei Letzteren außer Frage, wenn sie die deliktische Ausführungshandlung selbst vorsätzlich oder fahrlässig vorgenommen haben oder die Ausführungshandlung durch einen Mitarbeiter direkt angeordnet haben; beides ist in der Praxis eher untypisch.

Allerdings kann eine weitere Form der Tathandlung hinzutreten: Bei Personen mit herausgehobener Umwelt- und Unternehmensverantwortung kann sich die strafrechtliche Verantwortlichkeit auch aus dem Umstand ergeben, dass ihnen im Rahmen der Organisation des Unternehmens die Verpflichtung zur Überwachung bestimmter Gefahrenquellen bzw. der Organisation als Ganzes gesetzlich anvertraut (z.B. § 76 Abs. 1 AktG; §§ 35 Abs. 1, 43 Abs. 1 GmbHG) oder vertraglich übertragen worden ist. Sofern dann ein Verhalten für die Herbeiführung eines deliktischen Erfolges ursächlich geworden ist, das im Unternehmen seinen Ursprung hat, trifft die Unternehmensleitung und mittlere Hierarchieebene u.U. ein Unterlassungsvorwurf (§§ 324 ff., 13 StGB), da sie die ihnen obliegenden Sorgfaltspflichten – namentlich das Unternehmen so zu organisieren, dass solche Schadenseintritte unterbleiben – nicht beachtet, und damit den Schadenseintritt fahrlässig verursacht oder sogar billigend in Kauf genommen haben.[676]

Gerade im Rahmen einer *arbeitsteiligen Organisation* von Unternehmen wird dieser Unterlassungsvorwurf besonders relevant, zumal es in hierarischen Unternehmensstrukturen regelmäßig zur Übertragung von Zuständigkeits- und Aufgabenbereichen nach unten kommt. Dies ist auch gestattet; Aufgaben können (müssen sogar) im Rahmen der Unternehmenshierarchie nach unten oder auf dezentrale Stellen delegiert werden, um den Anforderungen im Markt („lean", „Flexibilität" etc.) zu genügen. Allerdings bleibt die delegierende Stelle dann dafür verantwortlich, dass die beauftragte Person ihre Aufgabe(n) auch sachgerecht erfüllt.[677] Eine strafrechtliche Verantwortlichkeit der delegierenden Stelle kann sich daher bei einer Umweltbeeinträchtigung nach den §§ 324 ff. StGB auch aus einem Organisations-, Auswahl-, Aufsichts- oder Anweisungsverschulden ergeben, und zwar unabhängig davon, ob die untergeordneten Mitarbeiter am Ende strafrechtlich verantwortlich

---

[676] Hinsichtlich der Sorgfaltsanforderungen kann auf die Ausführungen unter 6.2.1.2 verwiesen werden, wobei Sonderwissen und -können den allgemeinen Fahrlässigkeitsmaßstab zusätzlich verschärfen kann. Werden etwa im Umweltmanagement (ISO 14001 / EMAS III) bestimmte Gefahrenpotentiale erkannt, erhöht dies wiederum die Anforderungen an die zu ergreifenden Maßnahmen; s.a. Strate/Wohlers, in: Ewer/Lechelt/Theuer (Hrsg.), Kap. M Rn. 65 f.

[677] BGH NJW 1990, 2560, 2565 - Lederspray.

sind oder nicht. Letzteres wird – insbesondere weil die Ermittlung des tatsächlich Verantwortlichen ob der Vielfalt der potentiellen Täter innerhalb der Organisation sowie der häufig mangelnden Transparenz schwierig ist – am Ende zumindest gegenüber der Unternehmensleitung immer wieder angenommen (Grundsatz der Generalverantwortung eines *Überwachungsgaranten*).[678] Die Unternehmensleitung trägt im Zweifel die „Letztverantwortung", insbesondere wenn das Ressort „Umwelt" nicht besetzt ist.[679]

Um sich aus dieser „Straf-Falle" zu befreien, müssten die Delegierenden (am Ende die Unternehmensleitung und die Personen mit herausgehobener Umweltverantwortung) nachweisen können, dass sie der Verschuldensvorwurf zu Unrecht trifft, sie vielmehr „befreiend" delegiert haben und dabei ihren Organisations-, Auswahl-, Aufsichts- und Anweisungspflichten gewissenhaft nachgekommen sind. Nur dann dürfen sie schuldbefreiend darauf vertrauen, dass die ihnen nachgelagerten Ebenen ihre Aufgaben auch ordnungsgemäß ausführen – zumindest solange es keinen begründeten Anlass zu Zweifeln gibt[680].

Um diesen Nachweis führen zu können ist die Einrichtung eines effektiven, systembildenden Umwelt-Controllings unabdingbar. Nur so können die Überwachungsgaranten ihre strafrechtliche Verantwortlichkeit innerhalb der hierarchischen/dezentralen Unternehmensstrukturen nachzeichnen und sich ggf. selbst entlasten. Ein solches Umwelt-Controlling – das angesichts des stetigen Wandels im Umweltschutzbereich dynamisch sein muss – ist in den Umweltmanagementsystemen ISO 14001 und EMAS III verfahrenstechnisch eingeschlossen: Nach Nr. 4.4 i.V.m. Anh. Nr. 4.1 ISO 14001 werden unter der Rubrik „Verwirklichung und Betrieb" die Verantwortungsstrukturen für die unternehmerischen Einzelbereiche (Aufgaben, Verantwortlichkeiten und Befugnisse) genau festgelegt, bei EMAS III erfolgt die inhaltlich entspreche Festlegung im Rahmen des Umweltprogramms. Ferner werden nach beiden Systemen Maßnahmen zur Organisation und Aufsicht abgefordert und deren Einhaltung fortwährend kontrolliert (Anh. II B 4 – B 5 EMAS III / Anh. A 4.1 – 4.3 ISO 14001 sowie Anh. II B 1/B2 EMAS III / Anh. 5.2 ISO 14001). Insoweit kann einerseits eine klare Zuordnung von Tätigkeitsbereichen und Verantwortlichkeit und anderseits deren Organisation und Kontrolle über das Umweltmanagement-Handbuch[681] nachgewiesen werden, so dass eine Fehlleitung oder flächendeckende Zuschreibung strafrechtlicher Verantwortlichkeit an die Unternehmensleitung bzw. Personen mit herausgehobener Umweltverantwortung verhindert werden kann.

---

[678] KG NuR 2001, 176, 179; offen gelassen: BGH NJW 1990, 2560, 2565 - Lederspray; Kassebohm/Malorny, BB 1994, 1361 ff.; Scheidler, GewArch 2008, 195 ff.

[679] KG NuR 2001, 176 (179).

[680] BGH NJW 1990, 2560 (2565) - Lederspray.

[681] S. dazu bereits oben Fn. 668.

6.2.2 Umweltmanagement und europäisches Umweltrecht

Wie bereits ausgeführt (vgl. einleitend zu 6.2), folgt das europäische Umweltrecht seit Mitte der 90iger Jahre einem „neuen Ansatz". In den europäischen Rechtssetzungsakten werden immer öfter ganz konkrete „*Umweltqualitätsziele*" – stoff- und/oder prozessbezogen – vorgegeben, welche von den Unternehmen zu erreichen sind. Dabei drücken sich die zu erreichenden Umweltqualitätsziele in Stoffmengen, -eigenschaften und -flüsse aus, die in dezidierten Mengen- und Messgrößen (z.B. t/a, kg, cm^3, CO^2-Ausstöße etc.) anzugeben sind. Über das Erreichen dieser Zielgrößen hat das Unternehmen – u.U. dann selbsttätig und neuerdings auch ohne eine vorgeschaltete behördliche Kontrolle (wie etwa bei REACH) – zu informieren.

Nach REACH dürfen nur noch chemische Stoffe in Verkehr gebracht werden, zu denen ein ausreichender Datensatz zu den spezifischen Stoffeigenschaften vorliegt. Von REACH werden alle chemischen Stoffe (Alt- sowie Neustoffe) erfasst, die mindestens in einer Menge von 1 Tonne pro Jahr (1/a) in der EU produziert oder in die EU importiert werden (Art. 6 und 7 REACH-VO) und für die keine Ausnahmeregelung gilt. Sie sind mittels eines Registrierungsdossiers, welches Daten zu den Stoffeigenschaften, deren Verwendung sowie Aussagen zur Stoffsicherheit, möglichen Risikopotentiale sowie zum Umgang mit ihnen entlang der Wertschöpfungskette und im gesamten Lebenszyklus enthält (Art. 10 ff. REACH-VO), innerhalb einer gesetzlich vorgesehenen Frist bei der Europäischen Chemikalienagentur (EChA) in Helsinki zu registrieren. Zur Vereinheitlichung dieses Vorgangs hat die EU ein Datenformat (IUCLID 5) zur Verfügung gestellt, das eine gleichförmige Datenerhebung und -erfassung ermöglicht sowie die Einbindung in die unternehmensspezifische IT- und Management-Systeme (!) zulässt. Mit der Registrierung sind alle Hersteller, Importeure und Stoffdatenbesitzer Teilnehmer eines SIEFs (Substance Information Exchange Forums), in welchem – um Mehrfachregistrierungen zu vermeiden („one substance, one registration") – ein offener Austausch über die Stoffdaten, Studien etc. (Art. 26 ff., 29 REACH-VO) erfolgt und ein stetiger Aktualisierungsprozess seitens der Teilnehmer stattfinden soll (Art. 22 REACH-VO). Erfolgt dagegen eine Registrierung nicht binnen der vorgegebenen Fristen, so droht – ungeachtet einer Vorregistrierung – die Verbannung des Stoffes vom Markt (Art. 5 REACH-VO). Neben dieser Registrierungspflicht und der Teilnahme am System besteht ferner eine Informationspflicht gegenüber den Akteuren in der Lieferkette über sog. Sicherheitsdatenblätter (Art. 31 ff. REACH-VO), die ebenfalls konkrete, genau festgelegte Angaben zu Stoffeigenschaften, Sicherheit, Handhabung, Umgang u.v.m. enthalten müssen. Diese können von den nachgeschalteten Akteuren und bei besonders besorgniserregenden Stoffen auch von den Verbrauchern angefordert werden und sind dann binnen 45 Tage zur Verfügung zu stellen (Art. 31 Abs. 1, Art. 32 REACH-VO).

Je engmaschiger nun den Unternehmen diese Umweltqualitätsziele vorgegeben werden – nicht nur in REACH, sondern auch in der Wasserrahmenrichtlinie, der Luftqualitätsrichtlinie oder der Richtlinie über das System für den Handel mit Treibhausgasemissionszertifikaten in der Gemeinschaft, desto wichtiger werden betriebsinterne Mechanismen zur Stoffstromerfassung, -analyse und -steuerung (sog. Stoffstrom- oder Life-Cycle-Management), um am Ende überhaupt den Nachweis hinsichtlich der Konformität mit den rechtlichen Vorgaben / Zielgrößen führen zu können oder, wie nunmehr bei REACH, sich über die Datenweitergabe die weitere Marktpräsens zu erhalten (Art. 5 REACH-VO: „ohne Daten kein Markt").

Hierfür müssen nun keine völlig neuen Systeme geschaffen werden, sondern die Umweltmanagementsysteme (ISO 14001 / EMAS III) mit ihren *betrieblichen Umweltinformationssystemen*[682], die ohnehin im Rahmen der Ökobilanzierung (ISO 14041; in EMAS III integriert) und/oder der Umweltleistungsbewertung (ISO 14043; in EMAS III integriert) eingesetzt werden, können hierfür die notwendige Datengrundlage zur Verfügung stellen, die dann, entsprechend flexibel und angepasst auf die Art und Weise der gewünschten Informationsbereitstellung, die Erfüllung auch der „neuen" Umweltpflichten ohne weiteres sicherstellen können. Man kann aber auch einen Schritt weiter gehen und feststellen, dass die Einhaltung der Umweltqualitätsziele in jedem Fall die Etablierung solcher betrieblichen Umweltinformationssysteme *alternativlos* erfordert, da der Unternehmer andernfalls, bei der Vielzahl und Menge der produkt- und prozessbezogenen Stoffflüsse innerhalb eines Betriebes, gar nicht in der Lage wäre, den Informationspflichten (termingerecht) nachzukommen. Der Aufbau eines Excel-gestützen Informationssystems ist nachfolgend als Abb. 6.6 skizziert.

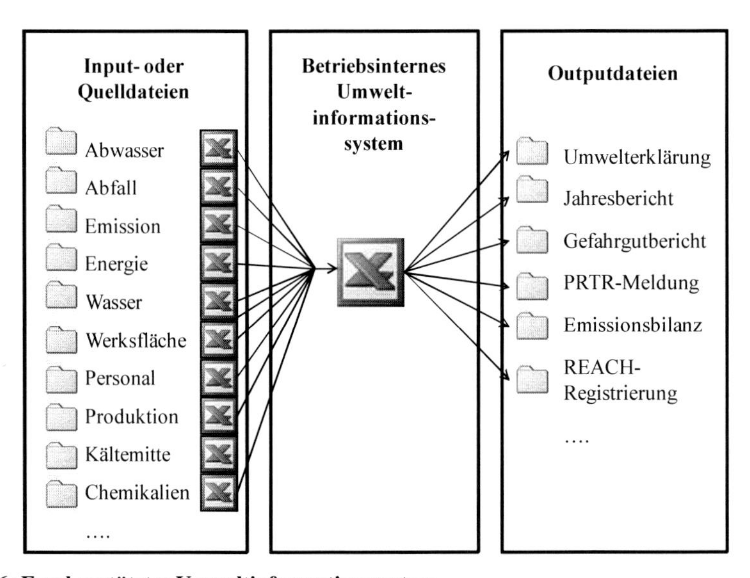

Abb. 6.6: Excel-gestütztes Umweltinformationssystem

Zwar müssen nach dem Dargestellten die Umweltmanagementsysteme und ihre Instrumentarien dazu beitragen, die nach der europäischen Gesetzgebung notwendigen Umweltinformationen rechtzeitig an die entsprechenden Zielgruppen zu lei-

[682] Ein betriebliches Umweltinformationssystem ist ein Werkzeug – zumeist softwaregestützt – zur Verbesserung einer fach- und bereichsübergreifenden Versorgung des betrieblichen Umweltmanagements mit Informationen. Rautenstrauch, Betriebliche Umweltinformationssysteme – Grundlagen, Konzepte und Systeme, 1999, S. 11.

ten (z.B. Registrierungsstelle, Abnehmer, etc.), sie bleiben jedoch bislang machtlos hinsichtlich der Probleme, die sich aufgrund des neuen und gesetzlich angeordneten *Zusammenspiels von Umwelt und Markt* ergeben können. Die REACH-VO fordert ja nicht nur die Bereitstellung der Informationen gegenüber den unabhängigen Registrierungsstellen, sondern auch die eigenverantwortliche (behördlicherseits nicht kontrollierte) Weitergabe von umweltbezogenen Informationen an vor- und nachgeschaltete Marktteilnehmer (Dialog in der Lieferkette) – und zwar verpflichtend (!). Aus dieser „neuen" Datentransparenz ggü. Marktteilnehmern erwachsen natürlich auch neuartige rechtliche Probleme, die an dieser Stelle jedoch nur angedeutet, nicht vertieft werden können:[683]

- Lieferverträge: Haftung bei späterer Marktunfähigkeit oder Nicht- bzw. fehlerhafter Information.
  Die Übergangsfristen in REACH sowie die Verpflichtung zur Informationsweitergabe unter Nutzung des Sicherheitsdatenblattes bergen für Vertragspartner besondere Risiken, die vertraglich abzufedern sind: So ergeben sich beispielsweise Probleme, wenn eine Auslieferung chemischer Stoffe oder einschlägiger Erzeugnisse noch vor Ablauf der Übergangszeit für die verpflichtende Registrierung erfolgt (also z.T. bis 2013/2018, Stoff/Erzeugnis ist noch marktfähig) und die Stoffe/Erzeugnisse später, nachdem bereits ausgeliefert wurde, ihre Marktgängigkeit verlieren, weil z.B. wegen unzureichender Datenlage keine Registrierung vorgenommen wird (Art. 5 REACH-VO). Ein Sachmangel (§ 434 BGB) liegt bei Auslieferung (Stoff/Erzeugnis waren marktgängig) nicht vor – eine Herstellergarantie des Veräußerers (§§ 443, 305 BGB) wohl auch nicht, so dass Regressansprüche des Erwerbers gegenüber dem Veräußerer nicht in Betracht kommen, obschon er den Stoff nicht mehr verwenden oder veräußern darf, weil er seine Marktgängigkeit mangels Registrierung verloren hat. Für diese möglichen Konstellationen (die u.U. auch Drittschäden bei Weiterverkauf einschließen) müssen die Vertragspartner in den Lieferverträgen ausgleichende Regeln finden.
  Ebenso ist zu regeln, welcher Art die Informationsverpflichtung unter Aushändigung des Sicherheitsdatenblattes ist, eine Haupt- oder vertragswesentliche Pflicht (§ 241 Abs. 1 BGB), oder nur eine sonstige Pflicht i.S. des § 241 Abs. 2 BGB. Denn danach bestimmen sich die Rechtsfolgen, die bei einer Nicht- bzw. Fehlinformation in Betracht kommen, etwa bei der Frage, ob die Einrede des nicht erfüllten Vertrags i.S. des § 320 BGB erhoben und der Kaufpreis bei Nichtaushändigen des Datenblattes zurück behalten werden kann.[684]
- Gemeinsame Nutzung von Daten: Weitergabe von Geschäfts- und Betriebsgeheimnisse; Abschluss von Vertraulichkeitserklärungen („non-disclosure-agreements"); gesellschaftsrechtliche Haftungsfreistellung; Urheberrechte.

---

[683] An dieser Stelle kann nur ein Auszug der rechtlichen Problembereiche dargestellt werden, weitergehend Schulze-Rickmann, S. 50 ff., 134 ff.; Grupp, BB 2010, 1103, 1106 ff.; Winterle/Gündling, in: Fluck/Fischer/von Hahn (Hrsg.), Nr. 55, Rn. 100 ff.

[684] Grupp, BB 2010, S. 1103, 1106 f.

Im Rahmen der Foren (SIEFs) soll zwischen den Registranten ein Informationsaustausch stattfinden (Art. 27 und 30 REACH-VO). Dies ist erwünscht, um Doppelregistrierungen zu vermeiden und einer Kumulation von (zeit-)aufwendigen und kostenträchtigen Versuchsreihen oder Studien vorzubeugen; vorhandene Daten sollen von allen Registranten genutzt werden können. Bei Wirbeltierstudien und -versuchsergebnisse besteht sogar eine Verpflichtung zur Preisgabe, sofern sie nachgefragt werden – andernfalls droht sogar die Registrierungssperre (Art. 30 Nr. 3 REACH-VO). Dass bei solchen Studien und Versuchsergebnissen u.U. auch Betriebs- und Geschäftsgeheimnisse preisgegeben werden, liegt auf der Hand. Daher müssen die am Datenaustausch Beteiligten eine strafbewehrte Vertraulichkeitsverpflichtung des/der Einsehenden fest vorsehen. Ferner müssen die im Unternehmen Handelnden, die die Daten freigeben, von dem grundsätzlichen bestehenden Herausgabeverbot von Geschäfts- und Betriebsgeheimnissen (§ 93 Abs. 1 S. 3 AktG, § 43 Abs. 1 GmbHG, Treupflicht) nach gesellschaftsrechtlichen Regeln befreit werden, um nicht gegenüber ihrer Organisation selbst haftbar zu werden. Schließlich müssen bestehende Urheberrechte, die Dritte an den Studien/Versuchsreihen haben, entsprechende Berücksichtigung finden, wenn diese jetzt „öffentlich bekannt" gegeben werden.

- Bildung von Konsortien: Absprachen und kartellrechtliche Konsequenzen
  In den SIEFs werden durch freie vertragliche Zusammenschlüsse zum Zweck des Datenaustausches (s. Art. 27, 30 REACH-VO) gesellschaftsrechtliche Verbindungen mit z.T. mehr als hundert Registranten eingegangen, es werden Konsortien gebildet. Damit sind die Registranten auch angehalten ihr Zusammenwirken näher auszugestalten, u.a. Regelungen zur Organisation, Zugang, Haftung, Verschwiegenheit, Kostentragung, Rechtswahl, Gerichtsstand etc. zu treffen. Da außerdem innerhalb der SIEFs unmittelbare Wettbewerber miteinander kommunizieren und Daten austauschen, ist es häufig nur eine „schmale Gradwanderung bei der Frage, welcher Informationsaustausch unter kartellrechtlichen Gesichtspunkten im Rahmen der Konsortienbildung und -durchführung noch zulässig ist oder nicht"[685] (Art. 101 ff. AEUV, §§ 1 ff. GWB)[686]. Zwar will die REACH-VO Informationen zu Marktverhalten, Produktionskapazitäten, Marktanteile etc. aus dem Informationsaustausch heraushalten (Art. 25 Abs. 2 REACH-VO), allerdings ist bislang nicht erwiesen, ob dies zu 100% möglich sein wird.

- Kostentragung und -regelungen
  Nach Art. 30 Nr. 1 und Nr. 2 REACH-VO soll beim Daten- und Informationstausch eine Kostenverteilung erfolgen. Es soll vermeiden werden, dass Registranten von Vorleistungen anderer (Studien/Versuchen) materiell profitieren ohne dafür eine Gegenleistung erbracht zu haben; „parasitäres Verhalten" ist

[685] Grupp, BB 2010, 1103, 1108.

[686] S.a. ECHA, Leitfaden zur gemeinsamen Nutzung von Daten, S. 88 ff., http://www.reach-clp-helpdesk.de/reach/de/Verordnung/Leitlinien/RIP.html (abgerufen am 8.3.2011).

nach REACH unerwünscht. Daher müssen die Eigentümer der Studien/Versuchsreihen den Aufwand belegen und die Teilnehmer sollen sich „nach Kräften bemühen" (!) eine gerechte, transparente und nicht diskriminierende Kostenteilung in der SIEF herzustellen. Ist eine Einigung nicht möglich, werden die Kosten nach Köpfen verteilt. Problematisch bleibt an dieser Stelle – und daher vertraglich zu regeln, inwieweit es dem Eigentümer der Studie gestattet sein soll, dieselbe auch Dritten (etwa einem REACH-Anmeldewilligen), d.h. Nicht-SIEF-Beteiligten entgeltlich zur Verfügung stellen und inwieweit erzielte Entgelte dann an die (zuvor bereits zahlenden) Registranten weiter zu leiten sind. Zum anderen sind die Foren nicht abgeschlossen, d.h. es könnten später weitere Registranten beitreten. Auch diese Situation erfordert klärende vertragliche Regeln.

Auf diese Problembereiche müssen die Umweltmanagementsysteme künftig eingehen, um ihre positive Wirkung auch weiter zu behalten. Sie müssen die erkennbaren Probleme aufnehmen und entsprechende Lösungsvorschläge für die im Unternehmen Handelnde vorhalten. Die Systeme sehen dafür bereits einen entsprechenden „Anker" vor; sowohl in ISO 14001 („Rechtliche Verpflichtungen und andere Anforderungen"), als auch in EMAS III („Einhaltung von Rechtsvorschriften") ist die Rechtskonformitätsprüfung angelegt, die nurmehr auf die neu entstehenden (aufgrund der europäischen Rechtssetzung jetzt auch marktbezogenen) Fragestellungen Bezug nehmen müssten. Die Umweltmanagement-Handbücher sind an den genannten Stellen entsprechend fortzuschreiben.

6.3 Beispiel „umweltorientierte Organisation"

Wie im Rahmen der Ausführungen erkennbar wurde, sind zwei Aspekte bei der Nutzung von Umweltmanagementsystemen zur Steuerung von Rechtsrisiken von besonderer Bedeutung: Erstens das systematische Erfassen von Mess- und Mengendaten sowie von Stoffflüssen innerhalb der Organisation, um das Erreichen von gesetzten Umweltqualitätszielen nachzuweisen und zweitens der Nachweis einer umweltorientierten betrieblichen Organisation, um sich von privat- oder strafrechtlichen Schuldvorwürfen befreien zu können. Letzteres soll nachfolgend noch etwas konkreter betrachtet werden.

Die Besonderheiten bei der *Organisation des Umweltmanagements* ergeben sich vor allem aus dem funktionsübergreifenden Charakter des betrieblichen Umweltschutzes. Dieser übernimmt im Unternehmen nicht nur eine Teilfunktion (wie etwa die Beschaffung oder die Produktion), sondern er muss – wie deutlich wurde – in allen Funktionsbereichen und Hierarchieebenen berücksichtigt werden, um seine Wirkung entfalten zu können (sog. Querschnittsfunktion).

Ferner wird das Umweltmanagement zumeist in bereits bestehende Organisationsstrukturen nachträglich eingefügt. Zum Zwecke dieser Integration kann sowohl der sog. Top-down-Ansatz (ausgehend von einer Verankerung in der Führungsebene) als auch der Bottum-up-Ansatz (ausgehend von der Eigeninitiative und den umweltverbessernden Vorschlägen der Mitarbeiter) gewählt werden. In der Praxis ist es zumeist eine Mischung aus beidem, d.h. dort, wo es um die Entscheidung zu grundsätzlichen Fragen, die Festlegung der Umweltpolitik oder die Koordination großer betrieblicher Teilbereiche geht, wird die Unternehmensleitung die Verantwortung für die Ausgestaltung übernehmen und dort, wo die kontinuierliche Verbesserung der Umweltqualität oder die Weitergabe von Informationen von der besonderen Fachkenntnis einzelner Mitarbeiter abhängt, werden diese die umweltbezogenen Aufgaben wahrnehmen, wie die nachfolgende Abb. 6.7 illustriert.

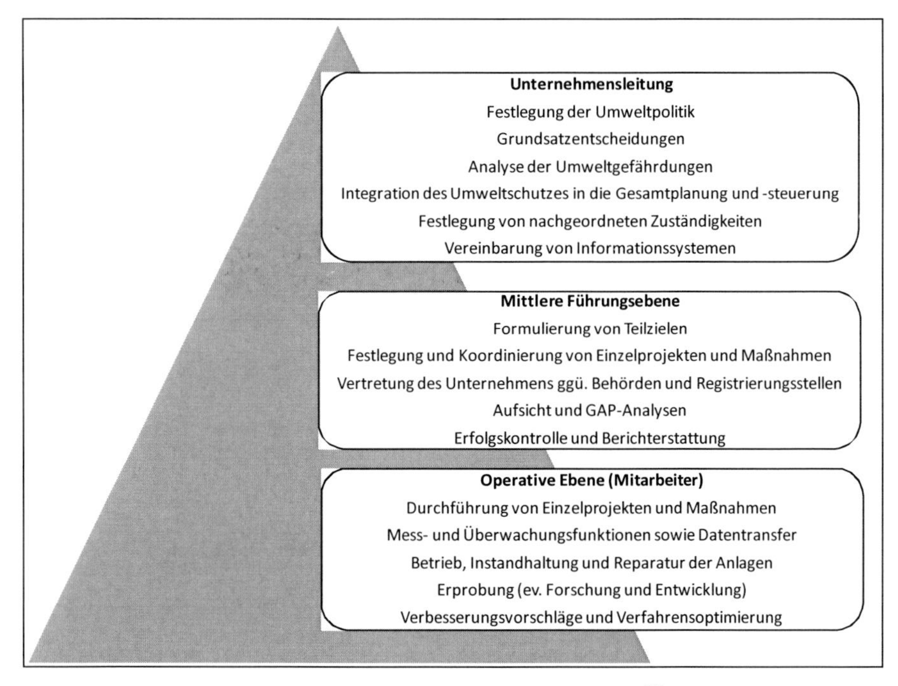

Abb. 6.7: Umweltbezogene Aufgaben in den Organisationsebenen[687]

Die Realisierung der Umweltaufgaben bedarf einer *geeigneten Organisationsstruktur*, die zunächst eine Eingliederung des Unternehmens in Teileinheiten vorsehen sollte (vgl. nachfolgende Abb. 6.8), um diese Organisationseinheiten anschließend mit ihren Aufgaben und Kompetenzen zu betrauen (Aufbauorganisation).

---

[687] Dyckhoff, S. 70 f.; Rathje, in: Baumast/Pape (Hrsg.), S. 67; Ensthaler/Funk/Gesmann-Nuissl/Selz, S.111.

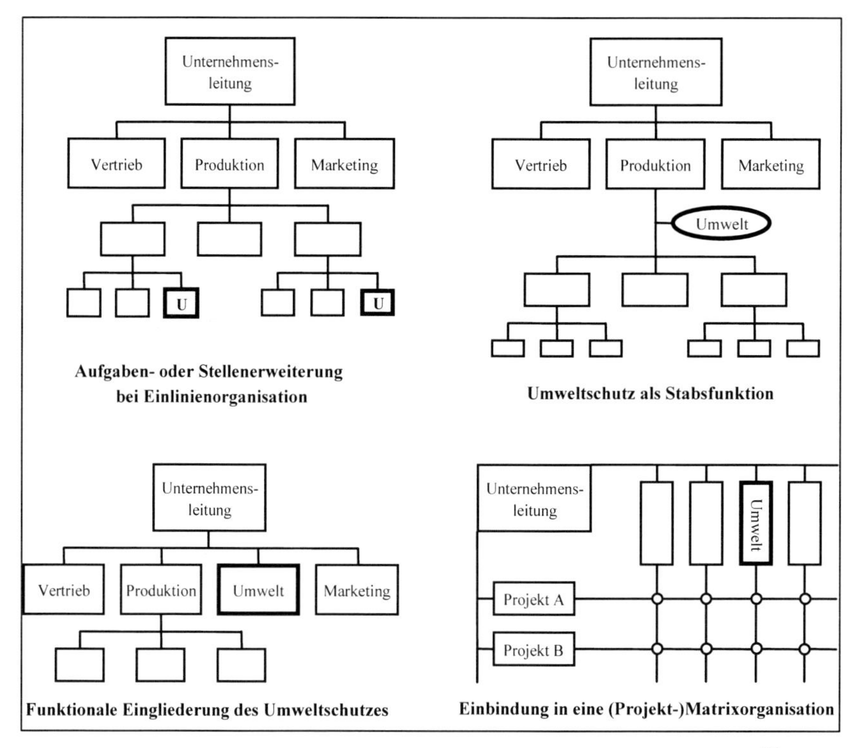

Abb. 6.8: Einbindungsformen des Umweltschutzes in die Organisationsstruktur[688]

Nach dieser zunächst abstrakten Aufgabenverteilung folgt anschließend die *raum-zeitliche Strukturierung* der *für Aufgabenerfüllung* notwendigen Arbeitsprozesse in Form von konkreten Arbeitsanweisungen, Stellenbeschreibungen, Qualifikations- und Schulungsprogramme *bezogen auf bestimmte festgelegte Personenkreise* (s. nachfolgende Tabelle 6.4),[689] wobei die Umsetzung der Vorgaben im Rahmen von internen Audits dauerhaft zu überwachen sind (Ablauforganisation).

---

[688] Ensthaler/Funk/Gesmann-Nuissl/Selz, S.112.

[689] Aber auch motivierende Instrumente, wie Umweltvorschlagswesen, Prämien, Veröffentlichung von Umweltverbesserungen, etc. können die Aufgabenerfüllung grundsätzlich unterstützen und sind dazu geeignet den Nachweis einer geordneten, gut strukturierten Ablauforganisation zu erbringen.

Organisationsbereich	Ist-Situation ermitteln / neue Aufgaben definieren	Verantwortlicher
Allgemeine Organisation	Angaben über bereits bestehende Systeme	Unternehmensleitung oder Umweltbeauftragter
Umweltpolitik	Vorhanden oder nicht, ggf. Festlegung	Unternehmensleitung
Umweltbereiche: - Wasser - Abfall - Lärm - Energie - Chemikalien	Angaben über bestehende Verfahrensabläufe, Erteilen von Handlungsanweisungen Erfassen von Daten, etc.	mittlere Führungsebene operative Ebene
Festlegung von Verantwortlichkeiten	Aufgabenwahrnehmung, ggf. Neudefinition	Unternehmensleitung mittlere Führungsebene Umweltbeauftragter
Schulung	umweltrelevante Aus- und Weiterbildung vorhanden oder nicht, ggf. initiieren	Unternehmensleitung mittlere Führungsbene
Information- und Datenerfassung	Aufgabenwahrnehmung	operative Ebene
Kontrolle Informations- und Datenerfassung	Aufgabenwahrnehmung	mittlere Führungseben Umweltbeauftragter
Dokumentation	Umweltmanagement-Handbuch oder Umweltdokumentation	mittlere Führungsebene Umweltbeauftragter

Tabelle 6.4: „Grobe“ umweltbezogene Ablauforganisation

Schließlich sind die Auf- und Ablauforganisation (Organigramme, Arbeitsanweisungen, Stellenbeschreibungen – auch Notfallpläne) nachvollziehbar und systematisch zusammenzufassen (*Dokumentation*). Damit wird sichergestellt, dass den im Unternehmen Tätigen übersichtliche Handlungsanweisungen zur Verfügung stehen, die ihnen eine gewisse Sicherheit bei ihren Arbeiten geben. Andererseits – und hier von besonderem Interesse – kann die Dokumentation auch als Basis zur Kommunikation mit externen Anspruchsgruppen herangezogen werden – z.B. im Rahmen von § 52 a BImSchG oder als Entlastung von einem Schuldvorwurf (§§ 823 ff. BGB; §§ 1, 3, 6 UmweltHG; §§ 324 ff. StGB).

Die Dokumentation der Umweltmanagement-Organisation wird zumeist im Umweltmanagement-Handbuch festgehalten, das häufig der Einteilung in die drei Betriebsebenen folgt (s.o.):[690]

- Ebene 1: Dokumentation der Unternehmenspolitik und der Umweltziele: hier werden aktuelle Umweltziele und –programme dargestellt, die in der jeweiligen Bearbeitungsperiode ergänzt werden.
- Ebene 2: Management- und Verfahrensanweisungen: Die Auf- und Ablauforganisation des Umweltmanagements werden festgehalten sowie Kompetenzen und Zuständigkeiten im Umweltschutz dargelegt.
- Ebene 3: Umsetzung: Konkrete umweltrelevante Arbeits-, Verfahrens- oder Prüfanweisungen für ganz konkrete Funktionsbereiche und Arbeitsplätze werden systematisch zusammengefasst.

Eine derart geplante und umgesetzte Betriebsorganisation erfüllt sodann die Anforderungen, die die Rechtsprechung als „betriebliche Organisationspflicht“ umschreibt und die zuvor unter 6.2.1.2 und 6.2.1.3 behandelt wurden.

6.4 Literaturverzeichnis

Appleton, Arthur: Environmental Labeling Programmes: International Trade Law Implications, 1997, Verlag.

Bachmann, Gregor: Private Ordnung: Grundlagen ziviler Regelsetzung, 2006, Mohr Siebeck.

Bauer, Jakob: Berufliche Praxis des Umweltschutzbeauftragten, in: Umweltwirtschaftsforum, 7. Jg. Heft 1, S. 10-13.

Baumast Annett: Die Entstehungsgeschichte des Umwelt-Audit, in: Doktoranden-Netzwerk Öko-Audit e.V. (Hrsg.), Umweltmanagementsysteme zwischen Anspruch und Wirklichkeit: Eine interdisziplinäre Auseinandersetzung mit der EG-Öko-Audit-Verordnung und der DIN ISO EN 14001:1996, 1999, Ulmer, S. 33-59.

Bea, Franz X./Göbel Elisabeth: Organisation – Theorie und Gestaltung, 3. Aufl. 2006, UTB.

Bohnen, Hilger: Umweltmanagementsysteme im Vergleich, in: BB 1996, S. 1679-1681.

Braun, Sabine/Kahlenborn, Walter: Niederschwellige Umweltmanagmentsysteme, in: Der Umweltbeauftragte, 3/2004, S. 9.

Cahill, Lawrence B.: Environmental Audits, 1989, Verlag.

[690] Wörtlich nach Rathje, Die Organisation des betrieblichen Umweltmanagements, in: Baumast/Pape (Hrsg.), Betriebliches Umweltmanagement, 4. Aufl. 2009, S. 77.

Castka, Pavel/Balzarova, Michaela A.: ISO 26000 and supply chains - On the diffusion of the social responsibility standard, in: International Journal of Production Economics, 2008, S. 274-286.

Dyckhoff, Harald: Umweltmanagement - Zehn Lektionen in umweltorientierter Unternehmensführung, 2000, Springer.

ECHA, Leitfaden zur gemeinsamen Nutzung von Daten, abrufbar unter http://www.reach-clp-helpdesk.de/reach/de/Verordnung/Leitlinien/RIP.html.

Engel, Gernot R.: Analyse und Kritik der Umweltmanagementsysteme, 2010, Peter Lang.

Ensthaler, Jürgen/Füssler Andreas/Nuissl, Dagmar: Juristische Aspekte des Qualitätsmanagements, 1997, Springer.

Ensthaler, Jürgen/Funk Michael/Gesmann-Nuissl,Dagmar/Selz,Alexander: Umweltauditgesetz und EMAS-Verordnung, 2002, Erich Schmidt.

Ensthaler, Jürgen/Füssler, Andreas/Nuissl, Dagmar/Funk, Michael: Umweltauditgesetz und EG-Öko-Audit-Verordnung, 1996, Erich Schmidt.

Ewert, Wolfgang/Lechelt, Rainer/Theuer, Andreas: Handbuch Umweltaudit, 1998, C.H. Beck (zitiert: Bearbeiter, in: Ewert/Lechelt/Theuer).

Falke, Josef: Neue Entwicklungen im Europäischen Umweltrecht, in: ZUR 2010, 214-217.

Feldhaus, Gerhard: Umweltschutzsichernde Betriebsorganisation, in: NVwZ 1991, 927-935.

Feldhaus, Gerhard: Wettbewerb zwischen EMAS und ISO 14001, in: UPR 1998, 41-44.

Fischer, Hartmut: Reststoff-Controlling, 2001, Springer.

Fluck, Jürgen/Fischer, Kristian/von Hahn, Anja: REACH + Stoffrecht, Losebl.-Kommentar, 2008, Lexxion. (zitiert: Bearbeiter, in: Fluck/Fischer/von Hahn (Hrsg.))

Führ, Martin/Lahl, Uwe: Eigen-Verantwortung als Regulierungskonzept – am Beispiel des Entscheidungsprozesses zu REACH, 2005, abrufbar unter, http://www.bmu.de/files/chemikalien /downloads/application/pdf/reach_eigenverantwortung.pdf.

Global Reporting Initiative: Leitfaden zur Nachhaltigkeitsberichterstattung, 2006.

Grupp, Thomas M.: REACH in der Unternehmensverantwortung, in: BB 2010, 1103-1111.

Hauschka, Chr. E. (Hrsg.), Corporate Compliance – Handbuch der Haftungsvermeidung in Unternehmen, C. H. Beck 2010.

Kahlenborn, Walter/Freier, Ines: UMS für KMU, 2005, abrufbar unter http://www.ums-fuer-kmu.de.

Kassebohm, Kristian/Malorny, Christian: Die strafrechtliche Verantwortung des Managements, in: BB 1994, S. 1361-1371.

Klimova, Elena, Erfolgreiches Umweltmanagement, 2007, wvb.

Kloepfer, Michael: Umweltrecht, 3. Aufl. 2004, C.H. Beck.

Knopp, Lothar: EMAS II – Überleben durch „Deregulierung“ und „Substitution“, in: NVwZ 2001, S. 1098-1102.

Koplin J. / Müller M., Nachhaltigkeit in Unternehmen, in: Baumast/Pape (Hrsg.), Betriebliches Umweltmanagement, 4. Aufl. 2009, S. 165 ff.
Kramer, Mathias: Integratives Umweltmanagement, 2010, Gabler.
Kunig, Philip/Paetow, Stefan/Versteyl, Ludgar-Anselm: Kreislaufwirtschafts- und Abfallgesetz (KrW-/AbfG), 2002, C.H. Beck (zitiert: Bearbeiter, in: Kunig/ Paetow/Versteyl).
Kupp M., Öko-Labeling, in: Baumast/Pape (Hrsg.), Betriebliches Umweltmanagement, 4. Aufl. 2009, S. 207 ff.
Lackner, Karl/Kühl, Kristian: Strafgesetzbuch, Kommentar, 26. Aufl. 2010, C.H. Beck.
von Landmann, Robert/Rohmer, Gustav: Umweltrecht, 58. Erg., 2010, C.H. Beck.
Leifer, Christoph: Das europäische Umweltmanagementsystem EMAS als Element gesellschaftlicher Selbstregulierung, 2007, Mohr Siebeck.
Masing, Walter: Handbuch Qualitätsmanagement, 2007.
Meß, Ralph: Rechtliche und verwaltungstechnische Erleichterungen für EMAS- und ISO 14000-Betriebe, in: TÜV-Umweltmanagement-Berater, 39. Aktualisierung, Nr. 11151.
Rautenstrauch, Claus: Betriebliche Umweltinformationssysteme - Grundlagen, Konzepte und Systeme, 1999, Springer Verlag.
Rathje, Britta: Die Organisation des betrieblichen Umweltmanagements, in: Baumast/Pape (Hrsg.), Betriebliches Umweltmanagement, 4. Aufl. 2009, S. 65 ff.
Reese, Moritz: Leitbilder des Umweltrechts, in: ZUR 2010, S. 339-346.
Reuter, Alexander: Ganzheitliche Integration themenspezifischer Managementsysteme – Entwicklung eines Modells zur Gestaltung und Bewertung integrierter Managementsysteme, 2003, Hampp Mering.
Reuter, Alexander: Umwelthaftung, strikte Organisation und kreative Unordnung, in: DB 1993, 1605-1609.
Scheidler, Alfred: Umweltrechtliche Verantwortung im Betrieb, in: GewArch2008, S. 195-199.
Scherer, Joachim: Umwelt-Audits: Instrumente zur Durchsetzung des Umweltrechts im europäischen Binnenmarkt, Neue Zeitschrift für Verwaltungsrecht (NVwZ) 1993, S. 11 ff.
Schlemminger, Horst: Green Building – von der Modeentscheidung zum Trend, in: FAZ v. 4.3.2011.
Schulze-Rickmann, Sibylle: Das Recht auf Zugang zu Informationen und auf ihre Verwertung nach der europäischen REACH-Verordnung, 2010, Nomos.
Schwaderlapp, Rolf: Umweltmanagementsysteme in der Praxis: qualitative empirische Untersuchung über die organisatorischen Implikationen des Öko-Audits, 1999, Oldenbourg.
Steger, Ulrich: Umweltmanagementsysteme – Fortschritt oder heiße Luft?, 2000, Buchverlag FAZ 2000.
Umweltgutachterausschuss (UGA): EMAS in Rechts- und Verwaltungsvorschriften, Stand: Dezember 2010, abrufbar unter: http://www.emas.de/fileadmin/user_upload/05_rechtliches/PDF-Dateien/EMAS_in_ Rechts_und _Verwaltungsvorschriften.pdf

von Ahsen, Anette: Integriertes Qualitäts- und Umweltmanagement: mehrdimensionale Modellierung und Umsetzung in der deutschen Automobilindustrie, 2006, Gabler.

von Hauff, Volker (Hrsg.): Unsere gemeinsame Zukunft - Der Brundtland-Bericht der Weltkommission für Umwelt und Entwicklung, 1987.

Veith, Jürgen/Gräfe, Jürgen (Hrsg.): Versicherungsprozess, 2. Aufl. 2010. C.H. Beck (zitiert: Bearbeiter, in: Veith/Gräfe).

Versen, Hartmut (Hrsg.): Zivilrechtliche Haftung für Umweltschäden, 1998, Decker.

Vierhaus, Hans-Peter: Die neue Gefahrgutbeauftragtenverordnung aus der Sicht des Straf-, Ordnungswidrigkeiten- und Umweltverwaltungsrechts, in: NStZ 1991, 466-469.

Wagner, Gerhard, in: Münchener Kommentar zum Bürgerlichen Gesetzbuch, 5. Aufl. 2009, C.H. Beck.

Waskow, Siegfried: Betriebliches Umweltmanagement: Anforderungen nach Audit-VO der EG und dem Umweltauditgesetz, 1996, C. F. Müller.

Wohlfahrt Werner: Der Weg zum Umweltmanagementsystem, 1999, Beuth.

7 Projektmanagement und Recht

Stefan Müller

Die Aufnahme des Projektmanagements in die für das Technikrecht betrachteten Managementdisziplinen mag auf den ersten Blick überraschen, da es bei der Projektarbeit[691] viel eher um Fragen der Planung, der Organisation und der Koordination als um die Erzeugung und Umsetzung von Technik zu gehen scheint. Wenn man bedenkt, dass zahlreiche technische Produkte und Prozesse ohne umfangreiche Planung, Organisation und Koordination – und damit: ohne Projektarbeit – überhaupt nicht realisiert werden können, erschließt sich der Bezug zum Recht der Technik indes ohne weiteres. Die Bandbreite denkbarer „Projekte mit Technikbezug" ist beträchtlich; beispielhaft seien genannt

- aus der Gebäude- und Immobilienwirtschaft: die Konzeption, Planung und bauliche Umsetzung einer neuen, gewerblich genutzten Immobilie wie ein Einkaufszentrum, ein Freizeitpark oder ein Sportstadion.
- aus dem Anlagen- und Maschinenbau: die Entwicklung und Realisierung einer Produktionsanlage für ein Unternehmen einer bestimmten Industriebranche.
- aus dem IT-Bereich: die auf die Bedürfnisse eines Unternehmens abgestimmte Erstellung einer Software für die Personaleinsatzplanung und -kostenrechnung sowie weitere Dienstleistungen im Zusammenhang mit deren Einsatz (wie etwa Anpassung, Wartung sowie Schulung von Personal).

Wie die Beispiele zeigen, kann es eine einheitliche, allgemein verbindliche Herangehensweise an „das" Projekt nicht geben, da die Umstände, unter denen ein Projekt entwickelt und durchgeführt wird, ganz unterschiedlich sein können. Dies betrifft die grundsätzliche Projektstruktur, die Interessen der Projektbeteiligten sowie deren Verhältnis zueinander und nicht zuletzt die Bestandteile und die Beschaffenheit des zu errichtenden Werks bzw. der zu erbringenden Dienstleistung.

Die Projektstruktur kann im Hinblick auf die Anzahl der Projektbeteiligten sowie die rechtliche Verbindung der Projektbeteiligten (vgl. dazu noch unter 7.2.2) erheblich variieren, was zugleich auf die Interessen der Beteiligten zurückwirkt. Beträchtliche Unterschiede bestehen auch mit Bezug auf den Gegenstand des Projekts: Beim Immobilienprojekt steht die Körperlichkeit, der optisch und haptisch erfassbare Bau im Vordergrund, beim IT-Projekt hingegen die Software als immaterielles Gut, beim Beispiel aus dem Anlagenbau können beide vorgenannten Aspekte verbunden sein.

Ziel der vorliegenden Darstellung kann es daher nur sein, einen ersten Einblick vor allem in die übergreifenden Phänomene und Herausforderungen der Projektarbeit mit ihren juristischen Rahmenbedingungen zu bieten und eher am Rande auf Besonderheiten einzelner Projektarten oder Wirtschaftsbranchen einzugehen.

---

[691] Das Wort Projekt leitet sich vom Lateinischen *proiacere* ab, das „nach vorn werfen" – hier in zeitlicher Hinsicht verstanden – bedeutet.

Weiterführende Literaturangaben in den Fußnoten liefern jedoch Ansatzpunkte für die eigene Recherche über die juristische Auseinandersetzung mit einzelnen branchen-, projekt- oder vertragstypspezifischen Fragestellungen.

7.1 Ein Blick ins Projektmanagement

7.1.1 Die Terminologie der technischen Normung

Die DIN-Normenreihe DIN 69901:2009 ist ausweislich ihres Haupttitels dem Projektmanagement und Projektmanagementsystemen gewidmet. Sie gliedert sich in fünf Teile 69901-1 bis 69901-5, die Grundlagen (69901-1), Prozessen und einem Prozessmodell (69901-2), Methoden (69901-3), Daten und einem Datenmodell (69901-4) sowie schließlich (69901-5) den Begriffen das Projektmanagements gewidmet sind.

Nr. 3.44 der DIN 69901-5:2009 definiert das *Projekt* als Vorhaben, das im Wesentlichen durch Einmaligkeit der Bedingungen in ihrer Gesamtheit gekennzeichnet ist. Beispielhaft aufgeführt werden

- Zielvorgabe,
- zeitliche, finanzielle, personelle und andere Abgrenzungen,
- [Erfordernis einer] projektspezifische[n] Organisation.

Unter *Projektmanagement*[692] versteht man nach Nr. 3.64 der DIN 69901-5:2009 die Gesamtheit von Führungsaufgaben, -organisation, -techniken und -mitteln für die Projektmanagementphasen (vgl. dazu Nr. 3.69) der Initiierung, Definition, Planung, Steuerung und den Abschluss von Projekten.

Bereits aus diesen Begriffsbildungen lassen sich einige wichtige Erkenntnisse herleiten:

- Jedes Projekt ist durch spezifische Bedingungen gekennzeichnet, die abgesehen von der Sachzielvorgabe im Wesentlichen aus einer Verbindung menschlicher Fähigkeiten und Kenntnisse, aus Kostenstrukturen sowie zeitlicher und organisatorischer Vorgaben beruhen.
- In zeitlicher Hinsicht kann das Projekt in (zumeist) aufeinander folgende Phasen zerlegt werden, die jede für sich zum Abschluss gebracht werden müssen.

---

[692] Vgl. zu möglichen managementspezifischen Ansätzen für die Positionierung des Projektmanagements ausführlich Patzak/Rattay, S. 35 ff.

- Während des gesamten Projektzyklus bedarf das Projekt der Führung. Der Projektleiter ist diejenige Persönlichkeit, die die damit verbundenen Aufgaben bei der Gestaltung und Durchführung des Projekts wahrnimmt. Wie bereits die Definition andeutet, kann der Projektleiter im Einzelfall zugleich die Rolle eines Organisationsleiters, eines Fachexperten und einer Führungskraft auszufüllen haben.[693]
- Die häufig über mehrere Jahre hinweg anfallenden Aufgaben sind in der Regel so umfassend, ineinander verschränkt und von einer Vielzahl von Mitarbeitern beeinflusst, dass das Projekt zugleich komplexen und dynamischen Charakter aufweist.

7.1.2 Wesentliche Steuergrößen des Projektmanagements

Die wesentlichen Steuergrößen des Projektmanagements lassen sich in einer Dreiecksbetrachtung als sog. magisches Dreieck des Projektmanagements abbilden, vgl. dazu Abb. 7.1.

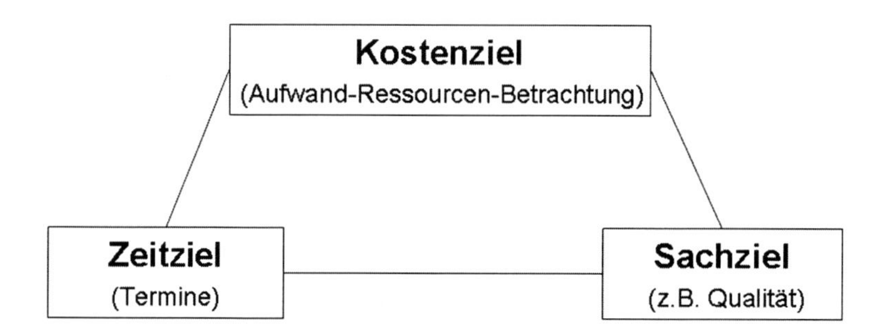

Abb. 7.1: Steuergrößen des Projektmanagements

Zwischen den genannten Steuergrößen herrscht Interdependenz, d. h. sie sind miteinander verwoben und wechselseitig von einander abhängig. Deshalb wird die Veränderung einer Zielgröße nicht ohne Auswirkung bei den anderen bleiben. Aus diesem Grund muss das Projektmanagement stets alle drei Ziele im Blick behalten.

---

693 Vgl. zu Organisation und Instrumenten der Qualifizierung und Motivation von Führungskräften im Rahmen einer Projektleiterlaufbahn neuerdings Hölzle, passim.

Sachziele: Erreichung des (zuvor definierten) Projekterfolgs, insbesondere im Hinblick auf quantitative und qualitative Vorgaben.

Zeitziele: Einhaltung von Fristen und Terminen für die Realisierung der definierten Projektabschnitte oder -phasen („Meilensteine"), wobei die Phasen nicht zwingend aufeinander folgen müssen

Kostenziele: Erarbeitung, Sicherung und eventuell Anpassung der Kosten- und Finanzplanung, dies auch im Hinblick auf Qualitäts-, Termin- und Ressourcenplanung.

7.2 Juristische Ausführungen zum Projektmanagement

Die Realisierung eines in technischer und wirtschaftlicher Hinsicht komplexen Projekts kann Rechtsfragen zu verschiedenen Rechtsgebieten aufwerfen. Juristische Schnittstellen bestehen typischerweise zu folgenden Bereichen[694]:

- *Arbeitsrechtliche* Maßnahmen (Personalbezug): Abschluss von Arbeitsverträgen (evtl. auch – außerhalb des eigentlichen Arbeitsrechts – Werk- und Dienstverträge mit selbständig tätigen Anbietern); Weisungen im Rahmen des Direktionsrechts bei bestehenden Arbeitsverträgen. Möglicherweise Kündigungen oder die einvernehmliche Aufhebung von Arbeitsverträgen.
- *Finanzierungsrechtliche* Maßnahmen: z. B. der Abschluss von Kreditverträgen, die Bestellung von Sicherheiten (Grundpfandrechte, Bürgschaften); bei internationalen Projekten etwa zudem die Vereinbarung von Dokumentenakkreditiven für den internationalen Warenhandel.
- *Verwaltungsrechtliche* Maßnahmen: z. B. Beantragung von Baugenehmigungen oder außenwirtschaftsrechtlicher Genehmigungen, Bestellung von Datenschutzbeauftragten nach den einschlägigen Vorschriften des Datenschutzrechts.
- *Beschaffungsverträge* bezogen auf nachgeordnete Ressourcen, z. B. die Anschaffung von Arbeitsmitteln wie Computern für Projektmitarbeiter, die externe Anmietung von Arbeitsräumen für einzelne Projektteams, die Beschaffung bestimmter Rohstoffe und bestimmten Zubehörs für die Projektrealisierung.

Außerdem müssen aus juristischer Sicht eine Reihe anderer Rechtsgebiete im Blick behalten werden, die nur gelegentlich Auswirkung auf die Projektsteuerung gewinnen können. Beispielhaft sei hier das im Wesentlichen im Gesetz gegen den unlauteren Wettbewerb (kurz: UWG) geregelte Wettbewerbsrecht im Hinblick auf

[694] Verträge über die Nutzung immaterieller Ressourcen, in der Praxis vor allem als Lizenzverträge vorkommend, werden der Zielsetzung des Werks entsprechend (vgl. oben bei 1.2) ausgeklammert. Stattdessen werden sie im demnächst erscheinenden Werk Ensthaler/Wege (Hrsg.): Management geistigen Eigentums, behandelt werden.

eine Abwerbung von Mitarbeitern für eigene Projektteams genannt (dort insb. die Vorschrift des § 4 Nr. 10).

Der vorliegend gebotene Überblick konzentriert sich jedoch auf den **Kern** des Projektgeschäfts und das hierbei zu beachtende Vertragsgefüge. Deshalb stehen entsprechend der einführenden Betrachtungen zum Projektmanagement (→ 7.1)

- grundlegende Fragen der rechtlichen *Projektstruktur* sowie
- die Grundlagen zu *Projektverträgen*, insbesondere die juristische Flankierung der Steuergrößen Sachziel (v. a. Qualität), Kosten und Zeit

im Mittelpunkt der Betrachtung.

Wie die zuvor angeführten Rechtsgebiete belegen, reicht der Bereich „Projektmanagement und Recht" jedoch darüber hinaus: Die mit der Projektdauer verbundenen Risiken und die Vielzahl der mit dem Projekt befassten Akteure bringen es mit sich, dass sich die rechtliche Seite des Projektmanagements nicht in einem einmaligen Vertragswerk (eben dem o. g. Projektvertrag) als Abschluss der Projektplanung erschöpft, sondern eine *kontinuierliche juristische Begleitung* des Projekts während allen Phasen unerlässlich ist, sodass bereits die Projektvorbereitung auch rechtlichen Steuerungsbedarf aufwirft.[695] Inzwischen liegen sogar – jedenfalls für die Bau- und Immobilienwirtschaft – ausformulierte Konzepte eines integrierten juristischen Projektmanagements vor[696], anhand derer Problemerkennungs- und Problembewältigungssysteme für konkrete Projekte entwickelt werden können.

7.2.1 Der rechtliche Rahmen von Projektverträgen: Grundlagen

Der Projektvertrag wird im Wesentlichen durch Vorschriften des Privatrechts bestimmt, also desjenigen Rechtsgebiets, in dem sich Privatrechtssubjekte (vornehmlich rechtsfähige Unternehmensträger oder Privatpersonen), idealtypisch betrachtet, „auf Augenhöhe gegenüber stehen". Im Privatrecht gilt – als Ausfluss des Konzepts der Privatautonomie – der Grundsatz der Vertragsfreiheit, wonach jeder Teilnehmer am Privatrechtsverkehr selbst entscheidet, ob und ggfs. zu welchen Bedingungen er bereit ist, eine vertragliche Bindung einzugehen. Es ist somit in erster Linie der zwischen den Vertragsparteien einvernehmlich vereinbarte Inhalt

---

[695] Vgl. zur (juristischen) Vorbereitung komplexer IT-Projekte nunmehr die praktischen Hinweise von Witzel, ITRB 2011, 164 ff., die die Auswahl von Anbietern und Produkt- und Leistungsportfolios, die richtige Vorbereitung von Mitarbeitern und Managementverantwortlichen und eine realistische Zeit- und Budgetplanung betreffen. Die Projektvorbereitung im Zusammenhang mit Bauprojekten beleuchtet Eschenbruch, in: Kappelmann, S. 53 ff., näher (unter besonderer Berücksichtigung der Projektfinanzierung und der erforderlichen Vertragskonstrukte).

[696] Vgl. dazu die Methode eines Juristischen Projektmanagements, das im von Kapellmann herausgegebenen gleichnamigen Werk (auf über 500 Seiten) illustriert wird.

eines Vertrages, aus dem die rechtlichen Folgen abgeleitet werden. Die privatrechtlichen Gesetzesvorschriften, etwa im BGB, sind deshalb größtenteils dispositiver Natur, d. h. die Vertragspartner können die gesetzlichen Regelungen abbedingen und eine andere Regelung treffen. Dem Gesetzesrecht kommt insoweit lediglich die Aufgabe zu, die verschiedenen Grenzen der Parteidisposition aufzuzeigen und Konfliktlösungsmechanismen für Sachfragen bereitzuhalten, die die Parteien nicht vertraglich geregelt haben.

So können die Parteien beispielsweise keine rechtlich wirksame Regelung treffen, die gegen die guten Sitten verstößt (vgl. § 138 BGB). Außerdem wird das Vertragsrecht vom Grundsatz der Formfreiheit beherrscht: Soweit eine besondere Vertragsform, insbesondere eine Schriftform, nicht durch das Gesetz angeordnet oder durch die Vertragsparteien vereinbart wird, ist also auch ein mündlich geschlossener Vertrag gültig. Dass ein schriftlich abgefasster Vertrag in Streitfällen um die Gültigkeit oder die Auslegung des Vertrags die beweisrechtliche Position verbessern kann, liegt auf der Hand.

An anderen Stellen sieht das BGB jedoch zwingende Regelungen vor, die von den Parteien nicht oder nur in eine bestimmte Richtung abgeändert werden können. Die Gründe, die den Gesetzgeber dazu bewogen haben, in Einzelfällen die Vertragsfreiheit zu beschränken, liegen zumeist im Schutz einer strukturell unterlegenen oder aus anderen Erwägungen für schutzwürdig befundenen Vertragspartei. Neben dezidiert verbraucherschutzrechtlichen Regelungen,

wie etwa für die Situation, dass ein Verbraucher [vgl. dazu § 13 BGB] von einem Unternehmer [vgl. dazu § 14 BGB] eine bewegliche Sache kauft und entsprechend §§ 474 ff. BGB vor allem hinsichtlich seiner Rechte wegen bestehender Sachmängel gegenüber dem ansonsten weitgehend dispositiven Kaufrecht besser gestellt werden soll,

sieht das BGB in §§ 305 ff. Sondervorschriften für die Behandlung sog. Allgemeiner Geschäftsbedingungen (kurz: AGB) vor, die vor allem für massenhaft vorgenommene Vertragsabschlüsse von Bedeutung sind. Ein Vertragsschluss unter Einbeziehung von AGB zeichnet sich dadurch aus, dass er – anders als die zuvor umschriebene Begründung individuell ausgehandelter Verträge – auf von einer Partei vorformulierte Vertragsbedingungen, nämlich den AGB, zurückgeht, mit deren Geltung sich die andere Partei einverstanden erklärt hat. Um die bloß zustimmende Vertragspartei, die auf den Inhalt der AGB-Klauseln regelmäßig keinen Einfluss hat, vor übermäßiger Benachteiligung zu bewahren und sie so vor den Auswirkungen einseitig durchgesetzter wirtschaftlicher Macht zu schützen, sieht das BGB hier neben Regelungen darüber, ob die AGB überhaupt wirksam in den Vertrag einbezogen wurden, ein abgestuftes System von Mechanismen zur Überprüfung der inhaltlichen Wirksamkeit einzelner Vertragsbedingungen durch den Richter vor.

Sofern über die Wirksamkeit und Auslegung des Vertrags vor Gericht gestritten wird, würdigt der Richter den Inhalt der jeweils für die Streitentscheidung maßgebliche(n) vorformulierten Klausel(n) unter Berücksichtigung der Umstände, unter denen der Vertrag zustande kam, im Einzelnen. Dies ist bemerkenswert, denn eine solche gerichtliche Inhaltskontrolle vertraglicher Regelungen findet bei individuell ausgehandelten Verträgen im Regelfall nicht statt, da das Gesetz hier davon ausgeht, dass zum Vertragsschluss befähigte Privatrechtssubjekte selbst am besten wissen, wie sie ihre wirtschaftlichen und persönlichen Bedürfnisse rechtlich umsetzen!

Für Projektverträge können individuell vereinbarte und vorformulierte Elemente gleichermaßen bedeutsam sein. Zwar spricht die qua Definition gegebene „Einmaligkeit" eines Projekts für die Individualität auch der vertraglichen Fixierung, doch werden zumal bei umfangreichen Projekten durchaus auch vorformulierte Bedingungen zum Einsatz gebracht.

In vertragstypologischer (und damit zugleich: vertragsgegenständlicher) Hinsicht werden Projektverträge vornehmlich durch Gesichtspunkte des Werkvertrags (§§ 631 ff. BGB), des Dienstvertrags (§§ 611 ff. BGB) sowie des Kaufvertrags (§§ 433 ff. BGB) geprägt, mit denen unterschiedliche wirtschaftliche Ziele verfolgt werden. Daneben kommen sog. Geschäftsbesorgungsverträge (§ 675 BGB) in Betracht, sofern der Vertragsgegenstand durch eine selbständige Tätigkeit wirtschaftlicher Art zur Wahrnehmung fremder Interessen gekennzeichnet ist,[697] wobei die Vorschrift des § 675 BGB in der Sache – je nach Inhalt der vereinbarten Pflichten – auf das Werk- oder das Dienstvertragsrecht zurück verweist. Fragen der Vertragstypologie werden noch unter 7.2.3 näher beleuchtet werden.

Es ist wichtig zu wissen, dass die Parteien zwar – im Rahmen des geltenden Rechts – über den Inhalt und die Ausgestaltung des Vertrags, nicht jedoch über dessen typologische Einordnung disponieren können: Welcher Vertragstyp im Einzelfall vorliegt, bestimmt sich letztverbindlich insbesondere *nicht* nach der gewählten Überschrift des schriftlichen Vertragswerks (soweit überhaupt ein Schriftstück vorliegt, vgl. oben zur Formfreiheit), sondern gegebenenfalls nach der rechtlichen Würdigung des zur Streitentscheidung berufenen Gerichts, das die Klauseln des Vertrags nach rechtlichen Vorgaben, v. a. den §§ 157, 242 BGB, auslegt und damit deren Sinngehalt ermittelt.

Der Projekterfolg wird sich selten durch genau einen der genannten Vertragsziele umsetzen lassen, weshalb er im Regelfall ein Gemengelage unterschiedlicher Vertragstypen darstellt.

Gerade für den Bereich des Werkvertragsrechts spielen bei der Realisierung von Projekten neben dem Gesetzesrecht noch verschiedene Vergabe- und Vertragsordnungen eine Rolle, die Besonderheiten der Vergabe von Aufträgen durch die öffentliche Hand berücksichtigen.

Damit ist zugleich der Bereich des sog. Vergaberechts angesprochen, dessen Kernelemente zum Abschluss dieses Kapitels unter 7.4.1 kurz behandelt werden.

Dies sei für die Bauwirtschaft exemplarisch erläutert: Die Vergabe- und Vertragsordnung für Bauleistungen (kurz: VOB) enthält in ihrem Teil A Vorschriften über die Vergabe und Durchführung von Aufträgen durch die öffentliche Hand, in ihrem Teil B ein vorformuliertes Klauselwerk an Vertragsbedingungen und in ihrem Teil C technische Spezifikationen bezüglich Bauleistungen. Da die VOB von

---

[697] BGH NJW-RR 2004, 989.

einer privatrechtlichen Organisation[698] erarbeitet wurden, haben sie nicht den Charakter eines Gesetzes, vielmehr werden sie angesichts ihrer Vorformuliertheit überwiegend als AGB eingeordnet. Obgleich das Regelwerk insbesondere auf die Tätigkeit öffentlicher Auftraggeber und der Spitzenverbände auf kommunaler und bauwirtschaftlicher Ebene zurückgeht, findet der Teil B der VOB auch häufig in Verträgen Einzug, die zwischen Privatrechtssubjekten (ohne Beteiligung der öffentlichen Hand) geschlossen werden.

Im Anschluss an die Rechtsprechung[699] hat mittlerweile auch der Gesetzgeber zum Ausdruck gebracht, dass er die VOB/B – falls sie gegenüber Unternehmern i. S. des § 14 BGB, juristischen Person des öffentlichen Rechts oder öffentlich-rechtlichen Sondervermögen verwendet werden – insgesamt als ausgewogen ansieht, indem er VOB/B-Klauseln, die Vertragsbestandteil wurden, einer Inhaltskontrolle am Maßstab des § 307 Abs. 1 und 2 BGB entzieht, wenn und soweit die VOB/B insgesamt ohne inhaltliche Änderungen in den Vertrag einbezogen wurden (vgl. § 310 Abs. 1 S. 3 BGB)[700].

7.2.2 Die grundlegende Projektorganisation im Recht

In rechtlicher Hinsicht ist die Projektorganisation aufs Engste mit der Art und Weise der Projektrealisierung verknüpft. Ganz grob gesprochen bestehen hierfür zwei Grundmodelle.

Projekte können von den Projektpartnern zum einen i. S. einer gemeinsam gewollten Zielerreichung umgesetzt werden, d. h. alle Beteiligten tragen zur Realisierung des Projekts mit den vertraglich festgelegten Beiträgen bei. Rechtlich liegt dann eine *Gesellschaft* mit den Projektpartnern als Gesellschaftern vor. Grundlage für die Gesellschaft ist der Gesellschaftsvertrag, der wechselseitige Förderpflichten (zur Erreichung des Gesellschaftszwecks) und Treuepflichten enthält. Je nach dem, wie sich die Gesellschaft nach außen darstellt, liegt eine sog. Innengesellschaft (mit Pflichten nur zwischen den Gesellschaftern) oder eine Außengesellschaft vor, die als solche selbst am Rechtsverkehr teilnimmt und selbst Rechte erwerben und Forderungen eingehen kann. Das deutsche Recht stellt eine ganze Reihe von Gesellschaftsformen bereit, die sich in Voraussetzungen und Rechtsfolgen unterscheiden. Eine grundlegende Unterscheidung ist die nach Personengesellschaften (wie die BGB-Gesellschaft, die oHG und die KG) und Kapitalgesellschaften (wie die GmbH, die AG und die KGaA). Während bei den erstgenannten der personale Bezug zwischen den Gesellschaftern im Vordergrund steht und die

---

[698] Nämlich der Deutsche Vergabe- und Vertragsausschuss für Bauleistungen (DAB), der in Rechtsform eines nichtrechtsfähigen Vereins agiert.

[699] BGHZ 86, 135.

[700] Kritisch zur vollständigen Rücknahme der Klauselkontrolle im Zusammenhang mit den VOB/B etwa Peters/Jacoby, in Staudinger, BGB, Vorbem. zu §§ 631 ff. Rn. 94.

Gesellschafter für Gesellschaftsverbindlichkeiten grundsätzlich mit ihrem Privatvermögen haften, tritt bei den Kapitalgesellschaften der personale Bezug tendenziell zurück, sodass grundsätzlich nur die Kapitalgesellschaft, nicht aber ihre Gesellschafter für Gesellschaftsverbindlichkeiten haften müssen.

Eine praktisch bedeutsame Erscheinung des Personengesellschaftsrechts im Zusammenhang mit Bauprojekten ist etwa die baurechtliche Arbeitsgemeinschaft (kurz: ARGE), bei der sich verschiedene Bauunternehmen zusammenschließen und die in aller Regel als BGB-Gesellschaft zu qualifizieren ist. Beim sog. equity joint venture gründen zwei oder mehrere kooperierende Unternehmen durch Vertrag eine selbständige Unternehmung, die häufig „Projektgesellschaft" genannt wird. Typischerweise existieren dabei neben einer nicht nach außen tätigen Innengesellschaft das operativ tätige Gemeinschaftsunternehmen als rechtsfähige Außengesellschaft (vgl. zu Joint Venture-Verträgen ausführlich Conrads/Schade, S. 166 ff.).

Wer zum Zwecke der Realisierung eines Projekts gesellschaftsrechtliche Bindungen eingeht, muss wissen, dass damit regelmäßig *eigene* Förderpflichten verbunden sind, deren Erfüllung die Gesellschaft notfalls einfordern und einklagen kann. Vor allem aber sieht das Gesellschaftsrecht kein ausdifferenziertes Gewährleistungsrecht für den Fall vor, dass andere Gesellschafter (mithin die Projektpartner) den ihnen nach dem Gesellschaftsvertrag auferlegten Verpflichtungen nicht oder nicht ordentlich nachkommen. Als Gesellschafter ist ein Projektpartner kurzum nicht in der Position eines Auftraggebers, der von seinem Vertragspartner (dem Auftragnehmer) die Umsetzung des Projekts gegen Entgelt verlangen kann: Der Gesellschaftsvertrag ist gerade kein klassischer Austauschvertrag, sondern die rechtliche Grundlage für die Herbeiführung eines gemeinsam gewollten Zwecks. Dieses *Austauschmodell* ist neben dem Gesellschaftsmodell die zweite Kategorie der organisatorischen Gestaltung von Projektverträgen, die sogleich unter 7.2.3 vorgestellt wird.

7.2.3 Projektverträge und Vertragstypologie

Soweit sich der am Projekt Interessierte nicht zu gemeinsamer Förderung des Projekts verpflichten, sondern „sein" Projekt durch andere realisieren lassen möchte, ist eine austauschvertragliche und keine gesellschaftsvertragliche Grundlage gewollt. Die vertragliche Situation ist so beschaffen, dass eine Vertragspartei (die Auftraggeberseite) die andere Vertragspartei (die Auftragnehmerseite) für die Realisierung des Projekts vergütet und folglich auch ohne weiteres im eigenen Namen gegen den Auftragnehmer Rechte wegen Nicht- oder Schlechterfüllung geltend machen kann.

So liegt der Fall in den meisten Projektsituationen. Deshalb wird das Gesellschaftsrecht im Folgenden ausgeblendet. Vgl. für das Joint Venture zum Für und Wider der Errichtung eines Gemeinschaftsunternehmens in der Situation des Joint Ventures etwa Wilde, DB 2007, 269 ff.

Je nach Gegenstand und Ausgestaltung des Vertrags im Einzelnen ist ein solcher *Austauschvertrag* rechtlich – wie bereits oben (→ 7.2.1) angedeutet – als Kaufvertrag (§§ 433 ff. BGB), als Dienstvertrag (§§ 611 ff. BGB), als Werkvertrag (§§ 631 ff. BGB), als Geschäftsbesorgungsvertrag (§ 675 BGB) oder als Mischform aus diesen und gegebenenfalls weiteren Elementen einzuordnen.

Die an den jeweiligen Verträgen Beteiligten werden vom Gesetz unterschiedlich bezeichnet. Den Kaufvertrag schließen der Käufer und der Verkäufer, beim Dienstvertrag kann zwischen Dienstverpflichtetem und Dienstberechtigtem unterschieden werden. Im Hinblick auf den Werkvertrag nennt das BGB den Besteller (wirtschaftlich mithin den „Auftraggeber") und den (Werk-)Unternehmer als denjenigen, der das Werk erstellen soll (und somit wirtschaftlich gesehen „Auftragnehmer" ist). Die Begriffswahl ist insoweit misslich, als das Gesetz dem Begriff „Unternehmer" an anderer Stelle (v. a. in § 14 BGB und darauf aufbauend in § 310, §§ 312 b-f und §§ 474 ff. BGB) einen abweichenden Bedeutungsgehalt zuweist. Die gesetzliche Verwendung der Begriffe Auftraggeber und Auftragnehmer zur Bezeichnung der am Werkvertrag beteiligten Akteure hätte sich jedoch auch nicht angeboten, da der Auftrag i. S. des BGB wiederum ein anderes, im Gesetz in §§ 662 ff. geregeltes Schuldverhältnis ist. Deshalb werden viele Aufträge im Sprachgebrauch der Wirtschaftspraxis vertragsrechtlich als Werk-, Dienst- oder Geschäftsbesorgungsvertrag eingeordnet, wobei das Recht des Geschäftsbesorgungsvertrags – soweit nicht werk- oder dienstvertragliche Vorschriften greifen – in Teilen auf einzelne Gesetzesvorschriften über den Auftrag zurückverweist. Die Arbeit mit dem Gesetz erfordert also eine sorgfältige Prüfung, welches Verständnis den in der jeweiligen Norm zugrunde gelegten Begriffen zukommen soll!

Für die vertragstypologische Einordnung lässt sich zu projektbezogenen Verträgen leitlinienartig Folgendes festhalten:

Überwiegend als Werkvertrag werden eingeordnet

- der Bauvertrag[701] (i. S. einer Herstellung eines Bauwerks oder Teilen davon),
- der Bauträgervertrag (i. S. einer Veräußerung eines nach den Vorstellungen des Erwerbs zu bebauenden Grundstücks), soweit – wie regelmäßig – die Herstellungsverpflichtung gegenüber der Lieferungskomponente im Vordergrund steht (jedoch umstr.[702]),
- der Architektenvertrag,
- Verträge mit Ingenieuren (z. B. im Zusammenhang mit der Baustatik [Tragwerksplanung] oder der Erstellung fachlicher Gutachten im Umfeld des Bauens),
- die Erstellung von individueller, d. h. auf die Bedürfnisse des Auftraggebers zugeschnittener Software (umstr.),
- die Anpassung und die Reparatur von Software und

[701] Vgl. zur Behandlung von Errichtungsverträgen im Zusammenhang mit Bauvorhaben ausführlich Kapellmann, in: Kapellmann, S. 330 ff.

[702] Für eine Einordnung des Bauträgervertrags im Wesentlichen als *Kauf*vertrag seit Geltung des Schuldrechtsmodernisierungsgesetzes etwa Peters/Jacoby, in: Staudinger, BGB, Vorbem. zu §§ 631 ff. Rn. 152.

- die Wartung von Hardware und Pflege von Software, soweit es nicht um reine Inspektion oder vorbeugende Wartung geht (dann schwerpunktmäßig Dienstvertrag).

Als Dienstvertrag einzuordnen sind regelmäßig

- die Bereitstellung des Zugangs zum Internet (Access-Provider-Vertrag),
- die Unterstützung des Softwarebetriebs mittels Fernkommunikation (sog. Hotline-Verträge) und
- die Erbringung von Schulungs- und Einweisungsleistungen[703] im Zusammenhang mit der Nutzung von erworbener Software.

Als Kaufvertrag zu qualifizieren bzw. dem Kaufrecht zu unterstellen sind

- Verträge im Zusammenhang mit der Erstellung von Bauwerken, soweit nicht die Herstellungsverpflichtung betroffen ist,
- der auf Dauer angelegte Erwerb von Standardsoftware (beim Erwerb auf Zeit liegt hingegen in der Regel Miete von Software vor).

Der Baubetreuungs- bzw. Projektsteuerungsvertrag ist als Geschäftsbesorgungsvertrag zu qualifizieren, wobei die weitere Zuweisung zum Werk- oder Dienstvertrag von der Ausgestaltung der Pflichten im Einzelnen abhängt.

Speziell die Abgrenzung zwischen Dienst- und Werkvertrag kann im Einzelfall, nicht nur im Hinblick auf den Geschäftsbesorgungsvertrag (§ 675 BGB), schwierig sein. Nach der Rechtsprechung ist der im Vertrag zum Ausdruck kommende Wille maßgeblich, wobei entscheidend ist, ob auf dieser Grundlage eine Dienstleistung als solche, d. h. die Vornahme einer Tätigkeit, oder ein bestimmtes Arbeitsergebnis als Erfolg der Tätigkeit geschuldet ist.[704] Im erstgenannten Fall liegt ein Dienstvertrag, §§ 611 ff. BGB, im letztgenannten ein Werkvertrag, §§ 631 ff. BGB, vor. Ein laienhaft als „Dienstleistungsvertrag“ (das BGB kennt diesen Begriff nicht) umschriebener Vertrag kann also – je nach Inhalt – Dienst- oder Werkvertrag sein. Beim Kaufvertrag steht demgegenüber der Erwerb des Eigentums an der Sache im Vordergrund, vgl. § 433 Abs. 1 BGB. Im Gegensatz zum Kauf- und Werkvertragsrecht kennt das Dienstvertragsrecht kein ausdifferenziertes Konfliktlösungsmodell für den Fall, dass die Leistung in zeitlicher oder quali-

---

[703] Soweit man die Einweisung in Software nicht bereits als Nebenpflicht aus dem zugrunde liegenden Erwerbsvertrag (dann in der Regel Kaufvertrag) auffasst, vgl. insoweit etwa OLG Stuttgart NJW 1986, 1675 f.

[704] Grundlegend BGH NJW 2002, 3323, 3324 (zu Forschungs- und Entwicklungsleistungen), wobei es das Gericht für möglich gehalten hat, dass – je nach Parteivereinbarung– bereits die „ordnungsgemäße Durchführung von Untersuchungen und [...] Anfertigung von Berichten“ als Erfolg i. S. einer Werkleistung anzusehen ist.

tativer Hinsicht unzureichend erbracht wird; stattdessen gelangen dann allgemeine vertragsrechtliche Vorschriften, insbesondere die Schadensersatzpflicht nach § 280 BGB sowie das Rücktrittsrecht nach §§ 323, 324 BGB zur Anwendung. Das spezielle Rechtsfolgensystem bei Vorliegen sog. Sachmängel (vgl. zum Begriff § 434 BGB bzw. § 633 BGB) ist beim Kaufvertragsrecht und beim Werkvertragsrecht ähnlich, aber nicht völlig deckungsgleich.

Insbesondere im Hinblick auf die Erstellung von Software bleibt festzuhalten, dass das Verständnis eines Sachmangels (bzw. „Fehlers") der Software zwischen Rechtswissenschaft und Informatik auseinander fällt. Während die Informatik an der technischen Störung bzw. Fehlleistung anknüpft, stehen für das Vertragsrecht in erster Linie die vertraglich vereinbarten Funktionalitäten und letztlich die Gebrauchstauglichkeit des Computerprogramms im Vordergrund, vgl. dazu § 434 Abs. 1 bzw. § 633 Abs. 2 BGB. Der im informationstechnischen Umfeld häufig geäußerte Satz, wonach Software per se nie fehlerfrei sein könne, gilt definitiv nicht für die *rechtliche* Beurteilung. Vgl. zum Umgang mit Sachmängeln später noch unter 7.2.5.

Aufgrund werkvertragstypischer Besonderheiten ist die Rechtslage bei Sachmängeln beim Vorliegen von Werkverträgen noch komplexer.

Kennzeichnend für den Werkvertrag (in Abgrenzung zum Kaufvertrag) ist die gesteigerte Form von Kooperationspflichten desjenigen, der die Leistung verlangen darf (also des Bestellers bzw. Käufers). Dies macht sich nicht nur, aber v. a. am Begriff der *Abnahme* des Werks durch den Besteller (vgl. § 640 BGB) fest, der die Erbringung der Werkleistung (§ 631 BGB), die Pflicht des Bestellers zur Zahlung der geschuldeten Vergütung (§ 641 BGB), die Beweislast für Mängel und die Verjährungsfrist für Rechte des Bestellers wegen Sachmängeln (§§ 634, 634a Abs. 2 BGB) und die Zuweisung von Verantwortungsbereichen durch sog. Gefahrtragungsregeln (§§ 644, 645 BGB) beeinflusst. Der Begriff der Abnahme ist nicht im Gesetz definiert, die Rechtsprechung versteht darunter die körperliche Hinnahme des Werkes im Rahmen der Besitzübertragung, verbunden mit der Anerkennung und damit Billigung des Werks als im Wesentlichen vertragsgemäß (vgl. grundlegend BGHZ 48, 257, 262; st. Rspr.). Die „juristische" Abnahme deckt sich nicht notwendigerweise mit der „technischen" Abnahme, wie sie Ingenieure und Techniker kennen. Die „technische" Abnahme dient der technischen Überprüfung der Leistung (bei Bauwerken typischerweise durch den Architekten), sie soll die vertragsrechtliche Abnahme gleichsam vorbereiten. Hinweise zu einer umfassenden Regelung der „juristischen" Abnahme finden sich bei Bartsch, CR 2006, 7 ff.

Soweit eine Abnahme im Rechtssinne wegen der Beschaffenheit des Werkes ausgeschlossen oder allgemein unüblich ist (Paradebeispiel hierfür ist die Aufführung von Theaterstücken oder Opern) tritt an deren Stelle die Vollendung des Werkes (§ 646 BGB). Verweigert der Besteller die geschuldete Abnahme zu Unrecht, kann zu seinen Lasten eine gesetzlich formulierte Fiktion der Abnahme greifen (vgl. § 640 Abs. 1 S. 2 und 3 BGB). In den VOB/B ist die (gegebenenfalls förmliche) Abnahme bzw. deren Fiktion in § 12 gesondert geregelt. Weitere Mitwirkungspflichten des Bestellers können je nach Art des Werkes und der vertraglichen Vereinbarungen bestehen, § 642 BGB greift den Tatbestand der Verletzung solcher Pflichten auf und sieht dann zugunsten des Unternehmers Entschädigungsansprüche vor. Aufgrund dieser Mitwirkungspflichten ist dem Auftragnehmer vielfach daran gelegen, den konkreten Vertrag nach Möglichkeit nicht dem Werk-, sondern dem Kaufvertragsrecht zu unterstellen.

Der zentrale Unterschied zwischen Kaufvertrag und Werkvertrag besteht mithin in dem Erfordernis der juristischen Abnahme und den daran anknüpfenden Folgewirkungen, die nur für den Werkvertrag gelten – für die Praxis ist es deshalb entscheidend zu wissen, welcher der beiden Vertragstypen im Einzelfall vorliegt.

Für die Abgrenzung zwischen Kauf- und Werkvertrag kommt schließlich § 651 BGB besondere Bedeutung zu. Diese Vorschrift, die Verträge betrifft, welche die Lieferung herzustellender oder zu erzeugender beweglicher Sachen zum Gegenstand haben, soll nach dem Willen des Gesetzgebers zu einer weitestgehenden Anwendung von Kaufrecht führen. Lediglich für Verträge über nicht vertretbare Sachen (das sind im Umkehrschluss aus § 91 BGB bewegliche Sachen, die im Verkehr üblicherweise nicht nach Maß, Ziel oder Gewicht bestimmt werden) werden noch einzelne, näher bezeichnete Vorschriften des Werkvertragsrechts neben dem im Übrigen geltenden Kaufvertragsrecht zur Anwendung bestimmt.

Die höchstrichterliche Rechtsprechung[705] ist der gesetzgeberischen Linie gefolgt und hat in einer zum Anlagenbau ergangenen Grundsatzentscheidung Verträge, die allein die Lieferung von herzustellenden Bau- oder Anlagenteilen zum Gegenstand haben, auch dann dem Kaufrecht unterstellt, wenn Gegenstand des Vertrages auch der Herstellung von Bau- und Anlagenteilen vorausgehende Planungsleistungen sind, soweit diese Leistungen nicht den Schwerpunkt des Vertrages bilden. Unter Verweis auf die Gesetzgebungsmaterialien lehnt der BGH dabei eine Beschränkung des Anwendungsbereichs des § 651 BGB auf typische Massen- oder Verbrauchsgüter ab, mit der Folge, dass § 651 BGB auch bei individuell gefertigten Gütern zu beachten ist. Außerdem ist zu berücksichtigen, dass § 651 BGB nicht auf Verträge zwischen Verbrauchern (vgl. zum Begriff § 13 BGB) und Unternehmern (vgl. zum Begriff § 14 BGB) begrenzt ist, sondern auch Verträge im unternehmerischen Verkehr bzw. Handelsverkehr betreffen kann. Zwischen Unternehmern ist § 651 BGB allerdings durch entsprechende vertragliche Abrede uneingeschränkt abdingbar, im Verhältnis zu Verbrauchern ist beim Verbrauchsgüterkauf (vgl. zum Begriff § 474 Abs. 1 BGB) § 475 BGB zu beachten, was sich vor allem auf die Fortgeltung der in §§ 433 ff. BGB aufgeführten Rechtsbehelfe des Käufers/Verbrauchers bei Mängeln der Leistung auswirkt. Der im juristischen Schrifttum lebhaft ausgefochtene Streit um die *Sach*qualität von Software[706] (mit der Folge der Eröffnung des § 651 BGB), darf als entschieden i. S. einer Bejahung der Sachqualität angesehen werden[707]. Definitiv nicht unter § 651 BGB fallen – mangels einer beweglichen Sache als Leistungsgegenstand – *geistige Werke* wie künstlerische oder sportliche Leistungen einerseits und wissenschaftliche bzw. konstruktiv-planerische Leistungen andererseits, und zwar auch dann nicht, wenn sich die geistigen Leistungen materialisieren lassen (z. B. die angefertigte Skizze

---

[705] BGH NJW 2009, 2877, 2878 ff. (Siloanlage).

[706] Vgl. dazu etwa Redeker, S. 91 f., m. w. N.

[707] Lapp, jurisPR-ITR 3/2010, Anm. 5, unter B., vertritt die Auffassung, dass die zuvor genannte, zum Anlagenbau ergangene Entscheidung grundsätzlich auch für den IT-Bereich Geltung beansprucht, wendet sich jedoch gegen die Annahme, dass danach für IT-Projekte generell Kaufvertragsrecht anzuwenden ist.

als Ergebnis planerischer Überlegungen). Ebenso geklärt ist, dass Reparaturen an einer Sache nicht auf deren Herstellung, sondern der Bearbeitung der Sache zielen und Reparaturverträge deshalb regelmäßig nicht § 651 BGB, sondern dem Werkvertragsrecht zuzuordnen sind.[708] Unmittelbar zum Kaufvertrag, ganz ohne „Umweg" über § 651 BGB, führen Verpflichtungen zur Lieferung von und Eigentumsverschaffung an Sachen ohne gleichzeitige Herstellungspflicht: Die (Weiter-) Veräußerung von Sachen allein ist nach wie vor direkt dem Kaufrecht unterstellt.

Die vorstehenden Aufgliederungen und Beispiele dienen freilich nur der Orientierung. Denn wegen des Grundsatzes der Vertragsfreiheit und der damit verbundenen Disposition der Vertragspartner über die wechselseitigen Rechte und Pflichten (vgl. oben 7.2.1) kann überall dort, wo das Vertragsrecht nicht zwingender Natur, sondern der Abänderung durch die Vertragsparteien zugänglich ist, durch eine geeignete *Vertragsgestaltung* ein vom Buchstaben des Gesetzes abweichendes oder den Gesetzeswortlaut übersteigendes Pflichtenprogramm gesetzt werden. Der oder die konkret einschlägigen Vertragstypen dienen dann nur noch als Leitbild, das für die Ausfüllung von Lücken in den Vertragsklauseln oder für die Bestimmung des Maßstabs der AGB-Inhaltskontrolle (vgl. § 307 Abs. 1 BGB) herangezogen wird, ansonsten aber gilt das zwischen den Parteien einvernehmlich gesetzte Recht. Im Folgenden werden – den grundlegenden Steuergrößen des Projektmanagements entsprechend (vgl. oben 7.1.2) – die vertraglichen Regelungen zur Bestimmung des Leistungsinhalts (7.2.4), zu den Modalitäten der Gegenleistung (7.2.5), zu Fragen von Pflichtenverletzungen hinsichtlich Leistungszeit und zur Leistungsqualität (7.2.6), ferner zu den Pflichten nach Abschluss des Projekts (7.2.8) und zu den Mechanismen der Beilegung von Konflikten (7.2.9) näher betrachtet. Hinzu kommt ein kurzer Blick auf die Rechte des geistigen Eigentums (7.2.7).

7.2.4 Die Bestimmung des Leistungsinhalts

Damit das Werk erstellt oder die Lieferung erbracht werden kann, muss zunächst der Inhalt der geschuldeten Leistung feststehen. Im Zusammenhang mit Projekten als Vorhaben, deren Umsetzung eine gewisse Zeitdauer beansprucht, können sich insoweit zwei Herausforderungen ergeben. Zum einen kann der Auftraggeber vor der Schwierigkeit stehen, sein Projektziel bzw. die Wege zu dessen Realisierung (noch) nicht genau formulieren zu können und vielmehr auf fremde Hilfe, insbesondere durch den auserkorenen Auftragnehmer, angewiesen zu sein. Zum anderen kann sich aufgrund veränderter Umstände und Grundlagen über die Zeit hinweg das Bedürfnis nach einer Neuformulierung der Projektziele ergeben, was

---

[708] Vgl. zum Anwendungsbereich des § 651 BGB im Bau- und Anlagenbauvertrag grundlegend Konopka/Acker, BauR 2004, 251 ff.

wiederum mit einer Veränderung und Anpassung des Leistungsinhalts einhergeht. Das Recht muss für beide Herausforderungen Lösungsinstrumente bereit halten.[709]

7.2.4.1 Die ursprüngliche Leistungsbestimmung

Der Gegenstand des Vertrages, der sich in den Hauptleistungspflichten der Vertragsparteien ausdrückt, unterliegt der autonomen Vereinbarung.

Dies sei am Werkvertrag nach §§ 631 ff. BGB verdeutlicht: Hauptleistungspflicht des (Werk-)Unternehmers ist die Erstellung des Werkes und damit zugleich die Herbeiführung des werkvertraglich geschuldeten Erfolgs. Im Gegenzug muss der Besteller die dafür geschuldete Vergütung entrichten. Je nach Vertragsgegenstand kann die Hauptleistungspflicht des (Werk-)Unternehmers über die Erstellung des Werkes hinausgehen. So stellt nach der Rechtsprechung zur Softwareerstellung (vgl. etwa BGH NJW 2001, 1718, 1719) die Überlassung einer Dokumentation auch dann eine Hauptleistungspflicht des Softwareentwicklers dar, wenn dies nicht ausdrücklich vereinbart wurde. Den Vertragspartnern ist es im Übrigen unbenommen, die Bestimmung des Leistungsinhalts einseitig einer Vertragspartei (vgl. dazu § 315 BGB) oder einem Dritten zu überlassen, vgl. dazu §§ 317 ff. BGB).

Jedenfalls für das IT-Geschäft ist es nicht unüblich, dass der Auftraggeber seine Interessen oder die technischen Mittel und Wege, wie diese erreicht werden können, (zunächst) nicht mit der nötigen Detailtreue umschreiben kann. In diesen Fällen ist vor der oder im Zuge der Vertragsgestaltung *im Ergebnis* eine gemeinsame Erarbeitung auch des Leistungsinhalts erforderlich, die häufig über das Zusammenspiel von Pflichtenheft und Lastenheft erfolgt.

Die Begriffsbestimmung Nr. 3.40 der DIN 69990-5:2009 definiert das Pflichtenheft (englischer Begriff: *functional specification*) als das vom Auftragnehmer erarbeitete Realisierungsvorhaben auf Basis des vom Auftraggeber vorgebenenen Lastenheftes. Das Lastenheft (englisch: *user specification*) bedeutet nach Nr. 3.32 der DIN 69990-5:2009 die vom Auftraggeber festgelegte Gesamtheit der Forderungen an die Lieferungen und Leistungen eines Auftraggebers innerhalb eines (Projekt-)Auftrags. Kurz gefasst ist im Lastenheft niedergelegt, *was* geschuldet ist, während im Pflichtenheft als gleichsam „zweiter Stufe der Projektplanung"[710] geregelt ist, *wie* (auf welche Art und Weise) und *wodurch* die geschuldete Leistung erbracht werden soll. Im Verhältnis zur Terminologie der DIN-Norm misst die Rechtsprechung dem Pflichtenheft eine abweichende Bedeutung bei, wenn sie ausführt, Aufgabe des Pflichtenheftes sei es, Vertragsumfang und -inhalt eindeutig festzulegen[711] und damit die fachlichen Anforderungen an die vertraglich geschuldete Lösung zu umschreiben. Einem Pflichtenheft i. S. der Rechtsprechung kommt eher der Charakter eines Lastenhefts gem. der Terminologie des DIN zu. Auf die-

[709] Vgl. zur vertraglichen Einbindung des Managements von Anforderungen (Requirement Management), auch im Hinblick auf das Baurecht, Koch, ITRB 2009, 163 f.

[710] Roth/Dorschel, ITRB 2008, 189.

[711] Vgl. grundlegend BGH NJW-RR 1992, 556, 557.

ser Grundlage bleibt zu klären, in welchem Verhältnis ein solches Pflichtenheft zu anderen Vertragsdokumenten steht, wie die Verantwortlichkeit für die Erstellung des Pflichtenheftes – im Verbund mit dem Lastenheft – zu beurteilen ist und welche rechtlichen Folgen das Fehlen eines Pflichtenheftes (im juristischen Sinn) nach sich zieht. Als erste Maßnahme zur Vermeidung von Missverständnissen steht dabei die verbindliche Fixierung einer gemeinsamen, von allen Projektpartnern verwendeten Begriffsbildung an.

Wenn die Festlegungen des Pflichtenhefts von den Regelungen in Einzelverträgen oder anderen (evtl. mündlichen) Absprachen abweichen, stellt sich die Frage nach dem Stellenwert und der Geltungskraft des Pflichtenheftes. Dies lässt sich nicht formalisiert beurteilen, sondern erfordert die Berücksichtigung des Zustandekommens des Vertrags. Auf jeden Fall empfiehlt sich die Klärung des Rangverhältnisses dieser Rechtsquellen im Rahmen der Vertragsgestaltung, wobei auch zukünftige Entwicklungen in den Blick zu nehmen sind.

In der Rechtsprechung ist nunmehr geklärt, dass sich der Auftragnehmer/Anbieter nicht ohne weiteres auf die (im Lastenheft oder anderweitig mitgeteilten) Vorgaben des Auftraggebers/Anwenders verlassen darf. Zumindest im Zusammenhang mit Individualsoftware hat es die Rechtsprechung für möglich erachtet, dass der Auftragnehmer/Anbieter von sich aus die innerbetrieblichen Bedürfnisse des Auftraggebers/Anwenders ermitteln und erkennbare Unklarheiten aufklären muss sowie gegebenenfalls auch an der Ermittlung des Anforderungsprofils mitzuwirken und Organisationsvorschläge zu unterbreiten hat.[712] Die Reichweite einer solchen Mitwirkungspflicht des Auftragnehmers wird maßgeblich durch die persönlichen und wirtschaftlichen Verhältnisse des Auftraggebers geprägt.

Soweit letzterer auf eine eigene IT-Abteilung zurückgreifen kann, reduzieren sich die Mitwirkungspflichten des Auftragnehmers entsprechend.

Falls die Erarbeitung eines Pflichtenhefts nicht Gegenstand der vertraglichen Pflichten ist, schuldet der Auftragnehmer eine Lösung, die dem Stand der Technik bei mittlerem Ausführungsstandard entspricht.[713]

7.2.4.2 Die Änderung des Leistungsinhalts nach Abschluss des Vertrages

Projektänderungen sind aus zahlreichen Gründen denkbar. Änderungen des Leistungsinhalts, die eine Vertragspartei nach Abschluss des Vertrages verlangt (sog. *Change Requests*), müssen daher bereits beim Abschluss desselben mitbedacht werden. Dabei lassen sich formelle Fragen des Änderungsprozesses von Fragen der Änderungen bzw. Ergänzungen inhaltlicher („materieller") Leistungspflichten unterscheiden.

---

[712] OLG Köln NJW-RR 1999, 51; OLG Köln OLGR 2005, 642, 643.

[713] BGH NJW-RR 1992, 556, 557.

Klärungsbedürftig kann im Einzelfall bereits die Frage sein, *ob* überhaupt tatsächlich eine Änderung des Leistungsinhalts vorliegt. Die gewünschte „Änderung" kann nämlich in Wirklichkeit eine bloße Konkretisierung des zunächst (bewusst) offen gehaltenen Vertragsgegenstands oder aber das Begehren nach Beseitigung eines vorhandenen Sachmangels sein. Die Unterteilung hat v. a. Bedeutung für die Frage der (zusätzlichen) Vergütung: Nur im Fall eines echten Änderungsbegehrens stellt sich die Frage nach zusätzlicher Vergütung (vgl. dazu unten 7.2.5).

Regelungen für den Umgang mit Änderungswünschen[714] sollten bereits im ursprünglichen Vertragswerk aufgenommen werden. Dabei wäre – je nach Zuschnitt des Projekts – zu klären:

- auf welche Weise die Änderungswünsche vorzubringen sind (z. B. zwingende Schriftform),
- an wen diese zu richten sind (evtl. Schaffung einer zentralen Einrichtung hierfür),
- wer in der Sache und in welchem Zeitraum über den Änderungswunsch entscheidet (z. B. Projektlenkungsausschuss, evtl. Gesamtprojektleitung),
- wie mit einer Mehrheit von Änderungswünschen umzugehen ist (Fragen der Priorisierung), auf welche Art und Weise Änderungswünsche vorzubringen sind und nach welchem Verfahren sie behandelt werden sollen,
- auf welche Weise die Änderungsverlangen und deren Behandlung schriftlich bzw. elektronisch fixiert werden (Dokumentationsverfahren für Change Requests) und schließlich – besonders bedeutsam –
- wie in Fällen fehlender Einigung über das Änderungsverlangen zu verfahren ist[715].

Nicht minder bedeutsam sind Regelungen inhaltlicher Natur, insb.

- wie sich gebilligte Änderungen auf den Projektverlauf auswirken (insb. im Hinblick auf Fristen und Meilensteine),
- ob die Pflichten- und Lastenhefte angepasst bzw. fortgeschrieben werden müssen und
- ob und gegebenenfalls welche zusätzlichen Vergütungen zugunsten des Auftragnehmers anfallen (für Prüfungen einerseits, für zusätzliche Arbeiten andererseits).

---

[714] Lösungsvorschläge zur Vertragsgestaltung bei Redeker, ITRB 2002, 190, 191 f.

[715] Koch, ITRB 2008, 61, verweist insoweit auf die Möglichkeit der Durchführung eines Eskalationsverfahrens und die zugehörige Norm ISO/IEC 20000-2.

7.2.4.3 Ausblick: Vertragsrechtliche Verbindlichkeit vs. Flexibilisierung der Festlegungen des Leistungsinhalts

„Moderne" Projektmethoden im IT-Bereich[716], die häufig unter dem Schlagwort des „agile programming" bzw. „extreme programming" bezeichnet werden, stehen einer „klassischen" Vorabfestlegung des vertraglich geschuldeten Inhalts sowie der zeitlichen Abfolge des Projektverlaufs diametral entgegen. Sie zeichnen sich vornehmlich dadurch aus, dass die Festlegung des Endergebnisses zunächst offen ist und anhand von vorgegebenen Sachverhalten und Ideen („User Cases", „User Stories") sowie fortlaufend definierten Aufgaben auf inkrementellem bzw. iterativem Wege vorgegangen wird. Damit verlagert sich die Bestimmung des Leistungsgegenstands ebenso wie die (herkömmlicherweise vorgelagerte) Projektplanung in den Erstellungsprozess hinein, was zum einen eine besonders enge Kooperation zwischen Auftraggeber und -nehmer voraussetzt, andererseits die herkömmlichen Grundlagen der Projektarbeit wie das Pflichtenheft und die technische Dokumentation entbehrlich machen soll. Änderungsanforderungen (vgl. dazu soeben unter 7.2.4.2) sind nach diesem Modell keine ungewollten Ausnahmeerscheinungen, sondern fester und regelmäßiger Bestandteil des Erstellungsprozesses.[717] Letztlich sollen flexibilisierte Projektmethoden dazu beitragen, dass der Kunde das bekommt, was er wirklich braucht und nicht die – eventuell weniger interessengerechte Umsetzung – dessen, was im Pflichtenheft oder in sonstigen Planungen vorab definiert wurde. Agiles Programmieren soll sich auch auf den Stellenwert des Vertrages für die Parteien auswirken: Einer der Leitsätze des „Manifests für agile Softwareentwicklung"[718] erachtet die stetige Zusammenarbeit mit dem Kunden für wichtiger als Vertragsverhandlungen. Aus juristischer Sicht führt der Leitsatz jedenfalls nicht zur völligen Irrelevanz vertraglicher Abreden; flexibilisierte Projektmethoden legen indes eine besonders sorgfältige Vertragsgestaltung nahe.

> Die Herausforderungen an das Recht bestehen bei flexibilisierten Projektmethoden vornehmlich in der Festlegung des letztlich geschuldeten Leistungsinhalts einschließlich der geschuldeten (Qualitäts-)Standards. Die vertragliche Regelung sollte unbedingt den gesteigerten Kooperationsformen Rechnung tragen und klare, einfache und rasch umsetzbare Konfliktlösungsverfahren (z. B. Mediationsverfahren) vorsehen; vgl. dazu auch die Vorschläge von Schneider, ITRB 2010, 18, 22 f.

---

[716] Vgl. zu den Charakteristika solcher Methoden Schneider, ITRB 2010, 18, 19; vgl. zu den technischen und fachlichen Herausforderungen moderner IT-Projektmethodiken auch die Hinweise aus der Informatikpraxis von Stiemerling, ITRB 2010, 289 ff.

[717] Kremer, ITRB, 2010, 283, 284 m. w. N. in Fn. 23.

[718] Dieses Manifest wurde im Jahre 2001 von Kent Beck und anderen entwickelt, vgl. dazu http://www.agilemanifesto.org (dort in englischer Sprache, abgerufen am 19.12.2011).

7.2.5 Modalitäten der Gegenleistung

Die Erbringung der Gegenleistung durch Zahlung eines näher bestimmten Geldbetrags stellt beim Kauf-, Werk- und Dienstvertrag die wesentliche Pflicht des Leistungsempfängers dar. Deshalb ist für alle Projektbeteiligten bedeutsam zu wissen, welche Leistungen von der Zahlungspflicht erfasst sind und welche nicht. Die Preisabrede kennt verschiedene Grundtypen:

- die Pauschalpreisabrede,
- die Einheitspreisabrede und
- die Vergütung nach Aufwand (aufgewendete Arbeitszeit zzgl. Materialkosten).

Für die Pauschalpreisabrede scheint auf den ersten Blick die große Transparenz der gewählten Vergütungsregelung zu sprechen, die mit einem Höchstmaß an Planungssicherheit einhergeht. Allerdings hängen diese Vorteile davon ab, dass zum einen im Vertrag der Gegenstand der Leistung klar bezeichnet ist und zum anderen keine unvorhergesehenen Änderungen der äußeren Umstände eine signifikante Abweichung der zugrunde liegenden Kalkulation nach oben oder nach unten nach sich ziehen. Für den Fall immenser Abweichungen hat immerhin die Rechtsprechung (zum Baurecht) entschieden, dass bei Änderungen von über 20 % (wesentliche Änderungen) der Pauschalpreis auch ohne vertragliche Absprache an die tatsächlich ausgeführten Leistungen angepasst wird.[719] Dies gilt indes nicht für nachträgliche Änderungen des Leistungsinhalts: Im Vertrag nicht vorhergesehene, später jedoch verlangte Leistungen sind grundsätzlich auch bei der Pauschalpreisabrede gesondert zu vergüten.

Im Zusammenhang mit der vertragsrechtlichen Behandlung von Änderungsverlangen (Change Request, s.o. 7.2.4.2) sollten daher auch die Modalitäten der Vergütungspflicht geregelt werden; vgl. zur Praxis des Claim Managements im Anlagenbau Schuhmann, ZfBR 2002, 739 f.

Beim Werkvertrag hängt die Fälligkeit der Vergütung nach Gesetzesrecht grundsätzlich von der Abnahme des (gesamten) Werkes ab, vgl. § 641 Abs. 1 Satz 1 BGB, bei vereinbarten Teilabnahmen kann ausnahmsweise eine Vergütung entsprechend der abgenommenen Teile verlangt werden (Satz 2). Da der (Werk-)Unternehmer demzufolge grundsätzlich vollumfänglich vorleistungspflichtig ist, sieht § 632a BGB die Möglichkeit der Vereinbarung von Abschlagszahlungen (§ 632a BGB) vor, wenn das Werk in abgeschlossene Teile aufgeteilt werden kann. Für Projekte kann somit entsprechend den vereinbarten „Meilensteinen" abgerechnet werden.

§ 16 VOB/B begünstigt den (Werk-)Unternehmer im Verhältnis zum Vergütungsrecht des BGB-Werkvertragsrechts, da er nach VOB/B auch bei Pauschalvergütungen generell Anspruch auf Abschlagszahlungen entsprechend den tatsächlich erbrachten Leistungen hat.

---

[719] BGH NJW 1974, 1864.

7.2.6 Pflichtverletzungen des Auftragnehmers hinsichtlich Leistungszeit und Leistungsqualität

Der Umgang mit auftragnehmerseitigen Verletzungen seiner Pflicht zur rechtzeitigen und ordnungsgemäßen Leistung, die sog. Leistungsstörungen, ist im Schuldrecht des BGB an verschiedener Stelle geregelt. Je nach Vertragstyp und je nach Art der Pflichtverletzung gewährt das Gesetz dem Auftraggeber (als Gläubiger der Leistung) unterschiedliche Rechte gegenüber dem Auftragnehmer.

7.2.6.1 Wesentliche Voraussetzungen für die Entstehung der Rechte

[1] Im Hinblick auf die Sicherung der Leistungsqualität ist die Ausdifferenzierung des Rechtsbehelfssystem sehr ausgeprägt: Bei Anwendung von Kauf- oder Werkvertragsrecht kann der Auftraggeber in Fällen von Mängeln (Sach- oder Rechtsmängeln) Mängelbeseitigung in Gestalt der Nacherfüllung, d. h. Neulieferung/Neuerstellung oder Nachbesserung des Mangels („Reparatur“) verlangen, vgl. §§ 437 Nr. 1, 439 BGB bzw. §§ 634 Nr. 1, 635 BGB. Ein Recht auf Selbstvornahme der Mängelbeseitigung, mit der Folge eines Anspruchs des Auftraggebers gegen den Auftragnehmer auf Ersatz der dafür erforderlichen Aufwendungen, sieht das Gesetz ausdrücklich nur beim Werkvertrag vor (§§ 634 Nr. 2, 637 BGB) und macht das Recht grundsätzlich von der vorherigen, erfolglosen Setzung einer Frist zur Mängelbeseitigung abhängig.

Allerdings hat die Rspr. inzwischen entschieden, dass das *unberechtigte* Verlangen der Beseitigung eines (vermeintlichen) Mangels eine Pflichtverletzung des Käufers oder Bestellers darstellen und deshalb zu Schadensersatzansprüchen des Verkäufers oder (Werk-)Unternehmers führen kann (BGH NJW 2008, 1147 f.). Aus dieser Rechtsprechung folgt jedoch, wie unlängst vom BGH geurteilt wurde, keine generelle Einstandspflicht des Auftragnehmers für Mängelbeseitigungsverlangen, die sich letztlich als grundlos herausstellen: Der in Anspruch genommene Auftragnehmer/(Werk-)Unternehmer darf Maßnahmen der Mängelbeseitigung deshalb nicht davon abhängig machen, dass der Auftraggeber/Besteller eine Erklärung abgibt, wonach er die Kosten der Untersuchung und weiterer Maßnahmen für den Fall übernimmt, dass der Auftragnehmer nicht für den Mangel verantwortlich ist (BGH NJW 2010, 3649, 3650).

[2] Das Recht auf Rücktritt vom Vertrag und der Anspruch auf Schadensersatz wegen Pflichtverletzungen besteht generell bei Pflichtverletzungen in *zeitlicher bzw. qualitativer* Hinsicht, vgl. hierzu grundlegend §§ 323, 324, 326 BGB (Rücktritt) bzw. §§ 280 ff. BGB (Schadensersatz). Die Entstehung des Rücktrittsrechts des Auftraggebers setzt eine erhebliche Pflichtverletzung und regelmäßig die Setzung einer Frist zur (Nach-)Erfüllung, der Anspruch des Auftraggebers auf Ersatz der wegen der Pflichtverletzung entstandenen Schäden überdies Vertretenmüssen der Pflichtverletzung durch den Auftragnehmer als Schuldner voraus (vgl. § 280 Abs. 1 S. 2 BGB), wodurch auf §§ 276, 278 BGB verwiesen wird: Der Schadensersatzanspruch entsteht regelmäßig nur dann, wenn den Auftragnehmer an der

Pflichtverletzung ein Verschulden trifft, d. h. wenn er insoweit vorsätzlich oder fahrlässig handelte (vgl. § 276 Abs.1 und 2 BGB). Anstelle des Rücktrittsrechts kann der Auftraggeber (bereits bei unerheblichen Mängeln) beim Kauf- oder Werkvertrag im Falle von Mängeln Minderung des Kaufpreises bzw. der Vergütung (§§ 437 Nr. 2, 441 bzw. §§ 634 Nr. 2, 638 BGB) verlangen, wodurch eine Reduktion der auftraggeberseitig geschuldeten Gegenleistung entsprechend der Tragweite des Mangels herbeigeführt werden kann.

[3] Bei schuldhafter Versäumung des Leistungszeitpunkts bzw. -raums greift das Rechtsinstitut des Schuldnerverzugs (§ 286 BGB), das – anders etwa als der Rücktritt und die Kündigung – die sog. primären Leistungspflichten unberührt lässt. Vielmehr führt der Verzug möglicherweise zu einer Pflicht des Schuldners zur Zahlung von Verzugszinsen und/oder Verzugsschadensersatz sowie zu einer Erweiterung der Haftung des Schuldners auch für die schuldlose, zufällige Zerstörung oder Beschädigung des Leistungsgegenstands (vgl. §§ 288, 280 Abs. 2, 287 BGB).

[4] Bei Dauerschuldverhältnissen wird das Rücktrittsrecht durch Kündigungsrechte ersetzt bzw. ergänzt. Grundlegend ist hierbei die Vorschrift § 314 BGB, die für die Berechtigung der Kündigung auf das Vorliegen eines wichtigen Grundes abstellt, worunter jedoch auch eine Pflichtverletzung fallen kann, vgl. dazu Abs. 2 der Vorschrift. Daneben existieren Kündigungsvorschriften für den Dienstvertrag (§ 626 BGB, ebenfalls auf dem wichtigen Grund aufbauend) und für den Werkvertrag (teilweise zugunsten des Bestellers, teilweise zugunsten des (Werk-)Unternehmers).

7.2.6.2 Die Interessenlage beim Projektvertrag

Den Interessen des Auftraggebers beim (auf längere Zeit angelegten) Projekt entspricht dieses Sanktionsarsenal nur unzureichend. Zum einen weisen die geltenden Vorschriften dem Auftraggeber die Beweislast für das Vorliegen der Pflichtverletzung durch den Auftragnehmer sowie für das Entstehen eines Schadens zu, was insb. bei – behaupteten – Einschränkungen der Leistungsqualität zu Schwierigkeiten führen kann.[720] Zum anderen kommt die Rechtsfolge des Rücktritts bzw. der Kündigung den wirtschaftlichen Interessen der Projektbeteiligten nicht entgegen: Durch die Ausübung dieser sog. Gestaltungsrechte wird der Vertrag aufgelöst und in ein Abwicklungsschuldverhältnis verwandelt, wobei die wechselseitigen Leistungen zurückzugewähren sind (vgl. für den Rücktritt die dann anzuwendenden §§

---

[720] Die Vorschriften des Verbrauchsgüterkaufs (§§ 474 ff. BGB) mit der Beweislastregel des § 476 BGB bleiben vorliegend außer Betracht. Dies erscheint schon deshalb gerechtfertigt, da die in diesem Kapitel betrachteten Projekte ganz überwiegend nicht von Verbrauchern in Auftrag gegeben werden und daher der Anwendungsbereich der §§ 474 ff. BGB (ganz unabhängig von der vertragstypologischen Einordnung des Projektvertrags) nicht gegeben ist.

346 ff. BGB). Diese Modalitäten sind häufig nicht wirtschaftlich sinnvoll durchführbar, sondern führen vor allem dazu, dass der Auftraggeber wertvolle Zeit und u. U. finanzielle Ressourcen verliert und, da sein Leistungsinteresse nunmehr nicht befriedigt wird, gleichsam „vor dem Nichts" steht. Rücktritt und Kündigung sollten daher gerade beim Projektvertrag das Mittel der absolut letzten Wahl sein. Je nach Fallgestaltung sind aus Auftraggeber- bzw. Auftragnehmersicht vorab im Wege der Vertragsgestaltung standardisierte bzw. pauschalierte Rechtsfolgen bei (angeblichen) Pflichtverletzungen seitens des Auftragnehmers vorteilhaft, weil sie Streit und damit Kosten vermeiden helfen (sollen):

[1] Da die Mängelgewährleistungsrechte des Käufers bzw. Bestellers bei Kauf- bzw. Werkvertrag einen von ihm zu beweisenden Mangel der Leistung voraussetzen, bietet sich zumindest flankierend die Einrichtung ein Rechtsfolgensystems an, bei dem ein möglicher Streit über das Vorliegen eines Mangels umgangen wird. In qualitativer Hinsicht ist die Vereinbarung von Leistungsgarantien („garantierte Werte", etwa in Prozentzahlen ausgedrückt) ratsam, deren Nichterreichung ein – unabhängig vom Vertretenmüssen durch den Auftragnehmer – abgestuftes Sanktionssystem auslöst. Bei IT-Wartungs- bzw. IT-Pflegeverträgen werden solche Konkretisierungen der Leistungsanforderungen üblicherweise als *Service Level Agreements (kurz: SLA)* bezeichnet.

Beispiel: So kann etwa die Erreichung von Werten zwischen 99,00 und 99,99 % noch sanktionslos bleiben, während bei einer Verfügbarkeit (nur) zwischen 95 und 99 %, (nur) zwischen 90 und 95 % etc. zunehmend höhere Ersatzbeträge fällig werden. Durch eine solche Regelung, die im Ergebnis eine pauschalierte Minderung der Vergütung bedeutet, wird nicht nur Transparenz für alle Vertragsparteien erreicht, sondern der Auftraggeber von der Beweispflicht für Existenz und Umfang des erlittenen Schadens entbunden.

[2] Soweit die gesetzlich vorgeprägten Rechte wegen Leistungsstörungen zur Grundlage der juristischen Konfliktlösung genommen werden sollen, können konkretisierende Vereinbarungen über die Beurteilung einer Leistungsstörung getroffen werden. Hierzu bietet sich etwa eine graduelle Einteilung von Mängeln durch Bildung sog. Fehlerklassen mit einem differenzierenden Sanktionssystem je nach Auswirkung der Beeinträchtigung beim Auftraggeber an[721]. Auch dieser Ansatz kann zur Transparenz des Vertrags beitragen. Da die Mängelgewährleistung beim Werkvertrag an die Abnahme anknüpft, wird auch für den Bausektor, bei dem der Werkvertrag nach wie vor eine bedeutsame Rolle spielt, ein nach Fehlertypen gegliedertes Risikomanagementsystem für Mängel vorgeschlagen (Planungsfehler, Ausführungsfehler, Prüfungsfehler, Sonderfälle).[722]

---

[721] Vgl. dazu Sick, S. 50 f., speziell zum Softwaremangel.

[722] Vgl. dazu Hunger, in: Kapellmann, S. 513 ff., der insoweit v. a. die Bedeutung der Projektdokumentation, der Ermittlung des einschlägigen (Mangel-)Sachverhalts und der darauf aufbauenden Anspruchssicherung betont. Der letztgenannte Aspekt verweist v. a. auf die gerichtlichen und außergerichtlichen Möglichkeiten der Beweissicherung, vgl. dazu umfassend Hunger, in: Kapellmann, S. 475 ff.

[3] Für Pflichtverletzungen in zeitlicher wie in qualitativer Hinsicht können vorab pauschalierte Entschädigungsbeträge festgelegt werden.

Dabei kann sich die Pauschalierung auf den Umfang des Schadens beschränken, wodurch die Schadenshöhe außer Streit gestellt wird, die im BGB vorgeprägten Beweislast jedoch ansonsten unangetastet bleibt. Die Vereinbarung von Schadenspauschalierung in AGB findet in der Regelung des § 309 Nr. 5 BGB eine Grenze, die – über §§ 307 Abs. 1, 310 Abs. 1 BGB – im Ergebnis auch im unternehmerischen Verkehr zu beachten ist.[723] Danach sind gewisse Begrenzungen im Schadensumfang sowie die Führung des Gegenbeweises hinsichtlich der Schadensentstehung bzw. -höhe möglich.

Für den Auftraggeber noch angenehmer ist die Vereinbarung von *Vertragsstrafen*, bisweilen auch Pönalen genannt, die im BGB in den §§ 339 ff. und in den VOB/B in § 11 geregelt werden. Vertragsstrafen sind entgegen dem Wortlaut keine einseitigen Erklärungen, sondern vertragliche Abreden und verfolgen einen doppelten Zweck, indem sie über die Pauschalierungsfunktion hinaus noch eine präventive „Druckfunktion" vorsehen: Der Schuldner (hier: Auftragnehmer), der die Zahlung einer Strafe für den Fall der Nichtleistung oder nicht gehörigen Leistung verspricht, verwirkt diese Strafe, sobald die näher umschriebene Situation eintritt. Die einzelnen Voraussetzungen der Verwirkung der Vertragsstrafe sind somit im Vertrag festzulegen, Vertragsstrafevereinbarungen können daher vom Vertretenmüssen der Pflichtverletzung (vgl. dazu wiederum §§ 276, 278 BGB) abhängig gemacht werden. Näherer Regelung bedarf auch das Verhältnis der Vertragsstrafe zu den vertraglichen Erfüllungs- und Schadensersatzansprüchen; klärungsbedürftig ist hier u. a. die Frage, ob die Vertragsstrafe auf Ersatz- oder Schadensersatzansprüche summenmäßig angerechnet oder neben diesen fällig wird. In Ermangelung näherer Vereinbarungen greifen hilfsweise die §§ 340, 341 BGB ein. Nach § 343 BGB ist die Herabsetzung von unverhältnismäßig hohen Vertragsstrafen[724] durch Entscheidung des angerufenen Gerichts auf Antrag des Schuldners möglich; diese Vorschrift greift jedoch nicht bei Vertragsstrafeversprechen ein, die von Kaufleuten (§§ 1 ff. HGB) abgegeben wurden, vgl. dazu § 348 HGB. Zugunsten von Kaufleuten können nur allgemeine Grundsätze des BGB, insb. der Grundsatz von Treu und Glauben (§ 242 BGB) oder – im Falle formularmäßig getroffener Vertragstrafeversprechen – die Inhaltskontrolle der AGB-Vorschriften, insb. § 307 Abs. 1 BGB, eingreifen[725].

Für Beschränkungen der Mängelgewährleistung nach Kauf- und Werkvertragsrecht (vgl. dazu § 437 bzw. § 634 BGB), an denen der Auftragnehmer naturgemäß ein großes Interesse hat, sind hinsichtlich *neu hergestellter* Sachen im Falle von Regelungen in AGB

[723] So jedenfalls die Rechtsprechung, vgl. etwa BGH NJW 1994, 1068 [zur inhaltlich entsprechenden Vorschrift im vormals geltenden AGB-Gesetz].

[724] Vgl. zur Angemessenheit von Vertragsstrafen im Bau- und Industrieanlagenbauvertrag ausführlich v. Gehlen, NJW 2003, 2961 ff. sowie Schuhmann, BauR 2005, 293, 299 f.

[725] Nach BGH NJW 2003, 1805, 1808, ist für den Bauvertrag eine (für den Verzugsfall) formularmäßig vereinbarte Vertragsstrafe, deren Höchstgrenze 5 % der Auftragssumme übersteigt, als unzulässig anzusehen.

– auch im unternehmerischen Verkehr – in weitem Umfang die ausdifferenzierten Regelungen in § 309 Nr. 8 b) zu beachten. Unwirksam ist der gänzliche Ausschluss der Mängelgewährleistungsrechte des Käufers bzw. Bestellers oder dessen Verweisung auf Ansprüche gegenüber Dritten (Nr. 8 b) aa)) sowie die Beschränkung auf die Nacherfüllung unter Ausschluss von Rücktritts- bzw. Minderungsrechten (Nr. 8 b) bb)).

[4] Weiterhin wird dem Auftraggeber an einer Verminderung des Haftungsrisikos gelegen sein (*Haftungsausschluss- oder Haftungsreduktionsklauseln*),[726] womit explizit die Schadensersatzhaftung angesprochen ist. Die Möglichkeit der Haftungsminimierung in AGB-Klauseln ist allerdings mehrfach eingeschränkt, wobei hier nur die wesentlichen Leitlinien nachgezogen werden können:

- Aus der Vorschrift des § 309 Nr. 7 BGB, die nach der Rechtsprechung gem. §§ 307 Abs. 1, 310 Abs. 1 BGB auch im unternehmerischen Verkehr Geltung beansprucht, sind Haftungsausschlüsse bei der Verletzung von personenbezogenen Rechtsgütern („Leib und Leben") sowie bei grobem Verschulden unwirksam.
- Praktisch noch bedeutsamer ist jedoch die höchstrichterliche Rechtsprechung zu sog. Kardinalpflichten auf Grundlage des § 307 Abs. 1 BGB, wonach eine Freizeichnung sogar für leicht fahrlässig begangene Pflichtverletzungen unwirksam ist, wenn im Einzelfall vertragswesentliche Pflichten betroffen sind. Der BGH hat empfohlen, die jeweils vertragswesentlichen Pflichten in den AGB näher zu umschreiben, ein pauschaler Hinweis auf die Kardinalpflichten genügt dem Transparenzgebot des § 307 Abs. 1 Nr. 3 BGB nicht.[727]

In individuell vereinbarten Verträgen sind Haftungsbegrenzungsklauseln in weiterem Umfange gültig, freilich dürften sie dort in der Praxis noch schwieriger auszuhandeln sein. Als absolute Grenze muss auf jeden Fall § 276 Abs. 3 BGB beachtet werden, wonach ein Ausschluss für vom Schuldner vorsätzlich begangene Pflichtverletzungen stets unwirksam ist; in Individualvereinbarungen prinzipiell wirksam ist jedoch ein Ausschluss für die von Hilfspersonen vorsätzlich verursachten Schäden, vgl. dazu § 278 S. 2 BGB.

7.2.7 Nutzungsrechte an geistigem Eigentum

Im Zuge der Projektplanung oder -realisierung können immaterielle Leistungen entstehen, die durch Rechte des geistigen Eigentums geschützt sind.

In der Praxis sind v. a. Urheberrechte oder dem Urheberrecht verwandte Schutzrechte bedeutsam, die in Deutschland im Gesetz über Urheberrecht und verwandte Schutzrechte (kurz: UrhG) geregelt sind. Urheberrechtlichen Schutz kann etwa der Architekt genießen,

---

[726] Vgl. zur Vertragspraxis der Haftungsklauseln in IT-Verträgen prägnant Hörl, ITRB 2005, 217 ff. sowie zu Gewährleistungs- und Haftungsklauseln in Softwareerstellungsverträgen ausführlicher Redeker, IT-Recht, S. 136 ff.

[727] Vgl. dazu BGH NJW-RR 2005, 1496.

der eine besonders prägnante Dachkonstruktion für einen Bahnhof konzipiert hat oder der Entwickler eines Computerprogramms.

Das Urheberrecht steht gem. §§ 1, 2 und 7 UrhG dem Schöpfer des Werks zu. Werke sind persönliche geistige Schöpfungen, das Gesetz nennt hierzu beispielhaft neben Darstellungen wissenschaftlicher und technischer Art, Werke der bildenden Künste u. a. auch Sprachwerke einschließlich Computerprogrammen. Aus dem Urheberrecht folgt eine Reihe persönlichkeitsbezogener und vermögensbezogener („verwertungsbezogener") Rechte, die dem Schöpfer zugewiesen sind.

Für Computerprogramme gelten Sonderregelungen. Ihr urheberrechtlicher Schutz hängt vom Vorliegen eines individuellen Werks als Ergebnis eigener geistiger Schöpfung ab (§ 69a Abs. 3 UrhG). Werden Computerprogramme im Rahmen von Arbeits- oder Dienstverhältnissen geschaffen, so stehen die vermögensrechtlichen Befugnisse daran schon kraft Gesetzes dem Arbeitgeber oder Dienstherrn zu (§ 69b UrhG); in freiberuflicher Tätigkeit entwickelte Computerprogramme fallen also nicht unter diese Sonderregel, insoweit bleibt es bei der Zuweisung auch der Verwertungsrechte zum Entwickler!

Im Zusammenhang mit Austauschverträgen sollte es der Auftragnehmer gerade im Hinblick auf den Zeitraum nach Abschluss des Projekts nicht versäumen, sich in möglichst weitem Umfang die Nutzungsrechte einräumen zu lassen, was insbesondere über die Vereinbarung von Lizenzverträgen geschieht.

Dabei muss etwa berücksichtigt werden, dass auch die spätere *Bearbeitung* des urheberrechtlichen Werks primär dem Urheber zugewiesen ist. Deshalb kann beispielsweise eine vom Auftraggeber später realisierte bauliche Veränderung des Bauwerks das Urheberrecht des Architekten verletzen, wenn sie ohne dessen Einwilligung geschieht.

Möglicherweise für das Projektmanagement relevante Fragen des geistigen Eigentums betreffen in besonderem Maße die Lizenzierung von geistigem Eigentum, den immaterialgüterrechtlichen Schutz von Software und (in Einzelfällen) den Bereich der Arbeitnehmererfindungen.[728]

7.3 Weitere juristische Aspekte des Projektmanagements

Die vorliegende juristische Einführung in die juristischen Dimensionen des Projektmanagements soll noch um zwei weitere Aspekte erweitert werden: zum einen um die Stellung der öffentlichen Hand als Auftraggeber von Projektleistungen (vgl. dazu unter 7.3.1) und zum anderen um die Bezüge des Projektmanagements zu Fragen der (rechtlichen) Risikosteuerung (vgl. dazu unter 7.3.2).

[728] Ausführungen hierzu folgen im bereits angesprochenen Werk zum Management Geistigen Eigentums, herausgegeben von Ensthaler und Wege.

7.3.1 *Aus öffentlichen Mitteln finanzierte Projekte: Ein Blick in das Vergaberecht*[729]

Die unter 7.2 dargestellte, vornehmlich privatrechtliche Betrachtung des Rechts der Projektverträge greift möglicherweise zu kurz, wenn Projekte mit öffentlichen Mitteln realisiert werden sollen. Die Bedeutung öffentlicher Aufträge ist v. a. im Bausektor, aber auch im IT-Bereich bedeutsam. Öffentliche Auftraggeber sind bei der Vergabe von Aufträgen, die den Kauf von Gütern oder die Inanspruchnahme von Dienstleistungen zum Inhalt haben, nicht frei von rechtlichen Bindungen.

Über lange Zeit diente das Haushaltsrecht und die damit verbundene Idee, öffentliche Mittel effizient und zweckentsprechend einzusetzen, als maßgeblicher Rechtsrahmen staatlicher Dispositionshoheit. Vor allem aufgrund EU-rechtlicher Vorgaben kam eine zweite Dimension des Rechts der Vergabe öffentlicher Aufträge (Vergaberecht) hinzu: Der Staat nimmt durch die Vergabe von Aufträgen Einfluss auf das Marktverhalten privater Anbieter von Gütern und Dienstleistungen. Diese wettbewerbs-, genauer: *kartell*rechtliche Dimension wird im deutschen Recht in erster Linie in den – EU-rechtlich vorgeprägten – §§ 97 ff. GWB abgebildet. Da die Vorgaben des Rechts der EU jedoch erst ab gewissen Auftragssummen, sog. Schwellenwerten, eingreifen, unterscheidet sich der rechtliche Rahmen für die Vergabe öffentlicher Aufträge oberhalb der Schwellenwerte von solchen unterhalb der Schwellenwerte. Unterschiede zwischen ober- und unterschwelligen Vergaben bestehen vor allem hinsichtlich der einschlägigen Rechtsgrundlagen, des Vergabeverfahrens und der Nachprüfung von Vergabentscheidungen.[730] Das Vergabeverfahren ist der Ebene des Abschlusses des Projektvertrags und der Erbringung der vertraglich geschuldeten Leistungen vorgeordnet.

> Die einschlägigen Schwellenwerte variieren nach dem Gegenstand des Auftrags. Nach § 2 der Verordnung über die Vergabe öffentlicher Aufträge (kurz: VgV), einer auf Grundlage von § 97 Abs. 6 GWB erlassenen Rechtsverordnung, liegt der Schwellenwert für öffentlichen Bauaufträge derzeit bei 4,845 Mio. €, für öffentlichen Liefer- und Dienstleistungsaufträge bei 193.000 €. Für die Vergabe durch obere und oberste Bundesbehörden gelten besondere Schwellenwerte. Die Schwellenwerte verstehen sich als geschätzte Auftragswerte ohne Umsatzsteuer (vgl. § 1 Abs. 1 VgV), wobei in § 3 VgV nähere Vorgaben für die Schätzung des Auftragswerts festgeschrieben sind.

7.3.1.1 Der rechtliche Rahmen

Oberhalb der Schwellenwerte gelten für die Vergabe öffentlicher Aufträge

- die Vorschriften der §§ 97 ff. GWB,
- die Vorschriften der VgV sowie

---

[729] Eine umfassendere Einführung in das Vergaberecht findet sich etwa bei Ziekow, S. 150 ff.

[730] Vgl. speziell zu den (einschneidenden) Änderungen durch die Vergaberechtsreform aus dem Jahr 2009 überblicksartig Gabriel, NJW 2009, 2011 ff.

- – entsprechend dem Gegenstand des Auftrags – bestimmte Vergabe- und Vertragsordnungen (die VOB/A für Bauleistungen; die VOF für Dienstleistungen im Rahmen freiberuflicher Tätigkeit; die VOL/A für sonstige Lieferungen und Leistungen außer Lieferungen).

Unterhalb der Schwellenwerte sind die §§ 97 ff. GWB sowie die VgV nicht anwendbar. Die Vergabe- und Vertragsordnungen sind partiell einschlägig, soweit deren sog. Basisparagraphen, mithin die Vorschriften ohne Zusatzbezeichnung, betroffen sind. Hingegen finden im Bereich der VOB/A die sog. „a-Paragraphen" (§ 1a, § 2a, etc.) und im Bereich der VOL/A die „EG-Paragraphen" keine Anwendung, da diese nur bei Aufträgen oberhalb der Schwellenwerte eingreifen. Im Wesentlichen wird das unterschwellige Vergaberecht von den Haushaltsordnungen des Bundes und der Länder beherrscht, die jedoch überwiegend auf die VOB/A und VOL/A und vereinzelt sogar auf das GWB zurückverweisen.

Die Anwendung der §§ 97 ff. GWB hängt zunächst vom Vorliegen eines öffentlichen Auftrags (§ 99 GWB) und damit von der Bindung zwischen einem öffentlichen Auftraggeber (vgl. dazu § 98 GWB) und einem Unternehmen (§ 98 GWB) ab.

§ 99 Abs. 1 GWB definiert den öffentlichen Auftrag als entgeltliche Verträge zwischen öffentlichen Auftraggebern und Unternehmen über die Beschaffung von Leistungen, die Liefer-, Bau- oder Dienstleistungen zum Gegenstand haben, sowie Baukonzessionen und Auslobungsverfahren, die zu Dienstleistungsaufträgen führen sollen. § 99 Abs. 2 bis 4 GWB bestimmen die Begriffe der Liefer-, Bau- und Dienstleistungsaufträge näher. Entscheidend ist jeweils der Beschaffungscharakter der anvisierten Maßnahme. Der sachliche Anwendungsbereich wird jedoch teils durch gesetzliche Vorschriften, teils durch ungeschriebene Regeln in verschiedener Hinsicht wieder eingeschränkt.

Eine ganze Reihe inhaltlich weitgehend nicht miteinander zusammen hängender gesetzlicher Ausnahmetatbestände ist § 100 Abs. 2 GWB in niedergelegt. Kein Anwendungsfall für das Vergaberecht sind ferner, soweit bestimmte Voraussetzungen erfüllt sind, sog. In-House-Geschäfte. Bei In-House-Geschäften bestehen zwischen dem öffentlichen Auftraggeber und dem (rechtlich verselbständigten) Leistungserbringer derart enge organisatorische Verbindungen, dass der Auftraggeber den Leistungserbringer kontrolliert und letzterer seine Tätigkeit im Wesentlichen für den öffentlichen Auftraggeber verrichtet (vgl. zu den Einzelheiten Ziekow, S. 158 ff. mit Nachweisen aus der Rechtsprechung), der Leistungserbringer mithin faktisch wie eine unselbständige Dienststelle agiert.

Zur Bestimmung des personalen Anwendungsbereichs des Vergaberechts (öffentlicher Auftraggeber einerseits, Unternehmen andererseits) hat sich inzwischen ein funktionaler Ansatz herausgebildet. Entscheidend ist danach, ob – unabhängig von der Rechtsform – der Auftraggeber öffentliche Aufgaben wahrnimmt und der Auftragnehmer „wie ein privater Unternehmer" Leistungen am Markt anbietet. Daher können auch öffentliche Einrichtungen, die sie um die Erlangung öffentlicher Aufträge bemühen, als Unternehmen einzuordnen sein mit der Folge, dass die vergaberechtlichen Vorschriften Anwendung finden können.

Die wesentlichen inhaltlichen Vorgaben des Vergaberechts insgesamt und einzelner Vergabeentscheidungen sind in § 97 GWB festgeschrieben. Danach wird das Vergaberecht vom Wettbewerbsprinzip sowie vom Gleichbehandlungs- und Transparenzgrundsatz bestimmt. Zulässige Auswahlkriterien hinsichtlich der Eigenschaft als Bieter, d. h. potentieller Interessent zur Übernahme eines öffentlichen Auftrags, sind in § 97 Abs. 3, 4 sowie 4a GWB geregelt, wobei in erster Linie Fachkunde, Leistungsfähigkeit und Zuverlässigkeit (einschließlich Gesetzestreue) zu nennen sind. Daneben sind innerhalb des gesetzlichen Rahmens wirtschaftspolitische Steuerungsinstrumente, insbesondere die Förderung des Mittelstands, sowie unter engen Grenzen auch ökologische und soziale Kriterien möglich.[731] Die Auswahlentscheidung muss sich schließlich am Wirtschaftlichkeitsgebot (§ 97 Abs. 5 GWB) orientieren, wonach der Zuschlag auf Grundlage des wirtschaftlichsten Angebots erfolgen muss, was eine gesetzgeberisch gewollte Abkehr vom Niedrigstpreisprinzip bedeutet.

7.3.1.2 Das Vergabeverfahren und der Rechtsschutz gegen Vergabeentscheidungen

Oberhalb der Schwellenwerte existieren gem. § 101 GWB vier Grundarten von Vergabeverfahren: das offene Verfahren, das nicht offene Verfahren, das Verhandlungsverfahren und der wettbewerbliche Dialog, wobei in § 101 Abs. 7 GWB das offene Verfahren zum Regelverfahren erkoren wird und die anderen Verfahrenstypen nur bei gesetzlicher Anordnung gewählt werden dürfen.

Unterhalb der Schwellenwerte ist die öffentliche Ausschreibung das Regelverfahren, ausnahmsweise kann die beschränkte Ausschreibung oder gar die freihändige Vergabe gewählt werden.

Der Ablauf eines Vergabeverfahrens[732] hat sich an den Grundprinzipien der Vergabe öffentlicher Aufträge zu orientieren. Daher muss – im Anschluss an eine auftraggeberseitige Vorbereitung – die beabsichtigte Beschaffung regelmäßig öffentlich verlautbart werden. Auf die Bekanntmachung hin gehen die abgegebenen Angebote ein und werden gesichtet. Darauf folgt eine Phase der Prüfung und Bewertung der eingereichten Angebote. Die nicht berücksichtigten Bieter sind vor Erteilung des Zuschlags über die Vergabeentscheidung zu informieren (vgl. zu Einzelheiten § 101a GWB). Hieran schließt sich der Zuschlag auf das wirtschaftlichste Gebot als letzte Phase des Verfahrens an.

---

[731] Vgl. zu solchen „vergabefremden“ Kriterien ausführlicher Ziekow, S. 173 f.

[732] Vgl. dazu Ziekow, S. 176 ff. mit graphischer Illustration S. 177.

7.3.1.3 Die Überprüfung von Vergabeentscheidungen

Hinsichtlich des Rechtsschutzes von Bietern, die nicht zum Zuge kommen, besteht ein wesentlicher Unterschied zwischen ober- und unterschwelligen Vergaben. Die „primären Kontrollinstanzen" in Vergabesachen oberhalb der Schwellenwerte sind die Vergabekammern des Bundes und der Länder (§§ 102 ff. GWB). Hier können unterlegene Bieter, nachdem sie gem. § 101a GWB über die beabsichtige Zuschlagserteilung an einen Konkurrenten informiert wurden, die Vergabekammer anrufen mit dem Ziel, die Zuschlagserteilung an den Konkurrenten verbieten zu lassen, vgl. dazu § 115 Abs. 2 GWB. Gegen die Entscheidung der Vergabekammer ist die sofortige Beschwerde zum Vergabesenat des zuständigen Oberlandesgerichts (OLG) statthaft. Soweit das angerufene OLG von einer Entscheidung eines anderen OLG oder des BGH abweichen möchte, muss es die Rechtssache dem BGH vorlegen.

Informiert die Vergabestelle unterlegene Bieter nicht über die beabsichtigte Erteilung des Zuschlags (und versucht sie auf diese Weise, dessen Rechtsschutz auszuhöhlen), so ist der mit dem ausgewählten Bieter geschlossene Vertrag gem. § 101b Abs. 1 Nr. 2 GWB unwirksam. Das Gleiche gilt, wenn die Vergabestelle, obwohl dies geboten war, erst gar kein Vergabeverfahren durchführt und in dieser Situation den Vertrag freihändig vergibt.

Unterhalb der Schwellenwerte haben unterlegene Bieter hingegen nur eingeschränkte Möglichkeiten, die Zuschlagserteilung an Konkurrenten verbieten zu lassen. In Betracht kommt insoweit vorläufiger Rechtsschutz vor den Zivil- oder Verwaltungsgerichten. Allerdings müssen unterlegene Bieter hier nicht über die beabsichtigte Zuschlagserteilung informiert werden, sodass sie in der Regel erst nach (wirksamen) Vertragsschluss hiervon erfahren werden und vorläufiger Rechtsschutz dann „zu spät" kommt. Dann bleiben ihnen nur noch die Möglichkeit, Ansprüche auf Schadensersatz wegen Verschulden bei Vertragschluss gegen die Vergabestelle wegen fehlerhafter Vergabe durchzusetzen, was sehr viel mühsamer ist als der Weg zur Vergabekammer im oberschwelligen Bereich. Da die Schätzung des Auftragswerts für die Zuordnung zum ober- oder unterschwelligen Bereich maßgeblich ist, müssen alle Beteiligten auf die Ordnungsgemäßheit der Schätzung achten.

7.3.2 Projektmanagement als Risikomanagement

Wie die Ausführungen zu 7.2 belegt haben, können im Hinblick auf die Stellgrößen des Projektmanagements (vgl. dazu bereits 7.1.2) zahlreiche Risiken auftreten, die (auch) einer rechtlichen Steuerung bedürfen. Das Risikomanagement von Projekten wirkt dabei zugleich auf die rechtlichen Rahmenbedingungen ein und wird – im Gegenzug – wiederum von diesen beeinflusst.

Bei allen Unterschieden im Detail lassen sich die Lösungsansätze über die verschiedenen Industriebranchen hinweg auf vergleichbare Aspekte zurückführen.

Für den Anlagenbau wurde das Risikopotential in Akquisitionsrisiken, Erstellungsrisiken und Mängelrisiken unterteilt und auf den aufeinander folgenden Projektphasen abgebildet.[733] Im IT-Bereich wurden als Hauptursache für die Risiken softwarebezogene, d. h. technologische Probleme ausgemacht, deren Handhabung und Minimierung eine IT-phasenmodellbasierte Behandlung erfordert.[734]

Ein erfolgreiches Projekt-Risikomanagement gründet im Wesentlichen auf einer umfassenden Planung, die mögliche Risiken zeitnah identifiziert, bewertet und steuert. Es bildet den dynamischen Charakter des Projekts ab und sieht eine kontinuierliche dynamische Projektbegleitung vor. Es berücksichtigt menschliches Fehlverhalten und technisches Versagen und bietet entsprechende Vorsorge (durch Auswahl geeigneter Mitarbeiter und deren kontinuierliche Anleitung und Schulung und durch risikobasierte (Sach-)Ressourcenplanung).

Der Vertrag ist das juristische Instrument, welches das Risikomanagement weitgehend absichert. Er schafft erst die formalen Grundlagen für die Begründung und evtl. die spätere Durchsetzung subjektiver Rechtspositionen. Mit Hilfe geeigneter vertraglicher Gestaltung kann das Änderungsmanagement projektabhängig ausgestaltet werden und so den dynamischen Charakter des Projekts verlässlich abbilden. Die nötigen Dispositionen zur Störfallvorsorge lassen sich ebenfalls im Wege vertraglicher Abreden treffen. Bei alledem kann der Vertrag als juristisches Instrument den Projekterfolg freilich nur *absichern*, jedoch weder garantieren noch aus sich selbst heraus herbeiführen. Ohne die wirkliche Bereitschaft und Mitwirkung aller Projektbeteiligten zur Erreichung des Projektziels – sowie der diesbezüglich getroffenen vertraglichen Regelungen – bleibt auch ein juristisch flankiertes Risikomanagement notwendig „zum Scheitern verurteilt".

In diesem Sinne weist Schuhmann (projektmanagement aktuell, 4/2004, S. 25) auf mögliche Schwächen der Rechtsanwendung zur Behandlung projektspezifischer Risiken hin. Diese erblickt er in der nur ungenügenden Berücksichtigung von Abwicklungsaspekten bei der Vertragsgestaltung, im Ignorieren des Rechts durch das zur Projektabwicklung berufene Personal, in der mangelnden Praktikabilität von Vertragsregelungen sowie in der Umgehung vertraglicher Festlegungen.

Die Bedeutung des rechtlich motivierten Projekt-Risikomanagements wird zukünftig noch Gegenstand eingehender Studien sein.

7.4 Literatur zu Kapitel 7

Bartsch, Michael: Themenfelder einer umfassenden Regelung der Abnahme, in: CR 2006, 7-11.

Conrads, Markus/Schade, Friedrich: Internationales Wirtschaftsprivatrecht, 2008, Oldenbourg.

---

[733] Schuhmann, projektmanagement aktuell 4/2004, S. 20 f (inkl. Visualisierung als Abb. 2).

[734] Müller-Hengstenberg, CR 2005, 385, 386 ff.

Gabriel, Marc: Die Vergaberechtsreform 2009 und die Neufassung des vierten Teils des GWB, in: NJW 2009, 2011-2016.
Hölzle, Katharina: Die Projektleiterlaufbahn, 2008, Gabler.
Hörl, Bernhard: Haftungsklauseln in IT-Verträgen – Grundlagen und Verhandlungsstrategien, in: ITRB 2005, 217-219.
Kappelmann, Klaus D. (Hrsg.): Juristisches Projektmanagement, 2. Aufl. 2007, Werner (zitiert: Bearbeiter, in: Kapellmann).
Koch, Frank A.: Requirements Management – Anforderungsmanagement und die Fortschreibung von Lasten- und Pflichtenheften, ITRB 2009, 160-164.
Koch, Frank A.: IT-Change Management nach ITIL und ISO/IEC 20000, in ITRB 2008, 61-64.
Konopka, Silvia/Acker, Wendelin: Schuldrechtsmodernisierung: Anwendungsbereich des § 651 BGB im Bau- und Anlagenbauvertrag, in: BauR 2004, 251-256.
Kremer, Sascha: Gestaltung von Verträgen für die agile Softwareentwicklung, in: ITRB 2010, 283-289.
Lapp, Thomas: Verträge über IT-Verträge als Werkverträge, in: jurisPR-ITR 3/2010, Anm. 5 (abrufbar über www.juris.de).
Müller-Hengstenberg, Claus D.: Der Vertrag als Mittel des Risikomanagements, in: CR 2005, 385-392.
Patzak, Gerold/Rattay, Günter: Projektmanagement, 5. Aufl. 2009, Linde international.
Redeker, Helmut: IT-Recht, 4. Aufl. 2007, C.H. Beck (zitiert: Redeker, IT-Recht).
Redeker, Helmut: Change Request – Vorsorge in Vertrag und Projektmanagement für Änderungen des Softwareprojekts, in: ITRB 2002, 190-192.
Roth, Birgit/Dorschel, Joachim: Das Pflichtenheft in der IT-Vertragsgestaltung, in: ITRB 2008, 189-191.
Schneider, Jochen: „Neue“ IT-Projektmethoden und „altes“ Vertragsrecht, in: ITRB 2010, 18-23.
Schuhmann, Ralph: Neuere Entwicklungen im Vertragsrecht des Anlagenbaus, in: BauR 2005, 293-303.
Schuhmann, Ralph: Integration des Rechts in das Risikomanagement von Projekten, in: projektmanagement aktuell, Heft 4/2004, S. 19-25.
Schuhmann, Ralph: Anforderung des Claim Management an die rechtliche Begleitung komplexer Projekte des Anlagenbaus, in: ZfBR 2002, 739-744.
Sick, Ulrich: Verträge im Projekt- und Systemgeschäft, 3. Aufl. 2007, Verlag Recht und Wirtschaft.
Staudinger, Julius v.: Bürgerliches Gesetzbuch, Kommentar, 13. Bearbeitung, de Gruyter (zitiert: Bearbeiter, in: Staudinger, BGB).
Stiemerling, Oliver: Das IT-Projekt im Konflikt mit dem vertraglich definierten Regelwerk, in: ITRB 2010, 289-291.
von Gehlen, Hans: Angemessene Vertragsstrafe wegen Verzugs im Bau- und Industrianlagenbauvertrag, in: NJW 2003, 2961-2963.
Wilde, Heiko: Joint Venture: Rechtliche Erwägungen für und wider die Errichtung eines Gemeinschaftsunternehmen, in: DB 2007, 269-274.

Witzel, Michaela: Abnahme und Abnahmekriterien im IT-Projektvertrag, in: ITRB 2008, 160-164.
Witzel, Michaela: Projektvorbereitung – Hinweise zur Fehlervermeidung bei der Vorbereitung komplexer IT-Projekte, in: ITRB 2011, 164-168.
Ziekow, Jan: Öffentliches Wirtschaftsrecht, 2. Aufl. 2010, C.H. Beck.

8 Wissensmanagement und Recht

Stefan Müller und Patrick Wege

„Die Industriegesellschaft ist Vergangenheit, heute leben wir in einer Wissensgesellschaft!". So oder so ähnlich lauten die Aussagen, die auf vielen Gebieten der wissenschaftlichen Literatur anzutreffen sind.[735] Es kann daher nicht verwundern, dass sich seit einigen Jahren auch eine Managementdisziplin etabliert hat, die sich allein diesem Thema widmet: das Wissensmanagement.

Als Konsequenz der Proklamation der Wissensgesellschaft wird Wissen als eine Ressource angesehen, die über Erfolg und Misserfolg von Unternehmen entscheiden kann. Wissen stellt sich demnach als Wirtschaftsgut dar, dessen Management für eine erfolgreiche Unternehmensführung unerlässlich ist.[736] In der Folge bildet das Wissensmanagement die notwendige Grundlage für die Erfüllung aller unternehmerischen Aufgaben, also auch für das Technologiemanagement.[737]

In Forschung und Praxis stehen naturgemäß die theoretischen Grundlagen zur Wissenskreation bzw. Modelle zu deren Umsetzung im Vordergrund. Juristische Aspekte werden bisher – wenn überhaupt – bestenfalls punktuell behandelt. Der rechtswissenschaftliche Blickwinkel bei der Bildung und Ausfüllung der Modelle des Wissensmanagements wird noch immer ausgespart. So fehlt beispielsweise eine konsequente und systematische Berücksichtigung juristischer Erfordernisse zur Sicherung des Wissens oder zur Verhinderung des Abflusses von Wissen. Das vorliegende Kapitel versteht sich daher zugleich als Beitrag zum Schließen der bestehenden Lücke im interdisziplinären „Wissensaustausch" hinsichtlich der (unternehmenspraktischen) Bedeutung des Wissensmanagements.

Die Existenz solcher Lücken überrascht freilich vor dem Hintergrund der Anforderungen, die der Gesetzgeber an Unternehmen stellt. Rechtliche Regulierung betrifft etwa den Bereich der Vorsorge gegen Umweltschäden oder gegen Schäden aufgrund von unsicheren Produkten. Die Corporate Compliance (vgl. dazu bereits die Ausführungen in. Kap. 5 unter 5.3.1) hat zum Ziel, diese Anforderungen umzusetzen und sicherzustellen, dass unternehmerisches Handeln den gesetzlichen Vorgaben entspricht und Haftung aufgrund von Gesetzesverstößen vermieden

[735] Vgl. Haun, S. 5 und 19-23; Henkel/Brand, S. 1; Magazin für Wirtschaft und Finanzen der Bundesregierung 4/2008, Nr. 57: „Politik für Technologie und Innovation", abgerufen am 21.11.2011, abrufbar im Internet auf www.bundesregierung.de; OECD, The Knowledge-Based Economy (OCDE/GD(96)102), S. 9, abgerufen im Internet auf www.oecd.org /dataoecd/51/8/1913021.pdf am 21.11..2011; Godin, Journal of Technology Transfer, 31 (2006) 1, S. 17 f.

[736] Vgl. Krcmar, S. 20.

[737] Zur Bedeutung des Wissensmanagements für das Technologiemanagement und im Ingenieurwesen siehe: VDI-Richtlinie 5610; PAS 1062:2006 und PAS 1062:2006 vom DIN; CWA 14924-1:2004 bis CWA 14924-5:2004 vom CEN.

wird. Zur Zielerreichung werden organisatorische Maßnahmen und Instrumente herangezogen, die teilweise bereits aus anderen Managementbereichen bekannt sind. Eine konsequente Berücksichtigung bereits vorhandener Instrumente aus dem Management- und Organisationsbereich ist jedoch nicht zu erkennen.

In diesem Kapitel werden nach einer Einführung zu den Grundlagen des Wissensmanagements (unter 8.1) dessen juristische Rahmenbedingungen (unter 8.2) geklärt. Unter 8.3 wird ein Beispiel für die Bedeutung des Wissensmanagements im Kontext des Unternehmensrechts behandelt und es werden dabei leitlinienartige Handlungsempfehlungen gegeben; eine abschließende Betrachtung des Kapitels wird unter 8.4 vorgenommen.

8.1 Einführung in das Wissensmanagement

8.1.1 Wissen und seine Eigenschaften

Das Management unternehmerischer Problemstellungen ist eine funktionsübergreifende Aufgabe. Deren Inhalt besteht auch in der Steuerung des Einsatzes von Ressourcen. Zur Präzisierung des Ressourcenbegriffs werden traditionell die Produktionsfaktoren Kapital, Arbeit und Land genannt. Neben diese klassischen Ressourcen zur Leistungserstellung tritt freilich zunehmend das immaterielle Gut „Wissen".[738]

Die Steuerung der Nutzung der Ressource Wissen obliegt dem Wissensmanagement. Bevor auf dessen Modelle und Instrumente eingegangen werden kann, müssen als Grundlage für eine bewusste Steuerung der Begriff „Wissen" und seine Eigenschaften geklärt werden.

Wissen ist Forschungsgegenstand zahlreicher Disziplinen, wie etwa der Soziologie, Philosophie, Psychologie sowie der Betriebswirtschafts- und Managementlehre. Die Definitionsansätze sind dabei mindestens genauso zahlreich wie es disziplinabhängige Sichtweisen gibt. Selbst innerhalb einer Disziplin besteht kaum Einigkeit, auch in der Managementlehre nicht.[739] Im Folgenden wird auf eine Diskussion unterschiedlicher Ansätze verzichtet und als Ansatz die *Semiotik* gewählt. Sie leitet den Wissensbegriff aus den Begriffen Zeichen, Daten und Informationen

---

[738] Vgl. Krcmar, S. 20; North, S. 58; Pietsch/Martiny/Klotz, S. 39; OECD, The Knowledge-Based Economy (OCDE/GD(96)102), S. 12, abgerufen im Internet auf www.oecd.org/dataoecd/51/8/1913021.pdf am 21.11.2011.

[739] Vgl. Talaulicar, Sp. 1640.

her, die sich zugleich für eine spätere Anknüpfung an juristische Anforderungen eignen.[740]

Als Teildisziplin der Philosophie beschäftigt sich die Semiotik mit der allgemeinen Lehre von Zeichen, die zum Zwecke weiterer Präzisierung auf vier Ebenen betrachtet werden: Die Ebenen der Syntaktik, der Sigmatik, der Semantik sowie der Pragmatik.

Die Syntaktik untersucht die Beziehungen von Zeichen untereinander. Dazu gehören zum Beispiel die Regeln, nach denen Zeichen kombiniert werden können. Ein Anwendungsgebiet der Syntaktik ist die Erforschung der Kombination von Buchstaben, also die Wortbildung.

Die Sigmatik macht Aussagen über das Verhältnis zwischen Zeichen und Bezeichnetem. Dies ist insbesondere für Kommunikationsvorgänge relevant, wie bei der Untersuchung der Entstehung von Missverständnissen zwischen einem Sender und Empfänger. Da Kommunikationsvorgängen für die Definition von Wissen nur eine untergeordnete Bedeutung zukommt[741], wird die Sigmatik im Folgenden nicht weiter berücksichtigt.

Das Verhältnis zwischen Zeichen und seiner Bedeutung ist Gegenstand der Semantik. Sie befasst sich mit der Fähigkeit von Zeichen, bestimmte Sachverhalte oder Objekte abzubilden.

Die Pragmatik trifft schließlich Aussagen über die Beziehung zwischen Zeichen und deren Verwender. Als solche gelten der Erzeuger und Sender, aber auch der Empfänger von Zeichen. Im Mittelpunkt der Betrachtung steht die Wirkung von Zeichen auf ihre Verwender.

Die vier Ebenen der Semiotik bauen in umgekehrter Reihenfolge der Nennung aufeinander auf, im Verhältnis der Ebenen zueinander enthält daher die höhere jede darunter liegende Ebene. Dies gilt jedoch nicht umgekehrt. Entsprechend der vorgenommenen Reihung wird die zuletzt behandelte Pragmatik als höchste und anspruchvollste Ebene angesehen, die auf den anderen drei aufbaut.[742]

Die auch juristisch bedeutsamen Begriffe Daten, Informationen und Wissen können nun diesen Ebenen zugeteilt werden. Eine Kombination von Zeichen nach den Regeln der Syntaktik lässt *Daten* entstehen. Daten sind objektive Fakten, die ohne einen Zusammenhang nicht deutbar sind. Erst durch die Verwendung von Daten auf der Ebene der Semantik erlangen diese die Fähigkeit, Sachverhalte oder Objekte abzubilden; es entstehen *Informationen*. Der Begriff der Information ist seinerseits mehrdeutig: Damit kann der Kommunikationsvorgang (das Informieren), der vermittelte Kommunikationsinhalt oder der Zustand der Kenntnis nach Aufnahme und Verarbeitung des Inhalts beim Empfänger („Informiert-Sein") gemeint sein.[743] Wenn Informationen beim Verwender eine Wirkung (i. S. der Prag-

---

[740] Berthel, S. 23 f. (zur Diskussion der sprachlichen Dimension des Informationsbegriffs).

[741] Anders freilich bei der *Übertragung* von Wissen.

[742] Vgl. Berthel, S. 23.

[743] Vgl. dazu Druey, S. 5 f. und 20 ff.

matik) entfalten, können diese als *Wissen* bezeichnet werden. Es ist daher zwingend erforderlich, dass sich Informationen in einen Kontext einordnen lassen und somit – untereinander und mit Erinnerungen verknüpft – zu einer Erkenntnis führen.[744] Auf diese Weise entsteht ein Informationsnetz, das als Wissen definiert werden soll.[745]

Zur weiteren Konturierung des Wissensbegriffs werden in der betriebswirtschaftlichen Literatur unterschiedliche Kategorisierungen vorgeschlagen. Mögliche Einteilungen sind etwa nachfolgende Differenzierungen:

- Die Differenzierung zwischen kenntnisgebundenem und handlungsgebundenem Wissen rührt von den Modalitäten der *Erzeugung* von Wissen her[746]: Letzteres wird erzeugt im Zuge von vorgenommenen Handlungen, während kenntnisgebundenes Wissen aus dem gedanklichen Erfassen und Verarbeiten von Aspekten der Realität entsteht.
- Individuelles, kollektives und organisationales Wissen[747]: Die Unterscheidung knüpft an der *Person des Wissensträgers* an und zeigt auf, dass Wissen auf unterschiedlichen Ebenen der Organisation geteilt werden kann.
- Managementwissen, technologisches Wissen und relevantes Wissen: Diese Unterscheidung stellt auf den *Inhalt* des Wissens ab: Das Managementwissen umfasst alle Kenntnisse, die für die Entscheidungsfindung und Problemlösung zugrunde gelegt werden. Wissen, das sich auf natur- oder ingenieurwissenschaftliche Erkenntnisse bezieht, soll Technologie oder technologisches Wissen genannt werden.[748] Management- oder technologisches Wissen ist relevant, wenn es für das konkrete Unternehmen von Bedeutung ist.
- Bezogen auf die *Verkörperung* von Wissen wird zwischen explizitem und implizitem Wissen differenziert.[749]

Die letztgenannte Wortpaarung stellt eine weit verbreitete Differenzierung dar und soll auch an dieser Stelle dazu beitragen, den Wissensbegriff zu präzisieren. Explizites Wissen zeichnet sich durch seine leichte Formalisierbarkeit aus. Es ist beispielsweise durch Grafiken, Zahlen oder durch formulierten Text darstellbar. Die Formalisierbarkeit wird durch die Systematisierbarkeit unterstützt, weil durch das Bilden von Klassen oder Typen einzelne Informationen leichter in einen Gesamtkontext eingeordnet werden können. Als Konsequenz der Formalisierbarkeit ist explizites Wissen dazu geeignet, kommuniziert und gespeichert zu werden.

Das Gegenstück wird mit dem Begriff implizites Wissen bezeichnet. Im allgemeinen Sprachgebrauch bedeutet implizit „stillschweigend" oder „nicht ausdrück-

---

[744] Vgl. Zemanek, S. 205.

[745] Vgl. Eulgem, S. 22.

[746] Vgl. Amelingmeyer, S. 32; Ryle, S. 25 ff. (zur Begriffspaarung „Knowing-how" und „Knowing-that").

[747] Vgl. Al-Laham, S. 31.

[748] Vgl. Perillieux, S. 12.

[749] Vgl. Nonaka/Takeuchi, S. 8 f.; Nonaka, Harvard Business Review, 69 (1991) 6, S. 96, 98.

lich gesagt, aber dennoch enthalten". Implizites Wissen kann daher auch als stillschweigendes Wissen bezeichnet werden, das seine Entsprechung im englischsprachigen „tacit knowledge" findet.[750]

Die Kreierung impliziten Wissens ist zwingend mit menschlichem Handeln verbunden, wodurch eine Abhängigkeit von einem bestimmten Zusammenhang entsteht.[751] In der Folge lässt sich implizites Wissen schwerer als explizites kommunizieren, also an Dritte weitergeben. Ebenso wird die geringe Eignung zum Abspeichern deutlich, weil als Wissensspeicher (zunächst) nur der Mensch in Frage kommt.

Für die weitere Präzisierung lässt sich implizites Wissen nach dessen kognitiver und technischer Ausprägung differenzieren. Das kognitive Element betrifft mentale Denkmodelle. Demnach haben bereits vorhandenes Wissen oder die individuelle Sichtweise auf real existierende Gegenstände und Abläufe der Umwelt Einfluss auf die Art und Weise, wie Wissen vom Individuum verarbeitet wird. Die technische Seite enthält das konkrete Handlungswissen, also etwa Know-how, Fähigkeiten und handwerkliches Geschick.

Die Gedanken eines Individuums sind der Ausgangspunkt für die Entstehung von Wissen. Wenn dieses Wissen formal darstellbar ist, dann kann es kommuniziert und gespeichert werden. Abgesehen von Individuen gibt es demzufolge weitere mögliche Wissensspeicher, also körperliche Trägermedien, die Wissen aufnehmen und darstellen können.[752]

Wissen kann durch einen informationellen Träger formuliert werden. Experten können mit deren Hilfe die Technologie nachvollziehen und sich aneignen.[753] Dazu gehören beispielsweise Konstruktionszeichnungen oder Beschreibungen von Herstellungsverfahren. In Patentschriften wird die technische Erfindung offenbart, die unter Schutz gestellt werden soll. Daher enthalten Patentschriften neben Abbildungen auch Beschreibungen des Schutzgegenstandes und stellen somit eine wichtige Informationsquelle über technisches Wissen dar.

Zu den informationellen Wissensträgern gehören auch der Quellcode von Computersoftware und Modellskizzen. Das bereits ausgearbeitete Modell ist jedoch ein Beispiel für eine andere Kategorie: Es zählt zu den materiellen Trägern[754], die Wissen nicht formal beschreiben, sondern durch ihre Form verkörpern. Wissen wird indirekt aus Fertigungsanlagen, Betriebsmitteln und Mustern abgeleitet. Auch Erzeugnisse können auf ihre Zusammensetzung oder Wirkungsweise analysiert werden und sind nach Inverkehrgabe Wissensträger mit großer Verfügbarkeit.

---

[750] In diesem Beitrag wird am Ausdruck implizites Wissen festgehalten, obwohl in neueren Beiträgen stillschweigendes Wissen oder die Wortschöpfung tacites Wissen zur deutlicheren Unterscheidung von „implicit knowledge" und „tacit knowledge" benutzt wird. Diese Unterscheidung ist für den vorliegenden Beitrag jedoch nicht notwendig.

[751] Vgl. Al-Laham, S. 29; Eulgem, S. 14.

[752] Vgl. Amelingmeyer, S. 53.

[753] Vgl. Ewald, S. 41.

[754] Vgl. auch Amelingmeyer, S. 57 ff.

Explizites Wissens lässt sich regelmäßig ohne Aufwand speichern und somit auch übertragen. Ob schwer formalisierbares, also implizites Wissen expliziert werden kann, um dadurch in ähnlicher Weise die Verbreitung zu ermöglichen, ist noch nicht abschließend geklärt.[755]

Wie die bisherigen Ausführungen zum Wissensbegriff aus dem Blickwinkel des *Technologiemanagements* belegt haben, setzt unternehmerisch relevantes Wissen an den Fixpunkten *Mensch*, *Organisation* (d. h. sowohl das Unternehmen als Rechtsperson wie auch die darin vorherrschenden Strukturen) sowie *Technik/Technologie* an. Die Erzeugung von Wissen geht vom menschlichen Individuum mit seinen Fähigkeiten und Vorkenntnissen aus. Zur Verfolgung ihres Zwecks greift die Organisation auf das bei ihren Angehörigen explizit oder implizit vorhandene Wissen zurück. Die Erzeugung neuen individuellen sowie organisatorischen Wissens wird erleichtert, indem die Organisation Möglichkeiten zur Speicherung und Übertragung vorhandenen Wissens vorhält. Der dabei geschaffene Rahmen ist letztlich auf die Unterstützung und Ausfüllung durch die Mitarbeiter angelegt und angewiesen. Der Technik- bzw. Technologiebezug des Wissens drückt sich innerorganisatorisch auf unterschiedliche Arten aus: Zum einen wird für die Erzeugung, Speicherung bzw. Übertragung von Wissen heutzutage in erster Linie auf informations- und kommunikationstechnische Systeme zurückgegriffen (Technik als Mittel zur Steuerung von Wissen). Zum anderen ist für ein am Markt tätiges Unternehmen die Erzeugung und Nutzung technischen Wissens von elementarer Bedeutung, sei es bei der Konzeption, Fertigung und Vermarktung von Produkten, bei der Begründung technischer Schutzrechte und anderer Immaterialgüterrechte oder beim Erwerb von als Know-how schutzfähigen Kenntnissen und Fähigkeiten (Technik als Gegenstand der Steuerung von Wissen). Aufgrund des Technik- und Technologiebezugs des Wissens zählt das Wissensmanagement zu den rechtlich bedeutsamen Grundlagen des Technologiemanagements. In der ihm eigenen Verknüpfung humanzentrierter, organisatorischer und technikbezogener Aspekte prägt es nach dem Verständnis, das diesem Werk zugrunde liegt, das *Technikrecht* mit.

8.1.2 Wissensmanagement und seine Kernaktivitäten

Aus dem Blickwinkel eines Unternehmens ist Wissensmanagement eng verbunden mit dem strategischen Management: Wissen wird als eine oder gar die Ressource angesehen, die ein Unternehmen im Wettbewerb von anderen unterscheidet. Es können demnach nur solche Unternehmen eine übernormale Rendite erwirtschaften, die diese Ressource erfolgreich für sich einzusetzen verstehen. Wissensmana-

[755] Einen möglichen Ansatz dafür bieten Nonaka und Takeuchi mit dem Modell der „knowledge creating company". Vgl. Nonaka/Takeuchi, S. 70 ff.

gement stellt sich zudem als übergeordnete Aufgabe und Querschnittsmaterie dar: Es ist nicht nur für einen Teilbereich, sondern für das gesamte Unternehmen von Bedeutung, da in allen Bereichen nützliches Wissen entstehen kann.[756] Entsprechend der Zielsetzung des vorliegenden Werks wird der Schwerpunkt im Folgenden auf Wissensmanagement als Teil desjenigen Bereichs des strategischen Managements gelegt, der sich mit der Aufrechterhaltung der technologischen Wettbewerbsfähigkeit beschäftigt: dem Technologiemanagement.[757]

Der Inhalt des Technologiemanagements wird ausgefüllt durch die klassische Aufgabe, neues technologisches Wissen zu definieren und für die Leistungserstellung verfügbar zu machen. Weitere Tätigkeiten sind beispielsweise die Beobachtung der Forschungs- und Entwicklungstätigkeit von Konkurrenten, Technologiebewertung und Technologiefolgenabschätzung sowie die rechtliche Sicherung von Technologiepotentialen.[758] Es ist nur konsequent, wenn mit der steigenden Bedeutung von Wissen für den Unternehmenserfolg auch eine zunehmende Sensibilisierung von Unternehmen für den Bereich des Managements geistigen Eigentums einhergeht.

Innerhalb des Kanons der Managementdisziplinen steht das Wissensmanagement freilich nicht völlig beziehungslos zu den anderen Disziplinen. Wie in Kap. 2 herausgearbeitet, kommt dem Technologiemanagement auch die Aufgabe zu, die Kompatibilität von Produkten mit den Anforderungen des Produkthaftungs- und Produktsicherheitsrechts zu gewährleisten.[759] Das Wissensmanagement kann hierfür, im Verbund insbesondere mit dem Management technischer Risiken (vgl. dazu Kap. 5 und 6), Instrumente zur Verfügung stellen, um die strategische Entscheidungsfindung und die konkrete Problemlösung zu erleichtern. Das in dieser Hinsicht relevante Wissen umfasst damit zum einen das Managementwissen, das für die Entscheidungsfindung im Technologiemanagement notwendig ist. Zum anderen enthält es das technologische Wissen, das eine große Bedeutung für die Leistungserstellung besitzt und daher maßgeblichen Einfluss auf den Erfolg eines Unternehmens hat.

Die Steuerung des relevanten Wissens zur Erfüllung der so skizzierten Aufgaben kann anhand etablierter *idealtypischer Kernaktivitäten*[760] des Wissensmanagements erläutert werden, welche in Abb. 8.1 dargestellt sind. Die dabei entwickelte Gliederung gibt zugleich die Gestaltung der juristischen Grundlagen des Wissensmanagements (unter 8.2) vor.

---

[756] Vgl. Probst/Raub/Romhardt, S. 55.

[757] Vgl. Brockhoff, Technologiemanagement, S. 16.

[758] Vgl. Hauschildt/Salomo, S. 34.

[759] Vgl. dazu auch Brockhoff, Organisation, Sp. 289.

[760] Siehe auch Heisig, S. 63; CEN CWA 14924-1:2004, S. 10 f.; Probst/Raub/Romhardt, S. 51 ff.; Brockhoff, Forschung, S. 70 f., 153; für eine Übersicht über ausgewählte Konzepte des Wissensmanagements siehe North, S. 174 ff.

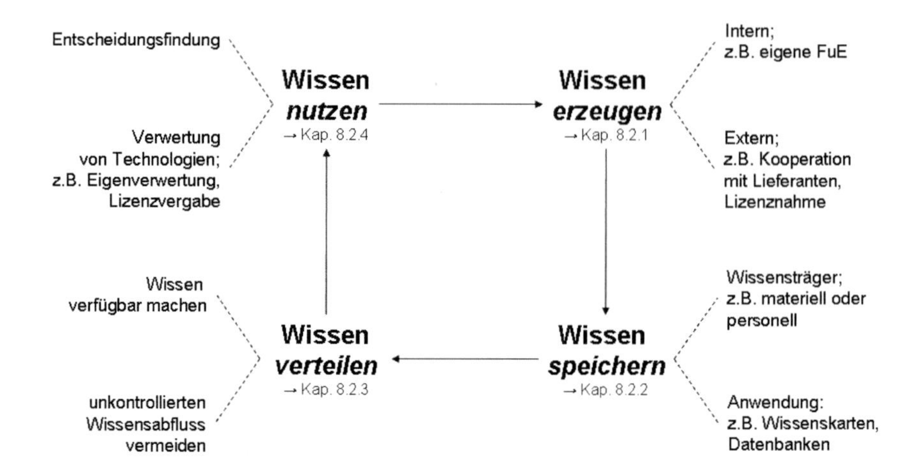

Abb. 8.1: Idealtypische Kernaktivitäten des Wissensmanagements

Das relevante Wissen wird aus strategischer Perspektive unter Beachtung der Unternehmensziele zunächst festgelegt.[761] Die Gegenüberstellung von vorhandenem und als relevant definiertem Wissen führt zur Identifikation von Lücken, die durch *Wissenserzeugung* zu schließen sind. Das fehlende Wissen kann selbst erarbeitet werden, zum Beispiel durch Recherchen von Mitarbeitern. Technologisches Wissen wird durch die Forschungs- und Entwicklungsabteilung generiert.

Mindestens genauso wichtig wie die interne Entwicklung ist die externe Beschaffung von Wissen. Beziehungen zu Kunden sind eine wichtige Erkenntnisquelle zur Identifikation von Bedürfnissen der Nachfrager.[762] Eventuell wurden produktbezogene Ideen zur Problemlösung bereits durch einen Kunden erdacht.[763] Große Bedeutung haben auch Kooperationsbeziehungen zu Zulieferunternehmen, die zunehmend in die Leistungserstellung eingebunden werden. Die Zusammenarbeit mit Wettbewerbern kann eine weitere Alternative zur internen Wissensentwicklung bilden, wenn erst durch die gegenseitige Ergänzung der jeweils vorhandenen Fähigkeiten ein nützliches Resultat erzielt werden kann.[764]

Eine weitere Möglichkeit besteht darin, ganze Unternehmen zu kaufen und in das eigene zu integrieren. Die Akquisition von Unternehmen führt jedoch nicht zwangsläufig zu einem Transfer des begehrten Wissens. Insbesondere bei kleinen Unternehmen besteht das Risiko, dass Fachleute nach einer Unternehmenstransaktion abwandern. Daher kann eine Lösung darin bestehen, am Arbeitsmarkt Experten für sich zu gewinnen, damit diese ihr Wissen in das Unternehmen einbringen.

---

[761] Vgl. CEN CWA 14924-1:2004, S. 10.

[762] Vgl. Probst/Raub/Romhardt, S. 166.

[763] Zum Lead User-Konzept siehe von Hippel, S. 4.

[764] Vgl. Gemünden et al., S. 246.

Ferner können Technologien käuflich erworben oder durch den Erwerb einer Lizenz gegen Gebühr genutzt werden. Als Ansprechpartner kommen Zulieferunternehmen, Konkurrenten oder branchenfremde Unternehmen in Betracht. Daneben entwickelt sich derzeit ein Markt für „Wissensintermediäre". Es handelt sich dabei um Dienstleistungsunternehmen, die als Vermittler die Vermarktung von Technologien übernehmen. Als so genannte Verwertungsgesellschaften[765] für technische Schutzrechte erfüllen sie ihre Aufgaben im Bereich der (technologischen und finanziellen) Bewertung, Finanzierung, Unterstützung bei der technologischen Entwicklung und Vermarktung.

Allein durch die Erzeugung des Wissens ist noch nicht gewährleistet, dass dieses auf unbegrenzte Zeit zur Verfügung steht. Das relevante Wissen bedarf daher der *Speicherung*. Die Art der Speicherung ist abhängig von den Eigenschaften des Wissensträgers. Informationelle Wissensträger können digitalisiert und auf Datenträgern abgespeichert werden. Dadurch ergeben sich Vorteile für die spätere Auffindbarkeit des Wissens, etwa über eine Datenbankrecherche. Für ein Individuum gilt dies nicht. Es ist bestenfalls möglich, eine Expertendatenbank anzulegen und somit zumindest mittelbar auf das gewünschte Wissen zugreifen zu können.

In einem arbeitsteilig organisierten Unternehmen ist es überdies erforderlich Wissen zu verteilen. Die Bedeutung der *Wissensübertragung* wurde bereits am Modell der „knowledge creating company" von Nonaka und Takeuchi hervorgehoben. Dazu wird identifiziert, wo welches Wissen benötigt wird, damit es gezielt verbreitet werden kann. Da Wissen nicht nur intern erzeugt und genutzt wird, kann die Verteilung des Wissens auch über Unternehmensgrenzen hinweg notwendig sein. Wenn Wissen nur gezielt verbreitet wird, dann rückt in Umkehrung eine weitere Aufgabe in den Mittelpunkt des Interesses: die Verhinderung einer ungewollten Verbreitung (unkontrollierter Wissensfluss), die sich zugleich als negative Ausprägung der Nutzung von Wissen darstellt.

Voraussetzung für die Leistungserstellung sowie jede unternehmerische Entscheidung ist schließlich die Anwendung, also die *Nutzung des Wissens*. Zur Verfügung gestelltes Managementwissen muss von den Entscheidungsträgern im Unternehmen als relevant eingestuft werden, damit auf dieses für die Entscheidung zurückgegriffen wird. Technologisches Wissen kann intern durch eigene Erzeugnisse oder Verfahren genutzt werden. Die externe Verwertung ist eine komplementäre Aktivität zur externen Beschaffung am Markt. Technologien können mithin verkauft oder lizenziert werden. Eine Alternative dazu besteht in der Gründung eines Unternehmens, das anschließend die Umsetzung und Verwertung der Technologie übernimmt.

---

[765] Vgl. auch Lipfert/Ostler, Mitt. 2008, S. 261; der hier zugrunde gelegte Begriff der Verwertungsgesellschaft unterscheidet sich von den Verwertungsgesellschaften i. S. des Urheberrechts, die damit betraut sind, bestimmte Verwertungsrechte von Urhebern und sonstigen Rechteinhabern kollektiv zu verwalten. So stellt etwa die GEMA (Gesellschaft für musikalische Aufführungs- und mechanische Vervielfältigungsrechte) eine bekannte Verwertungsgesellschaft für den Bereich der Musikkunst dar.

8.2 Juristische Betrachtung des Wissensmanagements

8.2.1 Wissen, Informationen und Daten aus herkömmlicher Sicht des (Privat-)Rechts

Es existiert weder ein umfassendes gesetzliches Regelwerk noch ein klar eingegrenzter Rechtsbereich, das bzw. der die privat- und wirtschaftsrechtliche Dimension von Wissen, Informationen und Daten systematisiert darstellt und abschließend erfasst. Die Bedeutung, die diesen Rechtsbegriffen zukommt, variiert entsprechend Sinn und Zweck der betroffenen rechtlichen Materie. Eine vollumfängliche juristische Behandlung von Wissen, Informationen und Daten kann im Rahmen des vorliegenden Werks bereits aufgrund seines Bezugs zu den rechtlichen Grundlagen des Technologiemanagements nicht geleistet werden. Stattdessen wird im Folgenden der Versuch unternommen, sich den materiellen Komponenten des Wissensmanagements zunächst über anerkannte, bedeutsame juristische Bereiche zu nähern (vgl. dazu 8.2.1), um anschließend die rechtlichen Rahmenbedingungen des Wissensmanagements anhand den unter 8.1.2 dargestellten Kernaktivitäten zu spiegeln (vgl. dazu 8.2.2 bis 8.2.5).

8.2.1.1 Wissenszurechnung als Voraussetzung für privatrechtliche Haftung

Die wirksame Berufung auf bestimmte (privatrechtliche) Rechtsfolgen hängt bekanntlich davon ab, dass die für den konkreten Sachverhalt einschlägigen rechtlichen Voraussetzungen erfüllt sind. Beispielsweise knüpft nach § 280 BGB, der zentralen Anspruchsgrundlage auf Schadensersatz innerhalb vertraglicher Schuldverhältnisse, eine Schadensersatzhaftung im Vertragsrecht grundsätzlich an einer (objektiviert zu bestimmenden) Pflichtverletzung des Schuldners sowie einem damit korrespondierenden subjektiven Element, dem sog. Vertretenmüssen der Pflichtverletzung, an. Das Vertretenmüssen besteht zumeist aus einem Element subjektiver Vorwerfbarkeit, gem. § 276 BGB also Vorsatz oder Fahrlässigkeit. Grundlagen der verletzten Pflicht sind die vertragliche Abrede einschließlich der Umstände, unter denen sie zustande gekommen ist. Zum Teil sind die Pflichten bereits durch gesetzliche Vorschriften konkretisiert worden.

Bsp.: Ganz allgemein gesprochen verpflicht das BGB jeden Vertragsteil zur Erfüllung des von ihm eingegangenen Leistungsversprechens (§ 241 Abs. 1), darüber hinaus zur ausreichenden Rücksichtnahme auf die Rechte und Rechtsgüter des anderen Vertragsteils (§ 241 Abs. 2) sowie zur Beachtung des Grundsatzes von Treu und Glauben bei der Erfüllung der Pflichten (§ 242). – Aus verschiedenen Vorschriften des BGB ergibt sich für den Kaufvertrag, dass ein Verkäufer einem ihm bekannten Sachmangel des Kaufgegenstandes (§ 434 BGB) nicht arglistig, also vorsätzlich, verschweigen darf.

Bezugspunkt der Pflichtverletzung kann also je nach Ausgestaltung der Pflicht ein menschliches Verhalten i. S. eines Tuns bzw. Unterlassens oder aber das Erfüllen bzw. Nichterfüllen eines kognitiven Elements, mithin eines Wissenstatbestandes sein.

Bsp.: Der Verkäufer eines Gebraucht-Kfz, der vom Kaufinteressenten nach ihm bekannten Unfällen des Fahrzeugs befragt wird und die Frage der Wahrheit zuwider verneint, begeht eine arglistige Täuschung im Hinblick auf die Unfallfreiheit des Kfz, was im Falle des Vertragsschlusses einen Sachmangel (§ 434 BGB) konstituiert. Entgegen besseren Wissens belügt er den Interessenten, daher liegt überdies eine arglistige, für den Vertragsschluss relevante Täuschung über eine verkehrswesentliche Eigenschaft (Unfallfreiheit) i. S. des § 119 Abs. 2 BGB vor. Angesichts einer arglistigen Täuschung gestattet die Rechtsprechung auch in Fällen, in denen bestimmte Rechtsbehelfe wegen Sachmängeln an sich ausgeschlossen wären – etwa der Rücktritt wegen Unerheblichkeit des Sachmangels (§ 326 Abs. 5 BGB) – den die Rückabwicklung des Vertrages vorbereitenden Rücktritt: Das beim Verkäufer vorhandene Wissen (einschließlich der Nichtoffenbarung dieses Wissens auf konkrete Nachfrage hin) beeinflusst die Entstehung der Sachmängelrechte des Käufers.

Das Problem der interpersonalen Zurechnung von Wissen stellt sich nicht, wenn das relevante Wissen eines Vertragsteils einzig aus dem Wissen dieser Person besteht, auf Wissensebene gibt es nichts hinzu- oder hinwegzurechnen. Soweit am Vertragsschluss oder an vorausgegangenen Vertragsverhandlungen allerdings *Dritte* beteiligt waren, kann es auf die Zurechnung fremden Wissens ankommen.

Da im Wirtschaftsleben zumeist Unternehmen (und damit mehr oder weniger komplex strukturierte Organisationen) agieren, sind derartige Situationen der Regelfall.

Bsp. (in Anknüpfung an das vorige): Falls das Kfz nicht vom Inhaber eines Autohauses, sondern von einem dort angestellten Verkäufer verkauft wurde, stellt sich aus privatrechtlicher Sicht die Frage, ob der Inhaber (der als Verkäufer „im Rechtssinne" Vertragspartner des Käufers wird, im abgewandelten Beispielsfall jedoch nichts von den Vorunfällen weiß) die von seinem Angestellten vorgenommene arglistige Täuschung des Kunden und damit das Wissen des Stellvertreters beim Abschluss des Kaufvertrags gegen sich gelten lassen muss: eine Frage der Wissenszurechnung.

Im Bereich der Stellvertretung beim Abschluss von Verträgen und anderen Rechtsgeschäften, für die die §§ 164 ff. BGB Anwendung finden, hält das Privatrecht in § 166 Abs. 1 BGB eine grundlegende Erkenntnis bereit. Wenn die rechtlichen Folgen einer Willenserklärung, welche die Bestandteile des Vertragsschlusses bilden, durch Willensmängel oder das Kennen bzw. Kennenmüssen bestimmter Umstände beeinflusst sind, kommt es nicht auf die Person des Vertretenen, sondern des Vertreters an. Mit der hier maßgeblichen Wendung vom Kennen oder Kennenmüssen von Umständen umschreibt das Gesetz die rechtliche Behandlung von Wissen, das der Vertreter tatsächlich hat (Kennen) oder wertungsmäßig hätte haben müssen (Kennenmüssen als auf Fahrlässigkeit beruhende Unkenntnis i. S. des § 122 Abs. 2 BGB) und das für die Beurteilung des Sachverhalts aufgrund der einschlägigen Vorschriften oder des Vertragsinhalts von Bedeutung ist: Maßgeblich ist die Person des Stellvertreters, dessen Wissen oder fahrlässiges Nichtwissen wird dem Vertretenen „wie eigenes" zugerechnet. Auf diese Weise versucht das Privatrecht zu verhindern, dass durch „Wissensaufspaltung", die sich bei arbeitsteiliger Wirtschaft bisweilen zwangsläufig ergibt, oder gar durch gänzlichen „Wissensverlust" die Rechtsstellung des Vertragspartners beeinträchtigt wird.[766] Dieser soll im Ergebnis jedenfalls nicht schlechter gestellt werden als wenn er (ohne Hinzuziehung Dritter) ausschließlich und unmittelbar mit seinem Vertragspartner verhandelt hätte. Die Zuweisung individueller Verantwortung im Privatrecht bildet demnach den Hintergrund der juristischen Kategorie „Wissenszurechnung" i. S. des § 166 Abs. 1 BGB. Für Organe juristischer Personen (wie der Vorstand von Vereinen und Aktiengesellschaften und der Geschäftsführer von Gesellschaften mit beschränkter Haftung) wird über eine entsprechende Anwendung des § 31 BGB, der an sich zum Schadensersatz verpflichtende Handlungen der Organwalter betrifft, auf Organebene eine vergleichbare Wissenszurechnung gewährleistet. Jedes System unternehmensbezogener Haftungsvermeidung muss deshalb auch diese Mechanismen der Wissenszurechnung im Blick behalten.

Aus dem Wortlaut der Regelung des § 166 Abs. 1 BGB selbst folgt freilich noch keine Pflicht zur Schaffung und Ausgestaltung von Systemen des Wissens- und Informationsmanagements. Immerhin handelt die Vorschrift von der Zuweisung von Wissenselementen im Mehrpersonenverhältnis und hält daher zugleich juristische Leitlinien für die Behandlung von Wissen innerhalb von Organisationen bereit. Im Anschluss an Vorarbeiten aus der juristischen Literatur hat die Rechtsprechung aus dem durch § 166 BGB verkörperten Geltungsgrund der Wissenszurechnung die Pflicht einer Organisationseinheit (z. B. eines Unternehmens) zur ordnungsgemäßen Ausgestaltung der innerorganisatorischen Kommunikation herausgearbeitet.[767] Danach muss eine am Rechtsverkehr teilnehmende Organisation so strukturiert sein, dass Informationen, von denen die konkret wissenden Mitarbeiter annehmen müssen, dass sie für andere Personen innerhalb dieser Organisation relevant werden können,

- tatsächlich an diese anderen Personen weitergegeben werden (Pflicht zur Weitergabe),
- generell innerhalb der Organisation verfügbar sind (Pflicht zur Speicherung) und
- gegebenenfalls von der anderen Person beim konkret Wissenden abgefragt werden (Pflicht zum Abruf).

Mit den genannten Vorgaben sind die rechtlichen Voraussetzungen an einen unternehmensinternen Informationsfluss nur ecksteinartig umrissen. Die Einzelheiten der Ausgestaltung der unternehmenseigenen Kommunikation bleiben vorläufig offen:

---

[766] Vgl. dazu ausführlich Buck-Heeb, Wissenszurechnung, § 2 Rn. 1.

[767] Grundlegend BGH NJW 1996, 1339, 1340 f. m.w.N., im Anschluss an Taupitz, S. 26 ff. und Medicus, S. 10 ff.

- Welche Informationen sind von den Pflichten erfasst (Relevanzkriterium)?
- Unter welchen Voraussetzungen entstehen die Pflichten und wie weit reichen sie?
- Auf welche Weise müssen die relevanten Informationen festgehalten werden (Modalitäten der Dokumentation)?
- Welche Grenzen gelten für die Erfüllung der Pflichten (Zumutbarkeitskriterium)?

Auf diese Fragen wird im Anschluss unter 8.2.2-8.2.4 zurückzukommen sein.

Vor allem im Bereich des Bank- und Kapitalmarktrechts sind Pflichten zum Vorhalten einer Informationenorganisation auch *gesetzlich* festgehalten. So schreibt etwa § 33 des Gesetzes über den Wertpapierhandel (kurz: WpHG) vor, dass Wertpapierdienstleistungsunternehmen organisatorische Vorkehrungen schaffen müssen, um ihren (zahlreichen) gesetzlichen Pflichten effektiv nachkommen zu können, deren Einhaltung zu überwachen und zu bewerten und um ein Beschwerdemanagement zu installieren. Für Versicherungsunternehmen gilt nach § 64a des Gesetzes über die Beaufsichtigung der Versicherungsunternehmen (kurz: VAG) eine am Gedanken des Risikomanagements[768] orientierte Pflicht zur ordnungsgemäßen Geschäftsorganisation, die ohne die Gewährleistung eines geeigneten Informationsflusses gleichfalls undenkbar ist.

8.2.1.2 Datenschutzrecht – Autonomie des Einzelnen über personenbezogene Daten

Eine völlig andere Sicht auf die Bedeutung und Behandlung von Informationen nimmt das Datenschutzrecht ein. Datenschutz beschränkt sich mittlerweile nicht mehr hauptsächlich auf den Umgang mit Daten durch staatliche Stellen, sondern ist – nicht zuletzt durch öffentlich diskutierte Fälle von Datenmissbrauch bzw. -manipulationen in großen Unternehmen – im Begriff zu einer Kernmaterie des Unternehmensrechts zu avancieren. In der Tat muss ein Unternehmen regelmäßig mit einer Vielzahl unterschiedlicher Daten, insbesondere Beschäftigten- und Kundendaten, umgehen und sich zugleich gegen Manipulationen und andere kriminelle Eingriffe auf die Datenstruktur von außen schützen. Damit ist zudem die Nähe des Datenschutzrechts zum Recht der Datensicherheit (namentlich der IT-Sicherheit) angesprochen.

Das Datenschutzrecht befindet sich in ständiger Diskussion und im Fluss. Die nachfolgenden Ausführungen können und sollen lediglich eine kurze Einführung bieten und Bezugspunkte zum Wissensmanagement namentlich aus Unternehmenssicht herstellen, um so ein Bewusstsein für die zunehmende Tragweite des Rechtsgebiets zu schaffen. Zu diesem Zweck werden zunächst die höherrangigen Vorgaben des einfach-rechtlichen Datenschutzes knapp aufgezeigt, anschließend –

[768] Vgl. dazu bereits oben in Kap. 5 unter 5.2.

auf Grundlage des Bundesdatenschutzgesetzes (kurz: BDSG) – Anwendungsbereich, Begrifflichkeiten sowie wesentliche Grundsätze behandelt, die datenschutzrechtliche Verantwortlichkeit geklärt, datenschutzrechtliche Schwerpunkte im Unternehmensbereich untersucht und schließlich mögliche Sanktionsinstrumente bei Verstößen gegen das Datenschutzrecht dargestellt.

Das Datenschutzrecht wird einerseits durch die Wertungen des Grundgesetzes (kurz: GG), andererseits durch Rechtsakte der Europäischen Union *vorgeprägt.*

Im sog. Volkszählungs-Urteil (1983) hat das BVerfG als Teilaspekt des nach Art. 2 Abs. 1 im Verbund mit Art. 1 Abs. 1 GG garantierten Allgemeinen Persönlichkeitsrechts ein Recht auf informationelle Selbstbestimmung abgeleitet, dessen Schutzbereich sich auf jede Form der Erhebung personenbezogener Informationen erstreckt[769] und dessen Wirkung nicht nur staatliche Stellen bindet, sondern daneben – wie auch andere grundrechtliche Wertungen – auf die Auslegung privatrechtlicher Vorschriften ausstrahlen kann (sog. Drittwirkung der Grundrechte). Für Telekommunikationsvorgänge ist ferner das grundrechtlich geschützte Fernmeldegeheimnis (Art. 10 Abs. 1 Var. 3 GG) bedeutsam, dessen Schutzrichtung sich aus Sicht des BVerfG allerdings auf den Fernmeldeverkehr beschränkt und damit weder die Abhörsicherheit von Wohn- und Geschäftsräumen noch die Unversehrtheit von Einrichtungen und Systemen im Herrschaftsbereich des Kommunikationsteilnehmers erfasst. Die Unverletzlichkeit der genannten Räumlichkeiten wird jedoch über Art. 13 Abs. 1 GG garantiert, während die Integrität informationstechnischer Systeme Gegenstand eines jüngst vom BVerfG proklamierten und in Art. 2 Abs. 1 i. V. m. Art. 1 Abs. 1 GG verorteten Grundrechts auf Gewährleistung der Vertraulichkeit und Integrität informationstechnischer Systeme[770] ist. Grundrechte des GG sind allerdings zum Teil unter Vorbehalte gestellt und werden niemals schrankenlos gewährleistet, vielmehr kann ihr Schutzbereich durch gegenläufige, ihrerseits verfassungsrechtlich geschützte Interessen im Einzelfall begrenzt werden.

Auf Ebene des europäischen Gemeinschaftsrechts sieht Art. 16 des Vertrags über die Arbeitsweise der Europäischen Union (kurz: AEUV) nunmehr ein Grundrecht einer jeden Person auf den Schutz personenbezogener Daten (Abs. 1) und eine entsprechende Ermächtigungsgrundlage für die dazu berufenen Organe der EU zur Rechtssetzung auf diesem Gebiet (Abs. 2) vor. Solche sog. sekundären Rechtsakte, die auf Grundlage des europäischen Primärrechts (früher: Art. 286 EG, heute Art. 16 AEUV) erlassen wurden, bestehen im Datenschutzrecht vor allem in Gestalt von Richtlinien, die auf Umsetzung durch die Gesetzgeber der Mitgliedstaaten angelegt sind. Zahlreiche Änderungen des BDSG haben ihren Ursprung daher in europäischen Rechtsgrundlagen, deren Auslegung durch den EuGH gesichert wird.

---

[769] Grundlegend BVerfGE 65, 1, 43 – Volkszählung.

[770] Grundlegend BVerfGE 120, 274 ff. – Online-Durchsuchung.

Wie bereits diese höherrangigen Rechtsquellen andeuten, dient der Datenschutz dem Schutz der Rechte der Persönlichkeit beim Umgang mit Daten. *Schutzobjekt* des Datenschutzrechts sind daher nur *personen*bezogene Daten, vgl. § 3 Abs. 1 BDSG, also Einzelangaben über persönliche oder sachliche Verhältnisse einer bestimmten oder bestimmbaren natürlichen Person, wobei Herkunft, Zusammensetzung und Darstellungsform der Daten unmaßgeblich sind. Der zwingend erforderliche, freilich weit verstandene Personenbezug des jeweiligen Datums belegt, dass es beim Datenschutz im Grunde um die *Informationsqualität* der Einzelangabe geht: Durch die Interpretation der Einzelangabe oder durch die Möglichkeit der Verknüpfung mit anderen Daten kann einem Datum ein Sinngehalt zugeschrieben werden, der Rückschlüsse auf eine bestimmte oder bestimmbare Person zulässt: Daten sind also nicht um ihrer selbst Willen geschützt, sondern nur wenn und weil durch ihre Entschlüsselung und die hieran anschließende Zuweisung eines Sinngehalts die informationelle Selbstbestimmung einer Person berührt sein könnte. Innerhalb der personenbezogenen Daten werden bestimmte für das Selbstverständnis des Individuums besonders bedeutsame („sensible“) Daten als besondere Arten von Daten in § 3 Abs. 9 BDSG hervorgehoben; hierunter fallen u. a. Daten über rassische und ethnische Herkunft, politische, gewerkschaftliche und religiöse Überzeugung bzw. Bindung sowie Gesundheit und Sexualleben.

Bsp. für personenbezogene Daten i. S. des § 3 Abs. 1 BDSG: Neben dem Namen eines Menschen fallen darunter schriftliche Angaben zu körperlichen Merkmalen, von einem Menschen stammenden Äußerungen, berufliche Tätigkeiten, soziale Kontakten (verwandt- und freundschaftliche Beziehungen) sowie Angaben zum Freizeitverhalten einer Person; ferner Film- und Fotoaufnahmen mit Bezug zu einer Person.

Der Umgang mit (personenbezogenen) Daten wird denkbar weit verstanden. Er gliedert sich in drei unterschiedliche Formen der Behandlung von Daten, nämlich das Erheben, das Verarbeiten und das Nutzen, wobei die Datenverarbeitung neben der Datenspeicherung auch deren Veränderung, Übermittlung, Sperrung und Löschung erfasst (vgl. § 3 Abs. 3-5 BDSG). Sinn und Zweck dieser extensiven Umschreibung ist es, jeden Umgang mit personenbezogenen Daten einem grundsätzlichen Verbot mit Erlaubnisvorbehalt zu unterstellen: Gem. § 4 Abs. 1 BDSG ist die Erhebung, Verarbeitung und Nutzung solcher Daten verboten, soweit nicht eine gesetzliche Vorschrift dies gestattet oder eine entsprechende Einwilligung des Betroffenen vorliegt. Nach § 4a Abs. 1 BDSG muss eine solche Einwilligung auf der freien Entscheidung des Betroffenen beruhen, den Zweck der Datenverwendung sowie mögliche Folgen der Verweigerung der Einwilligung bezeichnen und grundsätzlich schriftlich erfolgen; „sensitive“ Daten i. S. des § 3 Abs. 9 BDSG bedürfen darüber hinaus einer gesonderten Einwilligung.

Um zu klären, wer durch das BDSG *verpflichtet* wird, ist eine Auseinandersetzung mit dem in § 3 Abs. 7 BDSG definierten Begriff der „verantwortlichen Stelle“ erforderlich. Hierunter fällt jede Person und Stelle, die personenbezogene Daten für sich selbst erhebt, verarbeitet oder nutzt oder dies durch andere im Auftrag vornehmen lässt. Die datenschutzrechtliche Verantwortlichkeit endet also nicht damit, dass der Umgang mit den Daten einer anderen Person oder Stelle übertragen wird.[771] Die Übertragung kann in der Form geschehen, dass die Person bzw. Stelle, an die übertragen wird, in mehr oder minder großem Umfang den Umgang mit den Daten selbstverantwortlich bestimmt (Funktionsübertragung) und in diesem Maße die Verantwortlichkeit des Auftraggebers erlischt oder ob sie dem Auftraggeber gegenüber strikt weisungsgebunden ist und somit im Grunde nur die Stellung eines Gehilfen einnimmt. In dem zuletzt beschriebenen Fall einer Auftragsdatenverarbeitung (§ 11 BDSG) verbessert sich die Rechtsstellung des Auftraggebers immerhin insoweit, als die Weitergabe der Daten an den Auftragnehmer keine Datenübermittlung i. S. des § 3 Abs. 4 S. 2 Nr. 3 BDSG darstellt.

Aus Sicht privater Unternehmen sind diese Vorgaben bedeutsam, da sich der Begriff der „verantwortlichen Stelle" nicht auf öffentliche Stellen (§ 2 Abs. 1-3 BDSG) beschränkt, sondern auch nicht-öffentliche Stellen (§ 2 Abs. 4 BDSG), und damit natürliche und juristische Personen, Gesellschaften und Vereinigungen privaten Rechts umfassen kann. Nicht-öffentlichen Stellen wird insoweit eine Rechtserleichterung zugestanden, als die Erhebung, Verarbeitung und Nutzung personenbezogener Daten ausschließlich für private oder familiäre Tätigkeiten gem. § 1 Abs. 2 Nr. 3 BDSG a.E. vom Anwendungsbereich des Gesetzes ausgenommen wird; erwerbswirtschaftlich tätige Unternehmen profitieren von der Erleichterung deshalb nicht.

Bsp.: Ein Unternehmensmitarbeiter kann daher persönliche Angaben über Kollegen ohne Rücksicht auf die Vorgaben des BDSG erheben, verarbeiten und nutzen, soweit er sie ausschließlich für private Zwecke einsetzt. Dient der Datenumgang hingegen zumindest auch beruflichen Zwecken (etwa der Koordination von Arbeitseinsätzen), ist der Anwendungsbereich des BDSG eröffnet und dessen Vorgaben sind zu beachten.

Die Pflichten aus dem BDSG treffen die nicht-öffentliche Stelle insgesamt, im Unternehmensbereich mithin den Träger des jeweiligen Unternehmens (also die GmbH, die Aktiengesellschaft, etc.) und nicht nur diejenige Organisationseinheit, die unternehmensintern konkret mit Aufgaben der Datenerhebung, -verarbeitung und -nutzung befasst ist, beispielsweise ein organisatorisch eingegliedertes Rechenzentrum oder eine IT-Abteilung. Die datenschutzrechtliche Verantwortung des Unternehmens verpflichtet daher die Geschäftsleitung eine unternehmensweit wirkenden Datenschutz-Compliance zu gewährleisten, die insbesondere in der Pflicht zum Ausdruck kommt, sämtliche datenschutzrelevanten Vorgänge im Unternehmen so zu organisieren, dass alle Bereiche und Mitarbeiter datenschutzkonform handeln.[772] Zur unternehmensinternen Sicherstellung und Kontrolle des Datenschutzes muss in nicht-öffentlichen Stellen, die personenbezogene Daten automatisiert verarbeiten und zu diesem Zweck wenigstens zehn Arbeitnehmer ständig beschäftigen, ein Beauftragter für den Datenschutz bestellt werden (§ 4f BDSG), der organisatorisch unmittelbar der Geschäftsleitung zu unterstellen ist

[771] Dammann, in: Simitis, BDSG, § 3 Rn. 227.

[772] Bauer, Datenschutzrechtliche Compliance, S. 171.

und der seine Aufgaben weisungsfrei ausführen können muss. Unabhängig von der Anzahl der im Bereich der Datenverarbeitung eingesetzten Mitarbeiter muss ein betrieblicher Datenschutzbeauftragter ferner eingesetzt werden, wenn die Voraussetzungen für eine (dann vom Datenschutzbeauftragten durchzuführende) sog. Vorabkontrolle vorliegen, was nach § 4d Abs. 5 BDSG grundsätzlich bei der Verarbeitung sensitiver Daten i. S. des § 3 Abs. 9 BDSG oder von Daten, anhand derer die Persönlichkeit des Betroffenen bewertet werden soll, der Fall ist. Die Stellung des betrieblichen Datenschutzbeauftragten ist unlängst durch Einräumung eines Sonderkündigungsschutzes aufgewertet worden. Die Aufgabe des Beauftragten besteht gem. § 4g Abs. 1 BDSG im Wesentlichen darin, auf die Beachtung der datenschutzrechtlichen Vorschriften im Betrieb hinzuwirken. Bei (vermuteten) Verstößen kann er sich gegebenenfalls an die für die Datenschutzkontrolle zuständige Aufsichtsbehörde wenden (§ 4g Abs. 1 Satz 2 BDSG).

Neben den beschriebenen organisatorischen Vorgaben verlangt eine wirksame Datenschutz-Compliance die Berücksichtigung der im BDSG niedergelegten *Grundsätze* über den Umgang mit personenbezogenen Daten. Dazu zählen nach § 3a BDSG der Grundsatz der Datenvermeidung und Datensparsamkeit, der bereits bei der Gestaltung und Ausführung von Datenverarbeitungssystemen zu beachten ist (sog. Systemdatenschutz) und der insbesondere durch Anonymisierung und Pseudonymisierung von Daten (Begriffsdefinitionen in § 3 Abs. 6 und 6a BDSG) konkretisiert werden soll. Zu verweisen ist ferner auf den Grundsatz der Transparenz im Umgang mit den Daten (§ 4 Abs. 2 Satz 1 BDSG), der im BDSG zahlreiche besondere Ausprägungen wie etwa Auskunftsrechte des Betroffenen (§§ 19, 34 BDSG) sowie eine Reihe weiterer Informationspflichten der verantwortlichen Stelle erfährt. Überdies muss für jeden dem BDSG unterliegenden Umgang mit den Daten vorab der Zweck dieses Umgangs festgelegt (Zweckbindungsgrundsatz) und die Verhältnismäßigkeit der Erhebung, Verarbeitung und Speicherung von Daten geklärt werden (Verhältnismäßigkeitsgrundsatz). Der Verhältnismäßigkeitsgrundsatz kommt im nicht-öffentlichen Bereich vor allem durch systematisch geordnete Abwägungsklauseln zum Ausdruck, die der verantwortlichen Stelle die Abwägung ihrer schutzwürdigen Belange mit denen des vom Datenumgang Betroffenen abverlangt.[773] Diese Grundsätze versinnbildlichen das Anliegen des Gesetzgebers, den Datenschutz in ein umfassendes rechtliches *Informationsrestriktionskonzept*[774] einzubetten: Mit den Mitteln des Rechts soll im Hinblick auf personenbezogene Informationen – bildhaft gesprochen – nicht erst der Informationsfluss gelenkt, vielmehr sollen bereits dessen Zuflüsse aufgestaut bzw. kontrolliert werden.

---

[773] Vgl. zu den verschiedenen Abwägungskonzepten im Rahmen des hier maßgeblichen § 28 BDSG illustrativ Kühling/Seidel/Sivridis, S. 163 ff. (insb. Kategorienbildung in Abb. 15 auf S. 165).

[774] Kloepfer, § 8 Rn. 16.

Datenschutzrechtliche Herausforderungen stellen sich in der *Unternehmenspraxis* insbesondere im Hinblick auf zwei Kategorien personenbezogener Daten: den Beschäftigtendaten sowie den Daten von Kunden.

Für die *Beschäftigtendaten* gilt seit 1.9.2009 die Vorschrift des § 32 BDSG, die vom Gesetzgeber ausdrücklich als nur vorläufige Regelung bis zur Verabschiedung eines Beschäftigtendatenschutzgesetzes konzipiert ist.

Der Regierungsentwurf eines Beschäftigtendatenschutzgesetzes vom 15.12.2010 sieht eine deutlich detailliertere Behandlung der Rechtsverhältnisse im Zusammenhang mit Beschäftigtendaten vor, indem in §§ 32-32l BDSG-Entwurf zunächst der Anwendungsbereich des Beschäftigtendatenschutzes (§ 32 BDSG-Entwurf) und anschließend die einzelnen Formen des Datenumgangs in den verschiedenen Phasen des Beschäftigtenverhältnisses, der Umgang mit Daten zum Zwecke der Aufdeckung von Vertragsverletzungen, Ordnungswidrigkeiten und Straftaten, einzelne datenschutzrelevante Maßnahmen seitens des Arbeitgebers (z. B. Ortungssysteme, Videoüberwachung, biometrische Daten, Kontrolle der Nutzung von Telekommunikationsmedien etc.) sowie weitere Rechte und Pflichten der Beteiligten geregelt werden sollen. Ob der Kabinettsentwurf in der verabschiedeten Fassung tatsächlich Gesetz wird, steht noch aus. Für den Entwurf lässt sich feststellen, dass trotz der Vielzahl an Einzelregelungen praktisch durchgängig – wie bisher – weitere offene, ausfüllungs- und wertungsbedürftige Rechtsbegriffe wie Zumutbarkeit, Schutzwürdigkeit von Interessen oder Verhältnismäßigkeit verwendet werden, sodass auch für die Auslegung des neuen Rechts (falls es vom Parlament verabschiedet wird) nach wie vor die Berücksichtigung der Spruchpraxis der Gerichte unerlässlich sein wird.

Die Umsetzung des Regierungsentwurfes ist jedoch angesichts des Vorschlags der EU-Kommission einer allgemeinen Datenschutzverordnung, der im Januar 2012 vorgestellt werden und an die Richtlinie 95/46/EG treten soll, wieder fraglich geworden.

Unter Geltung des § 32 BDSG in der derzeit gültigen Fassung sind zur Beurteilung der Zulässigkeit datenschutzrechtlicher Maßnahmen im Beschäftigtenverhältnis vier Aspekte bedeutsam.

[1] Zunächst muss ein Beschäftigungsverhältnis vorliegen; der Begriff wird in § 3 Nr. 11 BDSG definiert und erfasst nahezu sämtliche Kategorien abhängiger Beschäftigung, in denen sich ein(e) Beschäftigte(r) und ein Beschäftigungsgeber gegenüber stehen. Er geht damit deutlich über den Arbeitnehmerbegriff hinaus und enthält neben Beamten, Richtern, Soldaten auch Auszubildende und sogar bereits Stellenbewerber, jeweils beiderlei Geschlechts.

[2] Sodann ist zu prüfen, ob der Datenumgang in eine Phase des Beschäftigungsverhältnisses (d. h. während der Begründung, Durchführung oder Beendigung) fällt.

[3] Ferner muss geklärt werden, ob die Datenverarbeitung einem beschäftigungsvertraglichen Zweck dient. § 32 Abs. 1 Satz 1 BDSG geht von einer weiten Zwecksetzung aus, indem alle Phasen der Begründung (inkl. Vorbereitung), Durchführung und Beendigung (inkl. Abwicklung) davon erfasst werden. § 32 Abs. 1 Satz 2 BDSG sieht überdies eine gesonderte Regelung für die Datenverarbeitung zur Aufdeckung von Straftaten vor (für deren Verhinderung gilt indes Satz 1 als ein Aspekt der Durchführung von Arbeitsverhältnissen). Soweit die Datenverarbeitung im Rahmen eines Beschäftigungsverhältnisses nicht beschäftigungs-

vertraglichen Zwecken dient, bemisst sich die Beurteilung der Zulässigkeit nach der allgemeinen Vorschrift des § 28 BDSG. Ein solcher Fall liegt etwa vor, wenn Daten eines Beschäftigten für Zwecke der Werbung gespeichert oder weitergegeben werden.

[4] Schließlich muss die Datenverarbeitung dem Grundsatz der Verhältnismäßigkeit genügen, d.h. zur Erreichung des verfolgten und schützenswerten Zwecks geeignet, erforderlich und (unter Berücksichtigung der grundrechtlich geschützten Interessen des Beschäftigten) angemessen sein.

Bsp. (nach Wybitul, BB 2010, 1085, 1086 f. m.w.N.): An der Geeignetheit der Maßnahme würde es etwa fehlen, wenn nur deshalb Daten eines die Gründung eines Betriebsrats vorantreibenden Mitarbeiters gesammelt und gespeichert werden, um auf diese Weise einen Kündigungsgrund zu finden. Heimliche Überwachungsmaßnahmen sind datenschutzrechtlich nicht erforderlich, wenn der mit der Überwachung verfolgte Zweck ebenso gut durch offene, dem Beschäftigten mitgeteilte Kontrollmaßnahmen erreicht werden kann. Die Beurteilung der Angemessenheit erfordert stets eine Abwägung einschließlich Bewertung der beiderseitigen Interessen: So ist der Einsatz von Zeiterfassungssystemen zur Dokumentation der Einhaltung der Arbeitszeit grundsätzlich nicht zu beanstanden, unangemessen wäre jedoch die systematische Erfassung jedes Toilettengangs der Mitarbeiter.

Für den Schutz von *Kundendaten* sind § 28 BDSG, der die Datenerhebung und -speicherung für eigene Zwecke zum Inhalt hat, sowie hinsichtlich der Übermittlung von Daten die §§ 29, 30 BDSG einschlägig. Die sehr komplexen Einzelregelungen sehen für die unterschiedlichen Nutzungszwecke unterschiedliche Voraussetzungen vor. Generell gilt, dass durch geeignete Maßnahmen der Anonymisierung und Pseudonymisierung der Daten (vgl. § 3 Abs. 6 und 6a BDSG) Personenbezug der Daten aufgehoben wird und das BDSG nicht mehr beachtet werden muss. Bleibt der Personenbezug erhalten, sollte besonderes Augenmerk auf die Gestaltung der Einwilligungserklärung des Betroffenen (§§ 4, 4a BDSG) in die Datenerhebung, -verarbeitung oder -nutzung gelegt werden, sofern der Datenumgang nicht ausnahmsweise auch ohne Einholung einer solchen Erklärung gestattet[775] ist.

Die Einwilligung muss grundsätzlich schriftlich erfolgen. Bei der Gestaltung der demnach erforderlichen Einwilligungserklärung ist sicherzustellen, dass der Betroffene die Erklärung wahrnehmen kann: Soweit der Betroffene andere Erklärungen (etwa zur Herbeiführung eines Vertragsschlusses) abzugeben hat, muss sich die datenschutzrechtliche Einwilligungserklärung von ihnen unterscheiden lassen. Die Erklärung muss den mit dem Datenumgang beabsichtigten Zweck erkennen lassen. Falls der Betroffene zur Abgabe der Erklärung nicht aufgrund gesetzlicher Vorschriften verpflichtet ist, muss er auf den freiwilligen Charakter seiner Erklärung hingewiesen werden.

---

[775] Die Einholung von Einwilligungen ist beispielsweise entbehrlich, wenn zur Vermeidung bzw. Aufklärung von Diebstahlsfällen in dem der Öffentlichkeit zugänglichen Verkaufsbereich von Kaufhäusern Überwachungskameras installiert und betrieben werden. Gleichwohl müssen Kunden auf die Überwachungsmaßnahme hingewiesen werden.

Im Rahmen des Datenumgangs für eigene Geschäftszwecke hat die Verarbeitung und Nutzung personenbezogener Daten zum Zwecke des Adresshandels oder der Werbung eine besondere, mittlerweile sehr ausdifferenzierte Regelung (§ 28 Abs. 3 bis 5 BDSG) erfahren.

Die möglichen *Sanktionen* beim Verstoß gegen datenschutzrechtliche Vorschriften sind vielfältig. § 43 BDSG sieht bei Verletzung der näher aufgeführten Pflichten, deren Erfüllung der jeweils verantwortlichen Stelle durch Vorschriften des BDSG aufgegeben ist, Ordnungswidrigkeitstatbestände vor, die mit Bußgeldbeträgen bis zu 300.000 € pro Verstoß geahndet werden können. Da mit der Verhängung der Bußgelder ausdrücklich der Zweck verfolgt wird, wirtschaftliche Vorteile, die aus dem Verstoß gegen das BDSG generiert wurden, abzuschöpfen (vgl. § 43 Abs. 3 Satz 2 BDSG), kann das Bußgeld im Einzelfall auch höher ausfallen. Die vorsätzliche und qualifizierte, nämlich gegen Entgelt bzw. in Bereicherungsabsicht erfolgte Verletzung gewisser, in § 43 Abs. 2 aufgeführter BDSG-Vorschriften stellt darüber hinaus nach § 44 BDSG eine Straftat dar, die mit Freiheitsstrafe (bis zu zwei Jahren) oder Geldstrafe bedroht ist.

Denkbare Schadensersatzansprüche des Betroffenen gegen nicht-öffentliche Stellen bei Verstößen gegen datenschutzrechtliche Bestimmungen sind in § 7 BDSG verschuldensabhängig ausgestaltet, d. h. die Ersatzpflicht entfällt, wenn die verantwortliche Stelle die nach den Einzelfallumständen gebotene Sorgfalt beachtet hat. In der Praxis fällt darüber hinaus der dem Betroffenen/Verletzten obliegende Nachweis eines (Vermögens-)Schadens schwer. Allerdings kann die Verletzung von Vorschriften des BDSG durch ein Unternehmen als „verantwortliche Stelle“ unter anderen rechtlichen Gesichtspunkten privatrechtliche Folgen – von der wettbewerbsrechtlichen Abmahnung bis hin zur Schadensersatzpflicht – nach sich ziehen: Nach § 4 Nr. 11 des Gesetzes gegen den unlauteren Wettbewerb (kurz: UWG) verhält sich unlauter, wer (als Unternehmer i. S. des § 2 Abs. 1 Nr. 6 UWG) einer gesetzlichen Vorschrift zuwider handelt, der eine sog. marktregelnde Tendenz zukommt, die also dazu dienen soll, unter den am Markt tätigen Wettbewerbern gleiche Voraussetzungen zu schaffen.[776] In neueren Entscheidungen haben Gerichte für die Beurteilung, ob einzelnen BDSG-Vorschriften eine solche marktregelnde Tendenz zukommt, maßgeblich auf den Zweck der Vorschrift abgestellt. Für den Fall der bewusst rechts- und wettbewerbswidrigen Weitergabe von Daten i. S. des § 28 Abs. 3 BDSG (a.F.) haben Gerichte zugleich einen Verstoß gegen § 4 Nr. 11 UWG angenommen und damit auf Grundlage datenschutzrechtlicher Verstöße wettbewerbsrechtliche Sanktionen verhängt.[777]

---

[776] BGHZ 144, 255, 267 (allerdings zur Fallgruppe des Wettbewerbsverstoßes durch Rechtsbruch nach § 1 UWG a.F., die der Sache der Vorläufer zu § 4 Nr. 11 UWG in der heutigen Fassung war).

[777] OLG Stuttgart GRUR-RR 2007, 330. In der Entscheidung OLG Frankfurt WRP 2005, 1029 ff. wurde eine andere Vorschrift des UWG (§ 4 Nr. 2) zur wettbewerbsrechtlichen Ahndung der Verletzung datenschutzrechtlicher Bestimmungen (hier: § 4 BDSG) herangezogen.

8.2.1.3 Geheimnis- und Know-how-Schutz als Teil des geistigen Eigentums

Zu den zentralen Materien des sog. Rechts des geistigen Eigentums[778] zählen neben dem Urheber- und Markenrecht auch die sog. technischen Schutzrechte, insbesondere Patente und Gebrauchsmuster. Sie knüpfen (beim Patent) an einer schutzfähigen Erfindung als Ergebnis erfinderischer Tätigkeit bzw. (beim Gebrauchsmuster) an einem erfinderischen Schritt und damit jeweils an schöpferischen Leistungen auf technischem Gebiet an. Der Technikbezug besteht dabei in einer Lehre zum planmäßigen Handeln unter Einsatz beherrschbarer Naturkräfte unter Ausschluss menschlicher Verstandestätigkeit zwecks Herbeiführung eines kausal überschaubaren Erfolgs.[779] Patent und Gebrauchsmuster unterscheiden sich unter materiellen Gesichtspunkten insbesondere in der gesetzlichen Umschreibung des jeweils zu berücksichtigen Stands der Technik.[780] Im Folgenden wird zur Vereinfachung nur auf das Patentrecht Bezug genommen.

Der Patentbegriff nimmt nicht ausdrücklich auf Informationen oder Wissen Bezug, sondern wird, wie gesehen, über die Technizität der zu schützenden geistigen Leistung bestimmt. Da die Erfindung jedoch auf angewandten und anwendbaren Erkenntnissen über den Umgang mit Naturphänomenen beruht, bildet im Grunde technisches Wissen, das aus der Verknüpfung einzelner Informationen[781] entstanden ist, den materiellen Gegenstand des Patentrechts. Von daher erscheint es gerechtfertigt, die technischen Schutzrechte als einen der juristischen Fixpunkte des unternehmensbezogenen Wissens- und Informationsmanagements zu betrachten.

Gleiches kann übrigens für den Schutz durch andere Immaterialgüterrechte gelten: Da nach § 1 Abs. 3 PatG Computerprogramme „als solche“ vom patentrechtlichen Schutz ausgenommen sind, steht bei ihnen der urheberrechtliche Schutz im Vordergrund (vgl. dazu §§ 2 Abs. 1 Nr. 1, 69a ff. UrhG). Auch hier werden Informationen hinsichtlich der konkreten Programmgestaltung und damit letztlich Wissen geschützt.

Die Erteilung des Patents setzt den Abschluss eines formalisierten Verfahrens (vgl. dazu insb. §§ 34 PatG) bei dem Deutschen Patent- und Markenamt (kurz: DPMA) voraus, an dessen Beginn die Anmeldung des Patents einschließlich der Formulierung von Patentansprüchen steht, die hinsichtlich materieller und formeller Voraussetzungen geprüft wird. Im Regelfall 18 Monate nach dem Anmeldetag wird die Patentanmeldung offen gelegt, § 31 Abs. 2 Nr. 2 PatG, wodurch der

---

[778] Der Begriff „geistiges Eigentum“ hat sich – nicht zuletzt wegen der international etablierten Begrifflichkeiten „intellectual property“ und „propriété intélectuelle“ – mittlerweile auch im deutschen Recht etabliert, vgl. dazu die Beiträge von Ohly, JZ 2003, 545 ff. und Götting, GRUR 2006, 353 ff.

[779] Vgl. dazu grundlegend BGH GRUR 1969, 672 ff. – Rote Taube.

[780] Vgl. dazu BGH GRUR 2006, 842, 844 f. – Demonstrationsschrank.

[781] Nach den traditionellen Kategorien des Patentrechts ist allerdings nur die erklärende, hingegen weder die beschreibende noch die bloß kodierte Informationen schutzfähig; vgl. dazu Godt, S. 2 f. Folgerichtig sind sowohl Entdeckungen als auch Systeme der Informationsverarbeitung sowie (grundsätzlich) Computerprogramme vom patentrechtlichen Schutz ausgeschlossen, vgl. dazu § 1 Abs. 3 PatG. Vgl. zum Schutz von Computerprogrammen auch Ensthaler, DB 1990, 209 ff. und ders., GRUR 2010, 1 ff.

Rechtsverkehr über den Gegenstand der (möglichen) bevorstehenden Patenterteilung unterrichtet wird und der Anmelder, die spätere Erteilung des Patents unterstellt, vorläufigen Schutz in Gestalt eines Entschädigungsanspruches in Fällen unberechtigter Benutzung nach § 33 Abs. 1 PatG erwirbt. Soweit die Anmeldung den formellen und materiellen Erfordernissen genügt, beschließt die Prüfstelle des DPMA die Erteilung des Patents (§ 49 PatG) und die Erteilung wird im Patentblatt veröffentlicht (§ 58 Abs. 1 PatG); mit diesem Akt entsteht das Patent. Geschützt ist die der Erfindung zugrunde liegende, neue und gewerblich anwendbare Information (vgl. §§ 3-5 PatG) dahingehend, dass jede Benutzung des Schutzgegenstands, die nicht von einer Zustimmung des Rechtsinhabers oder durch einen gesetzlichen Ausnahmetatbestand gedeckt ist, verboten ist.[782]

Die technischen Schutzrechte gewähren dem Inhaber letztlich ein zeitlich begrenztes Ausschließlichkeitsrecht (§§ 9 ff., 16 PatG), das freilich um den Preis der Offenlegung der erfindungserheblichen Informationen im Rahmen des Patentanmeldungsverfahrens„erkauft" ist: Wer als Anmelder die Vorteile eines Patents genießen möchte, kann den Inhalt der Erfindung nicht zugleich dauerhaft geheim halten[783].

Der Schutz von Know-how setzt hingegen an einer *nichtoffenkundigen* Information (bzw. an nichtoffenkundigen Möglichkeiten zur wirtschaftlichen Verwertung einer bekannten Information) an. Da das deutsche Recht nirgends explizit auf den Begriff Know-how zurückgreift, findet sich auch keine Legaldefinition, sodass sich der Gegenstand des Know-how-Schutzes am besten über seine Zielrichtung erschließt: Geschützt wird die nichtoffenkundige Information des Know-how-Inhabers (sowie derjenigen, mit denen er die Information wissentlich geteilt hat) vor dem Verschaffen, Sichern, Mitteilen und Verwerten durch Dritte.[784] Da die dem Schutz unterliegenden Informationen technischer und geschäftlicher Natur im Regelfall nicht ohne Bezug zueinander stehen, sondern eine oder mehrere sinnvolle Einheit(en) bilden, geht es beim Know-how zugleich um technisches und/oder organisatorisches Wissen, und zwar unabhängig von dessen Herkunft, Zuschnitt oder Ausdrucksform.

Bsp. für mögliche Ausdrucksformen von Know-how sind Kundenlisten und vergleichbare Zusammenstellungen von Informationen, Konstruktionszeichnungen und ähnliche technische Unterlagen, Forschungsergebnisse, Marketing- und Vertriebskonzepte, ferner Anwendungs- und Vorgehensbeschreibungen wie Rezepte.

Aufgrund der beabsichtigten Geheimhaltung dieses Wissens kann der Schutz von Know-how – anders der des Patents – nicht in der Gewährung eines privaten Ausschließlichkeitsrechts im Umgang mit der Information bestehen. Vielmehr wird beim rechtlichen Know-how-Schutz der unbefugte Zugang zu geheim gehal-

---

[782] Ann, GRUR 2007, 39, 40.

[783] Der Ausnahmetatbestand des § 50 PatG, der sich auf Erfindungen bezieht, die ein Staatsgeheimnis i. S. des § 93 StGB betreffen, bleibt vorliegend außer Betracht.

[784] Westermann, S. 2 (unter Rn. 2).

tenen Informationen mit juristischen Mitteln verhindert, um auf diese Weise den mit der Geheimhaltung verbundenen (potentiellen) Wettbewerbsvorteil des Inhabers der geschützten Information zu sichern. Die Mittel sind im Zivil- und Wettbewerbsrecht, im Straf- und Ordnungswidrigkeitenrecht sowie im Übrigen im Prozessrecht geregelt.

Das deutsche Recht kennt immerhin gesetzliche Vorschriften zum Schutz von „Geschäftsgeheimnissen" und „Betriebsgeheimnissen"[785], aus denen die Voraussetzungen des Schutzes des technisch-organisatorischen Wissens jedoch nicht hervorgehen. Die Rechtsprechung hält in diesem Zusammenhang nur solche Informationen für Know-how-schutzfähig, die

1. nichtoffenkundig sind,
2. in Bezug zu einem Unternehmen stehen und an denen
3. das betroffene Unternehmen einen Geheimhaltungswillen zeigt und
4. insoweit einen Geheimhaltungswillen zum Ausdruck bringt.[786]

Für denjenigen, dem in Bezug auf die erfinderische Leistung möglicherweise Rechte zustehen[787], stellt sich daher unter Umständen die Frage, ob sich der mit der Schutzrechtsanmeldung verbundene Aufwand (Kosten, Personal, Organisation, Zeit) für ihn lohnt oder ob er stattdessen seine Ziele nicht effizienter unter Inanspruchnahme von Know-how-Schutz verfolgen kann.

Für die hierbei erforderliche strategische Entscheidung können folgende Parameter maßgeblich sein, deren Bedeutung für den patentrechtlichen Schutz bzw. den Know-how-Schutz in tabellarischer Gegenüberstellung aufgezeigt werden:

[785] Vgl. dazu insbesondere §§ 17 ff. UWG, die später unter 8.2.5.2 näher betrachtet werden.

[786] Grundlegend BGH, NJW 1995, 2301 – Angebotsunterlagen für öffentliche Ausschreibungen; Art. 39 Abs. 2 des Übereinkommens über handelsbezogene Aspekte zum Schutz der Rechte des geistigen Eigentums (in englischer Kurzbezeichnung: TRIPS) sieht eine ähnliche Definition zum Gegenstand des „Schutzes nicht offenbarter Informationen" vor.

[787] Erfindungen, die ein Arbeitnehmer im Rahmen seiner beruflichen Tätigkeit oder aufgrund von Erfahrungen, die er dabei gesammelt hat, macht (Diensterfindung), kann der Arbeitgeber nach den Vorschriften des Gesetzes über Arbeitnehmererfindungen (kurz: ArbNErfG) in Anspruch nehmen. Mit der Inanspruchnahme gehen die vermögenswerten Rechte an der Erfindung auf den Arbeitgeber über, zugleich entsteht ein gesetzlich normierter Anspruch des Arbeitnehmers und Erfinders gegen den Arbeitgeber auf angemessene Vergütung.

Kriterium	*Bedeutung für den patentrechtlichen Schutz*	*Bedeutung für den Know-how-Schutz*
Schutzgegenstand	Nur Erfindungen, die neu und gewerblich nutzbar sind (§§ 1 ff. PatG)	Potentiell *jede* Information, die die o.g. Eigenschaften der Rechtsprechung erfüllt; Neuheit ist nicht erforderlich
Schutzumfang	Sehr weitgehender Ausschließlichkeitsschutz (§§ 9 ff. PatG)	Nicht explizit gesetzlich festgelegt
Schutzdauer	Zeitlich begrenzt (i.d.R. maximal 20 Jahre ab dem auf die Anmeldung folgenden Tag [§ 16 PatG])	Keine gesetzlich vorgegebene zeitliche Begrenzung
Verfahrensdauer zur Erlangung des Schutzes	Patenterteilungsverfahren i.d.R. mehrere Jahre	Kein entsprechendes Verfahren vorgesehen
Offenlegung zugrunde liegender Informationen als Schutzvoraussetzung	Grundsätzlich ja, vgl. § 31 PatG	Nein; Nichtoffenkundigkeit der Information ist Schutzvoraussetzung
Kosten zur Erlangung des Schutzes	Relativ geringe Amtsgebühren für Anmeldung und Prüfung; jedoch u.U. hohe Kosten für Recherche, Beratung etc.	Keine Verfahrenskosten; Kostenstruktur diffus und letztlich kaum vollständig darstellbar (zahlreiche unternehmensinterne Kostenparameter nur schwer ermittelbar)
Wirtschaftliche Bedeutung des Schutzes	Schutzrecht flexibel einsetzbar, auch zur Unternehmensfinanzierung	Einsatz zur Unternehmensfinanzierung nur eingeschränkt möglich, da Aussagen über die Bewertung des Schutzes nur schwer möglich sind
Verlässlichkeit des Schutzes	Reichweite des Schutzes aus Patenterteilung und dem PatG ersichtlich; allerdings (abstrakte) Gefahr, dass die Neuheit der Erfindung von einem Dritten im Wege der Nichtigkeitsklage bestritten werden könnte	Nicht vorgegeben und stets abhängig von den juristischen und faktischen Instrumenten, die für den Schutz konkret eingesetzt werden können.

Tabelle 8.1: eigene Darstellung, erstellt in Anlehnung an Ann, GRUR 2007, 40

Wie die Gegenüberstellung gezeigt hat, lassen sich keine allgemeingültigen Aussagen darüber treffen, ob der detailliert durch das Gesetz vorgeprägte patentrechtliche Schutz stets dem nur mosaiksteinartig geregelten Know-how-Schutz vorzuziehen ist. Die Entscheidung hängt im Wesentlichen von den konkreten Schutzinteressen des Berechtigten ab. Auf jeden Fall stehen die beiden Schutzsysteme nicht völlig beziehungslos zueinander, sondern sie lassen sich gemeinsam in ein weit gefasstes Verständnis vom Schutz geistigen Eigentums integrieren.[788]

8.2.2 Wissen erzeugen

Die Rechtsordnung unterstützt im Grundsatz das fundamentale Anliegen der Informationsgesellschaft, Bedingungen zu schaffen, unter denen neues Wissen frei und ohne Restriktionen geschaffen werden kann. Punktuell finden sich jedoch Vorschriften und durch die Rechtsprechung herausgearbeitete Grundsätze, die einer völlig freien Erzeugung von Wissen Grenzen setzen, indem bereits die Beschaffung der dazu erforderlichen Daten bzw. Informationen untersagt oder wenigstens erschwert wird. Demgegenüber existieren auch rechtliche Mechanismen, die dazu beitragen, die Erzeugung von Wissen zu ermöglichen bzw. zu erleichtern.

8.2.2.1 Erhebung personenbezogener Daten

Der Steuerung durch das BDSG unterliegt bereits die Erhebung von Daten (vgl. § 3 Abs. 3 BDSG) und damit der Vorgang, der den Grundbaustein jeder Gewinnung von Informationen zur Ermittlung neuen Wissens darstellt. Mit Erhebung ist jede Form des (gezielten) Beschaffens von Daten gemeint. Soweit Vorschriften keinen anderen Modus der Beschaffung gestatten, sind die Daten unmittelbar beim Betroffenen zu erheben (vgl. dazu § 4 Abs. 2 Satz 1 BDSG). § 4 Abs. 2 Satz 2 Nr. 2 BDSG gestattet eine Abweichung von diesem Grundsatz, wenn der Geschäftszweck dies erfordert (lit. a) oder die unmittelbare Erhebung nur mit unverhältnismäßigem Aufwand möglich wäre (lit. b) und zudem nicht anzunehmen ist, dass überwiegende schutzwürdige Interessen des Betroffenen beeinträchtigt werden.

Beispiele für Datenerhebungen: bewusste Foto- und Filmaufnahmen bestimmter Personen; Abfrage personenbezogener Daten (beim Betroffenen oder bei Dritten); Herunterladen oder sonstiges Übertragen von auf Datenträgern festgehaltenen Daten; Aufzeichnung von Verbindungsdaten bei Telekommunikationsvorgängen.

---

[788] Einzelheiten bleiben der schon mehrfach angesprochenen, für 2012 vorgesehenen Gesamtdarstellung von Ensthaler/Wege (Hrsg.) zum *Management Geistigen Eigentums* vorbehalten.

8.2.2.2 Technologiespezifische Vorgaben

Vereinzelt beschränken bzw. verbieten spezielle Gesetze die praktische Anwendung bestimmter Technologien oder zugehöriger Forschungsansätze. Die Bandbreite der möglichen Restriktionen variieren.

So untersagt etwa das Gesetz zum Schutz von Embryonen (kurz: ESchG) die Verwendung von Embryonen zum Zwecke des Klonens (§ 8 Abs. 1 ESchG). Als Embryonen werden befruchtete, entwicklungsfähige Eizellen vom Zeitpunkt der Kernverschmelzung an sowie jede einem Embryo entnommene totipotente Zelle, die sich bei Vorliegen der dafür erforderlichen weiteren Voraussetzungen zu teilen und zu einem Individuum zu entwickeln vermag, verstanden. Verstöße gegen das in § 6 des Gesetzes definierte Klonen werden mit Freiheits- oder Geldstrafe geahndet.

Das Gesetz zur Regelung der Gentechnik (kurz: GenTG) verfolgt ausweislich seines § 1 drei Ansätze, um den Umgang mit den durch gentechnische Anlagen, gentechnische Verfahren und gentechnisch veränderte Produkte (möglicherweise) hervorgerufenen Gefahren zu reglementieren:

- Schutz von Flora, Fauna, Menschen und Sachgüter sowie Vorsorge gegen die mit dem Einsatz von Gentechnik verbundenen Gefahren,
- Realisierung von Produkten unter Einsatz gentechnisch veränderter Organismen einschließlich der Möglichkeit des Inverkehrbringens solcher Produkte sowie
- Schaffung eines rechtlichen Rahmens zur Erforschung, Entwicklung, Nutzung und Förderung der verschiedenen Möglichkeiten der Gentechnik.

Im Gegensatz zum Klonen i. S. des ESchG verbietet das GenTG den Umgang mit gentechnischen Anlagen, Verfahren und daraus gewonnenen Produkten nicht rundweg, sondern sucht die Belange von Forschung und Industrie (inkl. der daraus resultierenden Innovationschancen) unter Berücksichtigung des Gefahrenpotentials mit den legitimen Anliegen der Bürger sowie dem Tier- und Naturschutz in Einklang zu bringen. Die zur Verfolgung der Gesetzeszwecke verwendeten Instrumente sehen daher neben einer Vielzahl staatlicher Genehmigungsvorbehalte (§§ 8 ff. GenTG), Straf- und Bußgeldvorschriften (§§ 38 f. GenTG) und ausgesprochen strengen Haftungsregeln (§§ 32 ff. GenTG) auch umfangreiche Informationspflichten des Anlagenbetreibers gegenüber der zuständigen Behörde (§ 21 GenTG) sowie unter bestimmten Umständen Unterrichtspflichten der Behörde gegenüber der Öffentlichkeit (§ 28a GenTG) vor.

8.2.2.3 Unterstützung der Erzeugung von Wissen durch bestimmte Informationsansprüche (Zugang zu Informationen)

Die rechtlichen Vorgaben der Erzeugung von Wissen beschränken sich indes nicht auf Verbote und andere Restriktionen. Vielmehr sieht die Rechtsordnung an verschiedenen Stellen private Rechte Einzelner gegen bestimmte Träger von Informationen auf Zugang zu eben diesen Informationen vor. Die somit umschriebenen Ansprüche können sich gegen staatliche oder private Akteure richten und zielen jedenfalls mittelbar darauf ab, dem Anspruchsinhaber die Erzeugung von Wissen zu ermöglichen oder zu erleichtern. Da der Zugang zu oder die Verwendung von Informationen der Sache nach deren Weitergabe bedingt, werden die jeweiligen Ansprüche später im Zusammenhang mit der Verteilung von Wissen (unter 8.2.4.2 a.E.) behandelt. Nur der Vollständigkeit halber sei an dieser Stelle darauf hingewiesen, dass die Schrankenregelungen des Urheberrechts (§§ 44a ff. UrhG), die die Ausschließlichkeitsrechte des Urhebers zugunsten privilegierter Nutzergruppen oder der Allgemeinheit begrenzen, im Ergebnis auch den Zugang zu Wissen absichern.[789]

8.2.2.4 Rechtspflicht zur Erzeugung von Wissen?

Zu überlegen bleibt schließlich noch, ob die Rechtsordnung unter bestimmten Voraussetzungen die Erzeugung neuen Wissens regelrecht vorschreibt. Die Klärung der Frage hängt von der Einordnung informationsbezogener Pflichten innerhalb des Wissenskreislaufs ab. Zwar erfassen die richterrechtlich geprägten Vorgaben zum unternehmensinternen Informationsmanagement[790] gegebenenfalls auch Pflichten zur Dokumentation und Speicherung bestimmter Informationen (dazu sogleich unter 8.2.3.2), doch folgt hieraus zunächst nur die Notwendigkeit, Wissen festzuhalten sowie dieses eventuell weiterzugeben oder abzurufen, indes keine Pflicht zur Schaffung neuen Wissens. Eine derartige Pflicht könnte sich aber implizit aus einer Reihe gesetzlicher Vorschriften ergeben, die – aus jeweils unterschiedlichen Gründen – Unternehmen die Einrichtung und nähere Ausgestaltung von Risikomanagementsystemen auferlegen. Beispiele hierfür wurden bereits im Kapitel 5 (unter 5.2) angesprochen. Solche Pflichten zeichnen sich freilich durch ihre inhaltliche Offenheit aus, da zwar die Zielerreichung, d. h. die Risikovermeidung bzw. -minimierung, nicht aber das hierzu im Einzelnen erforderliche, neu zu generierende Wissen vorgegeben wird.

Ein weiteres Beispiel zum strategischen und vorausschauenden Umgang mit unternehmensbezogenen Risiken, nämlich die Erfüllung der gesetzlichen Pflicht zur Schaffung eines Systems des Rückrufmanagements für Unternehmen, die sog. Verbrauchsgüter nach dem ProdSG herstellen, wird anschließend unter 8.3 ausführlicher betrachtet.

---

[789] Vgl. zum Themenkomplex Urheberrecht und Wissenszugang Spindler, S. 287 ff. sowie zu den Schrankenregelungen des UrhG allgemein Müller, S. 197 ff.

[790] Vgl. dazu bereits oben unter 8.2.1.1.

8.2.3 Wissen speichern

8.2.3.1 Speicherung personenbezogener Daten

Als Unterform der Datenverarbeitung erfasst das Speichern personenbezogener Daten nach § 3 Abs. 4 Satz 2 Nr. 1 BDSG das Erfassen, Aufnehmen oder Aufbewahren der Daten auf einem Datenträger zum Zweck ihrer weiteren Verarbeitung oder Nutzung. Die Art und Weise des Festhaltens der Daten ist unmaßgeblich, als Speichern ist daher das Aufnehmen von Daten durch einen Menschen manuell in graphisch-schriftlicher Form wie auch durch jeden zur Wiedergabe der aufgenommenen Daten fähigen Datenträger (z. B. magnetisch auf Tonband, elektromagnetisch auf Videoband, elektronisch auf entsprechenden Speichermedien) zu verstehen. Die statuierte Zweckbindung belegt, dass erst die mögliche Verwendung der Daten und nicht bereits ihre Aufzeichnung die Belange des Betroffenen berührt. Da die von einem Unternehmen vorgenommene oder bei Dritten in Auftrag gegebene Speicherung personenbezogener Daten jedoch praktisch nie zum Selbstzweck geschieht, ist die Bedeutung der Zweckbindungsklausel im unternehmerischen Kontext praktisch irrelevant.

8.2.3.2 Pflichten zur Dokumentation von Wissen?

Einen elementaren Bestandteil des richterrechtlich entwickelten Konzepts zur unternehmensinternen Informationsorganisation (vgl. dazu bereits unter 8.2.1.1) stellt die Pflicht zur Speicherung bestimmter Informationen dar. Sie bildet einen Ausgangspunkt zur Umsetzung der ratio des Pflichtenkonzepts, die Gewährleistung der Verfügbarkeit von Wissen, und erleichtert so die Erfüllung der weiteren Pflichten zur Informationsweitergabe bzw. zum Informationsabruf (vgl. hierzu unter 8.2.4.3). Die aus dem Gedanken des § 166 Abs. 1 BGB entwickelte Rechtsfolge bei Verletzung der Dokumentationspflicht besteht schlicht darin, dass die Organisation so behandelt wird, als habe sie von der Information Kenntnis erlangt[791], was u. U. zur Bejahung von Haftungsansprüchen führen kann. Demgegenüber bedürfen die Voraussetzungen der Pflicht weiterer Klärung.

Die naheliegende Frage, welche Informationen konkret der Dokumentationspflicht unterliegen, beantwortet die Rechtsprechung mit Blick auf die weiteren Bestandteile des Pflichtenkonzepts (Weitergabe, Abruf) sowie unter Verweis auf den Grad der Wahrscheinlichkeit, dass der Information einmal rechtliche Bedeutung für die im Unternehmen anfallenden Aufgaben zukommen wird einerseits und den Usancen der Speicherung andererseits: Der Pflicht sollen Informationen

---

[791] BGH NJW 1996, 1339, 1340 f., auch zum Folgenden.

unterliegen, „deren Relevanz für andere Personen innerhalb [der] Organisation bei den konkret Wissenden erkennbar ist“ und die „typischerweise aktenmäßig festgehalten werden“. Die Konturierung dieser Vorgaben kann aus Sicht der Rechtsprechung „nicht mit begrifflich-logischer Stringenz, sondern nur in wertender Beurteilung“ vorgenommen werden.

Die Wertungskriterien erfordern zunächst eine Eingrenzung in persönlicher Hinsicht: Nicht das Wissen (oder Wissenmüssen) eines jeden für die Organisation Tätigen ist entscheidend, sondern nur das sogenannter Wissensvertreter, d. h. von Personen, die „nach der Arbeitsorganisation des Geschäftsherrn dazu berufen sind, im Rechtsverkehr als dessen Repräsentant bestimmte Aufgaben in eigener Verantwortung zu erledigen und die dabei angefallenen Informationen zur Kenntnis zu nehmen sowie gegebenenfalls weiterzuleiten“. Unmaßgeblich ist hierfür, ob der betreffende Mitarbeiter zum „Wissensvertreter“ wurde oder in dieser Funktion offiziell eingesetzt wird.

Bsp.: Mögliche Wissensvertreter sind daher in jedem Fall die für das Unternehmen handelnden Organe wie der Geschäftsführer einer GmbH oder das Vorstandsmitglied einer Aktiengesellschaft (wobei hier § 31 BGB analog heranzuziehen ist), darüber hinaus auch leitende Angestellte, die das Unternehmen gegenüber Dritten repräsentieren (und für die § 166 BGB gilt). Nicht als Wissensvertreter zu behandeln sind demgegenüber Mitarbeiter ohne Entscheidungsbefugnis für das Unternehmen nach außen sowie selbstverständlich Beschäftigte von Fremdunternehmen, die sich (wie etwa Reinigungspersonal) lediglich zur Aufgabenerfüllung in den Räumen des Unternehmens aufhalten.

Mit der Festlegung auf die Figur des Wissensvertreters ist die personale Komponente des Pflichtenkonzepts freilich noch nicht abschließend beurteilt. Zu betrachten sind ferner die Umstände der Erlangung von Wissen und damit die Frage, ob auch Wissen, das der Wissensvertreter in seiner Eigenschaft als Privatperson erlangt hat, relevant sein kann. § 166 Abs. 1 BGB kennt keine intrapersonale Trennung zwischen Wissen, das privat erlangt und demjenigen Wissen, das gleichsam in „dienstlicher Eigenschaft“ erlangt wurde. Aus diesem Grund (und mit Blick auf den Umstand, dass eine Aufspaltung von Wissen innerhalb einer Person auch neurologisch-psychologisch nicht möglich ist[792]), nimmt die in der Rechtswissenschaft vorherrschende Auffassung keine Differenzierung nach der Herkunft des Wissens beim Wissensvertreter vor[793]. Davon zu unterscheiden sind Situationen, bei denen im Unternehmen eine Person bestimmte Kenntnisse (Wissen) erlangt hat, jedoch eine andere Person ohne diese Kenntnisse für das Unternehmen im Rechtsverkehr handelt. Hier wird die unter 8.2.4.3 zu behandelnde Reichweite der Organisationspflichten zur Informationsweitergabe bzw. -abfrage virulent.

---

[792] Buck, Wissen und juristische Person, S. 245.

[793] Vgl. für die herrschende Meinung Buck, Wissen und juristische Peson, S. 244 f.; Buck-Heeb, WM 2008, 281, 283; zu abweichenden Meinungen Fleischer, NJW 2006, 3239, 3242 (Zurechnung nur bei Pflicht des Wissenden, privat erlangte Kenntnisse für das Unternehmen nutzbar zu machen bzw. gänzliche Ablehnung der Zurechnung privat erlangten Wissens).

Die Rechtsprechung schränkt die Dokumentationspflicht in sachlicher Hinsicht dadurch ein, dass ein Anlass zur Speicherung bestehen muss, wodurch der Bogen zum eingangs angeführten Relevanzkriterium der Information gespannt wird. Hiernach steht die Relevanz allerdings im Zusammenhang damit, dass der Wissende die Bedeutung der Information für einen anderen Mitarbeiter auch erkennt. Ob ein Mitarbeiter die Bedeutung der Information für andere Unternehmensangehörige erkennen kann wird man vornehmlich anhand der Stellung des Betroffenen in der Unternehmenshierarchie beurteilen müssen.[794] Die Bedeutung der Information wirkt sich auch auf die Dauer der Pflicht zur Speicherung und damit die zeitliche Dimension der Pflicht aus. Eine pflichtwidrig zu früh aufgehobene Speicherung einer relevanten Information beendet die Wissenszurechnung[795] daher ebenso wenig wie der Tod oder das Ausscheiden des Wissenden aus der Unternehmensorganisation[796].

8.2.4 Wissen verteilen

8.2.4.1 Informationspflichten in Austausch- und Gesellschaftsverträgen

Solche Informationspflichten können unterschiedliche Gestalt annehmen: Mitteilung bestimmter Sachverhalte zum Zwecke der Aufklärung, Erteilung von Auskünften oder Ratschlägen, Gewährung von Einsichtnahmen in Informationsträger etc. Als übergeordneter Begriff bietet sich die „Informationspflicht" an. Ihr Ziel ist es, den Zustand des Informiertseins bei dem durch die Pflicht Begünstigten, mithin des „zu Informierenden" herzustellen.

Im Rahmen von *Austauschverträgen* kann die Grundlage der Informationspflicht im Vertragswerk selbst oder in einer besonderen gesetzlichen Vorgabe angelegt sein.

Bei den vertraglich motivierten Informationspflichten sind zunächst diejenigen Vertragstypen hervorzuheben, bei denen der wesentliche Inhalt – und damit die Hauptleistungspflicht – gerade in der Vornahme einer Beratung oder einer Auskunftserteilung liegt (z. B. bei Anlageverträgen mit Banken in Gestalt von Entscheidungshilfen über Kapitalanlagen oder bei konkreter anwaltlicher Rechtsberatung durch Gewährung von Rechtsrat): Hier wird der Vertrag geradezu durch den Akt des Informierens (Auskunftserteilens, Beratens, etc.) geprägt. Daneben kön-

---

[794] So auch Buck-Heeb, WM 2008, 281, 285.

[795] BGH NJW 1996, 1339, 1341.

[796] So zumindest im Ansatz BGH NJW 1996, 1205, 1206 unter Verweis auf ältere Rechtsprechung, umstr.

nen in Verträgen auch Nebenpflichten zur Information des Vertragspartners bestehen, dies gilt insbesondere bei Kauf- oder Werkverträgen mit Blick auf die Aufklärung über die Nutzungsmöglichkeiten der Kaufsache oder des Werks bzw. über Gefahren, die mit einer nicht sachgemäßen Nutzung einhergehen: So besteht häufig – auch ohne explizite Regelung – eine Nebenpflicht des Verkäufers, beim Verkauf von komplexem technischen Gerät eine Gebrauchsanleitung mitzuliefern, damit der Käufer die Sache zweckentsprechend und gefahrvermeidend nutzen kann.

Nur der Vollständigkeit halber sei an dieser Stelle wiederholt, dass – unabhängig vom Vorliegen eines Vertrages – eine herstellerseitige Aufklärung über den Umgang mit produktbezogenen Gefahren auch aus produkthaftungs- bzw. -sicherheitsrechtlichen Erwägungen (in Umsetzung herstellerbezogener Instruktionspflichten) geboten sein kann, vgl. dazu bereits die Ausführungen in Kap. 2 unter 2.2.4.6.

Zur Verbesserung des Verbraucherschutzes sieht das Gesetz für verschiedene Verträge, an denen typischerweise Verbraucher (vgl. zum Begriff § 13 BGB) beteiligt sind, besondere Informationspflichten zu Lasten des Geschäftspartners (soweit dieser Unternehmer i. S. des § 14 BGB ist) vor. Die Pflichten haben ihre Grundlage in dem Verbraucherleitbild des Rechts der Europäischen Union, das von einem normal informierten und angemessen aufmerksamen und verständigen Verbraucher ausgeht[797]. Typischerweise benötigt der Verbraucher die notwendigen Informationen vor Abschluss des Vertrages, was durch die Erfüllung der dem Vertragspartner (als Unternehmer) obliegenden Informationspflichten erreicht wird: Aufgrund des dadurch erfolgenden Informationsflusses wird zugleich die im Regelfall zu Lasten des Verbrauchers bestehende Informationsasymmetrie behoben.

Verschiedene im BGB geregelte Vertragstypen wie der Fernabsatzvertrag (§§ 312b ff.), der Teilzeitwohnrechte-Vertrag (§§ 481 ff.) oder der Reisevertrag (§§ 651a ff.) ziehen solche Informationspflichten nach sich; der genaue Inhalt der Pflichten ist nicht im BGB, sondern – nach Vertragstypen getrennt – in den Art. 240 bis 248 des Einführungsgesetzes zum Bürgerlichen Gesetzbuch (EGBGB) festgelegt. – Im Kapitalanlagerecht sind Wertpapierdienstleistungsunternehmen nach § 31 WpHG i.V.m. §§ 4 und 5 der Verordnung zur Konkretisierung der Verhaltensregeln und Organisationsanforderungen von Wertpapierdienstleistungsunternehmen (kurz: WpDVerOV) zur Information ihrer (Privat-)Kunden verpflichtet.

Informationsrechte von *Gesellschaftern* (Anteilseignern) gegen die Gesellschaft, andere Organe der Gesellschaft (insb. Geschäftsführung und Vorstand bei GmbH und AG) oder andere Mitgesellschafter sind, nach Gesellschaftsrechtsformen getrennt, an verschiedenen Stellen des Gesellschaftsrechts geregelt. Die Pflichten sind teilweise gesetzlich ausgeprägt, teilweise als Ausfluss übergeordneter Treuepflichten bereits dem Gesellschaftsvertrag immanent.

Bsp.: Nach § 131 Abs. 1 Satz 1 AktG kann ein Aktionär in der Hauptversammlung der AG vom Vorstand grundsätzlich Auskunft über die Angelegenheiten der Gesellschaft verlangen, soweit sie zur sachgemäßen Beurteilung des Gegenstands der Tagesordnung erforderlich ist. Um die Ausübung von Auskunftsrechten und Stimmverhalten mit anderen

---

[797] Vgl. z. B. EuGH GRUR Int. 2005, 44, 45 Tz. 24 – SAT 1.

Aktionären im Vorfeld der Hauptversammlung zu koordinieren (mithin: Informationen auszutauschen), können Aktionäre nach § 127a AktG das Aktionärsforum im elektronischen Bundesanzeiger nutzen. – Ein GmbH-Gesellschafter muss seine Mitgesellschafter über Vorgänge, die dessen Vermögensinteressen berühren, ihm jedoch nicht bekannt sind (hier: verdeckte Gewährung von Sondervorteilen an einen dritten Gesellschafter), aufgrund der gesetzlich nicht explizit normierten gesellschaftsrechtlichen Treuepflicht vollständig und zutreffend informieren (so zum mitgeteilten Sachverhalt BGH NJW 2007, 917).

Es handelt sich jeweils um Pflichten, die – anders als die zuvor behandelten Pflichten aus Austauschverträgen – *innerhalb einer Organisation* und zwischen den Organen der Gesellschaft bestehen. Auch sie dienen dazu, Informationsasymmetrien zu beseitigen und dem Gesellschafter so die selbstbestimmte und interessengerechte Ausübung seiner vermögenswerten und ideellen Mitgliedschaftsrechte zu ermöglichen.

8.2.4.2 Gesetzlich gesicherter Zugang zu Informationen

Eine Spielart der Erfüllung von Informationspflichten, nämlich die Gewährung des Zugangs zu Informationen, wird durch die Rechtsordnung in verschiedener Hinsicht sichergestellt.

Unter *kartellrechtlichem* Blickwinkel seien zunächst die Pflicht zur Offenlegung von Informationen zwischen unterschiedlichen Marktteilnehmern angesprochen (Fälle von Zwangslizenzierung). Unter bestimmten, grundsätzlich eng auszulegenden Bedingungen kann sich die Ausübung eines Immaterialgüterrechts (und zwar in dem Sinne, dass möglichen Anbietern von Produkten auf sog. nachgelagerten Märkten die Erteilung einer Lizenz zur Nutzung des Schutzrechts verwehrt wird) als missbräuchliche Ausnutzung einer marktbeherrschenden Stellung i. S. des Art. 102 des Vertrages über die Arbeitsweise der Europäischen Union (kurz: AEUV) und damit als kartellrechtswidrig darstellen. Voraussetzung für die Missbräuchlichkeit der Ausnutzung der marktbeherrschenden Stellung ist in bestimmten Fällen eine „wesentliche Einrichtung" (sog. essential facility), an welcher Immaterialgüterrechte zugunsten des marktbeherrschenden Unternehmens bestehen. Durch dessen Weigerung, anderen Marktteilnehmern die Benutzung der facility durch Lizenzerteilung zu gestatten, können diese nicht auf rechtmäßige Weise Produkte auf einem Folgemarkt anbieten, weshalb die Entwicklung neuer Produkte bzw. der Wettbewerb auf diesem Markt – zu Lasten der Verbraucher – verhindert wird.

Bsp.: Die (nach dem Vortrag der EG-Kommission bestehende) Weigerung der Microsoft Corp., Mitbewerbern die erforderlichen Schnittstelleninformationen bezüglich Workgroup-Serverbetriebssystemen zum Zwecke der Herstellung von kompatibler Produkte offen zu legen, um so den eigenen Marktanteil für Serverbetriebssysteme auszuweiten.

Die Einzelheiten der kartellrechtlichen Problematik brauchen an dieser Stelle nicht erörtert zu werden.[798] Wie die Microsoft-Entscheidung des EuG[799], mit der die Entscheidung der EG-Kommission im Wesentlichen bestätigt wurde, gezeigt hat, kann unter besonders gelagerten Umständen im Falle der Weigerung des marktbeherrschenden Unternehmens die kartellrechtlich begründete Erteilung einer Zwangslizenz geboten sein. In der Sache kann dies zu einer Pflicht zur Offenlegung bestimmter Informationen – und damit zum zwangsweise angeordneten Zugang zu (technischem) Wissen – führen.

Unter dem Schlagbegriff *Gewährleistung von Informationsfreiheit* sind in den vergangenen Jahren zahlreiche Rechtsakte vom Bundesgesetzgeber erlassen worden. Sie versuchen, das Demokratiekonzept des „mündigen Bürgers" als Kontrollinstanz staatlichen Handelns[800] dadurch zu unterstützen, dass staatliche Stellen (und zum Teil auch Institutionen des Privatrechts, soweit sie öffentliche Aufgaben wahrnehmen) auf Antrag zur Offenlegung bestimmter Informationen verpflichtet sind (vgl. dazu bereits oben 8.2.2.3). Der Aspekt der Informationsfreiheit ist für private Unternehmen ambivalenter Natur: Einerseits zählen sie zu den Antragsberechtigten, können somit selbst Informationen abfragen. Andererseits kann die von staatlicher Seite einem Dritten gewährte Information mittelbar Bezug zu einem Unternehmen haben.

Bsp.: Nach § 1 Abs. 1 Satz 1 Nr. 1 VIG (dazu sogleich) wird freier Zugang zu Informationen über Verstöße gegen das Lebensmittel- und Futtermittelgesetzbuch (kurz: LFGB) gewährt. Soweit ein Unternehmen hiergegen verstoßen hat und der Verstoß staatlichen Stellen zur Kenntnis gebracht wurde, können über das VIG auch Dritte von dem Verstoß und dem zugrunde liegenden Sachverhalt Kenntnis erlangen.

Durch § 1 Abs. 1 des Gesetzes zur Regelung des Zugangs zu Informationen des Bundes (kurz: IFG) wird ein Anspruch auf Zugang zu amtlichen Informationen gegenüber Behörden des Bundes sowie gegen zur Erfüllung öffentlicher Aufgaben herangezogenen Institutionen des Privatrechts begründet. Allerdings bestehen zahlreiche, in §§ 3-5 IFG geregelte Ausnahmetatbestände, in denen kein Anspruch auf Zugang zur Information begründet bzw. dessen Erfüllung versagt wird (z. B. übergeordnete staatliche Interessen, öffentliche Sicherheit, Datenschutz, Berufs- oder Amtsgeheimnisse).

Aus Gründen des Verbraucher- bzw. Umweltschutzes sehen das Gesetz zur Verbesserung der gesundheitsbezogenen Verbraucherinformation (kurz: VIG) sowie das Umweltinformationsgesetz (kurz: UIG) auf entsprechenden Antrag hin Ansprüche gegen

---

[798] Vgl. dazu aus neuerer Zeit etwa Ensthaler/Bock, GRUR 2009, 1 ff.; ferner Kempel (geb. Bock), 2011, passim; die kartellrechtlichen Vorgaben des geistigen Eigentums sind auch Gegenstand der für 2012 vorbehaltenen Gesamtdarstellung von Ensthaler/Wege (Hrsg.) zum Management Geistigen Eigentums.

[799] EuG, Slg. 2007, II-3061 ff. (gegen das von der Kommission verhängte Bußgeld hat Microsoft Klage beim EuG eingereicht; Microsoft hat später auf Rechtsmittel gegen das Urteil des EuG verzichtet).

[800] Vgl. zum Hintergrund (in rechtsvergleichender Perspektive) Kloepfer, § 10 Rn. 6 ff.

näher bezeichnete öffentliche Stellen (sowie Personen des Privatrechts, soweit diese öffentliche Aufgaben wahrnehmen) auf freien Zugang zu bestimmten verbraucher- bzw. umweltbezogenen Informationen vor. Auch diese Ansprüche auf Zugang unterliegen jedoch mannigfaltigen Beschränkungen, vgl. dazu §§ 8 und 9 UIG sowie § 1 Abs. 4 und § 2 VIG. Die praktische Wirksamkeit der Ansprüche wird zudem wegen der dem Antragsteller obliegenden Kostentragung (Gebühren und Auslagen, selbst im Falle der Ablehnung der Gewährung des Zugangs!) kritisch beurteilt.

8.2.4.3 Pflicht zur Gewährleistung und Aufrechterhaltung des Informationsflusses im Unternehmen

Einen weiteren Bestandteil des unter 8.2.1.1 und 8.2.3.2 skizzierten bzw. weiterentwickelten Konzepts zur unternehmensinternen Informationsorganisation vor dem Hintergrund des § 166 BGB bildet die Pflicht zur Weiterleitung bzw. zum Einfordern von Informationen im Unternehmen. Im Gegensatz zu den zuvor unter 8.2.4.1 a.E. besprochenen organisationsintern wirkenden Informationspflichten geht es dabei nicht in erster Linie um die Information einzelner Personen (Gesellschafter oder Gesellschaftsorgane) zwecks Herstellung des Zustands des Informiertseins beim Kommunikationsempfänger, sondern um die unternehmensinterne Weiterleitung jeder Form von Informationen, die für das Unternehmen relevant sein können. Bezugspunkt des Pflichtenkonzepts ist die Gewährleistung des wechselseitigen Informationsflusses i. S. eines *Vorgangs des ständigen Informationsaustauschs*, mithin stehen systembezogene bzw. prozessuale Aspekte der Information im Vordergrund.

In Umsetzung des Gedankens vom Informationsaustausch wird die Pflichtenstellung zur Verteilung der Information aus beiden Richtungen der Kommunikation thematisiert: Der Informationsträger wird unter bestimmten Bedingungen zur Weiterleitung der Information verpflichtet, umgekehrt muss ein „nichtinformierter" Mitarbeiter sich Informationen unter bestimmten Bedingungen unternehmensintern beschaffen, also abrufen. Dieses Wechselbezugsverhältnis belegt, dass ein zweckentsprechendes System des Informationsmanagements für ein modernes Unternehmen unerlässlich ist. Da gesetzliche Vorgaben über die Ausgestaltung des Systems im Einzelnen weitestgehend fehlen, sind die Unternehmen selbst aufgefordert, die mit der Systemumsetzung verbundenen Fragen selbstverantwortlich zu klären:

- Was (d. h. welche Informationen) weiterleiten bzw. abrufen? (Inhalt der Pflicht),
- Unter welchen Voraussetzungen weiterleiten bzw. abrufen? (Voraussetzungen der Pflicht) und
- Wohin bzw. woher weiterleiten bzw. abrufen?

Geklärt ist die Folge eines Verstoßes gegen die Pflicht zur Weiterleitung bzw. Abfrage von Informationen, die bereits bei der Dokumentationspflicht aufgezeigt wurde: Soweit der Organisation dadurch Wissen (gemäß dem Gesetzeswortlaut i.

S. eines Kennens bestimmter Umstände), das für die Erfüllung der Voraussetzung einer Rechtsvorschrift maßgeblich ist, nicht effektiv zur Verfügung steht, muss sich die Organisation so behandeln lassen, als habe sie von den relevanten Tatsachen Kenntnis gehabt. Das aufgrund des Pflichtenverstoßes nicht (oder jedenfalls nicht bei der für die Organisation handelnden Person) verfügbare Wissen wird der Organisation als vorhanden zugerechnet. Da die Wissenszurechnung namentlich bei Haftungsansprüchen von Bedeutung ist, stellt ein geeignetes Informationsmanagementsystem folglich ein Instrument der *Haftungsvermeidung* dar.

Ebenfalls bei den Ausführungen zur Dokumentationspflicht fanden sich punktuell Anhaltspunkte zur Umsetzung des Pflichtenkonzepts, die durch die Rechtsprechung herausgearbeitet wurden. Die Anforderungen an das unternehmensinterne Informationssystem stehen nicht im Belieben des Unternehmens, sondern werden, da mittels der Wissenszurechnung vornehmlich über das Entstehen von Ansprüchen Dritter gegen die Organisation entschieden wird, durch die berechtigte Erwartungshaltung des Rechtsverkehrs gesteuert, was wertende Beurteilungen bedingt[801].

Leitlinienartig formuliert sollte ein juristisch verwertbares Informationssystem daher folgende Aspekte berücksichtigen:

- Ausrichtung an den unternehmensintern anfallenden Aufgaben sowie eventuell bestehenden gesetzlichen Vorgaben;
- Berücksichtigung richterrechtlich geschaffener Anhaltspunkte hinsichtlich Dauer und Modalitäten der Speicherung einzelner Informationen;
- Interne Kommunikation der Existenz sowie der Ausgestaltung des Informationssystems und Verpflichtung der Unternehmensangehörigen zur Nutzung des Systems;
- Evtl. Schaffung zentraler Ansprechpartner, zumindest für bestimmte Sachbereiche, sowie Regelung der Erreichbarkeit dieser Mitarbeiter inkl. Stellvertreterregelungen;
- Beachtung bestehender Grenzen des unternehmensinternen Informationsflusses (dazu sogleich unter 8.2.4.5) für die Ausgestaltung des Systems

8.2.4.4 Vertragliche Gestaltungsmöglichkeiten zur Wissensteilhabe

Auch mit den vertragsrechtlichen Mitteln kann auf die Verteilung von Wissen Einfluss genommen werden. Da hierbei zumeist die Sicherung eines kontrollierten Wissensabflusses im Vordergrund steht, der die autonome Nutzung nichtoffenkundiger Informationen und Wissen gewährleisten soll, werden die vertraglichen

[801] BGH NJW 1996, 1339, 1340 f. („Gedanke des Verkehrsschutzes").

Gestaltungsmöglichkeiten zur Wissensteilhabe im Zusammenhang mit der Nutzung von Wissen (vgl. dazu unten 8.2.5.2) betrachtet.

8.2.4.5 Rechtliche Grenzen der Weiterleitung von Wissen

Die Grenzensetzung kann durch *vertragliche Abrede* erfolgen: So ist etwa die Folge eines sog. non-disclosure-agreements (kurz: NDA, vgl. dazu im Einzelnen unter 8.2.5.2) oder sonstigen Geheimhaltungsverpflichtungen, dass bestimmte Informationen nicht offenbart und damit nicht weitergegebenen werden dürfen.

Gesetzliche Bestimmungen, die einer (unbegrenzten) Weiterleitung von Wissen entgegenstehen, gibt es in großer Zahl. Nicht näher betrachtet werden Vorschriften, die aufgrund von als höherrangig angesehenen Zielen (z. B. Jugendschutz, Geheimhaltung, persönliche Ehre etc.) die Veröffentlichung bestimmter, bisweilen sachlich unzutreffender, Informationen zu unterbinden suchen. Vielmehr sollen – stellvertretend für viele andere – für den Informationsaustausch prototypische gesetzliche Grenzen behandelt werden.

Den *unternehmensinternen Kommunikationsfluss* betreffen Maßnahmen der Funktionentrennung (sog. „chinese walls“), die in Wertpapierdienstleistungsunternehmen gelten.[802] Sie sollen durch unternehmensinterne Abschottung Vertraulichkeitsbereiche zwischen verschiedenen Abteilungen eines Unternehmens schaffen, um mögliche Interessenkonflikte zu vermeiden. Folge der Verhinderung der Informationsweitergabe ist bei Wirksamkeit der „walls“ der Ausschluss der Wissenszurechnung bezogen auf das Unternehmen.

> Bsp.: Nach § 31 Abs. 1 Nr. 2 WpHG muss sich ein Wertpapierdienstleistungsunternehmen um die Vermeidung von Interessenkonflikten bemühen. Zu den Organisationspflichten eines Wertpapierdienstleistungsunternehmens nach § 33 Abs. 1 Nr. 3 WpHG zählen daher u. a. auf Dauer angelegte, wirksame Vorkehrungen für Maßnahmen zur Ermittlung und zur Vermeidung möglicher Interessenkonflikte. Ein unternehmensinterner Interessenkonflikt kann entstehen, wenn eine mit dem Wertpapierhandel betraute Abteilung Informationen an Abteilungen weitergibt, die sich mit der Finanzierung von Unternehmen befassen. Im Rahmen eines umfassenden Compliancesystems stellen die Einrichtung entsprechender Vertraulichkeitsbereiche und die Abstimmung aller unternehmensinterner Abläufe mit den so geschaffenen Informationsbarrieren organisatorische Mittel zur Vermeidung von Interessenkonflikten dar.

Der Informationsaustausch zwischen miteinander im Wettbewerb stehenden Unternehmen kann *kartellrechtlichen Beschränkungen* unterliegen. Soweit der Austausch der Informationen in eine Absprache[803] mündet, die im Ergebnis eine

---

[802] Vgl. dazu ausführlich Fuchs, in: Fuchs, WpHG, § 3 Rn. 107 ff.

[803] Als Absprachen werden in Art. 101 Abs. 1 AEUV Vereinbarungen zwischen Unternehmen, Beschlüsse von Unternehmensvereinigungen und aufeinander abgestimmte Verhaltensweisen definiert.

Wettbewerbsbeschränkung auf dem relevanten Markt bezweckt oder immerhin bewirkt, greift grundsätzlich das Kartellverbot des Art. 101 AEUV (falls die Wettbewerbsbeschränkung geeignet ist, den Handel zwischen Mitgliedstaaten spürbar zu beeinträchtigen) bzw. § 1 GWB (falls europäisches Recht nicht anwendbar ist). In Fällen des Informationsaustauschs wird häufig keine echte vertragliche Vereinbarung, sondern eine auf die mitgeteilten Informationen gestützte Annäherung der Unternehmenspolitiken und damit eine abgestimmte Verhaltensweise vorliegen. Eine wettbewerbliche Relevanz solcher Verhaltensweisen ist regelmäßig dann zu bejahen, wenn durch den Informationsaustausch zukünftige unternehmerische Entscheidungen für die beteiligten Unternehmen weniger risikobehaftet sind.[804]

Die kartellrechtliche Beurteilung des Verhaltens hängt letztlich davon ab, unter welchen Voraussetzungen eine Wettbewerbsbeschränkung zu befürchten ist. Der Informationsaustausch spielt freilich eine untergeordnete Rolle, wenn er einen klassischen Kartellbereich (z. B. Preisabsprachen) lediglich begleitet; die Wettbewerbswidrigkeit folgt dann bereits aus dem vorhandenen Kartell. Steht die Beurteilung des Informationsaustauschs als eigenständiger Verstoß im Raum, müssen zur Klärung der Voraussetzungen der Wettbewerbswidrigkeit verschiedene Kriterien herangezogen werden: Der Blick richtet sich auf die am Informationsaustausch beteiligten Unternehmen, auf den Inhalt der Informationen und auf die vorgefundene Struktur des betroffenen Marktes. Für die Kartellrechtswidrigkeit einer auf den Informationsaustausch zurückzuführenden Absprache sprechen daher folgende Aspekte:

- Der Ausschluss einzelner Marktteilnehmer als Adressaten bestimmter Informationen (statt: Mitteilung an alle Teilnehmer am relevanten Markt),
- der besondere Bezug der Information zu einem Unternehmen, insbesondere sofern es sich um geheime Informationen handelt (statt: Mitteilung anonymisierter Marktinformationen, deren Inhalt nicht geeignet ist, Rückschlüsse auf einzelne Unternehmen zuzulassen) und
- die Existenz einer oligopolistischer Marktstruktur (statt: „zersplitterter" bzw. wettbewerblicher Struktur mit zahlreichen Akteuren).

Bsp.: Im Rahmen einer Forschungs- und Entwicklungskooperation zwischen den auf demselben Markt tätigen Unternehmen A und B wird technologisches Wissen in Form von Konstruktionszeichnungen und Simulationssoftware ausgetauscht, um darauf aufbauend – jeder für sich – neue Produkte zu entwickeln und die Anzahl der zu fertigenden Produktexemplare zu koordinieren. Mitbewerber C und D werden in die Kooperation und den Wissensaustausch bewusst nicht einbezogen. Insgesamt zeichnet sich der Markt im Wesentlichen durch das Vorhandensein von vier Wettbewerbern (A, B, C und D) aus. Angesichts dieser Rahmenbedingungen sprechen die o. g. Kriterien dafür, dass die ausgetauschten Informationen zu einer abgestimmten Verhaltensweise führen.

Letztlich kann die Beurteilung der Kartellrechtswidrigkeit der Absprache freilich nicht schematisch, sondern nur unter Berücksichtigung der Umstände des

---

[804] In diese Richtung auch Paschke, in: MüKo, EG, Art. 81 Rn. 58 und 67.

konkreten Einzelfalls erfolgen. Soweit einer der Ausnahmetatbestände des Art. 101 Abs. 3 AEUV (Einzelfreistellung) vorliegt oder die Voraussetzungen einer sog. Gruppenfreistellungsverordnung gegeben sind, ist trotz der an sich gegebenen Wettbewerbsbeschränkung eine Ausnahme vom Kartellverbot möglich.

Im o.g. Bsp. ist möglicherweise die Gruppenfreistellungsverordnung (EU) Nr. 1217/2010 der Kommission vom 14.12.2010 über bestimmte Gruppen von Vereinbarungen über Forschung und Entwicklung (kurz: FuE-Vereinbarungen) einschlägig. Hier liegt eine FuE-Vereinbarung i. S. des Art. 1 Abs. 1 lit. a) unter i) der o. g. FuE-GVO vor, die unter den besonderen Voraussetzungen der Art. 2 und 3 der GVO freistellungsfähig ist. Zudem ist die in Art. 4 und 7 genannte Schwelle bezogen auf die Marktanteile der Kooperationspartner zu beachten. Wegen der beabsichtigten Festlegung einer Höchstzahl an Produktexemplaren ist die FuE-Vereinbarung zwischen A und B jedoch aufgrund eines Verstoßes gegen eine sog. Kernbeschränkung des Art. 5 lit. b) insgesamt nicht freistellungsfähig.

8.2.5 Wissen nutzen

Die letzte der juristisch zu spiegelnden Kernaktivitäten des Wissensmanagements betrifft die Anwendung bzw. die Nutzung von Wissen. Aus dem Blickwinkel eines Unternehmens ist damit die Umsetzung von Wissen zur Erzeugung einer Rendite für das Unternehmen gemeint. Die Rendite hängt im Wesentlichen von der Befugnis der „wissenden" Institution ab, über die Verwendung ausschließlich verfügen zu dürfen, um sich auf diese Weise einen Wettbewerbsvorteil zu schaffen oder zu erhalten. Die Rechtsordnung ist dementsprechend aufgefordert, solche Befugnisse anzuerkennen und effektiv zu schützen.

8.2.5.1 Die „offene" Nutzung von Wissen

Technisches Wissen kann zunächst dadurch genutzt werden, dass die Organisation technische Schutzrechte erwirbt, womit insbesondere die Voraussetzungen des patentrechtlichen Schutzes angesprochen sind (vgl. dazu bereits oben 8.2.1.3). Die Rechte aus dem Patent gewähren dem Erfinder ein ausschließliches Verwertungsrecht an seiner Erfindung, das sich (positiv) durch das Recht zur alleinigen Benutzung sowie (negativ) dadurch ausdrückt, dass er anderen die Benutzung des Patents verbieten kann (vgl. § 9 PatG). Der Erfinder kann also die Erfindung ausschließlich selbst nutzen oder aber Dritten – typischerweise gegen Entgelt – in variablem Umfang Rechte an der Erfindung einräumen (Fragen der Lizenzerteilung). Auf diese Weise wird angewandtes Wissen zum möglichen Gegenstand des Handels- und Wirtschaftsverkehrs. Bei Verletzungen des Patents oder bei Verstößen des Lizenznehmers gegen den Lizenzvertrag stehen dem Rechteinhaber zivilrechtliche (vgl. dazu §§ 139 ff. PatG) und u. U. sogar strafrechtliche Instrumente (vgl. dazu § 142 PatG) zur Verfügung.

8.2.5.2 Die geheime Nutzung von Wissen

Bei der geheimen Nutzung von Wissen geht es darum, Wissensabfluss zu verhindern, indem der Geheimnischarakter des Wissens aufrechterhalten bleibt. Damit sind die Grundanliegen des Know-how-Schutzes angesprochen.

Eine Beurteilung des Know-how-Schutzsystems des deutschen Rechts muss an den *gesetzlichen* Rahmenbedingungen ansetzen. Vergleichsweise detailliert geregelt sind die strafrechtlichen Schutzmechanismen. Der bereits angeführte § 17 UWG sieht in seinem Abs. 1 strafrechtliche Sanktionen für Unternehmensangehörige vor, die Geschäfts- oder Betriebsgeheimnisse, die ihnen in dienstlicher Eigenschaft anvertraut oder zugänglich gemacht wurden, während der Geltungsdauer der Beschäftigung Dritten unbefugt zugänglich machen, um dadurch sich oder einem Dritten einen Vorteil zu verschaffen oder dem Unternehmen einen Nachteil zuzufügen. Ähnliche Straftatbestände betreffen die Mitglieder bestimmter Organe von Kapitalgesellschaften, die gegenüber der Gesellschaft bestehende Geheimhaltungspflichten verletzen (vgl. etwa § 85 GmbHG, § 404 AktG); § 18 UWG stellt die unbefugte Verwertung von Vorlagen unter Strafe. Weitergehend stellt § 17 Abs. 2 Nr. 1 UWG die durch irgendeinen Täter begangene unbefugte Verschaffung oder Sicherung von Betriebs- und Geschäftsgeheimnissen (sog. Industrie- oder Wirtschaftsspionage[805]) unter Strafe. Einer strafrechtlich sanktionierten Verpflichtung zur Wahrung von (auch: Betriebs- und Geschäfts-)Geheimnissen unterliegen ferner bestimmte Berufs- und Funktionsträger wie juristische und medizinische Berufsträger einschließlich deren Beschäftigten sowie öffentlich bestellte Sachverständige (§§ 203 ff. StGB). Ergänzt wird das strafrechtliche Schutzsystem hinsichtlich Informationen aus dem persönlichen Lebens- und Geheimbereich durch die §§ 201 ff. StGB, insb. das in §§ 202a - 202c StGB unter Strafe gestellte Ausspähen und Abfangen gespeicherter Daten nebst der Vorbereitung solcher Taten. Diese Tatbestände sind zugleich bei Angriffen auf die Datensicherheit (IT-Sicherheit) von großer Bedeutung.

Der daneben existierende *zivilrechtliche* Know-how-Schutz ist teils gesetzlich vorgeprägt, teils auf privatautonomen vertraglichen Gestaltungen beruhend.

Gesetzlich vorgeprägt ist zunächst der allgemein gültige bürgerlich-rechtliche Grundsatz von Treu und Glauben (§ 242 BGB), wonach innerhalb bestehender Rechtsverhältnisse zwischen einem Individuum und einer Organisation Treuepflichten existieren, die den Einzelnen zur Vertraulichkeit im Umgang mit organisationsinternen Informationen anhalten. Die angesprochenen Rechtsverhältnisse können Beschäftigungsverhältnisse oder eine Organstellung i. S. des Gesellschaftsrechts (z. B. Geschäftsführerstellung bei der GmbH) sein. Eine besondere Ausprägung der Treuepflicht, die zwar in erster Linie die Verhinderung von Wettbewerb beabsichtigt, damit jedoch zugleich den Geheimnisschutz umfasst, sind

---

[805] Vgl. zu deren praktischen Voraussetzungen Wurzer, CCZ 2009, 49, 53 m.w.N.

die in verschiedenen gesetzlichen Vorschriften umrissenen Wettbewerbsverbote[806]. Ihnen ist gemein, dass sie während des Bestehens des Rechtsverhältnisses Wirkung entfalten und durch abweichende Rechtsgestaltung gegenüber dem gesetzlichen Leitbild eingeschränkt oder erweitert werden können. Zur Wahrung der Vertraulichkeit zur Kenntnis genommener (geheimer) Informationen sind schließlich – nach den einschlägigen beamten- und berufsrechtlichen Regelungen – öffentliche Amtsträger sowie bestimmte, das Unternehmen beratende Berufsträger[807] verpflichtet.

Der gesetzlich vorgeprägte Rahmen des zivilrechtlichen Geheimnisschutzes kann durch *vertragliche* Regelungen erweitert werden und dies vor allem in zweierlei Hinsicht. Durch Geheimhaltungsvereinbarungen[808] kann der Wissensabfluss ziel- und zweckgerichtet gesteuert werden, indem Unternehmensangehörigen oder aber Geschäfts- und Projektpartnern sowie sonstigen unternehmensfremden Dritten (z. B. Gutachtern) nichtoffenkundige Informationen zugänglich gemacht werden. Derartige Regelungen finden insbesondere bei Lizenz-, Forschungs- und Kooperationsverträgen Anwendung.

Daneben besteht die Möglichkeit mit denjenigen Personen, die einem der oben angesprochenen Wettbewerbsverboten unterliegen, erweiternd ein sog. *nachvertragliches* Wettbewerbsverbot zu vereinbaren, das gerade im Anschluss an die Beendigung des verbindenden Rechtsverhältnisses Wirkung entfaltet. Wegen des in besonderem Maße wettbewerbsbeschränkenden Charakters solcher Verbote sind zur Vermeidung von Kartellrechtsverstößen, die zur Unwirksamkeit der Vereinbarung führen könnten, und wegen der Geltung des allgemeinen Sittenwidrigkeitsverbots (§ 138 BGB) enge räumliche, gegenständliche und zeitliche Grenzen[809] sowie gegebenenfalls das Gebot der Gewährung von Kompensationsleistungen[810] zu beachten.

Bei schuldhaften Verletzungen gegen zivilrechtliche Pflichten besteht ein ganzes Arsenal an Rechtsbehelfen. Sie reichen von Ansprüchen, die an den eingetretenen Verletzungsfolgen ansetzen (Unterlassungs-, Beseitigungs-, Schadensersatz-, Gewinnabschöpfungs- und Herausgabeansprüche inkl. zugehöriger Hilfsansprüche auf Auskunftserteilung bzw. Rechnungslegung) über die verschiedenen Möglichkeiten der Auflösung bestehender Rechtsverhältnisse (Kündigung, Rücktritt)

---

[806] Vgl. bezüglich Vorstandsmitgliedern einer AG §§ 88 f. AktG; bezüglich Gesellschafter einer oHG bzw. KG §§ 112 f., 165 HGB; bezüglich Handlungsgehilfen eines Kaufmanns § 60 HGB. Für GmbH-Geschäftsführer folgt ein solches Verbot aus der in § 43 GmbHG normierten Sorgfaltspflicht, für Handelsvertreter i. S. der §§ 84 ff. HGB durch die in § 86 Abs. 1 geregelte Verpflichtung auf das Unternehmensinteresse.

[807] Rechts- sowie Patentanwälte; Notare; Steuerberater; Wirtschaftsprüfer.

[808] Unter Rückgriff auf die anglo-amerikanische Rechtssprache häufig auch als „nondisclosure agreement" (kurz: NDA) bezeichnet.

[809] Die Grenzen sind bisweilen gesetzlich fixiert: vgl. § 74a HGB (Handlungsgehilfe); § 90a HGB (Handelsvertreter); im Übrigen sind sie durch die Rechtsprechung geprägt.

[810] Karenzentschädigung genannt; auch sie sind zum Teil gesetzlich ausgeprägt, vgl. z. B. §§ 74 ff. HGB (dort für den Handelsvertreter).

bis zu primär „präventiv-disziplinierend“ wirkenden Instrumenten (Vertragsstrafen, Schadensersatzpauschalierungen).

8.3 Der Einsatz von Instrumenten des Wissensmanagements zur Umsetzung rechtlicher Vorgaben

Produkte können eine erhebliche Gefahrenquelle darstellen. Bei Realisierung einer Gefahr drohen Verwendern und Dritten (im Folgenden: „betroffene Personen“) Verletzungen des Körpers bis hin zum Verlust des Lebens sowie Schäden an sonstigen Rechtsgütern. Die Höhe des Risikos und das Ausmaß des realisierten Schadens hängen vom jeweiligen Erzeugnis ab und sind demnach höchst spezifisch. Die Verantwortung für die Minderung dieses Risikos soll daher derjenige tragen, der die Eigenschaften des Produktes am besten beurteilen kann: der Hersteller.

Die Produktverantwortung des Herstellers ist gesetzlich normiert. Pflichten ergeben sich nicht nur aus dem Produkt*haftungs*recht, sondern auch aus dem Produkt*sicherheits*recht. Verpflichtungen gegenüber betroffenen Personen werden daher von solchen gegenüber Behörden flankiert. Im Mittelpunkt der folgenden Betrachtung stehen die effektive *Gefahrabwendung* und die vorausgehende, präventive Einrichtung eines *Rückrufmanagements*.

Nach § 823 Abs. 1 BGB treffen einen Hersteller Verkehrssicherungspflichten zur Vermeidung produktbedingter Gefahren. Diese sind in Konstruktions-, Fabrikations-, Instruktions- sowie Produktbeobachtungspflichten gegliedert (vgl. dazu bereits unter 2.2.4.3-2.2.4.7), die durch eine phasenübergreifende Pflicht zur sachgerechten Organisation der Betriebsabläufe (vgl. dazu bereits unter 2.2.4.8) überwölbt werden. Maßgebend ist der Stand von Wissenschaft und Technik zum Zeitpunkt der Inverkehrgabe des konkreten Produktes. Das bedeutet aber nicht, dass der Hersteller nach Inverkehrgabe frei von jeder Verantwortung im Hinblick auf Konstruktion, Fabrikation und Instruktion ist, selbst wenn das Produkt zu diesem Zeitpunkt dem Stand von Wissenschaft und Technik entsprach. Die Pflicht zur Produktbeobachtung[811] bringt zum Ausdruck, dass der Hersteller auch danach die Auswirkungen seines Produkts unter Berücksichtigung des Nutzerverhaltens zu überwachen und sich über die Verwendungsfolgen zu informieren hat. Ergibt die Auswertung der Produktbeobachtung ein bisher unbekanntes produktspezifisches Risiko, ist der Hersteller zur Einleitung einzelner *Gefahrabwendungsmaßnahmen* verpflichtet – die Produktkrise als Herausforderung für den Hersteller.

[811] Die zivilrechtliche Pflicht zur Produktbeobachtung besteht nur nach § 823 Abs. 1 BGB, nach vorherrschender Meinung nicht nach § 1 Abs. 1 S. 1 Produkthaftungsgesetz (ProdHaftG). In § 6 Abs. 3 des Produktsicherheitsgesetzes (ProdSG) ist eine öffentlich-rechtliche Produktbeobachtungspflicht bestimmt.

Die Verfahrensweise zur Bewältigung einer Produktkrise ist entscheidend für die Wahrung der Gesundheit betroffener Personen sowie für den Schutz von deren sonstigen Rechtsgütern. Folglich bestimmt das Vorgehen auch das Ausmaß der Auswirkungen auf den Hersteller selbst (u.a. Schadensersatzforderungen, Ansehen in der Öffentlichkeit). Ein *erfolgreiches* Vorgehen erfordert eine angemessene Organisation und damit die *Einrichtung eines Rückrufmanagements.*

Aus der Empfehlung zur Einrichtung wird eine Pflicht, wenn der Hersteller Verbraucherprodukte in den Verkehr bringt. Diese Hersteller haben nach§ 6 Abs. 2 ProdSG[812] im Rahmen ihrer Geschäftstätigkeit beim Inverkehrbringen Vorkehrungen zu treffen, die den Eigenschaften des von ihnen in den Verkehr gebrachten Verbraucherprodukts angemessen sind, damit sie imstande sind, zur Vermeidung von Gefahren geeignete Maßnahmen zu veranlassen. Gefordert ist also die präventive Einrichtung einer Organisation, die im Fall einer Produktkrise die Durchführung der (Gefahrabwendungs-)Maßnahmen erleichtert. Davon erfasst sind die angemessene und wirksame Warnung, die Rücknahme des Verbraucherprodukts und der Rückruf.

Ob Pflicht oder unternehmerische Vernunft – es stellt sich die Frage nach der angemessenen Ausgestaltung des geforderten Rückrufmanagements.[813] Der Wortlaut des Gesetzes allein bietet keine Konkretisierung dieses Begriffs, zur Orientierung können aber die Eigenschaften des Produkts dienen (§ 6 Abs. 2 ProdSG). Inhalt und Umfang und damit auch der Aufwand hängen also vom jeweiligen Einzelfall ab. Die folgende *leitlinienartige* Darstellung beschränkt sich daher auf allgemein gültige Ausgestaltungsempfehlungen:

(1) Das Rückrufmanagement sollte institutionalisiert werden (Einzelheiten dazu sogleich unter 8.3.1):
Die Produktkrise ist in der Regel ein seltenes Ereignis. Ein Rückrufmanagement muss demnach so aufgebaut sein, dass a) nicht unnötig Unternehmensressourcen gebunden werden, aber b) dennoch sichergestellt ist, dass für den Krisenfall personelle Zuständigkeiten bestehen und die notwendigen Maßnahmen eingeleitet werden können.
Zur Institutionalisierung wird zweckmäßigerweise ein Produktsicherheitskomitee gegründet.

(2) Der Rückrufmanagementprozess sollte festgelegt werden (Einzelheiten dazu unter 8.3.2):
Es ist ein Rückrufmanagementprozess festzulegen, damit die eingeleiteten Maßnahmen das Problem der Produktkrise vollständig und zur rechten Zeit

---

[812] Gesetz über die Bereitstellung von Produkten auf dem Markt (Produktsicherheitsgesetz – ProdSG).

[813] Der Begriff Rückrufmanagement wird verstanden als Management zur effektiven Beseitigung der vom fehlerhaften oder unsicheren Produkt ausgehenden Gefahr.

angehen. Es bestehen Anforderungen an den Rückrufmanagementprozess, die mit Hilfe von Instrumenten des Wissensmanagements erfüllt werden können.

(3) Unterstützende Instrumente aus dem Wissensmanagement (Einzelheiten dazu unter 8.3.3):
Auf der Grundlage der ermittelten Anforderungen an den Rückrufmanagementprozess werden Werkzeuge aus dem Wissensmanagement vorgeschlagen, die für die Erfüllung der Anforderungen nützlich sind.

8.3.1 Das Produktsicherheitskomitee – PSK

Eine Produktkrise ist ein zeitkritisches Ereignis. Die Einrichtung eines Produktsicherheitskomitees[814] muss also gewährleisten, dass durch die Festlegung von Verantwortlichkeiten möglichst frühzeitig Entscheidungen zur Einleitung von Maßnahmen getroffen werden können und somit eine schnelle Reaktion zur Begrenzung der negativen Auswirkungen möglich ist.

Die Mitglieder des Produktsicherheitskomitees müssen zuvor bestimmt werden. Die Anforderungen an die Zusammensetzung ergeben sich aus den Entscheidungsproblemen, die mit einer Produktkrise einhergehen. Als Grundlage der anstehenden Entscheidungen wird vielfältiges Wissen benötigt.

Die Verantwortlichkeit des Herstellers ist gesetzlich festgelegt. Die Auswirkungen einer getroffenen Entscheidung auf die Rechtsfolge eines Gesetzesverstoßes müssen daher immer in die Entscheidungsfindung einbezogen werden. Verpflichtungen bestehen auch gegenüber Behörden, etwa in Form der produktsicherheitsrechtlichen Meldepflicht (§ 6 Abs. 4 ProdSG). Kenntnisse des *Produkthaftungs- und sicherheitsrechts* (vgl. dazu oben in Kap. 2 unter 2.2) sind daher unerlässlich.

Die Einschätzung und Beseitigung von Produktgefahren erfordert Wissen über das *Produkt* selbst. Zum einen müssen sich die Mitglieder Klarheit über die Konstruktion und Wirkweise verschaffen. Zum anderen werden Informationen über die Produktion benötigt, weil Gefahren auch dort entstehen können. Aufgrund der in der Regel geringen Fertigungstiefe dürfen zudem Produktbestandteile von Lieferanten nicht außer Acht gelassen werden.

Die Gefährlichkeit eines Produktes ergibt sich möglicherweise nicht schon aus dessen objektiven Eigenschaften, sondern erst unter Berücksichtigung seiner Nut-

---

[814] Vgl. zur Einrichtung eines „Produktsicherheitskomitees" im Einzelnen Klindt/Popp/Rösler, S. 11 f.

zung durch den Verwender. Auch der Gesetzgeber greift diesen Aspekt an unterschiedlichen Stellen auf:

- Nach § 3 Abs. 1 lit. b) ProdHaftG[815] ist ein Produkt fehlerhaft, wenn es nicht die Sicherheit bietet, die berechtigterweise erwartet werden kann, insbesondere hinsichtlich des bestimmungsgemäßen Gebrauchs. Darüber hinaus muss jedoch auch die übliche Verwendung und eine nicht ganz fern liegende Fehlanwendung berücksichtigt werden.
- Der Anwendungsbereich des ProdSG erstreckt sich auf das Inverkehrbringen von Produkten (§ 2 Nr. 22), wobei Verbraucherprodukte eine Sonderbehandlung erfahren. Verbraucherprodukte sind Produkte, die entweder für Verbraucher bestimmt sind oder unter vernünftigerweise vorhersehbaren Bedingungen von Verbrauchern benutzt werden können, selbst wenn sie nicht für diese bestimmt sind (§ 2 Nr. 26). Die zuletzt angesprochenen so genannten Migrationsprodukte haben zur Folge, dass jeder Hersteller in den Anwendungsbereich des Produktsicherheitsrechts gelangen kann und die dort angeordneten Pflichten erfüllen muss. Migrationsprodukte können für den Hersteller problematisch sein, weil Verbraucher die Produkte möglicherweise auf eine andere Art benutzen als die eigentliche Zielgruppe.

Kenntnisse über die Identität der *Kunden* und deren Verhalten sind daher eine notwendige Voraussetzung zur Krisenbewältigung.

Hersteller verfügen im Regelfall über umfassendes Wissen über gefährliche Produkte und gefährdete Personen. Zur Abwendung von (weiteren) Schäden muss der Hersteller auf dieses Wissen zurückgreifen können. Die erfolgreiche *Kommunikation* zwischen Hersteller und betroffenen Personen ist daher Voraussetzung für eine schnelle Eindämmung der Gefährdung und entscheidend für die Wahrnehmung der Öffentlichkeit im Hinblick auf das Verhalten des Herstellers.
Die ermittelten Anforderungen bestimmen die Bereiche, aus denen die Mitglieder des Produktsicherheitskomitees stammen sollen[816]:

- Juristen bringen Kenntnisse des Produkthaftungs- und -sicherheitsrechts ein;
- Das Wissen im Hinblick auf das betroffene Produkt wird von Mitarbeitern aus Forschung und Entwicklung, Einkauf, Produktion und Qualitätsmanagement beigesteuert;
- Mitarbeiter aus Marktforschung, Kundendienst und Vertrieb sind mit der Identität und dem Verhalten der Kunden vertraut und ein Bindeglied zwischen Hersteller und Kunde;
- Interne oder externe Experten für Öffentlichkeitsarbeit kommunizieren die Maßnahmen des Herstellers.

[815] Gesetz über die Haftung für fehlerhafte Produkte (Produkthaftungsgesetz – ProdHaftG).

[816] Vgl. auch Klindt, BB 2010, 583, 583 f.; Klindt, CCZ 2008, 81, 82 f.

Die persönliche Besetzung orientiert sich am betroffenen Produkt und kann demnach je nach Einzelfall abweichen. Auch im Hinblick auf die Bindung von Ressourcen kann es sich beim PSK daher nicht um eine ständige Einrichtung mit festen Mitarbeitern handeln. Das heißt nicht, dass sich die Mitglieder erst im Krisenfall zusammenfinden: Es sind Übungsdurchläufe ratsam, um Schwachstellen in der Organisation aufzudecken und den Ablauf des nachfolgend beschriebenen Rückrufmanagementprozesses zu einer vertrauten Tätigkeit zu entwickeln.

8.3.2 Der Rückrufmanagementprozess

Die folgende Beschreibung des Rückrufmanagementprozesses orientiert sich an der Darstellung von Klindt, Popp und Rösler.[817] Ausgehend von der Produktbeobachtung ergibt sich der in der Abb. 8.2 dargestellte Ablauf:

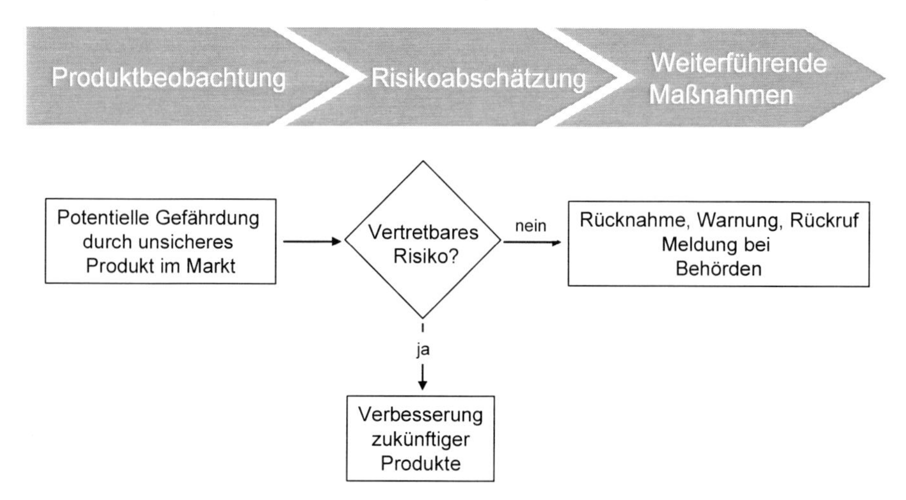

Abb. 8.2: Der Rückrufmanagementprozess[818]

8.3.2.1 Produktbeobachtung

Der Ausgangspunkt des Rückrufmanagementprozesses ist die ständige Produktbeobachtung zur Identifikation einer potentiellen Gefährdung durch ein unsicheres Produkt. Wird ein unsicheres Produkt identifiziert, muss im Anschluss das von diesem ausgehende Risiko hinsichtlich Schadensschwere und Eintrittswahrschein-

---

[817] Vgl. Klindt/Popp/Rösler, S. 41 ff.

[818] Quelle: in Anlehnung an Klindt/Popp/Rösler, S. 42.

lichkeit des Schadens ausgewertet werden.[819] Aus der Risikoabschätzung werden zu treffende Maßnahmen abgeleitet.

Ein Hersteller muss sich die erforderlichen Informationsquellen erschließen, wenn die Beobachtung seiner Produkte am Markt erfolgreich sein soll. Als Informationsquellen dienen zuvorderst die eigenen Kunden und Handelspartner. Vor allem der Handel kann durch den direkten Kontakt mit Kunden Hinweise auf Produktgefahren liefern: Neben Beratung und Kauf des Produktes wenden sich Kunden im Fall einer Reklamation in der Regel an den Verkäufer. In § 6 Abs. 5 ProdSG wird dieser Aspekt aufgegriffen und eine passive Produktbeobachtungspflicht seitens des Handels normiert.

Aus der *Produktbeobachtung* können folgende Anforderungen an den Rückrufmanagementprozess abgeleitet werden, die zugleich die Grundlage für *Leitlinien* im Umgang bilden:

(1) Identifikation potentiell gefährlicher Eigenschaften von Produkten zur Fokussierung der Produktbeobachtung.

(2) Heranziehung von Instrumenten, die einen frühzeitigen Zugang zu den benötigten Informationen ermöglichen. Es wird der Einsatz einer *Wissensgemeinschaft* vorgeschlagen, die als Instrument des Wissensmanagements in Abschnitt 8.3.3.1 vorgestellt wird.

(3) Festlegung von Regeln zur Einleitung der Risikobeurteilung nach der Identifikation eines unsicheren Produkts.

8.3.2.2 Risikobeurteilung

Die Beurteilung des Risikos ist das Bindeglied zwischen Identifikation des unsicheren Produkts und der Vornahme von Entscheidungen im Hinblick auf weitergehende Maßnahmen. Als Instrument zur Bereitung der Entscheidungsgrundlage ist diese Tätigkeit das „Herzstück" des Rückrufmanagements.

Eine systematische Abwägung der Entscheidungen auf der Grundlage angemessener Informationen ist in zweierlei Hinsicht hilfreich. Einerseits wird der Sorgfaltspflicht[820] nachgekommen, indem die Wahrscheinlichkeit von Fehlentscheidungen (vermutlich) vermindert[821] wird. Andererseits kann nur so beurteilt

---

[819] Vgl. Klindt/Popp/Rösler, S. 55.

[820] Vgl. allgemein zur Ermittlung der Grundlage unternehmerischer Entscheidungen Klindt/Pelz/Theusinger, NJW 2010, 2385, 2388.

[821] Vgl. Eisenführ/Weber/Langer, S. 5.

werden, ob eine Meldepflicht gegeben ist und ergriffene Maßnahmen gegenüber einer Behörde gerechtfertigt werden.

Für die Beurteilung des Risikos bestehen verschiedene Ansätze.[822] Ihnen sind gemeinsam die Kriterien der zu ermittelnden *Eintrittswahrscheinlichkeit* eines Schadens sowie der darauf beruhenden *Auswirkungen* (Schadensausmaß). Das Risiko ergibt sich schließlich aus einer Verknüpfung der beiden Größen. Das Resultat ist eine Kenngröße, die jedoch nicht als Ergebnis einer quantitativen Auswertung zu verstehen ist. Aufgrund der Gefährdung für Gesundheit und Leben ist einzig eine qualitative Ermittlung sachgerecht, weil nur auf diese Weise die Gefahren für die Gesundheit und das Leben betroffener Personen angemessen erfasst und von Sachschäden abgegrenzt werden können.

Das Vorgehen bei der Risikobeurteilung ist keine bloße Abarbeitung einer Checkliste, es folgt keinem Automatismus. Nicht nur im Hinblick auf das betroffene Produkt ist Expertenwissen erforderlich; gerade die Einschätzung der Kenngrößen, also die Risikobeurteilung selbst, erfordert große Erfahrung.[823] Da Produktkrisen – so ist zu hoffen – nicht zum Alltagsgeschäft eines Herstellers zählen, ist gerade diese Fähigkeit ein knappes Gut.

Aus der *Beurteilung des Risikos* werden folgende Anforderungen an den Rückrufmanagementprozess abgeleitet, die als *Leitlinien* dienen können:

(1) Gezielte personelle Besetzung des Produktsicherheitskomitees im Hinblick auf das konkrete unsichere Produkt. Die Auswahl geeigneter Personen wird durch den Einsatz von „Gelben Seiten" und „Wissenskarten" unterstützt, die unter 8.3.3.3 und 8.3.3.4 vorgestellt werden.

(2) Festlegung des Vorgehens zur Bestimmung der Kenngrößen, die Einfluss auf die Risikobeurteilung haben. Hierfür können Erfahrungen früherer Risikobeurteilungen durch die Anwendung von „Lessons Learned" (vgl. dazu unter 8.3.3.2) nutzbar gemacht werden.

(3) Dokumentation der Risikobeurteilung für Behörden. Die Dokumentation kann zugleich der Aufarbeitung zurückliegender Erfahrungen dienen („Lessons Learned").

(4) Regeln zur Einleitung weiterführender Maßnahmen auf der Grundlage des ermittelten Risikos.

---

[822] Siehe hierzu Klindt/Popp/Rösler, S. 56 ff. und die Entscheidung 2004/905/EG der Kommission vom 14. Dezember 2004 zur Festlegung von Leitlinien für die Meldung gefährlicher Verbrauchsgüter bei den zuständigen Behörden der Mitgliedstaaten durch Hersteller und Händler nach Artikel 5 Absatz 3 der Richtlinie 2001/95/EG des Europäischen Parlaments und des Rates, ABlEG Nr. L 381 v. 28.12.2004, S. 36.

[823] Vgl. Klindt/Popp/Rösler, S. 56.

8.3.2.3 Weiterführende Maßnahmen

Die Einleitung weiterführender Maßnahmen ist das Ziel des Rückrufmanagementprozesses und die (erhoffte) angemessene Reaktion auf ein identifiziertes unsicheres Produkt. Die Maßnahmen zielen auf die Beseitigung einer Gefahr, auf die Erfüllung produktsicherheitsrechtlicher Pflichten und auf Verbesserungen der Produkte für die Zukunft ab.

8.3.3 Unterstützende Instrumente aus dem Wissensmanagement

Die Anforderungen an den Rückrufmanagementprozess stellen Unternehmen vor Herausforderungen. Im Folgenden werden Instrumente aus dem Wissensmanagement vorgestellt, die bei der Ausfüllung der Anforderungen nützlich sind.

8.3.3.1 Wissensgemeinschaft (Community of Practice)

In einer Community of Practice schließen sich Personen zu einer Gruppe zur Diskussion fachlicher Fragestellungen zusammen. Probleme aus dem Arbeitsleben werden auf diese Weise auf einer breiteren Wissensgrundlage besprochen. Das Ziel besteht darin, durch sich ergänzende Kenntnisse Lösungsansätze zu kreieren. Diese Gruppen dienen also der Erzeugung von Wissen oder können zur Sicherung vor Wissensverlusten eingesetzt werden. Communities of Practice werden daher auch als Wissensgemeinschaften[824] bezeichnet.

Eine Wissensgemeinschaft ist eine natürlich entstehende Einrichtung, die sich durch eine selbst-organisierende Zusammenarbeit von Menschen mit gleichen Interessen auszeichnet.[825] Die anfangs informelle Organisation kann formalisiert werden, beispielsweise durch die Einrichtung eines Internetforums mit definierten Kommunikationsregeln. Neben Internetforen bieten sich auch regelmäßige Fachtagungen für den Wissensaustausch an.

Der Einsatz einer Wissensgemeinschaft ist in zweifacher Hinsicht für das Risikomanagement nützlich:

[1] Externe Informationsermittlung

Die Auswertung einer Wissensgemeinschaft kann die Beobachtung der eigenen Produkte erleichtern. Dazu ein Beispiel: Nutzer erkennen eine Fehlfunktion des

---

[824] Vgl. CEN, Europäischer Leitfaden zur erfolgreichen Praxis im Wissensmanagement, 2004, S. 26.

[825] Vgl. CEN, Europäischer Leitfaden zur erfolgreichen Praxis im Wissensmanagement, 2004, S. 137.

Produktes und tauschen sich darüber in einem Internetforum aus. Der Hersteller des Produktes kann daraufhin die nutzergenerierten Informationen hinsichtlich gefährlicher Produkteigenschaften auswerten und so für die Produktbeobachtungspflicht nutzbar machen. Gefährliche Produkte werden möglicherweise früher identifiziert und entsprechende Maßnahmen eingeleitet.[826]

Die gezielte Einrichtung von Wissensgemeinschaften geht über das Auswerten von Foren hinaus. Denkbar wäre eine Plattform für Händler oder Mitarbeiter von Werkstätten, die eine Diskussion über das Produkt möglich macht. Der Hersteller erhält auf diese Weise Informationen, die ihn bei der Weiterentwicklung oder Identifikation von Gefahren unterstützen.

[2] Interner Wissensaufbau

Die Mitglieder des Produktsicherheitskomitees können sich mit Hilfe einer Wissensgemeinschaft zu Fragestellungen und zur Ausgestaltung des Rückrufmanagements austauschen. Eine Produktkrise, die möglicherweise erst durch einen Rückruf bewältigt werden kann, ist für Hersteller in der Regel ein selten auftretendes Ereignis. Es ist daher nicht damit zu rechnen, dass Mitarbeiter über ein großes Erfahrungswissen im Hinblick auf Produktrückrufe verfügen.

Eine Wissensgemeinschaft kann einerseits die mangelnde Erfahrung ausgleichen und zum internen Wissensaufbau beitragen, indem für die Produktsicherheit verantwortliche Mitarbeiter ihre Erfahrungen im Rückrufmanagement über Unternehmensgrenzen hinweg teilen. Andererseits wird das Wissen innerhalb des Unternehmens erhalten, indem (potentielle) Mitglieder des Produktsicherheitskomitees regelmäßig über relevante Themen diskutieren.

8.3.3.2 Projekterfahrung (Lessons Learned)

Ein Projekt[827] ist ein „Vorhaben, das im Wesentlichen durch [die] Einmaligkeit der Bedingungen in ihrer Gesamtheit gekennzeichnet ist"[828] (beispielsweise im Hinblick auf die Zielvorgabe oder projektspezifische Organisation). In Folge der Einmaligkeit eines Projekts stehen die Mitglieder des Projektteams oftmals vor Entscheidungen, bei denen die Güte der gewählten Alternative frühestens nach Projektabschluss bewertet werden kann. Auch wenn Fehlentscheidungen den Projekterfolg gefährden, sind sie regelmäßig nicht vermeidbar und erst im Rückblick erkennbar, weil schlicht das benötigte Wissen zur Einschätzung der Situation gefehlt hat. Für eine Auswertung des Projekts ist es aber gleichgültig, ob eine gute oder schlechte Alternative gewählt wurde: Sowohl gute als auch schlechte Erfah-

[826] Siehe zur Nutzung des Internets auch Klindt/Popp/Rösler, S. 49.

[827] Vgl. zu den Begriffen Projekt und Projektmanagement bereits in Kap. 7 unter 7.1.

[828] DIN 69901-5:2009-1, Projektmanagement – Projektmanagementsysteme – Teil 5: Begriffe, S. 11.

rungen müssen dokumentiert werden, um sie für nachfolgende Projekte nutzbar zu machen und das Wissen und Können der Mitarbeiter weiterzuentwickeln.

Die Auswertung des Projekts kann in einer Projektabschlussbesprechung erfolgen.[829] Dort diskutieren Projektbeteiligte gemeinsam den Erfolg und Misserfolg von Entscheidungen, die in den einzelnen Projektphasen vorgenommen wurden.[830] Das Ergebnis wird anschließend aufbereitet und dokumentiert. Auf die Dokumentation können die Mitarbeiter nachfolgender Projekte zugreifen, wodurch das Wissen verbreitet und gespeichert wird.

Die ein unsicheres Produkt begleitenden einmaligen Umstände rechtfertigen es, die Bewältigung einer Produktkrise als „Projekt" zu bezeichnen. Die Aktivitäten des Rückrufmanagementprozesses stellen die Mitglieder des Produktsicherheitskomitees vor Entscheidungsalternativen mit ungewissen Folgen. Einzelne Fehlentscheidungen sind folglich auch im Rückrufmanagement schwer zu vermeiden. Eine Auswertung und Dokumentation des „Projekts Rückruf" trägt dazu bei, die Grundlage künftiger Entscheidungen zu erweitern und eine unternehmensinterne Expertise im Umgang mit und in der Vermeidung von unsicheren Produkten aufzubauen und zu sichern.[831]

Die Dokumentation der „Lessons Learned" ist jedoch keine abschließende Tätigkeit. Die Auswertung ist ebenso die Grundlage für die Verbreitung des Wissens innerhalb des Unternehmens und über dessen Grenze hinaus. Neben gezielten Schulungen bietet sich insbesondere der Einsatz der bereits vorgestellten Wissensgemeinschaften an. Denkbar wäre auch eine Zusammenfassung zu (branchenspezifischen) „best practices".

8.3.3.3 „Gelbe Seiten" (Yellow Pages)

Wissen ist immateriell und benötigt daher materielle Träger zu dessen Speicherung und Weitergabe. Es ist jedoch nicht jedes Wissen speicherbar, beispielsweise auf Papier oder in elektronischer Form; implizites Wissen ist stets an den Menschen als Träger gebunden. Der Einsatz des Instruments „Gelbe Seiten" hat zum Ziel, das Auffinden solcher personellen Wissensträger zu erleichtern.[832]

„Gelbe Seiten" können u.a. als Verzeichnisse im Intranet ausgestaltet sein. Der Zugriff auf systematisch gegliederte Informationen ermöglicht es, Mitarbeiter mit

---

[829] Vgl. DIN 69901-2:2009-1, Projektmanagement – Projektmanagementsysteme – Teil 2: Prozesse, Prozessmodell, S. 48.

[830] Es ist empfehlenswert, in der Abschlussbesprechung darauf hinzuweisen, dass Fehlentscheidungen nicht als Kritik an einer Person aufgefasst werden. Andernfalls ist ein offener Umgang mit dem Projektverlauf kaum möglich.

[831] Vgl. zu „Lessons Learned" im Rückrufmanagement auch Klindt/Popp/Rösler, S. 77 f., 99.

[832] Vgl. Hanel, S. 128.

bestimmten Erfahrungen zu recherchieren und einen Kontakt herzustellen. Zur Mitarbeiterbeschreibung werden beispielsweise Angaben aufgenommen zu bisheriger Projekterfahrung und zum Ausbildungsschwerpunkt. Daneben ist auch die Wiedergabe privater Informationen denkbar, z.B. über bestehende Hobbys.[833].

Risiken, die von einem unsicheren Produkt ausgehen, sind sehr produktspezifisch. Die Zusammensetzung des Produktsicherheitskomitees muss diese Spezifität widerspiegeln. Es ist daher erforderlich, Mitarbeiter mit Wissen einzubeziehen, das im Rückrufmanagementprozess benötigt wird. Als Instrument zur Unterstützung der Zusammensetzung des Produktsicherheitskomitees wird daher der Einsatz von „Gelben Seiten" vorgeschlagen.

Bei Herstellern mit geringer Fertigungstiefe genügt dafür ein Verzeichnis über unternehmensinterne Ansprechpartner nicht. Es ist daher erforderlich, auch die Profile externer Dienstleister und Zulieferunternehmen sowie die dort zuständigen Ansprechpartner in das Verzeichnis mit aufzunehmen.[834]

8.3.3.4 Wissenskarten

Der Einsatz „Gelber Seiten" hilft beim Auffinden von personellen Wissensträgern. Für die Gestaltung des Instruments „Wissenskarten" wird diese Idee aufgegriffen und um materielle Wissensträger erweitert. Das Ziel ist somit, durch eine systematische Darstellung den Zugang zu sämtlichem im Unternehmen bestehenden Wissen zu erleichtern.

Eine Sonderform der Wissenskarte ist die Dokumentenlandkarte, bei der auf eine Darstellung personeller Wissensträger verzichtet wird. Eine Systematisierung erfolgt mit Hilfe einer graphischen Darstellung. Vorhandene Dokumente werden jedoch nicht allein aufgelistet, sondern auch hinsichtlich ihres Inhaltes zueinander in Beziehung gesetzt. So kann beispielsweise die Distanz zwischen Objekten deren inhaltliche Nähe widerspiegeln und die Verwendung von Symbolen die systematische Einordnung erleichtern.

Der problematische Zugang zu Dokumenten wird auch in einer DIN-Norm aufgegriffen, jedoch beschränkt auf die Zuordnung technischer Dokumentation zu konkreten Produkten.[835] Als Lösung wird ein Verfahren zur Erstellung eines flexiblen Lebenszyklusmodells vorgeschlagen und eine Anleitung für die Handhabung technischer Dokumente im Produktlebenszyklus gegeben.[836]

[833] Vgl. PAS 1062 : 2006-05 „Einführung von Wissensmanagement in kleinen und mittleren Unternehmen", S. 16. Die Preisgabe persönlicher Informationen kann jedoch datenschutzrechtlichen Bedenken begegnen.

[834] Diese Verzeichnisse werden auch als „Blue Pages" bezeichnet (vgl. Hanel, S. 118).

[835] Vgl. DIN ISO 15226 : 1999-10 „Lebenszyklusmodell und Zuordnung von Dokumenten".

[836] Vgl. DIN ISO 15226 : 1999-10, S. 4.

Der Produktlebenszyklus erfasst den Zeitabschnitt von der ersten Idee bis zur endgültigen Entsorgung des Produktes.[837] Durch die weitere Gliederung in Unterabschnitte entstehen Phasen, denen bestimmte Aktivitäten zugeordnet werden. Im Hinblick auf die Anforderungen aus dem Produkthaftungsrecht ist die Festlegung der Aktivität „Produktbeobachtung" empfehlenswert.

Aufgrund dieser Zuordnung gelingt zunächst die Eingliederung des Rückrufmanagements in den Produktlebenszyklus mit der Folge, dass der Rückrufmanagementprozess direkt an den Entwicklungs- und Herstellungsprozess des konkreten Produktes anknüpfen kann. Des Weiteren entsteht ein in sich geschlossenes System, das den Rückgriff auf alle für das Rückrufmanagement relevanten Dokumente ermöglicht. Die Ordnung nach dem Produktlebenszyklus stellt somit sicher, dass auch zu einem späteren Zeitpunkt die Dokumentation früherer Aktivitäten zugänglich ist, weil ein produktspezifischer Informationsfluss entsteht.

Zur Darstellung des Informationsflusses werden einer Aktivität Dokumente unterschiedlicher Kategorien zugeordnet.[838] Die Differenzierung ergibt folgende Einteilung:

- *Eingehende* und *ausgehende* Dokumente werden von verschiedenen Organisationseinheiten bearbeitet. Für eine spätere Rekonstruktion ist es daher erforderlich, dass die für die jeweilige Bearbeitung verantwortliche Mitarbeit benannt wird.
- *Normen*, *Richtlinien* und *Arbeitsanweisungen* gelten organisations- und abteilungsübergreifend. Eine präzise Bezeichnung der herangezogenen Norm nach Inhalt und zeitlichem Stand ist produkthaftungsrechtlich relevant, insbesondere im Hinblick auf den Zeitpunkt des Inverkehrbringens eines Produktes.[839]
- *Arbeitsdokumente* verlassen eine Organisationseinheit nicht.[840] Es ist daher anzunehmen, dass deren Inhalt allenfalls teilweise in ausgehende Dokumente einfließt und daher nur den Arbeitsdokumenten selbst entnommen werden kann. Ein gewährleistetes Auffinden von Arbeitsdokumenten ist daher eine wesentliche Voraussetzung dafür, zu einem späteren Zeitpunkt Vorgänge und Verfahren rekonstruieren zu können.

Das Recherchieren von Dokumenten wird mit Hilfe von Dokumentenlandkarten erleichtert. Deren Darstellung sollte bereichsübergreifend vereinheitlicht sein, damit ein Zugriff durch Außenstehende (z.B. durch Mitglieder des Produktsicherheitskomitees) möglich ist. Neben einer Dokumentenbezeichnung als Mindestangabe ist die Verwendung von Symbolen empfehlenswert, um einen strukturierten Zugang zu den Dokumenten zu ermöglichen.

---

[837] Vgl. DIN ISO 15226 : 1999-10, S. 4.

[838] Vgl. DIN ISO 15226 : 1999-10, S. 7.

[839] Vgl. zum produkthaftungsrechtlich maßgeblichen Zeitpunkt bereits oben in Kap. 2 unter 2.2.4.9.

[840] Vgl. DIN ISO 15226 : 1999-10, S. 7.

8.4 Zusammenfassung

Der Grenzbereich „Wissensmanagement und Recht“ kennt viele Facetten, da die Bedeutung von Informationen und von Wissen in der Rechtsordnung der Zielsetzung der jeweils betroffenen Rechtsgebiete entsprechend variiert. Es existieren verschiedene gesetzliche Regelungen, die – auf unterschiedliche Weise – den Schutz von Wissen gewährleisten wollen, während andere Vorschriften die Erlangung oder die Weitergabe von Wissen zu unterbinden suchen oder durch Zurechnung von (z. T. fingiertem) Wissen die Voraussetzungen für zivilrechtliche Verantwortlichkeit schaffen.

In ihrer Gesamtheit kulminieren die rechtlichen Vorgaben zum Thema Wissen zwar nicht in einer umfassenden Regulierung des Wissensmanagements. Die Ausführungen in diesem Kapitel haben jedoch belegt, dass die im Wesentlichen vom Staat vorgegebene Rechtsordnung und die im (privaten) Unternehmen erforderliche „Wissensordnung“ wechselseitig miteinander verwoben sind. Einerseits sichern gesetzliche Vorschriften (im Verbund mit den Möglichkeiten des Vertragsrechts) die zur Bewahrung des Geheimnischarakters bestimmten Wissens ab, andererseits können Instrumente des Wissensmanagements zur Ausfüllung gesetzlich angeordneter Managementpflichten – wie etwa dem Rückrufmanagement im Produktsicherheitsrecht nach § 6 Abs. 2 ProdSG – hilfreich sein.

Schließlich hat nicht zuletzt das Kapitel zum Wissensmanagement die Vernetzung der betrachteten Managementdisziplinen untereinander und in ihrer jeweiligen Bedeutung für das Technikrecht veranschaulicht. So müssen etwa produktbezogene Risiken (→ Kap. 2) zunächst sachgerecht erfasst und bewertet (→ Kap. 5) und gegebenenfalls im Zusammenhang mit möglichen Umweltauswirkungen (→ Kap. 6) betrachtet werden. Zur Reduzierung solcher Risiken bieten sich Methoden des Qualitätsmanagements (→ Kap. 3, daneben auch Kap. 4) an, das Wissensmanagement (→ Kap. 8) kann, bisweilen unter Einbeziehung der Erkenntnisses des Projektmanagements (→ Kap. 7) wertvolle Hilfestellungen bei der Erarbeitung von Managementsystemen für den Fall des Eintretens des „worst case“ bereithalten.

8.5 Literaturverzeichnis zu Kapitel 8

Al-Laham, Andreas: Organisationales Wissensmanagement, 2003, Vahlen.

Amelingmeyer, Jenny: Wissensmanagement, 3. Aufl. 2004, Dt. Universitätsverlag.

Ann, Christoph: Know-how – Stiefkind des Geistigen Eigentums?, in: GRUR 2007, 39-43.

Bauer, Silvia.: Datenschutzrechtliche Compliance im Unternehmen, in: Wecker, G./van Laak, H.. (Hrsg.): Compliance in der Unternehmenspraxis, 2009, Gabler, S. 169-193 (zitiert: Bauer, Datenschutzrechtliche Compliance).

Berthel, Jürgen: Betriebliche Informationssysteme, 1975, Poeschel.

Brockhoff, Klaus: Forschung und Entwicklung, 5. Aufl. 1999, Oldenbourg (zitiert: Brockhoff, Forschung).
Brockhoff, Klaus: Organisation der Forschung und Entwicklung, in: Schreyögg, G./von Werder, A. (Hrsg.), Handwörterbuch der Unternehmensführung und Organisation, 4. Aufl. 2004, Schäffer-Poeschel, Sp. 285-294 (zitiert: Brockhoff, Organisation).
Brockhoff, Klaus: Technologiemanagement als Wissensmanagement, 2002, in: Berlin-Brandenburgische Akademie der Wissenschaften: Berichte und Abhandlungen, Band 9, 2002, Akademie-Verlag, S. 11-32 (zitiert: Brockhoff, Technologiemanagement).
Buck, Petra: Wissen und juristische Person, 2001, Mohr.
Buck-Heeb, Petra: Wissenszurechnung und Informationsmanagement, in: Hauschka (Hrsg.), Corporate Compliance, § 2, (S. 27-42), 2007, Beck (zitiert: Buck-Heeb, Wissenszurechnung).
Buck-Heeb, Petra: Private Kenntnis in Banken und Unternehmen, in: WM 2008, 281-285.
CEN: Europäischer Leitfaden zur erfolgreichen Praxis im Wissensmanagement, 2004.
Cook, Scott D. N./Brown, John Seely: Bridging Epistemologies - The Generative Dance Between Organizational Knowledge and Organizational Knowing, in: Organization Science 10 (1999) 4, S. 381-400.
DIN 69901-2:2009-1, Projektmanagement – Projektmanagementsysteme – Teil 2: Prozesse, Prozessmodell, Beuth.
DIN 69901-5:2009-1, Projektmanagement – Projektmanagementsysteme – Teil 5: Begriffe, Beuth.
DIN ISO 15226 : 1999-10, Lebenszyklusmodell und Zuordnung von Dokumenten, Beuth.
DIN PAS 1062 : 2006-05, Einführung von Wissensmanagement in kleinen und mittleren Unternehmen, Beuth.
Druey, Jean N.: Information als Gegenstand des Rechts, 1995, Schulthess.
Eisenführ, Franz/Weber, Martin/Langer, Thomas: Rationales Entscheiden, 5. Aufl. 2010, Springer.
Ensthaler, Jürgen: Der patentrechtliche Schutz von Computerprogrammen nach der BGH-Entscheidung „Steuerungseinrichtung für Untersuchungsmodalitäten“, in: GRUR 2010, 1-6.
Ensthaler, Jürgen/Bock, Leonie: Verhältnis zwischen Kartellrecht und Immaterialgüterrecht am Beispiel der Essential-facility-Rechtsprechung von EuGH und EuG, in: GRUR 2009, 1-6.
Ensthaler, Jürgen: Zum patentrechtlichen Schutz von Computerprogrammen, in: DB 1990, 209-212.
Eulgem, Stefan: Die Nutzung des unternehmensinternen Wissens, 1998, Lang.
Ewald, Arnold: Organisation des strategischen Technologie-Managements – Stufenkonzept zur Implementierung einer integrierten Technologie- und Marktplanung, 1989, E. Schmidt.
Fleischer, Holger: Zur Privatsphäre von GmbH-Geschäftsführern und Vorstandsmitgliedern: Organpflichten, organschaftliche Zurechnung und private Umstände, in: NJW 2006, 3239-3244.

Fuchs, Andreas (Hrsg.): Wertpapierhandelsgesetz (WpHG), 2009 (zitiert: Bearbeiter, in: Fuchs).
Gemünden, Hans G./Högl, Martin/Lechler, Thomas/Saad, Alexandre: Starting conditions of successful European R&D consortia, in: Brockhoff, K./Chakrabarti, A. K./Hauschildt, J. (Hrsg.), The Dynamics of Innovation – Strategic and Managerial Implications, 1999, Springer, S. 241-280.
Godin, Benoit: The Knowledge-Based Economy – Conceptual Framework or Buzzword?, in: Journal of Technology Transfer, 31 (2006) 1, S. 17-30.
Godt, Christine: Eigentum an Information, 2007, Mohr.
Götting, Horst Peter: Der Begriff des Geistigen Eigentums, in: GRUR 2006, 353-358.
Hanel, Guido: Prozessorientiertes Wissensmanagement zur Verbesserung der Prozess- und Produktqualität, 2002, VDI-Verlag.
Haun, Matthias: Handbuch Wissensmanagement, 3. Aufl. 2006, Springer.
Hauschildt, Jürgen/Salomo, Sören: Innovationsmanagement, 4. Aufl. 2007, Vahlen.
Heisig, Peter: Integration von Wissensmanagement in Geschäftsprozesse, 2005, Produktionstechnisches Zentrum Berlin (PTZ).
Henkel, Hans-Olaf/Brand, Thomas: Forschung erfolgreich vermarkten, 2003, Springer.
Hippel, Eric von: Democratizing Innovation, 2005, MIT press.
Hirsch, Günter/Montag, Frank/Säcker, Franz Jürgen (Hrsg.): Münchener Kommentar zum Europäischen und Deutschen Wettbewerbsrecht (Kartellrecht), Band 1 Europäisches Wettbewerbsrecht, 2007, Beck (zitert: Bearbeiter, in: MüKo).
Kempel, Leonie: Die Anwendung von Art. 102 AEUV auf geistiges Eigentum und Sacheigentum, 2011, Lang.
Klindt, Thomas/Pelz, Christian/Theusinger, Ingo: Compliance im Spiegel der Rechtsprechung, in: NJW 2010, 2385-2391.
Klindt, Thomas: Produktrückrufe: Was tun, wenn was zu tun ist? Praxishinweise, in: BB 2010, 583-585.
Klindt, Thomas: Rückruf-Management als Bestandteil unternehmerischer Compliance – Zehn Empfehlungen für die industrielle Praxis, in: CCZ 2008, 81-84.
Klindt, Thomas/Popp, Michael/Rösler, Matthias: Rückrufmanagement, 2. Aufl. 2008, Beuth.
Kloepfer, Michael: Informationsrecht, 2002, Beck.
Knieps, Günter: Wettbewerbsökonomie, 2. Aufl. 2005, Springer.
KOM: Entscheidung 2004/905/EG der Kommission vom 14. Dezember 2004 zur Festlegung von Leitlinien für die Meldung gefährlicher Verbrauchsgüter bei den zuständigen Behörden der Mitgliedstaaten durch Hersteller und Händler nach Artikel 5 Absatz 3 der Richtlinie 2001/95/EG des Europäischen Parlaments und des Rates, ABlEG Nr. L 381 v. 28.12.2004, S. 36.
Krcmar, Helmut: Informationsmanagement, 5. Aufl. 2010, Springer.
Kühling, Jürgem/Seidel, Christian/Sivridis, Anastasios: Datenschutzrecht, 2008, Verlag Recht und Wirtschaft.
Lipfert, Stephan/Ostler, Juliane: Patentverwertungsfonds als effiziente Intermediäre zwischen Kapital- und Patentmarkt, in: Mitt. 2008, 261-266.

Medicus, Dieter: Probleme der Wissenszurechnung, in: Karlsruher Forum 1994 (Möglichkeiten der Wissenszurechnung), Verlag Versicherungswirtschaft, S. 4-15.
Müller, Stefan: Schranken urheberrechtlicher Befugnisse, in: Ensthaler, J./Weidert, S. (Hrsg.): Handbuch Urheberrecht und Internet, 2. Aufl. 2010, Verlag Recht und Wirtschaft, S. 197-251.
Nonaka, Ikujiro: The Knowledge Creating Company, in: Harvard Business Review, 69 (1991) 6, S. 96-104.
Nonaka, Ikojiro/Takeuchi, Hirotaka: The Knowledge Creating Company, 1995, Oxford University press.
North, Klaus: Wissensorientierte Unternehmensführung, 4. Aufl. 2005, Gabler.
Ohly, Ansgar: Geistiges Eigentum?, in: JZ 2003, 545-554.
Perillieux, René: Der Zeitfaktor im strategischen Technologiemanagement – Früher oder später Einstieg bei technischen Produktinnovationen?, 1987, E. Schmidt.
Pietsch, Thomas/Martiny, Lutz/Klotz, Michael: Strategisches Informationsmanagement, 4. Aufl. 2004, E. Schmidt.
Probst, Gilbert J. B./Raub, Steffen/Romhardt, Kai: Wissen managen, 3. Aufl. 1999, Gabler.
Ryle, Gilbert: The Concept of Mind, Nachdr. 1963 (1949), Penguin Books.
Simitis, Spiros: Bundesdatenschutzgesetz, 6. Aufl. 2006, Nomos (zitiert: Bearbeiter, in: Simitis).
Spindler, Gerald: Urheberrecht in der Wissensgesellschaft – Überlegungen zum Grünbuch der EU-Kommission, in: Hilty, R./Drexl, J./Nordemann, W: Schutz von Kreativität und Wettbewerb, Festschrift für Ulrich Loewenheim zum 75. Geburtstag, 2009, Beck, S. 287-307.
Talaulicar, Till: Wissen, in: Schreyögg, G./von Werder, A. (Hrsg.), Handwörterbuch der Unternehmensführung und Organisation, 4. Aufl. 2004, Schäffer-Poeschel, Sp. 1640–1647.
Taupitz, Jochen: Wissenszurechnung nach englischem und deutschem Recht, in: Karlsruher Forum 1994 (Möglichkeiten der Wissenszurechnung), Verlag Versicherungswirtschaft, S. 16 ff.
Westermann, Ingo: Handbuch Know-How-Schutz, 2007, Beck.
Wurzer, Alexander: Know-How-Schutz als Teil des Compliance Managements, in: CCZ 2009, 49-56.
Wybitul, Tim: Wie viel Datenschutzrecht ist „*erforderlich*"?, in: BB 2010, 1085-1090.
Zemanek, Heinz: Das geistige Umfeld der Informationstechnik, 1992, Springer.

Sachverzeichnis

Q

R

S

T

U

V

MIX
Papier aus verantwortungsvollen Quellen
Paper from responsible sources
FSC® C105338

Printed by Books on Demand, Germany